Die Krisen der Welt:

Gesellschaften contra Ökologie

Die Wurzeln des Antiökologischen
in den Industriegesellschaften und ihre Überwindung

Band II: Die Überwindung

Hans Wöcherl

Hans Wöcherl ist Diplom-Soziologe und bewirtschaftet seit 40 Jahren seinen elterlichen Betrieb, zusammen mit seiner Frau, nach den Richtlinien des Ökologischen Landbaus. Außerdem ist er Industriefacharbeiter und hat mit seiner Doppelqualifikation viele Forschungen und Projekte in der industriellen Arbeitswelt durchgeführt.
Sein Schwerpunkt sind Analysen komplexer Problem-Situationen und von Möglichkeiten des Lernens daraus.

Inhalt gedruck auf Nautilus-Classic-Recyclingpapier
(ausgezeichnet mit dem blauen Umweltengel, EU Ecolabel und FSC®-zertifiziert)

Satz: Besser zum Druck e. K., Wendelstein

Druck und Bindung: EuroPB s. r. o., Příbram, Tschechische Republik

ISBN 978-3-00-073120-4

„Die Welt, wie wir sie geschaffen haben,
ist ein Prozess unseres Denkens.
Sie kann nicht geändert werden,
ohne unser Denken zu ändern."

(Albert Einstein)

Inhalt

Vorwort

Obwohl die Krisen unserer Zeit an Dramatik nicht zu überbieten sind,

- da die menschengemachte Erderhitzung anhält,
- da viele gewohnte Arten (Vögel, Schmetterlinge ...) vor unserer Haustüre und global rapide verschwinden,
- da die Strände der Welt übersät sind von allem Abfall der schwimmend an Land getragen werden kann, nachdem er sich in Müllstrudeln größer als Europa in den Weltmeeren angesammelt hat,
- da Mikroplastik, Pestizide und noch gefährlichere Chemikalien bereits jeden Quadratmeter der Erde erreicht und alle Lebewesen, den Menschen an der Spitze der Nahrungskette eingeschlossen, durchdrungen haben,
- da die Reichen nicht wissen, was sie mit ihrem Geld machen sollen, zwischen zahlreichen Luxusquartieren weltweit pendeln und riesige ökologische Fußabdrücke haben, während ⅓ der Menschheit hungert, weil es sich aus Armut kein Essen leisten kann,
- da permanent Kriege um Ressourcen geführt werden und mit dem Ukrainekrieg die Gefahr eines dritten großen Krieges droht, der nuklear ausgetragen den Untergang der Menschheit direkt bedeuten könnte,

erwecken die Industriegesellschaften den Eindruck, als könnte man auf dem überhohen Verbrauchsniveau, das die Ökosysteme verschlingt und die Erde in eine Müllhalde verwandelt, genauso weitermachen.

Die Apostel ewigen Wachstums glauben, dass die Krisen allein durch Austausch der Mittel, sprich Technik, lösbar sind, dass es also

- nur um einen Ersatz fossiler Energie durch erneuerbaren Solar- uund Windstrom,
- nur um die richtigen technischen Innovationen wie z. B. Elektrofahrzeuge und die CO_2-Abscheidung aus der Luft,
- nur um Effizienzsteigerungen mittels weiterem zusätzlichen Aufwand in Form dichterer Fenster und wärmegedämmter Fassaden,
- nur um das Zurückdrehen der Heizung im Winter oder
- nur um die getrennte Entsorgung des Abfalls in verschiedenfarbigen Tonnen, usw. usf., also nur um die Änderung einiger Mittel und Verhaltensweisen,

ginge, nicht aber um die Vermeidung des ganzen irrwitzigen Stoffverbrauchs, der am Ende sichtbar in den Altkleidern und Plastikabfällen an den Stränden von Ghana u. a. Küsten und dem Elektro- und sonstigen Schrott auf den Deponien der Entwicklungsländer landet.

Und schlimmer noch, die Industriestaaten tun so, als ob diese Krisen, von denen jede einzelne die Erde unbewohnbar machen kann, nichts miteinander zu tun hätten, dass also auch in Zeiten rapider Erderwärmung und von Umweltkatastrophen biblischen Ausmaßes nichts Wichtiger sein könnte, als aufzurüsten und sich auf einen Weltkrieg vorzubereiten.

Es ist also längst fünf nach zwölf und Zeit sich zu fragen, warum der kluge Mensch so dumm sein oder werden konnte, ein Werk der Zerstörung in Gang zu setzen und dieses selbst im Angesicht größter Gefahren und Schäden immer noch in Gang zu halten, obwohl er damit ganz offensichtlich die wunderbare Erde in ein Inferno des Untergangs verwandelt?

Ja, es geht ums Denken.

Nicht nur um die grenzenlose Gier der Reichen, sondern um die Frage, warum die Menschen vor allem in den sogenannten hochentwickelten Ländern, trotz ihrer aufgeklärten Hinwendung zu Tatsachen, die jeder als Maßstab für Wahrheit und Realismus anerkennt und trotz der Erklärung der menschlichen Vernunft, also Fähigkeit zur mündigen reflektierten Entscheidung, zum Markenzeichen des Menschen schlechthin, diese Gier und die damit verbundenen schädlichen Folgen für die Welt nicht zu stoppen in der Lage sind.

Wenn es das Denken ist, das uns dazu verleitet, einen Wald für eine neue Straße, für Braunkohle, für ein neues Gewerbegebiet abzuholzen, einen Wald, von dem wir wissen dass er CO_2 aufnimmt, Sauerstoff produziert, Feuchtigkeit sammelt, die Luft kühlt und eine große Vielfalt an Arten unter seinem Blätterdach und im Boden, in seinem Wurzelbereich beherbergt, zu opfern, dann müsste dieses Denken auch zu bedenken und, in der Folge, auch zu korrigieren sein.

Aber genau dies geschieht offenbar nicht oder zu wenig, jedenfalls nicht an den Stellen und auf den Ebenen, auf denen die Entscheidungen gefällt werden und nicht mit der Konsequenz, dass man von Umdenken reden könnte.

Was also verhindert das Umdenken, von dem bereits Einstein sagte, dass es die einzige Möglichkeit ist, „die Welt, wie wir sie geschaffen haben … zu ändern"?

Was am Umdenken hindert ist ein, in Hinsicht auf die Ökologie und die Größenordnung der zu bewältigenden Probleme, viel zu wenig komplexes, also antikomplexes, und viel zu wenig systemisches, d. h. antisystemisches Denken im Umgang mit den Natursystemen, also ein Denken, das die Abhängigkeiten der Gesellschaften von komplexen Natursystemen ebenso wenig auf dem Schirm hat wie die zur Reproduktion der natürlichen Lebensgrundlagen unerlässlichen Ökosysteme. Diese Ökosysteme werden statt dessen durch fragmentierende, gezielte Eingriffe ohne Rücksicht auf mittelbare systemischen Folgen fortwährend weiter zerstört, auch um seltene Erden für die Energiewende und Digitalisierung zu gewinnen.

Dieses falsche antikomplexe wie antisystemische Denken ist dem Menschen nicht angeboren wie seine physischen Sinne, sondern Folge seiner spezifischen Weltsicht und den daraus resultierenden Beobachtungen und Schlussfolgerungen und Folge der positiven Verstärkung, die die Gesellschaften in Form des Wachstumserfolges bekamen, den sie mit diesem eingeschränkten Denken bei ihrer bisherigen Naturnutzung erzielten. Ein Erfolg, der allerdings durch die heutigen Krisen als Folge dieser Nutzung ins Gegenteil verkehrt wird.

Dieses Denken begann mit der Abgrenzung eines Gebietes zur ackerbaulichen Kultivierung besonders ergiebiger Getreidepflanzen zur Steigerung der Nahrungssicherheit mittels Bildung von Vorräten, die wenigstens bis zur nächsten Ernte reichten, also Hunger auf seltene Jahre von Missernten begrenzten.

Hier haben wir das ganze eingeschränkte Denken samt Erfolg und Folgen bereits am Beginn der noch kleinen Inselgesellschaften des Neolithikums versammelt:

Aus der Gesamtnatur wird die feindliche Umwelt. Die Wälder und Savannen werden für Äcker gerodet und umgebrochen. Die natürliche Artenvielfalt wird zugunsten weniger auserwählter Nutzpflanzen bekämpft. Das Denken konzentriert sich auf den Nutzen unmittelbar wirkungsvoller Naturvorgänge und Handlungen. Direkt oder mittelbar oder langfristig schädliche Folgen gibt es nicht. Der Erfolg durch die sicherer gewordene Ernährung, das Bevölkerungswachstum und die damit verbundenen Möglichkeiten der Vervielfältigung der Aktivitäten vor allem in Hinsicht auf mehr Sicherheit durch Gebäude und Verteidigung, geben den sesshaft gewordenen Inselgesellschaften recht.

Jedoch stellten sich bald Grenzen für das Wachstum ein, weil das besetzte Gebiet auch infolge abnehmender Fruchtbarkeit zu klein wurde. Mit Handel allein war die neue Knappheit nicht zu bewältigen, sondern nur durch Migration und/oder Expansion in frische, noch wilde oder bereits besetzte Gebiete. Aber das war nur mittels Krieg, Eroberung und Dezimierung der unterworfenen Bevölkerung möglich und hilfreich. Man ließ hauptsächlich die jungen Frauen, Kinder und Arbeitsfähigen am Leben und unterwarf sie als Sklaven. Dadurch wurde Spielraum geschaffen für das Wachstum der eigenen Bevölkerung und die Steigerung der Sicherheit der Völker durch Entdeckungen, Erfindungen und militärische Ertüchtigung.

Das antike Griechenland ist ein Musterbeispiel für die kriegerisch expansive und auf ein heroisches Leben der tonangebenden Männer bezogene kulturelle Agenda dieser Inselgesellschaften, die über ihre Basis, die hauptsächlich von Sklaven und Frauen betriebene Landwirtschaft, kaum ein Wort verloren.

Intern waren diese Gesellschaften von Grundherrschaft geprägt, was heißt, dass die Gebiete samt Bevölkerung im Besitz der Heerführer waren. Die Bevölkerung stand unter dem Schutzschirm der Herrschaften, war dafür aber zum Zehent, zur Fronarbeit und teils auch zum Wehrdienst verpflichtet. Die Sklaven waren billige Arbeitskräfte, die den Überschuss vergrößerten und die Bevölkerungen für die kriegerische Expansion aufgeschlossen machten.

Diese grundherrlichen Inselgesellschaften, allen voran die Griechen, Römer, Kelten, Franken u. a., bestimmten die Geschichte Europas bis zu den Revolutionen der Aufklärungszeit.

In diesen Revolutionen betrat formal erstmals der Mensch an und für sich, nach dem Naturrecht, als freies, gleiches mündiges vernunftbegabtes Subjekt und Sachwalter seines eigenen Geschickes, die Bühne der Geschichte: In Gestalt von Menschen, die aufgrund von Handel und merkantilen Geschäften bereits genügend wirtschaftliche Macht und aufgrund von Wissen bereits genügend überzeugende Argumente hatten, um die Legitimität der Grundherrschaft infrage zu stellen.

Auch wenn es letztlich das besitzende Bürgertum war, das am Ende als Sieger aus den Revolutionen hervorging, indem ihm das Kunststück gelang, die von Natur aus mit gleichen unveräußerlichen Rechten Geborenen auf die Gleichheit vor ihrem Gesetz zu beschränken und sich nicht nur den Besitz an Produktionsmitteln, sondern auch den damit erzielten Gewinn per Gesetz sichern zu lassen. Denn, auch wenn sie die Revolutionen inspirierten und anführten, so waren es doch die Massen der Besitzlosen, die der Französischen Revolution zum Sturz der Feudalherrschaft verhalfen und dadurch den individuellen Menschen überhaupt und allgemein als eigenständiges Wesen und Projekt für die Zukunft in die Welt brachten.

Das ist aus zwei Gründen sehr bedeutend und wegweisend:

Erstens hätte die Aufteilung des Grundbesitzes auf alle Menschen allen Menschen eine naturverbundene Selbstversorgung ermöglicht, die sie weitaus weniger abhängig gemacht hätte von Fabrikbesitzern, für die sie dann arbeiten mussten, um ihren Lebensunterhalt zu sichern.
Und zweitens haben sich die vermögenden Bürger und Grundbesitzer die Vereinnahmung des Gewinns aus fabrikmäßiger Produktion, den ihnen die abhängig Beschäftigten verschafften, per Gesetz erschlichen, indem sie den Gewinn als berechtigte Rendite des vorgeschossenen Kapitals titulierten, obwohl er in Wirklichkeit Mehrprodukt der abhängig Beschäftigten war, das eigentlich ihnen zugestanden hätte.

Der Sieg des besitzenden Bürgertums, der dann die kapitalistische Entwicklung der Industriegesellschaft zur Folge hatte, beruht also auf einem doppelten Schwindel des Bürgertums:

Durch Berufung auf das Naturrecht auf Freiheit und Eigentum eines jeden Menschen machten sie sich gleich mit den Besitzlosen und schafften es dadurch, die Feudalherrschaft und die christlichen Dogmen grundsätzlich in Zweifel zu ziehen und als illegitim zu brandmarken.

Und durch die Beschränkung der Gleichheit auf jene vor dem Gesetz bewahrten sie den bereits vorhandenen und neu hinzukommenden Besitz vor Aufteilung.

Dies ist deshalb so bedeutend, weil der Masse der besitzlosen, jedoch in gleicher Weise freien und gleichen Subjekte, im Zuge und Nachgang der Französischen Revolution in Europa die Freiheit gestohlen wurde, sich mit Hilfe von Land und Naturbedingungen eine eigene Subsistenz, womöglich im Einklang mit der Natur, aufzubauen.

Und dies gewinnt noch um einiges an Gewicht durch die Tatsache, dass die Zeit der Aufklärung bestimmt war von zahlreichen Naturphilosophen wie z. B. von Alexander von Humboldt, die eine ganzheitliche Sicht auf die Natur anmahnten, weil sie erkannt und in zahlreichen Studien nachgewiesen hatten, dass die partielle Naturausbeutung und z. B. Entwaldung ganzer Landstriche, wie dies zu Zeiten der Römer, aber auch im europäischen Mittelalter geschah, zur Austrocknung dieser Gebiete mit nachfolgender weitgehender Unfruchtbarkeit führt.

Die Option, dass die Befreiung aus der Feudalherrschaft nicht zwangsläufig zu vermögenden und besitzlosen Menschen führen musste, sodass Letztere für Erstere arbeiten müssen, um sich ihren Lebensunterhalt zu verdienen, sondern auch zu Menschen mit gleicher Subsistenzbasis hätte führen können, also zu Menschen, die im Einklang mit der Natur sich die lebensnotwendige Nahrungsgrundlage größtenteils selbst erarbeiten, gab es also in der Aufklärungszeit ganz konkret und ist keine moderne Erfindung.

Umso bezeichnender ist, dass die tonangebenden Fortschrittstheorien in der 200 jährigen Geschichte der Industrialisierung der europäischen Inselgesellschaften nichts davon wissen wollten:

Weder von einer naturrechtlichen Gleichheit der Menschen, die sich in einer selbstständigen Entfaltung ihres Lebens auf ausreichender Subsistenzbasis, d. h. Grundbesitz behauptet und reproduziert.

Noch von einer ganzheitlichen Sichtweise der Natur, wie sie A. v. Humboldt um 1800 für notwendig empfunden hat, um beliebige Eingriffe in die Natur zu vermeiden, die immer auch das ganze Netz tangieren und dadurch die natürlichen Lebensgrundlagen mehr oder weniger und letztlich zur Austrocknung und Minderung der Fruchtbarkeit ganzer Regionen führen konnten.

Was wir im Nachgang der Aufklärung und der bürgerlichen Erschwindelung des Schutzes des Grund- und ihres Privatbesitzes und des Anrechts auf das Mehrprodukt der Arbeit abhängig Beschäftigter bekommen, sind nichts anderes als Theorien, die allesamt die alternative Entwicklung der Gesellschaften als Entwicklung gleichberechtigter Bürger auf annähernd gleicher Subsistenzbasis ebenso ausschließen wie den Respekt vor einer komplexeren ganzheitlichen Sichtweise der Natur und vor deren eigenständigen, hochproduktiven Ökosystemen.

Was wir bekommen sind drei Theorien, die den unterkomplexen und antiökologischen Blick der historischen Inselgesellschaften wiederholen und verstärken indem sie ihn verwissenschaftlichen und dadurch den guten Leumund der Aufklärung für enthemmte Naturausbeutung missbrauchen:

So behauptet der Liberalismus erfolgreich bis heute, dass die freie Entfaltung des Individuums auf Kosten der Natur und auch auf Kosten anderer, weniger entwickelter Gesellschaften, zum Menschsein hinzugehört wie seine unterschiedliche physische Ausstattung und dass die Natur noch immer alle Wunden, früher oder später, geheilt hat, also grenzenlos duldsam ist.

Und auch der Marxismus, neben dem Liberalismus der zweite Hauptverantwortliche in Sachen Naturzerstörung, sabotiert mit der Kargheit seiner von ihm postulierten Mechanismen, wie z. B. dem, wonach das Sein das Bewusstsein bestimmt, ein Umdenken schon deshalb, weil man nicht genau weiß, welches Sein bei der Bewusstseinsbildung wichtiger ist: das von Katastrophen bedrohte Sein, das zum Umdenken auffordert oder das materielle Wohlstands-Sein, das vom Umdenken abhält.

Schließlich gibt es noch eine dritte, für Denkblockaden in Sachen Verhältnis zur Ökologie, hauptverantwortliche weil zu wenig komplexe und zu wenig systemische Theorie: die Evolutionstheorie von Charles Darwin.

Nachdem diese Theorie – und nicht die ganzheitliche Sicht eines A. v. Humboldt – seit Ende 19. Jh. als zentrale Theorie für das Verhältnis des Menschen zur Natur gilt und in der Wissenschaft sowie in der breiten Bevölkerung nach wir vor als gültige Theorie anerkannt wird, trägt sie wohl die Hauptverantwortung für das fehlende Umdenken:

Darwins Theorie, die aus mehreren Teiltheorien besteht, die größtenteils unkomplex und antiökologisch sind, besagt, dass alle Lebewesen miteinander verwandt sind, weil sich in der Evolution die höheren Arten aufbauend auf die niederen entwickelt haben. Diese Einsicht ist nicht zu bestreiten.

Auch der von Darwin festgestellte Umstand, dass Lebewesen an ihre Umwelt „angepasst" sind und gleiche und nahe verwandte Arten in ähnlichen Umgebungen überall auf der Welt leben, entspricht den Tatsachen, wie sie 50 Jahre vorher A. v. Humboldt im „Kosmos" ausführlich dokumentiert hat.

Hinsichtlich der Konsequenzen dieser Passung zwischen Arten untereinander und zur geophysikalischen Umwelt gibt es jedoch zwischen Darwin und Humboldt einen gravierenden Unterschied:

Während Darwin sich auf die Ursache für die Passung konzentriert und diese in der zufälligen Variation eines Organismus mit nachfolgendem „survival of the fittest" findet, sieht Humboldt in der Bedeutung der Passung selbst und einer bestimmten Umwelt, den für das Überleben der Arten entscheidenden Faktor. Zu dieser Einsicht kommt Humboldt aufgrund zahlreicher bei seinen Reisen festgestellten menschlichen Umweltveränderungen, die zum Verschwinden vieler Arten in den betreffenden Gegenden geführt haben.

Darwin hingegen verkennt diese Abhängigkeit der Arten von anderen Arten und bestimmten geophysikalischen Verhältnissen und unterstellt eine Anpassungsfähigkeit per zufälliger Variation (heute Mutation) in einem viel weiteren Rahmen als dies Humboldt getan hätte. Heute ist klar, dass es die Umweltveränderungen durch den Menschen sind, die viele Arten zum Aussterben bringen, was durch Humboldt bereits klar gesehen und an Beispielen dokumentiert worden war.

Darwin hingegen verleugnet letztlich die Passung vonseiten einer relativ stabilen Umwelt her und leistet mit der Anpassung durch zufällige Mutation einem Denken Vorschub, das gegen die Ökologie gerichtet eine Anpassung der Organismen auch an widrige Umweltbedingungen durch Erbgutveränderung für möglich hält. Dieser Theoriebestandteil entspricht nicht den Tatsachen und wird durch das massenhafte Artensterben heute infolge menschengemachter Umweltänderungen widerlegt.

Die Kerntheorie von Darwin, dass es sich bei der Natur um ein Chaos handelt, in dem Entwicklung durch zufällige Variation einzelner Individuen erfolgt, die an bestimmte Umwelten angepasst sind und daher im Kampf ums Überleben obsiegen, also positiv ausgelesen werden, ist doppelt falsch und nicht zu belegen:

Die Natur ist kein Chaos, sondern ein komplexes Ensemble von Ökosystemen wie z. B. von Wäldern, worin Lebensgemeinschaften aus vielfältigen Arten ihr Leben größtenteils symbiotisch, zum wechselseitigen Vorteil füreinander entfalten.

Obwohl Darwin selbst die Arten über ein „Gewebe verwickelter Beziehungen miteinander verkettet" sah, ignoriert er diese von Humboldt immer wieder in den Vordergrund gerückte netzhafte Verbundenheit der Arten und rückt die Konkurrenz zwischen ihnen in den Vordergrund.

Da er außerdem die Höherentwicklung durch Variation und Auslese im Überlebenskampf auch für den Menschen behauptet, hat diese falsche Theorie, die jegliche Fähigkeit des Menschen zum vernünftigen Abwägen von Handlungsalternativen und zur Kooperation bestreitet, verheerende Folgen auch für die friedliche Koexistenz der Völker.

Es ist daher nicht verwunderlich, dass sich aus der Evolutionstheorie überhaupt keine Empfehlungen für einen schonenderen Umgang mit der Natur, den Ökosystemen und den einzelnen Arten ableiten lassen.

Der Darwinismus ist, neben dem Marxismus die antiökologische Theorie par excellence, die bis heute für eine Frontstellung zur Natur auch dann noch sorgt, wenn klar ist, dass sich der Mensch die katastrophalen Rückwirkungen der Natur durch seine unkomplexen antiökologischen Eingriffe selbst eingebrockt hat.

Letztlich erlangte also der Liberalismus mit seinem Versprechen ewigen Wohlstandswachstums durch fortschreitend gesteigerte Naturausbeutung mittels Technik dank zweier Theorien und Weltanschauungen die Oberhand, die erst im Gefolge der Aufklärung etwa Mitte des 19. Jh. entstanden sind: Dem Marxismus und Darwinismus.

Denn das Besondere dieser beiden materialistischen Theorien ist, dass sie dem Liberalismus, der voll auf individuelle Freiheit und Eigentum als Basis für das Wachstum der Wohlfahrt der Menschen setzte, eine gesellschafts- und naturwissenschaftliche Legitimation verschafften, in der die Natur als übergreifendes Ganzes und als Ökosysteme, von deren Leistungen der Mensch abhängig sein könnte, nicht vor kam!

Alle drei Fortschrittstheorien verleugnen die eigenständige Existenz ganzheitlicher Natursysteme, die eine größere Vorsicht bei Natureingriffen ratsam machen, wie dies Aufklärer u. Naturforscher A. v. Humboldt um 1800 erstmals anmahnte, indem er deutliche Hinweise für das komplexe systemische Zusammenspiel zwischen Wäldern und der geophysikalischen Umwelt bei der Entstehung regionaler Austrocknung auf den Tisch legte.

Alle drei Theorien tragen somit, auf allen für die industriegesellschaftliche Entwicklung bedeutenden Bereichen zu einer vollständigen Ausblendung der Natursysteme als Basis auch der Menschen und ihrer Gesellschaften bei. Der Darwinismus liefert zudem Argumente für die Kolonisierung und den Kampf der Völker um Ressourcen, der als Kampf um Höherentwicklung glorifiziert wurde und dadurch Rassenunterschiede, Sklavenhandel und eine unmenschliche Behandlung von Menschen legitimierte.

Sie wiederholen so die historisch ursprüngliche Abschottung gegenüber der Gesamtnatur und Selektion besonders nützlicher Arten auf dem neuen wissenschaftlichen und gesellschaftlichen Niveau der Entwicklung und tragen dadurch zu einem fortgesetzten antiökologischen Denken in allen westlichen Gesellschaften bei.

Der erste Band von „Die Krisen der Welt: Gesellschaften kontra Ökologie“ befasst sich mit den Wurzeln und der Reproduktion des antiökologischen Denkens im Liberalismus, Marxismus und Darwinismus und in darauf aufbauenden wissenschaftlichen Arbeiten und Konzepten (z. B. der Gentechnik) bis heute.

Der zweite Band skizziert den notwendigen Übergang der Gesellschaften auf die neue dritte Stufe der Ernährungssicherung durch ein komplexeres systemischen Denkens im Umgang mit den Ökosystemen als Grundlage eines Lebens, das lernt, mit den eigenen natürlichen Ressourcen auszukommen.

Im Zentrum steht hier einerseits die tiefere Begründung ganzheitlichen Denkens anhand des „lebensgemeinschaftlichen Systemansatzes“. Dieser ist für die Ökosysteme u. Gesellschaften gleichermaßen relevant, um den technokratischen Anspruch der „organismischen“ Systemauffassung und Theorie der Selbstorganisation zurückzuweisen.

Andererseits wird eine Weiterführung der Aufklärung angedacht hin zur Befreiung der Lebensunterhaltssicherung aus der Umklammerung durch den gewinnorientierten Naturverbrauch. Die möglichen Schritte der Umstellung der Gesellschaften werden auf der Ebene der Ökosysteme, der individuellen Haushalte und der Institutionen und Politik skizziert.
Die im Wechselspiel von Problemanalyse, Erklärungsfindung und Konzipierung systemischer Lösungen vorangetriebene Untersuchung des Verhältnisses zwischen Naturauffassung, Wohlfahrtsentwicklung und Naturzerstörung in der Entwicklung der Gesellschaften, schließt ab mit einem Fazit:

Mit dem, was tatsächlich aus der Geschichte gelernt werden könnte, um die drohende Selbstvernichtung der Menschen durch Erderhitzung und/oder Nuklearkrieg doch noch durch ein versöhnlicheres ökosystem- und menschenfreundliches, auf der spezifisch menschlicher Vernunft basierendem Umdenken abzuwenden.

Denn das Besondere des Menschen ist seine Denk- und folglich Vernunftfähgkeit: Das hat ihn auf heutige Dimensionen anwachsen lassen – nicht irgendwelche materielle Zwänge. Denken ermöglicht Umdenken, um falschen Glauben als Urheber des selbst verschuldeten Verhängnisses zu überwinden.

8 „Nachhaltigkeit“ zwischen Nutzenvorsorge und Ökosystemförderung

Wenn es um eine größere Beachtung der Ökologie oder gar um einen grundlegenden Wandel des Verhältnisses zur Natur hin zu einem ihrer Teile geht, darf der Begriff der Nachhaltigkeit ebenso wenig fehlen wie die Frage, ob das Konzept der Nachhaltigkeit das durch die Klima- und Umweltkrise angesagte Umdenken tatsächlich in Richtung Verminderung der Treibhausgasemissionen und Erhaltung der Biodiversität lenkt.
Diese Frage werden wir im Folgenden, auf der Basis der bisherigen Erkenntnisse zum Umgang mit dem Ökologischen in der Geschichte bis heute, zu beantworten versuchen, wohlwissend, dass der Begriff heute oft weit jenseits seines ursprünglichen Anwendungszusammenhanges verwendet wird und in Sachen Klimaschutz von einem neuen Begriff abgelöst wird, nämlich dem der „Klimaneutralität“. Das allerdings ändert nichts an der Substanz der Sache um die es geht, nämlich um den Übergang zu einer ausgewogenen Umgangsweise mit den Ökosystemen und der Natur als dem großen Ganzen, die den bisherigen Anthropozentrismus der egoistisch fragmentierenden Naturnutzung zugunsten einer, die hohen und überlebenswichtigen Systemleistungen der Natur bewahrenden, naturzentrierten Nutzung überwindet. Darin sollten langfristig die Bedürfnisse der Selbsterhaltung der Menschen in Einklang gebracht werden mit den Reproduktionserfordernissen der Natur, weil der Mensch – neben seinem gesellschaftlichen Wesen auch Naturwesen – ohne die natürlichen Lebensgrundlagen, die ihm Lebensmittel, ein sauberes Wasser, saubere Luft zum Atmen usf. liefern, nicht überleben kann.

8.1 Das Dreieck

Abb. 1: Nachhaltigkeitsdreieck (Drei-Säulen-Modell)

Das Nachhaltigkeitsdreieck zeigt deutlich die Art der Einordnung der Ökologie in einer von Ökonomie und dem Sozialen bestimmten Gesellschaft und nicht eine Überordnung der Ökologie, wie man sie heute, angesichts des Klimawandels, eigentlich für naheliegend halten müsste.

Diese Art der Einordnung der Ökologie entspricht eher der bisherigen Realität, die zum Klimawandel und zum Massenaussterben vieler Arten geführt hat. Also ihrer bisherigen Rolle in der Geschichte der Industriegesellschaften und wohl keineswegs der Rolle, die der Ökologie eingeräumt werden müsste, um die Klima- und Umweltkrise zu stoppen.

Das wird bereits aus der Problemlage ersichtlich, für deren Lösung der Begriff erstmals erschaffen wurde und dienen sollte.

8.2 Die unterbrochene Geschichte des Begriffs

Bereits vor der Jahrtausendwende ist mit dem Welt-Umwelt-Gipfel der UN in Rio (1992) der Begriff der „Nachhaltigkeit“ zum Leitbegriff eines „Aktionsprogramms für das 21. Jh.“ aufgestiegen und in unseren Breiten vor allem durch die zahlreichen AGENDA 21-Gruppen propagiert worden. Für uns Biobauern war das Aufheben, das um den Begriff gemacht wurde, schwer verständlich. Stand die Euphorie, die viele damit verbanden, doch im umgekehrten Verhältnis zur Schlichtheit seiner Bedeutung, die ursprünglich immer mit dem Beispiel aus der Forstwirtschaft belegt wurde, nämlich dass man nicht mehr Bäume entnehmen sollte als nachwachsen. Verwiesen wurde dabei auf Hans Carl von Carlowitz, der in seinem Werk „silvicultura oeconomica“ (etwa: Wirtschaftliche Waldbewirtschaft) von 1713 fragte,

„wie eine sothane (solche) Conservation und Anbau des Holzes anzustellen, dass es eine continuirliche beständige und nachhaltende Nutzung gebe, weiln es eine unentbehrliche Sache ist, ohne welche das Land in seinem Esse (etwa: Dasein) nicht bleiben mag“
(zitiert nach: Grober, Ulrich: Von Freiberg nach Rio – Carlowitz und die Bildung des Begriffs „Nachhaltigkeit“, in: Sächsische Carlowitz-Gesellschaft [Hrsg.]: Die Erfindung der Nachhaltigkeit. Leben, Werk und Wirkung des Hans Carl von Carlowitz, München 2013, S. 24).

Wir als Biobauern verstanden Carlowitz und seine Aufforderung zum wirtschaftlichen Wirtschaften mittels „Conservation“ sofort und unmittelbar: Richteten sich die Grundüberzeugungen und Grundlagen des Bioanbaus doch auf nichts anderes, als auf den Erhalt der Bodenfruchtbarkeit und der natürlichen Lebensgrundlagen während ihrer Nutzung und mittels ihrer Nutzung. Zudem hat der Ökolandbau in seiner über 100 jährigen Geschichte längst bewiesen, dass dieses Landwirtschaftssystem nicht nur eine von Generation zu Generation steigende Ergiebigkeit seiner Produktion aufweist, sondern zugleich alle natürlichen Lebensgrundlagen des Ernährungssystems vortrefflich bewahrt und teilweise sogar in ihrer Produktivität und Vielfalt steigert. Was also wollte man mit dem Begriff „Nachhaltigkeit“ noch mehr als der Politik endlich das Freisignal zur Förderung und Ermunterung der Bauern bei ihrer Umstellung auf den Ökolandbau zu geben?

Was also war neu am Nachhaltigkeitsbegriff außer dem, dass man offenbar nun endlich auch in den USA, aus dem der Begriff des „sustainable Development“ (nachhaltige Entwicklung) kam, und ebenso bei der UN der Idee folgen wollte, besser als bisher auf die natürlichen Ressourcen unserer Welt zu achten?

Neu war, dass es nun, neben dem Begriff des Natur- und Umweltschutzes und dem Ökolandbau als bisherigem Inbegriff einer naturverträglichen Landwirtschaft, einen neuen, vielversprechenden Begriff gab, der über allem zu stehen schien und von jedem in den Mund genommen werden konnte, ohne sich der angeblichen weltanschaulichen Engstirnigkeit verdächtig zu machen, die dem biologischen Anbau, insbesondere vonseiten der konservativen Politik und auch vom Bauernverband, immer wieder vorgeworfen wird.

Aber das war ein gewaltiger Trugschluss, dass das Konzept „Nachhaltigkeit“ frei wäre von ideologischen Verpflichtungen und unvoreingenommen offen wäre für einen wirklich ernsthaften und umfassenden Schutz unserer natürlichen Ressourcen und Lebensgrundlagen.
In deutschen Landen jedenfalls, aus dem Munde der „Fördergemeinschaft Nachhaltige Landwirtschaft e. V. (FNL)“, meint Nachhaltigkeit in Bezug auf die Landwirtschaft „nicht umweltfreundlich“ oder „langfristig“, sondern

„einen interdisziplinären Ansatz, der die in Wechselbeziehung stehenden Faktoren …, ökologisch tragfähig, ökonomisch existenzfähig, sozial verantwortlich … gleichgewichtig auf der Grundlage eines kohärenten und wissenschaftsbasierten Konzeptes in anerkannte Zertifizierungssysteme … übersetzt“.

Als Vorbild wird dabei nicht der Ökolandbau mit seinem klaren Ökologiebezug und seinem sicheren und erfolgreichen Zertifizierungssystem gesehen, weil dieser nicht dem 3-Faktoren-Anspruch des Nachhaltigkeitskonzeptes entspricht, auf Deutsch: weil der Ökolandbau den ökonomischen Maßstäben der konventionellen Landwirtschaft und den diese kohärent bedienenden Wissenschaften nicht entspricht.
Die ausdrückliche Profilierung des Verständnisses von Nachhaltigkeit gegen den hohen Stellenwert des Ökologischen im Ökolandbau lag aufgrund der Herkunft der FNL nahe: Sie war 2000 aus der Fusion der „Fördergemeinschaft integrierter Pflanzenbau e. V. (FIP)“ mit der „Aktionsgemeinschaft Deutsches Fleisch e. V. (AGF)“ entstanden. Bereits im Jahr 2014 verabschiedete sich der Verein von der „Nachhaltigkeit“ im Namen, indem er sich in „Forum Moderne Landwirtschaft e. V. (FML)“ umbenannte und mit dem Übergang des Vorsitzes auf den Präsidenten des Deutschen Bauernverbandes, Joachim Ruckwied, wieder in den Dunstkreis des Denkens zurückkehrte, aus dem die FNL entstanden war: aus der Gegnerschaft gegen eine Ökologisierung der Landwirtschaft.

Das Nachhaltigkeitskonzept des verbandlichen Agrarsektors versteht sich also von vorneherein als „umfassendes“ Gegenkonzept zu einer Landwirtschaft, die sich, wie der Ökolandbau, der Erhaltung der natürlichen Lebensgrundlagen nach ökologischen Maßgaben verschrieben hat, indem sie die Ökologie, wie gehabt, der „Wechselwirkung“ mit Profitabilität (Ökonomie) und niederen Preisen (Soziales) unterwirft. Dass dieses Tauziehen „zwei gegen einen“, trotz eingeräumter „Wechselwirkung“, von der Ökologie nicht gewonnen werden kann liegt auf der Hand. Die De-facto-Unterordnung der Ökologie unter die tonangebenden gesellschaftlichen Bedürfnisse zeigt sich besonders deutlich in der unterschiedlichen Bekanntheit der drei Strategien, mit denen Nachhaltigkeit konkret erreicht werden soll.

8.3 Viel Effizienz, wenig Konsistenz und keine Suffizienz

Wenn heute von mehr Nachhaltigkeit z. B. in der landwirtschaftlichen Produktion die Rede ist, denken die meisten Menschen, die davon hören, an Nachhaltigkeit im Sinne von Carlowitzs Waldwirtschaft: Man entnimmt nicht mehr Festmeter Holz als gerade nachwachsen, was verlangt, dass aufgrund des Gewichtsunterschiedes zwischen jungen und alten Bäumen viel weniger ausgewachsene Bäume geschlagen werden dürfen als nachwachsen.
Das käme der dritten Strategie der Umsetzung der Nachhaltigkeit gleich, der „Suffizienz“, die auf einen geringen Einschlag, geringeren Ressourcenverbrauch und schließlich auch eine Verringerung der Nachfrage nach Holz orientiert. Nachdem Holz als alternativer (weil nachwachsender) Brennstoff für Kohle und Heizöl nach wie vor stark propagiert wird und die klimawandelbedingten Kalamitäten absterbender Wälder massiv zugenommen haben, kann heute in Bezug auf die Wälder von nachhaltiger Bewirtschaftung mittels der Suffizienz-Strategie überhaupt nicht die Rede sein. So wenig diese Strategie des Ressourcen-Sparens in der Öffentlichkeit bekannt ist, so wenig spielt sie in der Realität eine Rolle. Geringerer Verbrauch ist eigentlich bei fast keiner genutzten Ressource festzustellen, nicht einmal bei den fossilen Energieträgern, deren fortgesetzte Nutzung tagtäglich den Treibhausgehalt der Atmosphäre erhöhen.

Aber auch die Strategie der „Konsistenz“, womit der Einsatz naturverträglicherer Technologien gemeint ist, welche die Leistungen und Wirkungen der Ökosysteme nutzen anstelle sie zu beeinträchtigen oder zu zerstören, wie dies beispielsweise beim Ersatz von Pestiziden durch mechanische Unkrautregulierung oder Einsatz von Nützlingen gegen Schädlingen der Fall ist, ist in der Öffentlichkeit kaum als Nachhaltigkeitsstrategie bekannt. Das liegt nicht nur an seiner sperrigen, bedeutungsmäßig kaum herstellbaren Beziehung zur Nachhaltigkeit, sondern u. E. vor allem an der Realität, dass sanftere Techniken erst gar nicht in Erwägung gezogen werden, wenn Ertragseinbußen drohen, höhere Kosten entstehen oder fremde Hilfe in Anspruch genommen werden muss.
Hinzu kommt, dass der Einsatz schonenderer Mittel immer auch voraussetzt, dass das zu Schonende im Bewusstsein der Technikanwender einen gewissen Eigen-Wert haben muss: Aber welcher Landwirt sieht heute im Unkraut oder in den zahlreichen nützlichen Insekten, die der Giftspritze gegen Schädlinge zum Opfer fallen, einen Eigenwert? Gewiss mag es immer mehr Landwirte geben, die schonende Techniken bevorzugen würden wenn sich der Mehraufwand in engen Grenzen hielte und die Kollateralschaden durch Chemie dadurch vermieden werden könnten.
Der Sachverhalt samt der Strategie wäre leicht und sinnfällig mit dem Begriff der Alternative verständlich zu machen gewesen. Aber das erschien den Machern der Nachhaltigkeitsstrategien wohl zu nahe an der Ökolandbau-Begrifflichkeit oder den grundsätzlichen Bedenken gegenüber der Chemie-Landwirtschaft angesiedelt, um Einzug in den Jargon der Nachhaltigkeit halten zu dürfen.

Was nun allerdings jeder sofort versteht und in der Tat wohl mehr als 90 % der unter Nachhaltigkeit firmierenden Maßnahmen repräsentieren dürfte, ist der Begriff der „Effizienz“, häufig zu unrecht, auch als „Öko-Effizienz“ bezeichnet: Gemeint ist damit die Steigerung der Ausbeute bei gleichem oder geringerem Ressourcen-Einsatz, also z. B. die Entwicklung von Motoren, die weniger Sprit, Waschmaschinen, Kühlschränke usf. die weniger Strom, Nutztiere, die weniger Futter verbrauchen, weil sie schneller wachsen oder bessere Futterverwerter sind.

Vor allem der Fahrzeugbau, aber auch die landwirtschaftliche Veredelung sind ein Beispiel dafür, dass die effektivere Nutzung von Sprit oder Futter in der Regel nicht zu mehr Ökoeffizienz führt, weil z. B. zugleich mit der höheren Energieeffizienz der Motoren die Motorleistung und das Gewicht bzw. die Ausstattung der Fahrzeuge erhöht wird, was den ökologischen Nutzen der höheren Energieeffizienz infolge des erhöhten Verbrauchs bei schwereren Fahrzeugen wieder aufbraucht (sog. Reboundeffekte).

Indem also im öffentlichen Bild der Umsetzungsstrategien von Nachhaltigkeit eindeutig die effizientere Ressourcennutzung dominiert, ohne wirklich zu einem geringeren Ressourcenverbrauch zu führen und die Strategie der Nutzung schonender Alternativen oder gar die Strategie der Verminderung des absoluten Ressourcen-Verbrauchs, also das sparsamere Wirtschaften und Konsumieren (Suffizienz) bisher kaum Praxis sind, zeigt sich die beträchtliche Schlagseite des Nachhaltigkeitskonzepts zugunsten der Erhaltung des bisherigen Verbrauchsniveaus auf Kosten der Umwelt auch unmittelbar in der Praxis.

Entsprechend scheint eine kritische Würdigung dieses Konzeptes, in der bisherigen Fassung, aus der Sicht des Ökolandbaus angebracht.

Aus der bisherigen Analyse ergeben sich folgende Problempunkte:

8.4 Ein überzogener und anmaßender Anspruch

Der ideologische Gehalt des Begriffes „Nachhaltigkeit“ und die damit verbundene Überdehnung seines Anspruches, beginnt schon damit, dass er trotz seiner völligen Substanzlosigkeit suggeriert, mit ihm dazu befähigt zu sein, ein Ökosystem, wie z. B. den Wald, den Boden, ganze Kulturlandschaften usf. nachhaltig, also langfristig erhaltend und aufbauend zu nutzen, ohne seine Bestandteile, deren Interaktionen sowie die vielfältigen Wechselwirkungen mit den diversen Umweltfaktoren, Bewirtschaftungsverfahren, genau zu kennen und bei den Natureingriffen zu beachten.

Denn aufgrund seiner Inhaltsleere und Körperlosigkeit führt nicht der geringste Weg der Erkenntnis und Rücksichtnahme von dem Konzept Nachhaltigkeit zum konkreten Ökosystem und den tatsächlichen Auswirkungen von Bearbeitungsverfahren auf dieses. Im Gegenteil, hat vor allem die Konkretisierung des Konzeptes, als zwischen „ökonomischen“, „sozialen“ und „ökologischen“ Bedürfnissen aufgezogenes Spannungsfeld, die Chancen für eine ernsthafte Berücksichtigung von ökologischem Substanz- und Zusammenhangswissen und entsprechenden „inneren“ Erfordernissen von Ökosystemen völlig zunichtegemacht. Übrig bleibt dieses Spannungsfeld als eine Art Bermudadreieck, worin Ökologie und Natur als eigenständige Systeme verschwinden und nur mehr als, in einzelne Bestandteile zerlegte, Wirtschaftsgüter vorkommen, die man irgendwie effizient und kostengünstig erhalten müsse.

Dass also „ … Nachhaltigkeit mehr ist als nur, bio“, wie Eismann/Lorkowski in ihrem Buch „Fair für alle!“ (Weinheim 2016) zu belegen versuchen, kommt einer Halluzination gleich, die sich nur behaupten kann, wenn man alle ökonomischen Ursachen z. B. für den Klimawandel (wie vor allem das bevorzugte Profitmachen mit fossilen Energien und Massentierhaltung) ausblendet und unter „mehr“ lediglich meint, dass sich das UN-Programm zur nachhaltigen Entwicklung auf „mehr“ bezieht als nur den Landwirtschafts- und Ernährungssektor. Aber auch dann ist der Ernährungssektor nicht ein Bereich unter vielen, sondern der zentrale Bereich in dem die natürlichen Lebensgrundlagen genutzt und erhalten werden müssen, weil der Mensch zwar auf Autos oder sonstigen industriellen Lebensstandard verzichten kann, nicht aber auf Luft, Trinkwasser und Lebensmittel, möglichst in sauberer Verfassung!

8.5 „Nachhaltigkeit“ ökonomisiert natürliche Ressourcen und ist blind für ihre inneren und äußeren Reproduktionserfordernisse

Bereits sein ebenso anschaulich wie plausibel klingender Ursprungsmythos der nachhaltigen Waldbewirtschaftung lässt mehr Fragen offen als er beantwortet:
Geschichtlich überliefert ist, dass der sächsische Oberberghauptmann Hans Carl von Carlowitz auf die gewaltigen Abholzungen für den Bergbau am Anfang des 18. Jh. reagierte, weil er sah, dass bald das Holz zum Abstützen für die Gruben ausgehen würde, wenn keine ausreichenden Nachpflanzungen erfolgen.
Möglicherweise sah er das Beispiel der Stadt Nürnberg im 14. Jh. als Vorbild, in dem der Wald in kleine Abschnitte eingeteilt, nur abschnittsweise gefällt und anschließend sofort wieder angesät wurde (Nürnberger „Nadelwaldsaat“, siehe Rainer Fischbach, 2016, S. 183).
Die geschichtliche Praxis also, die den Hintergrund von nachhaltiger Forstwirtschaft bildete, beschritt also als Problemlösung sehr früh und ganz klar den Weg des begrenzten Kahlschlages und der Ansaat von Fichten-Monokulturen, die heute vor allem auch den Wald in Süddeutschland prägen.
Was mehr also bezeichnet der Begriff, als die heute, in unseren Breiten übliche Selbstverständlichkeit, nämlich dass Waldflächen solche bleiben und umgehend wieder aufgeforstet werden, wenn ein Sturm, der Borkenkäfer oder der Bedarf an schwerem Bauholz zur Abholzung geführt haben?
Warum braucht man für diese Selbstverständlichkeit heute einen neuen Begriff und was nützt dieser in Griechenland, Portugal, Kalifornien und in den Urwaldgebieten des Amazonas und in Südostasien wo jährlich Tausende ha Wald abbrennen und vorsätzlich brandgerodet werden – um danach eine „nachhaltig“ bewirtschaftete Soja- oder Palmöl-Monokultur zu errichten?

Bereits das historische Einführungsbeispiel für den Begriff Nachhaltigkeit, die „nachhaltige Forstwirtschaft“ zeigt, dass es den Propagandisten des Begriffes „Nachhaltigkeit“ nicht um die verbesserte, zukunftsvorsorgende Einstellung und Ausrichtung der Eingriffe auf die inneren Reproduktionserfordernisse des Ökosystems Wald geht (die man in ihrer Komplexität und Vielgestaltigkeit erst mal kennen müsste), sondern nur um den schlichten Erhalt des Waldes durch ausreichende quantitative Kompensation des Einschlages, ganz gleich, wie der Wald aussieht bzw. ob der ursprüngliche Mischwald durch eine Monokultur ersetzt wird. Es dominiert die Ökonomie und nicht das Ökosystem, auch wenn der Begriff Nachhaltigkeit von den meisten Menschen ökologisch verstanden wird.

Wie komplex und kompliziert die Frage einer „nachhaltigen Forstwirtschaft" heute tatsächlich ist, bezeugen nicht nur die ganz verschiedenen Konzepte, wie z. B. jenes einer möglichst rationellen Ernte und das andere einer möglichst schonenden Entnahme von Einzelbäumen, und nicht zuletzt auch die Bücher von Peter Wohlleben über „Das geheime Leben der Bäume" (2016). Somit befinden sich also Behauptungen, „Nachhaltigkeit … ist mehr als nur ‚bio'" (siehe Eismann/Lorkowski, Fair für alle!, 2016) von Haus aus auf der Linie eines überzogenen Anspruches, der allein schon aufgrund der Gegenstandslosigkeit des Konzepts nicht eingelöst werden kann.
Was im Vergleich zum bisher rücksichtslosen Umgang mit Ökosystemen durch den Begriff Nachhaltigkeit anders wird, ist, dass das Ökosystem erstmals als Wirtschaftsgut wahrgenommen wird, das man nicht grenzenlos nutzen kann, ohne dadurch eine künftige Mangelsituation heraufzubeschwören.

Eine wirkliche Anerkennung des Waldes als Ökosystem erfolgt damit nicht, das gibt der Begriff Nachhaltigkeit einfach nicht her. Aber reicht diese Einsicht in die Notwendigkeit der Bewahrung einer ausgewogenen Proportionalität zwischen Entnahme und Nachwuchs in Bezug auf Agrar-Ökosysteme, mit denen Nahrungsmittel erzeugt werden, um sie wirklich in ihrer natürlichen Produktivität zu erhalten und dadurch die Lebensmittelerzeugung zukunftssicher zu machen?

8.6 Ersatz substantiellen Ökosystem-Wissens durch strittige Indikatoren – Beispiel Boden

Dem Begriff Nachhaltigkeit ist sein ideologischer Zweck spätestens dann anzumerken, wenn es an die Konkretisierung geht und damit herausgerückt wird, dass es um die effizienteste und kostengünstigste Zielerreichung im Kräftedreieck von Ökonomie, Ökologie und Soziales geht. Nachhaltigkeit wird also wie ein Leistungsbegriff verstanden, mit dem anhand von Umweltindikatoren gemessen werden soll, ob eine Ressource (wie z. B. der Boden) mit bestimmten Techniken und Verfahren kostengünstiger erhalten wird als mit anderen.
Auf welchen Sollzustand das „Erhalten" bezogen ist, wird allein – da das Konzept Nachhaltigkeit selbst keine substantiellen Vorgaben liefert – durch verfügbare, fast schon beliebig ausgewählte messbare Indikatoren ausgefüllt: Konkret in den Beispielen für nachhaltige Bodenbewirtschaftung durch Arbeitsaufwand- „minimierende Eingriffe" also durch Minimalbodenbearbeitung mittels Minimalbestellkombinationen in Kombination mit chemischer Unkrautbekämpfung, sprich Glyphosat-Einsatz.
Durch diese Reduktion des Sollzustandes auf „rationellere", arbeitsärmere Bewirtschaftung gelangte Glyphosat zu der Auszeichnung, ein „nachhaltiges", weil arbeitssparendes Spritzmittel zu sein. Und dem Ökolandbau wird im Umkehrschluss attestiert, dass mit ihm ein

maximaler Bodenschutz nicht möglich sei, weil die Minimalbodenbearbeitung bei ihm wegen der Unkrautproblematik nicht anzuwenden ist.

Deutlich ist zu sehen, dass der Begriff der Nachhaltigkeit letztlich anmaßend wie ein Schwert benutzt wird, um das dürftige Wissen der konventionellen Agrarwissenschaft über den Boden, insbesondere deren Unwissen und Ignoranz gegenüber den Faktoren der Bodenfruchtbarkeit, wie vor allem dem Bodenleben, den Bodenbakterien, der Mykorrhiza, dem Humusgehalt und Austauschprozessen mit der Ackerbegleitflora, zum Maßstab der Errechnung von Nachhaltigkeit und der Bewertung der tauglichen Verfahren zu machen.

Die Rechnung sähe völlig anders aus, wenn allein die bereits derzeit bekannten verheerenden Wirkungen von Glyphosat auf das Bodenleben berücksichtigt würden: Erhebliche Dezimierung der positiven Agrobakterien, Schädigung aller Würmer, auch der Regenwürmer, Dezimierung des Pilzgeflechtes im Boden und auch der Knöllchenbakterien, die eine kostenlose Anreicherung des Bodens mit Stickstoff bewerkstelligen. Die Durchsetzung dieser Art von Nachhaltigkeitsdiktat hat nichts mit seriöser Wissenschaft zu tun. Sie resultiert vor allem aus dem Druck der Industrie und Chemie auf die Nachhaltigkeitsdebatte, nur solche Verfahren als nachhaltig und damit zukunftsfähig zu befinden, die die technische Rationalisierung und den Einsatz entsprechender technischer und chemischer Mittel befördern, weil dadurch der Ökonomie am besten entsprochen wird.

Keine Fragen und Indikatoren dazu, was einen langfristig stabilen und fruchtbaren Boden wirklich ausmacht, welche Schadwirkungen schwerere Technik und Totalherbizide auf das Bodenleben haben und in welchem Umfang der Ressourcenverbrauch für neue Technik und Chemie sogar noch zunimmt.

Viel mehr noch als bei den langfristig angelegten Wäldern haben wir es bei landwirtschaftlich genutzten Böden mit in sich hochkomplexen Ökosystemen und synchron zu den Jahreszeiten ablaufenden Stoffwechselprozessen, mit Auf- und Abschwungphasen des Bodenlebens und entsprechenden Stoffflüssen zu tun, sodass allein schon die Bestimmung der zur Erhaltung der Bodenfruchtbarkeit ausschlaggebenden Faktoren und der dafür notwendigen Stoffzufuhren Schwierigkeiten macht.
Hinzukommt dann die Multifunktion des Bodens als Nährstoff- und Wasserspeicher, als Wasserreiniger, als Garant für die Umsetzung organischer Abfälle in neue Nährstoffe für die Pflanze, für die CO_2-Speicherung, als Behausung für unzählige Lebewesen, von der seine Fruchtbarkeit abhängt, die unmittelbar die Frage nach der Bewertung dieser Lebenssicherungsleistungen, relativ zum Biomasseertrag, aufwirft.

Wie weit die aktuelle Agrarwissenschaft von der gebotenen differenzierten Sicht entfernt ist, zeigen vor allem zwei ihrer Prioritäten:

- Nach wie vor wird dem Ökolandbau wegen seiner geringeren Erträge die Vorzüglichkeit in Sachen Umwelt- und Klimaschutz abgesprochen. Das aber ist nur möglich, wenn die Lebenssicherungsfunktionen des Bodens und der bodennahen Wildflora und -fauna nicht gebührend beachtet werden und die negativen Folgen der Hochertragswirtschaft für die Umwelt und den Klimaschutz (Energieaufwand und

Emissionen) völlig außer Bewertung bleiben. Allein die Wasserreinigungsleistung der ökologisch bewirtschafteten Böden dürfte die Mehrerträge des konventionellen Sektors mehr als kompensieren.

- Nach wir vor spielt der Humusgehalt der Böden zur Sicherung der Bodenfruchtbarkeit und der Lebenssicherungsfunktionen des Bodens in der aktuellen Agrarpolitik und der durch die Agrarwissenschaft definierten „guten fachlichen Praxis“ bisher kaum eine Rolle. Immer noch dominiert die Auffassung, dass allein die Üppigkeit der Wurzeln kunstgedüngter Pflanzen für genügend Humus sorgt, auch wenn der Aufwuchs komplett verwertet wird. Wo die Biomasse für den Humusaufbau in den deutschlandweit ausgelaugten Ackerböden herkommen soll, ist nach wie vor kein Thema.

Bei der Verhinderung einer europäischen Boden-Rahmenrichtlinie im Jahre 2014, die analog zur Wasserrahmenrichtlinie erlassen werden sollte, war Deutschland führend beteiligt. In „weiser“ Voraussicht dürfte der Hauptgrund dafür darin bestanden haben, die nicht-nachhaltigen Praktiken der Intensivlandwirtschaft vor weiteren Korrektur-Anforderungen zu bewahren und die bodenschützenden Leistungen des Ökolandbaus ignorieren zu können.

Die hochgradige Abhängigkeit der Agrarforschung von der Politik (Institute des Landwirtschaftsministeriums) und der Industrie (Drittmittelforschung) dürfte kaum zu einem seriöseren wissenschaftlichen Nachhaltigkeitsdiskurs, die Landwirtschaft betreffend, beitragen.

8.7 Verdrängung ganzheitlicher Erfolgsbemessung durch zweifelhafte Einzeleffekte

Die zentrale und einmalige Besonderheit der landwirtschaftlichen Produktion, nämlich dass das Mehrprodukt, die Ernte, nur zu einem geringen Teil über Technik und Arbeit und zum größten Teil über autonome Naturprozesse, nämlich das Pflanzenwachstum und die Fotosynthese zustande kommen, wird in der gesamten Nachhaltigkeitsbetrachtung überhaupt nicht berücksichtigt!
Was per se verheerende Folgen hat, weil primär nur solche Produktionsfaktoren in die Betrachtung einbezogen werden, durch die im konventionellen Anbau der „Ertrag aufgebaut“ wird: Hybrid-Saatgut, N-Düngung in allen Varianten, Pestizide gegen alle typischen Erkrankungen in Monokulturen bzw. stark gedüngten Pflanzen.
Zentrale Produktivitätsfähigkeiten des Ökosystems Boden und der Kulturlandschaft selbst, vor allem die Bodenfruchtbarkeit, das gesunde Aufwachsen von Pflanzen aufgrund der heilen Antagonismen von Nützlingen und Schädlingen, die Fruchtfolge, Mischkulturen, der stetige Aufbau des Humusgehaltes usf. werden in der bisherigen Nachhaltigkeitssicht gelegentlich zwar erwähnt, jedoch infolge unzureichender Indikatoren bzw. Datenverfügbarkeit nicht berücksichtigt.

Damit wird auch das enorme und der konventionellen Landwirtschaft weit überlegene Entwicklungspotential des Ökolandbaus systematisch verleugnet! Denn nur der Ökolandbau ist dazu in der Lage, die uns von der Natur geschenkte Produktivität zu erhalten und zu fördern.

Wenn „Nachhaltigkeit“ in der Landwirtschaft eine Grundlage hat, dann vor allem in Bezug auf den Erhalt und die Steigerung der Produktivität der natürlichen Ökosysteme Acker und Wiese in Kombination mit den physikalischen Umweltgegebenheiten Sonne, Regen, Wind und Wetter, also der Produktivkraft der Natur selbst.

Nachhaltigkeitsvergleiche der beiden Anbausysteme interessieren sich aber für die Gratisleistung der Natur und ihre Bedingungen nicht. Man tut so, als ob die quantitativ höhere Ergiebigkeit der konventionellen Landwirtschaft allein vom Einsatz von Kunstdünger, Spritzmittel und Technik abhinge und nicht vor allem von der Bodenfruchtbarkeit, dem Humusgehalt des Bodens, der Wasserhaltekraft des Bodens usw., Faktoren, die allesamt durch die chemischen Mittel geschädigt werden und von Jahr zu Jahr an natürlicher Produktivkraft einbüßen.

Würde diese negative Wirkung der konventionellen Landwirtschaft auf die natürliche Gratis-Produktivkraft des Ökosystems Mutterboden bei der Nachhaltigkeitsbilanzierung berücksichtigt, käme man sehr schnell zu dem Ergebnis, dass die heutigen hohen Erträge absolut auf Sand gebaut sind, d. h. einen ständig wachsenden Mitteleinsatz in Zukunft nach sich ziehen werden.

Wo aber bleibt da die Berücksichtigung der Langfristperspektive, die sich die Propagandisten der Nachhaltigkeit so gerne auf die Fahnen schreiben? Wo wurden bisher in die Nachhaltigkeitsbewertung des konventionellen Anbausystems die Verluste bei den natürlichen Grundlagen des Wachstums auf den Feldern und wo wurde beim Vergleich mit Ökobetrieben deren Erhaltungs- und Förderleistung in Bezug auf die natürlichen Produktivitätsgrundlagen einbezogen?

Es ist ganz offensichtlich, dass die Bilanzen des Nachhaltigkeitskonzeptes, die auf quantifizierten Daten und mathematischen Berechnungen beruhen, den Ökolandbau allein schon dadurch massiv benachteiligen, weil die konventionelle Agrarwissenschaft, die die Faktoren und Formeln liefert, alle Faktoren ignoriert, die nicht konkretisiert, nicht genau quantifizierbar und nicht marktgängig sind:

Das sind einerseits vor allem die Förderung der Ökosystem- und Lebenssicherungsleistungen aufseiten des Ökolandbaus und andererseits die gravierenden Schadensfolgen der Intensivlandwirtschaft für den Boden, die Wasserwirtschaft, die natürliche Flora und Fauna und das Klima.

Bewertungen entlang des Nachhaltigkeitskonzeptes sind also im Bereich der Landwirtschaft die Methode, mit der der Teufelskreis, in dem sich die konventionelle Intensivlandwirtschaft und die ihr zur Hand gehende Agrarwissenschaft bewegt, legitimiert wird: Indem primär die für natürliche Produktivität des Bodens verantwortlichen Faktoren weder in ihrer positiven Wirkung wie hinsichtlich ihrer Schädigung berücksichtigt werden – weil sie für die konventionelle Agrarwissenschaft unbekannt sind oder bewusst als irrelevant eingestuft werden.

Wenn es die Propagandisten der Nachhaltigkeit ehrlich und fair meinten, dann würden sie alles daran setzen, dass bei den Bewertungen vor allem die Förderung der natürlichen Produktivkräfte des Bodens und der Kulturlandschaft in den Mittelpunkt gerückt werden – und, wenn dafür zu wenig Wissen, Indikatoren und Daten verfügbar sind, durch entsprechende Forschungsausrichtung und -förderung möglichst schnell zu schaffen!

8.8 „Nachhaltigkeit" wünscht Gentechnik

Es ist kein Geheimnis, dass einer „nachhaltigen“ Entwicklung alle Mittel recht sind, um angeblich die Ernährung der Weltbevölkerung sicherzustellen – was in einem Land wie Deutschland mit einem erheblichen Außenhandelsdefizit wegen der hohen Nutztierzahlen, an sich bereits absurd ist. Wenn es hieß, dass die Effizienz und Leistungsfähigkeit der Agrosysteme durch gentechnisch verändertes Saatgut zu steigern wäre, dann wurde sein Einsatz bisher grundsätzlich von den Vertretern des Nachhaltigkeitskonzeptes befürwortet.

Es waren politische Gegenbewegungen der Verbraucher und Ökoverbände, die hier in Europa ein Gentechnik-kritisches Bewusstsein geschaffen und in Form einiger Moratorien oder Verbote z. B. beim Gen-Mais auch zum politischen Erfolg geführt haben.
Jedoch sind Nachhaltigkeitspropagandisten immer noch dabei, auf diese gefährliche technische Schiene der angeblichen Züchtungsrationalisierung und angeblichen Produktivitätssteigerung in der Landwirtschaft zu setzen, wie sich aktuell im Falle der CRISPR/Cas-Technik, einem neuen, einfacheren Verfahren der Gen-Manipulation zeigt.

Über die im vorigen Kapitel 7 erläuterten potentiellen Schadwirkungen der GT hinaus, können hier, unter dem Nachhaltigkeitsaspekt, noch einige Aspekte zur Unverträglichkeit der Gentechnik mit ökologischer naturgemäßer Landwirtschaft hinzugefügt werden:

Wie oben dargelegt, ignoriert das Nachhaltigkeitskonzept innere und äußere substantielle Reproduktionserfordernisse von Ökosystemen ebenso wie entsprechende Zusammenhänge und Wechselwirkungen zwischen biologischen Teil-Systemen einerseits und Auswirkungen der Bewirtschaftungsweise darauf, andererseits.
Diese Ignoranz des Nachhaltigkeitskonzeptes betrifft z. B. die <u>in der Bodenfruchtbarkeit absolut notwendige innere Nahrungskette</u> vom eingebrachten Kompost über die Bodenbakterien, Algen, Pilzmyzel, Kleintiere wie z. B. Käfer, Würmer, bis hin zu zahlreichen Wildkräutern und schließlich dem Keim und den Wurzeln der Nutzpflanzen.
Auswirkungen einer gentechnisch veränderten Pflanze (einschließlich zugehöriger Pestizide, hauptsächlich Glyphosat) auf diese Boden-immanente Nahrungskette wurden bisher schon ignoriert und werden neuerdings auch in Verbindung mit den Verfahren des Genome Editing ignoriert. Dies, obwohl in der Zwischenzeit auch in der Bodenforschung bekannt sein dürfte, dass der Pestizideinsatz, in Kombination mit langjährigen Monokulturen, zur Unterbrechung dieser Kette, mit der Folge von unverrotteten Strohmatten im Boden, bei gleichzeitig abnehmendem Humusgehalt, führt.
Wie also kann es sein, dass Forscher, die im Bereich der Öko-Agrar-Forschung sich einen Namen gemacht haben, übersehen, dass gentechnisch veränderte Nutzpflanzen, allein

schon durch ihre Unbekanntheit oder gar Giftigkeit für das Bodenleben und ihre möglicherweise selektive Wirkung auf diese innere Kette der Bodenfruchtbarkeit, eine vollkommen katastrophale Wirkung haben können? Oder gibt es bereits Agrarwissenschaftler, die durch viele Jahre analytischer Forschung und ausschließlich chemieorientierter Produktivitätsauffassung den Blick fürs Ganze des Bodens und die potentielle Schädlichkeit technisch erbgutveränderter Pflanzen für die Ökosysteme völlig verloren haben?

Auch wenn die neue, Bakterien abgeschaute, Technik die gentechnische Veränderung, in Form des Austausches von Nukleasen bis hin zur Einfügung neuer Gene an bestimmten Stellen des Genoms präziser ermöglicht, heißt das nicht, dass man nunmehr genauer wüsste, was anschließend passiert: Zum einen hat man immer noch keine vollständige Kenntnis über die möglicherweise sehr komplexe Bedeutung eines Gens oder einer bestimmten Stelle im Erbgut und zum anderen sind beim Genome Editing tatsächlich solche bisher unbekannte Zusammenhänge innerhalb des Erbgutes und damit auch über die geplante Wirkung hinausgehende Wirkungen, sogenannte „Off-Target-Effekte“ (unbeabsichtigte bzw. unbekannte Effekte auf das Erbgut außerhalb des Zieles) festgestellt worden. Außerdem sind die Zusammenhänge zwischen Genen und ihren Funktionen im Organismus selten monokausal und direkt, sondern regelmäßig komplex und vermittelt durch die Steuerung vonseiten der Zelle, sodass die höhere Präzision beim Schneiden der DNS lediglich die Eingriffe erleichtert, nicht aber die Sicherheit der NGT erhöht.

Direkte technische Erbgutveränderungen scheinen den Prozess der Evolution abzukürzen, der normalerweise darin besteht, dass Einzelorganismen aufgrund von Umwelteinflüssen veränderte Nachkommen hervorbringen, die nun ihrerseits mehr oder weniger fortpflanzungsfähig und überlebensfähig sind. Das Überleben einer Variation hängt von der Beziehung zwischen dem natürlich veränderten Erbgut zu ihren phänotypischen Fähigkeiten einerseits und der Beziehung dieser Fähigkeiten wiederum zu anderen Arten, geophysikalischen Bedingungen und anderen Ökosystemmerkmalen, andererseits ab.

Der technische Erbgut-Eingriff kann zwar sehr schnell viele in der Natur nicht vorkommende und normalerweise nur unter zelleigener Regulation entstehende Variationen hervorbringen, jedoch nicht den Prozess der doppelten Tauglichkeitsprüfung der Variante in Bezug auf die Lebensfähigkeit und Fähigkeiten des Organismus und vor allem nicht in Bezug auf die Wirkungen gegenüber der Ökologie ersetzen. Das heißt also, dass die NGT genau das nicht leisten kann, was zur Bewahrung der Ökologie unerlässlich ist: Den Ausschluss von Variationen, die das „Gewebe verwickelter Beziehungen“ zwischen den Arten – wie Darwin selbst die Interdependenzen zwischen den Arten bezeichnet hat – stören oder gar völlig zerreißen, sodass die Überlebensfähigkeit vieler Arten gefährdet wird.
Wegen der Umgehung der Souveränität der Organismen bei der natürlichen Variation (in Folge äußerer physikalischer Einflüsse) mittels ihrer Vergewaltigung, gelten die neuen genomischen Techniken der Genmanipulation auch nicht als Züchtung.

Da durch Gentechnik niemals ein vollständiges Wissen über die langfristigen Auswirkungen von technischen Erbgutveränderungen auf den Organismus, auf seine Fähigkeiten und

Unfähigkeiten, auf die Selbstregulation der Zellen und auf seine Wirkung auf andere Arten und ganze Lebensgemeinschaften erlangt werden kann, müsste sich eigentlich der gesamte Ansatz der gentechnischen Veränderung für jeden ökologiebewussten Naturwissenschaftler verbieten.

Jedoch vertragen sich der gentechnische Ansatz zur Erbgutveränderung und die Erwartungen der modernen Gentechniker dann mit dem Konzept der „Nachhaltigkeit“, wenn dieses, frei von substantiellen Verpflichtungen, allein dazu dient, Ökosysteme einer möglichst profitablen Nutzung zuzuführen, ohne auf ihre inneren und äußeren Eigenschaften und Funktionen Rücksicht zu nehmen. Mögliche Schäden bleiben hier ebenso außen vor wie bereits beim Einsatz von Kunstdünger und Pestiziden in der ganz gewöhnlichen konventionellen Landwirtschaft.

Das Konzept der Nachhaltigkeit wirkt also, dank seines internationalen Renommees durch die UN, sowie infolge der Suggestivkraft einer vermeintlich „konservierenden“ Funktion für die Ökologie, in Kombination mit globalen Katastrophenszenarien (z. B. Hungerproblem), die einen Bedarf für rasches und effizientes Handeln suggerieren, Verstand-trübend sogar bei manchen Agrarwissenschaftlern, die es eigentlich besser wissen müssten. Oder ist es einfach nur die Drittmittelabhängigkeit oder eine bereits zu weitgehende Entfremdung von der Natur und der Ökologie selbst sowie von den Bauern und den Höfen, die tagtäglich beweisen, dass man Chemie und Gentechnik in der Landwirtschaft nicht braucht, um den Verbrauchern und der Allgemeinheit maximal zu dienen?

8.9 Nachhaltigkeit dient zur Durchsetzung des „integrierten“ Intensiv-Anbaus als Leitbild

Es dürfte oben klar geworden sein, dass das 3-Faktoren-Modell der Nachhaltigkeit (Ökonomie, Ökologie und Soziales) nur dazu dient, die natürlichen Ressourcen und die Ökosysteme einer gesteigerten optimierten Ausbeutung zu unterwerfen und Formen des Landbaus, die wie der ökologische Landbau auf die eigenständige Produktivkraft der Natur setzen und diese deshalb besonders schützen und möglichst sogar fördern möchten, als Hemmnis dieser technik- und chemieintensive Strategie ins Abseits zu befördern.

Durch das bisher nicht hinreichend korrigierte Missverständnis auf Verbraucherseite, die meint, es würde sich bei der Nachhaltigkeit um ein Konzept des globalen Natur- und Ressourcenschutzes handeln, ist es den Propagandisten der Nachhaltigkeit schon sehr weitreichend gelungen, dem Ökolandbau diverse nachteilige Mäntelchen umzuhängen: von fortschrittsfeindlich über weltanschaulich gebunden, wenn nicht gar ideologisch bornierte Naturverteidiger bis hin zur Museumslandwirtschaft.

Das Instrumentarium an Verleumdungen und Diskreditierungen stammt aus früheren Zeiten und kann nur deshalb so weitgehend diffamierend an die Verbraucher und Bauern gebracht werden, weil sich die Ökolandbauszene auf den Small Talk eingelassen hat, anstatt sich klar und deutlich zur Wehr zu setzen und die Oberen des Bauernverbandes als das zu charakterisieren was sie als Aufsichtsräte in den Agrokonzernen sind: willfährige Helfer beim Profitmachen mit der Landwirtschaft und bei der Übernahme der Ernährungs-„sicherung“ durch die global agierenden Konzerne.

Obwohl eine zunehmend gesundheitsbewusstere Verbraucherschaft trotzdem immer mehr auf den Geschmack kommt und dem Ökoabsatz jährlich ansehnliche Zuwächse beschert, schicken sich die Propagandisten der Nachhaltigkeit an, bei den laufenden Verhandlungen über die Maßgaben der Verteilung der EU-Agrarsubventionen ab 2020 den Ökolandbau weitgehend in den Schatten zu stellen. Ihr Favorit ist der sogenannte, uns altbekannte, „kontrollierte“ bzw. „integrierte Anbau“, also die ganz normale konventionelle Landwirtschaft, nur mit dem Zusatz: Spritzen nur wenn die Schadschwelle überschritten ist und Düngung nur in Übereinstimmung mit den neuen Vorgaben der Düngeverordnung, was zumindest einen Schritt in Richtung EU-Wasserrahmenrichtlinie andeutet. Natürlich auch Gentechnik-Einsatz, der mit CRISPR/Cas allerdings nicht mehr unbedingt als solcher bezeichnet werden muss, wenn die EU-Kommission die Nicht-Nachweisbarkeit der Manipulation im Produkt zum Maßstab macht und entsprechende Pflanzen damit für normal erklärt. Jedoch gibt es den sogenannten integrierten Anbau seit ca. 30 Jahren als Absicht auf dem Papier, dem die Realität des Maximaleinsatzes erlaubter Mittel und entsprechender Steigerungen des Pestizid- und Kunstdüngereinsatzes gegenübersteht, um das Maximum aus den Böden herauszuholen.

8.10 Der Ökolandbau ist dem Nachhaltigkeitskonzept bei Weitem überlegen

Der Ökolandbau rückt die natürliche Produktivität der Ökosysteme, dem die Menschen seit Menschengedenken das Mehrprodukt verdanken, von dem auch die wachsende Menschheit sich ernährt, in den Mittelpunkt seines landwirtschaftlichen Geschickes:

Die Verfügbarkeit von genügend Saatgut vorausgesetzt, sind es nicht die externen Mittel, in Kombination mit der menschlichen Arbeit, die die Saatkörner wachsen und gedeihen lassen und zu ihrer zigfachen Gewichtsvermehrung führen, sondern die immer schon vorhandenen, autonom ablaufenden Wechselwirkungen zwischen den Pflanzen und der belebten und physikalischen Natur.

Dies unterscheidet die Lebensmittelerzeugung fundamental von der industriellen Produktion, wonach der Ertrag einzig als das Produkt der Einwirkung menschlicher Arbeitskraft, Technik und Energie auf Materialien gesehen wird. (Allein schon deshalb verfehlt das Nachhaltigkeitskonzept mit den „Wechselwirkungen zwischen Ökonomie, Ökologie und Soziales“ als letztinstanzliche Maßgaben der Bewertung, die Spezifik der landwirtschaftlichen Lebensmittelerzeugung in ihrem innersten, eigenproduktiven und für den Nach-Halt maßgeblichen Kern).

Nebenbei gesagt, führt die Missachtung dieser Besonderheit der Lebensmittelerzeugung im Verhältnis zu den industriellen Produktionsprozessen zu dem Trugschluss in allen modernen Gesellschaftstheorien, dass ein Mehrprodukt einzig durch Arbeit geschaffen wird und dass es maßgeblich allein auf die sozial gerechte Verteilung dieses Mehrprodukts ankäme, um eine bessere Welt zu schaffen. Eine bessere Welt, heute eine gewünschte Welt ohne Klimawandel, ohne Artenverlust, ohne Gewässerverschmutzung und ohne Hunger, ist ohne die Einsicht in die autochthone Produktivkraft der Biosphäre und dem Respekt davor (das wäre wirkliche Nachhaltigkeit) überhaupt nicht mehr denkbar. Das sollten sich die Befürworter und Gegner des industriellen kapitalistischen Wachstums gemeinsam hinter die Ohren schreiben!

Aber zurück zur natürlichen Produktivität der Ökosysteme, der die landwirtschaftlichen Betriebe den weitaus größten Teil ihres Ertrages verdanken und die im Ökolandbau absolut Vorrang hat vor allen anderen denkbaren Helfern.

Vorrang der natürlichen Produktivität heißt:

- Vorrang für die Entschlüsselung des geheimen Lebens im Boden,
- Vorrang für Humusaufbau und Förderung des Bodenlebens,
- Vorrang für akzeptable Mischkulturen aus Nutzpflanzen und Ackerbegleitpflanzen,
- Vorrang für gesundes Pflanzenwachstum,
- Vorrang für Nützlinge,
- Vorrang für Erträge aus einem fruchtbaren Boden anstatt aus den extern zugeführten Drogen Kunstdünger und Spritzmittel.

Allein der Ökolandbau sichert durch sein Beharren auf der natürlichen Produktivität der Biosphäre als Ertragsgarant seiner Produktionsweise die Beachtung und Entwicklung aller relevanten Grundlagen des Lebens an sich und ihrem Zusammenwirken so, wie es für diese selbst notwendig ist, um Fortbestehen und womöglich sogar noch ergiebiger für den Menschen wirken zu können. Diesem Ansinnen eine Absage zu erteilen, wie es das Konzept der Nachhaltigkeit versucht, ist eine Anmaßung, die schleunigst durch eine Mittelpunktstellung der Ökologie und Unterordnung wirtschaftlicher und sozialer Aspekte korrigiert werden sollte.

Denn nur der Ökolandbau sichert die heile Fortexistenz des bisherigen Klimas, der Arten, der Bodenfruchtbarkeit, des Grundwassers in der Kombination, die für deren Fortexistenz notwendig ist. Die beliebigen Ausschnitte, Indikatoren und Berechnungen von Seiten der Nachhaltigkeitspropagandisten sind verglichen damit, nicht mehr als ein Spiel mit dem Feuer oder sogar russisches Roulette.

Daher ist das Betreiben der Nachhaltigkeitspropagandisten, den sogenannten „integrierten“ Anbau zum Leitbild für nachhaltige Landwirtschaft zu erklären und entsprechend bevorzugt fördern zu lassen, strikt und konsequent zurückzuweisen.

Angesichts der katastrophalen Lage der Biosphäre (vor allem Klimawandel und Artenverlust) dürften im Interesse der Allgemeinheit nur solche Landbauformen und -leistungen gefördert werden, die erkennbar und offen evaluierbar zum Erhalt und zur Gesundung der Biosphäre beitragen. Berechnungen vonseiten des Nachhaltigkeitskonzeptes sind dafür völlig ungeeignet, weil sie sich nur der verfügbaren Daten, bevorzugt aus der Intensivlandwirtschaft, bedienen. Diese repräsentieren nur marginal Leistungen für die Biosphäre und vor allem nicht deren Schädigungen mit den entsprechenden Folgekosten für die Allgemeinheit.

8.11 Mehr Klima- und Ressourcenschutz durch bestimmte Nachhaltigkeitsaspekte

Da der logische Sinn des „Nachhaltigkeits“-Begriffes sich letztlich darin erschöpft, dass bei knappen Gütern, die durch natürliche Wachstumsprozesse erzeugt werden, auf ein ausgewogenes Verhältnis zwischen Nachwuchs und Entnahme geachtet werden muss, liefert der Begriff für den Schutz von Natur, der Ökosysteme und auch des Klimasystems letztlich keine klaren Anhaltspunkte. Der Begriff war aus der „Holznot“ im Mittelalter entstanden und sein Zweck bestand allein darin, dieser Not durch bessere Umsicht und rechtzeitige Vorkehrungen für die Zukunft vorzubeugen.
Aber wie würde der Bedarf in der Zukunft sein und muss nicht auch der Holzeinschlag gezügelt werden entsprechend der nachwachsenden Kapazitäten, um wirklich im Bereich des Nachhaltigen zu bleiben? Nachhaltigkeit verlangt also, dass ausreichend für Nachwuchs gesorgt wird und dass die Nutzung, die Entnahme, auf ein Maß beschränkt wird, bei dem z. B. der Wald als eigenproduktives System, also als System mit eigentümlichen Wachstumsbedingungen, nicht überfordert wird.

Damit befinden wir uns also tatsächlich auf einer Brücke vom Nachhaltigkeitsbegriff zum Natursystem, das bei seiner Lieferung knapper Güter nicht überfordert werden soll, indem z. B. beim Bodenökosystem für günstige Wachstumsbedingungen seiner Lebensgemeinschaften gesorgt wird und die Entnahme in darauf abgestimmten Grenzen bleibt, um die natürliche Bodenfruchtbarkeit zu erhalten.

Somit sind die logischen Brücken zwischen nachhaltiger Waldnutzung und dem Klimasystem, das durch zu viel Treibhausgasemissionen und zu wenig Treibhausgasresorption sich weiter erhitzt, wenigstens formal gegeben: Ähnlich wie beim Wald, der allmählich verschwindet, wenn im Verhältnis zur Entnahme zu wenig nachwächst, verschwindet das gemäßigte, kalkulierbare Klima, wenn mehr Treibhausgase emittiert als resorbiert werden.

Auf beides, auf die Emission wie auf die Resorption hat die Landwirtschaft einen gewichtigen Einfluss. Dieser ist allerdings in konventionellen Betrieben mit intensiver Tierhaltung und Futterimporten aus früheren Urwaldgebieten, den enormen Methan- und Ammoniakemissionen und dem Einsatz von Kunstdünger und Pestiziden ungleich mehr in Richtung Emission, und das heißt Förderung des Klimawandels, verschoben ist, als in Biobetrieben.

Maximaler Klimaschutz durch einen landwirtschaftlichen Betrieb scheint erst dann gegeben, wenn der Betrieb nicht mehr Treibhausgase emittiert als er resorbiert. Aber das ist eigentlich bisher nur in Biobetrieben mit ihrer auf die Fläche begrenzten Tierhaltung und dem Verbot von Kunstdünger und Pestiziden gegeben.

Dennoch maßen sich Nachhaltigkeitspropagandisten gegenüber dem Ökolandbau an, seine Leistungen in puncto Eindämmung des Klimawandels, Schutz der Lebensgrundlagen und Erzeugung von möglichst unbelasteten Lebensmitteln, weitgehend (durch die minde-

ren Erträge) zu relativieren. Eigentlich eine skandalöse „Leistung“ der auf konventionell getrimmten Agrarwissenschaft, weil sie die katastrophalen Folgen der Hocherträge für die Umwelt und das Klima systematisch ignoriert und durch angebliche Produktionsverlagerungseffekte, die die geringen Erträge des Ökolandbaus angeblich zur Folge hätten, dem Ökolandbau negativ anrechnet.
Jedoch gibt es diese Verlagerungseffekte bisher hauptsächlich in der konventionellen Tierhaltung: Diese bedient sich, weil sie nicht auf die eigene Futterfläche begrenzt ist, im großen Stil eiweißreicher Nahrung, Soja, aus früheren südamerikanischen Prärie- und Urwaldgebieten importiert, um tierische Produkte für den Weltmarkt zu produzieren. Die Folge ist ein beträchtliches Agrarhandelsdefizit Deutschlands, das sich trotz Hocherträge nicht vermindert hat. Im Ausland benötigte Landnutzungsänderungen (Urwaldzerstörung) und dadurch bewirkte THG-Emissionen haben großen Anteil an der katastrophalen Klimabilanz der konventionellen Landwirtschaft. Dieser Anteil scheint aber in den nationalen Bilanzierungen nicht durch, weil Letztere alles aus der Berechnung ausklammern, was nicht im Inland und nicht direkt in der Landwirtschaft verursacht ist. Selbst die Emissionen bei der Kunstdünger- und Pestizid-Herstellung erscheinen nicht in der Bilanz der deutschen Landwirtschaft, ebenso wenig die verhängnisvollen Landnutzungsänderungen und Emissionen für alle von der hiesigen Landwirtschaft genutzten Produkte und Dienstleistungen, die außerhalb Deutschland erzeugt bzw. getätigt werden, wie z. B. die Transporte.

Derzeit scheint es nichts Verlogeneres und auch gezielt zur Beschönigung Genutztes zu geben als Klimabilanzen: Während die offiziellen Zahlen für den Klimawandel-Beitrag der deutschen Landwirtschaft zwischen 7 % (Bauernverband), 15 % (Naturschutzbund) und 30 % (eigene Berechnungen, siehe Kapitel 1) liegen, sehen Umweltorganisationen den Anteil des gesamten Ernährungssystems (einschließlich Entwaldung, Verarbeitung, Transport und Wegwerfen verzehrbarer Lebensmittel) bei über 50 % weltweit!

Daran ist deutlich ablesbar, dass das Jonglieren mit Bilanzen zu einem der wichtigsten modernen Mittel zur Verbrauchertäuschung geworden ist.

Zurück also zum Verhältnis zwischen der Emission und Resorption von Treibhausgasen in der deutschen Landwirtschaft, das in konventionellen Betrieben in hohem Maße negativ ist und nur durch Schlechtrechnung des Ökolandbaus, anhand seiner geringeren Erträge, „aufgebessert“ werden kann. Der Ökolandbau hingegen emittiert i. d. R. nicht mehr als er resorbiert, obwohl er mehr als die Hälfte des Ertrages der konventionellen Betriebe erwirtschaftet.

Dennoch ist abschließend zu fragen, in welchen Bereichen oder bei welchen Aufwendungen die Nachhaltigkeitsbetrachtung für die Bio-Betriebe und für die Allgemeinheit einen Zugewinn an Wissen und tatsächlichem Klima- und Ressourcenschutz bringen könnte?

Bei der Suche nach solchen Bereichen und Aufwendungen kann man sich getrost an die Ökoverbände und Ökobetriebsleiter wenden, die selbst ganz genau wissen, wo die unbestreitbar hohen Leistungen des Ökoanbaus für die natürlichen Lebensgrundlagen noch getrübt werden durch klimaschädliche Wirkungen oder Unstetigkeiten in der Ertragslage, die zu starken Schwankungen der Mengen und Preisen auf dem Markt führen.

Folgende Bereiche bzw. Aufwendungen sind im Fokus der Biobetriebe in Sachen Nachhaltigkeit:

- Die Verringerung des Einsatzes fossiler Energie z.B. für die Traktoren und Gewächshäuser durch vermehrten Einsatz leichterer Maschinen, Zugmaschinen mit batteriebetriebenem Elektroantrieb und von Solarenergie.
- Die Verringerung der Lachgasemissionen bei der Anreicherung des Bodens mit organischem Material durch neue Formen der Flächenkompostierung und Verwendung von frischem oder silierten organischen Material zur Düngung.
- Die Züchtung, Vermehrung und konsequente Verwendung samenfester Sorten im Gemüse- und Getreidebau durch herkömmliche Kreuzungszüchtung zur Einkreuzung von Sorten aus südlichen Ländern und Vermeidung von Hybridsorten.
- Die Verstärkung der Synergien zwischen verschiedenen Nutzpflanzen durch Gemengesaaten, Mischkulturen im Gemüsebau und komplexeren Permakultursystemen in der Kulturlandschaft (Obstbaumalleen, Agroforst).
- Die Verstetigung der Erträge durch methodische Verbesserungen bei der Gesunderhaltung der Kulturen einerseits und durch bessere Unkrautregulierung andererseits.
- Die Verminderung des Aufwandes für Grundbodenbearbeitung zur Förderung des Bodenlebens und Verringerung des Energieeinsatzes bis zum Saatbeet/Pflanzbeet.
- Die konsequente Begrenzung der Nutztierhaltung auf die vorgeschriebenen und für die Umwelt erträglichen maximalen 2 GV/ha und die weitere Verminderung des Aufwandes für Bauten und Technik durch tiergerechte Haltungsformen und Weidemanagement.
- Die Erschließung neuer Quellen organischen Materials zur Steigerung des Humusgehaltes der Böden durch Verwendung von Grünlandschnitt aus Naturschutzflächen und Strauchhäcksel aus der Heckenpflege zur Kompostierung.
- Die Entwicklung regionaler Wertschöpfungsketten durch den Aufbau regionaler Direktvermarktungsstrukturen unter Einbeziehung regionaler Lebensmittelhändler und -verarbeiter.

Aufgrund der positiven Klima- und Umweltschutzbilanz scheint es naheliegend, dass der Ökolandbau zum Leitbild für die künftige Entwicklung der Landwirtschaft in der EU erhoben wird. Zugleich sollte die Subventionsvergabe an die Erbringung gesellschaftlich wertvoller (nicht schädlicher) Leistungen sowie mit einem relevanten Anteil auch an den Arbeitsaufwand gebunden werden. Damit würden die kleineren Betriebe bessergestellt und man käme weg von der Großbetriebsförderung, wie sie heute durch die Bindung der Subvention an die Flächengröße gegeben ist.

Förderungen in puncto Nachhaltigkeit könnten hinzukommen, wenn deren Effizienz bei der Verminderung der Emission von Klimagasen und fossiler Energie über die ganze Kette eingesetzter Mittel und Verfahren sowie bei der Steigerung der Artenvielfalt und Gewässerreinheit erwiesen ist.

8.12 Die sogenannte „Klimaneutralität" als mathematischer Nachfolger des Nachhaltigkeitskonzeptes

Der logische Zusammenhang zwischen Nachhaltigkeit und Klimaschutz besteht darin, dass es zur Erhaltung eines gemäßigten Klimas nötig ist, nicht mehr Klimagase zu emittieren als in sogenannten CO_2-Senken resorbiert werden können, dass also Nachhaltigkeit hier erfordert, mit dem Treibhausgas (THG)-Anteil in der Atmosphäre auf einem Niveau zu bleiben, das eine weitere Aufheizung verhindert. Laut Umweltbundesamt kann das Ziel der Pariser Klimakonferenz, alles zu tun, damit der Temperaturanstieg unter 2 °C bleibt, mit 66%iger Wahrscheinlichkeit nur erreicht werden, wenn der Anteil aller CO_2-Äquivalente (CO_2e) bis 2050 unter 450 ppm (Parts per million) bleiben. Zurzeit, 2020, sind wir bereits auf einer neuen Rekordhöhe von 418 ppm, die bereits weltweit zu katastrophalen Folgen in Form von hitzebedingten Waldbränden, Extremniederschlägen und daraus folgender Zerstörung ganzer Landstriche, von Siedlungen, Wäldern, Wildtierbeständen und Kulturpflanzen führt.

Eine ausgeglichene Bilanz zwischen Emission und Resorption kommt weltweit dann zustande, wenn über die Meere, Wälder, Böden und Kulturen alle während eines Jahres von der Natur und der Menschheit emittierten Treibhausgase wieder aufgenommen und wenigstens für 1 Jahr gebunden werden. Dann besteht gewissermaßen auch „Klimaneutralität“ – Netto-Null-Emissionen – einer nationalen Wirtschaft bis hin zur Weltwirtschaft, wenn alle Länder dies schaffen oder zumindest im Durchschnitt schaffen: D. h. wenn die THG-Emissions-Überhänge der einen Länder durch die Resorptionssenken anderer Länder voll kompensiert werden.

Da dies im Wesentlichen seit der forcierten Industrialisierung und Nutzung fossiler Energie insgesamt und auch der Landwirtschaft in den vergangenen 60 Jahren nicht mehr der Fall ist, steigt der THG-Anteil in der Luft und mit ihm die Zurückhaltung von Wärme in der Atmosphäre, was zu einem weltweiten Anstieg der Weltmittel-Temperatur, insbesondere aber einen Temperaturanstieg in polarnahen Regionen führt. Diesen Anstieg auf unter 1,5 °C zu begrenzen, war das erklärte Ziel des Pariser Klimaabkommens von 2016.

In der Zwischenzeit ist der Kohlendioxid-Gehalt der Luft weiter gestiegen und es ist nicht absehbar, dass der Anstieg gestoppt werden könnte, obwohl sich die ganz große Mehrheit der Länder auf das 1,5-Grad-Ziel geeinigt hatte. Absicht und reales Handeln der Staaten klaffen hier offenbar weit auseinander, auch wenn die meisten Staaten in den nächsten 10 bis 30 Jahren mit ihren Emissionen „klimaneutral“ werden wollen.

Damit sind wir beim gleichen Problem wie bei der Nachhaltigkeit: So wie der Wald allmählich verschwindet, wenn mehr entnommen wird als nachwächst, verschwindet auch das gemäßigte Klima immer mehr durch den Überhang der Emissionen über die Resorption.

Das Konzept – oder besser: die Ideologie – der „Klimaneutralität“ sorgt dafür, dass die Emissionen stärker zunehmen als resorbiert wird: Das hat zwei Gründe, einen menschheitsgeschichtlichen und einen aktualpolitischen:

- Graf Buffon, der sich bereits im 18. Jh. für die durch Waldrodungen bewirkten Klimaveränderungen interessierte, stellte angesichts der durch umfangreiche Waldrodungen wärmer werdenden Länder in Mittel- und Südamerika fest:
  „Es falle dem Menschen schwerer, die Erde abzukühlen als sie zu erwärmen, denn es sei leichter, Bäume in Guyana zu fällen, als sie in Arabien zu pflanzen“ (nach C. L. Glacken, in Sieferle, Fortschritte der Naturzerstörung, 1988, S. 169).

Vor allem angesichts der dramatischen Urwaldrodungen in Amazonien und Südostasien heute, scheint diese Weisheit bis heute Gültigkeit zu haben und der menschlichen Handlungsfähigkeit in unserer Zeit noch ein schlechteres Zeugnis auszustellen als vor gut 200 Jahren: Da doch heute die Zentralität der Urwälder als Treibhausgas-Senken und Kühlaggregate der Erde für die Bekämpfung des mittlerweile offensichtlichen Klimawandels weltweit wissenschaftlich belegt ist, was zu Zeiten von Buffon lediglich in Einzelmeinungen vertreten wurde.

- Aktualpolitisch schockiert nicht nur das Nebeneinander von Klimaschutzkonferenzen und der Abholzung der letzten Urwälder in den Tropen sondern auch die fortgesetzte Umwandlung von Wäldern, sowie Grünland und Äckern in Straßen und Siedlungsgebiete hierzulande in einem beträchtlichen Ausmaß! Was die Frage aufwirft, ob unsere Verwüstung der Ökosysteme moralisch vertretbarer ist, weil es sich dabei nicht mehr um die Urwälder handelt, die in unseren Breiten bereits im Früh- und Hochmittelalter in Äcker verwandelt wurden?

Es schockiert auch das Ausmaß an Trickserei, mit der sich die Hoch-Emittenten mit negativer Klimabilanz eine ausgeglichene Klimabilanz zu erkaufen trachten, indem sie den Treibhaus-Senken in der Dritten Welt etwas Geld zukommen lassen, damit diese Senken erhalten bleiben und dafür eine Gutschrift erhalten für ihre THG-Emissionen, sodass die Welt – nach diesem Deal – rein rechnerisch sich etwas „klimaneutraler“ darstellt als vor dem Deal.

Das ganze nennt man „Kompensation“ über den sog. Zertifikate-Handel: Die Industriestaaten bzw. ihre Unternehmen kaufen sich die Resorption ihrer Emissionen in den Entwicklungsländern durch entsprechend finanzierte Projekte, für die sie THG-Gutschriften erhalten. Die Entwicklungsländer verpflichten sich im Gegenzug für eine gewisse Zeit ihre Senken zu erhalten. Je niedriger der Preis für CO_2-Zertifikate = Emissionen, desto lukrativer ist dieses Geschäft für die Industriestaaten weil sie dadurch teuerere eigene Maßnahmen zur Verminderung des THG-Austoßes vermeiden können. Wäre der Preis für 1 t CO_2 nicht bei 10 EUR, sondern bei 150 EUR, wie dies Nichtregierungsorganisationen und auch staatliche Umweltämter verlangen, dann wäre die CO_2-Senkung im eigenen Haus viel interessanter und u. U. auch genügend potent, um die großflächigen Urwaldrodungen durch entsprechende hohe Kompensationszahlungen an Brasilien u. a. Länder zu verhindern.

Aktuell aber haben wir eine Parallelität von Urwaldzerstörung mit entsprechend starken THG-Emissionen und der industriestaatlichen Trickserei mit dem Verkauf der eigenen Verschmutzung an Länder mit noch vorhandenen Senken: Wie soll da eine Verminderung der THG-Emissionen zustande kommen, wo doch weiterhin akut emittiert wird und Emissionen per Handel, also auf dem Papier, auf Senken übertragen werden, die es immer schon gab und immer schon Treibhausgase resorbiert haben, während die Emittenten immer neue Emissionen hinzufügen?

Aber auch wenn die Industriestaaten eine tatsächliche Verminderung ihrer THG-Emissionen ins Auge fassen, konzentrieren sie sich dabei:

- Erstens auf Techniken, wie z. B. „Carbon Capture and Storage“ (CCS), was auf deutsch nichts anderes bedeutet als CO_2 technisch aus der Luft herauszuholen und mittels der CCS-Technik im Boden zu versenken – beides Techniken mit sehr hohem Energiebedarf und Letzteres mit hohem Umweltschädigungspotential z. B. durch Grundwasserverschmutzung.
- Zweitens auf Techniken mit Elektroantrieb, wie beim Elektroauto, also auf stark erhöhtem Strombedarf und Bedarf an Batterien und dafür benötigten seltenen Metallen (Lithium) wofür dann wiederum Wälder gerodet werden, wie dies in Portugal geplant ist. Wie der Straßenverkehr in der heutigen Größenordnung elektrifiziert werden soll, ohne dass die Windräder zum vorherrschenden Landschaftsbild werden und der Suche nach Lithium und der Errichtung neuer Strominfrastrukturen auch noch die letzten wertvollen Wälder zum Opfer fallen, hat wohl bisher niemand ausgerechnet und bedacht?
- Drittens auf eine Verlagerung der Energieerzeugung mittels Braunkohle auf eine solche mittels Windkraft, Fotovoltaik und Wasserstofftechnik, mit der Konsequenz, dass bei steigendem Strombedarf sich zwar der Einsatz fossiler Energie etwas verringern könnte, jedoch zugleich THG-Senken geopfert werden – für die Gewinnung benötigter neuer Stoffe und Installierung neuer Infrastrukturen für den insgesamt stark erhöhten Strombedarf.

Die anvisierte Belohnung von Landwirten mit Gelderträgen aus der Versenkung von CO_2 in Humusaufbau infolge rechnerischer Übernahme von THG-Belastungen aus der Industrie ist mit größter Vorsicht zu genießen, weil völlig unklar ist, wie der faktisch erforderliche Vorgang der tatsächlichen THG-Minderung durch Einlagerung im Boden festzustellen ist und ob nicht die Prüfprozedur selbst wiederum einen Aufwand verursacht, der den Effekt der CO_2-Speicherung egalisiert. Außerdem: Wie ist die Versenkung, d. h. der Humusgehalt, zu garantieren? Und wird nicht diese im Bestand zweifelhafte Emissionsminderung erheblich dazu beitragen, dass die Emissionen weiter steigen, weil die Industrie sich freikauft und ihre Emissionen nicht vermindert?

Solange es für „Klimaneutralität“ keine klaren, auf die Reduktion des Einsatzes fossiler Energien orientierten Kriterien gibt und keine amtlichen Stellen, die zur Überprüfung der beanspruchten bzw. behaupteten THG-Minderung in der Lage sind, ist der sog. „Handel“

mit CO_2-Zertifikaten mit größter Vorsicht zu genießen, da es letztlich auf die tatsächliche THG-Minderung innerhalb eines definierten Zeitraums ankommt und nicht darauf, dass die Industriestaaten sich über unsichere oder seit Langem vorhandene Senken-Prozesse an anderer Stelle „klimaneutral“ rechnen können.

Das skizzierte „Greenwashing“ mit dem Einkauf bereits vorhandener CO_2-Senken erinnert an die Schönrechnung von Ökobilanzen durch arbeitssparende Techniken, wodurch auch Glyphosat zu einem nachhaltigen Mittel wurde. Sobald also die Grenzen des Systems, das geschützt oder klimamäßig ertüchtigt werden soll, überschritten werden, indem andere Kriterien (ökonomische und soziale bei Nachhaltigkeit) oder andere Länder (mit CO_2-Senken) ins Spiel gebracht werden, können sich alle behaupteten Verbesserungen in Luft auflösen, weil sie nur rechnerisch gegeben sind und nicht real:

Reale Verminderungen von CO_2-Emissionen sind nur durch die Verminderung des Verbrauchs fossiler Energieträger zu erreichen, durch deren forcierte Verwendung im Zuge der Industrialisierung der Anstieg der Treibhausgase erst zustande gekommen war. Wird nur darauf geachtet, dass Emissionen ausreichend durch Resorption mittels Senken oder technischen Entzug und Speicherung kompensiert werden (Netto-Null-Emissionen), wird der Treibhausgasgehalt der Atmosphäre weiter steigen, weil die Kompensation durch bestehende Urwälder ja bereits für die bisher emittierte Gasmenge nötig ist und jeder weitere fossiler Energieverbrauch neue Wälder benötigt, deren Resorptionsleistung jedoch in den ersten Jahrzehnten noch marginal sind.

Wenn also die Industriestaaten ihren Verbrauch fossiler Energie nicht reduzieren, sondern sich ihre Klimaneutralität mittels Emissionshandel herbeirechnen, werden die Länder vielleicht bis 2050, wie geplant „Klimaneutral“ sein, jedoch wird dann der THG-Gehalt um einiges höher liegen, als für die angezielte Begrenzung des Temperaturanstiegs auf 1,5 °C nötig wäre.

Wie wenig die Industriestaaten bisher an eine wirkliche Begrenzung und Reduktion des Verbrauches fossiler Energie denken und wie sehr sie daran glauben, dass mittels Kompensation das Problem der steigenden THG-Gehalte bewältigt werden könnte, zeigt aktuell das Erdölland Norwegen, das sich einerseits rühmt, durch die bereits weitgehend erfolgte Umstellung auf Elektrofahrzeuge schon fast klimaneutral zu sein, jedoch andererseits gerade die Erlaubnis für neue Erdölförderungen im arktischen Meer erteilt hat. Letzteres würde die gute norwegische Bilanz nicht trüben, so die Auffassung der Regierung, da das Erdöl nicht von Norwegen selbst genutzt werden wird. So also geht der „Klimaneutral-Betrug“ an der Menschheit: Der Mensch, die Staaten sind nicht für die Erde und ihr Klima im ganzen verantwortlich, sondern nur für ihre egoistischen Interessen und da erscheint es ganz normal, dass die Erträge aus der neuen Erdölförderung dazu eingesetzt werden können, den Anteil der Elektroautos zu erhöhen, ohne dass dieser moderne Ablasshandel unter dem hehren Begriff der „Klimaneutralität“ der norwegischen Regierung die Schamröte ins Gesicht treiben müsste.

Wie beim Klima, das sich vor allem als Weltklima dramatisch verändert, die Verantwortung jedes einzelnen Staates für dieses Ganze des Weltklima gefordert wäre, jedoch aus egoistischen Gründen weitgehend fehlt, so wäre in puncto Nachhaltigkeit eine Verantwortung für die Ökologie, von Ökosystemen auf dem eigenen Gebiet bis hin zur gesamten Biosphäre nötig, was jedoch gleichfalls an egoistischen Interessen der Gesellschaften scheitert, weil sie nicht bereit sind, den lokalen Ökosystemen, geschweige denn den Ökosystemen in anderen Ländern einen Vorrang vor der Ökonomie einzuräumen. Die Gegenüberstellung der Ökologie gegenüber ökonomischen und sozialen Interessen, die faktisch ihre Unterordnung aus Unterlegenheit auch deshalb bedeutet, weil sie nicht für sich sprechen kann, während Ökonomie und Soziales die Agenda bestimmen, fördert zweifellos die Akzeptanz bei den Landwirten, bringt jedoch keine Fortschritte im Grundsätzlichen: In der Verbesserung des Zustandes der Ökosysteme als maßgeblichen weil einzigen Produzenten unserer natürlichen Lebensgrundlagen. Das Klima und die Ökosysteme reagieren nicht auf rechnerische Kompensationen, sondern auf die faktischen Folgen unseres Handelns innerhalb strenger komplexer geophysikalischer und ökologischer Zusammenhänge. Damit nachhaltiger gewirtschaftet werden kann, müsste der Ökologie der gleiche Vorrang eingeräumt werden, wie dies in puncto Klima bereits mit den Stoffaustauschverhältnissen in der Atmosphäre geschieht: Eine Besserung ist nur möglich durch Rückkehr zum Gleichgewicht, so wie auch Nachhaltigkeit nur durch ein Wiedererstarken natürlicher Wachstumsfaktoren erreichbar ist.

8.13 Zusammenfassung

Im Dreieck der Nachhaltigkeit ist die „Ökologie“ der „Ökonomie“ und dem „Sozialen“ als Faktor zur Erlangung einer nachhaltigen Landwirtschaft gleichgestellt, was letztlich eine Unterordnung des Ökologischen unter gesellschaftliche Wachstumsbedürfnisse bedeutet.

Da der Fokus der Nachhaltigkeit als Konzept und Ziel nicht auf der Gesamtökologie mit ihren gestaffelten Ökosystemen, bis hin zur Biosphäre liegt, sondern auf einer abstrakten Abwägung zwischen gegensätzlichen gesellschaftlichen Bedürfnissen, leiten sich die Nachhaltigkeitsziele in der Landwirtschaft nicht aus den Anforderungen der Reproduktion der Agrarökosysteme als natürlicherweise produktive Systeme ab, sondern vor allem von ökonomischen und sozialen Wachstumsbedürfnissen. Im Vordergrund steht hier die Sicherung des Hochertrages, auch wenn dieser zu gravierenden ökologischen Schäden führt. Allein diese Schäden gestatten es eigentlich nicht, von der konventionellen Landwirtschaft überhaupt mehr Nachhaltigkeit zu erwarten, solange am hohen Chemieeinsatz und Nutztierbestand festgehalten wird:
Die Umweltschäden sind dort, wo sie quantifizierbar sind, wie im Bereich der Wasserwirtschaft, derart hoch, dass allein diese von der Allgemeinheit zu tragenden Kosten jegliches Gerede von Nachhaltigkeit verbieten würden: Was gibt es für den Menschen Schlimmeres als das Lebensmittel Nr. 1 als sauberes und trinkbares Lebensmittel zu verlieren?

Da ökologiebezogene Maßnahmen die Umweltschäden der konventionellen Landwirtschaft infolge Hochertragspolitik weder ökonomisch noch ökologisch-qualitativ kompensieren können, dient das Nachhaltigkeitskonzept im landwirtschaftlichen Sektor hauptsächlich zur Vorgaukelung von Ressourcenschutz, wo es von der Wirtschaftsweise und den Wachstumszielen her überhaupt keinen geben kann.

Entsprechend beliebig sind die Maßnahmen, die als nachhaltig qualifiziert werden, wie z. B. die Minimalbodenbearbeitung in Kombination mit Glyphosat-Einsatz, die als nachhaltig gelten, weil sie den Arbeitsaufwand reduzieren.

Das Nachhaltigkeitskonzept erscheint daher als Konzept zur Errechnung von Nachhaltigkeit, wo es aufgrund der Umweltschäden durch die Wirtschaftsweise gar keine Nachhaltigkeit geben kann. Dies trifft auch zu z. B. für „nachhaltiges Palmöl“ aus abgebrannten Urwaldgebieten oder „nachhaltigen Fisch“ aus zerstörten Mangrovenwäldern.

Entscheidend ist, dass die Feststellung von Nachhaltigkeit in der Hand zumeist staatlicher oder privater Bewertungsstellen liegt, die nicht den guten Zustand von Ökosystemen im Auge haben, sondern die Erfüllung gewisser Indikatoren, die von den Agrarbehörden als Erfüllungstatbestände für Nachhaltigkeit auserkoren sind und überwiegend wirtschaftlichen und sozialen Erfordernissen der Wirtschaft Rechnung tragen. Selbst wenn Betriebe ökologisch punkten, können sie – absurderweise – eine negative Nachhaltigkeitsbilanz aus wirtschaftlichen und sozialen Gründen haben.

Zudem fährt vor allem die Ökologie besonders schlecht mit diesem Konzept, weil zahlreiche ihrer Parameter schwer messbar, kaum quantifizierbar und entsprechende Umweltschäden vor allem infolge fehlenden Wissens kaum bewertbar sind, wie z. B. der Insektenverlust infolge Pestizide.

Demgegenüber ist der ökosystemische Ansatz zu bevorzugen

- der die Ökologie als umfassend zu erhaltene Lebensgrundlage
- und als System vernetzter Naturbedingungen
- mit eigener Produktivität und Regulation
- als vorrangiges, umgreifendes System betrachtet,
- das am besten durch die Förderung seiner natürlichen Produktivität
- in all ihren Bestandteilen, Kreisläufen und Fließgleichgewichten
- zu erhalten ist.

Eine wirkliche Kehrtwende in der Agrarpolitik ist nur durch die Mittelpunkt- und Vorrangstellung der Ökosysteme und ihrer eigenen produktiven und regulativen Potenz zu erreichen.
Alles andere, wie Nachhaltigkeit oder integrierter Anbau sind lediglich agrarpolitische Tricksereien, die über die enorme realfaktische Schädlichkeit der konventionellen Landwirtschaft und den desolaten Zustand der ländlichen Ökosysteme, vom Grundwasserkörper über den Mutterboden bis hin zu den landschaftsprägenden Systemen, hinwegtäuschen.

9 Zwei Wege: Egoistisch borniert und technisch verblendet die Krisen verstärken oder sie durch Anerkennung der Natursysteme und Begrenztheit der Ressourcen stoppen

9.1 Ausgangspunkt der Recherche

Es gibt eine absurd anmutende Diskrepanz zwischen der immer dramatischer werdenden Klima- und Umweltkrise und darauf bezogenen Änderungsbeteuerungen der Politik einerseits und den massiven Widerständen in der Politik, Agrarwissenschaft und dem Agrarsektor gegen die Erhebung des Ökolandbaus zum Leitbild für eine klima- und umweltschonende Landwirtschaft andererseits. Der Widerstand ist unmittelbar ablesbar aus politischen Entscheidungen und wissenschaftlichen Argumentationen gegen eine Abkehr von der großzügigen Subventionierung der chemie- und tierhaltungsintensiven industriellen Landwirtschaft die es dem Ökolandbau schwer machen, sich im Wettbewerb als bessere Alternative auch in der Bauernschaft durchzusetzen (siehe Kapitel 1).

Da vor allem die flächenstarken landwirtschaftlichen Betriebe infolge der flächenprogressiven Subventionszahlungen bereits den größten Teil ihres Einkommens vom Staat, d. h. Steuerzahler beziehen und bei Umstellung auf Ökolandbau nochmals in etwa den gleichen Betrag an Subventionen als Anreiz hinzubekommen, erscheint der Widerstand gegen eine ökologiefreundlichere Landwirtschaft absolut rätselhaft und nicht mehr mit rationalen wirtschaftlichen Argumenten begründbar, zumal vor allem die durch Chemie (Kunstdünger und Pestizide) verursachten Schäden am Klima (THG-Emissionen), Rückgänge bei der Artenvielfalt (z. B. Rückgang der Insekten um 80 %) und Verschmutzungen auch des Trinkwassers ein Ausmaß erreicht haben, dessen volkswirtschaftlicher Schadenswert die Nettowertschöpfung dieser Chemielandwirtschaft bei weitem übersteigt.

Vordergründig scheint zwar das Haupthemmnis für eine politische Umsteuerung auf Ökolandwirtschaft von der Tierhaltung auszugehen, die zusammen mit der Biogaserzeugung fast 80 % der landwirtschaftlichen Nutzfläche beansprucht und aufgrund der fehlenden Flächenbindung der Tierhaltung und den tierwidrigen, aber kostengünstigen Haltungsbedingungen immer noch hohe Renditen bei sicherem Absatz verspricht. Jedoch muss es tiefere Ursachen für den Widerstand gegen mehr Ökologie im Agrar- und Ernährungssektor geben, da auch konventionell wirtschaftende Bauern, ebenso wie die gesamte Gesellschaft, sich nicht der Einsicht verschließen können, dass auch sie eine intakte Natur, fruchtbare Böden, hohe Artenvielfalt, sauberes Wasser, ein gemäßigtes Klima usf. zum Überleben benötigen und nicht nur die Ökobauern, Konsumenten von Bioprodukten und Naturschützer.

Was sind die tieferen Ursachen für die antiökologische Haltung, wann begann sie und wie konnte sie sich bis heute, trotz menschengemachtem Klimawandel und Artensterben, behaupten?

Natürlich denkt man da zunächst an die Funktionsweise unserer Wirtschaft, worin jeder sein auskömmliches Einkommen grundsätzlich nur durch Arbeit und Unternehmertätigkeit in Form von Lohn oder Gewinn erlangen und steigern kann. Unternehmerische Aktivität und Arbeit aber bestehen in der Transformation letztlich von Naturstoffen und -prozessen zu Produkten jedweder Art, so auch zu Lebensmitteln. Wenn also auch landwirtschaftliche Arbeit ausreichend Lohn und Gewinn bringen sollen, dann müssen ausreichend viele Produkte durch eine entsprechend ergiebige Naturtransformation erzeugt werden. Diese ergiebige Naturtransformation scheint die Landwirtschaft in der Anwendung von Chemie gefunden zu haben, weil durch sie Höchsterträge erzielt werden können.
Jedoch verursacht Chemie hohen Aufwand an fossiler Energie und einen immensen, noch nicht vollständig absehbaren Umfang an Schäden in den natürlichen Produktionsbedingungen, die zugleich unsere natürlichen Lebensgrundlagen sind, wie vor allem am Lebensmittel Nr. 1, dem Grund- und Trinkwasser, sichtbar wird. So müssen mit der Verteidigung der Hocherträge auch deren Folgeschäden verteidigt werden, was nur aufgrund einer ganz anderen, antiökologischen, Sicht der Beziehung der Landwirtschaft und Gesellschaft zur Natur möglich ist.
Diese, in Richtung Natur und Ökologie blinde Sicht, muss natürlich eine tiefere Ursache haben, weil sie ein abwertendes Urteil über die Bedeutung der Ökologie, eines fruchtbaren Bodens, sauberen Wassers usf. für den Menschen beinhaltet. Wird dann auch noch behauptet, dass die chemieintensiv erzeugten Höchsterträge für die Welternährung unerlässlich sind, also der Ökolandbau mit seinen geringeren Erträgen die Welt nicht ernähren könnte, dann wird dieses abwertende, antiökologische Urteil auf die gesamte Biosphäre ausgedehnt und nichts anderes unterstellt, als dass der Mensch und die Weltbevölkerung nur mittels einer im Grundsätzlichen herrschaftlichen und ökonomisch ausbeuterischen Haltung zur Natur überleben kann, worin fürs Ökologische angeblich kein oder wenig Spielraum bestehe.

Woher kommt diese, vermutlich nicht nur von vielen Bauern, sondern mehr noch von den Finanz- und Agrareliten, einschließlich Agrarwissenschaft, weltweit vertretene herrschaftliche Grundhaltung zur Natur, die sogar dann noch verteidigt wird, wenn die Natur mit dem Klimawandel und Artensterben offensichtlich macht, dass der Ast auf dem alle sitzen (aber nicht als solcher wahrgenommen wird) bereits am Abbrechen ist – das war der Ausgangspunkt.

Daher ging es in der Recherche zunächst darum, die Hochertragsbehauptung auf ihre Plausibilität zu überprüfen. Danach war in der Geschichte nach den Wurzeln für die offenkundige Kurzsichtigkeit der Befürworter der Hochertragslandwirtschaft und Agrarwissenschaft zu suchen, die bis heute lediglich die kurzfristigen Erträge im Auge haben und die mittelbaren und langfristigen Negativfolgen der Chemielandwirtschaft für die Natur, die eigene Volkswirtschaft und die Weltbevölkerung ignorieren und aus der Wirkungsforschung und -Bewertung landwirtschaftlicher Erzeugungssysteme ausklammern.

Die geschichtliche Recherche, die wir in Kapitel 2 nicht im vollen Umfang der gesichteten Literatur wiedergeben konnten, offenbarte uns nicht nur die spezifische Faktorenkonstellation und Dynamik des Überlebensmodells der Sesshaftigkeit als antiökologisch ausgeprägtes gesellschaftliches Erbgut, sondern auch den Umstand, dass die negativen Umweltwirkungen der Industrialisierung bereits im ausgehenden 18. Jh. und dem gesamten 19. Jh. Gegenstand zahlreicher Untersuchungen waren, deren Ergebnisse jedoch, wie am Beispiel der von A. v. Humboldt geforderten Kombination von Gesamt- und Teilbetrachtung der Folgen von Eingriffen erkennbar, bis heute ignoriert werden (Kapitel 3).

Eine andere, bittere Erfahrung machten wir, also wir auf der Suche nach dem Ökologischen in der Geschichte nicht nur auf den theoretischen Konflikt zwischen Humboldts und Darwins Natursicht stießen, sondern auf eine darwinisch inspirierte Reduktion von Natur auf das „individuelle Leben" (Nietzsche, Klages) und „Materie" (Haeckel), in Arbeiten, in denen wir uns Erkenntnisgrundlagen des Ökologischen erwartet hatten. Dass diese Autoren, mit vielen anderen wissenschaftlich gebildeten Anhängern des „Übermenschen", „Biozentrismus" und „materialistischen Monismus" zu Wegbereitern des Faschismus wurden, liegt nicht etwa an ganzheitlicher Natursicht, sondern an ihrer erbarmungslosen Sympathie für den Überlebenskampf des Einzelnen und die Selektion als Grundmechanismen von Fortschritt und Entwicklung. Das wissen wir jetzt, nach dem Studium einiger Werke dieser Autoren.

Ähnlich überraschend ging es weiter als wir, ausdrücklich auf Ökologie und Natur bezogene, modernere Texte studierten, um Ökologie und Natur in aktueller Begrifflichkeit und Konzeptualität zu erfahren und zur Erklärung des Antiökologischen in der Gegenwart positiv nutzen zu können. Reichholf, Radkau, Krebs und Gloy, deren Texte allesamt auf Ökologie verwiesen – Ökologie der Zukunft, Ära der Ökologie, Naturethik, Geschichte des ganzheitlichen Denkens – lieferten aber keine Grundlegungen der Ökologie und für ökologisches Denken, sondern das Gegenteil davon: Zig Argumente gegen das Ökologische und die Notwendigkeit einer komplexeren, systemischen Sicht auf die Natur als gemeinsames Haus aller Lebewesen und Menschen.

Gegen das Ökologische als eigenständigen wissenschaftlichen Gegenstand mit eigener Struktur, mit Gleichgewichten, Kreisläufen und Empfindlichkeiten bei Natureingriffen und dies z. T. bewerkstelligt mit manipulativen, völlig abwegigen und polemischen Argumenten gegen alles, was die Eigenständigkeit der Natursysteme als produktive und selbstregulative Systeme ausmacht.

Die Lektüre dieser antiökologischen Arbeiten unter dem Deckmantel des Ökologischen war für uns eine Erleuchtung, nachdem wir die Enttäuschung überwunden hatten:

Sie zeigte uns, dass es gewichtige Personen und Arbeiten in der Philosophie, Biologie, Ethik, Sozialwissenschaft bis heute waren und sind, die zu einer Ablehnung der Natur als umfassendes wie eigenständiges Ganzes und damit auch des Ökologischen als einem eigenständigen und selbstregulativen Wirklichkeitsbereich, aktiv beigetragen haben und bis heute dazu beitragen (siehe Kapitel 4) und damit auch das antiökologische Denken in der Politik und Bevölkerung fördern.

Eine stark antiökologische Wirkung entfachte die Evolutionstheorie von C. Darwin, da diese sich nur für die Fortpflanzung und Entwicklung von Arten interessierte, nicht aber für das „Gewebe der verwickelten Beziehungen" zwischen den Arten, insbesondere nicht für Interdependenzen, Symbiosen zwischen Arten in Lebensgemeinschaften und die Entwicklung der Gesamtnatur als Voraussetzung für die Artentwicklung. Mit der Geltung der Auslesemechanismen der Konkurrenz und des Überlebenskampfes auch für den Menschen, verneinte Darwin zudem die spezifisch menschlichen Fähigkeiten der Selbsterkenntnis, Vernunft und Kulturentwicklung als ganz neue Möglichkeit des Menschen zum Erkennen der Funktionsweise natürlicher Ganzheiten und von Handlungsalternativen.

Die darwinische Grundstruktur der Sicht auf die Natur findet sich vor allem im modernen Anthropozentrismus, in der Dialektik der Aufklärung, in der Horkheimer/Adorno die „instrumentelle Vernunft", als Werkzeug zur Naturbeherrschung, für den Faschismus verantwortlich machen und in den untersuchten neueren, ökologiebezogenen Texten. Und vor allem auch in der Gentechnik, die von Gloy als legitimes Werkzeug des Menschen zur Lösung aller Schwierigkeiten bei der Naturbeherrschung erachtet wird.

Als zentrales Hindernis für eine komplexere natur- und menschenfreundlichere Konzipierung des Potentials vernünftigen Denkens und Handelns stellen sich das Theorem der vermeintlichen „Naturbeherrschung", die Auffassung von Entwicklung als Abfolge von Schritten der Überwindung von Gegensätzen (analog Darwinismus) und das Theorem der „Entfremdung" heraus. Denn sie erlauben es nicht, die Eingebettetheit und Ausstrahlungswirkung des menschlichen Handelns in größeren Kontexten darzustellen und auch nicht die Beziehungen zwischen Teilen und Ganzheiten in komplexen Zusammenhängen, als sowohl Aufwärts-Bedingtheiten (Emergenz) wie Abwärts-Rückkoppelungen aufzuklären.

Die differenzierte Aufklärung der tatsächlich hochgradig systemisch vermittelten Mensch-Natur-, Einzelmensch-Gesellschafts- und Gesellschafts-Welt-Beziehung wäre aber notwendig, um den naturwissenschaftlich begründeten Herrenmenschenanspruch und Überlebenskampf der Völker als Ausdruck einer falschen, verhängnisvollen Theorie vermeintlicher Naturbeherrschung zurückweisen und durch eine zutreffendere Theorie vom Menschen als Teil einer Gesamtnatur überwinden zu können, worin letztlich alle Menschen in gleicher Weise von den natürlichen Lebensgrundlagen abhängen und somit in gleicher Weise für die Reproduktion der Natur Verantwortung tragen.
Gleichheit der Menschen und Gerechtigkeit lassen sich nur durch die allgemeine Anerkenntnis der Zugehörigkeit aller Menschen zur Natur begründen, da die Position der Gegenüberstellung gegenüber der Gesamtnatur unmittelbar Ungleichheit schafft durch die Ausgrenzung anderer und durch Unterschiede im Grad der vermeintlichen Naturbeherrschung, die in der Neuzeit sich wesentlich in den Wissenschaften ausdrückt – mit der Folge, dass native Gesellschaften, aber auch sogenannte „unterentwickelte" Völker weder als gleichwertig akzeptiert noch überhaupt irgendwie verstanden und anerkannt werden in ihrem eigenen Weg des Überlebens.

In der Rückschau können dann „Etappen der Verdrängung des Ökologischen in der Geschichte“ (Kapitel 6) mit durchgängigen antiökologischen Fehlauffassungen der Mensch-Natur-Beziehung ausgemacht werden, die heute, trotz Klimawandel und Artensterben, eine neue dramatische Zuspitzung erfahren: Einerseits durch Bestrebungen, die gentechnische Nutzung des Erbgutes und anderer Techniken der vermeintlichen Naturbeherrschung als Heilmittel im Kampf gegen den Klimawandel und das Artensterben einzusetzen (Kapitel 7) und andererseits durch die Entwertung des Ökologischen im Nachhaltigkeitsdreieck zum Freibrief für die umweltpolitische Schönrechnung wirtschaftsförderlicher Maßnahmen. Die aufgrund der Substanzlosigkeit der Dreiecksbeziehung ermöglichte Umgehung realer Positiveffekte für die Ökologie zugunsten der rechnerischen Aufwertung wirtschaftlich und sozial konformer Maßnahmen, findet sich auch im modernen Konzept der „Klimaneutralität“, worin die scheinbare Kompensation von THG-Emissionen durch bestehende Senken, d. h. der CO_2-Zertifikatehandel, eine zentrale Rolle spielt (Kapitel 8).
Aber ebenso wenig wie durch Minimalbodenbearbeitung in Kombination mit Glyphosat die Ökologie bewahrt und mehr Nachhaltigkeit erreicht wird, wird durch die Verrechnung deutscher THG-Emissionen mit noch vorhandenen CO_2-Senken in Südostasien (vor Abholzung bewahrte Urwälder oder Neuanpflanzungen) mehr Klimaneutralität erreicht. Im Gegenteil steigen in der Folge weltweit die Nettoemissionen, weil bei diesem Emissionshandels-Deal vor allem die großen Emittenten an ihren Emissionen festhalten können, wenn sie über genügend Verschmutzungsrechte verfügen.

Mit dieser Feststellung sind wir letztlich wieder beim Ausgangspunkt gelandet, jedoch nun mit dem Wissen, dass das Antiökologische eine lange Tradition hat und auf einseitigen bis falschen Theorien „über die Natur“ und über eine „vermeintliche Naturbeherrschung“ beruht, die, wie der Faschismus zeigt, eine unglaubliche Wirkmacht erlangen können und auch heute einer wirklichen Bekämpfung des Klimawandels, Artensterbens und der Umweltverschmutzung massiv im Wege stehen und sogar neue Faschismus- und Kriegsgefahren heraufbeschwören.

Der Faschismus sollte uns lehren, dass falsche wissenschaftliche Theorien dem Menschen eine Naturbeherrschung und damit auch eine maximale Vorsorge für das eigene Schicksal vorgaukeln können, obwohl sie nur dem Egoismus einer Art oder eines Volkes oder bestimmter interessierter Kreise entspringen und daher, unter industriellen Bedingungen, zu unglaublichen Massakern an der Menschheit führen können und zwar, auf Täterseite, im vollen Bewusstsein ihrer vermeintlichen Berechtigung aufgrund (falscher) wissenschaftlicher Theorien und Utopien.

Das war das Neue am Faschismus, das sich bereits in den Kolonialverbrechen im 19. Jh. abzeichnete: Die wissenschaftliche Fundierung der Unmenschlichkeit durch Darwins Evolutionstheorie, die zwar von einer hohen kulturellen Warte aus entwickelt wurde, jedoch der Menschenart in der Evolution nur eine Vernunft der Konkurrenz und des Kampfes einräumte, auch wenn dabei der Mensch durchaus als soziales Wesen beachtet wurde.
Dass die spezifisch menschliche Kultur aufgrund wissenschaftlicher Erkenntnisse zu höherer Vernunft, das heißt zur Erkenntnis von alternativen Handlungsmöglichkeiten, jenseits

von Kampf gelangen kann, hat Darwin selbst nicht realisiert und auch nicht entwickelt. Es scheint, als ob er bei seiner Evolutionstheorie selbst ein Getriebener der Verhältnisse war: Der zwar das „Gewebe der verwickelten Beziehungen zwischen den Arten" sah, jedoch letztlich selbst zu sehr beeindruckt und geprägt war von der erfolgreichen englischen Schafzucht einerseits und andererseits von Hobbes' (1642) „Kampf aller gegen alle" sowie der aufkommenden kapitalistischen Konkurrenz mit der „unsichtbaren Hand", die den Markt reguliert (Smith), Ende des 18. Jh.

Darwin schien mit seiner Theorie stimmig einig, als er die menschliche Vernunft allein als Instrument des Überlebenskampfes verstand – vermutlich sah er sich weniger mit den französischen Revolutionszielen Freiheit, Gleichheit und Brüderlichkeit verbunden als mit dem Hegemoniestreben Englands, das sich in Konkurrenz befand mit den jungen oder erst im Entstehen begriffenen europäischen Nationalstaaten. Dieser Kontext scheint die Art- und damit Population-Zentrierung und Überbetonung von Konkurrenz und Auslese als Mechanismus der Entwicklung, die den Menschen explizit einschloss, bei Ignoranz der Bedeutung der Gesamtnatur, Ökologie und Symbiosen zwischen den Arten, am plausibelsten zu erklären.

Aber kann diese Einseitigkeit und ökologische Unterbelichtetheit der Naturverhältnisse heute noch gelten, nach 200 Jahren Kolonial- bzw. ausbeuterischer Handelspolitik, zweier Weltkriege und zahlreicher Kriege weltweit bis heute, die allesamt ihre wissenschaftliche Legitimation aus der antiökologischen und insbesondere auch antihumanen (die alternativen Möglichkeiten des Menschen verneinende) Entwicklungsauffassung von Darwin und anderen Entwicklungstheoretikern beziehen?

Fragt man heute einen x-beliebigen Menschen auf der Straße, ob das Leben eher einem „Ponyhof" gleicht oder einem Existenzkampf, wird jeder antworten, dass jeder darauf schauen muss, wie er am besten überlebt. Kaum einer wird die Möglichkeit in Betracht ziehen, dass das Leben der Menschen viel einfacher sein könnte, wenn in der Natur weniger Schäden angerichtet würden, wenn nicht alle in tolle Urlaubsgebiete flüchten müssten, wenn nicht so viel Konsumschrott und -luxus produziert und konsumiert würde und eigentlich viel weniger gearbeitet werden müsste, was man aufgrund der der zig- bis hunterfachen Produktivitätssteigerungen in allen Branchen eigentlich längst erwarten müsste.

Das scheint das nachhaltig Tragische: Dass uns der Darwinismus in Kombination mit dem Industrialismus nicht nur eine völlige neue Dimension der Unmenschlichkeit gebracht hat (die Nietzsche mit dem „Übermenschen" legitimierte), sondern auch eine Knechtung durch die Permanenz von Arbeit als unausweichliche, jedoch letztlich auch naturzerstörerische Quelle des Einkommens der breiten Masse der Bevölkerung und Anhäufung von Reichtum bei Wenigen.

Der Darwinismus, aber auch der Liberalismus, Marxismus und monotheistische Glaube suggerieren den Menschen, dass die Natur beherrscht und ausgebeutet werden muss, damit der Mensch gut leben kann.

Dass in Wirklichkeit das Gegenteil der Fall ist, nämlich dass der Mensch die Natur allenfalls begrenzt kontrollieren, jedoch in ihrer systemischen Komplexität nicht beherrschen kann,

die normalerweise von sich aus viele Leistungen erbringt und produktiv ist, ohne dass der Mensch dafür arbeiten müsste, ist dem Menschen durch die Erhebung des Darwinismus zur anscheinend ewig gültigen Alltagstheorie, auch dank der marxistischen Weltanschauung, die vom gleichen Stellenwert der Arbeit ausgeht, völlig aus der Vorstellung genommen worden.
Daher ist die Frage nach der Rolle der Arbeit in einer künftigen ökologischeren Gesellschaftspolitik die Bewährungsprobe für jede ökologische Bewegung, da es mit der Arbeit in der jetzigen Zentralität und Umfänglichkeit für die individuelle Existenz und die gesellschaftliche Wohlfahrt keine Sicherung der natürlichen Lebensgrundlagen geben wird!

Wir werden im Folgenden unsere Erkenntnisse in 10 Punkten zusammenfassen.

9.2 Systemik und Eigenständigkeit der Biosphäre sind Realität

Es ist nicht nur die Erderwärmung und der daraus folgende weltweite Klimawandel, die zeigen, dass der Mensch in einem komplexen Biosystem lebt, das er durch seine Handlungen beeinflusst und das mit eigenen Veränderungen auf das Leben aller zurückwirkt.
Es sind auch die Folgen der Landnutzungsänderungen durch den Menschen seit dem Sesshaftwerden nach der letzten Eiszeit bis heute, vor allem die Entwaldung, die Umwandlung von Grasland und die Trockenlegung von Feuchtgebieten und Mooren in Ackerland, die zur Verminderung der Resorption von Treibhausgasen und zum Artenverlust heutigen Ausmaßes geführt haben.
Die Umweltstudien des 19. Jh., wie z. B. die von G. P. Marsh, „Man and Nature, or Physical Geography as Modified by Human Actions“ (1864), die bereits parallel zur beginnenden Industrialisierung die „Zerstörung der Erde als bewohnbaren Planet“ beschrieben, erhielten jedoch keinen Einfluss auf die Entwicklung, obwohl Marsh als Berater bei Bewässerungsgesetzen in Frankreich, Italien, Spanien und Kalifornien durchaus anerkannt war: Sein Werk unterlag ganz einfach den Werken, die „in der wohltätigen Herrschaft des Menschen über die Natur einen Fortschritt sahen“. Ein starker Gegenspieler war ausgerechnet H. Spencer, der Darwins Evolutionstheorie mit dem „survival of the fittest“ auf den Begriff brachte und im Übrigen „von einem unaufhaltsamen Marsch der Zivilisation“ ausging und davon, „dass die Bevölkerung mit deren Fortschritt ein Gleichgewicht erreiche, bis am Ende der Evolution die gesamte Erde kultiviert sei wie ein Garten“ (Glacken, ebenda, S. 178).

Was aber haben wir heute eher: eine zerstörte Natur oder eine gleichgewichtige Bevölkerung in einem durchkultivierten Garten Eden? Wie an diesem Gegenspieler-Beispiel von Warnern und Fortschrittsgläubigen deutlich zu erkennen ist, haben sich die Methoden der Fortschrittseinpeitscher bis heute nicht verändert:
Sie sind darwinisch, also an der Entwicklung des Individuums orientiert, sie glauben an die Begrenzung der Fortpflanzung durch Wohlstand und sehen in der Kultivierung der Natur nur das Paradiesische infolge vermeintlicher Herrschaft über die Natur. Der „Garten“ oder die ertragreich bewirtschafteten Äcker verkörpern denn auch die Miniaturkomplexität des Denkens, Strebens und Handelns der Fortschrittsgläubigen, während Naturforscher wie

A. v. Humboldt heute, mit ihrem Blick für ökologische Zusammenhänge, ins Abseits gestellt werden und mit ihm die ökologische Umweltbewegung.

Jedoch bedrohen die Folgen der Naturzerstörung, der Austrocknung, der extremen Niederschläge und Wirbelstürme einerseits und der dramatische Rückgang der Insekten und Wildtiere andererseits heute bereits jeden Menschen auf der Erde in seiner Existenz. Dennoch gehen Politiker und Vertreter der Bauern, die sich der Agrarindustrie und dem internationalen Handeln verpflichtet fühlen, mit unglaublicher Ignoranz über die katastrophalen Folgen der Chemielandwirtschaft hinweg, um den Versprechungen z. B. der Gentechnik auf klimaangepasstere Pflanzensorten und Tiere und der digitalen „Präzisionslandwirtschaft“ auf angepassten Pestizid- und Düngereinsatz mehr Glauben zu schenken als den Empfehlungen zahlreicher wissenschaftlicher Beiräte und Kommissionen.
Diese verlangen, angesichts der katastrophalen Lage der Biosphäre allesamt eine beschleunigte Ökologisierung des Ernährungssystems, vor allem in den Industriestaaten. Jedoch hatte dieser geballte ökologische Weckruf von Seiten der Wissenschaft, von Umwelt- und Verbraucherschutzverbänden in den Neuverhandlungen der „Gemeinsamen europäischen Agrarpolitik“ für den Zeitraum bis 2027 bisher keine Chance gegen die tonangebenden Anhänger der chemieintensiven Hochertragslandwirtschaft, den EU-Agrarministern und dem Bauernverband, die auf neue Techniken, Hocherträge und Weltmarktorientierung setzen.

In gewohnter Weise bewegen sich die Gen- und die Digitaltechnik innerhalb der Miniaturkomplexität des seit dem Sesshaftwerden auf überschaubare Sachverhalte und kurzfristigen Nutzenkalküle beschränkten Denkens, dem die tieferen und komplexeren Naturbedingungen ebenso egal sind, wie die unbedachten Wirkungen, die dieses begrenzte Denken dennoch auf die komplexe Natur ausübt. Zum Beispiel der Bedarf an seltenen Erden und dem stark wachsenden Energieeinsatz, die zur Digitalisierung nötig sind und wofür schließlich auch die letzten Urwälder der Erde gerodet und umgegraben werden (natürlich auch für Futter u. a.) und ganze Landschaften mit Straßen für neue Infrastrukturen „erschlossen“ werden.

Um dennoch als lösungsrelevant anerkannt zu werden, behauptet man einfach, dass man mit ihnen die Natur noch besser beherrschen kann, auch wenn man sich mit dem eigenen Horizont und Wissen nur in einem Reagenzglas bewegt und also von Naturbeherrschung in der ganzen Größenordnung der uns umgreifenden Natur überhaupt nicht die Rede sein kann. Daher bemühen die Gentechniker regelmäßig ein zweites falsches Theorem, um ihre Begrenztheit zu legitimieren: das Theorem von der „Natur als Chaos“ oder „Wildnis“, das Darwin erfolgreich zum Bestandteil seiner Evolutionstheorie gemacht hatte, weil er damit die Konkurrenz und den Überlebenskampf als einzigen Ordnungsfaktor in der Natur etablieren konnte – jenseits des „Gewebes der verwickelten Beziehungen“, das Darwin zwar fühlte, aber in seiner Theorie völlig ignorierte.

Ein gewichtiger Grund für das Ignorieren systemischer Naturverhältnisse war nicht nur der Einfluss des Zeitgeistes und der darin enthaltenen Konkurrenzängste und Expansionsbestrebungen der europäischen Völker, sondern auch das Fehlen geeigneter wissenschaftlicher

Modellvorstellungen und Nachweisverfahren für „verwickelte Beziehungen" von Strukturelementen komplexer Netzwerke aus Arten und geophysikalischen Faktoren.
A. v. Humboldt hatte mit dem Changieren zwischen Teil- und Gesamtansicht der Natur, innerhalb eines schrittweisen Prozesses der Erkundung der Verhältnisse und der erneuten Untersuchung in einem größeren Zeitabstand, ein Verfahren vorgeschlagen, das es ihm erlaubte, die Austrocknung einer Region infolge großflächigen Kahlschlages empirisch zu beweisen. Jedoch war diese Methode sehr stark geprägt durch das spezielle Forschungsinteresse, die Auswirkungen menschlicher Natureingriffe zu erkennen. Da die Befürworter der Industrialisierung ebenso wie Darwin als Befürworter von Entwicklung durch Auslese (analog der Schafzucht) kein Interesse an dieser ganzheitlichen Naturbetrachtung hatten, wurde der Ansatz von Humboldt nicht weiterverfolgt.

Auch die vom Motiv der sozialen Gerechtigkeit angetriebene Erforschung des Kapitalismus durch K. Marx war mit diesem Problem eines tatsächlich viel komplexeren Gegenstandes konfrontiert, als man damals, im 19. Jh. theoretisch modellieren und in allen relevanten Bezügen während der Analyse beachten konnte: So wie Darwin die Entwicklung der Arten auf den Prozess der Durchsetzung zufälliger Varianten von Einzelindividuen mittels Kampf (unter Ausklammerung des Gewebes der verwickelten Abhängigkeiten) beschränkte, klammerte Marx die Natur als Lieferant von Rohstoffen und Energie aus, um den Produktionsprozess schließlich nur mehr als Prozess der Produktion von Mehrwert (bzw. Profit) durch Arbeit – über das hinaus, was der Arbeiter als Lohn für seine Reproduktion bekommt – zu analysieren.
Die Tatsache, dass die von der Natur selbst bereitgestellten Werte – von den Rohstoffen über sauberes Wasser bis hin zur Artenvielfalt – bis heute keinen Preis haben, hängt nicht nur mit dem Kapitalismus oder der Art der Warenproduktion zusammen, sondern auch mit einer verkürzten Kritik des Kapitalismus, die zur Abbildung dieser in die Produktion von Mehrwert und Reproduktion der Arbeitskraft einfließenden Naturbedingungen keinen geeigneten Ansatz hatte, um die tatsächlich größere – um den Faktor Natur erweiterte – Komplexität des Verhältnisses zwischen Kapital und Arbeit berücksichtigen zu können.
Aus dem gleichen Grund hatte Marx auch Schwierigkeiten bei der Berücksichtigung des Einflusses des Staates, der Kultur und schließlich auch der Wirkung der sachlichen Verbesserung der Lebensverhältnisse auf die Arbeiter selbst, die trotz der zyklischen Überproduktionskrisen nicht zu dem revolutionären Subjekt wurden, das im Kommunistischen Manifest angekündigt wurde. Die Dialektik als zentrale Methode bei Darwin und Marx erlaubte keine gleichzeitige Betrachtung vieler, aufeinander einwirkender Faktoren, mit letztlich „verwickelten" Folgen für die diversen, auf den Gesamtprozess Einfluss nehmenden Teile und Einzelprozesse.

Darwin übersah dadurch, dass der Mensch erst unter ganz bestimmten ökologischen Gesamtbedingungen entstehen konnte, dass die Arten auch friedlich in Symbiose miteinander leben und dass der Mensch durch seine besonderen Fähigkeiten keineswegs nur mehr Getriebener des Überlebenskampfes war, sondern durch seine Forschung auch die Erkenntnis von Alternativen für einen schonenderen Umgang mit den symbiotischen Austauschprozessen innerhalb der Artenvielfalt erlangte.

Marx übersah infolge seiner dialektischen Orientierung auf die Arbeit als einziger Quelle von Einkommen und Profit, dass zunächst und vor allem auch die Natur produktiv ist und dem Menschen nicht nur fast gratis die Nahrung liefert, sondern sich auch von selbst reproduziert, weiterentwickelt und noch ergiebiger wird, wenn sie nicht durch übermäßige Nutzung geschwächt wird. Basis der Gesellschaften sind also nicht nur die Ökonomie und Arbeit, sondern Materialien, physikalische Bedingungen und natürliche Stoffe und Prozesse, die in Produktionsprozessen genutzt und z. B. durch Übernutzung oder durch Abfälle gestört werden können. Die dadurch entstehenden Einflüsse auf die Wertbildung durch Arbeit sowie auf den Wert der Rohstoffe und die Reproduktion des Lebens der Menschen wird in monistischen und dialektischen Entwicklungstheorien regelmäßig ausgeblendet.

Die Ausblendung der natürlichen Grundlagen der Produktion und des Lebens der Menschen durch Marx war, neben dem Darwinismus, der den Menschen zum überlegenen Wesen und die Konkurrenz zum maßgeblichen Entwicklungsprinzip erklärte, neben den ökonomischen Theorien, die den Profit aus dem Marktgeschehen und der zunehmenden Arbeitsteilung bzw. Spezialisierung ableiteten, eine gewichtige Voraussetzung dafür, dass sich die Industrialisierung so gnadenlos ausbeuterisch gegenüber der Natur durchsetzen konnte. Dies wurde durch die liberale Utopie heraufziehender paradiesischer Verhältnisse infolge unbegrenzten Fortschritts durch Wissenschaft und Technik verstärkt, die Marx von kritischer Seite her sogar noch zu übertreffen suchte: – Durch die revolutionäre Herbeiführung einer vollkommenen Enthemmung der Entwicklung der menschlichen Produktivkräfte als Voraussetzung für die Befreiung aller Menschen aus den Zwängen der Naturnotwendigkeiten.
Menschen, die dieser falschen Utopie bis heute anhängen, werden zusammen mit den Profiteuren des Kapitalismus zu den härtesten Verfechtern des technischen Fortschritts und der Arbeit als Quelle von Einkommen und Mehrwert sein, auf die man keinesfalls verzichten kann, auch wenn die Erde fast schon komplett zugemüllt ist mit Plastik und anderen Abfällen und der Klimawandel – den sie leugnen – das Leben auf Erden bereits in eine Art Vorhölle verwandelt hat.

Der Klimawandel passt vielen Wissenschaftlern mit eindimensional-dialektischen, mit miniaturkomplexen Gegenstandsvorstellungen und einer großen Hoffnung auf neue Techniken nicht ins Konzept, nachdem es bisher vor allem die auf Nutzung fossiler Energie angewiesene Technik-Entwicklung und Verstärkung der Menschenkraft war und ist, die zum Anstieg der THG geführt hat und weiter führt. Also wird der Klimawandel insbesondere von Anhängern einer unbegrenzten Technikentwicklung und Naturbeherrschung geleugnet – und diese Anhänger sind in politisch rechts orientierten Kreisen ebenso zu finden wie in der neoliberalen Mitte und unter den orthodoxen Marxisten.

Aber der Klimawandel ist real, der Zusammenhang zwischen steigendem CO_2-Gehalt der Luft und der Erderwärmung seit mehr als 100 Jahren bekannt und jedes Gewächshaus demonstriert den Effekt zurückgehaltener Wärmeabstrahlung, wenn auch vergrößert.

Um von einem Klimawandel sprechen zu können, muss es signifikante Veränderungen in der weltweiten Ausprägung des Klimas und insbesondere auch in der Biosphäre geben, wobei die Erhöhung der Weltdurchschnittstemperatur über alle Kontinente, Klimazonen und Jahreszeiten hinweg, die wichtigste Ausprägung ist. Ein weiterer wichtiger Indikator ist die Ausdehnung der warmen Klimazone im globalen Maßstab dauerhaft nach Norden.

Um allein für Deutschland die jährliche Durchschnittstemperatur feststellen zu können, bedarf es tausender Messstellen und zigtausender Messungen über das ganze Jahr hinweg. Die Messergebnisse weisen eindeutig darauf hin, dass sich die Durchschnittstemperatur der Atmosphäre, seit dem Beginn der ersten regelmäßigen Wetteraufzeichnung 1881 in Deutschland bis 2018 um 1,5 °C und weltweit um 1 °C erhöht hat. Parallel ist eine Ausweitung der warmen Klimazone nach Norden auch anhand der von Süden zuwandernden wärmeliebenden und nach Norden abwandernden eher kälteliebenden Pflanzen und Tiere feststellbar. Außerdem stieg der durchschnittliche weltweite Meeresspiegel im gleichen Zeitraum bereits um 1 m, sodass nach neuesten Berechnungen von einer linearen Beziehung zwischen Erderwärmung und Meeresspiegelanstieg ausgegangen wird: Pro 1 °C Erderwärmung also zunächst 1 m Meeresspiegelanstieg – eine Relation, die zunehmend quadratisch wird, wenn die Polkappen schmelzen.

Die offensichtlichen Phänomene abschmelzender Gletscher und Eismassen an den Polen, neue Unregelmäßigkeiten in der Niederschlagsverteilung zwischen Sommer und Winter, immer konzentrierter werdende Regenfälle, Wirbelstürme und Hitzeereignisse sind weitere deutliche Beweise für eine Änderung des Weltklimas infolge Erderwärmung.

Das wissenschaftlich Neue an der Klimaforschung ist allein schon die Tatsache, dass regelmäßige Wetteraufzeichnungen innerhalb eines Landes und im globalen Maßstab durchgeführt und zur Schaffung eines Überblicks zusammengeführt werden. Das ist eigentlich nichts anderes als faktenbasierte Wissenschaft, jedoch mit dem neuen Zweck der Ermittlung der Auswirkungen menschlichen Handelns auf das Klimasystem. Vielen, auf überschaubare Kausalketten und direkten Nutzen fixierten, Menschen erscheint dieser Zweck der Wissenschaft wohl vor allem deshalb fragwürdig, weil er mit ihren gering komplexen monistischen Weltanschauungen kollidiert.
Da die Erderhitzung und ihre Folgen durch die Nutzung fossiler Energie einerseits und die Zerstörung von CO_2-Senken, vor allem der Urwälder andererseits verursacht sind, sind verständlicherweise vor allem Länder, deren Wirtschaft auf der Förderung und Nutzung fossiler Energieträger und der Abholzung von Urwäldern basiert, zumeist an diesen Auswirkungen menschlichen Handelns ebenso wenig interessiert wie Wissenschaftler, die in der Anwendung neuer Techniken in einer überschaubaren Miniaturkomplexität von Realität und übersichtlichen Ursache-Wirkungs-Beziehungen den einzigen gangbaren Weg des Fortschritts sehen.

Die Klimawandel-Leugnung in Kreisen der Wissenschaft selbst, insbesondere im Bereich der darwinisch und sich materialistisch verstehenden Lebenswissenschaften, einschließlich Agrarwissenschaften, hatte ihren frühen Vorläufer in der Verleugnung der zahlreichen zivilisationskritischen Umweltstudien des 19. Jh. durch genau diese mit der Industrialisierung aufstrebenden Einzelwissenschaften.

Die Position der Klimawandelleugnung oder -relativierung oder -verschweigung durch antiökologisch eingestellte Wissenschaftler ist in Anbetracht der Faktenlage eindeutig als wissenschaftsfeindlich zu bezeichnen – ebenso wie ihre Leugnung von Ökologie, von Kreisläufen, Gleichgewichten, verhängnisvollen Entwicklungen von Ökosystemen durch menschliche Eingriffe.

Die Position der Klimawandel-Leugnung basiert auf einem Interessengeflecht zwischen

- Ländern/Unternehmen mit großer Abhängigkeit von Förderung und Verkauf fossiler Energieträger,
- Ländern/Unternehmen mit großer Abhängigkeit von Industrien, die bisher nur mit fossiler Energie zu betreiben waren,
- Wissenschaftlern mit darwinisch materialistischem Hintergrund, worin die Umweltwirkungen von Innovationen systematisch geleugnet oder heruntergespielt werden,
- Vertreter der Wirtschaft und Gewerkschaften, die den unveränderten Erhalt des Arbeitsvolumens für wichtiger erachten als Rücksichtnahmen auf das Klima und die Umwelt,
- Politische Bewegungen, die in der rassereinen Bewahrung der Bevölkerung oder in der grenzenlosen Steigerung der Produktivität durch Technik die einzige Möglichkeit zur Erlösung der Menschheit von Zwängen, Knappheit, Hunger und Ungerechtigkeit sehen.

Allesamt tragen diese Gruppen, die einen großen Teil der Bevölkerung repräsentieren dürften, dazu bei, den einzig bestehenden Hoffnungsschimmer für eine Bewältigung der globalen Krisen (Klima, Artenvielfalt, Verschmutzung), nämlich die wahrhafte, tatsachenbasierte, ökosystemische, wissenschaftliche Aufklärung und ihren notwendigen Einfluss auf den Zeitgeist, die Menschen und die Politik zu hemmen und zurückzudrängen.

Wie schon gegen Ende des 19. Jh. kommen die Fake News, die falschen Weltanschauungen und Verunglimpfungen von ehrlichen Aufklärern auch aus der Wissenschaft selbst, wenn es z. B. heißt, dass Hocherträge nötig seien, um die Welt ernähren zu können, ungeachtet dessen, dass fast 80 % der weltweiten Agrarfläche der Produktion von Nahrung für die Nutztiere dienen und nicht direkt für die Menschen! Dieser Unterschied ist entscheidend, wie die trotz Hocherträge negative Agrarhandelsbilanz Deutschlands zeigt: Deutschland ist Importland, kann seine Leute nicht voll mit eigenen Lebensmitteln ernähren, vor allem wegen der tierbedingten Reduktion pflanzlicher Nahrung auf ein Fünftel bis ein Fünfzehntel, sodass man ohne den Umweg über Tiere entsprechend viel mehr Menschen ernähren könnte: Ein Drittel weniger Tiere würde reichen, um den Soja-Import aus Amazonien verzichtbar und Deutschland zu einem Land mit einer positiven Agraraußenhandelsbilanz zu machen und dies alles mit einer ökologisch umgestellten Landwirtschaft.

Fake News bestehen darin, dass man den Menschen die einfachsten und klarsten Tatsachen vorenthält, wie z. B. den sehr hohen Anteil der Nahrung für tierisches Futter und die dadurch erfolgende dramatische Verminderung der Ausgangsnahrung auf einen winzigen Bruchteil in Form von Fleisch oder Milch o. a.: Wer den Konsumenten verschweigt, dass man mit dem Schweinesteak das 8-fache des Gewichts an Soja verzehrt, welches zum Steak geführt hat und den Menschen in Argentinien und Brasilien nun als Nahrung fehlt, verbreitet Fake News, wenn er sagt, dass mit den deutschen Schweinen die Welt ernährt werden könnte. Wer die minderen Erträge des Ökolandbaus (30–40 %) in Bezug auf die Welternährung für nachteiliger hält als die 500–1000%ige Minderung der Nahrung durch die Nutztierproduktion, ist ein Scharlatan, auch wenn es sich dabei um Agrarwissenschaftler oder Vertreter des Bauernverbandes handelt.

Ähnlich sieht es mit dem Zusammenhang zwischen fossiler Energienutzung und der Erderwärmung aus, der von der Faktenlage her völlig unstrittig und durch Zigtausende exakter Messungen rund um den Globus während eines ganzen Jahres und über alle Jahre seit 1881 eindeutig belegt ist.

Es ist dies die Leistung von Wissenschaftlern, die an Tatsachen glauben, diese durch fleißige Messungen offensichtlich machen und schließlich zu einem Bild und einer Erkenntnis zusammenfügen. Diese Art von Wissenschaft ist heute in einem unglaublichen Ausmaß bedroht durch eine Masse von Menschen, u. a. auch Wissenschaftler in allen Fachgebieten, die nur im Auge haben wie man durch Innovationen den Fortschritt aufrechterhalten kann, ohne sich für die möglichen Auswirkungen zu interessieren. Damit auch kein anderer nach diesen Auswirkungen sucht, muss man die ökologische Forschung überhaupt zum Feind des Fortschritts erklären.
Das geschieht gerade bei den EU-Agrarverhandlungen, in denen die katastrophalen Folgen der chemie- und nutztierintensiven Hochertragslandwirtschaft für die Bauern selbst, für das Weltklima, für die Ökologie und für die Welternährung überhaupt keine Rolle spielen – sie wurden von interessierten Kreisen seit Jahren erfolgreich weg-ignoriert und weg-verleugnet, indem man sich ganz einfach nicht den Vorwürfen stellt und alles auf die Lobbyarbeit, eine heile Bauernbilderwelt verlagert und die Kritik durch Aufforderung zum „Gemeinsamen“ beseitigt.

Allein die Tatsache, dass der Klimawandel seit den 60er Jahren als Möglichkeit menschlicher Verursachung bekannt ist, jedoch bis heute keine wirkungsvollen Maßnahmen zur Eindämmung des THG-Anstieges erfolgt sind, zeigt die unglaubliche Vehemenz und Durchgängigkeit, mit der die Ergebnisse systemischer Auswirkungsanalysen industrieller Gesellschaften in der Politik, aber auch in den angewandten, industrieverbundenen Wissenschaften selbst verleugnet und ignoriert werden.

Natürlich ist die Natur ein „Gewebe verwickelter Beziehungen zwischen den Arten", die darin aneinandergekettet sind durch Voneinander-Abhängigkeiten, Symbiosen, ausgeglichene Gegenspielerverhältnisse und im Ganzen durch eine ganz eigenständige Produktivität dieser Systemgemeinschaften, die allen Mitgliedern ein gedeihliches Leben ermöglicht – wenn das Netz nicht durch äußere Eingriffe zerrissen wird.

Darwin sah dies, konzentrierte sich jedoch auf den Zuchtaspekt, ohne den Einfluss des Gewebes gebührend zu berücksichtigen.

Für den Ökobauern ist es, neben einem gemäßigten Klima mit kalkulierbarem Wetter, zunächst und vor allem der fruchtbare Boden, der ein solches System darstellt mit dem er selbst schonend sowie aufbauend-fördernd arbeiten muss, um zu guten Erträgen zu kommen. Und den Biobauern gelingt dies, wie ein Vergleich mit den Erträgen der Großeltern in den 20er und 30er Jahren zeigt: 1920 lagen die Weizenerträge bei etwa 15 dt je Hektar, heute liegen sie im Ökolandbau bei mindestens 36–56 dt je Hektar, je nachdem, wie viel organischer Dünger zum Einsatz kommt und wie gut die Böden vom Humus und von den Sedimenten her sind:

- Was die Fruchtbarkeit des Bodens ausmacht ist seine Lebendigkeit und diese hängt wiederum davon ab, wie viel Humus (umgesetzte organische Masse) der Boden enthält, der mit seinen Verbindungen zu den unbelebten Tonen und Verwitterungssedimenten und seiner großen inneren, krümeligen Oberfläche einerseits das Haus für das Bodenleben und andererseits das Reservoir an verfügbaren Nährstoffen für dieses Bodenleben und die angesäten Nutzpflanzen verkörpert. Es benötigte Jahrhunderte, um die natürliche Bodenfruchtbarkeit aufzubauen, jedoch genügten wenige Jahrzehnte Kunstdüngerlandwirtschaft, um die Böden an die Grenze der Fruchtbarkeit zu bringen. Daher gehört der Zustand der Böden in Deutschland zu einem der am besten gehüteten Geheimnisse.
- Der zweite Systemaspekt ist die enge Wechselwirkung zwischen dem Wachsen der Pflanzen und dem Bodenleben, das, wie die Pilzmykorrhiza oder die Knöllchenbakterien, die Pflanzenwurzeln umhüllt und den Wurzeln Nährstoffe zuführt, während sie selbst von der Pflanze mit Zucker u. a. Nährstoffen versorgt werden. Der größte Teil der Biomasse, die eine Pflanze während einer Wachstumsperiode ausbildet, steckt in den Wurzeln und hier wiederum in Wurzeln, worin die Symbiose mit dem Bodenleben stattfindet, die also vorwiegend zum Austausch mit dem Bodenleben dienen. Diese Ökoverhältnisse im Boden sind bis heute nur sehr wenig aufgeklärt, weil die tonangebende Agrarwissenschaft auf künstliche Ernährung der Pflanzen setzt und von deren schädlichen Auswirkungen auf das Bodenleben eigentlich nichts wissen will. Nur 2 % der staatlichen Forschungsmittel werden derzeit (2018) für ökologische Fragestellungen aufgewendet und davon derzeit nur in 1 Projekt für Grundlagenforschung (siehe Kapitel 1).
- Der dritte Systemaspekt besteht in unseren Breiten im zyklischen Wachstum des gesamten Boden-Ökosystems, mit mehreren Auf- und Abschwungphasen der Mi-

krobenpopulationen während einer Vegetationsperiode. Gerade diese drei Entwicklungsphasen im Frühjahr, Sommer und Herbst, die im Aufschwung jeweils zur verstärkten Mineralisierung und im Abschwung zur verstärkten Festlegung von pflanzenverfügbarem Stickstoff führen, verdeutlichen, zusammen mit dem belebten Bodenkörper, die Eigenständigkeit des Ökosystems Boden und seine davon abhängige hohe Biomasse-Produktivität und Leistungsfähigkeit hinsichtlich Nährstoffspeicherung, Abbau organischen Materials, Wasserspeicherung, Kohlenstoffspeicherung u. a. Lebenssicherungsleistungen.

- Der vierte Systemaspekt besteht in der Offenheit des Boden-Ökosystems für seine Entwicklung durch gezielte Maßnahmen der beständigen Durchwurzelung durch Dauerkulturen und Zwischenfruchtanbau und der gezielten zusätzlichen Fütterung des Bodenlebens mit organischer Masse zur Aufrechterhaltung und Steigerung des Humusgehaltes der Böden.
- Der fünfte Systemaspekt besteht schließlich im Austausch des Systems Mutterboden mit tieferen Bodenschichten einerseits und mit dem Ökosystem der bodennahen Flora und Fauna (Ackerwildkräuter, Kleintiere, Wild usf.) und mit angrenzenden (Hecken, Wälder u. a.) sowie komplexeren Systemen (bestimmte Landschaften, Atmosphäre, Klima, Wasserkreislauf u. a.) andererseits. Während das ganze Mittelalter über die Wildkräuter auf Äckern, Wiesen und in Wäldern die Hausapotheke der Bauern, Klöster und Grundherren waren, wurden sie durch die Chemielandwirtschaft vollkommen entwertet und zum Feind erklärt. Entsprechend wenig weiß man über den Einfluss der Wildkräuter auf das Boden-Ökosystem und ihre Bedeutung für ein gesundes Aufwachsen der Nutzpflanzen und den gesundheitlichen Wert ihrer Früchte für den Menschen.

Am Beispiel des geophysikalischen Klimasystems, das in seinen Parametern vom Zustand der Biosphäre beeinflusst wird, und des geobiologischen Ökosystems Mutterboden wurde deutlich, dass die wesentlichen Grundlagen des Lebens heute nur mehr mit systemischen Forschungsansätzen und ökosystemischen Praxisvorstellungen erfasst, dargestellt und sensibel genug behandelt werden können.

Die wichtigsten Merkmale dieser Systeme bestehen in folgenden Eigenschaften:

(1) Zureichendes Wissen entsteht nur durch die Beachtung der gesamten Komplexität der Systeme und ihrer inneren Struktur, die zumeist aus geophysikalischen und lebendigen Bestandteilen besteht.

(2) Es besteht eine enge Wechselwirkung zwischen dem phänotypischen Makrokosmos und einem weitgehend unsichtbaren Mikrokosmus.

(3) Die Systeme sind eigenständig und weisen eine eigene innere Entwicklungsdynamik auf, die parallel verläuft zum jährlichen Vegetationsverlauf und die Biomasse-Produktivität des Systems beeinflusst.

(4) Die Systeme steuern sich selbst aufgrund natürlicher Wachstumsprozesse (Lebendigkeit und natürliche Fähigkeit zur Nutzung der Sonnenenergie) und Austauschbeziehungen

(Symbiosen, Gegenspielerverhältnisse, Stoffwechselprozesse) zwischen den verschiedenen Lebewesen und dieser zu geophysikalischen Bedingungen.

(5) Die Systeme können aufgrund der Kenntnis der maßgeblichen Bestandteile und Dynamik gezielt beeinflusst werden, um ihre Produktivität kurz- und langfristig zu steigern.

(6) Die Ökosysteme können untereinander abgegrenzt werden und stehen jeweils mit ihrer Eigenart im Austausch untereinander, der sich auch über lokal- und regionalklimatische Verhältnisse vermittelt.

(7) Die Ökosysteme entwickeln sich eigenständig zu komplexen, hochproduktiven, selbstregulativen und langlebigen Natursystemen (wie z. B. die Böden, Wiesen und Wälder) mit der Sonne als Energiequelle, wobei der Mensch mit seinen Eingriffen lediglich ihre Nutzung besorgt, jedoch nicht ihre originäre Biomasse-Produktivität, die vom Entwicklungsstand der Ökosysteme überhaupt und vom lebendigen Wachstum der beteiligten Lebewesen während eines Jahres stammt.

Um diese eigenständigen, komplexeren, Eigenschaften von Ökosystemen in der angewandten Agrarforschung beachten zu können, werden angemessene Theorien über die jeweils betrachteten Ökosysteme und angemessene Methoden des Nachweises komplexerer Eigenschaften und Prozesse benötigt. Ein vorbildliches Beispiel für eine solche systembezogene Analyse ist die Untersuchung von E. Scheller über die *„Stickstoff-Versorgung der Pflanzen aus dem Stickstoff-Stoffwechsel des Bodens“* aus dem Jahre 1994.

Dass es sich beim Acker um ein eigenständiges Ökosystem mit einem eigenen, langfristigen Entwicklungsverlauf einerseits und dem typischen Wachstumsverlauf während eines Jahres andererseits handelt und nicht lediglich um eine bestimmte geomorphologische Unterlage, auf der Pflanzen wachsen, ist in der angewandten Agrarwissenschaft bis heute kaum anerkannt.

Infolge dieser eigenständigen Eigenschaften von Ökosystemen muss jede partielle, gering komplexe, reduktionistische Betrachtung von Einzelobjekten, -faktoren und -prozessen zu einseitigen bis falschen Untersuchungsergebnissen und unerkannten und unvorhergesehenen Folgen führen, wenn aufgrund dieser parzellierenden Sicht Eingriffe geplant und durchgeführt werden. Ein Beispiel dafür sind die übertriebenen Düngeempfehlungen für den Stickstoffeinsatz in der konventionellen Landwirtschaft, worin die zusätzliche Nachlieferung aus dem Bodenvorrat infolge Bodenaktivität und anderen einwirkenden Faktoren systematisch übersehen haben. Ein weiteres Beispiel sind Pestizide, die auf lange Sicht den Druck durch Schädlinge und Krankheiten erhöhen, weil sie die natürlichen Gegenspielerverhältnisse zwischen Nützlingen und Schädlingen aus dem Gleichgewicht bringen, was zu epidemischer Verbreitung z. B. von Nematoden, Fusarien, Pilzerkrankungen und sogenannten Problemunkräutern führt.

Entsprechend groß ist die Diskrepanz der bisherigen Herangehensweise in den angewandten Agrarwissenschaften heute zu den Erfordernissen der Sicherung der Ökosysteme und der Artenvielfalt: Weder verstehen diese Agrarwissenschaften die Bedeutung von Artenvielfalt und Ökosystemen überhaupt für die Zukunft des Menschen, noch verfügen sie über

angemessene Konzepte und Methoden, um den Einfluss der landwirtschaftlichen Bewirtschaftung der Böden auf die Ökosysteme und Artenvielfalt untersuchen und alternative Bewirtschaftungsweisen überhaupt in Betracht ziehen zu können.
Aber ohne die Entwicklung ökosystemischer Konzepte und Kompetenzen wird die Agrarwissenschaft zu einer Gefahr für die Bevölkerung weltweit, weil sie den Klimawandel sowie das Artensterben und die Abhängigkeit der Landwirtschaft von industriellen Mitteln noch verstärken wird, anstatt die Eigenproduktivität der Ökosysteme und damit die Reproduktion der Biosphäre zu fördern. Die Tatsache, dass lediglich 2 % der Agrarforschungsmittel für ökologienahe Fragen ausgegeben werden, sehr viel mehr aber für die Erforschung der gentechnischen Veränderungen von Pflanzen und Tieren, verdeutlicht die enorme Ökologieferne der modernen Agrarwissenschaft und Agrarpolitik.

9.3 Die Reduktion von Komplexität hat eine existentiell-gesellschaftliche Grundlage

In mentaler Hinsicht zeigt der menschengemachte Klimawandel dem Menschen in kaum zu überbietender Deutlichkeit, dass er die Industrialisierung mit einer zu gering komplexen Sicht auf die Eigenständigkeit der Biosphäre und die Gleichgewichtsgesetze ihrer Reproduktion vorangetrieben hatte.
Jedoch wäre auch dieses Urteil wiederum zu gering komplex, weil die forcierte Industrialisierung, mit den stark gewachsenen Bevölkerungen, knappen Energiereserven und der Herausbildung konkurrierender Nationen, eine lange Vorgeschichte, mit eigentümlicher Entwicklungsdynamik hatte, die aus einer ursprünglichen Komplexitätsreduktion der menschlichen Existenzweise im Zuge des Sesshaftwerdens entsprang.

Die Sesshaftigkeit als Überlebensmodell wurde von den Menschen dem Jäger- und Sammlerleben vorgezogen, weil die Menschen im Getreide und anderen ortsgebundenen Pflanzen ergiebige, regelmäßig nachwachsende Nahrung erkannt hatten, die ihre Ernährungssicherheit stark erhöhte, wenn sie das Nachwachsen selbst veranlassten. Entscheidende Bedingungen waren die vollständige Kenntnis des jahreszeitlichen Wachstumsverlaufs und die Absicherung des betreffenden Gebietes gegen tierische und menschliche Konkurrenten. Die Konsequenzen der durch die ersten Ackerbauern und/oder Viehzüchtern vorgenommenen Reduktion der Komplexität ihrer bisherigen Lebensweise auf ein bestimmtes Territorium waren allerdings gravierend und über die spezifische Kulturentwicklung, insbesondere auch der wissenschaftlichen, nachwirkend bis heute:

- Feindstellung zur erstmals als „Umwelt“ auftauchenden Gesamtnatur und zu anderen Menschen,
- Entwicklung von Schutz- und Verteidigungseinrichtungen sowie Wehrhaftigkeit durch Waffen,
- Konzentration des Denkens, der Beobachtung und des Planens auf ausgewählte Kulturpflanzen und die sichere Aufbewahrung der Früchte,

- Feindstellung zur übrigen, unmittelbar nichtproduktiven Natur auf dem eigenen Gebiet,
- Rasche Vermehrung der Bevölkerung durch sichere Nahrung, höhere Geburtenrate und mehr Sicherheit vor natürlichen Feinden,
- Reduktion der Erfahrungsgrundlage im Umgang mit der Natur auf einen engen Raum und wenige Pflanzen- und Tierarten, ohne deren Verbundenheit mit der lokalen und globalen Artenvielfalt und den geophysikalischen Verhältnissen, wie u. a. dem Klima.

Die entscheidenden, d. h. die Entwicklung menschlicher Gesellschaften bis heute determinierenden Konsequenzen dieses inselhaften Modells der Existenzsicherung von Gesellschaften bestehen in folgenden sechs Faktoren:

(1) Grundsätzliche Feindstellung zum Außen: Zur umgebenden Gesamtnatur und zu den anderen Völkern als Konkurrenten um Ressourcen sowie zur nicht unmittelbar nützlichen Natur auf eigenem Gebiet.

(2) Begrenzung der Ressourcen für die Lebenssicherung und die Grundlagen der Erfahrungsbildung auf einen kleinen Ausschnitt der Natur: das eigene Gebiet.

(3) Reduktion der menschlichen Rationalität auf partiell-kausal-lineare Zweckrationalität ohne Blick und Rücksicht auf mittelbare und langfristige Folgen für die zugrunde liegende und umgebende Natur.

(4) Konzentrierte Ausbeutung der Natur mit der Folge einer stetigen Erschöpfung des Gebietes und der eigenen Ressourcen.

(5) Überstarke Bevölkerungsentwicklung relativ zum eigenen Gebiet und Ressourcenvorrat mit der Folge rasch zunehmender Arbeitsteilung, Anführerstrukturen und Wehrfähigkeit mittels Waffen, bei gleichzeitig wachsendem Nahrungsbedarf.

(6) Als Summenfaktor: Expansionsdrang und Kriege um Land und Ressourcen seit 5000 Jahren infolge des strukturellen Missverhältnisses zwischen begrenztem Gebiet, konzentrierter Naturausbeutung und wachsender Bevölkerung.

Wenngleich der Handel zwischen Volksgruppen seit dem Neolithikum nachgewiesen ist, hat er die verhängnisvolle Dynamik dieser inselhaften Existenzweise, etwa durch ausreichende Nahrungsimporte, nicht kompensiert. Einzig die Auswanderung in weniger dicht besiedelte Gebiete, die zeitweise ganze Völker umfasste, kam – neben den Kriegen – als Ventil des Dilemmas infrage.

Auch heute kann der Handel die Kriege um Land und Absatzmärkte sowie Rohstoffquellen nicht verhindern, weil sich die Völker nach wie vor primär als Konkurrenten um Land und Ressourcen sehen und ihnen ihre beschränkte ausbeuterische Zweckrationalität im Umgang mit der Natur auch keinen Respekt vor den Bedürfnissen anderer Völker gestattet.

Heute liegt die Überforderung der Natur in den Industriestaaten weniger im absoluten Umfang der Bevölkerung als vielmehr in dem hohen Ressourcenbedarf westlicher Lebensstile begründet (ständiges Wachstum als Bedingung für das Funktionieren des Wirtschaftssystems) und der Handel dient bisher vor allem dazu, die Niveauunterschiede im individuellen Verbrauch gegenüber Schwellen- und Entwicklungsländern auszunützen und aufrechtzuerhalten. Handel ersetzt also heute teilweise die territoriale Expansion mittels Krieg, jedoch nicht die Ausdehnung der Naturausbeutung auf andere Gebiete außerhalb des eigenen Gebiets. Dies zeigt sich heute im enormen Unterschied des ökologischen Fußabdruckes oder der ausgestoßenen THG-Emissionen je Person zwischen 11 t (CO_2e) pro Jahr in Deutschland, 1,71 t in Indien und in den 2,7 t, die nach dem Pariser Klimaschutzabkommen im Durchschnitt zulässig wären, um den Temperaturanstieg auf 2 °C zu begrenzen (bei 7 Mrd. Menschen weltweit).

Wie genauere historische Analysen auf Dokumentenbasis zeigen (siehe Winniwarter u. a., ebenda), hat es wohl frühestens in der Zeit des Römischen Reiches Anstrengungen und Berichte zu einer vertieften Klärung von Ursachen unterschiedlicher Bodenfruchtbarkeit durch einige römische „Agrarschriftsteller" gegeben, die als Großgrundbesitzer ein starkes Interesse am Erhalt des monetären Wertes ihrer Böden hatten.
Schließlich entwickelte sich die Wissenschaft – neben Projekten von Praktikern – zum entscheidenden Instrument der Naturerforschung jenseits des begrenzten Horizonts sesshafter Gesellschaften. Jedoch hat sich die Agrarwissenschaft bis heute noch nicht aus der territorial und forschungslogisch beschränkten Zweckrationalität konzentrierter Naturnutzung gelöst, um die ökosystemischen Bedingungen und Negativfolgen der chemieintensiven Landbewirtschaftung gebührend beachten zu können.

Geschichte wäre mithin als „Geschichte von Expansionszyklen menschlicher Gesellschaftlichkeit" zu charakterisieren, die mit der Bildung von Inseln der Sesshaftigkeit begann und über mehrere Zyklen konzentrierter Naturausbeutung und Gesellschaftsentwicklung (Entwicklung der Bevölkerung, Arbeitsteilung, Arbeits- und Wehrtechnik) – infolge inselhaft beschränkter Rationalität und mangelnder Beherrschung der Entwicklungsdynamik – durch Expansionsprozesse zu immer größeren gesellschaftlichen Einheiten führte.
Auf dem heutigen Intensitätsniveau der Besiedlung und Aufteilung der Landmasse der Erde sind wohl für die meisten Gesellschaften der Erde weitere Zyklen konzentrierter Naturausbeutung und Gesellschaftsentwicklung ohne die Ausplünderung der letzten großen Waldgebiete und den Kampf darum unmöglich. Und die Gesellschaften, wie z. B. die Brasiliens, die glauben, mit der Abholzung des Amazonasgebietes einen solchen Entwicklungszyklus entfalten zu können, stehen angesichts der Beschleunigung des Klimawandels durch die Entwaldung unter einem hohen Druck der Weltgesellschaften, diese zu stoppen.
Aber insgesamt beweist die derzeitige Weltlage, dass das Modell der konzentrierten Gesellschaftsentwicklung durch konzentrierte Naturausbeutung aufgrund der damit verkoppelten beschränkten, nicht systemischen und antiökologischen Sicht der Welt zur Zerstörung der Erde als bewohnbarer Planet führen wird, wenn entscheidende Merkmale dieses Modells von Gesellschaftsentwicklung nicht verändert werden.

Welche Eigenschaften des Modells stehen zur Disposition:

- die Komplexität der Sicht der Gesellschaften auf die gesamte Biosphäre und die Ökosysteme auf ihren Gebieten und die damit verbundene Verantwortung für die Ökologie,
- die Intensität der Zerstörung von Ökosystemen und der Naturausbeutung,
- die materiellen Beziehungen zu anderen Ländern (Handel, ausländische Investitionen),
- die Entwicklung der Lebensverhältnisse der Bevölkerung,
- die Entwicklung der Bevölkerung zahlenmäßig,
- die Entwicklung der Bevölkerung bildungsmäßig,
- die beschränkte Rationalität im Umgang mit den eigenen Ressourcen und der entfachten Entwicklungsdynamik.

Und welche Eigenschaften können am ehesten verändert werden, um eine Blickerweiterung der Gesellschaften zu erreichen und einen für die letzten Urwälder tödlichen Entwicklungszyklus zu verhindern?

Eigenschaften, deren Veränderung am schnellsten und sichersten eine andere, naturkonformere Art von Entwicklung dieser Gesellschaften ermöglichen wird:

(1) Die **Vermittlung einer systemischen Sicht** der Bedeutung des Urwaldes für das Weltklima und die Entwicklung des eigenen Landes durch Weltorganisationen und befreundete Länder könnte dazu führen, dass die Austrocknung des Landes bis hin zur Wüstenbildung und damit auch die Unmöglichkeit von Landwirtschaft in wenigen Jahrzehnten, als Folge der Abholzung erkannt und deshalb eingeschränkt oder ganz beendet wird.

(2) Zum Zweiten wären es **wichtige Handelsbeziehungen** zu anderen Ländern, die wohl den größten Einfluss auf die an der Abholzung interessierten Gruppen entfalten könnten, indem die Nachfrage nach Erzeugnissen gedrosselt wird, die durch die Abholzung gewonnen werden. Indem diese wichtige Karte der Einflussnahme durch Handelspartner derzeit nicht gespielt wird, zeigt dies, wie wenig die Handelspartner selbst abgerückt sind von ihrer beschränkten Rationalität der Naturnutzung. Es scheint derzeit weltweit überhaupt nur ein Land zu geben, das den Ernst der Lage begriffen und zu einem natursystemischen Verständnis der Beziehung zur Natur übergegangen ist: Das Königreich Bhutan im Himalayagebiet, das die Landwirtschaft zu 100 % auf Ökolandbau umstellen will, weil es das „Glück seiner Bewohner als wichtiger erachtet als das Bruttosozialprodukt des Landes".

(3) Der dritte, am ehesten beeinflussbare Ansatzpunkt wäre die **Bildung** und dadurch indirekt auch die **Verbesserung der sozialen Lage der Bevölkerung**. Wie allerdings das Beispiel Brasilien zeigt, tragen religiöse Bewegungen mit ihrer anthropozentrisch-chauvinistischen Sicht auf die Natur anscheinend erheblich zur Beschleunigung der Ent-

waldung bei, was darauf hindeutet, dass die katholische Kirche ihre Möglichkeiten zur Aufklärung über die Bedeutung des Urwaldes völlig ungenutzt lässt.

Die Europäer, die durch die EU ein zentraler Handelspartner vieler Entwicklungs- und Schwellenländer, wie z. B. Brasilien, sind, hätten es in der Hand durch eine eigene ökologisch orientierte GAP und eine starke Verminderung des Imports von Futtermitteln aus Südamerika die Anreize für die Abholzung zu beseitigen und durch Hilfen auf anderen Gebieten zu ersetzen.
Jedoch signalisieren die Europäer gerade mit ihrem „Weiter so" der Subventionierung unbegrenzter Tierhaltung und chemieintensiver Landwirtschaft alles andere als ein systemisches Verständnis der weltweiten Bedrohung durch Klimawandel und Artensterben. Sie reden viel von Nachhaltigkeit und Klimaneutralität, tun aber in der Praxis das Gegenteil. Damit sind sie der Welt kein Vorbild in Sachen Klimaschutz, sondern in Richtung Abholzung und konzentrierter Naturnutzung.

Das Modell der Expansionszyklen menschlicher Gesellschaftlichkeit rückt die inselhafte Beschränktheit der menschlichen Zweckrationalität als zentralen Faktor der Fehlentwicklung zum Klimawandel und Artensterben in den Vordergrund. Die Taten- und Konzeptlosigkeit, mit der die Gesellschaften der Welt der Abholzung der letzten Urwälder weltweit zusehen und teils direkt oder indirekt davon profitieren, zeigt, dass letztlich alle Gesellschaften rational beschränkt agieren und (noch?) nicht fähig sind, den Pfad der konzentrierten Naturausbeutung und des partiellen, nichtsystemischen antiökologischen Denkens zu verlassen.

Einen zentralen Anteil an dem inselhaft beschränkten Denken haben wissenschaftliche Konzepte, die die Komplexität der menschlichen Beziehungen untereinander und zur Natur sowie zu anderen Völkern auf das Maß reduzieren, das zur Beibehaltung der Naturausbeutung mittels der beschränkten, jedoch effektiven kausal-linearen Zweckrationalität partieller Natureingriffe und zur Expansion nötig ist. Besonders deutlich wird dies an wissenschaftlichen Landnutzungsuntersuchungen i. H. auf Klimawirkungen und Empfehlungen für die Politik, wenn sie die wichtigsten Faktoren ausklammert, mit falschen Emissionszahlen arbeitet und keine Spur systemischer Forschung erkennen läßt.

9.4 Die Mechanik als Bindeglied zwischen Mikro- und Makrokosmos

Mit der planvollen Nutzung natürlicher Wachstumsprozesse nutzten die ersten Ackerbaugesellschaften von Beginn an auch den bereits erkannten Zusammenhang mit wiederkehrenden Erscheinungen des Himmels. Massive Bauwerke wie in Stonehenge und an vielen anderen Orten der Erde, anhand derer die jahreszeitliche Justierung der Gesellschaften stattfand, verdeutlichen den hohen Stellenwert, den die Synchronisierung mit dem Lauf der Sonne damals bereits hatte.
Interessanterweise prägt und durchzieht dieses Tandem aus prozess- und objektparzellierender Naturbetrachtung und -nutzung einerseits und Orientierung am Kosmos der Gestirne andererseits die Entwicklung des Denkens bis in die Neuzeit, auf Kosten der Natur der

Lebewesen und der hochproduktiven natürlichen Wunderwerke der Wälder, Wiesen und Äcker, die keine besondere Aufmerksamkeit zu verdienen schienen.
Ausschlaggebend hierfür war sicherlich der Einfluss monotheistischer Religionen, worin die Unterwerfung der Natur Dogma war und daher keinerlei besondere Fürsorge verdiente. Zugleich war die Landbevölkerung den Grundherren untertan, die gegen das Schutzversprechen mit Fronarbeit und Naturalien versorgt werden mussten. Eine positive fürsorgliche Haltung gegenüber der Natur war von den Bauern unter diesen Bedingungen nicht zu erwarten.

Auch bei den antiken griechischen Philosophen war die lebendige Natur primär nur Objekt der begrifflichen Klassifizierung und Kategorisierung und ansonsten, etwa im Zusammenhang mit Landwirtschaft, kaum der Rede wert. Dagegen spielten Geometrie und Kosmologie, die für die Errichtung von Gebäuden, die Landvermessung und Navigation auf hoher See unerlässlich waren, eine zentrale Rolle. Erst die zahlreichen römischen Agrarschriftsteller befassten sich ausführlicher mit der Natur als Basis der Landwirtschaft, wobei sie als Erste entdeckten, dass die Üppigkeit des Pflanzenwachstums von der unterschiedlichen Fruchtbarkeit der Böden abhängt, welche wiederum von bestimmten, durchaus beeinflussbaren Eigenschaften geprägt ist. Interessant allerdings wurden diese Eigenschaften auch nur, weil sie den finanziellen Wert der bereits gehandelten Böden bestimmten.

Im europäischen Mittelalter gab es dann auch diese Parallelität von irdischer Mechanik der Objekte, die vor den Tieren nicht Halt machte, indem man sie wie Descartes, nach dem Vorbild eines Uhrwerks, auf Apparate reduzierte und der Mechanik der Gestirne am Himmel. Deren Erforschung brachte zahlreiche Berühmtheiten hervor und trug maßgeblich zum Sturz des christlichen, geozentrischen Weltbildes bei, sowie zum Sieg des vernünftigen Urteilens auf der Basis von Tatsachen und Theorien (Erklärungen) ihrer Zusammenhänge. Die Anhänger der Aufklärung überwanden durch ihr neues Selbstbewusstsein im Kampf um Freiheit und Gleichheit die Leibeigenschaft und Tatsachen-widrigen religiösen Dogmen.

9.5 Die Vereinseitigung der Aufklärung zur Freiheit des Eigentums

Aufklärung im engeren Sinne meint die Durchsetzung rationalen, tatsachenbasierten, Denkens und im weiteren Sinne das „Zeitalter der Aufklärung“ (etwa zwischen 1650 und 1800) mit dem neuen rationalen Denken als Basis von Reformbewegungen auf vielen gesellschaftlichen Gebieten, die schließlich zur nordamerikanischen Revolution 1787 und zur Französischen Revolution 1789 geführt haben. Historisch wird die Aufklärung als Phase des Übergangs von der durch „gottgesandte“ Feudalherren, kirchliche Dogmen, Aberglauben und Vorurteile verfinsterten dunklen Zeit des Mittelalters (etwa 500 bis 1500) zur Neuzeit gesehen. Aufklärung ist daher weder auf Religionskritik zu reduzieren noch war die Säkularisation ihr einziger emanzipativer Effekt.
Wenn heute, angesichts der Klimakrise, der Umweltkrise und sozialen Krise (Kluft zwischen Arm und Reich, Migration) von der Notwendigkeit einer neuen, 2. Aufklärung gesprochen wird, dann reflektiert dies zu Recht auf die Konflikte und daraus folgenden Umbrüche jener Zeit und ist dementsprechend gehalten, folgenden Punkt besonders ernst zu nehmen:

Nämlich, dass die Aufklärung eine soziale und ökologische Schräglage in der Reproduktion seiner Subjekte hinterlassen hatte, die sich zu den heutigen Krisen gesteigert hat.

Eine neue zweite Aufklärung wäre also als Fortsetzung und Vollendung der ersten Aufklärung zu verstehen:
Auf der einen Seite zeigen ihre zahlreichen philosophischen, wissenschaftlichen, literarischen und politischen Repräsentanten auf welche Höhen des Denkens und der Vernunft die Menschen gelangen können, wenn sie nichts anderes als die objektive Wirklichkeit und das Wohl für den vernünftigen Menschen im Blick haben:
„Ausgang aus der selbst verschuldeten Unmündigkeit" nannte Kant diesen Vorgang, der erstmals in der Geschichte den Europäern und den Nordamerikanern die Rechte der individuellen Freiheit, Gleichheit und Brüderlichkeit und die damit verbundene Zuversicht in den Kopf setzte, dass fürderhin jedermann durch freies Denken und freie Bildung sich die Möglichkeiten seiner materiellen und gesellschaftlichen Umgebung zur Entfaltung seiner Wohlfahrt anzueignen berechtigt sein soll. Die demokratischen Verfassungen sollten die neuen Menschenrechte nicht nur für alle garantieren, sondern auch die Mitwirkung der Menschen an der Gestaltung ihrer gesellschaftlichen Verhältnisse! Eine Errungenschaft sondergleichen, die bis heute als Maßstab für jegliche, durch Vernunft zivilisierte menschliche Kultur gilt.
Andererseits aber bewegte sich die erlangte individuelle Freiheit per se in einer Realität völlig ungleicher Verwirklichungsmöglichkeiten für die meisten Menschen, die der Französischen Revolution zum Durchbruch verholfen haben:
Das federführende Besitzbürgertum konnte die neue Freiheit ungleich mehr zu ihrem Vorteil nutzen als das gemeine Volk auf der Straße, die Masse der besitzlosen Tagelöhner auf dem Land und in den Städten, die die Feudalgesellschaft hinterlassen hatte:

„Der Gegensatz von reich und arm", so schreibt F. Engels in „Die Entwicklung des Sozialismus von der Utopie zur Wissenschaft", *„statt sich aufzulösen in allgemeinem Wohlergehen, war verschärft worden durch die Beseitigung der ihn überbrückenden zünftigen und anderen Privilegien und der ihn mildernden kirchlichen Wohltätigkeitsanstalten; die jetzt zur Wahrheit gewordene ‚Freiheit des Eigentums' von feudalen Fesseln stellte sich heraus, für den Kleinbürger und Kleinbauern, als die Freiheit, dies von der übermächtigen Konkurrenz des Großkapitals und des Großgrundbesitzes erdrückte kleine Eigentum an ebendiese großen Herren zu verkaufen und so für den Kleinbürger und Kleinbauern sich zu verwandeln in die Freiheit vom Eigentum; der Aufschwung der Industrie auf kapitalistischer Grundlage erhob Armut und Elend der arbeitenden Massen zu einer Lebensbedingung der Gesellschaft"* (MEW, Bd. 19, S. 193).

Durch diesen historischen Realprozess der Eigentumspolarisierung bei der Verwirklichung der neuen individuellen Freiheit entsteht eine Diskrepanz zu den als Rechte in den Verfassungen verankerten Idealen der Aufklärung, insbesondere auch zum Prinzip der Gleichheit und sozialen Verpflichtung von Besitz.
Aber legt das zwingend die Verkürzung des Verständnisses der Aufklärung auf die Durchsetzung der besitzenden Klasse und der Gesellschaftsanalyse auf den subjektlosen Prozess der Kapitalvermehrung nahe? Und bedeutet dies, dass ein Fortschritt im Sinne der Aufklärung

nur durch Enteignung und Gleichverteilung des Besitzes auf alle Mitglieder eines Gemeinwesens oder durch Konzentration beim Staat zu erreichen sein würde?
Was wäre damit heute am Klimawandel und der Umweltzerstörung zu ändern, wenn nicht die Reichtumsproduktion selbst und der damit verbundene Krieg gegen die Natur sowie Zwang zur Arbeit für andere als Existenzgrundlage infrage gestellt würde?

Wir meinen, dass die menschheitliche Bedeutung der Aufklärung mit ihren, durchaus zu Gesetzen gewordenen, Menschenrechtsidealen nicht auf die kapitalistische Realität, die sich in ihrem Gefolge breitmachte, reduziert werden sollte: Die Aufklärung erschuf erstmals in der Geschichte den Menschen als freies, mit gleicher Begabung und Vernunftfähigkeit ausgestattetes Subjekt, welches das Recht auf eigene Erfahrung und Meinung und ein selbstbestimmtes Leben erlangt und damit auch Ansprüche an seine physischen und sozialen Verwirklichungsbedingungen erworben hatte. Auch wenn Besitz der wichtigste Faktor war, um ein freieres und selbstbestimmteres Leben erlangen zu können und Besitzlosigkeit jener Faktor, der die Subjekte dauerhaft an die Arbeit als ihre einzige Quelle für das Lebensnotwendige band, so standen die neuen, in den Verfassungen verankerten, Menschenrechte der Aufklärung und die damit verbundenen Ansprüche der Subjekte an die Wirklichkeit nach wie vor als unveräußerliche Rechte und bleibender Auftrag für das politische System im Raum.

Neben seinen Rechten auf Freiheit, Gleichheit und Solidarität der Gesellschaft war das befreite Subjekt selbst die wichtigste Errungenschaft der Aufklärung, die nicht mehr zwischen Herr und Knecht unterschied, sondern prinzipiell alle menschlichen Bedürfnisse und Fähigkeiten der Zeit in diesem Subjekt, gewissermaßen als Realisierungs- und Entwicklungshorizont des aufgeklärten Menschen, in sich vereinigte.

Dies ist von zentraler Bedeutung, weil dadurch die soziale Wirkung des Besitzes auf die Gleichheit der Subjekte und ihrer Verwirklichungsmöglichkeiten beständiger Gegenstand der Gestaltung der gesellschaftlichen Verhältnisse sein müsste. Wird hingegen die Gesellschaft per se als in Besitzende und Besitzlose, Unternehmer und Arbeiter aufgeteilt konzipiert, dann werden – die Besitzungleichheit als Faktum vorausgesetzt – die Werte der Aufklärung teilweise zur hohlen Phrase und alles zusammen zum Typischen des Kapitalismus erklärt.

Das Subjekt der Aufklärung als Arbeitnehmer wie Unternehmer ist jedoch mehr als nur Arbeitskraft, die mittels ausreichendem Lohn bzw. Gewinn reproduziert werden muss.

Das Arbeitersubjekt:

- Ist zunächst ein befreiter Mensch, der nun als gleichberechtigter unter gleichen Bürgern eines Gemeinwesens gilt.
- Dieser Mensch ist zudem als mündiger Staatsbürger berufen, an der Gestaltung der gesellschaftlichen Verhältnisse mitzuwirken.
- Er ist außerdem ein Individuum, das sich in freier Entscheidung bilden will und muss, um sich als Subjekt und Arbeitskraft verwirklichen zu können.

- Er ist dann Vorstand einer Familie, der im Geschlechterverhältnis sein Leben organisiert und den Nachwuchs aufzieht.
- Und schließlich ist er selbst ein Lebewesen, das seine natürlichen Bedürfnisse zu befriedigen trachtet um ein möglichst sicheres, gesundes und im Sinne der prinzipiellen Möglichkeiten der Zeit erfülltes Leben führen zu können.

Mit diesen seinen Eigenschaften stehen Arbeitnehmer wie Unternehmer als Subjekte in vielfältiger Beziehung zu den gesellschaftlichen Verhältnissen, zu den staatlichen Institutionen, zur Wirtschaft und anderen Sektoren der Gesellschaft, aber auch zu den natürlichen Lebensgrundlagen. Unter diesen Vorzeichen war und ist es verhängnisvoll, etwa nur in Forderungen nach höheren Löhnen oder besseren Arbeitsbedingungen den Fortschritt für die Besitzlosen zu suchen:

- Indem sich seit nunmehr etwa 150 Jahren abzeichnet, dass die Gebundenheit des Einkommenserwerbs der Arbeitnehmer an Arbeit, d. h. an Arbeitsplätze, die von Unternehmern oder dem Staat angeboten werden, für die Sicherheit der Existenz des Einzelnen kaum geringer geworden ist, obwohl die Produktivität der Arbeit und der Reichtum der Besitzenden um das Zigfache gestiegen ist, wäre es längst an der Zeit gewesen, mehr Gleichheit bei der Verwirklichung individueller Lebenschancen durch Verkürzung der Arbeitszeit und Verminderung der Bindung an Arbeit als Basis der Existenz zu verlangen.
- Indem sich seit nunmehr etwa 50 Jahren endgültig abzeichnet, dass die Organisationsweise der Wirtschaft als Wachstumsprozess die Biosphäre durch Klimawandel, Artensterben und totaler Verschmutzung mit Industriestoffen zerstören wird, wäre es längst an der Zeit gewesen, Produktion und Arbeit auch als zerstörerische Prozesse für die natürlichen Lebensgrundlagen und die Weltbevölkerung insgesamt wahrzunehmen. Aber anstelle die Produktionsprozesse und das Arbeiten einer verschärften Umweltprüfung zu unterziehen, werden diese Prozesse nur in andere Länder und die Arbeiten auf Menschen mit geringeren Ansprüchen verlagert.

Aus beiden Aspekten wird deutlich, dass eine auf den Kapitalismus verkürzte Sicht der Aufklärung und des mit ihr entstandenen Arbeitersubjekts zwar den allgemeinen, über materielle Versorgungen und Ausstattungen definierte Lebensstandard erhöht hat, nicht aber die Gleichheit zwischen den Menschen innerhalb eines Gemeinwesens und weltweit. Der zentrale Grund hierfür liegt an der nach wie vor extremen Gebundenheit der Reproduktion der individuellen Existenz an die von anderen, zum Zwecke des Gewinnmachens, bereitgestellten Arbeitsplätze, die im großen Umfang auch naturzerstörerisch wirken:

Denn über die soziale Schräglage der Aufklärung hinaus, die die bereits Besitzenden begünstigte, gab es auch eine ökologische Schräglage, weil die individuelle Freiheit schließlich auch als Freiheit verstanden wurde, sich an der Natur schadlos halten und nach Belieben bedienen zu können.

Dies resultierte aus der Kontinuität des rational-rationellen, objektbezogenen, mechanistischen Denkens, das den ersten zaghaften Versuchen ökologisch-ganzheitlichen Denkens, wie z. B. A. v. Humboldts Gesamtansichten der Natur und A. Thaers Humustheorie keine Chance auf Entfaltung bot. Objekthaft verkürztes Denken war der freiheitlichen Entfaltung ökonomisch begünstigter Interessen viel nützlicher als die ökologische Umsicht, die Humboldt und andere bereits zu Beginn der Industrialisierung verlangten. Die zahlreichen zivilisationskritischen Umweltstudien des 19. Jh. wurden von der Industrialisierung, auch jener der Landwirtschaft, links liegen gelassen. Eine vergleichbare Vehemenz der Kritik an der Entwicklung der menschlichen Zivilisation gab es erst wieder mit der Schrift des Club of Rome – „Die Grenzen des Wachstums" 1972.

Mit ihrem Profil möglicher Humanität ist die Aufklärung bis heute zu Recht und notwendig der Maßstab, der auf Realisierung drängt, jedoch auch verlangt, über die Defizite des Begriffs der individuellen Freiheit und über die Realisierungsdefizite bei der Gleichheit und Solidarität der Gesellschaft nachzudenken.

Hobbes, Locke und Kant jedenfalls wussten angesichts der potentiell zerstörerischen Konkurrenzstellung der vielen freien Individuen zueinander keinen anderen Rat als die Menschen durch Vernunft zu einem freiwilligen Gesellschaftsvertrag miteinander (Locke) oder zu einem rücksichtsvollen Verhalten zueinander mittels moralischer Imperative (Kant) zu bringen.

Beim heutigen Wissensstand reicht das natürlich nicht mehr: Im Verständnis von individueller Freiheit wären heute Grenzen nach Maßgabe sozialer Gleichheit und ökologischer Gerechtigkeit zu beachten: Niemand sollte heute durch seine ökonomische Macht andere Menschen in Abhängigkeit halten und an die Grenze ihrer Existenzfähigkeit bringen dürfen. Und niemand sollte heute durch Erwerb und ausbeuterische Nutzung intakter Natur oder fruchtbarer Böden andere Menschen von ihrem angestammten Land vertreiben oder unmittelbar oder mittelbar in der Sicherheit und Qualität der Reproduktion ihres Lebens gefährden dürfen.

Im freien Subjekt der Aufklärung, das ohne Gleichheit als Universalprinzip nicht zu denken ist (auch wenn die Aufklärung nicht alle Rassismen beseitigt hat), ist zwar diese Potenz angelegt, jedoch wurde die Industrialisierung von der ökonomischen Potenz der Subjekte und dem materialistisch-mechanistischen Denken dominiert – Letzteres lieferte die ökonomisch verwertbaren technischen Innovationen – ohne diesen Potenzen Grenzen der Naturausbeutung aufzuerlegen.

Aber dennoch sollte die effektive Problematik der Mehrdimensionalität des individuellen Freiheitsverständnisses an dieser Stelle, als positive Potenz der Aufklärung, konzipiert werden:

Individuelle Freiheit hat mindestens fünf Seiten:

- Individuelle Freiheit beinhaltet die Selbstbestimmung eines Menschen, der darin jedoch auch abhängig ist von den eigenen individuellen Möglichkeiten und gesellschaftlichen Garantien und Vorsorgen,
- Individuelle Freiheit ist gebunden an das körperliche Leben eines Menschen und dessen Entfaltung, also abhängig von lebensrelevanten Reproduktionsbedingungen individueller, gesellschaftlicher und natürlicher Art,
- Individuelle Freiheit ist gekoppelt an die Gleichheit aller Mitglieder einer Gesellschaft vor dem Gesetz.
- Individuelle Freiheit ist vermittelt durch die Gesellschaft, also durch gleiche Rechte und ausreichende gesellschaftliche Garantien und Vorsorge für die Realisierung individueller Freiheit, was heißt, dass die Gesellschaft die Individuen fördern und nicht zu sklavenähnlicher Arbeit zwingen sollte um die Existenz zu erhalten,
- Individuelle Freiheit der Einzelnen endet am notwendigen Schutz der individuellen Unversehrtheit, Würde, Gesundheit sowie individuellen, sozialen und natürlichen Lebensgrundlagen der anderen, was eine Profitmacherei auf Kosten der Physis des Menschen und deren natürlichen Reproduktionsbedingungen eigentlich gänzlich ausschließen müsste.

Ganz entscheidend ist, dass die Aufklärung den einzelnen Menschen in den Mittelpunkt gesellschaftlich-institutioneller Garantien, Maßnahmen und Vorsorgen stellt und nicht etwa gesamtgesellschaftliche Erfordernisse oder Bedürfnisse bestimmter, für das Funktionieren einer Gesellschaft wichtiger Menschengruppen, wie dies seit etwa 10 Jahren im Zusammenhang mit der Bewältigung von außergewöhnlichen Krisen immer häufiger geschieht: Beispielsweise bestimmte Banken als „systemrelevant“ zu erklären, um sie durch den Staat retten zu können, bedeutet, dass auch das Verhalten der Banker einen Sonderstatus bekommt und nicht mehr nach den gleichen Gesetzen beurteilt wird. Auch wird von der sozial desaströsen Konsequenz der Bankenkrise und ihrer Ursachen abgelenkt. „System“-relevant bedeutet, dass ein subjektloses gesellschaftliches „System“ wichtiger ist als die dem System zugrunde liegende Demokratie und Verfassung, worin der einzelne Mensch das höchste zu schützende Gut darstellt. Die Querbeziehung der modernen subjektlosen soziologischen Systemtheorie von N. Luhmann zur biologischen Theorie der Selbstorganisation und damit zu einer völkisch-totalitären Gesellschaftsauffassung wird weiter unten in Verbindung mit dem Diktum der „Reduktion von Komplexität“ als zentraler Aufgabe gesellschaftlicher Systeme, reflektiert.

Wird die Vieldimensionalität des Begriffes der individuellen Freiheit als Maßstab für eine Einschätzung seiner Erfüllung im 19. Jh. genommen, wird man auf die Lücken kommen, die neue Bewegungen hervorgebracht haben und auch Lücken, die bis heute bestehen:

Übersicht – Dimensionen individueller Freiheit und ihre Erfüllung im 19. Jh. und heute (eigene Einschätzung)

	Erfüllung im 19. Jh.	Heute
Selbstbestimmung		
Individuelle Möglichkeiten	stark polarisiert	mittel
gesetzliche Garantien	mittel	hoch
gesellschaftliche Vorsorgen	sehr gering	mittel
Lebensentfaltung		
Individuelle Reproduktionsbedingungen	stark polarisiert	hoch
ges. Reproduktionsbedingungen	stark polarisiert	hoch
natürliche Reproduktionsbedingungen	stark polarisiert	gering
Selbstbestimmung vermittelt durch		
Gleichheit aller vor dem Gesetz	mittel	hoch
Gleiche Förderung aller	gering	gering
Konflikt individuelle Freiheit und Schutz ...		
der Würde	mittel	hoch
der körperlichen Unversehrtheit	gering	mittel
der individuellen Lebensgrundlagen	gering	mittel
der sozialen Lebensgrundlagen	mittel	hoch
der natürlichen Lebensgrundlagen	hoch	sehr hoch

Die Aufklärung des 18. Jh. sicherte erstmals in der Geschichte die individuelle Selbstbestimmung und Freiheit für alle Mitglieder der Staaten gesetzlich ab, ohne ihr allerdings Grenzen aufzuerlegen und für die Masse der Besitzlosen Vorsorgen zu treffen. Daher sei die Französische Revolution, nach Hegel, in die „absolute Freiheit abgeglitten", worin es „keine Orientierung" gebe. Konsequenz sei eine „inhaltsleere, gesetz- und schrankenlose Ordnung", die letztlich zum Terrorregime des Robespierre geführt hat. Allerdings profitierte Hegel selbst als Philosoph von dieser neuen individuellen Freiheit.

Andere kritisierten die „Kälte" der Aufklärung und ihre Gleichmacherei, d. h. fehlenden Identifikationsmöglichkeiten für unterschiedliche Kulturmilieus, was schließlich über Nietzsche, Klages und Haeckel zur darwinisch inspirierten völkischen Bewegung führte.

Die stark polarisierten individuellen Entfaltungsmöglichkeiten und die fehlenden bzw. geringen gesellschaftlichen Vorsorgen zur Herstellung gleicher sozialer Verwirklichungschancen führten schließlich zu sozialistischen Bewegungen.

Es waren vor allem zwei Bewegungen, die in die soziale Umsetzungslücke der Aufklärung stießen (die ökologische wurde schlicht verleugnet) und dies unter entgegengesetzten Vorzeichen:

Der Marxismus sieht in der tatsächlich erfolgten Befreiung der Unterdrückten aus der persönlichen Unterworfenheit unter die Grundherrschaft letztlich nur einen Übergang in eine neue Unfreiheit, nämlich infolge Besitzlosigkeit seine Arbeitskraft verkaufen zu müssen. Der Wert individueller Freiheit wird letztlich am Besitz festgemacht, sodass einzig eine neue Revolution zum Zwecke der Enteignung der Besitzenden mehr Gerechtigkeit schaffen kann. Wie die neue Gerechtigkeit bzw. der neue gesellschaftliche Besitz organisiert sein sollte, war zu Marxens Zeiten noch unklar. Da Besitz und Besitzlosigkeit bestimmend wurden für die soziale Differenzierung wurden die Einzelsubjekte selbst uninteressant für die notwendigen gesellschaftlichen Änderungen zugunsten von Klassen, die sich – je in gleicher Lage – unversöhnlich gegenüberstanden. Dadurch wurde der Kern der Aufklärung, das freie Subjekt in zwei antagonistische Bevölkerungsmassen aufgelöst, die es zudem der Politik schwer machten, einen gemeinsamen gesellschaftlichen Willen zu formulieren und durchzusetzen.

Der Darwinismus kommt zunächst nicht als „Bewegung" an die Öffentlichkeit, sondern als neue naturwissenschaftliche Theorie, die das Individuum einer Art zum entscheidenden Agenten der natürlichen Evolution der Arten, einschließlich dem Menschen macht. Da die auf dem Weg individueller Variation erfolgende Innovation innerhalb der Artenvielfalt zufällig zustande kommt und nur bei ausreichender (angepasster) Konkurrenzkraft im Überlebenskampf aller Arten sich durchzusetzen vermag, scheint es nach Darwin in der Natur auch für den Menschen keine individuelle Freiheit zu geben. Alles menschliche Streben scheint durch die Natur materialistisch-mechanisch bestimmt und damit auch der Besitz nur die Folge höherer Konkurrenzkraft zwischen den Menschen.

Damit schien Darwins Theorie von der „Entstehung der Arten" zur Erhellung der Realisierungsdefizite der Aufklärung wie gerufen: Die Ungleichheiten zwischen den Menschen, einschließlich Besitz und Fähigkeiten, sind natürlich bedingt und erscheinen damit ebenso sakrosankt wie vormals die gottgewollte Ordnung. Marx, der in seiner Analyse die Natur aussparte, weil er sie als Gebiet der Naturwissenschaft ansah, erhielt in Darwin einen mächtigen Gegner weil dieser die sozialen Ungleichheiten naturalisierte. Der entscheidende Dreh jedoch, mit dem sich Darwin auch in der Politik unentbehrlich machte, war die von ihm festgestellte Abhängigkeit der Selbstbehauptung einer Art von ausreichend vielen Nachkommen ihrer Ursprungsindividuen, also einer genügend großen Population artgleicher Individuen. Indem es dann auch noch gelang, gleichfalls mit Hilfe der Evolutionstheorie, eine Verbindung zu konstruieren zur Überlebensfähigkeit eines „Volkes", als Repräsentant einer artgleichen Population, waren nicht nur die Polarisierung durch den Marxismus überwunden, sondern auch die wesentlichen Prinzipien der Aufklärung: Selbstbestimmung, Gleichheit und Brüderlichkeit als allgemeine Menschenrechte.

9.6 Darwinismus und Marxismus als antiökologische Entwicklungstheorien

Betrachtet man die Theorien von Ch. Darwin und von K. Marx je für sich, scheinen Gemeinsamkeiten zu fehlen und beide sogar konträr zueinander zu stehen:

In der Theorie über die „Entstehung der Arten“ geht es um den Nachweis der Entwicklung aller höheren Arten, einschließlich des Menschen aus niederen Arten aufgrund natürlich vorkommender Variation von Einzellebewesen und deren Behauptung gegenüber der Umwelt im Überlebenskampf und durch Anpassung mit der Folge gelingender Fortpflanzung. Im Zentrum bei Darwin steht die Art-Entwicklung aufgrund natürlicher Mechanismen, die sich in der Rückschau auch als Entwicklung von einfachen zu komplexeren Lebewesen, also als „Höher“-Entwicklung bis hin zum Menschen an der Spitze der Evolution, darstellt, wobei die Übergänge noch nicht nachgewiesen sind.
Was bei Darwin zudem kaum eine Rolle spielt ist die Parallelität von Art-Entwicklung und Art-Erhaltung über viele Jahrmillionen ohne Variation, wie z. B. bei Gräsern und Amphibien, sowie die notwendige Co-Evolution der Gesamtnatur als Voraussetzung für die Entwicklung einzelner Arten. Zentrale, die Entwicklung vorantreibende Mechanismen sind: Die zufällige natürliche Variation der Eigenschaften von Einzelindividuen, der Überlebenskampf als Konkurrenz mit anderen Individuen der gleichen Art und anderen Arten, die Selektion und die weitere Anpassung an die Umwelt. Basis der Entwicklung ist das variierende Einzelindividuum und ihr Ergebnis sind die Populationen der Arten, die ihre Reproduktion ermöglichen.

In der Theorie über die „Entwicklung der kapitalistischen Produktion“ geht es um den Nachweis der Entstehung des Gewinns eines Unternehmers – der Kapital für die Produktion von Waren aufwendet, indem er Arbeiter in Fabriken zur Umwandlung von Rohmaterialien in Produkte beschäftigt – aus dem Überschuss an Werten, den die Arbeiter über das hinaus produzieren, was sie zu ihrer Reproduktion benötigen und normalerweise in Form von Lohn bezahlt bekommen. Diese sogenannte Arbeitswert-Lehre ist, vereinfacht gesagt, der harte, materialistische Kern der marxistischen Theorie aus der schließlich die Polarisierung der Gesellschaft zwischen den immer reicher werdenden Kapitalisten und den im Einkommen stagnierenden Arbeitern resultiert. Im Zentrum bei Marx steht die Auseinanderentwicklung der Einkommen bzw. Vermögen von kapitalistischen Unternehmern und der Arbeiterschaft in Folge ungleichen Besitzes: Produktionsmittelbesitz auf der einen Seite, Besitz lediglich der eigenen Arbeitskraft auf der anderen Seite.
In der Rückschau unterscheidet Marx Gesellschaftsepochen nach dem jeweils dominierenden Produktionsverhältnis: Eigentumsverhältnis, Feudalverhältnis (Leibeigenschaft), Sklavenhaltergesellschaften. Der Übergang erfolgt jeweils durch Umsturz der für sie zu eng gewordenen Verhältnisse durch die ausgebeutete Klasse. In der Folge spricht Marx von der bisherigen Geschichte als einer „Geschichte von Klassenkämpfen“, die gleichfalls einen Fortschritt erkennen lässt: Die zunehmende Befreiung unterdrückter und ausgebeuteter Klassen aus persönlicher Unterworfenheit unter herrschende Klassen.

Basis der Entwicklung der Gesellschaften ist also bei Marx die in einer bestimmten Formation entstandene Klasse, die das vorherrschende Produktionsverhältnis überwinden musste, um sich in seinen neuen Möglichkeiten entfalten zu können: Das vor allem in den Städten der Feudalgesellschaft aufstrebende Besitzbürgertum musste die persönliche Abhängigkeit und Tributpflichtigkeit gegenüber der Grundherrschaft beseitigen, um sich in seinen Geschäften entfalten zu können. Dieser Kampf erfolgte unter dem Vorzeichen der christlichen Reformation seit der Renaissance bis zur Französischen Revolution.
Diese aber brachte individuelle Freiheit für alle Bürger eines Staates, also auch für die Masse der besitzlosen Menschen, die nur ihre Arbeitskraft als Mittel zum Gelderwerb hatten. In der Folge muss der Klassenbegriff von Marx als Reduktion des befreiten Individuums sowie der individuellen Freiheit, Gleichheit und Brüderlichkeit auf ihren ökonomischen Status bzw. ihre ökonomische Funktion interpretiert werden, was letztlich den durch die Französische Revolution erlangten neuen Entwicklungsspielraum für den Einzelmenschen als Lebewesen, Kulturmensch und Staatsbürger geringschätzt wenn nicht ganz verneint.

Zwischen dem Darwinismus und dem Marxismus gibt es einige Gemeinsamkeiten mit bemerkenswerten Folgen für den Zeitgeist:

- In beiden Theorien spielen die Ökologie und die Gesamtnatur nur eine Statistenrolle als unselbstständige, passive Umwelt, an die sich Arten anpassen oder als Quelle für Rohstoffe und Energie, die aus der gleichfalls unselbstständig und passiv gesehenen Gesamtnatur für die kapitalistische Produktion entnommen werden.
- In beiden Theorien reduziert die dialektische Methode die Komplexität der am Entwicklungsgeschehen beteiligten Faktoren auf nichtökologische Voraussetzungen und kampfbetonte Mechanismen:

Darwin reduziert die Voraussetzungen für individuelle Variation auf den Zufall, unter Ausklammerung der ökologischen Voraussetzungen und der mit ihnen gegebenen Bandbreite möglicher Variationen. In gleicher Weise reduziert er die Auseinandersetzung eines variierten Individuums mit der Umwelt auf Kampf und Konkurrenz, unter Ausklammerung der vielen real gegebenen symbiotischen und kooperativen Beziehungen zu anderen Arten als Entwicklungsbasis und Modus der Durchsetzung einer neuen Art. In gleicher Weise reduziert Darwin, bezogen auf den Menschen, die menschliche Vernunft auf ihre instrumentelle Funktion im Überlebenskampf, unter Missachtung der Besonderheit dieser Vernunft als Fähigkeit zur Selbstreflexion und Entdeckung friedlicher Alternativen im Umgang miteinander und mit der übrigen Natur.

Marx reduziert die gesellschaftlichen Verhältnisse auf das ökonomische Verhältnis zwischen Besitzenden und Besitzlosen, was nur mit Blick auf die Produktion und Verteilung des Gewinnes plausibel erscheint, da die Arbeit als einzige Quelle des Gewinns erachtet wird. Tatsächlich aber müsste das ganze Verhältnis zwischen Kapital und Arbeit und die ganze Veranstaltung der Gewinnproduktion zugleich auf die Natur bezogen und berücksichtigt werden, dass wichtige Rohstoffe, wie z. B. sauberes Wasser, auch Lebensmittel sind, die von

der Natur selbst produziert werden und daher nicht unter allen Umständen unbegrenzt zur Verfügung stehen.
Über den Kreislauf des Kapitals hinaus wären auch die Naturkreisläufe und die Rückwirkungen der Stoffentnahmen und Veränderungen in der Natur auf die Reproduktionsbedingungen der arbeitenden Bevölkerung einzubeziehen gewesen, um den tatsächlichen Wert der Arbeit richtig ermessen zu können: Denn dieser Wert ist effektiv umso geringer, je höher die Schäden in der Natur sind, die die kapitalistische Produktion verursacht indem z. B. die Kosten für die Reinigung des in der Produktion verunreinigten Wassers höher sein könnten als der Wert der in der Produktion mit Hilfe des Wassers erzeugten Produkte.
Die Parallelbetrachtung der multiplen Dimensionen und Auswirkungen von Produktionsprozessen ist jedoch mit der Methode der Dialektik kaum möglich. Vermutlich auch deshalb hatte Marx die Beachtung der Natur vorzeitig ausgeschlossen und den Naturwissenschaften überlassen. Tatsächlich scheint die marxistische Gesellschaftsanalyse und -theorie auf einer unhaltbaren philosophischen und erkenntnismethodischen Prämisse zu beruhen:

Nach Marx existiert die Natur an sich „nur in den Köpfen von Philosophen", nicht per se als eigenständige objektive Realität, aus der z. B. auch der Mensch hervorgegangen ist. In den Augen von Marx wird die Natur Realität für den Menschen erst durch seinen Stoffwechsel mit der Natur, der hauptsächlich durch seine Arbeit stattfindet. Gleiches gilt für die Erkenntnis der Naturkräfte, -gesetze usf., die sich dem Menschen nur durch menschliche Praxis erschließen.
Dies ist der grundlegende Irrtum von Marx, der ihn zum Anhänger der angewandten Wissenschaften auf Kosten der Grundlagenforschung und zum Anhänger der auch von Angelika Krebs vertretenen anthropozentrischen Naturauffassung macht, wonach die Natur außerhalb der ihr vom Menschen zugemessenen Bedeutung und Werthaltigkeit keinen eigenständigen Wert besitzt.
Die Verleugnung der Realität der Natur als System an und für sich macht es unmöglich, die Ökosysteme als eigenständige, produktive und selbstregulative Naturgegebenheiten zu untersuchen und als vom Menschen unabhängigen Komplexgegenstand und Widerpart der menschlichen Natureingriffe zu beschreiben.
Die Auffassung von Marx, dass sich die Natur dem Menschen nur durch die menschlichen Eingriffe, sprich Arbeit, erschließt, also durch die in der Praxis ausgeübte Dialektik von Aktion und Gegenaktion, hält die menschliche Erkenntnis der Natur letztlich in seinen einseitigen Natureingriffen gefangen und führt letztlich zwangsläufig zur weitgehenden Ahnungslosigkeit, die indirekten und mittel- bis langfristigen Folgen der Eingriffe für die Gesamtnatur betreffend, die schlussendlich auch zum Klimawandel und Artensterben geführt haben.
A. v. Humboldt (1769–1859) hatte dazu, vermutlich im Anschluss an die Natur-System-Theoretiker der Aufklärung wie z. B. Graf Mirabeau (1749–1791) und Schelling (1775–1854) u. a., auf der Basis der Anerkennung der Eigenständigkeit der Natur die Untersuchungsmethode des Wechsels und der Integration von „allgemeiner" und „spezieller"

Naturansicht vorgeschlagen, um der potentiell naturschädlichen Horizonteinschränkung im Rahmen allein zweckgerichteter angewandter Forschung vorzubeugen.

Die Position von Marx, dass man Natur nur durch Praxis, d. h. Eingriffe erkennen könne, wird heute auch im Kontext der Gentechnik vertreten, wenn diese verlangt, dass man die Freisetzung gentechnisch veränderter Organismen in die Umwelt wie ein umweltoffenes Experiment auffasst, weil man die Wirkung bestimmter Genomveränderungen nicht anders ermitteln könne als durch ihre Konfrontation mit der Natur.
Dass die Biologie, speziell die Molekularbiologie heute, die gleiche Auffassung wie Marx vertritt, kommt nicht von ungefähr: Schließlich war Marx, ganz ungeachtet der politischen Implikationen, auch ein Anhänger der darwinischen Evolutionstheorie, wie die ganze moderne synthetische Biologie, die bis heute auf der Geltung des darwinischen Paradigmas besteht, obwohl dieses die Ökosysteme als eigenständige materielle Ganzheiten, die in der Evolution eine entscheidende Rolle spielen, völlig ignoriert.

Die Reduktion auf das ökonomische Verhältnis führt schließlich zum Besitz und Nichtbesitz als zentralen Maßstab gesellschaftlicher Verhältnisse und zur Besser-Verteilung und sogar Steigerung der Überschussproduktion und des Konsums als entscheidenden Hebel für ein besseres Wohl aller Menschen in der Zukunft.

Dass dies den Planeten ruinieren könnte, hatten die Umweltwissenschaftler des 19. Jh. schon publiziert, was jedoch keinen grundsätzlichen Einfluss auf Marx entfaltete, weil er die Natur in seiner dialektischen Herangehensweise genau nicht als eigenständiges, vom Menschen unabhängiges System zu beachten gedachte, obwohl die von den Umweltforschern aufgedeckten Zusammenhänge zwischen Entwaldung und Austrocknung ganzer Kontinente bis hin zur Wüstenbildung schlagend waren.
Aber Marx hatte noch einen zweiten Grund das stoffliche Geschehen im Stoffwechsel zwischen Mensch und Natur, vertreten durch den „Gebrauchswert" der Waren überhaupt und des Lohnes für die Reproduktion der Arbeitskraft im Besonderen zu ignorieren: Ein individueller, lebendiger Arbeiter, der seine Bedürfnisse gegenüber dem Staat formuliert und in die Politik einbringt, hätte sich nicht mit dem Konzept der Klasse und des Klassenkampfes vertragen, das nur mit ökonomischen Forderungen und Perspektiven verträglich war.

Am Ende führt auch bei Marx die Kapital-Lohnarbeit-Dialektik zu einer mechanistisch-kämpferischen Vorstellung von Entwicklung, in der die Vernunft des menschlichen Subjekts auf ihre Funktion im Klassenkampf reduziert wird.

Die naheliegenden Auswirkungen auf den Zeitgeist:

(1) Die Naturgrundlage, Gesamtnatur und Ökologie erscheinen für die Entwicklung des Einzelnen und der Industriegesellschaft im Ganzen ohne grundlegende Bedeutung, weil sie als selbstverständlich und unbegrenzt vorausgesetzt werden.

(2) Natureingriffe bis hin zu Naturschäden erscheinen als unvermeidliche Begleitmusik der Evolution der Arten und der Entwicklung der Industriegesellschaft ganz normal und folgenlos für eine gedeihliche Zukunft.

(3) Entwicklung erfolgt durch Konkurrenz und Kampf und nicht durch Kooperation, gegenseitigen Respekt, Hilfsbereitschaft und humane Werte. Beide Theorien bestätigen damit die naturausbeuterische, beständig Überschüsse erzeugende Entwicklung der Industriegesellschaft als die einzig plausible Entwicklung sowohl auf individueller wie auf gesellschaftlicher Ebene.

(4) Das Einzelindividuum, oder auch Subjekt, hat zwar eine innovative Funktion, kann aber nur bestehen im Rahmen einer Population, die aus ihm hervorgeht oder im Rahmen einer Klasse von Menschen mit gleichen Interessen.

(5) Um im Rahmen der Natur bestehen zu können, ist die Entwicklung von Arten wichtiger als ihr erfülltes Leben und Zusammenleben sowie die Reproduktion ihrer Lebensvoraussetzungen. Ähnlich ist für das Leben in Gesellschaften die Entwicklung der Produktivität durch Arbeit und Technik wichtiger als die individuelle Entfaltung und die Nutzung, Förderung und Erhaltung der natürlichen Produktivität der Natur. Beides zusammen führt zur Auffassung, dass der Fortschritt durch Innovation und Arbeit wichtiger ist als ein eigenaktives Leben und dessen Absicherung durch eine unbeeinträchtigte Reproduktion der Natursysteme.

(6) Die menschliche Vernunft erschöpft sich in ihrer instrumentellen Funktion im Überlebens- bzw. Klassenkampf, da es dazu keine Alternative gibt.

(7) In der Endsumme erweisen sich die darwinischen Reduktionen von Komplexität im biologischen Sektor hochgradig stimmig mit den von Marx vorgenommenen Reduktionen auf ökonomisch-gesellschaftlichem Gebiet, sodass beide Theorien zusammen in kaum zu überbietende Vehemenz zur Ausblendung der Natur als eigentlicher Grundlage der individuellen wie industriellen Entwicklung zugunsten individueller und technischer Innovationen beitragen.

(8) Ein deutliches unmittelbares Produkt dieses Zusammenspiels von biologischer und gesellschaftlicher Ertüchtigung repräsentiert die Lebensphilosophie in ihrem Biozentrismus mit seiner Mittelpunktstellung des individuellen Lebens und seiner Definition von Leben als körperliche und geistige Stärke und vor allem Willensstärke.

(9) Da eine objektive Existenz umfassender, komplexer, eigenständiger Natursysteme mit eigenen Wachstums- und Reproduktionsprozessen und -erfordernissen sowohl vom Darwinismus (Natur lediglich Chaos) wie auch vom Marxismus (Natur an sich nur ein Hirngespinst von Philosophen) verneint wird, befördern beide Geistesströmungen eine antiökologische Grundhaltung in den Natur- und Gesellschaftswissenschaften.

Beide Theorien haben letztlich zur Legitimation einer industriellen Entwicklung beigetragen, die auf die Natur, die Ökosysteme und Gesamtnatur keine Rücksicht zu nehmen braucht und die die menschliche Vernunft auf ihren Nutzen im Überlebens- bzw. Klassenkampf reduziert.

Beide Theorien verraten gewissermaßen die Besonderheit der Aufklärung als Befreiung der Menschen als Subjekte aus der Unterworfenheit unter persönliche Abhängigkeiten und realitätsverfälschende Dogmen, die die Grundherrschaft legitimierten, zugunsten einer

neuen Bevormundung durch abstrakte soziale Machtgebilde: Diese haben, wie die Population im Darwinismus und die Klasse im Marxismus, vorrangig die Durchsetzung im Kampf um gegebene natürliche (Darwin) bzw. durch Arbeit geschaffene gesellschaftliche Ressourcen im Auge. Auch wenn der „Kampf" vom Räuberischen bestimmt ist und die „Arbeit" von instrumenteller Intelligenz und dadurch vernünftiger erscheint, ist es doch auch die zur Normalität und Pflicht gewordene Arbeit, die dem Subjekt wieder die Freiheit nimmt, sein persönliches Auskommen mit der Natur durch ein bescheideneres Leben und sinnvoll-nützliche Tätigkeiten zu suchen und zu finden.
Der Darwinismus verstärkte die Macht des Kollektivs über den Einzelnen und kriegerische Tendenzen der Überlebenssicherung. Der Marxismus verstärkte die Macht des materiellen Ertrags der Naturausbeutung über die Menschen und daher Raubbau-Tendenzen der Überlebenssicherung.

Beide Theorien können daher heute, ohne grundlegende ökologische Revisionen und Erweiterungen nichts zur Lösung der Klima- und Umweltkrise beitragen. Im Gegenteil verstärken sie durch ihre Fokussierung auf kollektive, naturausbeuterische und expansive Tendenzen und ressourcenintensive Mittel ihrer Durchsetzung die Krisenursachen.

9.7 Die Besonderheit des Faschismus als wissenschaftlich angeregter Griff nach Höherem auf Kosten der Menschlichkeit und der Ökologie

Nicht wenige Wissenschaftler, Philosophen, Politiker von Rechts wie Links sowie Vertreter der Wirtschaft greifen heute zum Begriff des „Ökofaschismus", um vor zu strengen Natur- und Tierschutzgesetzen, vor Verhaltenseinschränkungen (z. B. Tempolimit) oder Eingriffen in die individuelle Freiheit (z. B. künstliche Verteuerung von Fleisch durch Abgaben) zugunsten von Natur und Ökologie zu warnen.

Wie gezeigt, stammt jedoch der deutsche Faschismus samt seiner Verbrechen nicht aus der ökologischen oder Naturschutz-Ecke, sondern von einem Dreigespann aus nationalistischen und wirtschaftlichen Interessen sowie naturwissenschaftlichen Theorien, vor allem der Evolutionstheorie von Darwin, das sich in ganz besonderem Maße die Unterwerfung der Natur und kulturell oder rassistisch niederstehender Menschen auf die Fahnen geschrieben hatte. Obzwar auch die Rassentheorie von Graf Gobineau (Die Ungleichheit der Menschenrassen, 1853–1855), die einige Jahre vor Darwins „Entstehung der Arten" erschienen war und vor allem vor der Rassenvermischung warnte, weil diese zur „Bastardisierung" führen würde, eine wichtige Grundlage der völkischen Bewegung in Deutschland wurde, muss der Einfluss des Darwinismus wegen dessen naturwissenschaftlicher Legitimation des zur Höherentwicklung erforderlichen Überlebenskampfes, vor allem zwischen nahen verwandten Rassen, als gewichtiger erachtet werden.
Wie Oskar Hertwig bereits in den 1920er Jahren mit seien genauen Analysen gezeigt hat, kann die Evolution der Arten mit den Mechanismen des Überlebenskampfes und der Selektion nicht erklärt werden, weil diese nur zur Sortierung führen, nicht jedoch zur Ent-

stehung neuer Arten. In Bezug auf den Menschen und seine Gesellschaft führt deren Anwendung zu völlig falschen Vorstellungen über die in Gesellschaften tatsächlich gegebenen und zur Entwicklung der Gesellschaften beitragenden Abstimmungs-, Entscheidungs- und Auswahlprozesse.

Der denunziatorische Begriff des „Ökofaschismus" wird meist von Leuten verwendet, die im Darwinismus eine über alle Zweifel erhabene naturwissenschaftliche Theorie sehen, die auch zur Erklärung aller menschlichen Bestrebungen und Belange, also auch der menschlichen Gesellschaften und menschlichen Werte taugt. So jedenfalls gestaltete sich das Ergebnis unserer Analyse von Arbeiten, denen es angeblich um Ökologie ging: Bis heute gilt der Darwinismus unangefochten als naturwissenschaftlich bewiesene Theorie, obwohl sich die völkische Bewegung und die Eliten des Nationalsozialismus bei ihrer rassistischen Gangart und ihren Menschheitsverbrechen maßgeblich durch sie inspiriert und legitimiert sahen. Bis heute gibt es in den sogenannten Lebenswissenschaften, die sich hauptsächlich auf die Evolutionstheorie berufen, keine Aufarbeitung des engen Konnex zwischen Darwinismus und Herrenmenschentum sowie Vernichtung angeblich minderwertigen Lebens. Im Gegenteil werden die im Darwinismus enthaltenen Einseitigkeiten und Falschheiten, die die faschistische Gesinnung befördert haben, bis heute nach wie vor für wissenschaftlich gesicherte Wahrheiten gehalten:

So vor allem die Auffassung

- dass die genetische Entwicklung allein durch Zufall erfolgt, obwohl heute völlig klar ist, dass die Variation der Individuen auch von bestimmten ökologischen Rahmenbedingungen und epigenetisch (also durch Lernen) bedingten Anpassungsleistungen der Individuen abhängt;
- dass allein die Durchsetzung im Kampf mit anderen artverwandten Individuen und anderen Arten für das Überleben sorgt und nicht auch und vor allem die Symbiose und Kooperation zwischen ganz verschiedenen Arten und deren Integration in komplexeren Lebewesen und Lebensgemeinschaften der Ökosysteme;
- dass Denken und Vernunft des Menschen primär der Durchsetzung des Menschen als höhere Art und der Höherentwicklung durch den Wettbewerb bzw. Kampf untereinander dienen und nicht einer höheren Einsichtsfähigkeit, die im Frieden mit der Natur und unter den Menschen einen humaneren und friedlicheren Weg in die Zukunft weisen könnte;
- dass die Entwicklung von Arten, einschließlich der menschlichen Art, durch Variation von Einzelindividuen und Selektion, wichtiger wäre als das Leben und die Reproduktion der Arten selbst sowie ihrer natürlichen Lebensgrundlagen, den Ökosystemen und der gesamten Biosphäre, ja, dass man sogar in unseren Zeiten der menschengemachten Klimakrise und des Artensterbens mehr auf die Entwicklung neuer Lebewesen per Gentechnik glaubt setzen zu müssen als auf den Erhalt und die Wiederherstellung der Ökologie. Letzteres zeigt sich besonders deutlich in der kaum zu überbietenden Ignoranz der Gentechniker gegenüber den schädli-

chen Folgen künstlicher Erbgutveränderungen für den Fortbestand der natürlichen Ökosysteme, und deren zahlreichen Lebenssicherungsleistungen.

- dass es sich bei der synthetischen Evolutionstheorie um eine über alle Zweifel erhabene Universaltheorie handelt, die Vorrang gegenüber ganzheitlichen Natur- und Ökologietheorien erhalten sollte, obwohl die Klima- und Artenkrise genau das Gegenteil verlangen, nämlich den Vorrang des Erhalts der Ökologie vor gefährlichen evolutionsbiologischen Experimenten. Solche sind politisch nur durchzusetzen, wenn und weil der genetische Reduktionismus zum wissenschaftlichen Standard erklärt wird, obwohl es sich dabei um die gleiche Irrlehre handelt wie anno dazumal der materialistische Monismus von E. Haeckel.

Der Weg zum Faschismus führt also über konkurrierende Nationen, über konkurrierende Wirtschaften und die naturwissenschaftliche Begründung und Legitimation von Innovation, Konkurrenz und Überlebenskampf der Völker durch den Darwinismus und dessen Rezeption in den Eliten Europas, insbesondere Deutschlands.

Die tieferen Ursachen des Faschismus als totalitäres, expansives, räuberisches und massenmörderisches Regime liegen in drei Bereichen:

- Im gesellschaftlich-ökologischen Bereich des unveränderten Fortwirkens der in sich dynamischen Faktorenkonstellation der Sesshaftigkeit aus
  - territorial begrenzter und konzentrierter Naturausbeutung,
  - starkem Bevölkerungswachstum,
  - räumlich und materiell-objekthaft begrenzter Rationalität und
  - verschärfter Diskrepanz zwischen wachsendem Ressourcen- und Lebensmittelbedarf und national begrenzter Versorgung.
- In der aktuell-historischen Größenordnung der betroffenen und beteiligten Bevölkerungen, der zur Anwendung gelangenden Technologien und der Dramatik der Diskrepanzen zwischen Bedarf und Eigenversorgung. Der Unterschied zwischen den quasi-faschistischen Gesellschaften des Altertums (z. B. Assyrer) und der Antike (z. B. Sparta) ist allein quantitativer Art – die Ziele, bis hin zur Massenvernichtung von Angehörigen besiegter Völker, die nicht als Sklaven genutzt werden konnten, sind ähnlich.
- In einer, dem kulturellen Entwicklungsstand entsprechenden, überzeugenden, ideell-materiellen Legitimation für eine bevorrechtete Durchsetzung und Expansion als Herrenvolk: die naturwissenschaftlich-materialistische Legitimation durch den Darwinismus als Nachfolger der vormaligen religiösen Legitimation für Kampf, Expansion und Vernichtung unnützer Esser bzw. Rassen, Barbaren bzw. Heiden.

Entscheidend für die Diktatur mittels Führertum, die rassistische Ausrichtung und kriegerische Expansion ist die Übertragung und der damit verbundene Kurzschluss von der darwinischen Entwicklung einer Art auf die ganze Bevölkerung, die Nation und die Definition seiner Merkmale und Überlebensstrategie als Nation der Reinrassigen.

Dieser Kurzschluss ist nur möglich, wenn die Nation, analog zur Art, reinrassig konzipiert und das Verhältnis zwischen Nationen als Verhältnis von Rassen unterschiedlicher Wertigkeit bestimmt werden kann, was natürlich aus Darwins Theorie nicht unmittelbar abzuleiten war. Jedoch betonte Darwin an vielen Stellen seiner Schriften, dass es vor allem auch bei den Menschen auf einen weiteren intensiven Kampf vor allem zwischen nah Verwandten ankäme, damit die Besten obsiegen und so die natürliche Evolution weitertreiben. Ein großes Problem sah Darwin in der gesellschaftlichen Fürsorge für Schwache und Kranke, die zur Dekadenz der Erbanlagen und Kultur führen müsse.

Natürlich war die evolutiv-darwinisch verstandene „Überlegenheit“ bestimmter Rassen ebenso ein Kunstbegriff wie die „Reinrassigkeit“, weil Völker sich seit dem Sesshaftwerden vor 7000 Jahren infolge der Ausdehnungskriege, Eroberungen und Völkerwanderungen beständig vermischten und nicht mehr nur wenige Gens (Geschlechter/Herkünfte) als Ursprung hatten.

Der Darwinismus lieferte mit den variierenden, unterschiedlichen Individuen zunächst ein Gegenmodell zur juristischen Gleichheit der Menschen in den aufgeklärten Nationen, die sich durch die menschlichen Werte der individuellen Freiheit, Gleichheit und Brüderlichkeit integrierten, sodass sich die Staatsbürger ideell gesehen nicht in Konkurrenz zueinander, sondern in ihren Rechten und Pflichten durch die Verfassung als Gleiche sahen.

Da sich aber die darwinisch verstanden ungleichen Individuen aufgrund der ungleichen wirtschaftlichen Möglichkeiten der Bürger und Arbeiter, Beschäftigter und Arbeitsloser, faktisch in Konkurrenz miteinander befinden, lag auch für das darwinische Individuum die Integration durch die Klasse wohl zunächst näher als durch die ganze Nation.

Die Integration der Bevölkerung zu einer in sich einigen, zum Überlebenskampf bereiten Nation erfolgte erst durch die Anwendung des zweiten Teils des Darwinismus: Der Durchsetzung überlegener Rassen gegenüber schwächeren und dem Verständnis der Nation als „Blutsgemeinschaft“ der rassisch Gleichen und nicht mehr aufgrund ihrer gesetzlichen Anerkennung als souveräne, freie Subjekte. Die Konkurrenz zwischen den sich darwinisch verstehenden Individuen wie zwischen den wirtschaftlich gegensätzlichen Subjekten der Aufklärung löste sich zugleich auf zugunsten der rassegleichen Gemeinschaft und verlagerte sich auf die Konkurrenz zwischen den für höher- und minderwertiger befundenen Rassen und Nationen. Damit wurde die rassereine, völkische Nation zum Äquivalent der von Darwin, unter dem nicht näher bestimmten Sammelbegriff der „Art“ bzw. „Spezies“, gemeinten Population, die sich erfolgreich gebildet und durchgesetzt hat und weiterhin um ihr Überleben kämpft.

Zu einer Diktatur über die gleichen Volksgenossen verwandelt sich die Republik der freien Subjekte aber erst durch die Verwirklichung des dritten Teils der darwinischen Theorie, nämlich dem Kurzschluss vom natürlichen Vorrecht der Population vor dem Individuum bei der Überlebenssicherung auf die notwendige Vorherrschaft des Staates über seine Mitglieder: Auch wenn Darwin den Begriff der „Art“ nur als Stellvertreter für eine erfolgreiche Population verwendet, leitet sich daraus logisch doch klar die Konsequenz ab, dass die Evolution letztlich nicht allein vom innovativen Individuum bestimmt wird, sondern durch die hinreichend große Population einer Art, die es allein durch Vermehrung schafft, sich gegenüber Feinden zu behaupten und zugleich genügend Nachkommen zu zeugen. Der Souverän bei Darwin ist also letztlich nicht das innovative Individuum, sondern das hinreichend durchsetzungsfähige Volk, das für seine Mitglieder das Überleben sowohl durch Kampf wie Fortpflanzung zu sichern in der Lage ist. Entsprechend ist bei Darwin das Ganze, die Population, gegenüber dem Einzelnen vorgängig und überlegen, weil nur das Volk im Ganzen geeignete Maßnahmen organisieren kann, um im Überlebenskampf bestehen oder sogar seine Möglichkeiten erweitern kann.

Und infolge der Abhängigkeit der Wohlfahrt und eines heilen Überlebens des Einzelnen vom Wohl und Wehe des ganzen Volkes entsteht eine Art Bringschuld der Volksgenossen gegenüber dem Ganzen, sich z. B. an expansiven Maßnahmen zu beteiligen, während das Ganze umgekehrt weitgehend frei darin zu sein scheint zu entscheiden, wie es dem Einzelnen bei dessen Überleben dient.

Die Asymmetrie zugunsten des Ganzen ist schließlich auch der kardinale Unterschied des Herrenvolkes bzw. Führerstaates zur Republik der freien Subjekte, welche lediglich die rechtlichen u. a. Voraussetzungen gewährleistet für die Entfaltung der individuellen Freiheit und die Wahrung grundsätzlicher Gleichheit und Solidarität zwischen den Individuen: In der Republik befinden sich Teil und Ganzes in einem ausgewogenen, symmetrischen Verhältnis weil die Einzelnen die Regeln ihres Zusammenlebens über den demokratischen Prozess gemeinsam selbst bestimmen, also die Subjekte sind, denen der Staat im gemeinsam verabredeten Sinne zu dienen hat.

Ungeklärt ist nun noch die Frage, über welche Weichenstellung in der Wahrnehmung und Verarbeitung der Zumutungen des Industrialisierungsprozesses das durch die Aufklärung befreite und zum selbstständigen mündigen Denken ermächtigte Subjekt dazu kommt, sein Heil nicht in der Republik und einem schonenderen Umgang mit der Umwelt zu suchen, sondern im Herrenvolk und in der noch intensiveren Naturnutzung und Vergrößerung des Herrschaftsbereiches.

Wir können diese Weichenstellungen auf der gesellschaftlichen Ebene der Entwicklung seit der Aufklärung im 18. Jh. bis zu den beiden Weltkriegen wie folgt skizzieren:

Auch wenn die nachteiligen Auswirkungen der Zivilisationsentwicklung auf die Natur bereits zu Beginn und im Zuge der Industrialisierung deutlich dokumentiert waren, hatten sie auf die weitere Entwicklung keinen Einfluss. Im Gegenteil wurde die Forcierung der Industrialisierung und damit der weiteren Expansion in die Natur und in die Fläche durch das Zusammenwirken der antiökologischen Ideologien – des Züchtungsfortschritts im Überlebenskampf rassereiner Völker, des Zivilisationsfortschritts durch Produktivkraftentwicklung und der Herstellung gerechter Verteilungsverhältnisse mittels Klassenkampf und Revolution, erst richtig angeheizt. Nicht also die Bewahrung der Ökosysteme und Gesamtnatur bildete den Rahmen für die weitere Entwicklung der westlichen Gesellschaften nach der Aufklärung, sondern die weitere Entfaltung der menschlichen Population als aus der Natur herausragende, sie beherrschende und ihr gegenüber zu nichts verpflichtete Spezies. In der Haltung der Natur gegenüber gibt es zwischen dem darwinischen und dem marxistischen und liberalen, auch technikaffinen Anthropozentrismus, keinen grundlegenden Unterschied.

Grundlage und Motor dieser Entwicklung war das aus der Umklammerung durch die Grundherrschaft und Religion befreite Individuum und befreite Denken, das im aufgeklärten bürgerlichen Subjekt nunmehr seine materielle und geistige Entfaltung auf Basis ungleichen Produktionsmittelbesitzes selbst und unmittelbar in die Hand nahm.

Der neue gewonnene Fortschrittsglaube orientierte auf allgemeine Verbesserung der materiellen Lebensbedingungen, auf private Mehrung des Reichtums bei Besitzenden und auf die Herstellung und Mitgestaltung staatlich verfasster und gesicherter Gemeinwesen, die die individuellen Entfaltungsmöglichkeiten, die territorialen Grenzen und den Austausch mit anderen Nationen in zivilisierter Weise gewährleisten sollten.

Während dem individuellen Streben nach einem freien, besseren und sichereren Leben auf Basis eigener Leistung und damit auch der weitergehenden Naturausbeutung freien Lauf gelassen wurde, beschränkte sich die staatspolitische Seite der Aufklärung auf die Herstellung und Garantie zivilisierter Verkehrsverhältnisse zwischen den Individuen durch Gesetze, Rechte und Pflichten, ein Strafsystem und garantierte politische Mitwirkung.

Damit entstand die für die Aufklärung charakteristische Asymmetrie zwischen einer unbeschränkten wirtschaftlichen Entwicklungsdynamik der Einzelnen und Gemeinwesen auf der einen Seite und der Beschränkung des politischen Regelungssystems auf den Verkehr zwischen den Einzelnen auf der anderen Seite, die der weiteren Naturausbeutung, dem materiellen Wachstum von Besitz und Lebensstandard und der daraus folgenden Ungleichverteilung keinerlei Grenzen setzte.

Aufgrund der hohen Produktivität des aufgeklärten Gesellschaftssystems entstanden bereits gegen Ende des 19. Jh. für alle Staaten Europas, die diese Entwicklung eingeschlagen hatten, Ressourcenknappheiten und -abhängigkeiten, die die weiteren Entwicklungsmöglichkeiten begrenzten und eine dauerhafte Stagnation im allgemeinen Fortschritt befürchten ließen, die bald aber in einem völlig anderen Gewande, nämlich als dekadente Entwicklung, die Gemüter bewegte.

Da die aufgeklärten Gesellschaften weder über Werte und Gesetze noch über Mechanismen verfügten, um mit den Begrenzungen durch knappe Ressourcen und den Folgen rasch wachsender Bevölkerungen fertig zu werden, kannten sie nur einen Ausweg, nämlich ihre territoriale Expansion auf dem Wege eines Kräftemessens zwischen den Staaten.

Dieser Ausweg allerdings kollidierte mit der freiheitlichen Verfassung dieser Gesellschaften, die in der Entfaltung des Einzelnen, im freien Handel sowie in der prinzipiellen Gleichheit aller Menschen die Basis für den allgemeinen Fortschritt nicht nur im eigenen Land sahen.

Um als in sich freiheitlich organisierte Nation gegen andere Nationen aggressiv-kriegerisch handlungsfähig zu werden, bedurfte es einer legitimen Auffassung der Nation als eines biologisch bedürftigen oder bedrohten Volkskörpers, der sich nicht nur in Konkurrenz zu den anderen sieht, sondern auch dazu berechtigt, diese Konkurrenz zu unterwerfen oder ganz auszuschalten.

Diese wissenschaftlich legitime Auffassung lieferte der Darwinismus mit seiner naturwissenschaftlichen Theorie der Evolution der unterschiedlichen Arten von Lebewesen mittels einer hinreichenden Vermehrung und Durchsetzung neuer Arten im Überlebenskampf, eine Theorie, die Darwin explizit auch für die menschliche Art als gültig betrachtete.

Zum entscheidenden Wegbereiter der Akzeptanz der Evolutionstheorie als Modell für die Überwindung der notorischen Engpass-Probleme der Gesellschaften Ende des 19. Anfang des 20. Jh. wurde die Berufung auf die menschliche Naturbasis nicht im Sinne der umfassenden und von Zerstörung bedrohten natürlichen Lebensgrundlagen, sondern beschränkt auf das durch den Rationalismus als gefährdet erachtete biologische Leben des Individuums als Teil einer Population von Gleichartigen, die durch individuelle Ertüchtigung, Ausmerzung der Schwachen und Gleichschaltung der Bestrebungen ihre Lebenschancen verbessert.

Auf kurzem Wege werden dabei biologische Merkmale und psychophysische Bedürfnisse des Individuums, wie z. B. die Augen- und Haarfarbe, die Form des Kopfes, die körperliche Stärke, Willensstärke, Gesundheit usf. kurzgeschlossen mit komplexen Merkmalen und Bedürfnissen des Volkes (z. B. nach Lebensraum, Rohstoffen, Rache, usf.) und in Gegnerschaft gebracht zu anderen Völkern und deren Angehörigen mit „minderwertigen" Eigenschaften und Bedürfnissen.

Der Aufbruch zum biologisch legitimierten Überlebenskampf der Nationen erfolgte unter den scheinbaren Vorzeichen der Aufklärung, in deren Konsequenz sich Nietzsche dazu berufen sah, die biologische und kulturelle Ungleichheit in den Mittelpunkt des Selbstverständnisses der Menschen zu rücken und ihn zur quasi-züchterischen Entwicklung von höherwertigen und Selektion von minderwertigen Exemplaren der menschlichen Art zu ermächtigen, um im Konkurrenzkampf der Völker bestehen zu können.

Indem der Schutz und die Entfaltung des „Lebens" der Einzelnen in Wirklichkeit der gezielten Verbesserung der Erbanlagen und Vermehrung ihrer – für höherwertig befundenen – Träger diente, verbargen die hehren Begriffe „Lebensphilosophie" und „Lebensreform" ihre eigentliche Bestimmung, nämlich einen in seinen Erbanlagen möglichst tüchtigen und reinrassigen Volkskörper zu schaffen. Genauso wenig wie hier der Begriff des „Lebens" stellvertretend für die besondere Kraft und Empfindlichkeit der belebten Natur überhaupt gemeint ist, haben „Blut und Boden" irgendetwas mit der Natur und Ökologie im Allgemeinen zu tun: „Blut" steht für Rasse und „Boden" für den Lebensraum den das Volk einnimmt.

Bis heute wird die scheinbare Naturnähe dieser Begriffe Lebensphilosophie, Lebensreform, Blut und Boden, die in Wirklichkeit dem Schutz und der Durchsetzung eines biologistisch-rassistischen Menschenbildes in der Bevölkerung dienten und dienen, selbst in modernen

wissenschaftlichen Abhandlungen zur Verunglimpfung ökologischer Theorieansätze benützt, die die natürlichen Ressourcen begrenzt sehen und eine dementsprechende Begrenzung des Wachstums und der Naturzerstörung verlangen.
Ökofaschismus lautet der Vorwurf, der aber in Wirklichkeit die betreffenden Autoren, zumeist hartnäckige Verteidiger des Darwinismus als fehlerfreie wissenschaftliche Theorie, selbst dem Vorwurf der Blindheit gegenüber der Klima- und Umweltkrise und der unreflektierten Nähe zum autoritären Anthropozentrismus, mit seinem Hang zu technologischen, technokratischen und eliminatorischen Lösungen, aussetzt.

Das Projekt der Aufklärung führt also über die Dynamik der von ihm inthronisierten Konkurrenz- und Leistungsgesellschaft zu unbegrenzter Naturausbeutung und daher Erschöpfung und daraus folgenden Knappheit von Ressourcen und Lebensraum ohne dafür über Instrumente der Gegensteuerung im Rahmen des Begrenzten zu verfügen. Der „Ausweg" liegt in der kriegerischen Expansion einer, auf der Grundlage der Evolutionstheorie auf ihre Stärke als besonderes Rassevolk reduzierten und qua Herrenmenschenmentalität für den Überlebenskampf gegen andere Völker mobilisierten Bevölkerung.

Mit der wehrhaften rassereinen und reproduktionsfähigen Population als eigentliches Subjekt der Evolution einerseits und dem Überlebenskampf auch zwischen Völkern als permanente Realität des Lebens sowie Notwendigkeit zur Bewahrung und Verbesserung der biologischen Ausstattung inmitten einer herausfordernden chaotischen Gesamtnatur andererseits, liefert Darwin die naturwissenschaftliche Argumentation für die Legitimität der expansionistischen und rassistischen Bestrebungen und Bewegungen in Deutschland und vielen anderen europäischen Staaten bis zum Ende des Zweiten Weltkrieges.

Durch die Etablierung parlamentarischer Demokratien nach dem Zweiten Weltkrieg hat sich am Grundproblem der Gesellschaften nichts geändert: Einer ungehemmten Wirtschaftsentwicklung und Erhöhung des Kulturbedarfs (der größtenteils mit Ressourcen des Auslandes gedeckt wird) durch neue Techniken und Bedürfnisse und einer dementsprechend ungehemmten Naturausbeutung steht weiterhin ein politisches System gegenüber, das mehr darauf bedacht ist, die wirtschaftliche Entfaltung der Einzelnen, d. h. Produktion und Konsumption, zu garantieren und zu fördern als notwendige Begrenzungen der Naturausbeutung, sprich -zerstörung, vorzunehmen, auch wenn viele Menschen diese Notwendigkeit heute längst sehen und anerkennen.

Mithin scheinen freiheitliche Gesellschaften im Sinne der Aufklärung bisher nur dazu in der Lage gewesen zu sein, ihrer wirtschaftlich-kulturellen Entwicklungsdynamik auch dann noch zu folgen, wenn die Verknappung der Ressourcen längst eine Abbremsung der Wirtschaft und Bedürfnisentwicklung erfordert hätte. Das Mittel der Wahl waren in der Vergangenheit völkisch-rassistische Bewegungen und autoritäre Lösungen und sind heute technische Innovationen zur weitergehenden Naturbeherrschung, ein einseitig vorteilhafter internationaler Handel, weltweite Militäreinsätze und, wie das Erstarken präfaschistischer Bewegungen in vielen westlichen Staaten zeigt, das Festhalten an aggressiven völkischen Bestrebungen.

Sowohl die Strategie der vermeintlichen technischen Naturbeherrschung wie auch das Festhalten am Völkischen fällt vor allem deshalb leicht, weil die darwinische Evolutionstheorie in wissenschaftlicher Hinsicht nach wie vor weitgehend unangefochten den Zeitgeist und das Weltbild der Lebenswissenschaften bestimmt. Eine Klarstellung der fehlerhaften Annahmen von Darwin und Aufarbeitung ihres Beitrags zur Legitimation des Faschismus von Seiten der lebensbezogenen Naturwissenschaften fehlt bis heute.

Bis heute scheinen demnach freiheitliche Gesellschaften unfähig, dem freien Handeln ihrer Bürger einen ganzheitlichen gesellschaftlichen Rahmen zu geben, der die weitere technische Expansion in die Natur und die kriegerische und/oder handelsmäßige Expansion in die weite Welt, mittels Eindämmung des Wirtschaftswachstums und Zurückführung der Bedürfnisse auf ein vernünftiges, naturverträgliches Maß vermeidet.

Wie bereits die Entwicklung im 19. Jh. zeigt, kommt den Wissenschaften bereits in der Aufklärung und schließlich auch in der biologistischen Gegenaufklärung gegen die Rationalität im Umgang der Menschen untereinander und mit der Natur eine hervorragende Bedeutung zu. Unseres Erachtens war die faschistische Machtergreifung nicht möglich ohne die Begeisterung der deutschen Elite für das darwinisch legitimierte Projekt der Bewährung des deutschen Volkes im Überlebenskampf der Völker.

Umso zentraler erscheint heute der Stellenwert einer tatsachenbezogenen, auf Wahrheit verpflichteten Wissenschaft, wie er in der Aufklärung der Klima- und Umweltkrise zum Ausdruck kommt, nicht nur hinsichtlich des Aufweises der negativen Folgen unserer Lebensweise, sondern vor allem auch in der Abwehr wiedererstarkender völkischer Tendenzen und der Aufdeckung, Konzipierung und politischen Umsetzung von alternativen Konzepten der Krisenbewältigung.
Im Zentrum dieser neuen wissenschaftlich basierten Aufklärung von Handlungsalternativen darf diesmal nicht die Evolution und der Überlebenskampf eines Volkes stehen, wenn ein neues Massaker im globalen Maßstab verhindert werden soll, sondern muss der Erhalt der natürlichen Lebensgrundlagen, der Ökosysteme und Biosphäre als das gemeinsame Haus aller Menschen Vorrang vor allen anderen Zielen bekommen.
Erderhitzung und Artensterben erweisen sich hier in ihrer globalen Totalität als unausweichliche Aufforderungen zur längst überfälligen Einlösung der Grundprinzipien der Aufklärung: Wahrung von Gleichheit und Brüderlichkeit zwischen allen Menschen mittels der Tatsachen-begründeten Vernunft aufgeklärter Menschen in demokratischen Gesellschaften. (Vielleicht werden die Klima- und Umweltkrise gerade deshalb hauptsächlich von Darwinisten, Neoliberalen und Marxisten bestritten).

Gefordert ist ein neues systemisches Denken und Handeln der Menschen, das jeden Einzelnen und ihre Gesellschaften als Teil der komplexen Natur anerkennt und nach Wegen gleichzeitiger Reproduktion beider, des Menschen und der Natur, sucht.

Gefordert ist die Wahrung von Naturkreisläufen, erforderlicher Naturgleichgewichte, Artenvielfalt und Eigenproduktivität sowie Selbststeuerung der Natursysteme.

Der verhängnisvolle und auf Massenvernichtung hinauslaufende evolutive Weg muss zugunsten einer ökologischen Wende überwunden werden, worin die Regeneration der Eigenproduktivität und Selbststeuerung der Gesamtnatur Vorrang hat vor weitergehender Naturausbeutung, Anhäufung materiellen Reichtums, Wachstums des Kulturbedarfs und der kaum recycelten Abfallmengen jedweder Art.

Allerdings ist von dieser ökologischen Wende derzeit noch nichts zu erkennen. Vielmehr sehen sich die Anhänger der Evolutionstheorie erneut, diesmal durch den wachsenden Nahrungsbedarf der weiter wachsenden Weltbevölkerung und teilweise auch durch das drohende Chaos infolge des Klimawandels, dazu ermutigt, den Überlebenskampf des Menschen gegen die Natur in den Mittelpunkt des alltäglichen Trachtens zu rücken und nicht die Bewahrung und Regeneration der Ökosysteme und der Biosphäre.

Heute schickt sich die Evolutionstheorie an, ihr verkürztes, antiökologisches Denken auf alle Lebensbereiche auszudehnen und die Menschheit durch die private Aneignung und Manipulation des Erbgutes mittels Gentechnik ihrer einzig noch verbliebenen Sicherheit und Berechenbarkeit zu berauben. Dazu gehört auch die Verteidigung der Chemielandwirtschaft und deren weltweite Verbreitung mit dem unwahren Argument der Ernährungssicherung.

Dies ist nur möglich durch das Hochhalten des Glaubens an ewiges Wachstum und, wenn dieses seine Grenzen findet, durch die Hochhaltung des Glaubens an einen Fortschritt durch züchterische Höherentwicklung oder Anpassung der genetischen Ausstattung von Nutzpflanzen und -tieren und den Glauben an einen endgültigen Sieg über Schädlinge, Krankheiten und Seuchen mittels deren Ausrottung.

Dazu bedarf es eines Selbstverständnisses als einer höherwertigen, der Natur und anderen Menschen überlegenen Spezies, wobei seit der Aufklärung die Legitimation einer solchen Überlegenheit durch wissenschaftliche Theorien eine zentrale Rolle spielt.

Bei unserer Lektüre wissenschaftlicher Arbeiten, die sich der Ökologie, Naturethik oder Ganzheitlichkeit in expliziter Weise annahmen, stießen wir auf einen unmissverständlichen Anti-Ökologismus, der nötig war, um die bevorrechtigte Gegenüberstellung des Menschen zur Natur und deren Ausbeutung für ein gutes menschliches Leben auch in Zeiten des Klimawandels und Artensterbens zu rechtfertigen. Dieser unreflektierte Anthropozentrismus ist aber heute nur durchzuhalten mit einer tendenziellen Feindschaft zu und Verleugnung von wissenschaftlichen Erkenntnissen, die, wie die Klima- und Ökologiewissenschaften, belegen, dass der Mensch sich mit dem Festhalten an dieser Ausbeutungshaltung zur Natur den Ast absägt, auf dem er sitzt, weil die schädlichen Folgen seines Tuns das gewohnte Fließen der Naturressourcen durch Austrocknung der Erde und eine Chaotisierung der Gleichgewichtsverhältnisse zum Versiegen bringen. Evolutionsorientierte Lösungen wie die der „Aufrechterhaltung ökologischer Ungleichgewichte" durch den Einsatz fossiler Energien (Reichholf) oder die noch weitergehende Naturbeherrschung mittels Gentechnik (Gloy) verlangen eine Leugnung der Klima- und Umweltkrise und die Unterschlagung entsprechender wissenschaftlicher Erkenntnisse. Der anmaßende Anspruch einer Anwendung der

Evolutionstheorie auf alle menschlichen Lebensbereiche ist letztlich wissenschaftsfeindlich, weil er die Ignoranz gegenüber den komplexeren systemischen Negativwirkungen fossiler Energie und Gentechnik verlangt.

Aber es gibt noch eine zweite Art der Verteidigung des Darwinismus als unschädliche, unangefochtene und fehlerfreie Universaltheorie, nämlich die Unterschlagung ihrer Mitverantwortung bei den Massenmorden des Dritten Reiches:

Wiederum war es für uns überraschend in einer zunächst sehr plausibel erscheinenden Analyse des Handelns und der Motive der Einsatzgruppen bei ihren „Säuberungen" und Massenmorden während des Zweiten Weltkrieges im Osten die irritierende Aussage zu finden, dass die *„Nationalsozialisierung der deutschen Gesellschaft … kein ideologischer oder propagandistischer Prozess war"* (Welzer, Harald: Täter, Wie aus ganz normalen Menschen Massenmörder werden, Frankfurt a. Main 2011, S. 250):

Zunächst konstatiert Welzer, dass

„die Ungeheuerlichkeit des nationalsozialistischen Projekts … in der gesellschaftlichen Umsetzung der Behauptung … liegt, dass Menschen radikal und unüberbrückbar ungleich seien" und dass *„diese Behauptung … nicht nur politisch, sondern auch als wissenschaftlich und moralisch begründet betrachtet werden … konnte"* (ebenda, S. 249).

Dann allerdings schränkt Welzer die Bedeutung dieser menschenverachtenden, wissenschaftlich legitimierten Ideologie für das Handeln der „ganz normalen Menschen" ein:

„Aber die Attraktivität des partikularen Konzepts der unterschiedlich wertigen und konkurrierenden Rassen für die ganz normalen Menschen lag nun nicht in dem bloßen Versprechen, dass mit dem neuen Konzept alles besser würde, sondern in der unmittelbaren Umsetzung dieses Versprechens in der Praxis. Jeder Schritt im rapide sich vollziehenden Ausgrenzungsprozess der Juden verschlechterte nicht nur deren objektive Lage, sondern verbesserte im selben Zug die subjektive Lage der nicht-jüdischen Deutschen. …Der Traum von einer prinzipiellen, unhintergehbaren, nicht verhandelbaren absoluten Überlegenheit der deutschen Volksgenossen über alle anderen Menschen realisierte sich in der Praxis der Ausgrenzung ganz unmittelbar und sinnfällig" (ebenda, S. 249 f.)

Um nun erklären zu können,

„…wieso sich so viele Menschen nicht nur für die Teilhabe an der zunächst noch nicht mörderischen Ausgrenzung entschieden, sondern schließlich auch für die Verrichtung der als notwendig erachteten Tötungsarbeit",

kommt Welzer zu einer völlig unrealistischen und auch im sozialpsychologischen Kontext schwer verständlichen Einschätzung:

*„Der Schlüssel für das Verstehen dieses Vorgangs (*der Verrichtung der Tötungsarbeit, d. V.*) liegt darin, dass die Nationalsozialisierung der deutschen Gesellschaft eben kein ideologischer oder propagandistischer Prozess war – also worüber man nachdenkt und wozu man sich verhält –, sondern einer, der in der täglichen Veränderung gelebter Praxis das antijüdische und*

judäophobische Weltbild des Nationalsozialismus in eine wahrnehmbare und sich verstetigende Wirklichkeit übersetzte" (ebenda, S. 250).

Auf Deutsch bedeutet dieser Weiße-Schimmel-Satz, dass sich in der täglichen Praxis des Tötens von Juden nichts anderes als das antisemitische NS-Weltbild auch im Erleben der Mörder verwirklichte und bestätigte. Dass also die Massenmörder ohne Nachdenken, wie automatisch, allein legalisiert durch ihre tägliche Praxis mordeten. Diese Argumentation nimmt nicht nur gefährlich fahrlässig die legitimierende wissenschaftliche Ideologie aus der Schusslinie, sondern auch die Verantwortungsfähigkeit der Täter selbst, was sehr an die Selbstdarstellung Eichmanns als unbedarfter Schreibtischtäter erinnert, nur seine Pflicht getan zu haben.

Abgesehen von der Frage, worum es sich bei einem „Weltbild" handelt, erscheint eigentlich klar, dass die Einsatzgruppen und Helfer in den Konzentrationslagern doch nur diese vielen völlig unschuldigen Menschen töten konnten, weil sie sich, als höherwertige Menschen im Dienste des höheren Ziels der Eroberung von Raum für die eigene Zukunft, dazu aus höherer wissenschaftlicher Warte legitimiert sahen: Es war der persönliche Einsatz für das weltgeschichtlich hohe Ziel der Durchsetzung einer überlegenen Menschenrasse, das letztlich über jede gewohnte menschliche Moralvorstellung erhaben war, sie dadurch beseitigte und jeden Einzelnen zur Unmenschlichkeit berechtigte – ohne moralische Schuldgefühle zu bekommen. Diese Schuldgefühle gab es deshalb auch nicht nach dem Krieg.

Welzer vertritt hier die äußerst zweifelhafte Auffassung, dass der „ganz normale Mensch" nicht wie ein vernunftbegabter, anhand von Werthaltungen selbstständig entscheidender Mensch handelt, sondern eher wie der Pawlowsche Hund in der Skinner-Box, der den unmittelbaren Vorteil sehen muss, dass ihn die Ausgrenzung anderer überzeugt. Da jedoch die Massenvernichtung der Juden und vieler anderer Gruppen ohne unmittelbare Sichtbarkeit eines Vorteils geschah, mussten die Täter geleitet gewesen sein von ihrer empfundenen Höherwertigkeit, Überlegenheit, Berechtigung, also von egoistisch-narzisstischen Werten und Fern-Zielen, die durch die NS-Ideologie und Propaganda über die Führer beständig, angepasst an die Widermenschlichkeit der Anforderungen, verbreitet wurden und für jeden Angesprochenen sich nach dem Sieg auszahlen sollten.

Der im Faschismus getätigte Griff nach Höherem durch die Profilierung eines bevorrechtigten Volkes das jedem einzelnen Volksgenossen den Vorrang vor anderen Nationalitäten und „Rassen" einräumte und auch im Selbstverständnis einpflanzte, erscheint, unzweifelhaft, nur aufgrund der naturwissenschaftlich basierten Evolutionstheorie von Darwin möglich gewesen zu sein, weil darin die geschichtliche Höherentwicklung der Lebewesen, einschließlich der Menschen, als Folge von Kampf und Selektion erklärt ist. Die Entwicklung der Naturwissenschaften als Entwicklung tatsachenbasierter Erkenntnisse und Theorien war im 19. Jh. nicht nur fundamental für die Industrialisierung und Technikentwicklung, sondern auch für das neue, nicht-religiöse, realistische und rationale Selbstverständnis der Menschen und ihrer Weltanschauung.

Die entscheidende Bedeutung höherer, wissenschaftlich legitimierter Ziele und Autoritäten für unmenschliches Handeln hat letztlich auch der Milgram-Versuch bewiesen, in dem mehr als 60 % der als „Lehrer" fungierenden Versuchspersonen bereit waren, ihre „Schüler" bei Fehlern mit lebensgefährlichen Stromstößen zu bestrafen bzw. zu richtigen Lösungen zu bringen.

Daher ist Welzers Quintessenz der sozialpsychologischen Analyse der Bereitschaft zum nationalsozialistischen Massenmord, wonach wissenschaftlich fundierte Ideologie dabei keine Rolle gespielt hätte, als Folge eines verhaltenspsychologisch verkürzten Analyseansatzes zu werten, der den wissenschaftlichen Hintergrund des Faschismus, der ja in seinen Eliten und mörderischen Machenschaften in allen Lebensbereichen, wie z. B. auch in den Menschenversuchen unmittelbar präsent war, völlig zu Unrecht und in kaum verständlicher Weise ausblendet.

Den Darwinismus als wissenschaftliche Legitimation der Massenmorde zu erachten hätte bedeutet, die einschlägigen Wissenschaften zur Aufarbeitung ihres Beitrages zum Faschismus aufzufordern und von der Evolutionstheorie als Theorie der Entwicklung mittels Überlebenskampf und Vernichtung des angeblich Schwächeren ein für alle Mal Abstand zu nehmen. So aber erfährt der Darwinismus durch Welzer eine weitere Entschuldigung, die dem Gedanken auf Fortschritt durch Züchtung, Auslese und Vernichtung unliebsamer Konkurrenz in Zeiten allgemeiner Wachstumsgrenzen, gegen die Natur, unangefochten, aber in Wirklichkeit ganz unberechtigt, weiterhin Plausibilität verleiht.

Übersicht – Transformationsschritte von der aufgeklärten zur faschistischen Gesellschaft und die damit einhergehende Veränderung des Verhältnisses zur Natur

Schritt	Gesellschaft	Verhältnis zur Natur
1. Befreite, formal gleiche Subjekte, Tatsachen-basiertes Denken als Grundlage vernünftigen Handelns	allgemeine Menschenrechte: individuelle Freiheit, Gleichheit, Mitwirkung und Gerechtigkeit durch Verfassung garantiert	schädliche Auswirkungen wissenschaftlich erkannt, jedoch keine Begrenzung der Naturausbeutung
2. Wachsende wirtschaftliche Konkurrenz und soziale Ungleichheit, Anwendungsbezogene Spezialisierung der Wissenschaften	Wachsende Wirtschaft, Bevölkerung und Naturausbeutung und Konkurrenz um Ressourcen u. globale Einflussbereiche	Ganzheitlicher Blick auf die Natur (Humboldt)reduziert sich auf einzelne Bereiche und Arten
3. Evolutionstheorie: Überleben des Fittesten, d. h. Geeignetsten, Fähigsten im Überlebenskampf als entscheidendes Entwicklungs- bzw. Selektionsprinzip entspricht der Konkurrenz und Ungleichheit	die Vorstellung der allgemeinen Gleichheit der Menschen wird ergänzt durch das Prinzip der individuellen Verschiedenheit mit der Folge wachsender Konflikte mit den Werten der Aufklärung	Sicht der Natur als Chaos mit den Mechanismen des Überlebenskampfes und der Selektion als vernünftige Ordnungsfaktoren
4. Nietzsche: Reduktion der Gesamtnatur auf das „Leben" des Einzelnen als psychophysische, schöpferische Ganzheit, die zum „Übermenschen" strebt und das Schwache hinter sich lässt und aussortiert	die Ungleichheit wird naturalisiert und zum Ausdruck von Entwicklungsfortschritt, Gleichheit zum Ausdruck von Schwäche und Zeichen von Dekadenz erklärt	Idealisierung des formschönen, starken, kraftvollen, gesunden in der Natur sowie des Kämpferischen
5. Gleichsetzung: Entstehung einer Art als fortpflanzungsfähige Population mit der Bildung eines durchsetzungsfähigen Volkes artgleicher starker Individuen auf der Basis von Rassemerkmalen	Einigung der ungleichen, konkurrierenden Individuen unter dem neuen Dach der Nation als Blutsgemeinschaft der rassisch Gleichen, Verlagerung der Konkurrenz auf den Kampf zwischen Rassen und Nationen	„Blut und Boden", „Lebensphilosophie" und „Lebensreform" dienen nicht der Natur und dem Leben, sondern der Ideologie eines reinrassigen Herrenvolkes

Schritt	Gesellschaft	Verhältnis zur Natur
6. Anbahnung der Diktatur durch die Etablierung eines natürlichen Vorrechts des Volksganzen als Subjekt der Evolution vor dem Einzelnen bei der Überlebenssicherung	Entstandene Ernährungs- und Ressourcenengpässe können nun durch gleichgerichtete völkische Bestrebungen der Einzelnen für Rassenhygiene und kriegerische Expansion „gelöst" werden	Expansion sowie technische Wundermittel und Disziplin zu ihrer Durchsetzung in der Natur und gegenüber anderen Völkern werden zentral
7. Der Einzelne wird zum Erzeugnis des Ganzen, der dankbar sein muss, an dem größten Projekt der Geschichte der Evolution teilnehmen zu dürfen und folglich alle moralischen Bedenken über Bord werfen sollte	Der neue Mensch als Volksgenosse ist absoluter Egoist im Rahmen seiner rassistischen Verpflichtungen gegenüber Minderwertigen und Andersrassischen und er ist Altruist nicht gegenüber anderen, sondern i. S. der Liebe zum eigenen Volk	Unter „Naturbeherrschung" versteht der Faschismus - die technische Beherrschung - die Vernichtung seiner Konkurrenten - der Beherrschung der Entwicklung seiner Herrenrasse durch Zucht und Eugenik

Den deutlichsten Beweis dafür, dass es nicht allein die Teilhabe an den unmittelbaren Vorteilen der auf der Grundlage der Evolutionstheorie und deren Mechanismen organisierten faschistischen Gesellschaft war, die die „ganz normalen Menschen" zu Massenmördern werden ließ, sondern die darwinische Idee der Entwicklung selbst, hin zu einem besonders gesunden, tüchtigen und durchsetzungsfähigen Menschenschlag, der aufgrund seiner Durchsetzung das Recht des Stärkeren auf seiner Seite hat und keine moralischen Vorwürfe zu fürchten hat, liefert die Nachkriegszeit:

- Einerseits das, bei fast allen Deutschen die die Zeit zwischen 1933 und 1945 nicht als Gegner oder Opfer durchgemacht haben, weitgehend bis vollständig fehlende Bewusstsein dafür, etwas moralisch Verwerfliches getan zu haben: Auch wenn die Tatsache des industriellen Massenmordes von Juden, anderen Volksgruppen und als minderwertig eingestuften Reichsbürgern und Kriegsgefangenen anerkannt wird, wird deswegen keine Schuld empfunden, da man dies alles als legitimes Kräftemessen zwischen unterschiedlichen Rassen, Völkern oder Kulturen ansah und lediglich das Pech hatte, dieses Kräftemessen verloren zu haben.
- Andererseits lebt diese, immer auch ins Völkische gedachte, darwinische Entwicklungsidee heute in zahlreichen profaschistischen Gruppierungen in Deutschland und ganz Europa weiter. Und diese Bewegungen sind mit dieser Idee des Obsiegens und Reinhaltens der stärkeren Rasse oder Kultur weitgehend anschlussfähig an das Denken in der breiten Bevölkerung, die die Konkurrenz zwischen den Kulturen (z. B. zum Islam) und den vor allem auch existentiellen Überlebenskampf immer stärker als Realität ihres eigenen Lebens und in ihrer eigenen Umgebung empfinden.

Solange der Darwinismus wissenschaftlich nicht als einseitig art- und kampfbezogene und dadurch unwahre, systematisch die Feindschaft zwischen Menschen und Völkern fördernde Ideologie, auf den Prüfstand kommt, zurückgewiesen und durch eine zutreffendere Theorie der Entwicklung der menschlichen Art und Möglichkeiten ersetzt wird, wird der Rassismus zum Alltag gehören und der Faschismus als Drohung am Horizont von Krisenlösungen wohl ewig fortbestehen.

Selbst der aktuelle Identitätsdiskurs, in dem man Minderheiten menschenrechtlich schützen will, indem man sie als Gemeinschaften mit eigenen Regeln akzeptiert, hat bereits einige Stufen des faschistischen Denkens durchschritten, wenn z. B. das besondere Recht der Gemeinschaft über seine Mitglieder mehr wiegt als die Herstellung und Bewahrung der Menschenrechte für jeden Einzelnen dieser Gemeinschaften. Wenn der Koran als Richtschnur wichtiger ist als das Grundgesetz, sollte jede Alarmglocke läuten und umgehend sichergestellt werden, dass die Menschenrechte für alle gelten und die besondere Anmaßung der besonderen Gemeinschaften als inakzeptable Ideologie der verantwortlichen Führer in die öffentlichen Schranken verwiesen wird.
Dies nicht nur, um die allgemeine Geltung der Verfassung sicherzustellen, sondern auch um die aus Sonderrechten von Gemeinschaften folgende, fast logische Gegenreaktion anderer Gruppen bis hin zur Mehrheitsgesellschaft zu vermeiden, nämlich die eigene Kultur und Verteidigungsfähigkeit nunmehr gleichfalls besonders betonen und über die Werte Toleranz, Gleichheit usf. stellen zu müssen. Die Entwicklung in den USA zeigt, wo die Reise hingehen kann, wenn sich in einer Gesellschaft, über die normalen Formen und Wege der Interessensäußerung hinaus Gemeinschaften bilden, die die Bürgerrechte, aufgrund ihrer bereits gebrochenen Hegemonie, nicht mehr so ernst nehmen und schließlich zur Tat schreiten. Das Ende ist der völlige Zerfall der, auf individueller Freiheit, Selbstbestimmung und gefahrloser Interessensäußerung basierenden, demokratischen Gesellschaften, in rivalisierende Clangemeinschaften, die um politische, ideelle, und/oder soziale und wirtschaftliche Vorherrschaft ringen.

Ein Ausweg aus einer solchen Lage des Unglaubwürdigwerdens der Freiheitsrechte, infolge ihrer beständigen, staatlich anerkannten Verletzung durch Teilgruppen der Gesellschaft, scheint ebenso schwer denkbar, wie bei der zweiten großen Schwachstelle demokratischer Gesellschaften: Der fehlenden Repräsentanz der Reproduktionserfordernisse der Ökosysteme und des Naturganzen im Konzert der bei ihrer Ausbeutung der Naturgrundlagen weitgehend frei agierenden Subjekte.
Da Demokratien über keinen allgemein anerkannten wirkungsvollen Bremsmechanismus bei der Entfaltung ihrer Bürger und des Wachstums ihrer Vermögen und ihres Lebensstandards verfügen, der sie zum sparsameren und bescheideneren Haushalten anhält und dadurch expansive Strategien der Naturausbeutung über den Handel und/Kriege überflüssig macht, konnte es zur faschistischen Entwicklungsvariante überhaupt erst kommen. Diese droht allerdings auch heute wieder, wenn das Problem der, angesichts der Klima- und Umweltkrise unerlässlichen, Begrenzung des Wachstums des Kulturbedarfes und der unkalkulierbaren chemischen und technischen Natureingriffe, zugunsten der Sicherstellung der

Reproduktion der natürlichen Lebensgrundlagen, weiterhin nicht gelöst und auf weitere Naturausbeutung und Expansion mittels Handel und/oder Kriege gesetzt wird.

9.8 Zwei Entwicklungsperspektiven: Ohne oder mit systemischer Vernunft für komplexe Verhältnisse

Das energetisch vor allem von fossiler Energie, hinsichtlich ihrer Anwendungszwecke jedoch maßgeblich vom Drang der Forscher und Entwickler und von Interessen profitabler, also Kapital und Besitz vermehrender, Produktion angetriebene industrielle Wachstum, währt nunmehr seit gut 200 Jahren.
An seinem Anfang stand der in der Geschichte des Menschen bisher einmalige Vorgang der Befreiung aller Menschen der westlichen Welt aus persönlicher Abhängigkeit, hin zu einem selbstbestimmten Leben und Denken auf der Grundlage individuell verfügbarer Fähigkeiten und Mittel, sowie tatsachenbasiertem logischen Denken, Wissen, Abwägen und Entscheiden. Dass der Höhenflug der Subjekte der Aufklärung, die im Zuge der scheinbar unbegrenzten Entfaltung ihrer gesellschaftlich-kulturellen Eigenwelt bereits von der Emanzipation von Naturnotwendigkeiten überhaupt per Selbstentwicklung träumten, jäh durch zwei Weltkriege mit Millionen von Opfern und Ermordeten unterbrochen wurde, zeugt für einen ausgeprägten Irrealismus und Irrationalismus in der Selbstwahrnehmung der Subjekte und in der Organisation ihrer Gesellschaft.

Diese gravierenden Denkschwächen resultieren nicht aus angeborenen Trieben und Feindseligkeiten des Tiermenschen, die sich gegen die Vernunft als Kulturmensch richten und durchsetzen, wie dies bei einer darwinisch angehauchten Interpretation der Kriege immer wieder angenommen wird. Wie unsere Analyse gezeigt hat, ist die Durchsetzung irrealer und gegen die Menschenrechte gerichteten Bestrebungen in der Gesellschaft nicht Folge eines natürlichen, deterministischen Prozesses, sondern Folge des Obsiegens wissenschaftlich begründeter Theorien, worin die Wahlfreiheit der Menschen und damit auch die Vernunft, sich für naturförderlichere und humanere Alternativen entscheiden zu können, beseitigt ist:

Irrationale Verleugnung der Rechte auf individuelle Freiheit, Gleichheit und Brüderlichkeit entsteht durch die Verdrängung der spezifisch kulturellen Befähigungen der Menschen zur Reflexion, Kooperation und politischen Selbstbestimmung in demokratischen Systemen, durch die wissenschaftlich legitimierte Betonung physischer und primär egoistischer Eigenschaften der Menschen als untergeordnete Glieder eines Volkes oder Sozialsystems, das sein Überleben im Kampf gegen andere Völker zu sichern hat. Damit wird auch die im Zuge der Industrialisierung entstandene materielle Ungleichheit, über physische Merkmale der völkischen Gleichheit, als rationaler Grund für humane Bestrebungen nach mehr Gerechtigkeit, zugunsten von Feindseligkeit gegen physisch Andere, beseitigt.

Irreale Selbstüberschätzung entsteht durch das zunächst allmähliche und dann vehemente Zurückdrängen, Vergessen und schließlich wissenschaftliche Verleugnen der Natur als in ihrer Komplexität umfassende Ganzheit, deren Eigenleben der Mensch kaum kennt, geschweige denn beherrschen könnte. Da die Menschen von den eigenständigen Leistungen

der Lebensgemeinschaften der Arten in den Ökosystemen und des Netzwerkes der Natursysteme abhängen, verursacht deren Missachtung bei jedem partiellen Eingriff vermeintlicher Naturbeherrschung unkontrollierte, nicht beherrschte Wirkungen in den Lebensgemeinschaften und Netzwerken, die deren Leistungen mindern, also für die Allgemeinheit Schäden verursachen.
Beide Tendenzen zum Irrealen wie Irrationalen kommen im Faschismus maximal zum Tragen, bestimmen jedoch auch das Agieren in demokratisch verfassten Gesellschaften, wenn die Natursysteme weiterhin zugunsten individueller Wertschöpfung durch unbegrenztes Wachstum zerstört werden dürfen und die Aufrechterhaltung des Wirtschaftswachstums durch Expansion sogar in Zeiten der Klima- und Umweltkrise wichtiger ist als die Absicherung der Existenz der Menschen durch die sinnvolle Nutzung und Förderung der in den Regionen selbst verfügbaren natürlichen Ressourcen.
Deutlicher Ausdruck des irrealen Vergessens der Ökologie und des irrationalen Vergessens der humanen Bemühungen um Gleichheit durch soziale Gerechtigkeit ist die bisher völlig einseitige Organisation der modernen demokratischen Gesellschaften, die bisher nur das anthropozentrische Streben nach dem guten Leben gewährleistet, nicht aber den Erhalt der natürlichen Lebensgrundlagen, nach Maßgabe der Anforderungen der Natursysteme selbst. Das zweite Defizit besteht im Fehlen ausreichender individueller Freiheiten und materieller Voraussetzungen zur Sicherung eines guten Lebens für alle Gesellschaftsmitglieder nach Maßgabe sozialer Gleichheit und individueller, freiheitlicher Selbstbestimmung. Das Eingeständnis der „menschgemachten" Klima- und Umweltkrise (Artensterben und Umweltverschmutzung) wirken wie ein Offenbarungseid, signalisieren aber auch ganz moderne Fähigkeiten des Menschen, die er so bislang nicht hatte: Die Fähigkeit vor allem, den Zustand und die Eigendynamik des Naturganzen auf empirische Weise festzustellen und sich der menschlichen Verursachung, d. h. der Wirkungen des Handelns der Menschen als Teil der Natur vergewissern und über notwendige Korrekturen der Gesellschaften nachdenken zu können.

Die Größenordnung und Totalität des Problems des Klimawandels und der Umweltzerstörung stellen mit dem industriellen Höhenflug des Menschen auch alle seine hochfliegenden Träume von einer vollständigen technischen Naturbeherrschung oder gar einer transhumanen Entwicklung der Menschheit in Frage. Hilfreich wäre hier nur das Eingeständnis, dass der Mensch offenbar Teil der Natur geblieben ist und nur mit einem solchen Selbstverständnis zu einem neuen konstruktiven Umgang mit dem Naturganzen kommen wird. Auch die Versprechen weiterer materieller Verbesserungen der Versorgungslage werden dem Realismus einer neuen Naturzugewandtheit und -fürsorge im Großen, bis hinein in die gewohnten Kleinigkeiten des Alltags, weichen müssen.

Insbesondere wird es eine völlig neue Organisation der individuellen Lebenssicherung geben müssen, die nicht mehr auf bezahlter Arbeit um jeden Preis beruhen kann, da ein Großteil davon die Natur zerstört, sondern, ausgehend von ökologisch akzeptabler Produktion und Dienstleistung, eine Verteilung des erheblich geringeren Arbeitsumfangs auf alle Menschen erfordern wird.

Noch sind die Menschen und Gesellschaften weit vom notwendigen Umdenken entfernt und besonders in den zentralen Bereichen der einschlägigen Wissenschaften, Branchen und Bedürfnisse der Menschen sind starke Widerstände gegen Änderungen bei der Sicht und Art der Nutzung der Natur sowie bei der Arbeit (um jeden Preis) als Quelle von Gewinn und Lebensunterhalt zu erkennen.

Grundsätzlich gibt es zwei Alternativen im Umgang menschlicher Gesellschaften mit der Natur, mit denen schließlich auch die beiden grundsätzlich verschiedenen Umgangsweisen der Menschen miteinander in charakteristischer Weise verbunden sind:

A) Die Gegenüber-Sicht der Natur mit folgenden Eigenschaften und Konsequenzen:

- Mit entsprechend starker Perspektivenverengung auf vereinzelte Objekte und die unmittelbaren, monokausalen und zeitlich nahen Vorgänge, Prozesse, Zusammenhänge und Folgen von Eingriffen,
- damit verbundener zweifacher Reduktion der Naturkomplexität: Reduktion der globalen Biosphäre auf jene des eigenen Gebietes und Reduktion Letzterer auf Einzelbestandteile und -objekte (Bodenschätze, Arten, Stoffe),
- damit verbundener zweifache verkürzter der Sicht auf die Folgen von Eingriffen auf unmittelbar-monokausale und kurzfristige Folgen, unter Ausklammerung mittelbar- streuender sowie langfristiger Folgen,
- damit verbundener Verkürzung der Erfolgsbemessung menschlicher Natureingriffe auf ihren unmittelbaren Nutzen für den Menschen unter systematischer Verdrängung oder Abwertung konterkarierender Effekte sowie von Reproduktionserfordernissen der genutzten Objekte, Bedingungen, Prozesse,
- daraus folgend: Anthropozentrische Selbstüberschätzung der menschlichen Wirkmächtigkeit gegenüber der zuvor auf das Unmittelbare, Geringkomplexe, zusammenhangslose Einzelne und Kurzfristige reduzierten Realität als vermeintliche „Naturbeherrschung“,
- damit verbundene Anthropozentrierung bzw. Reduktion des aus der Natur gewinnbaren Nutzens und Fortschritts für den Menschen auf seine je besonderen Fähigkeiten und Techniken,
- mit der Folge der Anmaßung einer Sonderstellung nicht nur gegenüber der Natur, sondern auch in der Menschheit, in Abhängigkeit von seiner je besonderen Kultur und Zugriffsfähigkeit auf die Natur, unter systematischer Missachtung der Verbundenheit aller Menschen und ihrer Handlungen innerhalb der Gesamtnatur und ihrer grundsätzlichen Gleichheit als allesamt von der Natur abhängige Naturwesen,
- schlussendlich mit der Folge der Reduktion menschlicher Vernunft auf ein Instrument zur Durchsetzung egoistischer Interessen von Einzelnen und Völkern gegenüber der Natur sowie gegenüber den Anderen und anderen Völkern und
- der verhängnisvollen Verneinung einer bewussten individuellen Entscheidungsfreiheit aufgrund Selbstreflexion und Reflexion von Alternativen und, damit verbun-

den, der vollständigen Verneinung eines freien Willens, zwischen verschiedenen Handlungsmotiven und Handlungsalternativen wählen zu können.

B) Die Sicht des Menschen als Bestandteil der umfassenden Natur:

- Mit horizontal und vertikal umsichtiger Perspektive auf die Natur als eigenständiges, mehrschichtig aufgebautes Netz aus vielen, unterschiedlich komplexen und in ihren Voraussetzungen und Wirkungen interagierenden, Ökosystemen, die ein eigenständiges Wachstum aufweisen, über bestimmte Stoffkreisläufe miteinander verbunden sind, sodass Natureingriffe immer auch mittelbare, verzweigte und langfristige Auswirkungen meist unbekannter Art haben und somit entsprechendes Systemwissen erforderlich ist, um die Ökosysteme in ihrem produktiven Eigenleben zu fördern und Schaden möglichst abzuwenden.
- Damit verbundener Notwendigkeit der systemischen Erfassung der Natur auf unterschiedlichen Komplexitätsebenen, von der gesamten Biosphäre bis zu den vielfältigen Teil-Ökosystemen an der Naturbasis auf der Erdoberfläche und zwar als Erfassung der inneren Struktur, Symbioseverhältnisse, Reproduktionserfordernisse und Output-Leistungen der Teil-Ökosysteme und deren Verknüpfung und Austausch mit übergreifenden geophysikalischen Systemen (Atmosphäre, Wasserkreislauf, Luftzirkulation, Sonneneinstrahlung usf.).
- Damit verbundener Anforderung der Beachtung der innersystemischen sowie systemübergreifenden Verknüpftheit einzelner Objekte, Arten, Stoffe und Biotope der Natur mit Teil-Ökosystemen bzw. mit geophysikalischen Systemen, bei deren Entnahme, Veränderung oder Beseitigung, um nachteilige mittelbare und langfristige Folgen partieller Einwirkungen auf die komplexeren Systemverhältnisse bedenken und vermeiden zu können (z. B. Schädigung des Ökosystems Boden durch Kunstdünger, der zum Humusabbau und Verlust von Bodenleben führt, weil der Boden in der konventionellen Landwirtschaft nur als Standraum für Pflanzen gesehen wird und nicht als Bestandteil eines komplexeren Ökosystems).
- Daraus resultiert eine wenigstens zweifache Erfolgsbemessung menschlicher Natureingriffe: Erfolg als gelungene Naturnutzung zur Befriedigung der menschlichen Grundbedürfnisse und Erfolg als gelungene Förderung der genutzten Ökosysteme, sichtbar an ihrem selbsttätigen Wachstum bzw. Wachstumspotential nicht nur für Nutzpflanzen, wodurch die Garantie gegeben ist, dass die Nutzung für das menschliche Nahrungsbedürfnis nicht durch die Beeinträchtigung der Artenvielfalt, der Sauberkeit des Grundwassers usf., also durch Abstriche an anderen Ökosystemleistungen erkauft wird, die für den Erhalt des Lebens generell und auch des Lebens der Landwirte selbst von zentraler Bedeutung sind.
- Damit verbunden die Anerkennung der Natur zumindest als gleichgewichtiger Partner, der in seiner Eigenständigkeit, in seinen Reproduktionserfordernissen und in seiner Selbststeuerung und Eigenproduktivität vollständig akzeptiert und ernst genommen werden muss, weil die Ökosysteme bis hin zur gesamten Biosphäre

nur dadurch in einem Zustand erhalten werden können, der ihnen die Erbringung ihrer zahlreichen Lebenssicherungsleistungen und die Aufrechterhaltung der besonderen Stoffkreisläufe (C-, N-, O-, H-Kreislauf) und dazu nötigen Gleichgewichtsmargen ebenso ermöglicht, wie den Menschen die Nahrungsproduktion. Da die menschliche Wirkmächtigkeit durch die kaum je ganz zu durchschauende Komplexität der Naturverhältnisse und durch die zu befriedigenden Bedürfnisse der Natur begrenzt ist, kann in der „Bestandteil-der-Natur-Sicht" die Herrschaft des Menschen in Bezug auf die Natur nur darin bestehen, sich selbst zu zügeln, um der Natur die ihr gebührende und für das Überleben allen Lebens auf Erden notwendige Anerkennung zu verschaffen:
Also „Naturanerkennung" als sinnvoller Gegenbegriff zum chauvinistischen Beherrschungsanspruch und „Ökosystem-orientiert" als vermittelnder Begriff zwischen Anthropo- und Physiozentrismus.

- Damit verbunden die Anerkennung der Eigenständigkeit und eigenständigen Schöpferkraft und Leistungsfähigkeit der Gesamtnatur, die selbst einen geschichtlich nachweisbaren gesamtökologischen Wachstumsprozess aufweist, worin schließlich auch der Mensch entstehen konnte. Der aus der Natur seit dem Sesshaftwerden vom Menschen für sich gewonnene Nutzen und Fortschritt beruht wesentlich auf den vom Menschen produktiv genutzten ökologischen Vorausleistungen dieses gesamtökologischen Wachstumsprozesses, insbesondere auf der dadurch gegebenen Verfügbarkeit hoher Biomassebestände, großer Artenvielfalt, leistungsfähiger symbiotischer Lebenssysteme und eines natürlich entstandenen eingespielten Systems aus Stoffkreisläufen und Stoffgehalten der Atmosphäre, der Gewässer und des Bodens.
  Ohne die darin gegebenen vielfältigsten Eigenleistungen der Natur, wie z. B. die Fähigkeit zum rückstandslosen Recycling abgestorbener organischer Masse zu Nährstoffen für neues Pflanzenwachstum oder zum eigenständigen Wachstum der Pflanzen mittels Sonnenlicht, in Symbiose mit Pilzen, Bakterien u. a. Bodenlebewesen und vielen anderen Eigenleistungen der Natur, hätten sich die menschlichen Gesellschaften nicht entwickeln können.
  Aus diesem Grund ist nicht nur die anthropozentrische Gegenüber- und Überlegenheitshaltung zur Natur als völlig verfehlt, anmaßend verhängnisvoll, ja eigentlich als Ausdruck narzisstischer Gestörtheit des Menschen zurückzuweisen, sondern auch seine Überzeugtheit von der Abhängigkeit seines Fortschritts von der „Höhe" seiner Kultur, sprich von seinen besonderen wissenschaftlichen und technischen Fähigkeiten und den daraus abgeleiteten Vorrechten gegenüber Menschen niedrigeren kulturellen Standes, wie das vor allem im 19. Jh. geschah und in subtilerer Weise bis heute geschieht.
  Aufs Ganze gesehen und auch im Alltag haben Naturvölker uns viel voraus: Sie zerstören die Natur nicht währendem sie sie nutzen und können dennoch überleben – wenn wir ihnen dies gestatten.

- Daraus folgt die Notwendigkeit der Aufwertung dieses eigenständigen gesamtökologischen Wachstums- und Regulationsprozesses mit seinen Leistungen und seinen Produkten zur Schlüsselvoraussetzung der Entwicklung menschlicher Gesellschaften. Sie sollte daher herausragender Gegenstand wissenschaftlicher Forschung und Entwicklung werden, bei gleichzeitiger Zurückweisung jeglicher angemaßter Sonderstellung gegenüber der Natur und anderen Menschengruppen aufgrund angemaßter kultureller Überlegenheit und vor allem überlegener technischer „Naturbeherrschung".
- Die durch enthemmte Industrialisierung verursachte Klima- und Umweltkrise widerlegt die vermeintliche „Überlegenheit des westlichen Lebensstiles" als pure Anmaßung, wodurch sich auch der Wert der Mittel, die den Fortschritt ermöglicht haben, relativiert im Vergleich zu den viel sparsameren ökologischen Produktions- und Lebensweisen indigener Völker. Bezogen auf den als Rahmen für alle Menschen und Kulturen aufzuwertenden ökologischen Wachstums- und Regulationsprozess der Gesamtnatur, gegenüber dem die Industriegesellschaften eine enorm hohe Bringschuld an künftiger Bescheidenheit und Sparsamkeit abzutragen haben, gilt es nicht nur die Gleichheit aller Menschen in ihren Lebensrechten und Bedürfnissen anzuerkennen, sondern auch den Vorsprung der sogenannten Entwicklungsländer auf dem Weg zu einer naturverträglichen Lebensweise der gesamten Menschheit.
- Woraus folgt, dass allein die aus den Fesseln kurzsichtiger Egoismen und Überlegenheits- sowie Herrschaftsanmaßungen gegenüber der Natur und einfacherer Kulturen befreite Vernunft den mit der menschengemachten Klima- und Umweltkrise entstandenen Spielraum für die Reflexion des bisherigen Umgangs des Menschen mit der Natur und die tatsachenorientierte Suche nach alternativen naturverträglicheren Lebens- und Produktionsweisen zu nutzen vermag. Vernunft war seit dem Sesshaftwerden und besonders während des Industrialisierungsprozesses reduziert auf oberflächliche Zweckrationalität (i. S. dessen, dass der Zweck jedes Mittel heiligt) entlang einfacher Ursache-Wirkungs-Beziehungen ohne Tiefgang und ohne Blick für die meistens katastrophalen Auswirkungen der in Gang gesetzten Wirkungsketten und befolgten Sachzwänge. Darin hatten Alternativen per se keine Chance. In Gestalt des Klimawandels und Artensterbens zwingt uns die Gesamtnatur nun selbst zu einem neuen Nachdenken, das wohl kaum darin bestehen kann, mit der „Gegenüber"-Sicht der Natur und den damit verbundenen Kurzsichtigkeiten und Anmaßungen weiterzumachen und die ökologisch-systemischen Anforderungen weiterhin auf allen relevanten Handlungsebenen zu ignorieren.

Individuen entscheiden frei, d. h. mit einem freien Willen, wenn sie aufgrund bestimmter Bedürfnisse bestimmte Handlungen veranlassen, um diese Bedürfnisse mit bestimmten Mitteln in absehbarer Zeit zu erfüllen.

Der menschliche Wille ist also nicht absolut, sondern nur bedingt frei, indem sowohl bei den Bedürfnissen, wie auch bei den Handlungen und Mitteln sowie in Hinblick auf den

Realisierungszeitraum Alternativen bzw. Handlungsspielräume bestehen. Indem auch die Bedürfnisse selbst – bis auf ganz wenige physiologische Grundbedürfnisse – vom Menschen mehr oder weniger bewusst entwickelt und verändert werden, unterliegen auch die, von Gegnern des freien Willens meist als Kausalursache für Handlungen betrachteten, Bedürfnisse der menschlichen Auswahl, sodass der Schopenhauersche Satz:

„Der Mensch kann tun was er will; er kann aber nicht wollen was er will",

nur in einem ganz bestimmten Fall zutrifft, nämlich wenn die Kausalitätslogik 1 : 1 auf die Realität übertragen und auf die nackte logische Abfolge verkürzt wird.
Dies aber ist nicht die Realität des Menschen in der Gegenwart: In der Gegenwart bewegen den Menschen eine ganze Reihe verschiedener, für sein Leben und Überleben unterschiedlich bedeutende Bedürfnisse, an deren Entwicklung er selbst beteiligt war (Insofern kann der Mensch tatsächlich wollen, was er will, indem er z. B. das Rauchen aufhört und seinen Fleischkonsum einschränkt.), die er, je nach Wertorientierung bzw. Ziel, mit alternativ zur Auswahl stehenden Mitteln und Handlungen befriedigen bzw. erlangen kann.
Die Behauptung Haeckels:

„... die Willensfreiheit ist gar kein Objekt kritischer wissenschaftlicher Erklärung, da sie als reines Dogma nur auf Täuschung beruht und in Wirklichkeit gar nicht existiert" (Haeckel, 1907, S. 27),

ist Folge seines materialistischen Monismus, worin Haeckel auch das Denken auf Gehirnfunktionen und schließlich elektrochemische Reaktionen zwischen beteiligten Stoffen zurückführt: in diesem Reduktionismus sieht sich Haeckel einig mit Darwin, der gleichfalls das Leben letztlich auf Reaktionen der Materie an seinem Beginn und auf mechanische Auslese durch Auseinandersetzung in seinem Fortgang, zurückführt. Dieser Reduktionismus reduziert auch die Abfolge zwischen Antrieb und Handlung auf materielle Ursachen und auf die zeitliche Abfolge, sodass die Gegenwart mit ihrer Gleichzeitigkeit verschiedener Bedürfnisse und Alternativen bei Mittel und Handlungen dadurch systematisch ausgeblendet und folglich auch der bedingt freie Wille, der de facto in der Gegenwart für die Auswahl unter vielen bestehenden Möglichkeiten zuständig ist, absolut verneint wird.

Die Gegnerschaft gegen das Postulat einer bedingten Handlungsfreiheit und eines bedingt freien Willens des Menschen basiert i. d. R. auf einer materialistischen Reduktion gegenwärtigen Lebens auf die Determination durch Naturnotwendigkeiten oder gesellschaftliche Zwänge, denen gegenüber es keine Handlungsmöglichkeiten außer denen gibt, die von den materialistischen Monisten oder Ideologien der Evolution durch Kampf usf. festgestellt werden.

Die Entschiedenheit, mit der Haeckel die Willensfreiheit als manipulative Ideologie ablehnt, ließ bereits 1907 die Härte spüren, mit der die Faschisten schließlich aufgeklärte Geister, sowie alternatives demokratisches Denken verfolgten und schließlich freie Wissenschaft und Bildung überhaupt verunmöglichten.
Wenn es heute wieder Leute gibt, die den „freien Willen" als Ideologie hinstellen, sollte man schnell nach den Zwängen suchen, die einem als unverrückbare, alternativlose Hand-

lungserfordernisse verkauft werden sollen. Meistens wird man Nietzsche, Technikfanaten oder Militaristen als Referenz finden.

Die folgende Übersicht komprimiert die Unterschiede zwischen beiden Positionen im Umgang mit der Natur stichworthaft auf den wichtigsten Vergleichsdimensionen:

Übersicht – Unterschiede zwischen den beiden Entwicklungsperspektiven im Umgang mit der Natur: „Gegenüber-Sicht" ohne systemische Vernunft für komplexe Verhältnisse und „Natur-Bestandteil-Sicht" mit systemischer Vernunft für komplexe Verhältnisse

Dimensionen	Gegenüber-Sicht	Naturbestandteil-Sicht
Perspektive auf die Natur	verengt auf unmittelbare, monokausale, zeitnahe Sachverhalte, Zusammenhänge und Folgen, die jenseits des Eingreifenden oder Untersuchenden gesehen werden	Sachverhalte werden als Bestandteil eigenständiger, mehrschichtig aufgebauter Ökosysteme beachtet, sodass sich der Eingreifende oder Untersuchende als Teil des Sachverhaltes oder Zusammenhangs sieht, den er verändert oder untersucht
Komplexität der Natur	zweifach reduziert: die globale Biosphäre auf territoriale Abschnitte und diese auf Einzelbestandteile	systemische Erfassung: Unterscheidung von Komplexitätsebenen, Teilsystemen, Binnenstrukturen und von Eigenleistungen, Austauschprozessen und Rückkoppelungen von „oben nach unten"
Sicht auf Eingriffsfolgen	zweifach verkürzt: auf unmittelbar-monokausale und kurzfristige Folgen von Eingriffen an Sachverhalten auf andere Sachverhalte, die nachweislich kausal damit verbunden sind	aufgrund innersystemischer und systemübergreifender Verknüpftheit der Sachverhalte ist immer mit mittelbaren und langfristigen Effekten von Eingriffen zu rechnen, die positive Effekte konterkarieren
Maßstab des Erfolges	unmittelbarer kurzfristiger Nutzen für den Menschen der, z. B. in Form des Geldertrages aus dem Eingriff, die dabei aufgewendeten Kosten übersteigt	zweifache Erfolgsbemessung: Befriedigung menschlicher Grundbedürfnisse und gelungene Förderung genutzter Ökosysteme, sichtbar an ihrem eigenständigen Wachstum und an ihrer Eigenproduktivität

Dimensionen	Gegenüber-Sicht	Naturbestandteil-Sicht
Einschätzung der Wirkmächtigkeit der Natureingriffe	anthropozentrische Selbstüberschätzung der maximal partiellen Kontrolle von Einzelsachverhalten und -prozessen als vermeintliche „Naturbeherrschung"	Natur, deren Teil der Mensch ist, wird niemals „beherrscht" werden können: Erreicht werden muss eine Partnerschaft, um die Reproduktion, Selbststeuerung und Eigenproduktivität der Ökosysteme und ihrer Lebenssicherungsleistungen zu erhalten
Fortschritt und seine Ursachen	Reduktion auf menschengemachte Steigerungen des Lebensstandards durch kulturell entwickelte besondere Fähigkeiten, Verfahren und Techniken	Die Entwicklung menschlicher Gesellschaften basierte bisher auf der eigenständigen Schöpferkraft und Leistungsfähigkeit der Gesamtnatur, die, besonders mittels Industrialisierung mit der Folge der Klima- und Umweltkrise, übernutzt wurde – Fortschritt verlangt nun eine neue sparsame und naturförderliche Kultur, die eher in Entwicklungsländern als in „Hoch"- Kulturen zu finden ist
Schlüsselfaktoren in der Bewältigung der Klima und Umweltkrise	Reduktion auf die industriellen Faktoren – partielles Eingriffswissen und -Technik – die zur Überforderung der Natursysteme geführt haben, unter weiterer Anmaßung einer Sonderstellung gegenüber der Natur und „weniger entwickelten" Ländern	Aufwertung des eigenständigen, gesamtökologischen Wachstums- und Regulationsprozesses mit seinen Leistungen und Produkten zum Schlüssel der Ernährungssicherung und Maßstab für Maßnahmen zur Wiederherstellung von natürlichen Gleichgewichten und Kreisläufen
Rolle der menschlichen Vernunft	Reduktion auf ein Instrument zur Durchsetzung egoistischer Interessen von Einzelnen und Staaten gegenüber der Natur und anderen Staaten	Vernunft bezeichnet die spezifisch menschliche Fähigkeit zum Abwägen zwischen alternativen Handlungsmöglichkeiten in Hinsicht auf ihre unterschiedlichen Vorteile für egoistische und gemeinnützige Ziele: die Klima- und Umweltkrise widerlegen die „Natur-Gegen-über-Sicht" und verlangen eine von der „Naturbestandteil-Sicht" und dem Gemeinwohl aller Menschen getragenen Vernunft

Dimensionen	Gegenüber-Sicht	Naturbestandteil-Sicht
Bedingt freier Wille	Freier Wille wird verneint, da letztlich jegliche menschliche Regung und Entwicklung auf Stoffe, Reaktionen, Energie zurückzuführen ist und die Gegenwart als Gleichzeitigkeit vieler alternativer Bedürfnisse und Verwirklichungsmöglichkeiten in Abrede gestellt wird	Bedingt freier Wille ist die neue Errungenschaft des homo sapiens, durch Kontrolle seiner Triebe/Bedürfnisse und Wissen über unterschiedliche Folgen von Handlungsalternativen, die Kräfte der umgebenden Natur zu respektieren und zu nutzen

Die beschränkte Rationalität des Überlebensmodells der Sesshaftigkeit jedoch ermöglicht keine Reflexion der aus ihr resultierenden spezifischen Entwicklungsdynamik, die sich in geschichtlichen Zeiten über viele Generationen hinweg entfaltet hat, jedoch infolge Industrialisierung eine enorme Beschleunigung erfahren hat und in Stichworten etwa wie folgt verläuft:

Konzentrierte Naturausbeutung → mehr Vorräte → mehr Menschen → breitere Arbeitsteilung u. a. für Rüstung und Führung → Ressourcenverknappung → Zwang zur Migration, zum Handel, zur kriegerischen Expansion,

Diese Selbstreflexion der Gesellschaften ging verloren, da sich die Gesellschaften infolge der neuen Gegenüber-Haltung zur Umwelt nicht mehr als Bestandteil des objektiv fortbestehenden Gesamtsystems Natur sehen und sich die Entwicklung der Handlungsrationalität ausschließlich auf zu kontrollierende Einzelobjekte und parzellierte Gegebenheiten beschränkt. Beispielhaft für diese Unfähigkeit zur expliziten Reflexion des Verhältnisses menschlichen Denkens und Tun zur Natur sind alle materialistischen Ansätze vom Liberalismus, über den Darwinismus und Marxismus, Nietzsche, Haeckel u. a. bis zu Adorno/Horckheimer, die das „instrumentelle" Denken als Inbegriff eines Herrschaftsverhältnisses sahen, obwohl es den damit verbundenen Anspruch, wegen der wahren Komplexität der Natur nicht einzulösen vermochte. Dieser überzogene Herrschaftsanspruch war Grundlage der faschistischen Ideologie nicht das instrumentelle Denken.

Somit waren die Völker nun gefangen in ihrer zwar hochproduktiven, jedoch beschränkten Rationalität der Naturnutzung, die nur die territoriale Expansion als Option kannte, um die Menschen vor dem Verhungern zu bewahren.
Die neue Option, in Richtung Erhaltung und Förderung der natürlichen Bodenfruchtbarkeit, entstand erst durch genauere Naturbeobachtung und mehr Wissen, unter komplexeren gesellschaftlichen Verhältnissen, die ein Interesse (Wert) und eine Möglichkeit (Zeit und Vergleichsmöglichkeiten) für eine vertiefte Naturbeobachtung (im Römischen Reich) ermöglichten.
Der letzte Anlauf im Gefolge der Aufklärung durch die Humustheorie von Thaer führte im Weiteren zwar zur Entstehung des Ökolandbaus, jedoch nicht zu einer Anwendung systemischer Rationalität in der gesamten Landwirtschaft.

Denn die beschränkte Logik dieser Rationalität als nur analytische und reduktive Rationalität, an deren Ende schließlich die Zurückführung des Lebens auf immer kleinere materielle Einheiten, also der Materialismus und Chemismus stehen, wurde vor allem während der Industrialisierung, ob ihres Erfolges, immer weiter getrieben.

Mit der Klima- und Umweltkrise heute ist dieses klassische Modell der rationalen Eingriffe durch Nutzung eindeutiger Ursache-Wirkungs-Beziehungen jedoch an die Grenzen ihres Erfolges gelangt, da nun Wissen über komplexe innere und äußere Systemverhältnisse, über multifaktoriell verursachte Prozesse und Eigenfähigkeiten der Natursysteme (Eigenproduktivität, Selbststeuerung, Selbstheilung) erforderlich ist, um die unbedachten systemischen Wirkungen der bisher zu geringkomplexen und entsprechend begrenzten Rationalität korrigieren zu können.

9.9 Die chemie- und nutztierintensiven „Hocherträge" als Ausdruck dogmatischer Agrarwissenschaft und -politik

Wie uns der Klimawandel und das dramatische Artensterben zeigen, reagiert die Biosphäre in systemischer Weise auf lineare Ursache-Wirkungs-Ketten, die der Mensch durch die Nutzung fossiler Energie, durch die Ausbringung von Pestiziden zum Schutz von Nutzpflanzen und/oder durch einen stark erhöhten Nutztierbestand, veranlasst:
Während die Agrarwissenschaft meint, unter Berufung auf die Funktionalität isolierter Ursache-Wirkungsverläufe sich lediglich des Kausalitätsprinzips als grundlegendes Naturgesetz zu bedienen, reagiert die Natur nach anderen Gesetzen, nämlich nach dem Energieerhaltungssatz, nach Gesetzen der Koexistenz von Stoffen und Arten, der notwendigen Fließ- und Kräfte-Gleichgewichte, der komplexen Stoffkreisläufe usw.

Der Unterschied wird unmittelbar an folgenden Beispielen deutlich:

- Die Verbrennung fossiler Energie als CO_2-Input in die Atmosphäre würde nur dann nicht zum Problem, wenn die Temperatur der Atmosphäre nicht mit einem bestimmten THG-Level korrespondieren würde und dessen Konstanthaltung daher nicht auf eine Kompensation des fossilen CO_2-Inputs durch THG-Senken, z. B. die Wälder, angewiesen wäre. Kausalität allein reicht also zum Verständnis des gesamten Vorgangs, der zum Temperaturanstieg führt falls keine hinreichende Kompensation an anderer Stelle erfolgt, nicht aus. Notwendig ist ein systemisches Verständnis der hier tatsächlich wirkenden Naturgesetze der Energieerhaltung und des Gleichgewichtes zwischen Emission und Absorption, um den Spielraum ausloten zu können, den diese Gesetze bieten.
- Gleiches gilt für die Wirkung von Pestiziden, die allein bereits durch die Dezimierung sog. Unkräuter oder pflanzenschädlicher Insekten oder Pilze erhebliche negative Folgewirkungen für die Arten haben, die von den Zielorganismen der Gifte leben und darüber hinaus meist auch zahlreiche Nützlinge dezimieren, sowie über die Befrachtung der Pflanzen mit den Giften auch die Gesundheit der Menschen direkt gefährden.

Durch die zahlreichen systemischen Negativ-Wirkungen der Pestizide und auch der synthetischen Dünger auf die Gleichgewichtsverhältnisse zwischen den Arten, die zu massiven volkswirtschaftlichen Folgeschäden führen, kann sich die Agrarwissenschaft bei der Beurteilung der Natur- und Gesundheitsverträglichkeit von Pestiziden nicht allein auf einzelne Kausalbeziehungen beschränken:
Erforderlich ist ein systemisches Verständnis des symbiotischen wie antagonistischen Zusammenspiels der am Wachsen der Nutzpflanzen beteiligten Arten und ihrer Gleichgewichtsverhältnisse, um die fundamentale Gefährdung der Produktivität, Selbststeuerung und Lebenssicherungsleistungen der Ökosysteme durch Chemikalien auszuschließen (z. B. schädigt Glyphosat das Bodenleben und es wird neuerdings auch für die starke Zunahme der Gluten-Unverträglichkeit und Folgeerkrankungen beim Menschen verantwortlich gemacht, da es den Abbau des Glutens verhindert).

- Gleiches gilt für die Wirkung der Pestizide und des Kunstdüngers auf das Bodenleben, die bisher völlig aus der Wahrnehmung verdrängt wird:
Die wenigen Untersuchungen, die es gibt, zeigen vielfältige Negativwirkungen auf alle an der Pflanzenernährung, an der Umsetzung organischen Materials und am Humusaufbau beteiligten Gruppen von Lebewesen: Pilze, Algen, Flechten, Bakterien, Kleintiere, Würmer u. a.. Außerdem fördert Kunstdünger den Humusabbau und daher die Überdüngung und Schwächung der natürlichen Bodenfruchtbarkeit.
Wiederum reichen wenige Kausalbeziehungen und lineare Wirkungsketten nicht aus, um die tatsächlichen Wirkungen der Chemie auf das Bodenleben festzustellen. Um mittel- bis langfristigen Beschädigungen des Bodenlebens und der Bodenfruchtbarkeit, die schließlich auch das Pflanzenwachstum und die fundamentalen Lebenssicherungsleistungen des Mutterbodens (Materialabbau, Nährstoff- und Wasserspeicherung, Wasserreinigung usf.) vermindern, vorzubeugen, ist ein systemisches Verständnis der im Boden vorhandenen Lebensgemeinschaften, deren Austauschbeziehungen mit den Pflanzen und mit der geomorphologischen Unterlage ebenso erforderlich wie die Beachtung der durch die Symbioseverhältnisse und Stoffwechselprozesse bewerkstelligten Stoffkreisläufe und Gleichgewichte (z. B. zieht Glyphosat bevorzugt metallische Spurennährstoffe fast wie magnetisch an, sodass diese zur Pflanzenernährung und Ernährung des Bodenlebens dann fehlen).
- Auf einer etwas höheren Betrachtungsebene erweist sich die Kausalbetrachtung auch völlig unzureichend, um die tatsächlichen Wirkungen der Nutztierhaltung, einschließlich ihrer Effizienz für die Welternährung und mögliche Alternativen, beurteilen zu können:
Nutztiere wirken aufgrund des enorm hohen Biomassebedarfs für tierische Lebensmittel hochgradig kontraproduktiv (Minderungsfaktor 5–10) für eine ausreichende und gesunde Welternährung. Da die Tierhaltung über die Methanausscheidungen und die hohen Güllemengen zudem hochgradig klimaschädlich und grundwassergefährdend ist, verursacht sie mehr als 50 % der landwirtschaftlichen Schade-

missionen überhaupt. Dies wäre wohl hinnehmbar, wenn sich die Tierzahlen auf einen Umfang beschränken würden, der von den Höfen mit der eigenen Fläche zu ernähren und entsprechend auch abfallseitig zu managen wäre.
Das aber ist weder in Deutschland noch in Europa der Fall: Vielmehr ist der Viehbestand in Deutschland und Europa so hoch, dass ein Großteil des Futters – wenigstens 40 % – aus dem Ausland importiert werden muss und folglich auch die anfallende Gülle auf einer, relativ zur beanspruchten Gesamtfutterfläche, viel kleineren Fläche entsorgt werden muss. Hauptherkunftsgebiet des Futters ist das ehemalige Urwaldgebiet Brasiliens und das frühere Prärieland Argentiniens, sodass – wie jüngst in den Nachrichten – zurecht gesagt werden kann, dass Europa und vor allem auch Deutschland an vorrangiger Stelle mit seiner Nachfrage nach Soja für die Tiere zur weiteren Abholzung des Amazonasurwaldes beiträgt.
Da der Anteil der Emissionen aus Landnutzungsänderungen am weltweiten Ausstoß von Klimagasen bei ca. 15 bis 18 % liegt, woran Südamerika stark mitwirkt, wirkt das importierte Futter auf das Klima doppelt schädlich: durch die Emissionen aus der Abholzung für Soja und die Emissionen aus dem verfütterten Soja. Mithin sind die Wirkungen der Tierhaltung auf das Klima, die Artenvielfalt und die Sicherheit der Welternährung aufgrund isolierter und auf das eigene Land begrenzter Kausalbetrachtungen in keinster Weise angemessen zu beurteilen.
Erforderlich ist zumindest eine mehrschichtige Systembetrachtung mit folgenden Bestandteilen:

- Klima- und Umweltbelastungen im eigenen Land
- Zusätzliche Belastungen durch die Landnutzungsänderungen im Ausland
- Verminderung des Weltvorrats an für den menschlichen Verzehr geeigneten Nahrungsmittel durch Nutztiere um den Faktor 5–10,
- Entsprechend der sehr niedrigen Ernährungsproduktivität der Tierproduktion werden fast 80 % der weltweiten Agrarfläche für die Futtererzeugung beansprucht.
- Als weitere Ebene kommt die Vernunftebene des Verbrauchers in Betracht, der angesichts der vielfältigen weltweiten Negativ-Folgen der Erzeugung tierischer Produkte zur Auffassung gelangen kann, künftig durch reduzierten Konsum tierischer Nahrungsmittel einen Beitrag zum Klima-, Umwelt- und Urwaldschutz sowie zur Erhöhung der Ernährungssicherheit vor allem in Südamerika leisten zu wollen.

Die geschilderten Beispiele zeigen deutlich, dass die Agrarwissenschaft mit dem Festhalten an der chemie- und nutztierintensiven Hochertragslandwirtschaft, bei dem sie sich auf wenige direkte Kausalbeziehungen beruft, längst den Bereich seriöser, wahrheitsgemäßer Wissenschaftlichkeit verlassen hat.

Die Orientierung auf diese chemie- und nutztierintensiven Hocherträge ist längst zum unhaltbaren Glaubenssatz geworden, wie ehedem die monotheistische Aufforderung, sich die Erde untertan zu machen.
Der Klimawandel widerlegt die Seriosität des Anspruchs auf Naturbeherrschung und auf die künstlich erzeugten Hocherträge als sowohl wissenschaftlich wie rational nicht zu begründende Ideologie.

Hätte vorherrschende Agrarwissenschaft noch einen wissenschaftlichen Anspruch, müsste sie fundamentale Naturgesetze respektieren und die liegen nicht im Bereich unmittelbarer, quantitativ kalkulierbarer empirischer Kausalitäten, die der Mensch mit seinen Eingriffen auslöst, sondern in den inneren Naturgesetzen der Koexistenz, Interdependenzen, Zustandsstabilitäten, Stoff- und Kräftegleichgewichten und Stoffkreisläufen von Ökosystemen bis hin zur gesamten Biosphäre als Grundlage weltweiter Ernährung, die durch die menschlichen Eingriffe gestört werden.

Wie die GAP-Verhandlungen im April 2021 zeigen, sollen die in Europa zu vergebenden Agrarsubventionen in den kommen sieben Jahren bis 2028 erneut zum größten Teil nach der Größe der Fläche und ohne Gegenleistungen für Klima- und Umweltschutz vergeben werden. Der geringe Teil an Subventionen für die sog. Eco-Schemes umfasst Maßnahmen im Rahmen chemie- und nutztierintensiver Produktion, also geringfügige Minderungen des Chemieeinsatzes und kaum Steigerungen der Vielfalt.

Unmittelbarer wissenschaftlicher Hintergrund für die Fortsetzung dieser klima- und umwelt- sowie auch bauern- und verbraucherschädlichen Subventionspraxis könnte die Studie von *Horst Gömann und Johanna Fick* als Herausgeber, über *„Wechselwirkungen zwischen Landnutzung und Klimawandel“*, aus dem Jahre 2021 sein, da diese Studie letztlich nur Maßnahmen testet und schließlich auch empfiehlt, die im Rahmen der bisherigen chemie- und nutztierintensiven Landwirtschaft bleiben und die grundlegenden Negativwirkungen der Chemie und der hohen Tierzahlen für das Klima- und die Umwelt völlig außer Acht lässt.

Die Studie umfasst neben dem Handlungsfeld der landwirtschaftlichen Landnutzung auch den Forstbereich als CO_2-Senke und das Siedlungswesen und fokussiert ausschließlich auf die Minderung von THG-Emissionen, die, laut Klimaschutzgesetz von 2019, im landwirtschaftlichen Sektor bis 2030, relativ zu 2010, bei 17 % liegen soll (von 72 Mio. t auf 58–61 Mio. t CO_2e).

Bemerkenswert ist, dass von der Tierhaltung lediglich die festen organischen Ausscheidungen auf dem Wege der „Wirtschaftsdüngerausbringung“ und des „Weidegangs“ in die Gesamt-Emissionen der landwirtschaftlichen Bodennutzung eingingen (ca. 7 % von insgesamt 84 Mio. t CO_2e, einschließlich inländische Landnutzungsänderungen).

Die durch die Tierhaltung direkt verursachten Methanemissionen (laut UBA ca. 51 % der landwirtschaftlichen Emissionen) wurden ebenso außen vor gelassen wie die indirekt über den Futtermittelimport verursachten Landnutzungsänderungen durch Abholzung der letzten Urwälder für Soja, für die Europa und insbesondere Deutschland vorrangig Mitverantwortung trägt.

Anstatt also zu untersuchen, wie sich eine Reduktion der Tierzahlen auf die Emissionen der deutschen Landwirtschaft, einschließlich der anteilig hinzuzurechnenden Emissionen der Landnutzungsänderungen für das Futtersoja des Exportlandes, auswirkt, setzt man die Tierzahlen in Deutschland bis 2030 als unverrückbar fest und untersucht lieber Wirkungen von Maßnahmen, die die chemie- und nutztierintensive Landwirtschaft fast unberührt lassen oder in ihren katastrophalen Auswirkungen auf die Umwelt sogar noch steigern:

Im Ergebnis schälten sich zwei Maßnahmen-Kombinationen heraus, die die anvisierte Reduktion der THG-Emissionen um 12 Mio. t tatsächlich bringen:

- Die Wiedervernässung von Mooren (7 % der LN in Deutschland) auf ca. 30 % der Moorflächen in Kombination mit einer 40%igen Abgabe auf mineralischen N-Dünger und einer Aufforstung von rund 0,5 Mio. ha landwirtschaftlicher Grenzstandorte.

Dabei wird stillschweigend davon ausgegangen, dass der Produktionsrückgang, der aus der Rückverwandlung der landwirtschaftlichen Nutzflächen und der Verminderung der N-Dünger-Ausbringung um geschätzte 12 % resultiert, durch Importe kompensiert werden muss.

- An anderer Stelle wird die Extensivierung von insgesamt 10 % der landwirtschaftlichen Nutzfläche in Form ökologischer Vorrangflächen wegen „vergleichsweise geringen THG-Minderungen" und „hohen Effekten bei der indirekte Landnutzungsänderung (iLUC)" für „nur bedingt geeignet" gehalten, „Klimaschutzziele zu erreichen" (ebenda, S. 428).
- Eine vergleichbare Klimaschutzwirkung wie bei der erst genannten Kombination von Moorwiedervernässung, N-Abgabe und Aufforstung sahen die Autoren in der Ausdehnung des Energie-Maisanbaus „noch einmal um 1 Mio. ha " in Kombination mit dem zusätzlichen Anbau von „Paludikulturen" (Schilf, Rohrkolben u. dgl.) auf wiedervernässten organischen Böden. Da der positiven THG-Senkungswirkung jedoch bekannte Negativeffekte in Form von Grundwasserbelastungen, Beeinträchtigung des Landschaftsbildes und der Biodiversität und deutlich höhere CO_2-Vermeidungskosten gegenüberstehen, wird die Bioenergie-Strategie von den Autoren als ambivalent und gesellschaftlich weniger akzeptiert bewertet.

Dass durch mehr Bioenergie vom Acker im gleichen Umfang sich Nahrung für Mensch und Tier von der eigenen Fläche vermindern, sodass Kompensation durch Import bzw. Landnutzungsänderungen fällig werden, ist auch bei dieser Strategie kein Thema – Kompensationen geringerer oder ganz ausfallender Nahrungsproduktion scheinen nur bei der Extensivierung oder bei der Ausweitung des Ökolandbaus so groß, dass sie für die Autoren ein Problem darstellen.

Zu guter Letzt wird auch noch das Konzept der „Ökosystemdienstleistungen" (siehe dazu der nachfolgende Punkt) dazu benützt, um die unterschiedliche Zahlungsbereitschaft der Bevölkerung für die diversen Maßnahmen – entsprechend der jeweils besonders geschützten Ökosystemleistungen – zum Bestandteil der wissenschaftlichen Bewertung der Maßnahmen zu machen.

An der Studie „Wechselwirkungen zwischen Landnutzung und Klimawandel“ von Gömann/Fick (Hrsg.) wird eines überdeutlich, nämlich dass sich die Agrarwissenschaft nicht mehr objektiv mit den vielfältigen Beziehungen zwischen der derzeitigen Landnutzung und dem galoppierenden Klimawandel in ihrer tatsächlichen Komplexität befasst, sondern nur noch nach Anpassungsmaßnahmen sucht, die primär die politische Rettung des bestehenden Systems der Agrarwirtschaft in Europa bzw. Deutschland ermöglichen und nicht die Rettung des Klimas und der Umwelt.

Um die Förderwürdigkeit dieses chemie- und nutztierintensiven Systems der Agrarwirtschaft „retten“ zu können, muss es quasi-normativ vorausgesetzt, in puncto Klimaschädlichkeit verharmlost, hinsichtlich Klimaschutz für verbesserungsfähig und bezüglich der erforderlichen Produktionskompensationen für klimaschutzbedingte Mindererträge schöngerechnet werden:

- Statistische Verharmlosung der Klimaschädlichkeit durch Unterschlagung entscheidender Negativwirkungen der chemie- und nutztierintensiven für das Klima und die Ökosysteme.

Werden nur die unmittelbaren THG-Emissionen aus der Landwirtschaft (Methan und Dünger von den Tieren und Lachgas von den Böden) beachtet, kommt man 2010 auf ca. 67.000 t CO_2e, was dem berühmten 7 % Anteil an den gesamten deutschen THG-Emissionen entspricht, die vom Bauernverband immer genannt werden.
Werden dann noch die in anderen Sektoren erfassten THG-Emissionen einbezogen, die unmittelbar auch mit der Landwirtschaft verbunden sind (der Treibstoffverbrauch, die Herstellung der Kunstdünger und die Landnutzungsänderungen im Inland) liegt die Landwirtschaft 2010 bereits bei ca. 123.000 t CO_2e und ca. 13 % Anteil an den deutschen Gesamtemissionen (Daten des Umweltbundesamtes).
Aber noch ist dies nicht der gesamte THG-Rucksack der deutschen Landwirtschaft: Würden die deutschen Klimaschutzbestrebungen nachhaltig gemeint sein, müssten vor allem auch die Emissionen aus Landnutzungsänderungen im Ausland in die Bilanz eingerechnet werden, die in Gestalt von Urwaldzerstörungen dem von Deutschland importierten Sojafutter aus Südamerika vorausgehen. Nachdem bereits die inländische Umwandlung von Grünland oder Naturschutzfläche in Acker 2010 eine THG-Emission von 37.000 t CO_2e verursacht hat, kann bei dem hohen Anteil (40 %) des Sojaimports am Gesamtfutterverbrauch davon ausgegangen werden, dass bei der Rodung der zur Produktion dieses Sojas erforderlichen Urwaldfläche wenigsten die 7-fache Emission anzusetzen wäre, die beim Grünlandumbruch im Land jährlich entsteht, also ca. 270.000 t CO_2e. Würde diese Emission zur deutschen Gesamtemission und Emission der Landwirtschaft hinzugerechnet, kämen auf die Landwirtschaft ca. 380.000 t CO_2e und damit 30 % von den 1.260.000 Mio. t Gesamtemissionen Deutschlands.

Die deutsche Landwirtschaft dürfte also durch den Sojaimport seine Gesamtemissionen von 13 % wenigstens verdoppeln, was mit Sicherheit auch der hohen Bedeutung des Amazonasurwaldes bei der Kühlung des Weltklimas entspricht:
Es ist einfach ein fundamentaler Unterschied, ob das Tierfutter auf Wiesen oder einem Acker erzeugt wird, der seit urdenklichen Zeiten Acker ist, oder auf frisch gerodeten Urwaldflächen, die nicht nur immense THG-Emissionen freisetzen, sondern nun auch als CO_2-Senken und regionale sowie globale Regenbildner und damit Öko-Schlüsselsysteme gegen den Klimawandel ausfallen.

Das frappierende an der agrarwissenschaftlichen Klimabilanzierung in Deutschland ist, dass man die Emissionen systematisch kleinrechnet und sich vor jeder Verantwortung für die in den Tieren und tierischen Produkten auch enthaltenen gewaltigen Landnutzungs-Emissionen im Ausland drückt, indem man sie einfach unterschlägt, so wie in der Untersuchung von Gömann/Fick (Hrsg.) die Emissionen aus Tieren überhaupt, da diese *„nur einen indirekten Einfluss* über den Futterbedarf und die Nährstoffeffizienz von Wirtschaftsdüngern auf die landwirtschaftliche Landnutzung haben“ (ebenda).
Mit einer um Wahrheit oder effektiv wirksame Klimaschutzmaßnahmen bemühten Wissenschaft haben Untersuchungen, die die wichtigsten Emittenten aussparen, um die chemie- und nutztierintensive Art von Landwirtschaft unangetastet zu lassen, wohl wenig zu tun.

- Der zweite entscheidende Mangel dieser oder ähnlicher Untersuchungen, die von einer grundsätzlichen Fortschreibung der chemie- und nutztierintensiven Landwirtschaft ausgehen, ist die Festschreibung ihrer Schädlichkeit für das Klima und die Umwelt:

Eigentlich sollte Landwirtschaft eine CO_2-Senke sein und sie könnte das auch sein, wenn, wie im Ökolandbau die Zahl der Nutztiere je Hektar auf die selbst zu produzierende Futtermenge und entsprechend umweltverträglich auszubringende Menge an Wirtschaftsdünger begrenzt und auf chemisch-synthetische Düngemittel und Pestizide vollständig verzichtet wird. Untersuchungen zeigen, dass dabei lediglich die fossilen Treibstoffe ein Problem sind, das allerdings durch den in Ökosystemen erfolgenden systematischen Humusaufbau gemildert wird.

Stattdessen gehen die Autoren Gömann/Fick davon aus, dass die Landwirtschaft immer in hohem Maße Netto-Emittent und auch Schädiger der Umwelt sein wird und zwar nicht nur im Lande, sondern auch über die in importierten und exportierten Produkten enthaltenen Emissionen und Schädigungen im Ausland. Überdies wird die negative Beeinflussung der Ernährungslage dieser Länder durch deutsche Importe und Exporte stillschweigend hingenommen, ja sogar als Voraussetzung für den Fortbestand der chemie- und nutztierintensiven Landwirtschaft hierzulande in Kauf genommen.

- Einen krass manipulativen Charakter hat die weitgehend undurchsichtige bis fehlende Gegenrechnung der im Ausland, infolge der notwendigen und über den Import realisierten Kompensation der maßnahmenbedingt verringerten Produktion, entstehenden Landnutzungsänderungen bzw. THG-Emissionen:

Außer den Hinweis auf die im Simulationsprogramm enthaltenen Schätzwerte erfolgt in der gesamten Untersuchung keine Aufklärung über die Berechnung der Effekte der iLUC, die im Ausland infolge des zusätzlichen Importes an Nahrungsmitteln zur Kompensation des im eigenen Land, durch Verkleinerung der Produktionsfläche (Wiedervernässung, Aufforstung, zusätzlicher Energiemais-Anbau, Flächenstilllegung) oder Verminderung der N-Düngerausbringung, entstehenden Produktionsrückgangs.

Wie von Zauberhand gestalten sich alle in der Studie für die simulierten Maßnahmen erfolgten Berechnungen der THG-Emissionsminderungen in Deutschland und der infolge zusätzlichem Import im Ausland neu entstehenden THG-Emissionen äußerst positiv:

- Die „Klimaschutz"-Strategie (Moorwiedervernässung + N-Reduktion + Aufforstung) bringt folgende Bilanz: –15,3 Mio. t CO_2e hier und nur +3,5 Mio. t CO_2e im Ausland (ebenda, S. 319).
- Die „Biomasse"-Strategie (Ausweitung des Energiemais-Anbaus um 1 Mio. ha + Schilf u. a. Biomasse auf wiedervernässten „organischen Böden") bringt folgende Bilanz: –18,1 Mio. t CO_2e hier und nur +3,6 Mio. t CO_2e im Ausland (ebenda).
- Die „Umwelt- und Naturschutz"-Strategie (Flächenstilllegung) bringt folgende Bilanz: –10,1 Mio. t CO_2e hier und +4,2 Mio. t CO_2e im Ausland (ebenda).

Somit erzielen alle drei Maßnahmenbündel eine erhebliche absolute Reduktion von THG-Emissionen, wobei der Anteil der abgezogenen Emissionen im Ausland bei der Biomasse am geringsten und bei der Flächenstilllegung am höchsten ist – in absurder Weise:

Übersicht – Zauberwerk der absoluten THG-Minderung durch die Simulationsrechnung in Gömann/Fick (Hrsg.)

	THG-Reduktion durch Produktionsminderung (Nahrung) im Land Mio. t THG	THG-Steigerung infolge Produktionskompensation im Ausland Mio. t THG	Effektive Minderung global Mio. t THG	Anteil der Kompensation an der Minderung im Land
„Klimaschutz"	-15,3	+3,5	-11,8	23 %
„Biomasse"	-18,1	+3,6	-14,5	20 %
„U. u. NatSch."	-10,1	+4,2	-5,8	40 %

Diese Art von undurchsichtiger Berechnung der mit den simulierten Maßnahmen verbundenen THG-Minderungen und notwendigen Nahrungskompensationen durch Import wirft drei Fragen auf:

(a) Wie kann bei uns die Produktion von Nahrung und, damit verbunden, der THG-Ausstoß vermindert werden, ohne dass sie – bei qualitativ und quantitativ gleichbleibender Nachfrage – nicht durch die gleiche Produktion von Nahrung und damit verbundenen

THG-Emissionen im Ausland kompensiert und damit als „THG-Minderung" hinfällig gemacht wird?

Wie also kann es sein, dass beim Ausgleich des Produktionsrückgangs infolge Moor-Wiedervernässung, Aufforstung und N-Dünger-Reduktion durch Nahrungsimport aus dem Ausland nur 23 % der THG anfallen, die in Deutschland durch den Produktionsrückgang „eingespart" werden? Welche Annahmen liegen dieser Unlogik, oder sollte man nicht besser gleich diesem „Wunder" dazu sagen, zugrunde? Werden etwa Lebensmittel im Ausland generell mit einem geringeren CO_2-Fußabdruck produziert, was man sich allerdings beim Soja aus Brasilien überhaupt nicht vorstellen kann: Im Gegenteil verursacht vor allem die Produktionskompensation aus Brasilien noch viel höhere THG-Emissionen, weil dafür vorher der Urwald abgebrannt wurde und nun auch noch als THG-Senke entfällt. Hinzu kommt der zusätzliche Transportaufwand.

(b) Wie logisch ist es, gerade bei der Ausweitung der Energiemais-Produktion den damit verbundenen Totalausfall von Nahrungsproduktion auf der gleichen Fläche mit entsprechend notwendiger hoher Produktionskompensation zu übersehen bzw. auf den, im Vergleich der Maßnahmen, winzigen CO_2-Ersatz-Fußabdruck von 20 % herunter zu rechnen und verglichen damit die Flächenstilllegung, die ja letztlich auch nichts anderes darstellt als eine THG-Minderung durch Verzicht auf Nahrungsproduktion mit einem CO_2-Ersatz-Fußabdruck von 40 % zu veranschlagen? Natürlich ist auch dieser Wert absolut gesehen rätselhaft, weil er die Unlogik beinhaltet, dass der im Ausland produzierte Ersatz angeblich mit weniger THG-Emissionen produziert werden kann.

Das Wunder mit dem Energiemais lässt sich eigentlich nur dadurch erklären, dass die Energieausbeute durch Mais um so viel höher ist als die ansonsten mit anderen Nahrungspflanzen erzeugte Energie. Aber wo kommt diese zusätzliche Maisenergie her? Hier zeigen Berechnungen längst, dass es der hohe fossile Energieeinsatz ist, der durch die Ausbeute bei seiner energetischen Verwertung kaum kompensiert wird, der den Mais so ergiebig zu machen scheint. Somit basiert die Vorzüglichkeit des Energiemaises hinsichtlich THG-Minderung hauptsächlich auf der weitgehenden Unterschlagung der erforderlichen Kompensationen im Ausland für den Totalausfall an Nahrung.

(c) Somit stellt sich abschließend die Frage, wie bei durchsichtiger und ehrlicher Rechnung eine THG-Minderung in der Landwirtschaft in Deutschland ermöglicht werden kann, ohne dass dafür äquivalente Produktionskompensationen und THG-Zunahmen im Ausland in Kauf genommen werden müssen?

Im Grunde genommen gibt es nur einen, sachlogisch plausiblen Ansatz, nämlich die Verminderung der THG-Emissionen an ihren Hauptquellen, den Methanemissionen aus der Tierhaltung und den damit verbundenen Emissionen aus der Futterproduktion, die insgesamt weit mehr als 50 % der landwirtschaftlichen THG-Emissionen ausmachen, weil allein durch die Reduktion der Tierzahlen und des benötigten Futters mehr direkte Lebensmittel für die Menschen erzeugt werden können, sodass keine Kompensation im Ausland notwendig ist.

Diese Möglichkeit besteht aber nur dann, wenn der Lebensmittel-Plus-Effekt infolge verminderter Tierhaltung nicht durch Biomasseproduktion zur Energiegewinnung aufgefressen wird.

Soll die deutsche Landwirtschaft von ihren hohen THG-Emissionen, die einschließlich der indirekten THG-Emissionen für die Nahrungsimporte bei über 200 Mio. t CO_2e bzw. ca. 30 % der deutschen THG-Gesamtemissionen liegen, heruntergebracht werden, dann ist dies nur mit einer raschen Verminderung der Nutztierhaltung und Einfrierung des Energiepflanzen-Anbaus möglich, weil nur mit der Ausweitung der Produktion von Lebensmitteln für Menschen Produktionskompensationen durch Import vermieden werden können, ohne dass die Lebensmittelversorgung der Bevölkerung gefährdet würde. Nötig wäre parallel eine Veränderung der Verzehrgewohnheiten der Bevölkerung zugunsten von mehr Produkten direkt pflanzlicher Herkunft auf Kosten von Produkten tierischer Herkunft.

Am schnellsten und umfassend wirkungsvollsten könnte die Absenkung der THG-Emissionen der deutschen Landwirtschaft durch die Umstellung auf Ökolandbau erreicht werden, weil der Ökolandbau in seinen Richtlinien alle notwendigen und in ihren praktischen Wirkungen längst als positiv erwiesenen Maßnahmen beinhaltet, die

- die Tierhaltung auf ein vernünftiges, an die eigene Futterfläche gebundenes Maß begrenzen,
- zugleich alle Ökosysteme, vom Boden über die bodennahe Flora und Fauna bis zu den landschaftsprägenden Feldgehölzen, Hecken und Feuchtflächen, also die Biodiversität schützen und fördern,
- zugleich die Produktion von viel weniger belasteten Lebensmitteln ohne Grundwasserverschmutzung und mit viel weniger Lachgasemissionen sichern,
- zugleich von den Landwirten auf der Basis von Freiwilligkeit eingehalten werden und
- deren Produkte zugleich von den Verbrauchern aktiv nachgefragt werden.

Hochrechnungen besagen, dass allein durch eine massive Ausweitung des Ökolandbaus und damit einhergehende Verminderung der Nutztierhaltung eine nachhaltige Reduktion der THG-Emissionen der deutschen Landwirtschaft und Rettung der Artenvielfalt bis 2050 erreicht werden kann.

Alles andere ist im Vergleich dazu nicht einmal Symptomkorrektur, wie auch unser letzter Kritikpunkt an der Studie von Gömann/Fick zeigt:

- Die in der Studie vorgenommene Fixierung des bestehenden Umfangs der Nutztierhaltung bedeutet zudem die Fixierung einer Zusammensetzung der Ernährung der Menschen, die billig, jedoch besonders umwelt- und klimaschädlich ist, weil der Aufwand für die Kompensation der Schäden im Preis der Produkte bisher nicht enthalten ist, sondern auf die Allgemeinheit abgewälzt wird. Während also der massenhafte Einkauf billiger Lebensmittel von der Allgemeinheit subventioniert wird, müssen die an weniger umwelt- und klimaschädlichen Produkten interessierten Verbraucher ihre Freiheit zu einem nachhaltigeren Einkauf teuerer bezahlen.

Der Lebensmittelmarkt ist bekanntlich gespalten in einen Nachfragemarkt im konventionellen Sektor mit einem Übergewicht des Angebots und niedrigen Preisen und in einen Angebotsmarkt im Ökosektor mit einem tendenziell zu geringen Angebot an Ökoprodukten relativ zur Nachfrage, was sich in höheren und weiter steigenden Preisen ausdrückt.

Werden nun die Agrarsubventionen weiterhin hauptsächlich entsprechend der Betriebsgröße, mit nur geringen Klima- und Umweltschutzauflagen und ohne Verminderung der Tierzahlen vergeben, dann fördert dies weiterhin die Flächenkonzentration bei immer weniger Betrieben, verbunden mit einem weiter steigenden Angebot von tierischen Lebensmitteln und einem weiteren Preisverfall infolge des Überangebots.
Damit wird dem Verbraucher weiterhin ein Nahrungsangebot und Speiseplan schmackhaft gemacht, worin tierische Lebensmittel dominieren, weiterhin sehr billig zu haben und vor allem auch mit Urwaldzerstörung verknüpft sind. Letztlich wird es dem Verbraucher dadurch schwer gemacht, seinen Speiseplan umweltfreundlicher zu gestalten, folglich beim Einkauf weniger auf den Preis der Produkte als auf die umweltschädlichen Umstände ihrer Erzeugung zu achten und durch einen bewussteren Einkauf einen unmittelbaren Beitrag z. B. zum Erhalt des Regenwaldes zu leisten.

Die Verhinderung einer wahrheitsgemäßen Kennzeichnung der Qualität dieser Produkte durch Lobbyverbände und die Politik trägt ihr Übriges dazu bei, dem Verbraucher weiterhin eine heile Konsum-Umwelt vorzugaukeln.

Die Ökoprodukte hingegen, die mangels umstellungswilliger Landwirte in einem beträchtlichen Umfang – nicht nur als Südfrüchte – aus dem Ausland kommen, widerspiegeln in ihrem höheren Preis die weniger intensive Inanspruchnahme der Natur, einen höheren Arbeitsaufwand und die dadurch vermiedenen Folgeschäden für die Umwelt.
Wenn also heute der Verbraucher umweltbewusst konsumieren will, dann muss er dafür einen höheren Preis bezahlen als der Verbraucher, der sich an den niedrigen Preisen der konventionell erzeugten Produkte orientiert.
Somit kann mit Fug und Recht davon gesprochen werden, dass die Fortschreibung der chemie- und nutztierintensiven Landwirtschaft ein Umdenken in der Bevölkerung zugunsten einer klima- und umweltfreundlicheren Ernährung unmittelbar behindert und dass die Agrarwissenschaft, die diese Fortschreibung als unproblematisches Faktum nimmt, dadurch unmittelbar – quasi-normativ – auch eine antiaufklärerische und antidemokratische Wirkung entfaltet: Sie ergreift Partei nicht nur gegen mehr Klima- und Umweltschutz in der Landwirtschaft, sondern auch gegen die Aufklärung der realen Verhältnisse und Zusammenhänge sowie gegen die berechtigten Ansprüche der Bürger auf den Erhalt der natürlichen Lebensgrundlagen und auf ihre Mitwirkung dabei.
Die Agrarwissenschaft teilt somit die in der Agrarpolitik vorherrschende Auffassung, dass derjenige Konsument, der naturfreundlicher erzeugte Produkte will, dafür auch höhere Preise in Kauf nehmen soll. Wissenschaft wie Politik betreiben hier eine im Ganzen norma-

tive, nicht nur antiökologische, sondern auch antidemokratische Lenkungspolitik, die mit Sicherheit mehreren Grundrechten widerspricht was wir später darlegen.

Die analysierte Untersuchung zum Verhältnis von Landnutzung und Klimawandel zeigt beispielhaft die normativen Implikationen einer Wissenschaft, die glaubt ihren Untersuchungsgegenstand allein nach tradierten anthropozentrischen Nutzungsinteressen, ohne Rücksicht auf komplexe objektive ökologische Systemverhältnisse festlegen zu können: Eine solche Wissenschaft verfehlt heute, angesichts der tatsächlichen Komplexität und Schädlichkeit der Klima- und Umweltkrise für das Fortbestehen der Menschheit, die grundlegenden Tugenden von Wissenschaft überhaupt: Die Tugenden der Tatsachen-Bezogenheit, der Objektivität, der Reflexion der enthaltenen Werteorientierungen und die Gewährleistung der Nützlichkeit wissenschaftlicher Erkenntnisse für alle vom behandelten Sachverhalt Betroffenen und nicht nur für bestimmte Interessengruppen.

Der Hauptgrund für die völlig unzureichenden bis falschen Ansatzpunkte in Sachen landwirtschaftlichem Klimaschutz liegt in der Verleugnung der systemischen Wirkungen der Landwirtschaft, die letztlich auf die systemische Beschaffenheit der landwirtschaftlich genutzten Natur zurückzuführen sind.
Es ist also die spezifisch anthropozentrisch beschränkte Rationalität der Naturnutzung, die die Agrarwissenschaft dazu bringt, wider besseres Wissen, an der chemie- und nutztierintensiven Art von Landwirtschaft festzuhalten und für diesen Zweck zahlreiche Fakten zu ignorieren und nicht reflektierte Wertentscheidungen vor allem bei der Eingrenzung des Untersuchungsgegenstandes und der Beurteilung von Alternativen vorzunehmen.

Diese wissenschaftlichen Fehlgriffe lassen sich wie folgt zusammenfassen:

- Starke Verkleinerung der gesamten Schadwirkungen der deutschen Landwirtschaft durch Ausblendung ihrer mittelbaren und längerfristigen Schadwirkungen im In- und Ausland.
- Weitere Verkleinerung der Schadwirkungen der deutschen Landwirtschaft durch Ausklammerung der Schäden durch die ausgeuferte Nutztierhaltung.
- Konstantsetzung der chemie- und nutztierintensiven Landwirtschaft und der damit verbundenen hohen THG-Emissionen und Umweltschäden als Quasi-Norm.
- Konzentration auf Klimaschutzmaßnahmen, die das Gros der landwirtschaftlich verursachten Emissionen und Umweltschäden unberührt lassen.
- Unterschlagung der erforderlichen Kompensationen in Form von weiteren Importen bei der Produktionsminderung durch Wiedervernässung von Mooren und Ausweitung der Bioenergieerzeugung.
- Überbetonung der Kompensationserfordernisse bei Extensivierung.
- Fixierung der chemie- und nutztierintensiven Art von Landwirtschaft als Norm beinhaltet die Fixierung der hohen Schadensfolgen für Klima, Umwelt und Ernährung.

- Betriebsgrößen-bezogene Subventionierung ohne ökologische Verpflichtungen garantiert niedrige Preise auf Kosten von Klima und Umwelt und erschwert dadurch den Klima-, Umwelt- und Urwaldschutz auf dem Wege bewussten Einkaufs.
- Das Festsetzen der chemie- und nutztierintensiven Landwirtschaft samt seines hohen Schadensniveaus für das Klima und die Umwelt, als Norm der Landbewirtschaftung, vermindert die Handlungsspielräume der Politik und Bürger für eine demokratische und gegenüber der Natur und anderen Völkern weniger aggressive Haltung und Politik.
- Eine Agrarwissenschaft, die die globalen Systemzusammenhänge zwischen Klima, Umwelt und Ernährung ignoriert, befördert Illusionen hinsichtlich der Möglichkeit zur Aufrechterhaltung der Billigproduktion insbesondere von tierischen Nahrungsmitteln im globalen Maßstab und führt zu einer weltweiten Verschärfung des Klimawandels und der Umweltkrise und vor allem auch der Sicherheits- und Ernährungslage zahlreicher Völker, die vom Klimawandel besonders betroffen sind.
- Anstelle eine Reduktion der Tierhaltung auf ein umweltverträgliches Maß zu befürworten, wodurch u. a. die Grundwässer hierzulande nachhaltig entlastet, die Sojaimporte aus Urwaldgebieten und damit der weitere Anreiz zur Abholzung entfallen und den Verbrauchern dadurch Möglichkeiten für eine umweltbewusstere Ernährung geboten würden, führt die unreflektierte Anthropozentrik und Rationalitätsbeschränktheit dieser Art von Agrarwissenschaft zum Gegenteil:
  Zur Bestätigung und wohl auch Forcierung der Abholzung des Amazonasurwaldes durch das geplante Mercosur-Abkommen, worin die europäische Industrie mit ihren Produkten einen besseren Zugang nach Argentinien, Brasilien, Paraguay und Uruguay, und die Landwirtschaft dieser Länder mit ihren Produkten einen besseren Zugang nach Europa erhalten sollen. Basis dieses Deals dürfte die Ausplünderung der letzten unberührten Urwälder und Prärien Südamerikas sein, wofür eine Agrarwissenschaft unerlässlich ist, die die anthropozentrische Rücksichtslosigkeit gegenüber komplexen objektiven ökologischen Systemverhältnissen auch in Zeiten von Klima- und Umweltkrise zu vertreten wagt und gut hinter Pseudo-Klimaschutz zu verstecken weiß.

Dabei werden die Leistungen der Ökosysteme für den Erhalt der natürlichen Lebensgrundlagen und des Lebens auf Erden nicht etwa als Zielgrößen für den Schutz der Ökosysteme selbst und des Klimas genommen, sondern, in Gestalt der sogenannten „Ökosystemdienstleistungen" anthropozentrisch allein auf den Menschen bezogen mit der Frage, was den Menschen diese Dienstleistungen wert sind erhalten zu werden. Einen objektiven Wert scheinen die Ökosysteme und ihre Leistungen für diese, ausschließlich auf Märkte und Gewinne bezogenen, Agrarwissenschaft nicht zu besitzen.

9.10 Ökosystemdienstleistungen (ÖSD) für die Menschen ja, Anerkennung und Schutz der Ökosysteme als eigenständige Leistungserbringer nein

In der Studie von Gömann/Fick (Hrsg.): Wechselbeziehungen zwischen Landnutzung und Klimawandel, wird die *„ökonomische Bewertung von Ökosystemdienstleistungen der Landnutzung“* zur *„gesellschaftlichen Bewertung der Landnutzungsstrategien“* (ebenda, S. 299 ff.) herangezogen. Der ÖSD-Begriff, auch als Ökosystemleistungen (ÖSL), verbreitet, bezeichnet im vorherrschenden Verständnis die „Nutzenstiftungen“ bzw. „Vorteile“, die Menschen von Ökosystemen haben. Der Begriff wurde im „Millennium Ecosystem Assessment“ (MEA) 2005 anhand von vier Kategorien differenziert:

- „Unterstützende“ ÖSL in Gestalt von Prozessen der Bodenbildung, der Nährstoffkreisläufe und Erhaltung der Biodiversität werden als Basis angesehen, aus denen alle anderen ÖSL hervorgehen.
- „Regulierende“ ÖSL bezeichnen die mittelbar nützlichen Leistungen in Gestalt der Kohlenstoffbindung, der Wasserreinigung, der Abfallzersetzung, der Schädlings-Nützlings-Gleichgewichte, der Bestäubung u. a.
- „Bereitstellende“ ÖSL bezeichnen die vom Menschen direkt nutzbaren stofflichen Produkte, vor allem Nahrung, Wasser, Holz und andere Biomasse sowie Rohstoffe.
- „Kulturelle“ ÖSL beziehen sich auf ideelle, spirituelle, der Erholung dienende Leistungen, wozu auch die ästhetische Wirkung des Landschaftsbildes u. a. gezählt wird.

Im Rahmen des EU-CICES-Projektes (Common International Classification of Ecosystem Services) der Europäischen Umweltagentur werden im Bemühen um Standards für eine umweltökonomische Gesamtrechnung nur mehr drei Kategorien unterschieden, indem die „unterstützenden“, auch „aufrechterhaltende“, ÖSD bezeichnet, mit den „regulierenden“ ÖSD zusammengefasst werden. In der analysierten Studie von Görmann/Fick werden die „unterstützenden“ ÖSL

„nicht einbezogen, da sie ihrer Definition nach in die Bereitstellung der anderen ÖSL eingehen und somit bei gesonderter Bewertung die Gefahr einer Doppelzählung bestünde“ (ebenda, S. 303).

Diese Ausklammerung der Basis-ÖSL weist bereits auf die grundlegende Problematik des ÖSD-Ansatzes hin: Er ist definitionsgemäß auf eine rein anthropozentrische Nutzen-Perspektive festgelegt, also ausschließlich an unmittelbaren, kurzfristigen Nutzenstiftungen für den Menschen interessiert.

Entsprechend verkürzt, selektiv und beschränkt ist der heuristische sowie konstruktive Wert des Konzepts hinsichtlich Gefährdungsbeurteilungen und Förderungen einzelner Nutzenstiftungen der Ökosysteme unter Ausklammerung der ganzen, für den Erhalt von Ökosystemen objektiv erforderlichen und auch möglichen Komplexität der ökologischen Ambitionen der Menschen.

Folgende Kritikpunkte sind anzumerken:

- Die Ökosysteme sind keine Dienstleister, sondern Repräsentanten und Nachfahren der dem Menschen überhaupt vorgängigen Natur, die ihm schließlich als Art die Entstehung ermöglicht hat.
- Die Basis-Ökosystemleistungen dienen primär der Reproduktion der Ökosysteme selbst und sind mit geeigneten Anstrengungen vorgängig zu erhalten, wenn die Ökosysteme den von ihnen erwarteten Nutzen stiften sollen.
- Ökosysteme als je spezifische und in ihrer Art und Komplexität voneinander abgrenzbare Einheiten der Natur bilden ein Netzwerk an eigenständigen Systemen mit hierarchisch gestaffelten Leistungen, die, wie z. B. die Absorption von CO_2 durch Pflanzen immer wenigsten dreifach wirken:
  - In die Tiefe des Bodens als CO_2 Versenkung bzw. Humusaufbau,
  - in die Breite als Ernährung für das Leben im und auf dem Boden einschließlich des Menschen und
  - in die Höhe als Beitrag zur Erhaltung ausgeglichener atmosphärischer und klimatischer Verhältnisse in der Biosphäre.
- Daher ist die vertikale Differenzierung von Ökosystemleistungen und die Differenzierung zwischen ÖS-erhaltenden und ÖS-nutzenden Maßnahmen unerlässlich, wie sich insbesondere an den Konflikten zwischen der ÖSD-Nahrung mit der ÖSL-Gewässerreinigung, Luftreinigung, Reinigung des Bodens usf., oder zwischen der gebotenen Aufrechterhaltung der Nützlings-Schädlings-Gleichgewichte im Bereich der regulativen ÖSD und der Sicherung der Nahrungsdienstleistung durch Pestizidanwendungen gegen bestimmte „Schädlinge“ und vieler anderer relevanter Konflikte zeigt.
- Aufgrund ihrer systemischen Vernetztheit innerhalb der Ökosysteme können ÖSL nicht beliebig herausgegriffen werden, um den Schutz der Ökologie zu befördern und um damit „Nachhaltigkeit“ reklamieren zu können: Tatsächlich beinhaltet die kategoriale Differenzierung in „aufrechterhaltend/regulative“, „bereitstellende“ und „kulturelle“ ÖSD aber genau eine Verflachung der natürlichen Systemik und Gewichtsverschiebung zugunsten der menschlichen ÖSD-Nutzung.
- „Bereitstellende“ in Kombination mit „kulturellen“ ÖSD dienen letztlich als Mittel zur Überführung des amtlichen Umweltschutzes in einen Markt aus Anreizen für angeblich ökosystemförderliche Maßnahmen, die in Wirklichkeit nur Schönheitskorrekturen an der Oberfläche der Ökosysteme bewirken, ohne diese selbst zu stabilisieren und zu fördern.
- Am Ende dienen vor allem die „kulturellen“ ÖSD, aufgrund der in Form von „Zahlungsbereitschaft“ ermittelten Bereitschaft der Verbraucher, zur Finanzierung jedweder Maßnahmen, die angeblich dem Klima- und Umweltschutz dienen, um auch Maßnahmen in ihrer Bilanz als positiv erscheinen zu lassen, die nicht einmal

annähernd die Umwelt- und Klimaschutzerwartungen erfüllen, die die Verbraucher erwarten: Die Anwendung des ÖSD-Konzeptes in der Praxis strotzt – aufgrund der Unschärfen in den Bedeutungen der verwendeten Begriffe – nur so vom Missbrauch des guten Umweltwillens der Menschen für äußerst zweifelhafte Maßnahmen, die dann, infolge hoher Akzeptanz, der Politik empfohlen werden. Krasser merkantil und antiökologisch könnte sich die aktuelle agrarpolitische Forschung kaum darstellen.

9.10.1 Die Sicherung der Reproduktion der Ökosysteme selbst ist nicht vorgesehen

Die Ökosysteme allein als „Dienstleister" aufzufassen bedeutet per se den Verzicht auf eine Fürsorge für die Ökosysteme. Diese Fürsorge müsste vor allem in der Förderung der Basis-ÖSL zum Ausdruck kommen, die wie z. B. die Humusbildung, die Schließung von Nährstoffkreisläufen, die Förderung der natürlichen Bodenfruchtbarkeit, der Wasserspeicherung und -reinigung im Boden usf. für die Förderung der Biomasse-Produktivität und Artenvielfalt aller Ökosysteme unverzichtbar ist.
Stattdessen wird die Förderung der Reproduktion dieser spezifischen aber gleichwohl fundamentalen Leistungsvoraussetzungen innerhalb der Ökosysteme mit dem Argument zurückgewiesen, dass diese sich mit der Förderung der anderen ÖSD überschneiden könnte. Selbst angesichts der Trennschärfe innerhalb des flächigen ÖSD-Konzeptes erscheint dies wie eine Ausrede, um auf Maßnahmen verzichten zu können, die, wie z. B. die Bodenbildung durch Humusaufbau oder die Förderung der Artenvielfalt durch Verzicht auf Pestizideinsatz, nur langfristig Wirkung entfalten können und eine Kurskorrektur der Landwirtschaft zugunsten der Förderung der natürlichen Ökosysteme verlangen würden.
Diese Ignoranz gegenüber dem Nutzen vor allem der Basis-ÖSL für die langfristige Reproduktion der Ökosysteme selbst, ohne die es langfristig auch keine ÖSD für den Menschen gäbe, hat zur Folge, dass sich der heuristische und konstruktive Charakter des ÖSD-Konzeptes auf die Feststellung und Gefährdungsbeurteilungen von Nutzenstiftungen der Ökosysteme für den Menschen beschränkt und die Analyse sowie Gefährdungsbeurteilung der Basisleistungen der Ökosysteme und damit auch der Gefährdungsbeurteilung des Bestandes der Ökosysteme selbst vollständig ausgeklammert wird.

Damit befindet sich das ursprünglich von der UN implementierte Ökosystemleistungs-Konzept wieder im Fahrwasser der komplexitäts-reduktiven, auf kurzfristigen menschlichen Nutzen bedachten Natur-Gegenüber-Sicht, wenn auch nun mit einer differenzierteren Sicht dessen, worin die Natur dem Menschen nützt: Zum Beispiel das Ökosystem Boden nützt nun nicht nur mit aufwachsenden Nahrungspflanzen, sondern auch mit der Bewahrung und/oder Versenkung von CO_2 im Boden – einer für den Klimaschutz relevanten ÖSL – deren Wirkung in der Studie, in Gestalt der Wiedervernässung von Mooren, als Klimaschutzmaßnahme bewertet wurde.

9.10.2 Das ÖSD-Konzept ist auf Selektion angelegt: Nur wenige ÖSL sind gefragt

Wenngleich das ÖSD-Konzept im Prinzip eine große Bandbreite an verschiedensten ÖSL umfasst, werden bisher bei der Konzipierung von Klimaschutzmaßnahmen nur wenige beachtet. Zudem werden bei der Auswahl der zu nutzenden bzw. fördernden ÖSL die Quereffekte zum Schutz der Biodiversität, zur Schließung des Stickstoffkreislaufes und zur Sicherung der Welternährung ohne Ausdehnung der landwirtschaftlichen Nutzfläche, überhaupt nicht beachtet.
Dies ist umso überraschender, als die Klimaforschung heute den Klimawandel nicht mehr als isoliertes Phänomen betrachtet, sondern als Teil einer umfassenderen Krise, worin der Artenverlust und die Emission von Stickstoffverbindungen in die Atmosphäre und Gewässer eng, über die falsche Bodennutzung, miteinander verbunden sind. Nachdem mittlerweile bekannt ist, dass die CO_2-Last, die die in Deutschland konsumierten Lebensmittel mit sich schleppen, zu mehr als 50 % im Ausland in die Atmosphäre gelangt, erscheint die Ignoranz gegenüber dem hohen Anteil der bereits längst erfolgten und vor allem durch die Futtermittelimporte tagtäglich reproduzierten Produktionsverlagerungen ins Ausland am tatsächlichen THG-Emissionsvolumen des deutschen Ernährungssystem höchst bedenklich, ja verantwortungslos. Wenn man schon davon ausgeht, dass weitere Produktionseinschränkungen für Klimaschutzmaßnahmen zwingend durch Importe ausgeglichen werden müssen, fragt man sich, warum nicht die in den letzten 20 Jahren stark angewachsenen Futtermittelimporte zum Anlass genommen werden, um durch Alternativen zur Tierproduktion einen viel wirksameren Klimaschutz dadurch zu erreichen, dass vorhandene Produktionsverlagerungen rückgängig gemacht und dadurch zugleich die Ernährungslage hierzulande und in den Lieferländern, wie auch der Schutz der Urwälder weltweit verbessert wird?

Ist die Tierhaltung so heilig, dass sie konstant gesetzt werden muss, obwohl die Verminderung des Konsums tierischer Produkte nicht nur die Methan-, Ammoniak- und Nitratemissionen erheblich reduzieren würde, sondern den Lebensmittelumfang um ein Vielfaches der Kalorien tierischer Herkunft vergrößern würde?

Der Maßstab für die Nutzung bzw. Förderung von Ökosystemleistungen sind also offenbar nicht die Ökosysteme, sondern die chemie- und nutztierintensive Landwirtschaft, die konstant gesetzt wird und in ihren schädlichen Wirkungen für das Klima, die Artenvielfalt, den N-Kreislauf und die Welternährung durch die Förderung von Ökosystemleistungen beschönigt werden soll, indem diese sich in der Öffentlichkeit gut als ökologiefreundlich verkaufen lassen.

Als solche – mit der vorherrschenden chemie- und nutztierintensiven Landwirtschaft verträgliche – Ökosystemleistungen werden in der analysierten Studie herangezogen:

- Die Unterbindung von CO_2-Emissionen durch Wiedervernässung von 30 % der landwirtschaftlich genutzten Moorflächen.
- Die Verminderung des N-Eintrages in den Boden durch eine N-Steuer auf Kunstdünger.

- Die CO_2-Bindung und Verbesserung des Landschaftsbildes durch Wiederaufforstung auf 5 % der landwirtschaftlichen Nutzfläche.
- Die Flächenstilllegung auf 10 % der landwirtschaftlichen Nutzfläche um eine Erholung ökologischer Vorrangflächen zu ermöglichen.
- Die Biomasse-Steigerung durch Erhöhung des Maisanteils um 1 Mio. ha.

Andere ÖSL, wie etwa die CO_2-Bindung im Humus von Grün- und Ackerland, die z. B. durch ein Verbot des Wiesenumbruches, durch Anreize für eine ausreichende Rückführung organischer Masse auf den Acker und eine Verminderung des Chemieeinsatzes (der das Bodenleben schwächt) genutzt werden könnte, werden nicht in Betracht gezogen, obwohl damit CO_2 zurückgehalten, gespeichert und zugleich die Bodenfruchtbarkeit erhöht, fossil hergestellter N-Dünger eingespart und die Auswaschung von Nährstoffen in das Grundwasser wirkungsvoll verringert werden könnten.

Es ist unübersehbar, dass offenbar nur solche ÖSD interessant sind, die ein Festhalten an der chemie- und nutztierintensiven Form von Landwirtschaft ermöglichen und zugleich dennoch dem Interesse der Bürger an mehr Klima- und Umweltschutz anscheinend entgegenkommen.

9.10.3 Gesetzlicher Umweltschutz in öffentlicher Hand soll durch den Markt geregelt werden

Ein weiterer gewichtiger Grund für die Bevorzugung bestimmter ÖSD liegt im Ausmaß ihrer Quantifizierbarkeit und damit Möglichkeit zur Monetarisierung d. h. Verrechenbarkeit in Geldwerten gemäß den Regulierungsmöglichkeiten durch den Markt.
Quantifizierung und Monetarisierung sind je nach ÖSD unterschiedlich weit fortgeschritten, da ÖSD bisher in der Regel Gegenstand vorsorgenden Umweltschutzes waren, d. h. durch Schutzbestimmungen in Umweltgesetzen vor Beeinträchtigungen geschützt waren und nicht durch geldwerte Anreize solche Beeinträchtigungen zu unterlassen. Das ÖSD-Konzept soll genau dies auf der Grundlage von Quantifizierung und Berechnung in Marktwerten leisten: Die Regulierung der Nutzung von ÖSD über den Markt, d. h. über ihren Angebotswert auf der einen Seite und Zahlungsbereitschaften auf der anderen Seite.

Letztlich wird also mit dem ÖSD-Konzept versucht, das Vorbild CO_2-Zertifikatehandel auch auf andere ÖSL auszudehnen, die die vorherrschende Form von Landwirtschaft und gewinnorientierter Warenproduktion unangetastet lassen. Forschungen, wie in der Studie von Gömann/Fick, zum Zusammenhang zwischen Landnutzungsänderungen und Klimawandel dienen also nicht nur dazu, Klimaschutzmaßnahmen aus der Taufe zu heben und hinsichtlich ihres potentiellen „ökonomischen Gesamtnutzens pro Jahr" miteinander zu vergleichen. Sie dienen auch dazu diese Leistungen handel- und bilanzierbar zu machen, also als positiven Austausch zwischen der durch die Klimaschutzmaßnahmen einerseits verminderten Nettowertschöpfung und den andererseits durch die Maßnahmen gewonnenen gesellschaftlichen und individuellen ÖSD-Erträgen marktgängig zu machen.

Während der Wert der THG-Emissionsminderungen anhand des Wertes der CO_2-Zertifikate bereits zu quantifizieren ist, gibt es für die zusätzliche Zahlungsbereitschaft der Bürger für folgende Schutzaufwendungen bzw. ÖSL noch keine analogen Standardwerte wie bei den CO_2-Zertifikaten:

- für die Verteuerung der Produkte durch eine N-Steuer,
- für die reduzierte Nitratbelastung der Gewässer,
- für positiven Klima- und Landschaftseffekt der Aufforstung und
- für durch Aufforstung und Stilllegung verbesserte Biodiversität.

9.10.4 Hohe Zahlungsbereitschaft der Bürger für Umweltschutz zur Legitimierung unzureichender Maßnahmen

Nach Auffassung der Autoren kann mit Hilfe des ÖSD-Konzeptes die gesellschaftliche Wohlfahrt erhalten werden, wenn einerseits zwar weniger Ertrag aus der ÖSL Nahrung z. B. infolge geringerer N-Anwendung gewonnen wird, jedoch andererseits dadurch regulative ÖSLen in Gestalt von THG-Minderung und Schonung des Grundwassers gefördert werden.
Voraussetzung ist in formaler Hinsicht die Verrechenbarkeit der ÖSL und in inhaltlicher Hinsicht eine Korrespondenz der auf beiden Seiten tatsächlich anfallenden Kosten:
Die gesellschaftliche Wohlfahrt wird nur erhalten, wenn die Kosten der Minderung beim Nahrungsertrag durch ein in Geld ausgedrücktes Plus bei der THG-Minderung (Wert der eingesparten CO_2-Zertifikate) und Sauberkeit des Wassers (weniger Reinigungskosten) zumindest ausgeglichen wird. So sehr auch von der Natur der Sache her der Gedanke naheliegt, dass man anfallende Kosten für Wasserreinigung dadurch vermindert, dass man die Beeinträchtigung der ÖSL „Wasserreinigung“ durch zu viel N mittels einer Verringerung der N-Ausbringung vermindert, so sehr benötigt aber gerade dieser „Vermeidungskostenansatz“ solide Berechnungsgrundlagen für den Zusammenhang zwischen der Höhe der N-Ausbringung und der Höhe der N-Abgabe ins Grundwasser. Fehlen diese, ist der Schönrechnung der durch weniger N-Gaben vermiedenen Folgekosten der Wasserreinigung Tür und Tor geöffnet.
Und das genau passiert in der Studie im großen Stil, indem nicht die tatsächlichen Kosten der Trinkwasseraufbereitung herangezogen werden, sondern die Zahlungsbereitschaft der Bürger im Bereich der Abwasserreinigung, so als ob dies das Gleiche wäre.

Aber es ist effektiv und fundamental nicht das Gleiche, weil die Kosten für die Aufbereitung des Grundwassers zu Trinkwasser aufgrund der hier notwendig viel strengeren Maßstäbe viel höher sind als beim Abwasser, das in Vorfluter abgeleitet werden kann. Würde die Aufbereitung des Grundwassers infolge Nitratbelastung als Kostenfaktor herangezogen, wäre schnell klar, dass die positive Zahlungsbereitschaft der Bevölkerung die tatsächlichen Folgekosten der Wasseraufbereitung in keinster Weise aufwiegt:
Die Studie benützt also die hohe Zahlungsbereitschaft für ein noch saubereres Abwasser als Geldwert, um die geringfügige N-Reduktion der „Klimaschutz“-Maßnahmen als rechne-

rischen Vorteil erscheinen zu lassen, wo doch die Aufwendungen für die Grundwasserreinigung tatsächlich derart hohe Kosten verursacht, dass, wie die Berechnung in Frankreich zeigt, der Nettoproduktionswert der französischen Landwirtschaft in einem Jahr nicht ausreicht, um diese Reinigungskosten zu kompensieren.

Demnach wird also die ÖSD „Gewässersauberkeit", auf dem Wege der dafür angesetzten Zahlungsbereitschaft der Bürger, nicht nur dazu benützt, die tatsächlichen volkswirtschaftlichen Kosten der Trinkwasserreinigung zu verdunkeln, sondern, auch noch so getan, als ob die in ihrer Wirkung auf den N-Einsatz völlig unklare N-Steuer überhaupt eine nennenswerte Verringerung des N-Eintrages und damit von Trinkwasseraufbereitungskosten bewirken könnte. Derart erscheint diese Klimaschutzmaßnahme über die vonseiten der Verbraucher als positive Zahlungsbereitschaft verbuchte Wirkung insgesamt als positiv, obwohl völlig unklar bleibt, ob eine N-Steuer den N-Eintrag tatsächlich vermindern und dadurch THG-Emissionen und die hohen volkswirtschaftlichen Kosten für die Sanierung der Grundwasserkörper und Wasseraufbereitung reduzieren würden.

Indem der insgesamt positive Eindruck der N-Reduktion vermöge der in Rechnung gestellten hohen Zahlungsbereitschaft der Bürger für ein sauberes Wasser vollkommen trügt, da die hohen volkswirtschaftlichen Kosten damit nicht egalisiert sind, muss diese Art von agrarwissenschaftlicher Legitimation für klima- und umweltbezogen höchst unzulängliche und zweifelhafte Maßnahmen als hochgradig betrügerisch aufgefasst werden: Es wird über die Zahlungsbereitschaft der Bürger ein ökonomischer Ertrag vorgetäuscht, der überhaupt nicht existiert, sondern absolut im Minus liegt, da die viel höheren wahren Kosten für die Wasseraufbereitung überhaupt nicht beachtet werden. Politiker, die die insgesamt auch in Geldwerten sehr positive Bilanzierung der „Klimaschutz"-Maßnahme sehen, die letztlich ausschließlich durch die veranschlagte hohe Zahlungsbereitschaft der Bürger, für das Landschaftsbild (Forst) und die Wasserqualität (Verminderung der N-Ausbringung) zustande kommt, werden zur Auffassung gelangen, dass diese Maßnahmen sehr viel bringen, vor allem auch Akzeptanz in der Bevölkerung.
In Wirklichkeit gaukeln die Berechnungen positive ökologische Effekte vor, deren Positivum hauptsächlich auf Umfragen basiert.
Viel realistischer und wirkungsvoller wäre ein Schadenskostenansatz, der darauf orientiert, dass Folgeschäden effektiv dadurch vermieden werden, dass die Schadensursache komplett beseitigt wird, dass also z. B. überhaupt kein Kunstdünger-N mehr ausgebracht wird und dass die Folgeschäden der Chemieausbringung, die Wasseruntersuchungen und Wasseraufbereitung, tatsächlich in Geldwerten ermittelt werden und in die Konzipierung von Umweltschutzmaßnahmen Eingang finden.
Die externen ökologischen Folge-Kosten der deutschen Landwirtschaft wurden erstmals in einer Studie im Jahr 2019 auf 90 Mrd. EUR pro Jahr beziffert, wobei der Anteil des Verlustes an Ökosystemleistungen auf 50 Mrd. EUR beziffert wurde. Damit waren die externen Kosten viermal so hoch wie die gesamte Bruttowertschöpfung des landwirtschaftlichen Sektors 2019 in Höhe von ca. 21 Mrd. EUR (siehe Kurth Torsten u. a.: Die Zukunft der

deutschen Landwirtschaft nachhaltig sichern. Denkanstöße und Szenarien für ökologische, ökonomische und soziale Nachhaltigkeit. Boston Consulting Group November 2019). Die Ergebnisse der Studie konnten nicht mehr in die vorliegende Arbeit einbezogen werden. Die Studie wird hier zitiert als Ersatz für den ursprünglichen Hinweis, dass in Deutschland externe Kosten der Landwirtschaft bisher nicht erfasst worden sind.

Kann eine Agrarwissenschaft, die sich stattdessen mit fiktiven Zahlungsbereitschaften der Bürger begnügt, um die volkswirtschaftliche Bilanz empfohlener Maßnahmen zu errechnen, noch als wissenschaftlich bezeichnet werden, oder handelt es sich dabei nur noch um Werbung für Maßnahmen, die dem Dogma der chemie- und nutztierintensiven Export-Landwirtschaft genügen?

Besonders augenfällig wird das Ausmaß der Entfernung des ÖSD-Konzeptes vom ursprünglichen Ansatz einer neuen Wertschätzung der Natur und ihrer Lebewesen am Beispiel der 1997 für die globale Biosphäre erfolgten Berechnung des Gesamtwerts für 17 ÖSD auf 16–54 Billionen Dollar, dem ein von der Welt erwirtschaftetes Sozialprodukt von 18 Billionen Dollar gegenüber stand.
Der monetäre Wert der Natur wurde 1997 also noch für erheblich höher errechnet, oder auch geschätzt, als das Weltsozialprodukt. Das mag mit dem Geist aus der Konferenz für Umwelt und Entwicklung 1992 in Rio zu tun gehabt haben, der die Besorgnis des Club of Rome hinsichtlich der Grenzen des Wachstums sehr ernst nahm und es genauer wissen wollte, welche Werte wir verlieren, während wir glauben Reichtum anzuhäufen.
Der Unterschied zwischen der Bilanz von 1997 und dem Umgang mit den ÖSD im Jahr der Studie von Gömann/Fick 2015 scheint schlicht einfach darin zu bestehen, dass die Agrarbetriebswirtschaftler in der Zwischenzeit verstanden und gelernt haben, dass es für die Politik ausreicht, den Schwung von Rio zur Durchsetzung auch von unergiebigen Maßnahmen zu nutzen, als sich noch länger mit den Fakten und tatsächlichen Kosten als Grundlage von Empfehlungen aufzuhalten.
Nichts anderes passiert, wenn der ökologische Gewinn durch 10%ige Flächenstilllegung nicht anhand des Werts der damit gewonnenen Biodiversität errechnet wird, sondern anhand der Zahlungsbereitschaft der Bürger für mehr Vögel in der Landschaft.

9.10.5 Aber was würde Frederic Vester (1925–2003) angesichts des Werts des Blaukehlchens zu solchen Berechnungen der modernen Pseudoökologen sagen?

Der Biochemiker Frederic Vester war wohl einer der Ersten, der den multifunktionalen Wert von Lebewesen in der freien Wildbahn genau wissen wollte. In seinem 1983 erschienen Buch „Der Wert eines Vogels" bezifferte er den Materialwert des Blaukehlchens auf 1,5 Cent (auf Euro umgerechnete DM) und den gewiss schwer zu errechnenden ästhetischen Genusswert auf 5 Cent/Tag, also ca. 18 EUR pro Jahr.
Den weitaus größten Wert allerdings schafft das Blaukehlchen durch sein Leben in Ökosystemen: Als Verbreiter von Samen aller Art, als Vertilger von Insekten aller Art, als Symbiosepartner für Pflanzen aller Art und schließlich als „Bioindikator", der dem Menschen anzeigt, wie es um die Ökosysteme Hecken, Wald, Landschaft u. a. bestellt ist, ohne dass

er aufwendige und kostenintensive Untersuchungen durchführen muss. Der von Vester errechnete Gesamtwert des Blaukehlchens betrug 154,09 EUR pro Jahr.

Geht man, wie der NABU davon aus, dass in Deutschland jährlich ca. 100 Mio. Brutpaare brüten und davon jährlich 10 %, also 20 Mio. Vögel verschwinden, weil sie verhungern oder ihre Biotope verschwinden, dann wäre dies ein jährlicher Wertverlust von ca. 3 Mrd. EUR allein in Deutschland, wenn man den Wert eines Blaukehlchens zugrunde legt. Hält der Vogelverlust in Deutschland so an, wie er sich seit wenigen Jahren abzeichnet, dann werden in wenigen Jahren von den 100 Mio. Brutpaaren nur noch wenige überlebt haben, wie sich dies bei vormals überall vertretenen Vogelarten in der Landschaft, dem Kiebitz, der Feldlerche, Goldammer u. a. bereits deutlich abzeichnet.

Die Autoren der Studie beziffern die Zahlungsbereitschaft der Bürger für Biodiversität im Falle der 10 % igen Flächenstilllegung auf 3,275 Mrd. EUR, was ziemlich genau dem jährlichen Wertverlust durch das Verschwinden der Vogelwelt entspricht. Wenn auch sehr gewichtig, so repräsentiert dennoch die Vogelwelt nur einen Ausschnitt aus der gesamten Biodiversität, die auf dem Spiel steht und durch Flächenstilllegung in ganz besonderem Maße gefördert werden könnte. Auch die Wildkrautarten, Insekten, kleineren Wildtiere würden, zusammen mit den Tieren im Boden von der Extensivierung oder Stilllegung profitieren und in Rechnung gestellt werden müssen. Ganz zu schweigen von den langfristigen Wirkungen der Biodiversität, die man heute überhaupt noch nicht abzuschätzen vermag, weil man sich in der Agrarwissenschaft bisher lieber mit den Mitteln zur Vernichtung bestimmter Schädlinge befasst hat als mit der Erhaltung der Artenvielfalt.

Jedenfalls scheint es offensichtlich, dass die durch Befragungen ermittelte Zahlungsbereitschaft für Umweltschutz kein Ersatz sein kann für harte Fakten über die tatsächlichen Verluste an Biodiversität und für den dementsprechenden Wert von bzw. Aufwand für Maßnahmen, die geeignet sind, die Biodiversität zu erhalten.

Dass die 10 %ige Flächenstilllegung, im Vergleich mit den unter Klimaschutz zusammengefassten Maßnahmen (Wiedervernässung von Mooren, Aufforstung und N-Verminderung), erheblich schlechter abschneidet, hängt mit Sicherheit mit der Fehleinschätzung über den Wert der durch Extensivierung zu schützenden Artenvielfalt und mit den uneinsichtig viel höheren indirekten THG-Emissionen infolge Produktionsverlagerung zusammen. Dennoch errechnet sich auch für die Ausweitung des Energiemais-Anbaus ein positiver „ökonomischer Gesamtnutzen pro Jahr“ weil er bei der Zahlungsbereitschaft für das Landschaftsbild und für die Biodiversität auf null gesetzt wird, obwohl das Landschaftsbild und die Biodiversität objektiv massiv unter dieser Aufstockung des Maisanbaus leiden würden. Hier jeweils die Zahlungsbereitschaft der Bürger auf null zu setzen, ist kaum nachvollziehbar. Vielmehr müsste hier eine Zahlungsbereitschaft gegen die Ausweitung des Energiemaises und den Anbau von Alternativen in Rechnung gestellt werden, wodurch dann ein positiver ökonomischer Gesamtnutzen kaum mehr darstellbar wäre.

Somit ist abschließend zu konstatieren, dass die „Zahlungsbereitschaft“ als Vertreter für die „kulturellen Ökosystemdienstleistungen“ Tür und Tor öffnet für die beliebige Aufwertung von Klima- oder Umweltschutzmaßnahmen, die als solche eigentlich den Namen nicht verdienen oder weil ihre Wirkungen ungewiss sind oder weil sie viel zu viele Negativeffekte haben, die in die Untersuchung einbezogen und gegengerechnet werden müssten.

Wie sehr sich die Verfügbarkeit der bereitstellenden, regulierenden und kulturellen ÖSD durch Schädigungen der Ökosysteme weltweit bereits verschlechtert hat, zeigt der im MEA untersuchte Zustand von 24 ÖSD, der 60 % in einem Zustand der Degradation oder nicht nachhaltigen Nutzung zeigte und 20 von den 24 einem steigenden Nutzungsdruck ausgesetzt sah. Die Folge war eine eindringliche Warnung von über 15.000 Wissenschaftlern 2017 an die Menschheit, dass die ÖSD erheblich gefährdet und die Chancen ihres Erhaltes negativ eingeschätzt werden (Wikipedia, Ökosystemdienstleistung, 22. Sept. 2022).

Was also hat man gewonnen, wenn man z. B. infolge einer monetären Bewertung der Grundwasserverschmutzung mit Nitrat und Pestiziden anhand der Kosten für die Wasserreinigung weiß, dass der Schaden für die regulierende Funktion Wasserreinigung bereits den Wert der jährlichen Nettoproduktion der Landwirtschaft übersteigt, wie das in Frankreich festgestellt wurde? Hat dies die Akzeptanz für eine drastische Verminderung des Chemie- und Düngereinsatzes in der Landwirtschaft erhöht? Wohl eher nicht, weil die Landwirte, unter Berufung auf die andere ÖSD „Nahrungsgewinnung", praktisch mit einer Art Zwickmühlen-Situation argumentieren konnten, in die sie die landwirtschaftliche Beratung, also die Agrarwissenschaft mit ihren eindimensionalen Nutzungskonzepten der Natur im Allgemeinen und des Bodens im Besonderen hinein manövriert hat, ohne eine Antwort dafür zu haben, wie man da wieder herauskommt.

Das Grundproblem des ÖSD-Konzeptes besteht also zunächst darin, dass es die innere, durch die Ökosysteme vermittelte Zusammenhangs-Systemik der ÖSD nicht abbildet, also nicht danach fragt, wie ÖSD Nahrungsgewinnung mit ÖSD Wasserreinigung zusammenhängen und durch die ökosystemischen Prozesse der Bodenbildung, Nährstoffkreisläufe und der Bodendiversität, der Kohlenstofffixierung usf. vermittelt werden.
Es ginge also zunächst um Kenntnisse der Binnenstrukturen und Binnenprozesse des ökosystemischen Produktionsprozesses, und des Zusammenhangs zwischen stofflichen, mechanischen und chemischen Einflussnahmen auf die Ökosysteme und deren Output in Gestalt diverser ÖSD.
In zweiter Sicht ginge es dann um die Frage, auf wie viel Erträge, d. h. Chemie man verzichten könnte und sollte, um das Grundwasser zu schützen, jedoch ohne die Sicherheit der Welternährung zu gefährden? ÖSD befinden sich also nicht nur in einer bestimmten ökologischen Verbund-Systematik und Prozessualität, die ihre Ausprägungen positiv und negativ mehr oder weniger gleich- oder gegenläufig kovariieren lässt, sondern auch in einem normativen Kontext, worin von Menschen bestimmt wird, was wichtiger ist: die Gewährleistung sauberen Grundwassers oder ein Maximalertrag.
Das Entscheidende dabei nun ist, dass aufgrund des emergenten Aufbaus der Ökologie in unterschiedlich komplexen Systemen auch diese Wertentscheidungen auf sachlicher Grundlage getroffen werden können, da es von einer Komplexitätsebene zur nächsten vor allem in puncto ÖSD „Nahrung" immer mehr konkrete Realisierungsalternativen gibt: Der

Konflikt zwischen Bewahrung der Grundwasserqualität und der Höhe der zu gewinnenden Nahrung entschärft sich rapide, wenn unter „Nahrung" nicht die Produktion von Tierfutter verstanden wird, sondern von Pflanzen, die unmittelbar für den Menschen verzehrbar sind, weil es mit viel weniger Nutztieren enorme Nahrungsüberschüsse gäbe, die jede Gefährdung des Grundwassers für höhere Erträge absurd erscheinen ließe.

Beide Aspekte:

- die innerökologische horizontale Verquicktheit der ÖSD (viel Nahrung mit viel Chemie führt u. a. zur Verschlechterung der Wasserqualität) und
- super-ökologische hierarchische Verquicktheit der ÖSD (Erzeugung von viel mehr Direkt-Lebensmitteln – ohne den Umweg über Tiere – erlaubt geringere Erträge, also Chemieverzicht und sichert dadurch auch noch hohe Wasserqualität und die Welternährung),

sind im aktuellen Konzept der Ökosystemdienstleistungen weder operationalisiert noch überhaupt enthalten.

Zwar werden auch ÖSD unterschieden, die für die Reproduktion der Ökosysteme selbst wichtig sind und als solche die Basis für die unmittelbar nützlichen ÖSD an der Oberfläche der Systeme bilden, was natürlich innerhalb der anthropozentrischen Orientierung des Konzeptes einen Fortschritt gegenüber der bisher nur oberflächlichen Nutzenbetrachtung der Natur (siehe Naturethikdebatte) darstellt.
Jedoch verhilft dieser Fortschritt nicht zu einer angemesseneren ökologischeren Beurteilung z. B. von chemie- und nutztierintensiv gewonnenen Hocherträgen oder von Maßnahmen der Verringerung des Chemieeinsatzes etwa im Verhältnis zur Umstellung der Landwirtschaft auf ökologische Produktionsweise, weil der Output-Nutzen nicht systemisch mit den innersystemischen Bestandsvoraussetzungen, Strukturen, Prozessen und Leistungen der Ökosysteme verknüpft wird. Dadurch kann dann auch die multiple Negativwirkung z. B. des Chemieeinsatzes nicht sichtbar werden. Stattdessen stellt man die ÖSD unverbunden nebeneinander und tut so, als ob man damit auch die Ökologie bei der Bewertung der unterschiedlichen Klimaschutzmaßnahmen gebührend beachtet hätte.

Zusammengefasst sind es folgende Defizite, die die Plausibilität der Studie, der Berechnungen und Empfehlungen massiv infrage stellen:

- Der Hauptfaktor für Landnutzungsänderungen, THG-Emissionen und Gefährdung der weltweiten Ernährung ist die überdimensionierte Tierhaltung. Sie kann bei keiner Überlegung zu Klima- und Umweltschutzmaßnahmen ausgeklammert werden, weil allein die Verminderung der Nutztierhaltung eine enorme Steigerung der Produktion von Direktlebensmittel ermöglicht, sodass Produktionsverlagerungen nicht nötig sind und sogar rückgängig zu machen sind.
- Die Konstantsetzung chemie- und nutztierintensiver Produktion bedeutet eine Bevormundung der Verbraucher in Richtung Konsum tierischer und billiger Lebensmittel. Die Tatsache, dass viele Bio-Lebensmittel aus dem Ausland importiert

werden müssen, weil hierzulande das Produzierbare nicht produziert wird, sollte endlich auch von Agrarwissenschaftlern, insbesondere von den Ökonomen unter ihnen, in die Entwicklung von Klima- und Umweltschutzmaßnahmen von Seiten der Landwirtschaft einbezogen werden.

- Es ist völlig unverständlich, wieso bei behaupteter Notwendigkeit der Kompensation einheimischer Produktionsrückgänge – infolge von Klimaschutzmaßnahmen – durch Importe ein positiver THG-Einspareffekt entstehen soll: Warum sind die THG-Emissionen infolge indirekter Landnutzungsänderungen im Ausland geringer als jene in Deutschland, die aus dem Produktionsrückgang gewonnen werden, der durch die iLUC kompensiert wird?
- Es wird überhaupt keine Rücksicht genommen auf den Erhalt von Ökosystemen und die dafür erforderliche Förderung von ÖSL, wie z. B. dem Bodenaufbau, Humusaufbau, Verzicht auf Chemie u. a.: Die Auswahl der untersuchten Maßnahmen folgt offenbar dem Gebot der unangefochtenen Erhaltung der chemie- und nutztierintensiven Landwirtschaft und ist letztlich beliebig. Ökologische Querbeziehungen zu anderen ÖSL werden ignoriert.
- Positive Ökosystemleistungen als Gegengewicht zu vermindertem Nutzen bzw. Ertrag aus Ökosystemen werden nicht anhand von materialen Fakten bezüglich effektiv verminderter Schäden in Rechnung gestellt, sondern anhand fiktiver Zahlungsbereitschaften der Bürger, die in Umfragen erhoben werden. Dies ergibt ein völlig schiefes Bild im ökonomischen Gesamtnutzen für die Gesellschaft pro Jahr, der de facto viel geringer ist oder ganz fehlt, weil z. B. die tatsächlichen Kosten für die Wasserreinigung viel höher sind, als der zudem ungewisse Nitratminderungseffekt durch weniger N-Ausbringung oder die Zahlungsbereitschaft der Bürger für solche N-Reduktionen.
- Alle Maßnahmen führen zu keiner nachhaltigen Reduktion von THG oder Verbesserung der Biodiversität. Zudem führen alle empfohlenen Maßnahmen zu zusätzlichen Produktionsverlagerungen, weil die Verminderung der Tierhaltung nicht in Betracht gezogen wird. Nachdem aufgrund des Überwiegens des deutschen Imports um ca. 10 Mrd. EUR jährlich gegenüber dem Export, bereits jetzt über 50 % der deutschen THG-Emissionen im Ausland anfallen, ist jede Maßnahme, die nicht auch die Importe vermindert, keine wirkliche Klimaschutzmaßnahme.
- ÖSD werden dazu benützt, um vor allem über die angenommene Zahlungsbereitschaft der Menschen für eine schönere Landschaft, mehr Vögel oder weniger Mais einen positiven geldwerten Nutzen der ausgewählten Klimaschutzmaßnahmen zu errechnen.

  (Der hohe ökonomische Gesamtnutzen des Maßnahmenpakets aus Moorwiedervernässung, N-Verminderung und Aufforstung von 4,024 Mrd. EUR resultiert fast vollständig aus der aus Befragungen errechneten hohen Zahlungsbereitschaft der Menschen für mehr Wald bei 5 % Aufforstung).

- Um bis 2030 die deutsche Landwirtschaft zu wirklichen Klima-, Umwelt- und Artenschutzmaßnahmen zu befähigen, sind folgende Maßnahmen unerlässlich:
  - die Reduktion der Tierzahlen auf ein ökologieverträgliches Maß von maximal 2 GV/ha,
  - die Produktion von viel mehr Direkt-Lebensmitteln (bei viel weniger Tieren und tierischen Produkten) zur gezielten Vermeidung von Produktionsverlagerungen,
  - die Abkehr von der Exportorientierung zugunsten der Rückkehr zur regionalen Selbstversorgung,
  - die Beendigung des Betriebsgrößenwachstums zugunsten des Erhalts der kleineren Betriebe, die für den regionalen Markt produzieren,
  - das Verbot aller Landnutzungsänderungen wegen der Minderung der THG-Absorption und Steigerung der THG-Freisetzungen,
  - die Förderung der Diversität in der Landschaft durch Neuanlagen von Hecken, Feldgehölzen, stationären Gewässern und Brachflächen auf wenigsten 15 % der landwirtschaftliche Nutzfläche,
  - die massive Ausweitung des Ökolandbaus, der alle diese Voraussetzungen bereits größtenteils erfüllt.

9.11 Die Widerstände gegen eine Ökologisierung tendieren abermals zu einer darwinischen – kriegerischen – Lösung

Während die europäische Agrarpolitik in der ferneren Vergangenheit fast ausschließlich mit Forderungen von Umweltverbänden, Verbrauchern und der Arbeitsgemeinschaft bäuerliche Landwirtschaft (AbL) nach einer „Agrarwende" in Richtung mehr Umweltschutz, Tierschutz und Erhaltung bäuerlicher Betriebe konfrontiert war, zeigte sich im unmittelbaren Vorfeld der GAP-Verhandlungen über die Subventionsverteilung von 2023 bis 2027 eine neue „Kraft":
Eine Bewegung von „Bauern", die jegliche Verantwortung der Landwirte für mehr Umweltschutz in der Landwirtschaft ebenso kategorisch ablehnt, wie eine Bindung der Subventionsvergabe an Umweltleistungen. Dass diese „alternative" Bewegung der Landwirte dem Bauernverband nicht ungelegen kam, ist kaum zu übersehen. Und wie es derzeit, im April 2021, aussieht, wird sich diese Machtballung der antiökologischen Bestrebungen im Ernährungssektor auch in den GAP-Verhandlungen durchsetzen, obwohl zahlreiche Wissenschaftler- und Politik-Berater-Gremien, wie auch die Umweltverbände vehement eine Subventionsvergabe nur noch für Klima- und Umweltschutzleistungen fordern. In der Folge dürfte die Ökologisierung über die Eco-Schemes nicht mehr werden als ein Feigenblatt für die weitere Vergabe des ganz großen Teils der Subventionen progressiv nach Betriebsgröße und dies dann bis 2027 einschließlich, ohne den Schutz der Ökosysteme im Land und weltweit und ohne eine Verbesserung der regionalen Selbstversorgung mit Lebensmitteln.

Dass sich Landwirte selbst aktiv gegen eine Verantwortungsübernahme von mehr Umwelt-, Gewässer-, Klima-, Tierschutz aussprechen, bedeutet eine neue Qualität im Verhältnis zwischen Landwirtschaft und Gesellschaft, die an die Weimarer Zeit erinnert, d. h. an einen gewachsenen Einfluss nationalistisch-völkischer Haltungen und Ideen auf die Bauern, die ihre Existenz über alle gesellschaftlichen Ansprüche – außerhalb von Erzeugnissen – erhaben sehen und Subventionen allein dafür berechtigt halten, dass sie auf dem Weltmarkt mithalten können.
Die fehlende kritische Auseinandersetzung der tatsächlich alternativen Szene, vor allem auch der AbL und der Ökoverbände, mit diesem neuen rechtskonservativen Zurück zum Nährstandsdenken, machte es der Politik leicht, die Gewichte beim Alten zu lassen und die geforderte Agrarwende, mit dem Verweis auf diese Gegeninteressen, auf unbedeutende Blühstreifen oder ähnlich populistische Scheinlösungen zu begrenzen.

Indem die Agrarwende-Forderer frustriert das Machbare hinnehmen, ohne sich mit dem politischen Gesamtvorgang weiter zu befassen, machen sie vermutlich einen der größten Fehler ihrer ganzen Laufbahn: Sie verleiten die europäische Agrarpolitik förmlich dazu, der neuen Gentechnik (NGT) endlich die lang ersehnte und in zahlreichen Labors seit Jahren und auch jüngst im „green new deal" der EU vorbereiteten Anerkennung als konventionelle Züchtungsmethoden zu verschaffen, da es nun in der Landwirtschaft selbst eine beträchtliche Zahl von Landwirten zu geben scheint, denen die Auswirkungen auf die Natur egal sind und die Aufmerksamkeit der Verbraucher von der Corona-Pandemie absorbiert ist.

Dass es im augenblicklichen GAP-Prozess um mehr gehen könnte als nur um die Aufrechterhaltung einer unethischen und unökologischen Subventionsvergabepraxis, nämlich um eine Stärkung des gesamten agrarindustriellen Ernährungskomplexes für die kommenden internationalen Auseinandersetzungen um Einflusszonen und damit verbundenen Ressourcen – ganz jenseits der internationalen Kooperationsanforderungen der Klimaschutzpolitik – zeigt sich auf anderen Gebieten: der Frontstellung gegen Russland und China, der Aufrüstung sogar mit Zustimmung der Grünen und des weiteren geplanten, ungehemmten Wirtschaftswachstums mit fossiler Energie, insbesondere Erdgas.

Die Parallelität dieser politischen Vorgänge ist die logische Konsequenz der Fortsetzung des überholten Überlebensmodells westlicher Gesellschaften mit ihrer doppelt antiökologischen – nationalistisch-egoistischen – Sicht auf die Umwelt und auf die Natur auf eigenem Gebiet und dem in seiner Rationalität auf geringkomplexe Ursache-Wirkungsbeziehungen und Wachstum der Wirtschaft (Warenumsatz, Gewinne und Einkommen) um jeden Preis beschränkten Anthropozentrismus.

Dies bedeutet, dass die von Umweltwissenschaften – nach den Zivilisationskritiken im 19. Jh. und dem Bericht des Club of Rome in den 70er Jahren nun zum dritten Mal – geforderte Abkehr von der rigorosen Naturausbeutung, selbst im Angesicht der bereits eingesetzten Klima- und Umweltkatastrophen (Artensterben, Entwaldung, Ressourcenverschmutzung) mit einem politisch genehmigten Weiter-so-wie-bisher im Kernbereich der Natureingriffe, im Agrarsektor, zurückgewiesen wird.

Dabei ist der Ernährungssektor weltweit für über 50 % der THG und, aufgrund der Pestizide, Überdüngung und Monokulturen, für den Großteil des Artensterbens verantwortlich, von der Schädigung zahlreicher anderer Güter des Gemeinwohles, wie z. B. dem Grundwasser, einmal abgesehen. Das Festhalten an einer nachweislich naturzerstörerischen industriellen Landwirtschaft in Europa, die durch ihren hohen Viehbestand auch die Welternährungslage drastisch verschlechtert, scheint unsere These von der doppelt beschränkten Rationalität dieser Gesellschaften zu bestätigen: Egoistisch beschränkt gegen den Rest der Welt und die globale Biosphäre und egoistisch beschränkt gegen die Ökologie und die Gesundheit der Menschen auf eigenem Gebiet.

Natürlich gibt es mächtige Kräfte im Hintergrund, die Agro-, Futter- und Lebensmittelkonzerne und die Industrie, die weiterhin von niedrigen Preisen landwirtschaftlicher Erzeugnisse profitieren wollen.
Aber andererseits kommt das „Weiter-so" von der Politik der europäischen Demokratien und Institutionen, die kaum so ausfallen könnte, wenn sie dem Willen der großen Mehrheit der Bevölkerungen widerspräche. Also scheint sich im GAP-Ergebnis 2021 nicht nur die Reproduktion des tradierten Überlebensmodells von Ackerbaugesellschaften, auf höherer Stufenleiter der Naturausbeutung, anzubahnen, sondern auch die Asymmetrie freiheitlicher Demokratien zugunsten des individuellen Egoismus zu wiederholen. Dass ausgerechnet die erstmals in der Nachkriegsgeschichte wieder aufgetauchten, völkisch orientierten bäuerlichen Gruppen als Zünglein an der Waage fungierten, um den Agrarwende-Verfechtern den Wind aus den Segeln zu nehmen, ist gewiss kein Zufall, sondern eher Ausdruck der Wiederholung von Geschichte, aus der bisher nichts gelernt wurde.

Tatsächlich gibt es mehrere Hinweise darauf, dass die EU das Vermögen ihrer Besitzenden und das Lebenshaltungsniveau ihrer Bürger auch im Zeichen der Klima- und Umweltkrise zu erhalten trachtet, notfalls mit massiven Grenzbefestigungen und mit militärischen Mitteln. Und die Lösung könnte wieder die völkische sein, anknüpfend an ein freies, in der Existenz individuelles Leben, dem mittels eines evolutiven Schubs an Innovationen und Gemeinsinn eine neue Resilienz, Widerständigkeit gegen zunehmend chaotische Verhältnisse, verschafft werden soll. Wo diese Verlockungen der scheinbar naturverbundenen Lebensertüchtigung hinführen, zeigen die 1. Hälfte des 20. Jh. und die unzähligen Expansionskriege in der Geschichte vorher.
Für die „völkische" Ganzheit jedoch, die durch den Faschismus inakzeptabel geworden ist und zudem wichtigen Innovationen, wie vor allem notwendiger Zuwanderung, im Wege steht, gibt es heute einen sehr rational erscheinenden Ersatz: Das Gesellschaftssystem, das, wie bereits in Kap. 7 erläutert, in der maßgeblichen soziotechnischen Systemtheorie genauso totalitär, hierarchisch und gegen die Menschen-, und demokratischen Mitwirkungsrechte der nichtvermögenden Mitglieder der Gesellschaft konzipiert ist, wie der völkische Staat im vorigen Jahrhundert.

Wie weit die Agrarwissenschaften von einer Ökologisierung der Landwirtschaft entfernt und verstrickt sind in Vorhaben der Gegenaufklärung, gesteigerter gewinnträchtiger Naturausbeutung unter Missachtung aller Folgeschäden auch für das Gemeinwohl, soll im Folgenden kurz umrissen werden.

(1) Die Ausbeutung der „Ökologie“ als Naturhaushalt war bisher immer verknüpft mit kriegerischer Expansion in Krisenphasen.

Wie leicht nachzuweisen ist, beruht die Entwicklung der Gesellschaften seit dem Sesshaftwerden zunächst nur auf der Ausbeutung der durch die Natur nach der Eiszeit geschaffenen und bevorzugt in Besitz genommenen Gunstlagen und danach, seit der Bronzezeit (etwa 1500 v. Chr.), auf der Expansion der Gesellschaften und der Ausbeutung auch von unterworfenen Gebieten, die bereits von anderen Völkern besetzt waren.

Heutige Widerstände gegen die Ökologisierung der Landwirtschaft, der Gesellschaften und Lebensstile insgesamt sind folglich historisch tief verwurzelt und verknüpft mit aggressiven, antiaufklärerischen und antidemokratischen Lösungsversuchen der Konflikte mit den Grenzen der Natur mittels kriegerischer Expansion. Daher sind diese Widerstände gegen mehr Rücksicht auf die Natur nur zusammen mit einer grundlegenden Transformation der gesellschaftlichen Bedingungen dieser Überausbeutung der Natur zu überwinden.
Die weitverbreitete Meinung, man könnte die Ökologisierung mit ähnlichen Mitteln und Einstellungen erreichen, die bisher zur Erzielung höchster Erträge, also höchster Ausbeutung der Natur eingesetzt wurden, also mit Technik, anderer Chemie und Gentechnik, ist eine gefährliche Illusion, weil sie den egoistischen, antiökologischen und nicht am Gemeinwohl orientierten Interessen des industriellen Agrarsektors in die Hände spielt und den Ökolandbau in seiner besonderen Qualität des naturschonenden und -förderlichen Landwirtschaftens zum Verschwinden bringen wird.
Wer der Tendenz bei den Junglandwirten nachgibt, dass Technik wichtiger ist als Wissen und Vorsorge für eine hohe Bodenfruchtbarkeit und reichhaltige Ökologie, besorgt tendenziell die Interessen der Agrokonzerne an einer Kontrolle des gesamten Ernährungssystems, schließlich auch mit den Mitteln der Gentechnik und der Erbgutpatentierung.

Letztlich geht es für die heutigen Menschen darum, zu verstehen, dass es sich beim Klimawandel und dem Artensterben um nichts Geringeres handelt als um den Hinweis, dass sich die Gesellschaften bislang auf Kosten der Gunstbedingungen entwickelt haben, die die Natur nach der letzten Eiszeit hervorgebracht hatte: Viele Arten, viele Wälder, Wiesen usf., viel konsumierbare Biomasse, aber auch eine eigenständige, produktive, sich selbst steuernde Produktivkraft aus symbiotischen Lebensgemeinschaften, Ökosystemen vielfältigster Art, Stoffkreisläufen und Fließgleichgewichten.
Verstanden werden muss, dass genau diese eigenständige Systemhaftigkeit der Natur vom Menschen gestört wurde und nun genauer erkundet und schließlich respektiert werden muss, um der Chaotisierung des Wetters und Sterbens der Arten Einhalt gebieten zu können. Hier gibt es keine andere Lösung als die Erkundung und Wiederherstellung der Ökosysteme und ihrer inneren wie äußeren Zusammenhänge. Evolutive Lösungen in Form künstlicher Organismen würden die Störungen nur vertiefen.

Indem wir aus der Geschichte wissen, dass unsere Art rational zu denken in einer Zeit begründet wurde, als die Nützlichkeit der Rationalität aus dem Vollen schöpfen konnte, also beschränkt war auf die Zeit des Verbrauchs der Gunstbedingungen, an dessen Ende die Erschöpfung der Bodenfruchtbarkeit und anderer Naturgrundlagen stand, die schließlich zu Expansion oder Verlassen des Gebietes zwang, sollten wir uns heute, angesichts der Klima- und Umweltkrise, vordringlich darum kümmern, diese Wagenburg-Rationalität schleunigst hinter uns zu lassen und alle kurzfristigen bzw. gering-komplexen Nutzenkalküle durch natursystem-verträgliche mittel- bis langfristige Nutzenkalküle ersetzen, worin Schutz und Förderung der Ökosysteme und deren Produktivität zur menschlichen Lebensgrundlage wird und die Goldgräbermentalität der schnellen Gewinne ein Ende findet.

Davon sind wir derzeit noch weit entfernt, zumal vor allem auch die Philosophie und die Agrarwissenschaft meinen, das ganzheitlich-systemische, längerfristige Denken in den Bereich des Esoterischen, Religiösen oder Überkommenen oder gar Faschistischen schieben zu können. Dabei sind sie die fahrlässig beschränkten Kleingeister, die einfach nur alles ignorieren, was ihren beschränkten Horizont überschreitet. Dass in dieser vereinfachenden Sichtweise Gewaltpotential enthalten ist, wie es sich Anfang des 20. Jh. aufgestaut und schließlich in Menschheitsverbrechen entfaltet hat, dürfte diesen Geistern des Fortschritts kraft Durchsetzung des beinhart Bornierten kaum unbekannt sein. Hierin reichen sich die Arbeiten von Nietzsche über Haeckel und Gloy, trotz aller hehren Wissenschaftlichkeit die Hände!
Aber gibt es nicht auch eine Verantwortung der Wissenschaften, zumindest die Verteufelung des ökologisch Anderen und Authentischen zu unterlassen? Was ist der bevorzugte „freiheitlich subjektivistische Standpunkt" bei Gloy wert (ebenda, S. 226 ff.), wenn er nicht begrenzt wird durch Positionen, die den Menschen vor der Selbstzerstörung schützen, indem sie ihn als Naturwesen durchaus noch abhängig sehen von den Zusammenhängen, in die die Gentechnik, nach Gloys Meinung, ohne Vorbehalt, aufgrund der Vormachtstellung des Menschen gegenüber der Natur, einzugreifen berechtigt sein soll?

Der Weg von der beschränkten Rationalität der Sesshaftigkeit bis heute umfasst ca. Zehn- bis Achttausend Jahre, aber diese beschränkte Rationalität wirkt bis heute sogar bis in die moderne Philosophie und Naturethik, die anscheinend nichts Besseres im Sinne haben, als die Legende vom „Goldenen Zeitalter", in Form einer glorreichen Zukunft auf Basis der menschlichen Sonderstellung und seiner raffinierten technischen Mittel, immer weiter zu spinnen und jede Reflexion auf die katastrophalen Folgen dieses vornehm als Anthropozentrismus bezeichneten Chauvinismus als unnötig, weil wissenschaftlich nicht begründbar, hinzustellen.
Es ist diese Wissenschaft selbst, die solches behauptet, die, in Anbetracht ihrer beschränkten, nicht reflektierten historischen Grundlagen und verhängnisvollen Folgen, den Anspruch auf eine möglichst umfassende und möglichst objektive Sicht der Natureingriffe längst aufgegeben hat zugunsten möglichst wachstumsdienlicher wirtschaftlicher Effekte. Daher werden wissenschaftliche Ansätze und Erkenntnisse, die die Schädlichkeit und lang-

fristige Nachteiligkeit z. B. der Chemielandwirtschaft für die Reproduktion der natürlichen Lebensgrundlagen und die Welternährung deutlich belegen können, einfach ignoriert.

Eine moderne Wissenschaft, die aufgrund ihrer Beschränktheit darauf aufbaut, dass man die Natur noch beliebig lang ausbeuten kann, ohne dass etwas schief geht, weil man selbst die Folgen infolge des beschränkten Ansatzes ausklammert und meint berechtigt ausklammern zu dürfen, ist nicht mehr die Wissenschaft, die zur Aufklärung geführt hat.
Sie ist antiaufklärerisch und tendenziell wissenschaftsfeindlich, sodass zu befinden wäre, dass ein Großteil der deutschen Intelligenz nicht mehr für eine wirkliche Besserung der Welt im Sinne von mehr Menschenwürde und Menschenrechte im globalen Maßstab im Einsatz ist, sondern für das Gegenteil: Die weitere Ausbeutung der Natur hierzulande und vermittelt über den Handel weltweit und damit im Einsatz für globale Verhältnisse, die weiterhin nur Nutzen für Europa im Allgemeinen und Deutschland im Besonderen bringen sollen. Hier sind alle analysierten Arbeiten, von Reichholf bis Gloy, gleichsinnig einzuordnen.

Was unsere fernen sesshaft gewordenen Vorfahren praktizierten, die Ausbeutung der Gunstlagen bis zum Umkippen, empfehlen sie auch für heute, ohne die Frage zu beantworten, ob der Mensch tatsächlich ohne Ökologie leben kann. Da wir heute wissen, wie es im Neolithikum weiterging, kann man die Befürworter der antiökologischen Konzepte von Reichholf, Radkau über Krebs bis Gloy nur der unredlichen Argumentation zeihen, worin die „Ökologie“ und „Ganzheitlichkeit“ nur benützt werden, um dieses naturfreundliche Feld zu besetzen, und begriffssemantisch für die endgültige „Kultivierung“ durch die Konzerne der sog. „Lebens“-wissenschaften, Agrochemie und Agrogentechnik, vorzubereiten.

Dazu müssen die klima- und ökologieschädlichen Folgen ungleichgewichtiger darwinischer Natureingriffe in Form von noch mehr Chemie und „Züchtung“ durch Genom-Veränderung ignoriert und die Mär von der dadurch weitergehenden (vermeintlichen) Naturbeherrschung aufgewärmt werden.

(2) Agrarwissenschaft bagatellisiert die schädlichen Folgen der Landwirtschaft für Klima, Umwelt und Gemeinwohl – sie ist egoistisch-darwinisch

Industrieorientierte Agrarpolitik und Agrarwissenschaft reden die Gefahren durch sie selbst sowie durch die Klima- und Umweltkrise klein und die Möglichkeiten einer weitergehenden (vermeintlichen) Naturbeherrschung durch neue Technik groß. Damit riskieren sie die völlige Zerstörung der Biosphäre durch autoritär-expansionistische Formen der Bewältigung von Wachstums-, Ressourcen- und Energiekrisen sowie Umweltkatastrophen und der Abwehr weltweiter Fluchtbewegungen.

In der Auseinandersetzung mit der in Deutschland vorherrschenden Agrarpolitik, die wesentlich von der chemie-, technik-, und nutztier-, also industrieorientierten Agrarwissenschaft getragen wird, ist hochgradiger Realismus angesagt:

- bezüglich der tatsächlich viel beträchtlicheren Negativwirkung der industriellen Landwirtschaft für das Klima und die Biosphäre, als bislang in amtlichen Statistiken aufscheint und öffentlich diskutiert wird;
- bezüglich der tatsächlich viel gravierenderen Nachteiligkeit dieser Form von Landwirtschaft für die Welternährung, als man sich bisher, angesichts imponierender Hocherträge, zu denken, zu schreiben und zu sagen getraut;
- bezüglich der maßgeblichen Ziele dieser Agrarpolitik, die hauptsächlich in der indirekten Subventionierung der Industrieentwicklung durch niedrige Erzeugerpreise und das Betriebsgrößenwachstum mittels Flächenprämien, die laufende Steigerungen der Nachfrage nach größeren Maschinen einerseits und die laufende Nachlieferung frei werdender Flächen infolge Betriebsaufgaben andererseits zur Folge haben;
- bezüglich der Bereitschaft der Agrarwissenschaft zum Umdenken, da sie Schwierigkeiten haben sich von ihren, über lange Zeit falschen Empfehlungen zu distanzieren,
- bezüglich der tatsächlichen Verknüpftheit der industriellen Landwirtschaft mit antidemokratischen Expansionsbestrebungen im Innern sowie über den Handel weltweit,
- bezüglich der drohenden Gefahr einer Faschisierung von ganz Europa zur Durchsetzung einer expansiven Strategie gegenüber anderen Machtblöcken im Kampf um Ressourcen und zur Abwehr der infolge der Klimakrise zu erwartenden enormen Massen an Flüchtlingen nach Europa.

Noch immer bedeutet Landwirtschaft Konzentration auf wenige ergiebige Pflanzenarten mit lagerfähigen Früchten, was im Vergleich zur Vorgeschichte der Ackerbauern eine Entscheidung für Ernährungssicherung durch Ergiebigkeit weniger Kulturen auf Kosten der bisherigen Vielfalt in der Gesamtnatur einer Region bedeutete. Infolge weniger Alternativen entstand ein erhöhtes Risiko, durch den Ausfall einer Kultur einen Großteil der gewonnenen Ernährungssicherheit wieder zu verlieren und Ersatz außerhalb suchen zu müssen. Das genau ist heute mit dem Übergang von der Selbstversorgungs- zur Exportstrategie wieder der Fall.

Beschränkung auf wenige Pflanzenarten verursacht erhöhte Abhängigkeit davon und erfordert folglich einen stark erhöhten Aufwand zur Absicherung ergiebiger Ernten, der bei ökosystemischer Vielfaltsproduktion in Permakultursystemen aufgrund selbstständiger Regulationsprozesse und der breiten Ertragsabsicherung durch viele Produkte weitgehend entfällt. Zudem ist die Flächenproduktivität dieser Vielfalts-Permakultursysteme um das Mehr- bis Zigfache größer als die chemieintensive Hochertragslandwirtschaft.

Gegenstand der Rationalität ist nicht einfach der kultivierte Nachvollzug natürlicher Wachstumsprozesse ausgewählter Pflanzen, sondern darüber hinaus die Gewährleistung der Versorgungssicherheit übers ganze Jahr durch besondere menschliche Vorkehrungen in Richtung Ergiebigkeit und Sicherheit der Lagerung gegen natürlichen Verderb und gegen Nahrungskonkurrenten sowie Überfällen von außen.

Die Konzentration auf wenige Nahrungspflanzen und/oder Nutztiere wird erkauft mit erhöhtem menschlichen Vorsorge- und Sicherungsaufwand und der Entwicklung einer neuen Organisation der Gemeinschaften, die diesen Aufwand bewerkstelligen konnte.

- Wenige Pflanzen erhöhen das Ausfallrisiko dem vorgebeugt werden muss. (Bisher erfolgte die Vorbeugung durch die Vielfalt der Früchte in der Natur selbst.)
- Aufgrund weniger Pflanzenarten ist deren Ergiebigkeit besonders wichtig.
- Der Nutzen der Kulturen ist umso höher, je ergiebiger sie sind und je sicherer die Ernten zustande kommen und auf dem Lager sowie nach außen hin geschützt werden, d. h., je höher der indirekte menschliche Aufwand ist.
- Daher die heutige Einstellung: Die Bauern meinen, dass für eine ergiebige Landwirtschaft sehr viel technischer Aufwand betrieben mehr muss, was bei ökosystemischer Sicht voll den Tatsachen widerspricht.

(3) Moderne Agrarwissenschaft ist antisystemisch und antiökologisch:

Sie erforscht, wie man die nutztier- und chemieintensive Landwirtschaft, in Anbetracht der Klima- und Umweltkrise, durch partielle Maßnahmen, mit nur rechnerisch zu ermittelnden Effekten, erhalten kann.

Ausgangspunkt waren die zweifelhaften Argumente und Widerstände gegen eine Verallgemeinerung der ökologischen Produktionsweise in der Landwirtschaft und das Festhalten an der chemie- und tierhaltungsintensiven industriellen Produktionsweise, obwohl diese für ca. 50 % der weltweiten THG-Emissionen verantwortlich ist und die Klima- und Umweltkrise immer deutlicher als globale Gefahr für die Nahrungsproduktion überhaupt erkennbar wird.

Die Verteidigung der Hochertragslandwirtschaft basiert auf einer wissenschaftlich und ethisch unhaltbaren Gegenüber-Stellung zur Natur, die primär eine feindliche Sicht bewirkt, die alle natürlichen Produktionsfaktoren in der Landwirtschaft gering schätzt oder ganz ignoriert.

(4) Sind Produkte „regional" erzeugt, wenn das Futter aus Brasilien, die Pestizide aus den USA und der Kunstdünger aus Russland kommt? Die Agrarwissenschaft hat den Etikettenschwindel bisher mit unwahren Argumenten gefördert.

Kommen Lebensmittel direkt aus der Region, dann werden sie durchweg von Bauern mit Direktvermarktung erzeugt. Diese Selbstversorgungsfähigkeit der Landwirtschaft einer Region ist hoch zu bewerten, weil meist kleinere landwirtschaftliche Betriebe dahinterstehen, die durch den Direktverkauf und die Belieferung von Kantinen, Schulen usf. ihre Existenz und auch die regionale Ernährungssicherheit erhalten. Dies gilt unabhängig davon, ob sie konventionell oder ökologisch produzieren.
Da die Fähigkeit zur Selbstversorgung einer Region im Zuge des Klimawandels (Erhöhung der Versorgungssicherheit) und angesichts der zunehmenden Exportorientierung der EU-Landwirtschaft, als Wert an sich immer wichtiger wird, geraten Forderungen nach öko-

logischer Erzeugung noch mehr ins Hintertreffen. Vor allem dann, wenn behauptet wird, regionale Erzeugung wäre gleichbedeutend oder so gut wie ökologische Erzeugung, wie das häufig von der Politik und vom Bauernverband zu hören ist.
Hier müsste sich die Agrarwissenschaft, auf Basis von Untersuchungsergebnissen, deutlich zugunsten des Ökolandbaus positionieren, weil diese Gleichsetzung Verbrauchertäuschung ist: Bio-Produkte sind ohne Chemie und Futterzukauf aus Brasilien erzeugt, regionale Produkte (ohne Bio-Kennzeichnung) sind normalerweise ganz konventionell, also mit Chemie und Fremdfutter erzeugt. Wenn es anders wäre: Warum stellt dann der Betrieb nicht auf Ökolandbau um, wenn er schon „nicht oder wenig spritzt"?

Hier gibt es ein Problem mit der Klarheit, das die Agrarwissenschaft aus der Welt schaffen könnte: Einerseits sind da die Agrarpolitiker, die nichts über die konventionelle Landwirtschaft und den Bauernverband kommen lassen wollen und die regionale Selbstversorgungsschiene gerne dazu benützen, um den expandierenden Ökolandbau in die Schranken zu verweisen. Im Zuge dieser Debatte erhält dann „regional" sehr leicht den Zungenschlag des Patriotischen bzw. Unsolidarischen, wenn sich direktvermarktende Biobetriebe gegen die Gleichstellung von „Regional" und „Öko" wehren. Schuld an der Eskalation sind dann meist Politiker, denen jedes Mittel recht ist, um ihre Anhängerschaft in der Landwirtschaft zu behalten. Da wird dann der Biobetrieb, der sich gegen die Gleichsetzung, d. h. den Etikettenschwindel wehrt, sehr schnell zum Feind der heimischen Landwirtschaft überhaupt, d. h. zum Unpatriotischen.
Daher ist solchen Politikern geraten, ihr Differenzierungsvermögen zu verbessern und auf der Hut zu sein, damit sie nicht in das völkische Fahrwasser kommen und rechtsradikalen Bewegungen eine Steilvorlage liefern. Andererseits sind auch konventionell erzeugende regionale Direktvermarkter nicht ganz davor gefeit, sich ökologischer zu verkaufen als sie sind, um die Kundschaft zu halten und/oder von den höheren Biopreisen zu profitieren. An dieser Stelle hilft nur der Appell an die Ehrlichkeit und die Vernunft, doch vielleicht die konsequentere Schiene zu wählen indem man auf Ökolandbau umstellt: für die Natur in der Region und für die Verbraucher, die chemiefreie Produkte und Landwirtschaft in ihrer Nachbarschaft schätzen.
Natürlich wäre es toll und eine große Bereicherung für die heimische Ökologie, wenn sich konventionelle Direktvermarkter zur Umstellung auf Ökolandbau entschließen und dadurch den leer gefegten regionalen Biomarkt durch ihre Produkte bereichern und noch mehr in Schwung bringen könnten.
Jedoch hat die Agrarwissenschaft hier für keine Klarheit gesorgt, sondern mit der Behauptung, dass der Ökolandbau wegen der geringeren Erträge auch nicht besser ist als die konventionelle Landwirtschaft, den Etikettenschwindel sogar noch legitimiert und zwar durch ein wissenschaftlich vollständig falsches Argument, das die realen Verhältnisse auf den Kopf stellt:
Nicht die geringeren Erträge des Ökolandbaus erfordern Produktionsverlagerungen sondern die gesamte konventionelle Landwirtschaft und so auch die regionalen Betriebe, vor allem die tierhaltenden Betriebe, die einen Großteil ihres Futters, aber auch ihren Kunst-

dünger und die Pestizide größtenteils aus dem Ausland beziehen, während die Ökobetriebe mit eigenen Ressourcen auskommen.
Angeblich „regionale" Produkte, sind also in Wirklichkeit nicht nur nicht ökologisch, sondern meist auch kaum „regional", wenn z. B. gentechnisch verändertes Soja aus Brasilien verfüttert wird.
Das Argument mit der Produktionsverlagerung infolge geringerer Ökoerträge erfüllt den Tatbestand der vorsätzlichen Täuschung und hätte längst zur Anzeige gebracht werden müssen, um eine gerichtliche Klärung herbeizuführen. Aber wer getraut sich schon gegen die Wissenschaft zu klagen.

(5) Auch Wissenschaft ist bisher in ihrer Rationalität beschränkt und keineswegs vor Irrtümern gefeit, wie der Faschismus, die Chemielandwirtschaft und die Gentechnik mit ihrer antiökologischen und inhumanen Gangart zeigen.

Die hohe Wertschätzung der Wissenschaft in der Bevölkerung darf nicht dazu missbraucht werden, um die weitere Naturzerstörung und die Ablehnung alternativer Wirtschaftsweisen vor der Bevölkerung zu rechtfertigen, wie dies derzeit geschieht.

Neue Gentechnikverfahren sind über das darwinische Überlebenskampf-Motiv mit Chauvinismus und Expansionismus verknüpft und eine Gefahr nicht nur für den Ökolandbau, sondern auch für die Forschungs- und Wahlfreiheit der Verbraucher und die Demokratie.

Besondere Gefahr erwächst in den neuen Gentechnikverfahren, weil sie über das darwinische „Überlebenskampf"-Motiv mit dem Festhalten der Gesellschaften an expansiven Strategien gegenüber der Natur und gegenüber anderen Ländern verknüpft sind und im Zuge allgemein chaotischer werdender Anbaubedingungen in der Landwirtschaft sowie schwieriger werdender Ernährungssicherung, scheinbare Lösungsrelevanz erhalten. In Wirklichkeit aber würde dies das Ende des ökologischen Anbaus als von den Verbrauchern geschätzte Alternative zur industriellen Landwirtschaft bedeuten.

Wie zahlreiche Beispiele zeigen, behält die beschränkte Rationalität dieses Überlebenskampf-Reduktionismus sogar heute bei der Umsteuerung der Gesellschaft in Richtung Eindämmung des Klimawandels und Artensterbens die absolute Oberhand:

- Entwaldung für Batterien und neue Infrastrukturen, ohne die Verluste in der Natur, der Ökosphäre mit nachfolgender Anheizung des Klimawandels zu sehen.
- Man redet nur über die positiven Effekte von Digitalisierung, nicht aber über die Zerstörung der Urwälder für seltene Erden und den hohen Stromverbrauch völlig überflüssiger digitaler Anwendungen zur Steuerung von Vorgängen, die man allein aus Sicherheitsgründen vollständig in der Hand behalten sollte.

(6) Agrarwissenschaften sind bisher Teil einer industriekonformen Agrarlenkungspolitik zur Aufrechterhaltung verbrauchsintensiver Lebensstile und keine Wegbereiter einer auf eigenen Naturressourcen aufbauenden Politik des Klima- und Umweltschutzes

- Mit der Behauptung, dass der Ökolandbau wegen seiner niedrigeren Erträge zu Produktionsverlagerungen ins Ausland führen würde, soll dem Ökolandbau ex-

plizit der Leitbildcharakter für eine nachhaltige, klimaneutrale und Biodiversitätsfreundliche Landwirtschaft abgesprochen werden.
Da real jedoch nicht der Ökolandbau, sondern die chemie- und nutztierintensive konventionelle Landwirtschaft die Hauptverantwortung trägt für die vielfältigen Produktionsverlagerungen ins Ausland – insbesondere der Futterproduktion – agieren die Agrarwissenschaften, die dieses Verlagerungsargument gegen den Ökolandbau ins Feld führen, offen wahrheitswidrig als Teil einer expansiven Gesellschafts- und Agrarlenkungspolitik, die offenbar um jeden Preis an verbrauchsintensiven klima- und umweltschädlichen Lebensstilen festhalten will.

- Das Argument der notwendigen Produktionsverlagerung infolge von Mindererträgen klingt nach Einsicht in global-systemische Zusammenhänge, es beruht jedoch in Wirklichkeit auf einer naiv-linearen, geringkomplexen nicht-systemischen Sicht des Zusammenhangs zwischen Erträgen und Ernährung, die folgende systemische Faktoren unterschlägt:
  - Die Bedeutung der lokalen wie globalen Ökosysteme für die Landwirtschaft,
  - die Gebundenheit der Produktionsverlagerung an hochintensive Produktionsweisen und -zweige, die ihre Ressourcen nicht aus der bewirtschafteten Fläche generieren, wie vor allem die tierische Produktion,
  - die Kopplung zwischen dem Import agrarischer Rohstoffe und Export von Industrieprodukten, die der Landwirtschaft auch industriepolitisch den Übergang zum Ökolandbau und zu einer gesteigerten Selbstversorgung mit nicht-tierischen Produkten erschwert.

(7) Der landwirtschaftliche Betrieb als „Organismus“ oder als Teil von Ökosystemen, deren Erhaltung und Förderung ihm höchstes Anliegen sein sollte:

- Die Frage, wo in der Realität eine ganzheitlich-systemische Sicht notwendig ist, um klima- und umweltbezogene Effizienzfragen (also in einem Feld mit vielen Faktoren, Wirkbereichen und Rückwirkungen) möglichst objektiv, also umfassend und auf längere Sicht, beantworten zu können, stellt sich dringlich auch bezüglich des landwirtschaftlichen Betriebes.
  Denn immer öfter und deutlicher hört man vom ihm als „Betriebsorganismus“, der, wie ein menschlicher Körper, mit viel Herz und Hirn über ein harmonisches Zusammenspiel seiner verschiedenen Zweige und Arbeitsbereiche, unter Nutzung aller modernen Hilfsmittel, intelligent geführt wird.
  Wie im Falle der – nach dem Organismus-Modell konzipierten – gesellschaftlichen Systemauffassung widerspricht auch dieser „Betriebsorganismus“ ökologischen Belangen, weil er die Gestaltung der Abhängigkeit von den Ökosystemen und ihren Lebensgemeinschaften, also die Einordnung in die zu bewahrenden und fördernden Ökosysteme, als übergreifendem Erfolgsfaktor ausblendet.
- Dieses völkisch angehauchte Konzept des Betriebsorganismus deckt sich mit der in der amtlichen Landwirtschaftspolitik immer mehr in den Vordergrund gerückten

Bedeutung des Selbstverständnisses des Betriebsleiters als politik- und marktabhängiger Produzent der, um seines monetären Betriebserfolges willen, alle modernen technischen Möglichkeiten anwendet, um mit immer weniger Arbeit immer mehr Fläche bewirtschaften zu können.
Ökosysteme, Klima-, Arten- und Umweltschutz spielen in der sog. „guten fachlichen Praxis" bisher allenfalls als marginale Rahmenbedingung eine Rolle, nicht aber als aktive ökosystemische Produktionsfaktoren – daher z. B. auch das heftige Tauziehen mit den EU-Behörden bei der Implementierung einer wirklich gewässerschonenden Praxis per Düngeverordnung.

9.12 Zusammenfassung

Die Ignoranz gegenüber den Ökosystemen, als eigenständigen und für die Reproduktion des Lebens auf Erden unerlässlichen Lebensgemeinschaften vielfältiger Arten, ist tief in den modernen Gesellschaften verankert. Mit der Konsequenz, dass die Wälder, Wiesen, Moore, Flüsse, Seen bis heute nicht geschützt sind, sondern jederzeit für technische Infrastrukturen, Gebäude und die Gewinnung von Rohstoffen geopfert werden dürfen, wie dies derzeit vor allem im Zusammenhang mit neuen Energietechniken beobachtet werden kann:
Wälder müssen im großen Stil der Batterieproduktion, Aufstellung von Windrädern, Lithiumgewinnung, aber nach wie vor auch der Gewinnung fossiler Energien, dem Straßenbau und der fortgesetzten Ausweisung von Siedlungs- und Gewerbegebieten weichen, obwohl ihre Senkenfunktion zur Eindämmung des Klimawandels unmittelbar beiträgt und in hohem Maße benötigt wird.
Im Unterschied dazu steht der THG-Minderungseffekt der neuen Techniken nur auf dem Papier, und wird sogar nicht eintreten oder sehr gering sein, wenn der Stoff- und Energieverbrauch nicht drastisch reduziert wird, sondern, wie aus amtlichen Statistiken ersichtlich ist, sogar sein weiterer Anstieg fest eingeplant ist.

Das heißt, dass die Industriegesellschaften der Welt überhaupt noch nicht akzeptiert haben, dass es ein weiteres Wachstum ihrer Verbräuche, angesichts Erderhitzung und Artensterben, nicht mehr geben kann:
Nicht nur, weil die Schäden der Umweltkatastrophen für die Allgemeinheit wie für jeden Einzelnen laufend größer werden und bald den Wert der gehorteten Vermögen übersteigen werden, sondern weil die Erderhitzung und das Artensterben die Voraussetzungen für die erwartete Reproduktion der gewohnten Lebensbedingungen derart beeinträchtigen und verschlechtern, dass es nicht nur keinen Fortschritt in der Wohlfahrt der Bevölkerung mehr geben wird, sondern nur noch einen beschleunigten Absturz in einen für alle Menschen immer unberechenbarer und gefährlicher werdenden Alltag.
Eine Politik und Wissenschaft, die den entscheidenden Ansatz zur Eindämmung der Erderhitzung und des Artensterbens nicht in einem grundlegenden Wandel des Umgangs mit der Natur zugunsten des Schutzes und der Förderung der Ökosysteme sucht, sondern in neuen Techniken und angeblichen Fortschritten in der angeblichen Naturbeherrschung, betrügt die Gesellschaften und ihre Bevölkerungen. Sie bewahrt allenfalls die weltweit ver-

teilten Nischen für ein heiles Überleben der Reichen. Für die ortsgebundene große Masse der Bevölkerung wird eine weitere Zerstörung der Ökosysteme hierzulande und weltweit die globalen wie auch lokalen Lebensbedingungen massiv verschlechtern.

Die im allgemeinen Denken, in Theorien, Weltanschauungen, Gesetzen, Unternehmen, Haushaltungen, Planungen und Projekten usf. tagtäglich praktizierte antiökologische Natur-gegenüber- und Natur-Verdrängungs-Haltung, die zu einem „Weiter-so" – in Gestalt steigender Verbräuche für einen vermeintlichen Fortschritt durch Technik auf Kosten der Ökosysteme – tendiert, ist dem Menschen nicht angeboren.
Die antiökologische Haltung wird dem Denken der Menschen und ihrem praktischen Leben von den Gesellschaften – von Institutionen, der Kultur, Politik, Wirtschaft, Verbänden usf. – vermittelt. Von Gesellschaften, die sich als egoistische, inselhafte Gemeinwesen gegenüber der Gesamtnatur und nicht „nützlichen" Arten, durch rigorose Plünderung originärer und von selbst entstehender Naturressourcen bis auf heutige Größenordnungen entwickelt haben.
Daher besteht dennoch berechtige Hoffnung, dass die Menschen aufgrund ihrer Fähigkeiten zur Einsicht, aufgrund eigener Erfahrungen und wissenschaftlicher Erkenntnisse, zum Denken in Alternativen, also zu einem reflektierten Wandel ihrer Bedürfnisse und Ansprüche hin zu einer Ökosystem-freundlichen Umorientierung und Umorganisation der Gesellschaften in der Lage sein werden. Und dass sie dadurch auch die gebotene Kraft und Macht entfalten werden, um die Krisen in der Welt zu stoppen (vor allem die Erderhitzung, das Artensterben, die großen Kluft zwischen Reich und Arm, die Verschmutzung der gesamten Erde mit Chemikalien und Plastik und auch die zahlreichen Kriege in der Welt) und den Absturz der Biosphäre in ein lebensfeindliches Chaos zu verhindern.

Es braucht also keinen neuen Menschen, um ein neues Auskommen mit den Natursystemen und zwischen den Gesellschaften ohne Kriege zu ermöglichen, sondern „nur" eine innere Umorganisation der Gesellschaften hin zu einer Wohlfahrtsentwicklung, die auf der hohen Produktivität und Vielfalt der Ökosysteme vor Ort, in den Regionen, vor der Haustüre, aufbaut und seinen Ressourcenbedarf für industriell-technische Produkte auf ein klima- und naturverträgliches Maß begrenzt. Das sollte mit einer Beschränkung der Industrieproduktion auf wirklich lebensnotwendige und mit weniger Energieaufwand erzeugbare Produkte und den Ausbau eines wirklichen Stoffrecyclings und den Übergang zu einer natur- und recycling-freundlichen Konzipierung der Produkte, möglich sein.

Allerdings gibt es in den Industriegesellschaften nicht nur massive ideelle und politische Widerstände gegen einen ökosystembasierten und ökologieorientierten Umbau. Die Hindernisse sind vor allem auch in den materiellen, rechtlichen, ökonomischen und sozialen Voraussetzungen und Zwecksetzungen verankert, unter denen Produktions- und Dienstleistungsprozesse und naturnutzende und stoffumwandelnde Arbeit zur Erzeugung von Produktions- und Konsumtionsmittel und Infrastrukturen stattfinden.

Im anschließenden Kapitel geht es daher vor allem um folgende Fragen:

- Welchen Wert Ökosysteme als Produzenten und Re-Produzenten der natürlichen Lebensgrundlagen für die Gesellschaften haben,
- wie sie zur Grundlage einer neuen Bottom-Up-Entwicklung in den Regionen und von den Regionen her, in Richtung Eindämmung aller ökologie- und klimaschädlichen Verbräuche, gemacht werden können,
- von wem die Umorientierung und Kraft zur Umsetzung einer komplexeren ökosystemisch orientierten Sicht und Rationalität der Nutzung der Natur geleistet werden kann und
- welche Rahmenbedingungen dafür in den Gesellschaften wie verändert werden müssen.

10 Die Zukunft ökosystemisch Denken

Wenngleich aktuell viel von Klimaschutz und Artenschutz zu hören ist, befinden sich die modernen Industriegesellschaften einschließlich der Schwellenländer und sogar die Entwicklungsländer nach wie vor auf dem Kurs wirtschaftlicher und sowie territorialer Expansion in die letzten großen Ökosysteme der Erde, in die Urwälder Südamerikas, Afrikas und Südostasiens. Und selbst auf Konferenzen, auf denen der Ernst der Lage beschworen und Maßnahmen zum Umbau der Gesellschaften in Richtung THG-ärmerer Produktion und Lebensweise, sowie Hilfen der starken für die schwachen Länder versprochen werden, wurde bisher kein Weg gefunden, um die weitere Zerstörung der für den Klimaschutz so wichtigen Ökosysteme aufzuhalten. Im Gegenteil werden parallel zu den Klima- und Umweltschutzkonferenzen Freihandelsabkommen ausgehandelt, deren Attraktivität für die Beteiligten zu einem erheblichen Teil auf der Erschließung von Urwaldgebieten zur landwirtschaftlichen Nutzung, Rohstoffgewinnung oder Gewinnung von Gold und zahlreicher anderer, stark gefragter seltener Erden beruht. In ganz besonderem Maße trifft dies für das CETA-Abkommen und das derzeit verhandelte Mercosur-Abkommen zu, die den Handel mit Industrie- und Agrarprodukten für beide Seiten erleichtern wollen, ohne der Abholzung der kanadischen und amazonischen Wälder einen wirksamen Riegel vorzuschieben.

Dies allein auf die Gier nach Profit, auf alternativlose kapitalistische oder industrielle Sachzwänge zu schieben, greift zu kurz:

- Der Raubbau an der Natur und der damit verbundene fortgesetzte Expansionismus der Völker und der menschlichen Gattung in den freien Raum, in die frische Natur und in bereits kultivierte Gebiete ist seit Menschengedenken, zumindest seit dem Beginn der sesshaften Ackerbaugesellschaften, nachgewiesen.
- Aktuell sind selbst Länder mit gezügeltem Kapitalismus wie China oder viele Entwicklungsländer ohne kapitalistische Strukturen offenbar unfähig, ihr Verhältnis zur Natur anders zu gestalten als ein Verhältnis der Unterwerfung und Ausbeutung.
- Selbst die Entmachtung der Reichen und Nutzung ihres Vermögens für den erforderlichen gesellschaftlichen Umbau zugunsten einer klima- und umweltfreundlicheren Wirtschaft und Lebensweise der Menschen würde die Frage nicht beantworten, wie alle Menschen auf humane Weise zu diesem besseren Auskommen mit der Natur gelangen können und, vor allem, worin dieses bessere Auskommen bestehen sollte.
- Das sozialistische Experiment hat hinreichend bewiesen, dass ein Staatskapitalismus im marxistischen Bewusstsein der vollkommenen Naturbeherrschung zu nicht minder dramatischen Verheerungen in der Natur in der Lage ist, ohne dass sich am Schicksal des allergrößten Teils der Bevölkerung etwas Grundlegendes zum Positiven wenden würde.

So viel zur abschließenden Klärung der Position, die in den vorangegangenen Kapiteln sehr detailliert in der Auseinandersetzung mit bedeutenden Denkweisen der vergangenen 200 Jahre entwickelt wurde.

Zum Abschluss geht es nun um die Schlussfolgerungen aus der Erhellung historisch-gesellschaftlicher und wissenschaftlicher Hintergründe der aktuellen Widerstände gegen eine Ökologisierung der Landwirtschaft, wie schließlich auch der gesamten Gesellschaft.

Die erste und vermutlich wichtigste Erkenntnis ist die, dass nicht allein das „Sein das Bewusstsein bestimmt", wie Marx und alle seine politischen Nachfolger infolge mechanistischen Irrglaubens meinten, sondern, dass auch das Wissen auf dem Weg über das Bewusstsein das Sein bestimmt, und zwar durch das Subjekt als entscheidendes Agens und, kumulativ verstärkt, durch die kulturelle Überlieferung, die in mechanistischen Geschichts- oder Entwicklungsauffassungen regelmäßig vergessen wird:
Es ist dies das besondere des Menschen im Unterschied zum Tier, dass er Objekt-Zusammenhänge und Prozesse in seiner natürlichen Umwelt in ihrer Bedeutung für sein Leben – infolge Erfahrungskumulation, Begriffsbildung und Tradierung – zunehmend genauer erfassen und dadurch erkennen kann, dass es Alternativen gibt. Die Entscheidung für die Kultivierung ergiebiger Pflanzen auf gerodeten Waldflächen, beackerten Wiesen oder Schwemmland und die zwangsläufig damit verbundene Notwendigkeit der Lagerhaltung – beides war nur durch Sesshaftigkeit zu gewährleisten – war vermutlich die erste bewusste Wahl zwischen den alternativen Lebensweisen der Selbst-Kultivierung von Nahrungspflanzen und der Ernährung aus der Natur.

Es ist folglich das Wissen über die Vorteilhaftigkeit der Vorratsbildung durch Selbst-Kultivierung von Natur für sein Überleben, das ihn zum Ackerbau bzw. Sesshaftwerden brachte. Auch wenn eine schlüssige Aufklärung der kompletten Entscheidungslage und der darin bereits gegebenen menschlichen Erwägungen nie in befriedigender Weise möglich sein wird, so scheint doch unstrittig, dass ein grundlegender Wechsel seiner Lebensweise stattgefunden hat – vor ca. 8000 Jahren im Gebiet des Roten Halbmondes in Vorderasien.

Und unstrittig scheint auch, dass bei diesem Wechsel sich das Wissen auf die vordergründigen Vorteile beschränkte, die eine üppige, natürlich entstandene Vegetation bot und ökologische Überlegungen dabei noch überhaupt keine Rolle spielten.
Im Gegenteil widerfuhr dem ökologischen Gesamtzusammenhang, in dem sich der Mensch bisher als Jäger und Sammler oder bereits als tierhaltender Nomade bewegte, eine zweifache Beschränkung: Auf das eigene Gebiet und auf bestimmte Kulturpflanzen, mit der Folge einer eher feindlichen Haltung zur Umwelt und gegenüber Wildpflanzen und -tieren, die die Kulturen bedrängten. Es entstand eine doppelt beschränkte Rationalität, die die objektiven und früher möglicherweise geahnten ökosystemischen Zusammenhänge bei allen weiteren Schritten der „Kultivierung" der Natur, ignorierte.
Da hierfür die wilde Natur beseitigt und die Kultivierung unter menschlicher Kontrolle der Bedingungen und Prozesse des Aufwachsens der Pflanzen vollzogen wurde, entstand beim Menschen das Gefühl von Naturbeherrschung, das sich im Zuge der Entwicklung und

fortgesetzten Expansion sesshafter Gesellschaften in die umgebende Wildnis oder bereits kultivierte Gebiete zum Wahn verstärkte, man würde damit Herrschaft über die Natur überhaupt erlangen können.

Jedoch ist jeder seiner „Eingriffe" beschränkt im Doppelsinne: Partiell und unsicher, weil er viele indirekte und langfristige Wirkungen haben kann, die schließlich seine Existenz gefährden können, wie die konzentrierte Übernutzung eines in Besitz genommenen Gebietes früher und die Klima- und Umweltkrise heute deutlich zeigen.

Nicht das Streben nach Natur-Beherrschung erscheint als die spezifisch menschliche Option zur Bewältigung der heutigen Krisen, sondern die Erweiterung des Blickes auf die offenbar systemischen Verhältnisse in der Natur, denen der Mensch immer ein- und untergeordnet bleiben wird, auch wenn er glaubt, sich durch sein Denken und seine Kultur davon entkoppeln und schließlich vollständig emanzipieren zu können, wie dies der materialistische Anthropozentrismus in den Industriegesellschaften und Naturwissenschaften bis heute glaubt.

Die Klima- und Umweltkrise heute allerdings setzen dem bisher unerschütterlichen Glauben der Menschen, die Natur würde alle diese unzähligen folgenblinden Eingriffe des Menschen ewig folgenlos für den eigenen Bestand schlucken können, ein jähes Ende: Mit entsprechenden Panikreaktionen in den modernen Gesellschaften und Versuchen, den Sachverhalt mit scheinbar wissenschaftlichen Mitteln zu verleugnen oder mit „bewährten" wissenschaftlich-technischen Mitteln bekämpfen zu können, wie dies derzeit von der Real-Politik weltweit empfohlen wird. Aber diese angeblich bewährte technische Lösungsstrategie hat sich vor allem in Form der Anhäufung von Treibhausgasen in der Luft und Ausrottung und Gefährdung zahlreicher Tierarten „bewährt", weil sie keinerlei Sinn für ihre tatsächlich viel komplexeren systemischen Folgen für die Biosphäre hatte.

Da nicht nur Politikern, sondern auch vielen Wissenschaftlern aller Disziplinen die monokausalistisch-anthropozentrische Beschränktheit ihrer Denkweise zu dämmern scheint, wächst interessanterweise nicht ihre Bereitschaft zum Umdenken, sondern ihr Widerstand gegen natursystemisches Denken und gegen die Wahrnehmung der Natur als eigenständiges komplexes Lebenssystem, das in ihrer Systemik mehr verkörpert als nur die Summe seiner Bestandteile. Einige dieser Arbeiten haben wir analysiert, viele neue sind in der Zwischenzeit erschienen, um die, ob der Prognosen ganz offensichtlich unausweichliche Transformation vor allem der Industriegesellschaften hin zu ihrer Unterordnung unter die Ökologie der Biosphäre und ihrer Naturgesetze zu verzögern oder ganz aufzuhalten.

Nur wenige Arbeiten stellen sich der Unausweichlichkeit, nämlich der Notwendigkeit eines viel weniger aufwändigen Lebens und der Überwindung des beschränkten naturfeindlichen wissenschaftlichen und praktischen Denkens, um mit der Bedrohung durch den menschverursachten Klimawandel und der Zerstörung der Biosphäre und Artenvielfalt fertig zu werden. (Wenn es den Menschen gelingt, nicht nur die Ökosysteme zu schützen und zu fördern, sondern auch die Abfälle aus seinem hohen Naturverbrauch wiederzuverwerten, dann muss sich der Aufwand für sein Leben möglicherweise gar nicht halbieren, wie dies von seinem heutigen ökologischen Fußabdruck her notwendig ist).

Im Wissen um die Vorteilhaftigkeit der Sesshaftigkeit für das Überleben entschieden sich die Menschen des Neolithikum für die Sesshaftigkeit, die doppelte Beschränkung ihrer Sicht auf die ursprünglich sehr üppige Natur, in Kauf nehmend.

Im Wissen um die naturschädlichen, lebensbedrohenden Auswirkungen dieser doppelten Rationalitätsbeschränkung sollten sich die Menschen heute, angesichts von Klimawandel und Artensterben, zu einer ökosystemischen Wende im Agieren auf allen gesellschaftlichen und internationalen Entscheidungsebenen durchringen, die die Eigenproduktivität und Selbstregulation der Ökosysteme nutzt und fördert, um die unmittelbar, mittelbar und langfristig schädlichen Folgen von Natureingriffen zu vermeiden.

Vor diesem aktuellen Hintergrund ist es angebracht, die Erkenntnisse hinsichtlich der entscheidenden Rolle ökosystemischen Denkens und ihrer Entfaltung im Rahmen der unumgänglichen Transformation der Gesellschaften in den folgenden acht Punkten zusammenzufassen:

(1) Es ist endgültig: Der Mensch ist Teil der Natur und kein höheres Wesen.

(2) Erträge fußen weniger in Arbeit und Hilfsmitteln als in eigenproduktiven und selbstregulativen Ökosystemen.

(3) Ökosysteme haben einen „Mehr"-Wert und müssen daher besonders geschützt werden.

(4) Es bedarf einer neuen Kultur der Selbstversorgung auf der Basis der Förderung nahrungsproduktiver Ökosysteme und des entsprechenden Systemswissens.

(5) Träger ökosystemischer Rationalität ist das Subjekt als Natur-Kultur-Wesen.

(6) Gesellschaften als komplexitäts-beschränkte sozio-ökonomische Systeme benötigen maximale Förderung der ökosystemischen Rationalität ihrer Subjekte und Gesetze.

(7) Wachstum des Bruttosozialprodukts (BSP) und des Fernhandels sind Indikatoren für Naturzerstörung und benötigen einen neuen ökosozialen Indikator.

(8) Wachsen muss das menschliche Subjekt und dafür braucht es mehr Zeit, Wissen und materielle Möglichkeiten.

(9) Auflistung aller erforderlichen Korrekturen, um der ökosystemischen Rationalität zum Durchbruch zu verhelfen.

10.1 Es ist endgültig: Der Mensch ist Teil der Natur und kein höheres Wesen

Notwendig ist der Abschied von der „Natur-gegen-über-und-Beherrschungs-Haltung" und die Überwindung des mechanistischen Kampfmodus à la Darwinismus, Kapitalismus und Marxismus zugunsten der Anerkennung von Interdependenz, Kooperation und Symbiose in und mit der Natur.

Ausgehend von der doppelt komplexitäts-beschränkten Welt sesshafter Gesellschaften – beschränkt und feindlich gegenüber der exterritorialen Welt, einschließlich Natur, und beschränkt hinsichtlich der verfügten Natur auf eigenem Gebiet – hatten wir die Ackerbaugesellschaften in ihren rationalen Möglichkeiten zur Verhinderung der Übernutzung ihrer Gebiete reduziert gesehen auf eine primär kriegerische Lösung des durch starkes Bevölkerungswachstum entstandenen Konfliktes zwischen den erschöpften Ressourcen und ihrem gewachsenen Nahrungs- und Kulturbedarf.
Auch wenn diese fast 8000 Jahre Konstellation aus dem Neolithikum eine starke Vereinfachung darstellt, so wird diese Entwicklungshypothese doch durch die nachfolgende Geschichte bis heute bestätigt. Die Gegen-Hypothese, nämlich dass Gesellschaften durch Einsicht in ihre Dynamik und Grundlagen ihrer Existenz beizeiten den expansionistischen Kurs in Gestalt von Krieg und/oder Handel zugunsten einer bescheidenen Reproduktion auf ihrem angestammten Gebiet aufgegeben hätten, lässt sich eigentlich nur bei den Naturvölkern, wie z. B. den San in Namibia bestätigt finden.

Von Ackerbaugesellschaften ausgehende Kulturentwicklung diente vor allem der kriegerischen Expansion, auch im antiken Griechenland, dem, von den überlieferten Dokumenten her, ersten Land mit zivilen Fragen zum Sinn und zur natürlichen Grundlage der menschlichen Existenz. Unter den unglaublich vielen Denkern in diesen vorchristlichen Jahrhunderten hatten alle Gedanken, die bis heute unübertroffen erscheinen, von Thales und Pythagoras bis Heraklit, Leukip und Epikur, von Platon bis Aristoteles.

Aber kaum ein Gedanke scheint aktueller als der von Aristoteles, dass die Natur mehr ist als nur Materie oder ein menschliches Werk, nämlich eine Existenz, die sich selbst hervorbringt, selbst reproduziert und dabei alle ihre Mitglieder, einschließlich den Menschen mit Nahrung und allen weiteren zum Leben erforderlichen Stoffen versorgt.
Giordano Bruno, der diese Fähigkeit der Natur gegen den Schöpfergott in Erinnerung brachte und betonte, starb dafür 1600 auf dem Scheiterhaufen. Die Naturwissenschaftler unter den Aufklärern des 18. und 19. Jh., wie z. B. Alexander von Humboldt und Albrecht Thaer, wurden mit ihrer Erkenntnis der zu nutzenden eigenproduktiven Fähigkeiten der regionalen Naturlandschaften und Böden sehr schnell in die Schranken verwiesen durch die Verfechter des Kapitalismus, Darwinismus und Marxismus, die nicht in den autochthonen Fähigkeiten der Natur ihr Heil sahen, sondern in den Fähigkeiten des freien Unternehmertums, in der Konkurrenz der Ideen und Erfindungen, im entwicklungsförderlichen Überlebenskampf der Arten und in der Arbeit sowie im Kampf der gesellschaftlichen Klassen um die Vorherrschaft bei der Verteilung der durch Arbeit aus der Natur gewonnenen Reichtümer.

Vor diesem Hintergrund der sich anbahnenden Hegemonie des wirtschaftlich Nützlichen entstand Skepsis in Bezug auf den Verbleib der physisch Schwächeren, des geistig Anspruchsvolleren und des Individuums überhaupt, aber nicht in Bezug auf die Verheerungen in der Ökologie, die die Zivilisationsentwicklung bereits früher hinterlassen hatte.
Die Rezeption der Kollateralschäden der Industrialisierung spaltete sich einerseits in die Naturforscher, die wie Humboldt und Fraas, die Gesamtnatur bedroht sahen, und anderer-

seits in die Schöngeister, die wie vor allem Nietzsche, in den neuen wissenschaftlich-technischen Fortschritten die Entwicklung eines neuen Menschentypus angelegt sahen, der mit dem Verlust von Gott und eines besseren Jenseits, nun das Heft selbst in die Hand nehmen und einen neuen Über-Menschen schaffen könnte. In das gleiche Horn stießen Darwin und Marx, die ebenso ausschließlich die gute Zukunft im Sieg der stärkeren Spezies bzw. Rasse bzw. Klasse sahen: Die Natur war im Ganzen nur chaotischer Schauplatz, Ressource und Grundlage für die Entstehung starker durchsetzungsfähiger Völker oder eines Reiches grenzenloser Freiheit (Marx).
Was wir jedoch bekommen haben waren zwei Weltkriege mit Abermillionen von Toten, die zu einem erheblichen Teil gezielt getötet wurden, weil sie dem Überleben der eigenen Rasse oder Ideologie im Wege standen.

Die Gefahr einer Wiederholung dieses Desasters der ersten Hälfte des 20. Jh. ist heute keinesfalls gebannt, da die Triebkräfte und Legitimationsideologien für eine Auseinandersetzung zwischen den Völkern um Ressourcen nach wie vor vorhanden sind (vor allem der Darwinismus), und kein Ansatz für den Übergang zu einer systemischen Sicht der globalen Naturverhältnisse und der daraus folgenden Notwendigkeit zur Kooperation zwischen den Völkern erkennbar ist – nicht einmal bei den Grünen, die augenblicklich sogar zu den stärksten Treibern der Aufrüstung gegen Russland und China gehören. Sollten die Grünen ihre expansionistische Philosophie nicht bald zugunsten einer systemischen Rationalität für ein gedeihliches Auskommen aller Völker in der Biosphäre zur Eindämmung des Klimawandels und der Artenvernichtung ad acta legen, müssen sie als Vorstufe zu einer neuen völkischen Bewegung eingeschätzt werden, die das Überleben Europas durch Krieg zum Ziel hat und damit keine Rettung der Biosphäre, sondern die Eroberung ihrer Restbestände zur Eigensicherung.

Der Umgang des Menschen mit der Ökologie hängt demnach sehr stark vom Gewicht der Kultur, weniger als Folklore, denn als Wissen der mündigen Bürger, und der Freiheit der wissenschaftlichen Forschung ab. Diese ist derzeit in hohem Maße gefährdet, nicht nur durch die zahlreichen falschen wissenschaftlichen Propheten, sondern die angestammte wissenschaftliche Forschung selbst, die wie im Agrarsektor, mehr oder weniger weisungsgebunden und/oder Drittmittel-abhängig industriekonform forscht, wie das zuletzt analysierte Greenwashing-Beispiel, die Wechselwirkung zwischen Landnutzungsänderungen und Klimawandel zeigt, einem Projekt des dem Landwirtschaftsministerium unterstellten Thünen-Instituts:
Man setzt die aktuelle Landwirtschaft in ihrer Grundstruktur, mit dem hohen Anteil an Nutztieren, einfach konstant, folglich auch ihre hohen THG-Emissionen vor allem im Ausland, und errechnet THG-Senkungen für Maßnahmen, die so überhaupt nicht realistisch sind, weil die dafür erforderlichen Produktionsverlagerungen ins Ausland mit ihren zusätzlichen THG-Emissionen weitgehend unterschlagen werden. Klimaschutz in der deutschen Landwirtschaft reduziert sich auf Berechnungen, die Kompensationen im Ausland miniaturisieren, so wie dies bei den bereits bestehenden Futtermittelimporten der Fall ist, deren CO_2-Fußabdruck bereits zu mehr als 50 % im Ausland entsteht.

Gesellschaften, die wie die modernen Industriegesellschaften auch angesichts des Klimawandels ihr Heil in industriekonformen, chemie- und nutztierintensiven Hochertragslösungen suchen, verewigen die Fehler der komplexitäts-beschränkten antiökologischen Rationalität des Überlebensmodells isolierter Gesellschaften und beschwören expansionistische militärische Lösungen herauf, weil die notorische Ressourcenknappheit zwar zunächst durch klima- und naturfeindliche Handelsverträge, jedoch am Ende nur im Kampf um Ressourcen überwunden werden kann. Die Alternative, die komplexere systemische Sicht der ökologischen Interdependenzen, verlangt einen neuen Respekt vor den Ökosystemen und ihrer Eigenproduktivität und Regulationsleistung, der ohne Verminderung und schließlich völlige Vermeidung ökosystem-schädlicher Eingriffe, also auch ohne Verminderung des Ressourcenverbrauchs nicht zu realisieren ist.

Zum besseren Verständnis muss die tatsächliche Bedeutung der Ökologie als natürliche Lebensgrundlage aller Menschen nochmals in Erinnerung gerufen werden. Die folgenden drei Abbildungen sollen das öko-soziale-kulturelle Verständnis der Sache veranschaulichen.

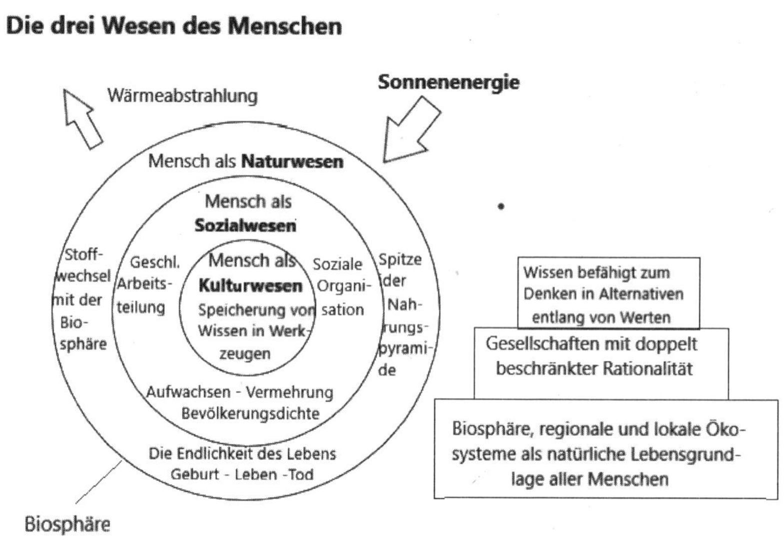

Abb. 2: Die drei Wesen des Menschen

Nachdem vom Menschen seit 100 Jahren immer nur als Sozial-Wesen und dabei ganz besonders vom Homo oeconomicus die Rede war, scheinen ihn heute die Klima- und Umweltkrise zur zweifachen Erweiterung seines Selbstverständnisses zu zwingen:

Zunächst muss der Mensch anerkennen, nicht nur, dass er sterblich ist – auch das hatten viele im Überschwang von Fortschritt und Luxus schon fast vergessen – sondern dass er nach wie vor der Natur ausgeliefert ist, auch wenn er mehr als 100 Jahre glaubte – von unvermeidlichen Naturkatastrophen, dem Lauf der Gestirne und den Naturgesetzen einmal abgesehen – sie zu beherrschen.

Wenn der Klimawandel eines zeigt, dann genau dies, dass die Fiktion der „Natur-Beherrschung", von rechter bis linker Weltanschauung, nur eine dumme Illusion war und dies immer bleiben wird. Daher wird die Menschengemachtheit der Erderhitzung und des Artensterbens vor allem von rechter und linker Seite am stärksten bestritten: Dass die Natur ein Faktor sein könnte, der auf die Handlungen der Menschen eigenständig und umfassend zu reagieren im Stande ist, verträgt sich grundsätzlich nicht mit dem beschränkten Fortschrittshorizont der Darwinisten und Marxisten – aber natürlich auch nicht mit jenem des Liberalismus. Aber Letzterer vermochte es, seine maßgebliche Mitschuld an den beiden Weltkriegen sowohl wie an der forcierten Naturzerstörung zu vertuschen und durch unbestreitbare Fortschritte beim viel gerühmten „guten" Leben bis heute zu überspielen.

Das Gefühl des „Ausgeliefertseins" besteht überraschenderweise vor allem bei denen am stärksten, die sich immer noch im Kampfmodus befinden, dieser Beherrschungsillusion nach wie vor anhängen und danach trachten genügend Mitstreiter für die angedachte brachiale Gegenwehr zu finden: Denn wer will schon hilflos sein?

Ein Großteil der Bevölkerung allerdings, auch viele junge Menschen, scheint sich längst mit dem Gedanken angefreundet zu haben, dass wir letztlich auch Naturwesen sind und als solche – aufgrund unserer Intelligenz – ein besonders verantwortungs-fähiger Teil der Natur sind, der gefälligst mehr auf seinen Stoffwechsel mit der Natur als Lebewesen und seiner durch Gifte besonders gefährdeten Spitzenstellung in der Nahrungskette achten sollte, als weiterhin deplatzierten Chauvinismen und Beherrschungsfantasien für noch mehr dinglichen Reichtum anzuhängen.

Verglichen mit der grundlegenden Abhängigkeit von der Intaktheit der Biosphäre und der Produktivität und Selbstregulationsfähigkeit ihrer vielgestaltigen Ökosysteme erwuchs dem Menschen als Sozialwesen tatsächlich ein Ausmaß an Realitätskontrolle, das ihn geschichtlich wohl dazu verleitet hatte, in den Überschwang einer vermeintlichen Naturbeherrschung (seit den Griechen ist von der zweiten, kultivierten Natur die Rede) zu verfallen. Jedoch war diese Herrschaft immer blind für die mittelbaren und langfristigen Folgen der Naturnutzung und doppelt beschränkt auf einen kleinen Ausschnitt der gesamten Natur und auf die konzentrierte Nutzung fruchtbarer Böden und großer Biomassebestände, die die Natur von sich aus hervorgebracht und dem Menschen zur Nutzung überlassen hatte.

Es ist der Mensch als Sozialwesen, sein gesellschaftlicher Charakter, der die größten Probleme damit hat, mit dem Klimawandel und dem Artenschwund fertig zu werden, weil die gesellschaftliche bzw. soziale Perspektive nie ökologisch und immer egoistisch war, früh ausgerichtet auf die sprichwörtlichen Tugenden der sogenannten schwäbischen Hausfrau: das eigene Haus zu hüten und sauber zu halten, mag es auch auf Sand gebaut und noch so sehr von Feinden und Bumerangeffekten seiner Beschränktheit umbrandet sein.

Wie schwer sich alle tun, ihr eindimensionales Denken in wenigen Kausalketten zu überwinden, zeigen die aktuellen GAP-Verhandlungen und die Bauern bzw. ihre Vertreter und Nutznießer in der Industrie, die sich hier kräftig gegen mehr Verantwortung für Ökosysteme wehren und weiterhin Naturzerstörungen im großen Stil, vor allem der Urwälder, fördern, obwohl bereits heute jeder ausgewachsene Baum benötigt wird, um den bereits sehr hohen und durch ungebremste Emissionen tagtäglich weiter steigenden CO_2-Gehalt der Atmosphäre wieder einzufangen.

Bleibt am Ende also nur die Kombination aus dem seiner Naturabhängigkeit bewussten Naturmenschen und dem zu vernünftigen Entscheidungen zwischen Handlungsalternativen befähigten Kulturmenschen als Hoffnungsträger, die auf der Grundlage objektiven Tatsachen-Wissens und humaner sowie tierethischer und ökologischer Wertvorstellungen dafür sorgen, dass die an Klarheit kaum zu überbietenden Erkenntnisse über die Lage der Menschheit wenigstens in den demokratischen Gesellschaften die Handlungsmacht über die ökonomischen und sozialen Egoismen gewinnen und die Rationalität doppelt erweitern:

In Richtung Anerkennung des überlebensentscheidenden Gewichts der gesamten Biosphäre als ein sehr komplexes, jedoch eigenständig reagierendes System, dem gegenüber sich alle Gesellschaften künftig unterzuordnen, zurückzunehmen und solidarisch miteinander zu verhalten haben. Insbesondere die sogenannten modernen Industriegesellschaften sollten wirklich alles unternehmen, um ihre große historische Schuld der Verdrängung ihrer fatalen negativen Wirkungen für die Biosphäre aus dem Bewusstsein der Menschen und den Problemstellungen ihrer Wissenschaften umgehend abzutragen durch viel radikalere Rücknahmen ihrer ressourcen- und emissions-intensiven Lebensstile, ausbeuterischen Handelsambitionen und kriegerischen Expansionen und durch viel umfangreichere Hilfen für die vom Klimawandel besonders betroffenen Länder des Südens.

Von einer wirklichen Anerkennung des überlebensentscheidenden Gewichtes der Biosphäre sind die Industrieländer jedoch meilenweit entfernt, da ihre Wirtschaften nach wie vor voll auf Erdöl-Basis weitergeführt werden und dadurch täglich zusätzliche Riesenmengen an THG-Emissionen zum bereits bedenklichen Niveau hinzufügen, die über viele Jahrhunderte in der Atmosphäre bleiben, also erderwärmend wirken und durch Minderungsmaßnahmen, die für die kommenden Jahrzehnte angekündigt werden, nicht zum Verschwinden gebracht werden! Die Rede von der bis 2050 oder 2045 angestrebten, sogenannten Klima-Neutralität könnte sich bald als einer der größten Etiketten-Schwindel der Geschichte entpuppen, weil dadurch derzeit – auf dem Wege von Planungsversprechen – verhindert wird, dass der Ernst der Lage in entsprechend radikale Korrekturen bei den Verbräuchen fossiler Energien bereits im Hier und Jetzt übersetzt wird. Die Debatte um die Kohle zeigt, dass man nicht einmal diese, verglichen mit den Erdöl- und Erdgas-Verbräuchen fast nebensächlichen Emissionsquelle zum Anlass für radikale Stopps nimmt, obwohl relativ wenige Arbeitsplätze betroffen sind und große Landflächen vor dem Abbaggern bewahrt werden könnten.

Es sind ganz offenbar die Gesellschaften, die mit ihren auf fünf Jahre gewählten und von mächtigen Lobbyisten beeinflussten Politikern, nicht zur Umsteuerung in der Lage sind, sodass eigentlich nur noch der sich seiner Naturabhängigkeit bewusste und zur besonderen menschlichen Vernunft der Realitätseinsicht und Umkehr fähige Natur-Kultur-Mensch als mündiger Staatsbürger den raschen Wandel bringen kann.

Aber das heißt, dass der einzelne Mensch, das einzelne menschliche Subjekt heute viel stärker gefragt ist als in den Zeiten des langen, aber letztlich verhängnisvollen Aufschwungs der Industriegesellschaften seit dem Zweiten Weltkrieg:
Denn nur der einzelne Mensch verkörpert die Naturzugehörigkeit und die spezifisch menschliche Vernunft, nicht die Gesellschaften, die aufgrund ihrer doppelt beschränkten Rationalität seit dem Beginn der Sesshaftigkeit unentwegt expandierten und diesen Expansionismus – als Gesellschaften – bis heute nicht stoppen können.

Wenn wir also mit dem Klimawandel und Artensterben so fertig werden wollen, dass Menschen überleben können, dann ist auf die Gesellschaften ebenso wenig Verlass wie auf die Großflächenlandwirtschaft für die Welternährung. Beide müssen zurückgebaut werden, damit das menschliche Natur-Kultur-Subjekt mit seinen Grundbedürfnissen, Natureinsichten und tatsachenbegründeten Vernunft die neuen bescheideneren Wege der Selbstversorgung, des Beitrags zum Gemeinwohl entwickeln kann, mit denen sie das Mensch-Natur-Verhältnis neu, bescheiden, naturverträglich justieren. Das haben die Fridays for Future-Bewegung und viele Bewegungen in Richtung wirklicher Transformation klar erkannt: Die Gesellschaften und Politiken sind das Problem, nicht das bedürftige wie zugleich unmittelbar physisch betroffene und zum Erfahrungslernen fähige vernünftige menschliche Subjekt.

Die zweite wichtige Komplexitätserweiterung der menschlichen Rationalität betrifft die Sicht der vielgestaltigen Ökosysteme innerhalb der Biosphäre, nicht nur weil sie durch den ausufernden ökonomisch-technischen Hegemonismus der gesellschaftlichen Naturausbeutung verdrängt, zerstört oder bis zur Unkenntlichkeit deformiert sind wie die Wälder, Grünländer und Äcker in den industrialisierten „Kultur"-landschaften, sondern auch weil sie der Ansatzpunkt sind für den Wandel:

Ökosysteme wie z. B. der Acker sind von sich aus hochgradig Biomasse-produktiv, wenn man sie der natürlichen Sukzession überlässt, oder Nutzpflanzen anbaut.
Der Acker beherbergt eine über Jahrtausende gewachsene Lebensgemeinschaft an fast allen Arten von Lebewesen der Erde, von Bakterien über Algen, Pilze, Einzeller, Kleintiere usf. und gleichfalls ein Jahrtausende altes Gerüst aus Sedimenten und Ton-Humus-Komplexen als Recyclings- und Gesteinszerlegungsprodukte dieses Bodenlebens. Hier nicht von einer besonderen Lebensgemeinschaft und Eigenleistung der Natur zu sprechen nur weil der Acker nicht, wie ein Reagenzglas oder menschliches Wohngebäude, abgrenzbar ist, wie dies einige der kritisierten Autoren tun, ist nicht nur unwissenschaftlich und besonders dumm, sondern sogar fahrlässig und verantwortungslos!
Jeder Mensch der eine Handvoll trockener humoser Ackererde in die Hand nimmt und daran riecht, ist betört vom Duft der Pilze und des besonderen Aromas des Humus, das immer mit Walderde umschrieben wird. Und nur, weil einige Biologen und Philosophen meinen, dass es sich beim Ökosystem Acker nicht um ein eigenständiges System handelt, weil man es nicht, wie einen Organismus, klar abgrenzen kann, soll man der Auffassung sein, es gäbe keine Ökosysteme? Es gäbe nicht das Edaphon, das komplexe Bodenleben und von der Natur hervorgebrachtes Kulturgut ersten Ranges, wie es A. Francé als einer der ersten Mikrobiologen in Deutschland, Anfang des 20. Jh. beschrieben hat?

Sind diese „Wissenschaftler" als Wissenschaftler noch zu retten oder längst Vertreter einer gewissen gesellschaftlichen Politik, die keine Ökosysteme brauchen kann, weil sie den Machwerken des Menschen, der großen Technik, der Chemie und den molekularbiologischen gentechnischen Kreationen im Wege stehen? Natürlich sind Ökosysteme ähnlich abgrenzbar wie ein Organismus, der bekanntermaßen an seiner Oberfläche und Innenfläche sich auch in einem fließenden Übergang mit der Welt der Stoffe, Bakterien und Viren befindet, mit seinem Mikrobiom.

Aber das Entscheidende an den Ökosystemen ist ihre Eigenständigkeit im Wachsen und in der Regulation ihrer Lebensgemeinschaften, ihres Stoffwechsels mit den Sedimenten und der Atmosphäre und im Verhältnis der wachstums-positiven und -störenden Agentien, sprich Nützlings-Schädlings-Gleichgewichte. Und das besonders Interessante an den Ökosystemen ist, dass ihre Artenvielfalt seit der letzten Eiszeit nicht abgenommen, sondern zugenommen hatte, ehe der Mensch mit Sesshaftigkeit und Ackerbau dazwischengefunkte und durch die Umwandlung der Prärien in Acker und dessen technisch-chemische Bearbeitung zu einem Artenrückgang sondergleichen zwang – auf dem Boden und im Boden. Nicht also der Mensch ist in den langen Zeiträumen der primär Produktive, sondern die Natur selbst, sowohl in Richtung Artenvielfalt wie in Richtung Biomasse, Sauerstoffproduktion und CO_2-Bindung über den pflanzlichen Wuchs.

Wiederum kann die Gesellschaft mit Ökosystemen viel weniger anfangen als der einzelne Natur-Kultur-Mensch, der seinen Garten zum Blühen bringt, eine Landschaft aus Hecken, Feldgehölzen, Fruchthainen, Streuobstwiesen, Feuchtbiotopen und Äckern und Wiesen dazwischen neu schafft, davon lebt, darin spazieren geht und sich am Gedeihen und an der Vielfalt erfreut.

Die Gesellschaft hat offenbar nicht den Sinn für diese Eigenproduktivität und Selbstregulation der Ökosysteme, sondern trachtet im Gegenteil danach, diese Eigenproduktivität zurückzudrängen, um Platz zu schaffen für Bauwerke und Nutzpflanzen und viele Nutztiere, die heute bereits weit mehr als 60 % aller weltweit produzierten Nahrung verschlingen, nur damit der Konsument sein billiges Schnitzel oder andere gewohnte tierische Produkte bekommt.

Mit den Ökosystemen verschwand und verschwindet das Leben in der freien Natur: Wie der Weltagrarbericht 2018 vermeldet, hat der Mensch, selbst nur 0,01 % der Biomasse der Erde, seit Beginn der Zivilisation bereits 83 % aller wild lebenden Säugetiere und die Hälfte der Pflanzen zum Verschwinden gebracht, während er die Masse der Nutztiere enorm steigerte: Das Verhältnis bei den Säugetieren ist 60 % Nutztiere zu 4 % Wildtiere und bei den Vögeln beträgt das Biomasse-Verhältnis des gehaltenen Geflügels 70 % zu 30 % Wildvögel. Der Mensch verdrängt also durch die fortwährende Steigerung der Haltung von Nutztieren und vor allem des Fleischkonsums (Vervierfachung in den letzten 50 Jahren) sowie durch die fortwährende Intensitätssteigerung und Ausweitung der Großflächenlandwirtschaft die natürlichen Ökosysteme samt ihren Wildtierpopulationen in einem nur als gigantisch zu bezeichnenden Ausmaß.

Die starke Verminderung der verfügbaren Lebensmittelkalorien über den Umweg der Tierproduktion, die in vielen Entwicklungs- und Schwellenländern zum Anwachsen der akut und permanent Hungernden führt, geht also einher mit einer dramatischen Ausrottung der Wildtierpopulationen, die im Weltagrarbericht von 2018 erstmals mit Zahlen beziffert wird und allein bei den Wild-Säugetieren 83 % beträgt. Seit Beginn des sesshaften Ackerbaus befindet sich der Mensch auf einem stetigen Kurs seiner Selbst-Vermehrung und immer dichteren Besiedlung aller bereits von natürlichen, pflanzenbasierten, Ökosystemen bewachsenen Gebiete, insbesondere natürlicher Wälder und ursprünglichen Grünlands, die er samt der Wildtierpopulation mit wachsendem Tempo verdrängt, in Siedlungsfläche, Acker und Viehweiden verwandelt und schließlich auch die in den Böden überlieferten Schätze an Artenvielfalt und Fruchtbarkeit zerstört.

Die folgende Abbildung versucht eine Veranschaulichung dieser verhängnisvollen Entwicklungsspirale:

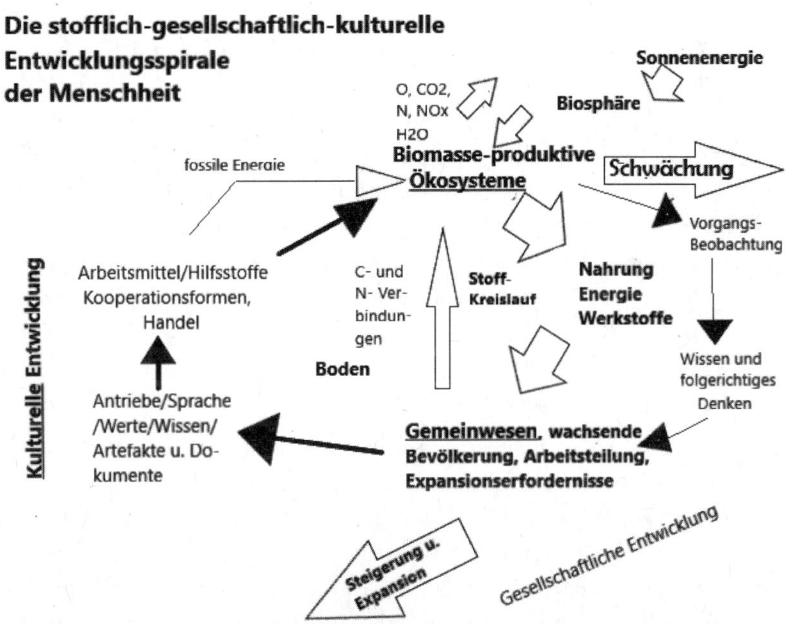

Abb. 3: Die stofflich-gesellschaftlich-kulturelle Entwicklungsspirale der Menschheit

Bewusst und mit historisch-theoretischer Berechtigung stellen wir die Biomasse-produktiven Ökosysteme als Ausgangspunkt in den Mittelpunkt einer dreifachen Entwicklung:

- Zunächst als Ausgangspunkt des vom Menschen mit der Sesshaftigkeit aktiv in die Hand genommenen Stoffwechselprozesses mit der Natur, als Stoffkreislauf, der zu wachsenden und sich arbeitsteilig differenzierenden Gesellschaften führte.
- Dann als Ausgangspunkt für die Kulturentwicklung: Eigenständig wachsende Ökosysteme und Pflanzen zeigten den Menschen komplette Wachstumsvorgänge in Synchronizität mit dem Sonnenstand und Jahresverlauf und beförderten dadurch

auf dem Wege der Beobachtung das folgerichtige Nachdenken der Menschen. Aus dieser Erkenntnis der Kausalität selbsttätiger, eigenständiger Prozesse wurde über die Natur viel mehr gelernt, als etwa aus der Bearbeitung von Objekten mit der Hand und Werkzeugen, wie das u. a. Marxisten und gentechnisch orientierte Molekularbiologen annehmen.

Diese Erkenntnisse beförderten die Arbeitsteilung innerhalb der Gesellschaft, weil der natürliche Wachstumsprozess in seinem Ergebnis der guten Ernten gewissermaßen in der Gesellschaft fortgesetzt werden musste, um mit der Ernte übers Jahr auszukommen und dennoch genügend Samen zur Neuaussaat übrig zu haben. Neben den komplizierten und komplexen handwerklichen Anforderungen an die Aufbewahrung der Vorräte und an die „gerechte" Verteilung der Vorräte, war es vor allem ihre Verteidigung gegen menschliche Konkurrenten, von denen der Erfolg der Sesshaftigkeit abhing. Vermutlich wurde die Sesshaftigkeit erst dann als Alternative zum Nomadentum gewählt, als man sich die Verteidigung des Gebietes und der Vorräte zutraute.
Das aus natürlichen Wachstumsprozessen gewonnene Vorgangs- und Biodiversitätswissen, insbesondere das kausale, folgerichtige Nach-Denken und Denken in eigenständigen natürlichen Prozessen hat die Infrastrukturen und Organisationsformen dieser frühen Ackerbaugesellschaften stark befördert, weil ohne sie ein sesshaftes Überleben nicht möglich war. Unübersehbares und bis heute erhaltenes Zeugnis dafür legen die Steinkreise ab, die in allen Teilen der Welt errichtet wurden, um die Synchronizität mit dem Vegetationsverlauf sicher zu stellen. Aber auch die ersten Keilschriften aus dem Gebiet des Roten Halbmond, von den Sumerern und Assyrern in Mesopotamien, zeigen die starke Rückgebundenheit der Schriftentstehung an die Organisation der Verwaltung und Verteilung der Vorräte. Darüber hinaus gibt es sicher viele weitere Beispiele für das Lernen aus eigenständigen Naturprozessen – z. B. die Funktion des Feuers – die von vielen Archäologen schon genau beschrieben wurden.

- Entscheidend aber ist die weitere Kulturentfaltung durch die Gesellschaft und die sich entwickelnde Arbeitsteilung, die schließlich zu erweiterten Fähigkeiten nicht der Ertragssteigerung, sondern der Expansion führte. Frühe Ackerbaukulturen schöpften aus dem Vollen der Natur und vermochten für dessen Erhalt langfristig keine Sorge zu tragen, weil sie die Zusammenhänge und Ursprünge ihrer ergiebigen Ernten nicht kannten und dadurch natürlich auch nicht die Möglichkeiten, sie auf Dauer zu erhalten.

  Alles angebliche Wissen in diese Richtung, das z. B. den Germanen angedichtet wurde, entbehrt jeglicher seriösen Grundlage: Germanen kannten wahrscheinlich den fruchtbarkeitsfördernden Wert abgebrannter Wälder, kaum aber die ökologischen Grundlagen der Bodenfruchtbarkeit und wie man sie erhalten kann.

  Daher schoss die Bevölkerungsentwicklung regelmäßig über die Möglichkeiten der Selbstversorgung vom eigenen Gebiet hinaus und beschwor dadurch Hungerkrisen herauf, die nur durch Expansion, Raubzüge und Unterwerfung anderer Gebiete und Völker verhindert oder überwunden werden konnten. Bronze- und Eisenzeit sind Synonyme für den Übergang vom sogenannten „Goldenen Zeitalter" der hohen Ernten und mühelosen Ausdehnung in das Zeitalter des wachsenden Verlustes der fruchtbaren Böden, der Abholzung der Wälder für Bergbau, Metallschmelze, Schiffbau, also hauptsächlich Rüstung für die Verteidigungs- und Eroberungskriege am laufenden Band und der daraus folgenden Austrocknung großer Gebiete wie des Vorderen Orients und des ganzen Mittelmeerraumes.

Während also die Gesellschaften an Kopfzahl, vertikaler und horizontaler Arbeitsteilung, sozialer Organisation und Gliederung sowie kulturellen – nicht natürlich entstandenen – Werken wuchsen, baute sich zugleich das Verhängnis des Begrenztseins auf, das zwar auch mit Handel, aber primär durch kriegerische Expansion überwunden wurde.

Da dies bis heute für alle entwickelten Gesellschaften der Fall zu sein scheint, könnte man von einem Wandel, der auch historisch gesehen ein Wandel wäre, nur sprechen, wenn die doppelt beschränkte Rationalität ihres Denkens überwunden würde, einerseits zugunsten des Respekts vor der Biosphäre und der Eigenproduktivität und Selbstregulation der Ökosysteme und andererseits zugunsten der Anerkennung der anderen Völkern als gleichberechtigte Bestandteile und Nutzer der Biosphäre.

Deutliche Zeichen für eine solche Überwindung der beschränkten Rationalität wären

- eine massive Reduktion der Militärausgaben auf Selbstverteidigungsniveau,
- ein sofortiger Stopp von Waffenverkäufen und Kriegen weltweit,
- eine Aufhebung und Umwandlung aller Handelsverträge, die Raubbau an der Natur und an armen Bevölkerungen ausnutzen, um Gewinnvorteile zu erzielen,
- ein sofortiger Stopp von Produktionsimporten aus Urwaldgebieten,
- ein Verbot zur Beseitigung von Ökosystemen jedweder Größenordnung,
- die ökologie-förderliche Rekultivierung der Großflächenlandwirtschaft durch die Wiederherstellung ursprünglicher Feuchtgebiete, Wiesen, Hecken-, Auwald-, Feldgehölz- und Streuobst-Landschaften.

Da die Gesellschaften zu diesen Maßnahmen offenbar nicht in der Lage sind, ruht die Hoffnung allein auf dem Natur-Kultur-Subjekt, das mit allen seinen ihm gebotenen Mitteln versucht, diese notwendigen Änderungen zu erreichen

- über demokratische Abstimmungen,
- über umweltbewusstes Einkaufen,
- über die Veränderung des eigenen Lebensstiles und
- über alternative Projekte des Aufbaus einer Selbstversorgung,
- über die Erlangung von mehr Zeitspielraum für solche Projekte durch die klima- und ökologie-bewusste Verminderung des Bedarfs an Industrieprodukten,
- vor allem über die Reduktion von Arbeit und Arbeitszeit auf das nicht-naturschädliche Lebensnotwendige.

Mittelpunkt und Triebkraft aller erforderlichen gesellschaftlichen Transformationen kann nur das Natur-Kultur-Subjekt sein, das kraft seiner Verwurzelung in der Natur (Grundbedürfnisse) und kraft seines profunden Wissens über die Ökologie und die Zusammenhänge der Ökosysteme dazu in der Lage ist, ökosystemförderliche Entwicklungen für die Sicherung der eigenen Existenz einzuleiten und praktisch zu nutzen.

Dazu sind kapitalistische Ansätze nicht in der Lage, weil sie den abstrakten Gewinn bzw. die Gewinnaussicht als Voraussetzung und Anreiz für Innovation und Investition verlangen.

Der Darwinismus hat keinen Blick für die Gesamt-Ökologie und Ökosysteme im Einzelnen mit ihren symbiotischen Lebensgemeinschaften, weil er nur einzelne Arten und schließlich die Population als kämpferisch durchsetzungsfähige Triebkraft im Auge hat, was letztlich die Konkurrenz auf die Völker überträgt und folglich zum Völkischen und Rassistisch-Faschistischen führen kann.

Der Marxismus hat gleichfalls keinen Blick für die Natur und ökologische Zusammenhänge und daher, wie der Darwinismus, keinerlei Ansatzpunkte für die Bewältigung der anthropozentrische verursachten Klima- und Umweltkrise im Sinne des Überlebensinteresses aller Menschen. Der Marxismus weiß zwar, wo der erwirtschaftete Reichtum liegt, aber er hat keine zeitgemäße Vision dafür, wofür dieser Reichtum verwendet werden sollte bzw. wie die Zerstörung der Biosphäre und Ökosysteme aufgehalten und rückgängig gemacht werden könnte.

Alle drei Konzeptionen des unbegrenzten Wachstums durch Konkurrenz und Produktivkraftentwicklung sind bar jeglicher Vernunft im Umgang mit Reproduktionserfordernissen der Biosphäre und Ökosysteme selbst und daher Hauptideengeber für die Leugnung des menschgemachten Klimawandels und Artensterbens als tatsächliche Realität und/oder als Gefährdung des menschlichen Überlebens.

Die Gesellschaften und mit ihnen die Menschen als Sozialwesen sind die große Schwachstelle im Stoffwechsel des Menschen mit der Natur, weil sie aufgrund ihrer doppelt beschränkten Rationalität keine systemische Selbst-Reflexivität entwickelt haben, die wohl auch viel schwerer zu entwickeln ist als etwa neue Waffen, Autos und Nachrichtenübertragungstechniken, die letztlich nur auf linearen stofflich-energetischen Kausalketten beruhen.

Bleibt also die Hoffnung, dass vor allem der moderne Natur-Kulturmensch damit beginnt, das Systemische in der Ökologie auf allen ihren Ebenen ernst zu nehmen und als Maßstab nun vor allem zur Ableitung notwendiger Änderungen in den Gemeinwesen zu nutzen.

Die junge Generation scheint bereits die ziemlich zutreffende Vorstellung entwickelt zu haben, dass Gesellschaften kaum mehr sind als gewaltige und gewalttätige soziale Maschinen, die im Kraftfeld der vielen Agentien, Interessengruppen und einer systemkonformen Wissenschaft zu keiner Selbstreflexivität bereit oder in der Lage sind.

Jedoch geht es darum, die Entwicklungsspirale in Richtung Abgrund durch die Entwicklung ökosystemischen Denkens und Handelns zu verhindern, auch wenn die Politiker mit ihren beruhigenden und wohlstandssichernden Versprechen nur die nächste Wahl gewinnen wollen.

10.2 Erträge fußen weniger in Arbeit und Hilfsmitteln als in eigenproduktiven und selbstregulativen Ökosystemen

Eine der wichtigsten Negativwirkungen der doppelt komplexitäts-beschränkten Rationalität des Überlebensmodells der Sesshaftigkeit auf das Selbstverständnis des Menschen ist, neben dem Glauben an eine vermeintliche Naturbeherrschung, die Auffassung, dass Erträge primär auf die menschliche Arbeit samt Hilfsmittel in Gestalt der Veranlassung, Kontrolle und Abschöpfung der Wachstumsprozesse von Nutzpflanzen und Tieren zurückzuführen sind und nicht auf die Eigenständigkeit dieser Wachstumsprozesse selbst.
Aber selbst wenn der Mensch Tabula rasa macht, indem er Urwald rodet, um Grünland oder gleich Äcker für Nutzpflanzen anzulegen, wachsen diese Nutzpflanzen nur

- aufgrund ihrer in den Samen angelegten Fähigkeit wachsen zu können, einer Fähigkeit, die der Mensch bisher in ihren Ursprüngen weder kennt noch künstlich im gentechnischen Labor schaffen kann,
- aufgrund ihres symbiotischen Stoffwechsels mit dem Bodenleben (Bakterien-Pilze-Kleintiere), Ton-Humus-Komplexen und Sedimenten des früheren Urwaldbodens (für die Subtropen gelten 1 % Humusgehalt als Minimum für dieses Wachsen),
- aufgrund ihres Stoffwechsels mit der Atmosphäre innerhalb der Stoffkreisläufe der Biosphäre, die bisher auch für ein gemäßigtes Klima sorgte, worin Trockenheit und Nässe und die Stärke von Luftbewegungen und weiterer physikalischer Faktoren sich in einem pflanzenförderlichen Verhältnis befanden,
- aufgrund der Bestäubungsleistung von Insekten, wenn es sich um Obst-, Gemüse-, Leguminosen-Pflanzen u. a. handelt, die mehr als 50 % der weltweiten Nahrung liefern.

Mit der vor allem durch die Agrarwissenschaften geförderten Überbetonung der Wichtigkeit von Arbeit, Hilfsstoffen, Technik und Züchtung für das Wachstum von Nutzpflanzen und -tieren erfolgte eine zunehmende Abwertung dieser für das Wachstum unverzichtbaren natürlichen Wachstumsfaktoren. Die Geringschätzung hat heute ein derart enormes Ausmaß erreicht, dass viele, vor allem junge Landwirte sich gar nicht mehr vorstellen können, dass ohne intensivsten Technik- und Chemie-Einsatz überhaupt noch etwas wachsen könnte. Und das Perfide an diesem Eindruck ist, dass er auf die im Humusgehalt und in der Krümelstruktur heruntergewirtschafteten Böden beinahe schon zutrifft: An den mit Dünger schwer erreichbaren Ecken konventioneller Bestände ist der Aufwuchs winzig. Und auf vielen, frisch mit Mais angesäten Feldern ist nach starken Niederschlägen eine unglaubliche Erosion mit total verschlämmter, lehmig-gelb leuchtender Oberfläche zu erkennen.

Schuld an dieser bodenökologisch katastrophalen Entwicklung ist zweifellos die Politik in Wechselwirkung mit der Agrarwissenschaft, die nicht nur ein europäisches Bodenschutzgesetz verhindert haben, sondern kaum etwas zur Erfassung und Aufklärung des tatsächlichen Zustandes der deutschen Ackerböden beitragen, obwohl die Erträge bereits seit etwa 5 Jahren stagnieren. Einesteils wird der Boden seit Jahrzehnten kaum untersucht, weder auf Pestizidrückstände noch auf den Humusgehalt, geschweige denn auf die Vielfalt und Lebendigkeit des Bodenlebens (im ganzen Agrarforschungsbereich gab es in den letzten Jahren nur 1 Grundlagenforschungsprojekt zum ökologischen Bodenzustand).

Andernteils werden offenbar Befunde, die ein nachteiliges Bild von der konventionellen Landwirtschaft verstärken, zurückgehalten oder zumindest so vorgebracht, dass sie kein Wasser auf die verkehrten Mühlen, z. B. der Wasserwirtschaft oder des Ökolandbaus lenken.

Selbst die wenigen Ökowissenschaftler an den Universitäten scheinen oftmals rätselhaft zurückhaltend, wenn Kritik an der, hinsichtlich der wahren natürlichen Wachstumsfaktoren, völlig fehlorientierten und für diese daher schädlichen Ausrichtung der Agrarwissenschaften und -forschung angebracht wäre.

Eine erste bittere Konsequenz dieses Verschweigens der ausschlaggebenden und in ihrer Fähigkeit stark geschwächten natürlichen Wachstumsfaktoren ist, dass sich weder Wissenschaft noch Landwirte eine Nutzensteigerung durch die Verminderung der Aufwendungen an Arbeit, Technik, Chemie und Züchtung vorstellen können: Das allgemeine Credo lautet weiterhin: Noch größere Flächen, noch schwerere, teurere Technik (z. B. durch Digitalisierung), bessere Chemie bzw. Gentechnik (z. B. durch CRISP/Cas giftig gemachte Pflanzen).

Alles eine absolute Fehlentwicklung, für die hauptsächlich die Agrarwissenschaft, die industriellen Förderer ihrer Forschung und die Agrarpolitik verantwortlich sind, die lieber wenige Konzerne und große Betriebe als Ansprechpartner haben als wachstumskritische Vertreter vieler kleinerer Betriebe, zumal allein durch Wachsen oder Weichen, also weiteres Betriebsgrößenwachstum ständig neue, größere Traktoren und Maschinen erforderlich und nachgefragt werden – wofür auch die Subventionen ohne Ökoauflagen beibehalten werden müssen.

Wenn der Spruch der Vertreter einer „mittleren Technologie“ in der Nachfolge von E. F. Schumachers „Small is beautiful“: Die Rückkehr zum menschlichen Maß, (Bad Dürkheim 1993) seine Berechtigung hat, dann vor allem auf dem Gebiet des Umgangs der chemie- und nutztierintensiven Agrarwirtschaft und -wissenschaft mit den natürlichen, größtenteils ökologischen Wachstumsfaktoren:
Mehr Ökologie wagen ohne Chemie – das ist die Zukunft.

Wie also die natürlichen ökologischen Wachstumsfaktoren respektieren und fördern? Dafür gibt es bereits viele Vorschläge aus dem Ökosektor und auch oben im Text.

Da wir es mit unterschiedlich komplexen Ökosystemen zu tun haben, die für das Wachstum von Pflanzen ausschlaggebend sind, und letztlich nur die Einführung und Verbreitung ökosystemischen Denkens in der Alltagspraxis der Betriebe einen Fortschritt bringen wird, nehmen wir die bisherige Perspektive des Landwirts als Basis, um von dieser zu einer komplexeren Praxis zu kommen.

Eine der gravierendsten Fehlorientierungen der Agrarwissenschaft liegt aktuell an der Mär der „besten durchoptimierten Betriebe“, bzw. des Betriebsmanagements als ausschlaggebender Faktor „zukunftsfähiger“ Betriebe, das von Agrarökonomen ausgedacht wurde, um die Marketing- und Management-Beratung der Betriebe zu intensivieren und diese damit vollends von der industriekonformen Beratung abhängig zu machen.
Dieses „Durchoptimieren“, meist mit digitalisierter Erfassung, Überwachung und Steuerung der Abläufe verkoppelt, ist natürlich großer Unsinn, da die Zukunft der gesamten Landwirtschaft und aller ihrer Betriebe nicht vom perfekten, durch die Agrarwissenschaft zertifizierten Betriebsorganismus abhängt, sondern von der Wiederertüchtigung der natürlichen, ökologischen Wachstumsfaktoren. Und da ist jeder Betrieb, weniger als gut gemanagter Betrieb – was immer dies letztlich heißt – sondern vor allem als Betrieb gefragt, der die bisherigen Empfehlungen der konventionell orientierten Agrarwissenschaft hinterfragen und vergessen kann, um sich auf die natürlichen Wachstumsfaktoren auf seinem Gebiet zu besinnen, die es kräftig als System zu fördern gilt, um der Klima- und Umweltkrise Einhalt zu gebieten.
Gefragt wären hier vor allem Landschafts- und Agrarökologen und weniger Agrarwirtschaftler und -techniker, wie sich dies die aktuelle Politik vorstellt.

Es sind vier Einsichten, die den Landwirt in seiner künftigen Arbeit leiten sollten:

- Er steht nicht der Natur gegenüber und versucht sie durch Zurückdrängung zu „beherrschen“, sondern er bewegt sich in Ökosystemen, die auch sein eigenes Leben als Landwirt, samt Familie, Nachbarn, Konsumenten, Gemeinwesen usf. beeinflussen.
- Es sind unterschiedlich komplexe, ineinander verschachtelte Ökosysteme, die sich von unten nach oben und umgekehrt beeinflussen und die allesamt einen großen Einfluss haben auf die Höhe und Stabilität seiner Erträge sowie auf das Klima und das Landschaftsbild, die Artenvielfalt und den Wasserhaushalt einer Gegend, Region und schließlich im globalen Maßstab.
- Um die natürlichen Wachstumsfaktoren zu stärken muss er die eigenständige Produktivität und Selbstregulation der diversen Ökosysteme fördern, d. h. nicht nur auf gute Erträge bei der Ernte achten, sondern auch das Wachsen der Ökosysteme, des Bodenlebens, der Bodenfruchtbarkeit, der Vielfalt der bodennahen Flora und Fauna usf. im Auge haben.
- Dieses zweigleisige Denken: Förderung des Wachstums der Nutzpflanzen und gleichzeitige Förderung des Wachstums der Ökosysteme ist am praktikabelsten über drei parallele Zeitperspektiven mit kurz-, mittel- und langfristigen Zielen zu verwirklichen, was im Folgenden kurz ausgeführt wird.

Produktionsertrags- und ökosystemertragsorientierte Differenzierung der Zeitperspektiven eines landwirtschaftlichen Betriebes, der die Förderung der natürlichen Wachstumsfaktoren im Auge hat:

(a) Die kurzfristige Zeitperspektive:

- Zeithorizont: Eine Vegetationsperiode,
- Ertragsziel: Sicherung des Anbaus,
- Ökoziele:
  - Implementierung Bodenfruchtbarkeit fördernder Fruchtfolgeglieder,
  - Sicherung des Aufwuchses ohne Chemie,
  - Planung zusätzlicher Biomassegewinnung zum Humusaufbau,
  - Planung zur Sicherung einer ganzjährigen Gründecke auf allen Flächen.

(b) Die mittelfristige Zeitperspektive:

- Zeithorizont: Mindestens 5 Jahre,
- Ertragsziel: Ertragssteigerung durch Leguminosen in der Fruchtfolge und Kompost,
- Ökoziele:
  - sinnvolle Unterteilung von Großflächen in kleinere Schläge,
  - systematische und durch Spaten-Diagnosen, Humus-Untersuchungen u. a., kontrollierte Steigerung der Produktivität des Ökosystems Boden,
  - Bewahrung und/oder Errichtung landschaftsökologisch angepasster zusätzlicher Ökosysteme in der Flur, vor allem Feuchtflächen, Gewässer, Hecken und Feldgehölze und Streuobstwiesen,
  - langfristige Planung der Sicherstellung von ausreichend Biomasse für die Kompostierung und entsprechende Rückführung zum Humusaufbau.

(c) Die langfristiger Zeitperspektive:

- Zeithorizont: Mindestens 20 Jahre
- Ertragsziel: Ertragssteigerung durch die Fruchtfolge, durch Kompost und durch Ausweitung der Biomasseversorgung zur Gewinnung organischen Dünger und für den Humusaufbau,
- Ökoziele:
  - Optimierung des Verhältnisses zwischen Schlaggröße und Größe der weiteren Ökosysteme in der Feldflur,
  - Herstellung eines sinnvollen Ökosystem-Verbundes auf eigenem Gebiet und im Anschluss an Nachbargebiete,
  - Implementierung geeigneter Techniken zur Ernte und Verwertung der hohen Biomasse-Erträge aus den geschaffenen Ökosystemen,

- Steigerung der Biodiversität bei allen Arten der Flora und Fauna,
- Erhalt des Humusgehaltes der Böden auf hohem Niveau allein durch Biomasse-Gewinnung vom eigenen Gebiet.

Die Achillesferse dieser ökologischen Betriebsentwicklung ist letztlich – ob mit oder ohne Tierhaltung – die Frage, wie über die biomasseproduktiven Brache-Glieder und den Zwischenfruchtanbau hinaus, zusätzliche Biomasse für den Humusaufbau der Felder gewonnen werden kann. Unserer Erfahrung nach ist dies in viehlosen Betrieben möglich durch die Nutzung vorhandenen Grünlands und/oder des neuen starken Biomasse-Ertrages der neu geschaffenen Ökosysteme. Vor allem Hecken und Streuobstwiesen bringen einen hohen zusätzlichen Biomasseertrag, der sich in Kompost für den Humusaufbau auf allen Nutzflächen verwerten lässt.

Schlussfolgernd kann zusammengefasst werden:

- Erträge fußen nicht nur in Arbeit, sondern vor allem im natürlichen Wachsen von Pflanzen als Teil der eigenproduktiven Ökologie.
- Die natürlichen Wachstumsfaktoren werden sträflich vernachlässigt und müssen systematisch gefördert werden.
- Dazu ist die Einsicht erforderlich, dass sich der Landwirt selbst innerhalb der Ökologie bewegt und daher die Bekämpfung der Natur vor allem mit Chemie unterlassen sollte.
- Dies erfordert die Parallelität der Förderung des Pflanzenwachstums und des Wachstums der Ökosysteme.
- Die diversen, unterschiedlich komplexen und in ihren synergetischen Wirkungen untereinander und für die Nutzpflanzen erforderlichen Maßnahmen müssen über mehrere parallel verlaufende Zeitperspektiven und Zielkomplexe verwirklicht werden.
- Anzustreben und zu erreichen ist eine kontinuierliche Steigerung der Bodenfruchtbarkeit und damit auch der Erträge allein mit zusätzlich vom eigenen Gebiet gewonnenen Biomasseerträgen der neu geschaffenen Ökosysteme.
- Solche Komplexsysteme aus landwirtschaftlichen Fluren und zusätzlich geschaffenen landschaftsangepassten Ökosystemen sind mit Sicherheit Biomasse-produktiver als die traditionelle Großflächenlandwirtschaft – von allen anderen Positiv-Effekten in Richtung Klimaschutz und Biodiversität einmal abgesehen – wie zahlreiche Untersuchungen zeigen.
- Notwendig ist die Abkehr vom Irrglauben, die Biomasseerträge würden allein von Arbeit, Technik und Chemie abhängen: Tatsächlich hängen sie primär von den natürlichen Wachstumsfaktoren ab, die jeder Landwirt in unterschiedlicher Perspektivenreichweite fördern sollte.

Dass dafür im regionalen bis globalen Maßstab Rahmenbedingungen, vor allem Markt- und Absatzstrukturen nötig sind, in denen die Förderung der Ökologie zugleich mit der Entwicklung der Selbstversorgung der Bevölkerung im Zentrum steht, dürfte klar sein, da nur dadurch die unsägliche, seit dem Römischen Reich gegebene umweltschädliche Konkurrenz der billigeren Fernversorgung mit Lebensmitteln, gestoppt und zugunsten der Entwicklung des Regionalmarktes überwunden werden kann.

Um von den gravierenden klima- und biodiversitätsschädlichen Folgen der chemie-, energie- und nutztierintensiven Hochertragspolitik wirklich wegzukommen, bedarf es einer Restauration und Förderung der Eigenproduktivität, Selbststeuerung und Selbstreproduktion der für das Wachsen der globalen Biomasse-Produktivität ausschlaggebenden Ökosysteme bis hin zur Biosphäre, weil nur durch die Förderung der Ökosysteme eine sichere materielle Basis für die Beendigung des Niedergangs der Ökologie und die wissenschaftliche Verifizierung und Kontrolle ökologischer Fortschritte erreichbar ist.

10.3 Ökosysteme haben einen „Mehr"-Wert und sind daher besonders zu schützen

Die philosophisch-wissenschaftlichen Widerstände gegen ganzheitliche Sichtweisen der Natur im Allgemeinen und von Ökosystemen im Besonderen sind durchweg geprägt von zwei Auffassungen:

Zum Ersten von der anthropozentrischen Auffassung, dass seine Natur-Gegenüber-Stellung (aus dem Bewusstsein folgend) und der daraus folgenden Natur-Gegenüber-Sicht den Menschen dazu berechtigt, die mit zweckgerichteten partiellen Eingriffen, Naturnutzungen und Bedürfnissen verbundene und dadurch zugleich begrenzte empirische Reichweite von Ursache-Wirkungs-Beziehungen zum Maßstab von Erkenntnis überhaupt zu erklären:

Die Reichweite und Erfüllung der zweckgerichteten menschlichen Handlung also zum Grundstandard aller Wirklichkeitserkenntnis überhaupt zu erheben und daher systemische Folgen für ganzheitlicher konstituierte Naturphänomene, in die eingegriffen wird, als wissenschaftlich nicht relevant, weil nicht oder schwer fassbar zu erklären.
Schon die mittelbaren Eingriffsfolgen, z. B. die Schadensfolgen hochenergetischer, konzentrierter chemischer Dünger für den Mutterboden, sind für die anthropozentrischen Apologeten des Hochertrages keinen Gedanken mehr wert, obwohl wenige Jahrzehnte ausreichen, um die über Jahrhunderte entstandene natürliche Bodenfruchtbarkeit spürbar zu schädigen.

Da im Rahmen der modernen Würdigung von Ökologie, im Konzept der Ökosystemdienstleistungen (ÖSD), der Nahrungsertrag aus Ökosystemen ebenso als ÖSD gilt wie andere, eher aufbauende oder kulturelle Ökosystemleistungen, zeigt sich bereits hier das Verhängnis der Verkürzung und Aufspaltung des Stellenwertes von Ökosystemen auf einzelne, durch einzelne Handlungen abrufbare oder beeinflussbare, „Leistungen" von Ökosystemen, zwischen denen dann bei Ziel- bzw. Nutzungskonflikten „abzuwägen" ist.
Die Grundproblematik der Zerstörung hochproduktiver, naturwüchsig entstandener Ökosysteme wird auf die Frage der „Abwägung" zwischen zwei ÖSD verflacht und dadurch übergangen:

Ökosysteme wie die Mutterböden, Wälder, Wiesen usf. erlangen in diesen anthropozentrischen Sichten nicht die grundlegende höherrangige Bedeutung, die sie aufgrund ihres „Mehr"-Wertes als Systeme für die Reproduktion der Biosphäre und daher für den Fortbestand der natürlichen Lebensgrundlagen überhaupt verdienen.

Zum Zweiten geprägt von der Auffassung, dass der ökozentrische Ansatz lediglich darin besteht, der Natur einen „Eigenwert" zu geben, ohne dies empirisch-wissenschaftlich gemäß den Standards der Naturwissenschaften begründen zu können.
Zieht man die zivilisationskritischen Umweltstudien des 19. Jh., wie vor allem auch die Position von Alexander von Humboldt oder die erste Ökosystemanalyse des 19. Jh., die Untersuchung von Karl August Möbius 1877, „Die Auster und die Austernwirtschaft" heran, wird schnell deutlich, dass die Fiktion von der „Natur als Eigenwert" gezielt von Ökozentrismus-Gegnern als Reduktionismus benützt wird, um dem ökozentrischen Ansatz seinen berechtigten und auch als solchen wissenschaftlich zu belegenden Anspruch nehmen zu können:
Möbius hatte als einer der ersten deutschen Öko-System-Forscher – er nannte dieses Phänomen noch „Biozönose" – im 19. Jh. mit handfesten, empirisch belegten Tatsachen darauf aufmerksam gemacht, dass die Austernzucht durch Überfischung bedroht war und dadurch ein ganzes Ökosystem, das für die Ernährung der Bevölkerung überlebenswichtig war – eine Erkenntnis, die ebenso wenig Resonanz erhielt wie die Warnungen des gereiften Justus von Liebig vor der Zerstörung der natürlichen Bodenfruchtbarkeit durch Kunstdünger (siehe J. v. Liebig: Es ist dies ja die Spitze meines Lebens).

Die Reduktion des ökozentrischen Ansatzes – der sich per se mehr für die Zusammenhänge in der Natur interessiert als für den schlichten ausbeuterischen Zusammenhang, den der Mensch mit seinen Eingriffen herstellt – auf die „Natur als Eigenwert" ist ein unverzeihlicher Fauxpas auch der heutigen Auseinandersetzung um die Markierung „ökologischer Schäden", weil es in Wirklichkeit genau die unübersehbaren ökologischen Schäden der bisherigen Menschheitsentwicklung waren, die z. B. A. v. Humboldt, Fraas und vermutlich auch Möbius und viele andere, zu ganzheitlichen Sichtweisen, neben den sich zügig entwickelnden Verengungen der Fachwissenschaften, brachten. Ein bisschen mehr Geschichtsaufarbeitung würde Schriften wie jener über „Ökologische Schäden" von T. Potthast (Hrsg.) sicher nicht geschadet haben, zumal dadurch der Ernst der Lage, jenseits von modernen „interaktionistischen, spieltheoretischen" Irrläufen, deutlicher in die Diskussion zu bringen gewesen wäre.

Denn den Ökozentrikern und Ganzheitstheoretikern ging es doch nicht nur oder primär um den „Eigenwert" der Natur, sondern um den vorrangigen Wert der Natur als in sich durch Selbstregulation ausgeglichene, relativ stabile ökologische Ganzheit, ohne die kein Lebewesen, auch nicht der Mensch, existieren kann.
Von dieser fundamentalen Bedeutung der Natur nicht bloß als Nahrungs- und Ressourcenlieferant für den Menschen auf der oberflächlichen Ebene seiner partiellen, kurzsichtigen Eingriffe, sondern als geschichtlich-evolutiv vorgängige Basis aller Lebensprozesse, die als

Garant des Lebens überhaupt eines besonderen Schutzes bedarf, lenkt die Reduktion des Ökozentrismus auf die Würdigung des „Eigenwerts" der Natur ab.
Zugleich wird ihm dadurch die Möglichkeit wissenschaftlicher Beweisführung abgesprochen, weil sich „Werte" angeblich wissenschaftlich nicht begründen lassen und man selber, als Anthropozentriker, sauber „wertfrei" forscht.
Dabei erscheint die heutige Forschung z. B. in Richtung Gentechnik, als problemlösender Deus ex Machina aller ökologischen Katastrophen wie den Klimawandel und das Artensterben, fast schon wieder so wissenschafts- und tatsachenfeindlich wie das von kirchlichen Dogmen geprägte europäische Mittelalter.
Nicht wissenschaftlich fundierte Theorie und empirische Evidenz sind die Grundlage der Sympathie für die neuen gentechnischen Züchtungsverfahren, sondern krude Macht- und Gewinn-Interessen, mittels der Patentierung der „Innovationen", die Herrschaft über den Ernährungssektor und damit üppig fließende Gewinne für alle Zeit zu erlangen.

Was wir also als Stand der Diskussion in der Schriftart der Ökologie-Gegner haben, ist dies, dass die Vertreter der Ökologie regelmäßig keine kausalanalytisch astreinen Belege für die Existenz und das „Mehr" der ökosystemischen Ganzheit bringen können und dass sie wissenschaftlich gar nicht diesen Anspruch des Nachweises haben, weil für sie der emphatische „Eigenwert" der Natur ausreicht, um diese zu würdigen.

Beides trägt zur Verfälschung des ökozentrischen Ansatzes in Richtung Irrationalität bei und disqualifiziert die modernen ÖSD-Ökologen als inadäquate Sachwalter der Ökologie, weil sie diese wiederum nur auf ihre Leistung für den Menschen reduzieren, ohne zu respektieren, dass der Mensch eigentlich in viel fundamentalerer Weise auf die Intaktheit der Ökologie angewiesen ist und diese daher viel umfassender fördern müsste, z. B. durch den Schutz aller Ökosysteme.

Es geht also um den wissenschaftlichen und normativen Status von Ökosystemen:

- Einerseits um die Frage, ob Ökosysteme ein „Mehr" an Realität und Ergiebigkeit, Vielfältigkeit usf. verkörpern als ihre Bestandteile und
- andererseits um die Frage, ob und wie dieses „Mehr" eine Wert-Hierarchie begründet, worin der Erhaltung von Ökosystemen absoluter Vorrang einzuräumen ist vor den kurzsichtigen, egoistischen anthropozentrischen Nutzungen.
- Damit verbunden ist die Frage, was es für die Wissenschaft bedeuten würde, wenn es nicht das Handeln entlang einfacher, überschau- und kalkulierbare Ursache-Wirkungsbeziehungen ist, das des Menschen künftiges Geschick bestimmt, sondern die Einsicht in ökosystemische Verhältnisse und eine neue ökosystemische Rationalität, ohne die der Mensch den Globus vollends in eine Wüste verwandeln wird.

Wir beginnen mit der Zusammenfassung dessen, was Ökosysteme sind, kommen dann auf die Frage des „Mehrwerts" der Lebensgemeinschaften bzw. des Ganzen gegenüber den Teilen und schließlich zum Verhältnis zwischen Werten der Nutzung und Werten der Erhaltung von Ökosystemen, also zur notwendigen Priorisierung des Ökologischen gegenüber dem Nutzen und fragmentarischen Kompensationsmaßnahmen.

Der Punkt ist abzuschließen mit einer kurzen Reflexion des Konzepts der „ökologischen Schäden“, dem ÖSD-Konzept und der notwendigen Vorsorgen gentechnischen Eingriffen und der Patentierung ihrer Methoden bzw. Ergebnisse.

10.3.1 Was sind Ökosysteme und ihr Mehrwert gegenüber ihren Bestandteilen

Ökosysteme mit ihren Lebensgemeinschaften sind, wie das Leben der Lebewesen, die sie zustande bringen, eine höhere Organisationsform von Materie mit Anspruch auf besondere Forschung und Schutzmaßnahmen:

Wir hatten Ökosysteme definiert

- als aus vielen Arten von Lebewesen bestehende Lebensgemeinschaften,
- innerhalb phänotypisch abgrenzbarer Lebensräume,
- mit einer relativ stabilen Zusammensetzung und räumlich verteilten Struktur von Arten,
- die in teilweise symbiotischen und teilweise antagonistischen Austausch- und Wettbewerbsbeziehungen zueinander stehen;
- Arten, die unter Ausnutzung der Sonnenenergie im Stoffwechsel mit der Atmosphäre, dem Wasserkreislauf und den Sedimenten ihrer geologischen Unterlage,
- infolge ihrer Stoffwechselprozesse untereinander allesamt wachsen und/oder sich vermehren
- und dadurch als Lebensgemeinschaften bzw. Ökosysteme spezifische und spezifisch hohe Wachstumsleistungen
- sowie andere, für den Fortbestand der Lebensgemeinschaften bzw. Ökosysteme wichtige Lebenssicherungsleistungen erbringen (u. a. Abbau toten organischen Materials, Wasserspeicherung, Nährstoffspeicherung, Wasserreinigung, Kohlenstoffspeicherung, Kühlung durch Regenbildung, Erhaltung der Artenvielfalt).

Wie das „Leben“ von Organismen, verkörpern auch Ökosysteme mit ihren Lebensgemeinschaften „mehr“ als die Summe ihrer materiellen Bestandteile, wobei als Maßstab für das „Mehr“ und die Summe sicher nicht allein physikalische Größen, wie das Material-Gewicht zu einem bestimmten Zeitpunkt, dienen können:

Wie das Leben von Organismen verkörpern auch Ökosysteme

- eine über tote Materie hinausgehende, besondere Daseinsform, die sich selbst hervorbringt, eine gewisse Wachstums- und Lebensspanne hat und sich in ihrer Lebenszeit selbst erhält und reproduziert;
- eine doppelte Realität, einerseits aus einem relativ stabilen materiellen Gefüge an Arten samt Austauschbeziehungen und andererseits mit selbsttätigen Stoffwechselprozessen mit der Umwelt (Atmosphäre, Sedimente) und innerhalb der Lebensgemeinschaften und der Sonne als maßgeblicher Energiequelle;

- durchaus nachzuweisende spezifische Energie-, Produktions- und andere Erhaltungs- und Sicherungsleistungen und
- eine Daseinsform, die dem Leben eines Einzelorganismus positive Bedingungen bietet, sodass Ökosysteme die Biodiversität fördern und nicht reduzieren!
- Jedoch bildet sich die Ganzheit von Ökosystemen nicht, wie bei einem Organismus über die Entfaltung einer in einem Samen angelegten bestimmten Form (Organisation zu einem Ganzen hin), sondern durch das symbiotische Zusammenwirken vieler Arten, die sich unter Führung fotosynthesefähiger Lebewesen einen Lebensraum teilen und über Austauschprozesse untereinander sowie mit der geophysikalischen Umwelt ein beständiges und beständig wachsendes komplexes lebensgemeinschaftliches Lebenssystem schaffen, ähnlich wie Menschen, die sich in Vereinen o. a. zusammenfinden, um gemeinschaftlich wertvolle Ziele zu verfolgen. Das Ziel der Lebensgemeinschaften der Ökosysteme liegt im Bestreben der beteiligten Arten zu leben, sich zu reproduzieren und sich fortzupflanzen. Wie beim einzelnen Organismus, nur multipliziert mit der Vielzahl der beteiligten Arten.

Dass ein Organismus in verschiedenster Hinsicht „mehr" ist als die Summe seiner Teile – wie immer auch man diese Summe quantifiziert – ist heute weitgehend anerkannt, nachdem der materialistische Reduktionismus zur bisher schlimmsten Entgleisung in der Evolution der Arten geführt hat, nämlich zur massenhaften Vernichtung „unwerten Lebens" und damit auch von Humanität schlechthin.
Jedoch muss diese Besonderheit des „Lebens" als ein „Mehr" gegenüber seinen materialen Bausteinen wissenschaftlich und kulturell anerkannt, gewürdigt und besonders geschützt werden, weil die Menschheit ansonsten ihre natürlichen Lebensgrundlagen, ihre Humanität und schließlich auch ihre Existenz verlieren wird.

Der Mensch ist als Lebewesen nur überlebensfähig wenn er die Besonderheit und damit komplexe Ansprüchlichkeit von Leben überhaupt über alles stellt, weil er nur dadurch die spezifischen Reproduktionsvoraussetzungen dieser Besonderheit des Lebens erkennen, gebührend würdigen und zur Priorität seiner künftigen Anstrengungen erheben kann.
Denn alle mechanistisch-materialistischen Reduktionen der Eigenart und Spezifik der Bedürfnisse des Lebens von Einzelorganismen wie von Ökosystemen münden regelmäßig in die Entwertung von Leben, in der Missachtung der Lebens-Bedürfnisse und schließlich auch in der Geringschätzung des Rechts auf Leben überhaupt.

Das Industriezeitalter hat mit seiner Fixierung auf die materielle Bedürfnisbefriedigung nicht nur eine endlose Lawine der Bedürfnissteigerung losgetreten, sondern zugleich einen Reduktionismus von Leben auf materiellen Besitz und Konsum auf Kosten der Reproduktion der für „Leben" überhaupt erforderlichen spezifischen natürlichen Lebensbedingungen praktiziert, was uns heute in Gestalt der Klima- und Umweltkrise um die Ohren fliegt.

Die entscheidende Missachtung der Industriegesellschaften passierte dabei nicht nur gegenüber dem individuellen menschlichen Leben, was über Nietzsche, Lebensreform und Haeckel zur chauvinistischen Herrenrasse-Fantasie führte, sondern vielmehr gegenüber den

„lebens"-ähnlichen, jedoch nicht zur Kenntnis genommenen Ökosystemen in der allgemeinen Natur: Denn der Respekt vor den Ökosystemen Wald, Prärie, Boden, usf. hätte der Ausdehnung der industriellen Produktion, der Nutzung fossiler Energie und der Maschinisierung und Chemisierung des gesellschaftlichen Lebens generell und der Lebensmittelproduktion im besonderen viel engere Grenzen gesetzt und den industriellen Wandel stark verlangsamt.

Wie oben zusammengefasst gezeigt, sind Ökosysteme nicht nur dem Besonderen des Lebens überhaupt verwandte, komplexere Gebilde von Lebens-Systemen, in die man nicht eingreifen kann, ohne vielfältig streuende Kettenreaktionen, also unmittelbar, mittelbar und langfristig störende bis schädliche Wirkungen auszulösen. Sie sind mit ihrer Biomasse-Produktivität und den nur von ihnen erbrachten vielfältigen Lebenssicherungsleistungen gewissermaßen die ausschlaggebende natürliche Lebensgrundlage der Menschen, die man nicht einfach neben die vielen denkbaren „Dienstleistungen" einordnen kann, die der Mensch von der Natur bekommt und erwartet. Bleibt also die Frage nach dem Besonderen der Ökosysteme.

10.3.2 Grundlage und Inhalt des Mehrwerts der Ökosysteme

Zunächst drängt sich angesichts der besonderen Leistungsfähigkeit von humusreichen Mutterböden gegenüber unbelebten Lehmböden in Bezug auf das Wachstum von Pflanzen der Gedanke einer arbeitsteilig wirkenden Gemeinschaft aus unterschiedlichsten Bodenlebewesen auf, die im Mutterboden das Pflanzenwachstum ermöglichen, das auf einem unbelebten Lehmboden gar nicht oder nur kümmerlich zustande kommen könnte.

Jedoch teilen die zahlreichen Arten des Bodenlebens keine irgendwie geartete Wachstumsarbeit der Pflanze unter sich auf, sondern sie entfalten lediglich ihr je spezifisches Leben und das dadurch begründete Vermögen der Ergänzung für die anderen Arten in einer so hilfreichen Weise für die Anderen, dass stabile, durch ausreichende Präsenz gesicherte Beziehungen entstehen, worin sich alle „kooperierenden" Arten besser entfalten können als ohne diese Beziehungen.

Es sind also die Arten, die mit ihrer Stoffwechselspezifik stabile Wechselbeziehungen und ganze stabile Artengefüge, Lebensgemeinschaften, schaffen und nicht irgendwelche metaphysische Kräfte. Man kann hier auch nicht von „Selbstorganisation" reden, wie dies heute so leicht über die Lippen geht, weil dieser Begriff nicht zu trennen ist vom menschlichen Verständnis von „Organisation" als bewusstes, zielgerichtet erzeugtes Arrangement. „Selbstorganisation" i. S. v. sich selber Organisieren unterstellt eine Absicht und eine Art Subjekt, das aber in Ökosystemen genau nicht gegeben ist, wie im Übrigen auch nicht bei einzelnen Organismen, wie dies Maturana unterstellt. Zielstrebigkeit im Sinne von sich entfalten sowie von wachsen ist gegeben, jedoch kein „Selbst" im menschlichen Verständnis.

Damit unterscheidet sich unsere Ökosystem-Vorstellung grundlegend von einer „Superorganismus"-Auffassung, wie sie James Lovelock für die ganze Biosphäre als regelkreisförmig und selbstorganisiert agierender Organismus Erde (Gaia) vertritt. U. E. erfolgt damit eine unzulässige Subjektivierung von Ökosystemen analog zu einem Maschinenmodell des Lebens, das die Ökosystemauffassung, sehr zum Schaden für die Erhaltung der Ökosysteme, wissenschaftlich angreifbar macht, wie wir in Kapitel 4 ausführlich dargelegt haben.

Die Theorie der Selbstorganisation suggeriert, wie wir in der Auseinandersetzung mit der Autopoiese in Kapitel 7 gezeigt haben, eine völlig irreale Anpassungsfähigkeit, die den falschen Glauben an eine Art Selbstrettung von Gaia hervorruft (vgl. Lovelock, James, Gaias Rache, 2008).

Ökosysteme wie z. B. aufwachsende oder uralte Wälder oder ein fruchtbarer Mutterboden existieren als relativ stabile phänotypische Ausprägungen der Austauschbeziehungen innerhalb komplexer Artengefüge und dieser mit der geophysikalischen Umwelt (Sonne, Atmosphäre, Wasser, Bodensedimente). Diese Arten-Gefüge entstehen aufgrund der Förderlichkeit der Beziehung der Arten zueinander für ihr jeweiliges Wachstum, ihre Vermehrung und Reproduktion, realisiert durch Austausch i. S. v. Kooperation. Jede einzelne Art gedeiht in der ökosystemischen Lebensgemeinschaft der Arten besser als ohne diese Lebensgemeinschaft. Somit wirken die Ökosysteme artenfördernd und die Arten „danken" dies mit stärkerer Entfaltung. (Hier wären viele bekannte positive Wechselwirkungen aufzulisten, wie z. B. zwischen Pflanzen und Pilzen oder Bakterien [N aus Luft gewinnende Knöllchenbakterien] oder Würmern, deren Ausscheidungen zigmal fruchtbarer sind als der Humus usf.).

Grundlage des Mehrwerts der Ökosysteme, im Sinne ihrer weit über die Produktivität einzelner Arten hinausgehenden, natürlichen Biomasseproduktivität und Produktivität bei den Lebenssicherungsleistungen (Stoffabbau, Wasserreinigung und -speicherung usf.) ist also die wechselseitige Ergänzung der Arten bei der Entfaltung ihres je eigenen Lebens in unmittelbarer Symbiose bzw. Kooperation untereinander.

Vergleichbar mit der Ergänzung zwischen Mann und Frau bei der Erzeugung von Nachwuchs: Einer natürlichen Verschiedenartigkeit und Passung in einem, die man auch in der Interaktion zwischen verschiedenen Arten als für das Überleben der Arten viel wichtigeren Faktor anzuerkennen hat, als die martialischen Überlebenskämpfe an der Spitze der Nahrungspyramide, die in Naturfilmen gerne gezeigt werden, um das Leben als „Überlebenskampf" oder als „Fressen und Gefressenwerden" in Szene setzen zu können.
Dass es sich dabei um einen nicht-repräsentativen Ausschnitt aus der Natur handelt, der auf einem ganz großen Sockel an symbiotischer, kooperativer Aufbau- und Produktionsarbeit der Natur an ihrer mikrobiologischen und pflanzlichen Basis ruht, wo nicht Kampf, sondern einvernehmlicher Austausch zum wechselseitigen Vorteil dominiert, wird bis heute leider viel zu wenig gezeigt.
Folglich ist das in der Öffentlichkeit vorherrschende Naturbild nach wie vor darwinisch-kampfbetont aufgeladen, um dadurch weiterhin die Mär von der Notwendigkeit der Naturbeherrschung, unter anderem durch Brachialmethoden, zu legitimieren.

Dass die Anziehungskraft der Arten untereinander nicht nur im Fressen und Gefressenwerden besteht, sondern an der Naturbasis der gesamten Nahrungsproduktion und Biosphäre auf dem Gegenteil, auf der freiwilligen Kooperation zum gegenseitigen Vorteil, zeigen nicht nur die alltäglichen Erfahrungen der wechselseitigen Angewiesenheit zwischen

Blütenpflanzen und Insekten, sondern auch die Untersuchungen über die Wechselwirkung zwischen Pflanzenwachstum und Bodenleben und die überaus wertvolle Entschlüsselung der „Geheimnisse der Wälder", u. a. durch Peter Wohlleben.

Die Natur unterhalb der Ebene der Prädatoren, die sich als Räuber Opfer einverleiben um zu überleben, wozu auch der Mensch gehört, scheint ganz anders zu funktionieren, nämlich entlang jener friedlichen Harmonie allseits vorteilhafter Gegenseitigkeit, die sich der Mensch als Vernunftmensch und Philosoph gerne zum Vorbild nimmt, jedoch in seiner Praxis dann wieder regelmäßig verwirft.
Tatsache ist, dass dieser im Grunde friedliche und kooperative Basisbereich der Natur mit den Pflanzen als Sonnenenergie-verwertende Basis-Lebewesen (82 %) und Mikroorganismen (13 %) zwar 95 % der Biomasse der Erde verkörpert, jedoch (noch) nicht das Bild der Natur im Zeitgeist prägt:
Dieses Bild der Natur ist denaturiert und vereinseitigt zur Natur als Feind, als chaotisches Getümmel aus Räubern und Gejagten, das sich, in infamer Weise, die Gentechniker zunutze machen, um mit ihren abartigen Kreationen vor allem in den friedlichen Bereich der Natur der Pflanzen vorzudringen. Man erscheint heute in Deutschland beinahe bereits als Außenseiter, wenn man dieses in allem perverse Vorhaben der Gentechniker als sowohl naturschädlich wie menschenverachtend anprangert. Die Tiere machen 5 % der Biomasse aus und der Mensch 0,01 % und trotz seines geringen Gewichtes ist es ihm gelungen, sein kampfbetontes Naturbild gegen die 95 % friedliche Naturbasis auch in der Praxis umzusetzen – mit den bekannten Konsequenzen.

Dabei sind die Pflanzen durch ihre Fähigkeit zur Verwertung des Sonnenlichts die ausschlaggebenden Lebewesen für die Entstehung und Reproduktion der Biosphäre im Ganzen (Absorption von CO_2 und Produktion von Sauerstoff).

Die Pflanzen können ohne Symbiose mit Algen, Pilzen, Bakterien und einer weiteren, noch kaum bekannten Vielfalt an Lebewesen, ohne organische Aminosäuren in ihrem Wurzelbereich, allein in destilliertem Wasser und allein auf Lehm oder Sand nicht wachsen. Wo sind die Biologen, die die Welt der Pflanzen und Kleintiere vor den Anmaßungen dieser theorie-, geschichts- und morallosen Gentechniker verteidigen?

Aber es ist die Ökologie im Ganzen, die seit etwa 50 Jahren von den sogenannten Lebenswissenschaften nicht mehr verteidigt, sondern überwiegend als Reservoir an interessanten Arten angesehen wird, die man für Experimente und schließlich Patente gut nutzen kann, weil die Pflanzen keine versuchs-moralischen Bedenken aufwerfen und nicht davonlaufen können. Dass Pflanzen für die Ernährung und Biosphäre fundamental sind, das wissen diese gentechnischen Glücksritter sehr wohl, sonst würden sie nicht derart erpicht darauf sein, wie sich neuerdings zeigt, auch die Gene von Wildpflanzen und auch die Technik patentiert zu bekommen, die zu ihrer Detektion nötig ist, obwohl diese Patentierung von Leben vom Europäischen Patentamt eigentlich untersagt ist.

Die besondere, durchaus als enorm zu bezeichnende Produktivität von Ökosystemen, die weit über das hinausgeht was einzelne Arten isoliert voneinander hervorzubringen vermö-

gen – man könnte sie durchspielen für alle Arten, von den Pflanzen bis zu den Bodenbakterien – resultiert also aus einem maximalen Gedeihen der Arten durch ihre Austauschprozesse, sprich Kooperation und Symbiose miteinander, in einem gemeinsamen Haus, dem Ökosystem.
Dies ist ein spezifisches Phänomen des Lebens, wie das Leben des Einzelorganismus selbst, das nicht durch Rekurs auf bestimmte materielle Kausalfaktoren erklärt werden kann: Warum Lebewesen zueinander Affinität in einem solchen Ausmaß entwickeln, dass z. B. Pflanzen auf die Pilze und Bakterien an den Wurzeln so sehr erpicht und offensichtlich angewiesen sind, dass sie diese Wurzeln nur zur Versorgung dieser Partner bilden, um von ihnen Nährstoffe zu gewinnen, dürfte immer ein Rätsel bleiben, wie das Leben selbst. Was es allerdings festzuhalten gilt, ist, dass diese Symbiose bzw. Kooperation zwischen Lebewesen Basis einer enormen Steigerung ihrer wechselseitigen Prosperität und damit Produktivität der Ökosysteme ist, ähnlich, wie das arbeitsteilige und kooperative Zusammenwirken der Menschen die Produktivität ihrer Gemeinschaft steigert.

Hier verwundert die Fantasielosigkeit der Materialisten, insbesondere der Chemiker, da doch diese besondere Affinität der Arten zueinander, die hochproduktive Ökosysteme hervorbringt, sehr stark an die unterschiedliche Reagibilität von Atomen erinnert, Verbindungen mit anderen Atomen einzugehen. Warum bestreiten gerade die Materialisten, dass auf dem Niveau der besonderen Organisationsform von Materie, dem Leben, den Lebewesen eine solche besondere Reagibilität zwischen den Lebewesen möglich und zu dem außergewöhnlichen Mehrwert der Ökosysteme führen könnte, so wie etwa die Reaktion zwischen Wasserstoff und Sauerstoff den völlig neuen Stoff und Wert „Wasser" bedingt?

Es gibt diesen Mehrwert ganzheitlicher Ökosysteme, der natürlich von den kausalistischen Wissenschaften nicht erfasst werden kann, weil die zahlreichen Leistungen von Ökosystemen, wie z. B. die hohe Biomasse-Produktivität von Wäldern und deren weitere Lebenssicherungsleistungen für die Biosphäre, wie z. B. die Kühlleistung der Urwälder für das Erdklima bisher niemand interessiert haben und nach wie vor unter dem Vorbehalt stehen, dass man sie nicht monokausalistisch klar belegen kann.

Der Dissens zwischen den Nachweisansprüchen der herrschenden Lebenswissenschaften und der Trivialität und Reduziertheit ihrer Weltsicht könnte größer nicht sein: Sie negieren die Existenz der Ökosysteme als besondere Lebenssysteme jenseits des Einzel-Organismus, obwohl die besondere Hochproduktivität, Selbstregulationsfähigkeit und Bedeutung der Ökosysteme für die Reproduktion der Biosphäre außer Frage steht. Und sie bringen selbst keinerlei überzeugende Theorie und Nachweise für die angeblichen Vorteile ihrer evolutionistischen Experimente mit direkt technisch genom-veränderten Organismen.

Der Mehrwert von Ökosystemen besteht zusammengefasst:

(1) in der <u>hohen Biomasse-Produktivität</u> der in Ökosystemen zum wechselseitigen Vorteil zusammenwirkenden Arten (relativ zur Produktivität der einzelnen Arten ohne lebensgemeinschaftliche Einbindung),

(2) in den komplexen Lebenssicherungsleistungen, die die Ökosysteme, aufgrund der Integration vielfältigster Arten mit je spezifischen Fähigkeiten, erbringen, wie z. B. die Zersetzung organischer Abfälle zu neuen Nährstoffen durch Bakterien, Pilze und Kleintiere, ohne die kein neues Wachstum möglich wäre,

(3) in der gesteigerten Anpassungsfähigkeit von Ökosystemen an sich ändernde physikalische Umweltbedingungen, wie z. B. Schwankungen oder längerfristige Änderungen von Temperaturen und Niederschlägen aufgrund der, wie bei (2), Integration vielfältigster Arten mit je spezifischen Reaktionsfähigkeiten auf Umweltveränderungen und aufgrund der mechanischen und hydraulischen Schutzwirkung der Arten und ihrer räumlich-materiellen Ausprägung füreinander (wiederum relativ zu den einzelnen Arten),

(4) in ihrer hohen Stabilität über lange Zeiträume und

(5) in ihrer ausgeprägten Aufnahmefähigkeit und Toleranz für neue Arten sowie in ihrer höheren Widerständigkeit gegen Organismen, die das Wachstum der energieliefernden Leitarten hemmen könnten.

Der Mehrwert von Ökosystemen beruht

(a) auf der Fähigkeit zur (Sonnen)-Energielieferung durch Leitarten,

(b) auf der Stoffwechsel-Affinität und dem Stoffaustausch vielfältiger Arten untereinander und mit den geologischen Sedimenten,

(c) auf der wechselseitigen Vorrats- und Pufferwirkung,

(d) auf mechanisch-hydraulischen Schutzwirkungen der Arten untereinander.

Ökosysteme sind in ihrem Wachstum über lange Zeiträume „selbstregulativ" nicht aufgrund entsprechender innerer Steuerungsorgane, sondern aufgrund der durch die spezifischen Eigenschaften der in der Lebensgemeinschaft integrierten Arten zustande kommenden stabilen Austauschbeziehung, die vor allem starkes Wachstum und hohe Anpassungsfähigkeit befördert. Das ist vergleichbar mit einer Gruppe von unterschiedlich qualifizierten Menschen, die zusammenkommen, um ein Haus zu bauen. Es ist ihre Fähigkeit zur Kooperation auf der Grundlage je gemeinsamer (Kommunikation) und spezifischer (fachlich-handwerklich) Fähigkeiten, die das Projekt sicher gelingen lässt.

Die entscheidende Besonderheit der Ökosysteme im Verhältnis zum Menschen besteht darin, dass ihnen ihr Mehrwert, d. h. die ganz spezifische Bedingtheit ihrer üppigen Erscheinungs- und Wachstumsweise durch die Stoffwechselaktivität der beteiligten und zusammenwirkenden Arten nicht anzusehen ist. Dass also für die Entstehung und Reproduktion von Wäldern, Wiesen, fruchtbaren Ackerböden usf. ein unglaublich vielfältiges und stimmig zusammenwirkendes Orchester an wechselseitig stoffwechselaffinen Arten verantwortlich ist, ohne das es entweder diese Ökosysteme gar nicht gäbe oder nur in Miniaturausgaben.

Auch weil dieser unglaublich vielfältige Kosmos an Arten, die in Ökosystemen zusammenwirken sowohl hinsichtlich der Arten selbst wie hinsichtlich der Art und Weise ihres Zusammenwirkens bis heute größtenteils unerforscht ist, bedarf es des besonderen Schutzes der Ökosysteme selbst und nicht lediglich ihrer Dienstleistungen für den Menschen. Wie auch sollen diese Ökosystemdienstleistungen bewahrt werden, wenn man ihre ökosystemischen Grundlagen gar nicht kennt und schützt?

10.3.3 Das Öko-Schadens-Konzept negiert den Mehrwert der Ökosysteme um die Naturausbeutung sensibler fortzusetzen

Die Diskussion über „ökologische Schäden" nach Thomas Potthast (Hrsg.), 2004, die den ökologischen Schaden an einem „Schutzgut" festmacht, das durch eine „Veränderung" dieses Schutzgutes durch eine „Ereignisfolge" verursacht ist, die dessen „Nutzen mindert" (siehe ebenda, S. 7) krankt daher an zwei Abstraktionen bzw. antiökologischen Relativierungen der Ökosysteme:

- An der Abstraktion von der zentralen Bedeutung der Ökosysteme als an sich und im emergenten Netz der Ökosysteme bis hin zur gesamten Biosphäre für die Reproduktion aller genannten „Schutzgüter" – Biodiversität, Wasser, Luft usf. – ausschlaggebenden Basiseinheiten.
  „Schutzgüter" werden in dem besagten Buch nicht als konkrete ökologische Systeme in Schutz genommen, sondern lediglich als Natur-Querschnitts-Phänomene, die für den Menschen allgemein wichtig sind, wie z. B. Biodiversität und Wasser. Damit erlangen Ökosysteme keinen besonderen Schutzstatus, sondern nur ihre „Dienstleistungen" für den Menschen.
- Die zweite, für die Ökosysteme nachteilige Abstraktion erfolgt durch die Reduktion ökologischer Schäden auf die „Nutzenminderung" von „Schutzgütern", womit eine zweifache Missachtung des Mehrwertes von Ökosystemen verbunden ist:
  - Ökosysteme werden nicht nur hinsichtlich ihrer vorrangigen Bedeutung für die Reproduktion von Schutzgütern vollständig missachtet,
  - sondern zugleich dem billigen Abwägungsprozess ausgeliefert, der über die einnivellierten Schutzgüter als Ökosystemdienstleistungen letztlich auch noch die schlimmsten Eingriffe in Ökosysteme zu legitimieren in der Lage ist, um z. B. die ÖSD-Nahrungsgewinnung zu verbessern.

In der Folge ist die Schlussfolgerung von Potthast, wonach

„*... die Ergebnisse von Schutzbemühungen bzw. die Implikationen für einen ökologischen Schadensbegriff aus ökozentrischer Perspektive interessanterweise in weitem Umfang mit derjenigen der antropozentrischen ... konvergieren*" (ebenda, S. 10),

absolut unangebracht:
Denn die anthropozentrische Nutzensicht und Fragmentierung der Natur in beliebige Schutzgüter verhindert ganz einfach die Anerkennung der Ökosysteme als mehrwertige und als solche zu erhaltende Natursysteme, die für die Reproduktion der Schutzgüter fundamental sind. Entsprechend müssten die Ökosysteme als Ganze als Schutzgüter deklariert werden und an die oberste Stelle einer Hierarchie ökologisch schutzwürdiger Systeme gestellt werden.

Die Konvergenz ist also herbeigeredet auf Kosten der ökozentrischen Position, die zurecht auf dem Mehrwert der Ökosysteme für die Reproduktion der Biosphäre und der Lebensgrundlagen auf Erden besteht und die billigen Versuche der Anthropozentriker, sich die passendsten ökologische Leistungen durch „Abwägung" aussuchen zu wollen, als Fortsetzung der gehabten Naturausbeutung, in die Schranken zu verweisen.

Was wir bei Potthast dann in Bezug auf die Gentechnik bekommen, ist eine Trickserei: Man explaniert zunächst einen großen ökologischen Kosmos an Unsicherheiten und Risiken durch GVO auf allen ökologischen Systemebenen, dem zur Vermeidung ökologischer Schäden durch „entsprechende Prüfungs- und Sicherheitskonzepte" vorgebeugt werden muss, wohl wissend, dass die Zulassung von GVO dann doch nur von einer Abwägung zwischen Nutzenargumenten und möglichen Schäden abhängt.

Das ist gehobene Rosstäuscherei, weil damit der Zulassung von GVO letztlich vor allem deshalb Tür und Tor geöffnet wird, weil die möglicherweise katastrophalen Folgen von GVO für Ökosysteme als eigenständige, produktive, selbstregulative Systeme, im Kontext dieser Art von Folgenanalyse, gar nicht erforscht werden.
Ähnlich unbefriedigend ist dieses Schutzgut-bezogene Öko-Schadens-Konzept in Bezug auf die Folgen der Freisetzung von GVO für alternative landwirtschaftliche Wirtschaftsweisen, weil auch diese nicht als eigenständige ökologisch-ökonomisch-soziale Systeme aufgefasst werden, die durch jede GVO-Verschmutzung ihre besondere Nachfrage, und damit auch ihre Existenz verlieren, sondern lediglich als Wettbewerber beim Erhalt von „Schutzgütern", die allesamt der politisch beliebigen Definition und Auslegung unterliegen.
Zur Anerkennung dessen, dass mit dem Verlust gentechnikfreier Alternativen nicht nur Wettbewerber ausscheiden, sondern die ökologische Qualität der Produktion überhaupt eingebüßt werden würde, ist dieses Ökoschadens-Konzept von Potthast nicht in der Lage. Es ist also als gentechnik-freundlich und damit als antiökologisch einzuschätzen.

Eine große Gefahr für den Ökosektor scheint also von Konzepten auszugehen, die so tun als ob sie die ökologischen Risiken der Gentechnik im Blick hätten, in Wirklichkeit aber nicht die Ökologie und die Ökosysteme als Basis moderner Landwirtschaft im Auge haben, sondern fragmentierte ökologische Versatzstücke, deren Relevanz politisch gefärbt und beliebig abzuwägen ist, sodass schließlich auch der ärgste gentechnische Angriff auf die Ökologie seine legitimierende Nutzen-Deklaration finden wird.
Die größte Gefahr geht natürlich von den Verfechtern der Gentechnik selbst aus, für die Ökosysteme gar nicht existieren, nicht existieren dürfen, weil ihre Technik in der Folge verboten werden müsste: Als Angriff auf die Systeme, die die natürlichen Lebensgrundlagen der Menschheit produzieren und sichern.

Auch bei Potthast sehen wir die alte Strategie, die Ökologie als komplexes Gefüge aus ganz konkreten Ökosystemen, mittels der Verkennung des Mehrwerts des Ganzheitlichen, in Luft aufzulösen, um die Durchsetzung der Gentechnik schließlich an einen dann umso komplexeren Prozess der Sicherheitsüberprüfung zu verweisen, der, aufgrund fehlenden Ökosystem-Wissens, der Beliebigkeit überantwortet oder auf das Auffinden schutzwürdiger seltener Arten angewiesen ist, um das Vorsorgeprinzip der Schadensabwehr in Anschlag bringen zu können.

Folgende Erkenntnisse sind hier abschließend festzuhalten:

- Ökosysteme als spezifische Lebensgemeinschaften von Arten haben als Systeme einen Mehrwert:
  - sie sind im Ganzen Biomasse-produktiver als jede einzelne Art,
  - sie bringen im Ganzen Lebenssicherungs-Leistungen wie vor allem das Recycling organischen Materials, die Erhaltung der Bodenfruchtbarkeit, die Speicherung von Wasser, Nährstoffen und Kohlenstoff usf. die von keiner einzelnen Art besorgt werden könnten;
- Ökosysteme müssen aufgrund ihres Mehrwertes im Schutzstatus als höherrangig eingestuft werden als Schutzgüter in Gestalt von Natur-Querschnitts-Phänomenen, weil diese der sachwidrigen Abwägung zwischen unterschiedlichen ÖSD Tür und Tor öffnen.
- Die Urwälder, Wiesen, Wälder usf. sind als solche zu schützen und nicht auf dem Umweg seltener Arten oder anderer fragmentierender „Ökosystemdienstleistungen".
- Der anthropozentrische und öko-zentrische Ansatz konvergieren vor allem deshalb nicht, weil dem Anthropozentrismus nur an der Sicherung des Nutzens der Ökologie für den Menschen gelegen ist, jedoch nicht an der Sicherung der Ökosysteme selbst, ohne deren Schutz die ÖSD langfristig verschwinden. Anthropozentrismus ist auf kurzfristige Naturausbeutung bedacht und nicht auf der langfristigen Sicherung der Biosphäre.
  Um den Schutz der Ökosysteme zu gewährleisten, muss der Mensch nicht nur auf gewisse Formen der Nutzung verzichten, sondern sogar zu einer gezielten Förderung von Ökosystemen übergehen, deren Nutzen sich nur indirekt und langfristig zeigen wird und daher ohne ökologische Transformation der in ihrer Zweckrationalität hochgradig beschränkten Gesellschaften nicht zu leisten sein wird.
- Da gentechnisch veränderte Organismen das ergiebige produktive Zusammenspiel der Arten in den Lebensgemeinschaften der Ökosysteme und damit auch die hohe Produktivität, Selbstregulation und Reproduktion der Ökosysteme gefährden, sind sie zu verbieten.
- Da die neuen Gentechnikverfahren auf keinerlei solider ökologischer Theorie basieren und die Ökosysteme in ihrer Produktivität und möglicherweise sogar in ihrem Bestand gefährden, muss die gentechnische Genom-Veränderung, auch mit dem Argument der Sicherung des Rechts von Zellen, Organismen, Lebewesen auf genetische Unversehrtheit verboten werden.
  Dies betrifft nicht die Mikrobiologie und Molekulargenetik an sich, die bei der Erforschung z. B. der mikrobiologischen Interaktionsprozesse in den Lebensgemeinschaften der Ökosysteme, wie auch in der Züchtung, unerlässlich ist.

10.4 Ökosysteme können zur neuen Grundlage des Mensch-Natur-Verhältnisses und Bewältigung der Klima- und Umweltkrise werden

Die Klima- und Umweltkrise sind eng mit der enormen Bevölkerungsentwicklung seit dem Beginn der Industrialisierung im 18. Jh. verbunden. Dabei beruht der Zusammenhang weniger auf einer unmittelbaren Verdrängung der Natur durch den Menschen, wie dies in Städten anschaulich wird, sondern in einer komplizierten Dynamik aus falscher, überausbeutender Naturnutzung und daraus folgend:

- → Starker Vermehrung der Menschen und Differenzierung ihrer Fähigkeiten (Arbeitsteilung),
- → Übernutzung der Ursprungsgebiete,
- → Nahrungsverknappung und Zwang zur weiteren Expansion in hochfruchtbare wilde Naturgebiete,
- → Expansion durch Handel und
- → Expansion durch Krieg.

Diese Dynamik, die durch die Nutzung fossiler Energie und das kapitalistische Gewinnstreben auf beiden Seiten – der Naturzerstörung und Bevölkerungsvermehrung – enorm beschleunigt wurde, hat vier Eigenschaften:

- Sie wird vom Menschen bis heute nicht reflektiert, geschweige denn beherrscht.
- Sie beruht auf einer falschen Gegenüber-Sicht und Bewertung der Natur als zu unterwerfenden Gegner und schadlos zu plündernden Schatz für den Menschen.
- Sie wird ermöglicht durch die Ausblendung der grundlegenden Verbundenheit lokaler Naturnutzung mit globalen Naturverhältnissen, aufgrund der zum Inbegriff von Rationalität überhaupt erklärten monokausalistischen Zweckrationalität individuellen Handelns.
- Sie wird verstärkt durch die Instrumentalisierung menschlicher Arbeitskraft für naturausbeuterische Handlungen.

Kurz gesagt: Indem die Menschen der Auffassung sind, dass sie die lokalen Schätze der Natur beliebig plündern dürfen, weil sie beliebig in neue Gebiete ausweichen können und menschliche Arbeitskraft dabei sehr hilfreich ist, vermehren sie sich ohne Rücksicht auf natürliche Ressourcen. Dieser Auffassung dürften nicht nur kapitalistisch interessierte Kreise sein, sondern der größte und ständig wachsende Teil der im Bannkreis von Industrialisierung stehenden Menschheit.

Deutlichste Zeichen dafür, dass diese Dynamik und ihr geistiger Motor bis heute anhalten, ist die massive Abholzung aller Urwälder und Wälder und die ansteigenden Migrantenzahlen infolge von Kriegen hauptsächlich in Gebieten mit starkem Bevölkerungswachstum und hohem Druck auf die Ökosysteme.

Wo also ansetzen, um der Dynamik entgegenzuarbeiten und zugleich die Klima- und Umweltkrise einzudämmen?

Um rasch voranzukommen und die derzeit schlimmsten und folgenreichsten Vorgänge einzubremsen, die Urwaldzerstörung und die weitere Zerstörung der Wälder, Wiesen und Ackerflächen für Straßenbau und Gebäude, sind Maßnahmen in folgenden Bereichen unerlässlich:

A) Schutz und Ausbau standortgerechter Ökosysteme

(1) Besonderen Schutz aller Ökosysteme und zügige Wiedererrichtung von Ökoverbundsystemen in der Kulturlandschaft zur Bewahrung der Artenvielfalt und Resorption der Treibhausgase. Großflächige, hektarweise Waldrodungen usf. z. B. für neue Straßen und Autobahnen müssen verboten werden.

(2) Der Umbruch von Grünland sollte verboten werden. Grünlandschnitt sollte künftig verstärkt für den Humusaufbau der ausgezehrten Ackerböden im Zuge der Ökologisierung der Landwirtschaft genutzt werden, um die natürliche Fruchtbarkeit der Böden wiederherzustellen und folglich auf klima- und umweltschädliche Chemie verzichten zu können.

B) Deutliche Verringerung der Nutztierhaltung

(3) Die Nutztierhaltung ist drastisch zu reduzieren, um Anbauflächen für Direkt-Lebens-Mittel zu gewinnen und die ökologische Bewirtschaftung – ohne notwendige Produktionsverlagerungen infolge geringerer Erträge – zügig ausdehnen zu können. Grundlage der ökologischen Landbewirtschaftung ist die Förderung aller Ökosysteme, die dem Pflanzenwachstum und der dafür notwendigen Artenvielfalt dienen. Nur durch die Reduzierung der Nutztierhaltung kann vermieden werden, dass THG-Minderungen hierzulande durch Extensivierung und Ökologisierung der Landwirtschaft durch Importe und Landnutzungsänderungen andernorts aufgehoben werden. Allein durch diese Maßnahme würde der Sojaimport aus Brasilien und der damit verbundene Druck auf den Urwald hinfällig.
Zugleich bekäme Brasilien Nahrung (Soja u. a.), die bisher exportiert wird, für ihre eigene hungernde Bevölkerung (von 30 Mio. hungernden Menschen ist die Rede).

C) Ausbau der regionalen Selbstversorgung der Haushalte mit Lebensmitteln

(4) Gezielter, zügiger Ausbau der Selbstversorgung mit Lebensmitteln, die selbst erzeugt werden können, um Importe und damit verbundene Transportaufwendungen sowie Landnutzungsänderungen im Ausland zu verringern. Damit einhergehend: Abbau der Produktion für den Export, um Transportaufwendungen zu vermindern und die Selbstversorgungslandwirtschaft in den Abnehmerländern zu fördern.

(5) Ausbau der individuellen Selbstversorgung mit Lebensmitteln in Städten und auf dem Land mittels (Permakultur-)Gärten aller Art.

D) **Mehr Selbstversorgung durch Arbeitszeitverkürzung und Entkoppelung des Lebensunterhaltes von Arbeit für andere gegen Lohn**

(6) Die strikte Bindung des Lebensunterhaltes an Lohnarbeit auf dem heutigen hohen Arbeitszeitniveau hat sehr negative Auswirkungen auf den Einzelnen und die Natur:

- Große Teile der Bevölkerung haben keine Zeit und keinen finanziellen Spielraum, um sich um Selbstversorgung kümmern und weiterzubilden zu können.
- Aus den gleichen Gründen haben sie auch keine finanzielle Kapazität, um höhere Aufwendungen für Klima- und Umweltschutz zu tragen.
- Zugleich wächst auch aus diesem Grund die Kluft zwischen Arm und Reich.

Die aktuellen Arbeitszeitverhältnisse, die trotz Überproduktion und des Lebens vieler Menschen im Überfluss einem großen Teil der Bevölkerung kaum Spielraum lassen, sich um eine bessere Selbstversorgung mit Lebensmitteln und wichtigen Kulturgütern zu kümmern, bedürfen dringend der Änderung in Richtung einer starken Minderung der Zeit, die Menschen für Arbeit gegen Lohn aufzuwenden haben. Dieser muss künftig zum großen Teil über Steuern finanziert werden, die von den großen Vermögen für ihren Raubbau an der Natur zurückzuzahlen sind.

(7) Das Arbeitsplatz-Argument muss als Argument für den Erhalt klima- und umweltschädlicher Produktion und Energiegewinnung völlig entkräftet werden und aus der Klima- und Umweltschutzdebatte verschwinden. Gleiches gilt für das Einkommen, das künftig kein Argument mehr sein darf gegen vernünftige Produktpreise bzw. Klimaschutz-bedingte Steueraufschläge.

E) **Rückbau des Handels**

(8) Da der Handel zur Fernversorgung mit billigeren Nahrungsmitteln und daher zur Naturzerstörung weit jenseits des lokalen Konsums der Nahrungsmittel führt, muss er auf das unbedingt notwendige Maß zurückgebaut werden. Marktwirtschaftlich wäre das durch den Schutz der Selbstversorgung mit selbst erzeugbaren Produkten durch ausreichend hohe Importzölle auf entsprechende Importprodukte möglich. Analoges gilt für Kulturgüter, die, wie z. B. Textilien, im großen Stil in sogenannten Billiglohnländern und Ländern mit geringerem Umweltschutzstandard erzeugt werden und dadurch nicht nur einen hohen Transportaufwand verursachen, sondern den Verbrauch infolge niedriger Preise anheizen.

(9) Änderung der Handelsverträge in Richtung Gewährleistung der Selbstversorgung und des wechselseitigen Schutzes der Partner hinsichtlich ihrer Ernährungssouveränität.

(10) Beseitigung aller Import- und Exportsubventionen und Schutz der heimischen Produktion durch Schutzzölle.

F) Umorientierung aller Subventionen in Richtung Ökologisierung

(11) Konzentration der Agrarsubventionen auf den Aufbau regionaler Selbstversorgung-Strukturen mit ökologisch erzeugten Lebensmitteln.

(12) Streichung aller Subventionen für Treibstoff auf Erdöl-Basis.

(13) Stopp der Energiegewinnung aus dem Anbau von Feldfrüchten. Die Gewinnung von Biomasse-Energie sollte eingedämmt und auf Abfälle beschränkt werden.

G) Massiver Ausbau der Öko-Forschung und -Bildung

(14) Intensivierung der Öko-Forschung und Verbreitung von Ökosystem-Wissen über die Schulen, Universitäten, Weiterbildungs- und Beratungseinrichtungen.

Mit den folgenden beiden Grafiken soll die systemische Bedeutung der Verringerung des Nutztierbestandes für den Klima- und Umweltschutz sowie gleichzeitig auch für die Sicherheit der Welternährung veranschaulicht werden:

Abb. 4: Hohe Negativ-Wirkung der Nutztierhaltung

Hohe Nutztierbestände haben eine vieldimensionale und global verstreute negative Wirkung für die Ökologie und die Ernährungssicherheit der Menschen:

- Sie reduzieren die mit einer bestimmten Fläche X produzierbare Nahrungsmenge, je nach Tierart, auf ¼ bis ⅒ der mit Direktlebensmittel (ohne Umweg über Tiere) möglichen Kalorienmenge.

- Die hohen Nutztierbestände in Deutschland bedingen hohe Futtermittelimporte, eine im ganzen niedrige Selbstversorgungsquote von ca. 80 % (Anteil der selbsterzeugten Nahrungsmittel im Verhältnis zum Wert der verzehrten) und folglich auch eine negative Außenhandelsbilanz: Der Warenimportwert liegt bei etwa 115 % des Exportwertes.
- In Deutschland führen sie zu hohen THG-Emissionen und Nitrat- und Ammoniakbelastungen der Grund- und Oberflächengewässer sowie der Atmosphäre, zu niedrigen Erzeugerpreisen und einem hohen Fleischkonsum.
- Im Land aus dem die Futtermittel kommen, führt die hohe stabile Nachfrage nach Futtersoja zu hohen Anreizen für die weitere Rodung des Amazonasurwaldes, damit zu weiteren THG-Emissionen, zum weiteren Verlust der Artenvielfalt und Kapazität des Urwaldes zur Kühlung der Erdtemperatur mittels Verdunstung und Regenbildung. Außerdem werden der einheimischen Bevölkerung, die bereits in einem erheblichen Umfang zu wenig zu essen hat, weiterhin die Lebensmittel und die Landflächen zur Selbstversorgung weggenommen.
- Schließlich führt der Export vieler billiger tierischer Lebensmittel in andere Länder dort zur Zerstörung der bäuerlichen Produktionsstrukturen und Regionalversorgungen und in der Folge zur Landflucht. Zugleich fördert diese Fernversorgung mit billigen Lebensmitteln die Abwanderung in die Städte und mit Sicherheit auch den Anstieg der Migration.

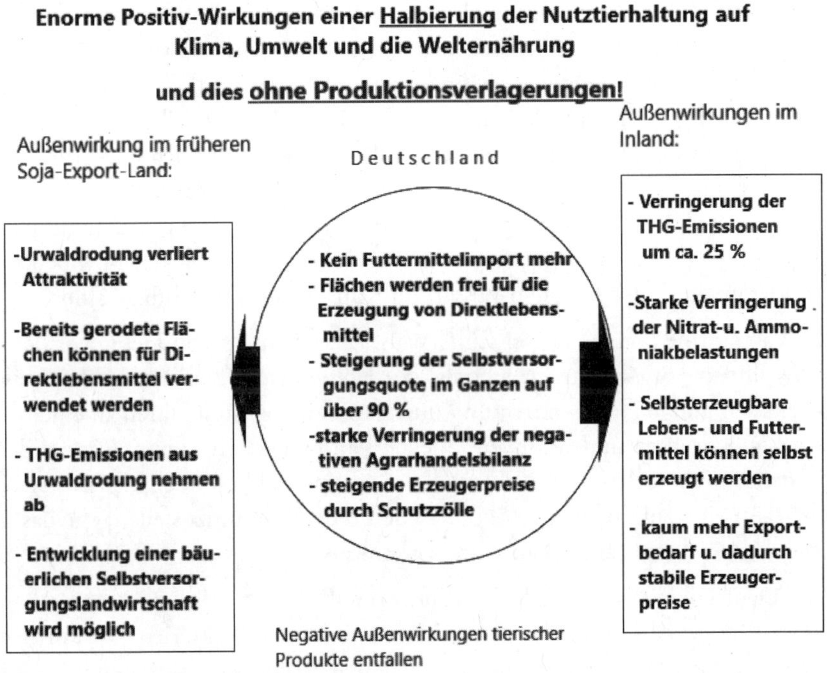

Abb. 5: Enorme Positiv-Wirkung einer Halbierung der Nutztierhaltung

Entsprechend vielfältig positiv wären die Wirkungen einer Verminderung des Tierbestandes auf die Hälfte einzuschätzen, wobei hervorzuheben ist, dass nur durch eine Verringerung des Tierbestandes beträchtliche Minderungen der THG-Emissionen zu erreichen sind, ohne dass der Rückgang der Produktion durch Produktionsverlagerungen ins Ausland bzw. Importe ersetzt werden müsste. Denn nur mit der Reduktion tierischer Produkte entsteht eine Multiplikation der frei werdenden Fläche für Direktlebensmittel.

Mit seiner Begrenzung des Tierbesatzes auf max. 2 Großvieheinheiten (GV) je Hektar und seinen erwiesenermaßen positiven Auswirkungen auf die natürliche Bodenfruchtbarkeit und die Artenvielfalt sowie auf die für den Klimaschutz wichtigen Ökosysteme und Ökosystemleistungen erfüllt der Ökolandbau seit mehr als 100 Jahren alle Anforderungen für einen modernen, integrierten Ökosystemschutz.

Faktisch gibt es nicht den geringsten Anlass, an den grundlegenden Prinzipien des Ökolandbaus, vor allem der Chemie-Freiheit, der Flächenbindung in der Tierhaltung und der Förderung der natürlichen Bodenfruchtbarkeit als Basis der Erträge, zu zweifeln, da sich diese Prinzipien in alle heute relevanten Richtungen bewährt haben und ihre Einhaltung die Landwirtschaft tatsächlich rasch zur Klimaneutralität bringen könnte.

Das hauptsächliche Gegenargument der Verfechter der chemie- und nutztierintensiven Richtung gegen den Ökolandbau, die zwischen 20 % bis 40 % geringeren Erträge, beinhaltet den absurden Vorwurf, keine naturzerstörerischen und klimawandelfördernden Mittel einzusetzen.
Diesen Vorwurf kann aber wohl nur jemand erheben, dem die Ökologie und der Klimawandel egal sind und der nicht nach den hohen volkswirtschaftlichen Schadens-Kosten fragt, die die Hochertragslandwirtschaft verursacht, sondern stillschweigend davon ausgeht, dass diese die Allgemeinheit schon begleichen wird. Wo aber soll dann in Zukunft noch trinkbares Grundwasser herkommen, wenn es flächendeckend noch stärker durch Pestizide und Nitrat verunreinigt wird? Wo soll in Zukunft giftfreie Nahrung gewonnen werden, wenn ein Großteil der Böden infolge der Pestizidanwendung und Überdüngung ihr Bodenleben und ihren Humus verloren hat, sodass die betonharten Äcker nur noch mit immer höherem Kraftwand und höherem Einsatz an Kunstdünger „fruchtbar“ sind?

„Reiche Väter, arme Söhne“, dieser frühe Warnruf von Justus von Liebig vor der mangelnden Rückführung organischen Materials, des Kohlenstoffes, auf die Felder, bewahrheitet sich bereits seit einigen Jahrzehnten und dürfte in den nächsten Jahren zu einem spürbaren Verlust an Wüchsigkeit in der konventionellen Landwirtschaft führen. Kenner der Verhältnisse in den USA sprechen von 20 Ernten, die der Menschheit noch bleiben, um die Landwirtschaft auf eine zukunftsfähige ökologische Produktion umzustellen, ehe das natürliche Potential der Ökologie ganz zerstört und verloren ist.

Auch in Deutschland weisen alle Indikatoren auf eine abnehmende Fruchtbarkeit, insbesondere infolge Abtötung des Bodenlebens (Würmer, Bakterien, Mykorrhiza, Kleintiere) und Humus-Verlust auf konventionell bewirtschafteten Flächen hin. Verzögernd wirken hier die enormen organischen Düngermengen, die in deutschen Ställen aus dem importierten argentinischen und brasilianischen Soja gewonnen werden. Auch wenn viele tierische Produkte exportiert werden, bleibt der Dünger hier und trägt damit zur Kaschierung der deutschen landwirtschaftlichen Raubwirtschaft bei, deren klimaschädliche Wirkung, infolge ihres Beitrags zur Abholzung des Amazonas-Urwaldes, um ein Vielfaches die hier veranschlagten THG-Emissionen übersteigt, jedoch den Soja-Herkunftsländern angerechnet wird.

Dass der Hochertrag überhaupt noch als relevanter Maßstab bei der Relativierung der Vorzüglichkeit des Ökolandbaus gilt, obwohl 60 % dieses Hochertrages in die Tierfütterung geht und dadurch der Agrarsektor für über 30 % der THG weltweit verantwortlich ist, ist schwer verständlich, aber primär eine „Leistung" der herrschenden Agrarwissenschaft, die dabei nicht als Wissenschaft agiert, sondern als Lobbyorganisation der Agrarkonzerne, die den größten Teil ihrer Forschungen finanzieren.

Bisher hat die Menschheit die vor dem Menschen entstandene Natur und Biomasse in Form der Wälder, Savannen und Moore nur abtragend genutzt – der Klimawandel zeigt, dass dies nicht mehr weiter möglich ist.

Eine entscheidende Frage ist, wo die Biomasse für den Humusaufbau im Boden herkommen soll, wenn, wie im konventionellen Sektor vor allem in großen Pachtbetrieben der Fall, praktisch der ganze organische Aufwuchs auf den Flächen zu Geld gemacht wird?

Man hört zwar von Plänen der Einführung des Handels mit CO_2-Zertifikaten in der Landwirtschaft, um die Senken-Funktion der Böden mittels Steigerung des Humusgehaltes zu verstärken und den Landwirten dafür einen Geldanreiz zu bieten.
Wo allerdings die für eine messbare Steigerung der Humusgehalte erforderlichen hohen Zufuhren an organischer Masse herkommen sollen, da schweigen sich Politik und Agrarwissenschaft unisono aus. Der Verdacht kommt auf, dass hier wieder einmal Wind in Richtung Fortbestand der konventionellen Wirtschaftsweise gemacht wird, um ihn dem Ökolandbau aus den Segeln zu nehmen. Denn im Ökolandbau gehört der Humusaufbau zur Voraussetzung und Grundtugend des Wirtschaftens überhaupt.

Bleibt die Frage, wie eine Gesellschaft, in der die Politik zwar langfristige Planziffern für die Reduktion der THG vorgibt, jedoch nicht dazu in der Lage ist konkrete reduzierende Maßnahmen vorzuschlagen und zu beschließen, von ihrem hohen Emissionssockel herunter kommen soll, sodass die effektiven Emissionen pro Kopf im Jahre 2045 tatsächlich bei null liegen?

Es können nur die aufgeklärten und hartnäckigen Menschen als Staatsbürger sein, die dafür sorgen, dass die politisch auch mit Hilfe der Medien aufgebauten Blendwerke eines scheinbaren Klima- und Artenschutzes schleunigst auf den Boden der Realität gebracht und wirkungsvolle Maßnahmen verlangt werden, wie z. B. die rasche Reduktion der Nutztierbestände und der Futtermittelimporte aus Urwaldzerstörungsgebieten.

10.5 Träger ökosystemischer Rationalität ist das Subjekt als Natur-Kultur-Wesen

Naturverbundenheit resultiert aus dem Menschen als Lebewesen, das in der selbstständig entstandenen Gesamtnatur, aufgrund einer noch nicht vollends bekannten natürlichen Entwicklung, aus Vorgänger-Arten als besondere Art entstanden ist. Da es für die darwinischen, durch zufällige Mutation entstandenen und sich kämpferisch durchsetzenden, Übergangsarten eines graduellen Wandels ebenso wenig Belege gibt, wie für eine Evolution allein infolge von Separierung oder zufälligen Mutationen und Bewährung in ökologischen Nischen, gewinnt immer mehr die Auffassung von Lynn Margulis von einer Entwicklung durch Symbiose an Plausibilität. Demnach würden in den Tieren, einschließlich Mensch, vier verschiedene genetische Systeme und in den Pflanzen sogar fünf verschiedene genetische Systeme integriert, d. h. durch Einverleibung und Zusammenlagerung kompletter Lebewesen zustande gekommen sein (siehe Margulis, L.: Der symbiotische Planet oder wie die Evolution wirklich verlief, Frankfurt a. Main 2017, S. 171).

Das erscheint durchaus plausibel, weil zur Fortpflanzung und Vermehrung immer zeugungsfähige, fertige Lebewesen erforderlich sind, deren Entstehung man sich kaum durch zufällige Mutation vorstellen kann. Damit scheint das Henne-Ei-Problem der Evolutionsbiologie sich zunehmend in Richtung Henne, also Zusammenlagerung bzw. Integration neuer, bereits fertiger organischer Fähigkeiten in einem bestehenden Lebewesen einerseits und Entwicklung aufgrund epigenetischer Anpassung an Änderungen der Umwelt, Lebensweise und Nahrung andererseits zu verschieben.

Für die Antwort auf die Frage, wer als Träger der Transformation der Gesellschaften in Richtung einer natur- und klimaverträglichen Wirtschafts- und Lebensweise infrage kommt, bringt dieser Hinweis auf eine möglicherweise symbiotische Evolution eine starke indirekte Anregung:
Entscheidend für Wandel sind nicht zufällige Innovationen durch zufällige Mutationen, sondern integrative Prozesse innerhalb bestehender natürlicher Lebenswelten, was in unserem Zusammenhang bedeuten könnte, dass Menschen als Natur- und Kulturwesen sich auch dadurch weiterentwickeln, dass sie die Komplexität ihrer Naturverbundenheit nicht ausblenden, sondern durch System-Wissen und systemische Rationalität in die Gestaltung ihres tagtäglichen Stoffwechsels mit der Natur integrieren.

Die Frage der Trägerschaft der Transformation stellt sich deshalb ausdrücklich, weil es ja offenbar, im Hinblick auf das Verhältnis zur Natur, einen gravierenden Unterschied zu geben scheint zwischen den Eigenschaften und Fähigkeiten der Menschen als Natur- und Kultur-Wesen und jenen von Gesellschaften als soziale Versorgungsgemeinschaften, denen sie angehören:

Gesellschaften im Sinne von Gemeinwesen, Bevölkerungen, politischen Systemen innerhalb bestimmter territorialer Grenzen trachteten, historisch gesehen, bisher nur

- nach ausreichenden Vorräten zum Überleben,
- nach der Verteidigung ihres Gebietes und der darauf „kultivierten Äcker" und gelagerten Vorräten,
- nach Sicherstellung ihrer Fortpflanzung, Vermehrung und ausreichenden Ernährung ihrer Bevölkerungen,
- nach der Ausweitung ihres Territoriums, wenn die Nahrung für die gewachsene Bevölkerung aufgrund erschöpfter Böden nicht mehr ausreichte, mittels Handel und vor allem mittels Krieg und Unterwerfung, Ausbeutung und Liquidierung anderer Völker.

Wie also von Gesellschaften eine Transformation in Richtung Achtung und Bewahrung der eigenen Ressourcen und Schonung ihrer natürlichen Umwelt ,einschließlich anderer Völkern erwarten?

Letztlich scheinen Gesellschaften lediglich soziale Gebilde von Bevölkerungen zu sein, die zwar territorial innerhalb von Grenzen agieren, jedoch in Bezug auf die natürliche und menschliche Umwelt keine Grenzen kennen: Aufgrund fehlender Sensibilität für die Eigenständigkeit von Natursystemen und deren Reproduktionserfordernisse agieren Gesellschaften grundsätzlich expansionistisch in die Natur und in die Welt anderer Völker.

Diese Unfähigkeit zur Anerkennung von Grenzen der Naturausbeutung und Grenzen der Eroberung der Welt anderer Völker wird durch demokratische politische Systeme nicht behoben, sondern nur leicht zivilisiert in Form einer stärkeren Gewichtung von Handel, ohne dass die grundlegende Schwäche, die fehlende Begrenzung der Naturausbeutung und militärischen Expansion behoben würde.

Zur Sicherung ihres Überlebens als Gemeinschaften, Stämme, Völker entwickeln diese Gesellschaften sehr früh, bereits beim Sesshaftwerden und im Zuge ihres Wachsens feste, personal abgesicherte Tätigkeitsbereiche, die nur der Verteidigung, der Führung, Aufrechterhaltung eines geordneten Zusammenlebens, der Erziehung bzw. Ausbildung, der Verteilung der Arbeit und Vorräte sowie der Bewahrung der Erinnerung an ihre Herkunft dienen. Diese spezialisierten Grundfunktionen der Gemeinwesen hatten nur ihr Überleben mittels ausreichender Nahrung zum Ziel, jedoch kaum jemals ein Auskommen mit den Möglichkeiten des zunächst in Besitz genommenen Gebietes und folglich auch mit den Nachbarn. Von Ackerbaukulturen abstammende Gesellschaften besitzen diese Selbstreflexivität und daraus folgende Bescheidenheit bis heute nicht – jedenfalls nicht im westlichen Kulturkreis.

Aber ist es berechtigt, die Bevölkerungsgesellschaften als solche an und für sich zu sehen, ohne die einzelnen Menschen?

Ja, dies scheint in Bezug auf die Natur und auf die Welten anderer Völker berechtigt, weil die einzelnen Menschen bis zur Aufklärung im 18. Jh. bis auf wenige Ausnahmen keine

Subjekte ihres eigenen Geschickes waren, sondern nur Herren, Knechte, Anführer, Fußvolk in Kriegen und im Alltag innerhalb starrer weltlicher und sakraler Ordnungen.

Die Subjektwerdung des Einzel-Menschen als Natur-Kultur-Wesen begann allerdings bereits früher, dokumentiert spätestens im antiken Griechenland, was aber nicht bedeutete, dass sich damit die Verhältnisse zur Natur und zu anderen Völkern zum Besseren gewendet hätten.
Auch die Einsicht der römischen Agrarschriftsteller in die Beeinflussbarkeit der Bodenfruchtbarkeit retteten weder die Böden noch Rom vor dem Untergang.
Das Hochmittelalter, mit der Entwicklung der Klöster und ihren besonderen Möglichkeiten, das aus dem Römischen Reich verfügbare Wissen in eine produktivere Praxis zu übersetzen, brachte nicht nur erste Überschüsse an landwirtschaftlichen und handwerklichen Produkten, die gehandelt und mit Gewinn verkauft werden konnten, sondern auch erste mittelalterliche Anerkennungen für die Kraft der Natur in Mitteleuropa, z. B. in Form der „Grünkraft“ bei Hildegard von Bingen.
Das war und blieb, auch bei Giordano Bruno in der Renaissance, religiös eingebunden, zeigte aber einen erwachenden neuen Respekt vor der Natur, der schließlich, über die präzise Erforschung des Gangs der Gestirne und der mechanischen Verhältnisse auf der Erde, zum Natur-Tatsachen-Wissen als starkem Gegengewicht gegen Aberglauben und kirchliche Dogmen und schließlich zum Verlust der Bindekraft Letzterer führte. Konsequenz war die Beseitigung der grundherrlichen und gottesgeistlichen Ordnungen durch die zur Freiheit ihrer Geschäfte ermächtigten und nur den nackten Tatsachen verpflichteten Bürgern.
Klar, dass da auch, in der französischen Revolution, die besitz- und vermögenslose, hungernde Bevölkerung und selbst der aus der Leibeigenschaft befreite Kleinbauer als aufgeklärte Kämpfer für Freiheit, Gleichheit und Brüderlichkeit entscheidendes Gewicht erlangten. Jedoch überwogen bei der Realisierung dieser menschenrechtlichen Grundwerte die gesellschaftliche Überlieferung sowie ihre Grundfunktionen und -institutionen in Verbindung mit der Ungleichverteilung von Grundbesitz und Vermögen aus Handel und Wissen über die Welt, die moralische Durchsetzungskraft dieser Werte bei Weitem. In der folgenden Zeit der neuen individuellen Freiheit hatten die Besitzlosen, die die große Mehrheit der Bevölkerung ausmachten, wieder in die zweite und dritte Reihe als zur Lohnarbeit gezwungene Arbeiter zurückzutreten.
Jedoch waren die Grundwerte der individuellen Freiheit, der Gleichheit aller und der Solidarität aller miteinander, als für alle Menschen gedachte Werte, unumstößlich in der Welt und sie standen auf dem Papier der Staatsverfassungen. Aber den damit beinhalteten Subjektcharakter konnten die Besitzlosen, etwa durch Einflussnahmen auf eine, für alle materielle Gerechtigkeit bringende, Nutzung der gesellschaftlichen Grundfunktionen und Institutionen, viel weniger entfalten, als die bereits vermögenden Bürger.

Dennoch war der Anfang für das neue Kultur-Subjekt gemacht, wenn auch ohne Naturverbundenheit und primär mit der sozialen Frage einer gerechten Verteilung der erwirtschafteten Vorräte (Gewinne) befasst. Wo die Verabsolutierung der sozialen Frage hinführte, nämlich weg vom Schutz der Naturbasis und des Einzelnen, hin zur kriegerischen Expansion des Volkes ohne Raum, entsprach genau der historischen Bestimmung der Gesellschaft als soziales Gemeinwesen, diesmal aber auch gegen das aufkeimende, tatsachenorientierte Einzel-Individuum als neues natur-, gleichheitsbewusstes und solidarisches Subjekt der Geschichte.

Die Zeit nach den Weltkriegen brachte zwar formell Demokratie, jedoch keine wirkliche Befreiung der Menschen zu einem selbstbestimmten Umgang mit der äußeren Natur und ihrer eigenen. Die Menschen wurden auf den Pfad des Konsums und der Entwicklung ihrer Kulturbedürfnisse gebracht und dadurch fest gebunden in Arbeitszeitlängen, die ihnen bis heute keinen oder nur ganz wenig Spielraum für die Entwicklung von Unabhängigkeit von fremdbestimmten Arbeitsverhältnissen und den Aufbau einer eigenen – selbstversorgenden – Beziehung zur Natur erlaubt.

Aber dennoch sind nur sie es, die das gewaltige und vom politischen Einfluss großer wirtschaftlicher Interessengruppen in Gang gehaltene Schwung- und Hamsterrad dieser klima- und umweltschädigenden Gesellschaft bremsen können: Denn nur sie sind als menschliche Lebewesen und als gebildete Vernunftmenschen im Eigeninteresse dazu in der Lage der weltfremden und zerstörerischen Geld- und Machtgier von Funktionären und Nutznießern des Finanzsektors Einhalt zu gebieten, auch wenn diese sich der gesellschaftlichen Einrichtungen viel besser zu bedienen vermögen als die Bürger, die um ihrer Reproduktion willen auf Einkommen mittels Arbeit für andere angewiesen sind.

Es ist hier das völlig unterschiedliche soziale Gewicht der Bürger bei der Nutzung der gesellschaftlichen Einrichtungen, das eine Umsteuerung der Gesellschaften in Richtung natur- und klimaverträglicher Wirtschafts- und Lebensweisen verhindert. Die Gesellschaften werden nicht von den Menschen als Natur- und Vernunft-Wesen gesteuert, sondern von historisch entstandenen materiellen Ungleichheiten im Einfluss auf die gesellschaftlichen Institutionen, die sich sogar in den modernen Demokratien, infolge der strukturellen Verankerung dieses sozialen Einflusses von Vermögen, noch erhöhen.

Somit ist es gewissermaßen die soziale Macht der Gesellschaften mit ihren staatlichen Institutionen und materiellen Nutznießern, die eine Machtbegrenzung aus Natur- und Klimaschutzgründen verhindert.

Folglich ist der Einzelmensch als Natur- und Kultur-Subjekt im Staatsbürger gefordert, diese soziale Macht und den sozialen Einfluss wirtschaftlicher Interessengruppen zurückzudrängen, um sich und damit auch die Belange der Natur und des Klimas zur Entfaltung zu bringen.

Denn nur Menschen werden durch einen Zeugungsakt geschaffen und von Lebewesen auf die Welt gebracht, genährt und aufgezogen und bleiben dabei immer auf den Stoffwechsel mit der Natur in Form von Sauerstoff, Licht, Nahrung und Wasser angewiesen, um als Lebewesen existieren zu können.

Eine solche Naturnähe dürfte im Finanzsektor kaum mehr nachzuempfinden, geschweige denn, in Form des Erhalts der dafür erforderlichen natürlichen Lebensgrundlagen, Ziel von

Investitionen sein können, zumal die Computer, die die Geschäfte führen, alle auf Maximalrendite programmiert sind.

Was also spricht für das Natur-Kultur-Subjekt als Hoffnungsträger und wie kann es der Gesellschaft die Grenzen setzen, die bei der Aufklärung vergessen wurden, jedoch heute unerlässlich gesetzt werden müssen, um den Stoffwechsel mit der Natur wieder in ein Gleichgewicht zu bringen, womit allein das Überleben der Menschheit zu sichern ist?

Das längst im Entstehen begriffene Natur-Kultur-Subjekt kann sich dabei mindestens auf sechs gewichtige Argumente berufen:

(1) Die Befreiung aus sozialen Herrschaftsverhältnissen im 18. Jh. setzte sachgerechtes Wissen über die weltlichen Ursachen von Ungleichheit und ein Subjekt voraus, das über dieses Wissen verfügte und sich dadurch legitimiert sah, aktiv sein Recht zu fordern. Umgekehrt befördern tatsachenwidrige Begründungen heute eine Verdunkelung der wahren Ursachen z. B. des Festhaltens an natur- und klimaschädlichen Produktionspraktiken, z. B. in der Landwirtschaft, und damit die Legitimation für politische und rechtliche Gegenwehr.

Ging es bei der Aufklärung und den daraus folgenden Revolutionen in den USA und in Frankreich, im Vergleich zu heute, „lediglich“ um die Beendigung innergesellschaftlicher Knechtschaftsverhältnisse, sind heute alle Gesellschaften gefordert, ihren Ressourcenverbrauch und ihre Belastungen für die Biosphäre so weit zu reduzieren, dass die Erderwärmung unter 1,5 °C bleibt und das galoppierende Artensterben gestoppt wird.
Die heutige Herausforderung ist also ungleich höher und dramatischer, weil die Gesellschaften ihren Expansionismus völlig zurückfahren und in die Sicherstellung der Reproduktion der Ökosysteme dieser Erde umwandeln müssen.

Dies verlangt nichts Geringeres als eine Zäsur in der Geschichte aller auf Expansion ausgerichteten ursprünglichen Ackerbaugesellschaften, d. h. eine Beendigung ihrer verhängnisvollen Entwicklungsdynamik als soziale Produktions-, Verteilungs- und Vermehrungsgesellschaften mittels Selbstreflexion und Fähigkeiten sowie Bereitschaften, mit knappen Ressourcen auszukommen und diese über die Förderung der Ökosysteme und deren Eigenproduktivität zu gewinnen und zu steigern.

Wer aber ist allein zur Selbstreflexion und Wahl von besseren Alternativen in der Lage? Vorderhand das aufgeklärte, sich in enger Verbindung zur Natur sehende und aufgrund ökosystemischen Wissens zu einer neuen ökosystemischen Vernunft befähigte Natur-Kultur-Subjekt.
Ohne eine Mehrheit dieser modernen aufgeklärten Subjekte werden die Gesellschaften mit Rücksicht auf starke wirtschaftliche Interessengruppen ihren verhängnisvollen historischen Weg weitergehen und die Welt in neue große Kriege führen, wie sich dies heute im wachsenden Dissens zwischen Europa und Russland bereits abzeichnet.
Tatsächlich scheint die aktuelle Situation in Europa eine Asymmetrie in den Bereitschaften und Fähigkeiten der Bürger und jener der Gesellschaften zur Lösung der Klima- und Umweltkrise erkennen zu lassen: Während ein Großteil der Bevölkerung, mit den zahlreichen

Umwelt- und Klimaschutz-Gruppen an der Spitze für beherzte Klima- und Umweltschutzmaßnahmen eintreten und eine ökologische Wende im Agrarbereich verlangen, orientieren die Staaten der EU im Agrarbereich auf den Fortbestand der umwelt- und klimaschädlichen Intensivlandwirtschaft und in den internationalen Beziehungen eher auf Konfrontation mit dem Osten, einschließlich China, was sich deutlich auch in den steigenden Rüstungsausgaben zeigt.
Die Gesellschaften folgen also offensichtlich dem Einfluss großer Interessengruppen, die bei einem beherzten Klima- und Umweltschutz viel ihres Einflusses und Geschäftes verlieren würden.

Zum beschleunigten Vorankommen in Sachen Klimaschutz wäre aber genau das Gegenteil nötig, die Anerkennung des Klimawandels als globales Problem und die daraus sich ergebende Notwendigkeit zur Kooperation zwischen den Staaten.
Das aktuelle Verhalten der EU in Sachen Klima- und Umweltschutz erscheint rückwärtsgewandt und nicht konstruktiv, sowohl hinsichtlich des Umgangs mit der globalen Komplexität der Probleme wie auch hinsichtlich der Natur auf dem eigenen Gebiet: Aufrüstung, außenpolitische Drohungen, klima- und umweltschädliche Handelsverträge und die fehlende Agrarreform sind hier klare Beweise für eine entgegengesetzte Haltung der Gesellschaften zu den Bereitschaften und Fähigkeiten ihrer Bürger.

(2) Auch freie demokratische Gesellschaften zerstören tendenziell die Gleichheit und Solidarität der Menschen wie auch die natürlichen Lebensgrundlagen, wenn sie die negative Gemeinwohl-Wirkung von Vermögensanhäufung nicht begrenzen und ihre Fähigkeit zur wirklichen Förderung von sozialer Gerechtigkeit, Bildung und Schutz von Natur und Klima nicht nachhaltig unter Beweis stellen.

Bereits Platon hatte in seinem utopischen „Idealstaats"-Entwurf, der „Politeia", als Grundproblem der antiken Gesellschaften ihr beständiges Wachsen an Kopfzahl und Vermögen, erkannt und für die führenden Schichten der Zukunftsgesellschaft, die Philosophen und Wächter (Militär) die Eigentumslosigkeit vorgeschlagen, um die Anreize für Wachstum zu beseitigen. Allein die Bauern und Handwerker der unteren Schicht sollten noch über ausreichenden Besitz verfügen, um die Gesellschaft mit Lebensmitteln und Kulturgütern versorgen zu können. Geburtenkontrolle erfolgte über die Frauen in den polygamen Verhältnissen an der Staatsspitze und über die Wächter gegenüber der unteren Schicht.

Am Ende stellt sich die Nicht-Wachstums-Gesellschaft nach Platon als bereits auch dem Höherzüchtungs-Gedanken folgende Führergesellschaft dar, die zwar nicht mehr wuchs, jedoch alle ihre Angehörigen bis hin zur Tötung der Behinderten unterjochte und bei den Faschisten des Dritten Reiches sicher nicht unbekannt gewesen sein dürfte.

Was sagt uns gerade diese Utopie, der ab dem Mittelalter zahlreiche andere folgten (siehe das überaus erhellende Buch von Richard Saage: Utopie-Forschung, Eine Bilanz, Darmstadt 1997)?

Erfordert Nicht-Wachstum tatsächlich zwangsläufig totalitär-diktatorische Polit-Verhältnisse, wie heute immer auch als letzte Konsequenz der ökologischen Bewegung unterstellt wird: am Ende Öko-Faschismus?
Hierzu fallen neben den analysierten Arbeiten von Gloy und Krebs vor allem auch noch neuere Arbeiten sehr unangenehm auf: Beispielsweise findet sich in Kirchhoff/Karafyllis u. a. (Hrsg.) Naturphilosophie, 2017, kein einziger Artikel zum Naturbild im Faschismus, sodass der Begriff „Faschismus" in diesem Buch nicht vorkommt – jedoch der Begriff des „Öko-Faschismus". Soweit zur „Objektivität" moderner Naturbetrachtung deutscher Hochschulphilosophen und zur damit verbundenen Aussicht auf tatsachenfundierte Urteile über gesellschaftliche Bewegungen zur Überwindung der pragmatischen Naturfeindlichkeit auch vieler dieser Naturphilosophen.

Platon hatte das Wachstumsproblem der Gesellschaften als Problem erkannt, das sich der Gesellschaften bemächtigt und sie zu Expansion und Krieg zwingt. Diesen Zwang wollte er in die Gesellschaft hinein verlagern zur Unterdrückung aller Wachstumsbestrebungen ihrer Mitglieder, um das Wachstum, damit Expansion und Krieg zu vermeiden. Da Platon nicht nur den Idealstaat, die „Aristokratie" anhand historischer Problemsachverhalte, sondern auch alle weiteren – schlechteren – Lösungen für dieses Wachstumsproblem, die „Timokratie", „Oligarchie" und schließlich auch die „Demokratie", die aufgrund des enthemmten Freiheitswillens als schlechteste Problemlösung bezeichnet wird, die schließlich zur „Tyrannis" führt, als konkrete historische Erscheinungen präsentiert und analysiert, scheint die Politeia von einer unglaublichen Tiefe und Objektivität zu sein und absolut auch modernen Problemen, Problemsichten und Erwägungen zu entsprechen.

Was es für uns daraus zu ersehen gibt, ist – neben der Erkenntnis, dass die moderne Wachstumsproblematik bereits im antiken Griechenland Kopfzerbrechen bereitete – die besondere Fähigkeit, die Platon einzelnen, durch Wissen und Erfahrung klug gewordenen Individuen, den Philosophen, zur Staatslenkung attestiert, wenn sie frei sind von materiellen Interessen. Jedoch resultierte diese Eingrenzung der Staatslenkungs-Fähigkeit durch Wissen auf die edlen Charaktere an der Spitze bei Platon aus der genealogischen stammesgeschichtlichen Sicht von Entwicklung, in der die angeborene Begabung aufgrund edler Herkunft wichtiger war als erworbenes Wissen und Denkvermögen. Hierin äußerte sich letztlich das eigentliche Motiv für die Wachstumsbegrenzung, nämlich den Schutz der Interessen der alten Familien vor einer Bevölkerungsexplosion, die ihnen Verlust von Einfluss und Besitz bereits im antiken Griechenland bescherte.

Diesen Hintergrund des Idealstaates bei Platon gilt es zu bedenken, wenn heute ökologische Bewegungen mit dem Faschismusvorwurf belegt werden, um sie im Keim zu ersticken, d. h. um so weitermachen zu können wie bisher.

Aus der Gesamtschau der von Platon beschriebenen Staatsformen ergeben sich drei relevante Folgerungen für unser heutiges Problem der Umkehrung von Wachstum in einfache Reproduktion vor allem auch der Natur zugunsten eines gemäßigten Klimas:

- Gesellschaften, die in der Eindämmung des Wachstums und unserer Zeitprobleme keinen wirklichen Tatendrang und also auch keine wirklich überzeugende zielgerichtete Autorität gegen den Klimawandel und das Artensterben verkörpern, werden kein einziges Problem wirklich lösen, sondern in einen neuen Faschismus (Tyrannis) münden. Sie werden nicht einfach nur versagen, sondern das Gegenteil von dem organisieren, was sie versprechen und was nötig ist. Dieses Gegenteil besteht in der kriegerischen Expansion, wie gehabt – das sagte uns bereits Platon!
- Gesellschaften können eine Einsicht in ihre spezifische Entwicklungsdynamik entwickeln – wie Platon beweist – und sich über Alternativen Gedanken machen. Jedoch sind diese Alternativen, wie der Idealstaat bei Platon, geprägt von Annahmen hinsichtlich der Triebkräfte in der Geschichte und dies scheint ohne Wenn und Aber bis heute zu gelten: Die maßgeblichen Vorstellungen der Gesellschaften zur Bewältigung der Klima- und Umweltkrise basieren allesamt auf dem Wunderglauben hinsichtlich möglicher technischer Lösungen, resultierend aus der nach wie vor vorherrschenden industriellen Sichtweise: seien es alternative, erneuerbare Energie, oder Techniken der CO_2-Abscheidung aus der Luft, oder Techniken der Anpassung an den Klimawandel – z. B. mittels CRISP/Cas-Gentechnik – usf.
- Platon sah die Macht des Wissens begrenzt auf die Edlen als wissende und erfahrene Philosophen an der Spitze, um den großen Rest der Gesellschaftsmitglieder ihrer Autorität zu unterwerfen.

Das moderne demokratie- und wissenschaftsbegründete Credo kann nur heißen, dass alle Gesellschaftsmitglieder als freie mündige Staatsbürger und zeitgemäße Natur-Kultur-Subjekte über ausreichend Ökosystem-Wissen und individuelle Reserven und Spielräume verfügen müssen, um sich dieses Wissen anzueignen, ihren politischen Einfluss geltend zu machen und um für sich selbst in neuer, sparsamer, naturförderlicher Lebensweise sorgen zu können.

Diese Anforderung geht einher mit der Notwendigkeit der Eindämmung naturzerstörerischer Investitionen und Arbeit, der Unerlässlichkeit einer massiven Arbeitszeitverkürzung und Entkopplung der wirtschaftlichen Lebenssicherung von der „Arbeit für andere" sowie dem Übergang zur vollständigen stofflichen Wiederverwertung der Unmassen von Abfällen vor allem des völlig entgrenzten Konsums.

Ohne die wissensmäßige, versorgungssichere, auf mehr Spielraum zur Selbstbildung und Selbstversorgung aufgebaute Ertüchtigung des Natur-Kultur-Subjektes wird es eine Eindämmung des Verbrauches in diesen auf Konsum und Gewinn durch Produktion um des Gewinnes willen programmierten Gesellschaften nicht geben können, es sei denn, man setzt auf den autoritären expansionistischen Staat, der weiterhin sichere Gewinne auf Kosten des Großteils der Bevölkerung hierzulande und der schwächeren Länder auf dem Globus garantiert.

Die Forderungen an die Gesellschaften vonseiten der Subjekte müssen sich also auf mehr Zeit für sich, finanzielle Absicherung durch den Staat, Ermöglichung von mehr Selbstversorgung und Bildung beziehen, um den klima- und umweltschädlichen Verbrauch, durch Verminderung umweltschädlicher Arbeiten bei gleichzeitiger Beteiligung an der Rekultivierung der Nahrung und Wertstoffe liefernden Ökosysteme, reduzieren zu können.

Versprechen der Politiker, größte Wohlfahrt für die Bürger auch im Zuge ihrer gesellschaftlich veranlassten klima- und artenschützenden Maßnahmen zu gewährleisten, sind hochgradig unrealistisch und gefährlich, weil sie die Subjekte für dumm verkaufen, indem am Ende weder der Wohlstand erhalten noch die Klima- und Umweltkrise vermindert werden wird. Nur völlig ahnungs- oder skrupellose Politiker können solche Versprechen angesichts der Dramatik der Klima- und Umweltkrise und der zu ihrer Bewältigung erforderlichen Verminderung des Verbrauches in allen Produktions- und Lebensbereichen machen.

Da die Absenkung des Verbrauches und die verbrauchsärmere Lebensweise letztlich nur von den Bürgern kommen kann, indem diese weniger Kulturgüter verbrauchen und sich ökologischer ernähren, müssten sie eigentlich Ausgangs- und Mittelpunkt der neuen politischen Initiativen sein. Jedes Versprechen der Politiker, den Klimawandel allein über die Gesellschaft vor allem über den Handel mit Emissionszertifikaten sowie effizientere und neue Techniken, also mit einem Weiter-so mit wachsendem Verbrauch an Rohstoffen und Energie einzudämmen, wird, wie bereits gesagt, letztlich den Expansionismus befördern und keine wirkliche Absenkung der THG in der Luft und Rettung der Biodiversität, d. h. der dafür benötigten Ökosysteme bewirken.

Die heutige Krisensituation ist nicht unähnlich der, in der sich Ackerbaugesellschaften vor der Völkerwanderung befanden: Ihre stark gewachsenen Bevölkerungen standen kurz vor dem Verhungern, weil ihr übernutztes Gebiet nicht mehr genügend Nahrung hervorbrachte. Klimatische Abkühlung und/oder die „Hunnen“ mögen bei der Völkerwanderung vor Christi Geburt und im 5. Jh. n. Chr. eine Rolle gespielt haben, waren aber wohl nicht der ausschlaggebende Faktor für das Verlassen des Gebietes – ein Phänomen, das es weltweit zu allen Zeiten gab. Heute gibt es die Möglichkeit des Verlassens des ökologisch ruinierten Gebietes nicht, denn es handelt sich dabei um die Erde selbst. Also gibt es nur zwei Möglichkeiten: Beschränkung der Ansprüche entlang einer ökosystemischen Rationalität im globalen wie lokalen Maßstab oder kriegerische Expansion, wie seit 8000 Jahren gehabt.

(3) Letztlich sind nur Menschen mit einem eigenen Gespür für die Begrenztheit und Empfindlichkeit von Natursystemen, und die möglicherweise existenzgefährdende katastrophenhafte Zuspitzung ihrer Zurückdrängung und Schädigung, zu verbrauchsmindernden Verhaltensänderungen bereit, was nur mit einem tatsachenbegründeten, realistischen, aber vor allem auch systemischem Denken möglich ist. Menschen, die auf der von der Politik versprochenen Fortsetzung des gedankenlosen Verbrauches beharren, werden diesen auch einfordern wenn es knapp wird.

Aufgrund der allgemein vorherrschenden darwinistischen Sicht, die nur den allgegenwärtigen und -umfassenden Überlebenskampf mit der Natur und zwischen den Völkern als „Realität“ kennt, hat die systemische Sicht der Natur und das damit verbundene Gebot zum Wechsel zwischen ganzheitlicher und Detail-Sicht, wie dies A. v. Humboldt im „Kosmos“

formulierte, bis heute nicht Fuß fassen können: Weder in den Wissenschaften, noch in der Politik, noch bei den Menschen. Selbst in der Biologie ist das Wissen über die ökosystemischen Voraussetzungen und Lebensbedingungen der Arten immer noch eher ein Buch mit sieben Siegeln denn ein wirkliches Wissen. Auch der deutsche Naturschutz krankt in hohem Maße an dem fehlenden Wissen über die ökosystemischen Lebensbedingungen der Arten und folglich über die Auswirkungen von Ökosystemeingriffen, wie umgekehrt der Folgen neuer invasiver Arten. Wie wenig die ganze Naturschutzbranche systemisch denkt zeigt aktuell z. B. die vorbehaltlose Zustimmung zur weiteren Verbreitung des Wolfes, obwohl diese die gesamte Freilandhaltung von Nutztieren und die Wanderschäferei, also im Sinne des Tierwohls und der Ökologie durchaus zu begrüßende Tierhaltungen, gefährdet.

Infrage steht, ob Gesellschaften in Bezug auf die Natur tatsächlich zu dieser doppelten, zwischen dem besonderen Einzelnen und den hochgestaffelten Ganzheiten hin und her wechselnden Natursicht in der Lage sind. Dergleichen ist bisher überhaupt nicht in Sicht, weder in der Biologie noch in anderen Lebenswissenschaften und vor allem nicht in den Agrarwissenschaften. Überall bestimmen die Fachexperten, die Spezialisten die Agenda auf Kosten der Beachtung der Auswirkungen ihrer Empfehlungen auf das weitere Ganze in Form mittelbarer und langfristiger Folgen.

Eigentlich sind Gesellschaften für ein „Sowohl als auch" prädestiniert, aber sie sind historisch ganz anders vorkonditioniert: Sie sehen das Ganze der Umwelt und der Biosphäre nicht, sondern darin eher eine Bedrohung, gegenüber der man sich wappnen muss. Und sie sehen Ökosysteme und Naturdetails auf ihrem Gebiet nur von ihrer Nützlichkeit her, also hochgradig selektiv: Nutzpflanzen ja, Konkurrenten nein. Straßenbau ja, Landschaften, Wälder usf. egal.

Es gilt also mit der Illusion aufzuräumen, dass Gesellschaften als differenzierte Größenordnungen von Sichtweisen dazu in der Lage wären, die Folgen der Maßnahmen vor Ort in einem Blick für das ökologisch Ganze wirklich abwägen und vernünftig entscheiden zu können. Ohne Menschen vor Ort, denen die Natur, die alten Bäume, Wälder und Landschaften am Herzen liegen und die den Frevel erkennen, der passiert, wenn wieder einmal ein alter Mischwald einem Gewerbegebiet weichen soll, wird es keinerlei Fortschritt gegen Klimawandel und Artensterben geben. Im Gegenteil werden die derzeit dafür gedachten Maßnahmen der Politik zu einer völligen Zerstörung auch noch der letzten verbliebenen großen zusammenhängende Waldgebiete ebenso führen, wie aller verbliebenen Reste in der von Ballungsgebieten, Infrastrukturen und Agrarwüsten dominierten Technosphäre der Industriegesellschaften.

Gesellschaften haben bis zum absoluten Verdruss bis heute bewiesen, dass sie genau dies nicht können. Ihnen fehlt, wie Radkau selbst in seiner mit „Ära der Ökologie" überschriebenen Analyse eindrücklich bewiesen hat, ein Verständnis des ökologischen Gesamtzusammenhangs, in dem sich die Wirtschafts- und Infrastrukturprojekte und vor allem auch die Landwirtschaft bewegen und daher multiple Schäden in der gesamten Biosphäre, vom Boden bis zur Troposphäre, vom Kohlenstoffkreislauf bis zum Wasserkreislauf usf. verursachen.

Aber kann diese fundamentale historische Hypothek der zweifachen Komplexitätsbeschränktheit der Gesellschaften durch ein wissendes ökosystemisch denkendes Natur-Kultur-Subjekt überwunden werden?

Ja und zwar nur durch dieses ökosystemisch denkende Natur-Kultur-Subjekt, das sich mit gleichgesinnten und interessierten Menschen zu Lebensgemeinschaften vor Ort zusammentut, um unmittelbar zweierlei zu bewirken: Die Organisation und Umsetzung von ökosystem- und selbstversorgung-fördernden Projekten und die Schaffung von Rahmenbedingungen zu deren Verbreitung.

Alles andere ist eine Illusion, die in neue kriegerische Expansionen und Auseinandersetzungen um Ressourcen führen wird.

Bereits jetzt zeichnet sich ab, dass z. B. die deutsche Gesellschaft alle klimarelevanten Emissionen, die zur Produktion ihrer Importe, vor allem Futtermittel, im Ausland anfallen, nicht als Bestandteil ihrer THG-Gesamtemissionen betrachtet, sondern als Sache des Auslandes. Das führt dazu, dass der ökologische oder CO_2-Fußabdruck jedes Deutschen um wenigstens das doppelte höher ist als in den amtlichen Berechnungen ausgewiesen:

Deutschland emittiert nach offiziellen Angaben 2 % aller globalen Treibhausgase, in Wirklichkeit aber sind es mindestens 4 %, wenn die indirekten Emissionen im Ausland mitgerechnet werden.

Dies ist bei einem Volk mit 80 Mio. Einwohnern, also knapp 1 % der Erdbevölkerung ein beträchtlicher Unterschied, der eigentlich hochgradig nervös machen müsste, ob der außergewöhnlich hohen Verantwortung Deutschlands für das Klima nicht nur wegen der Vergangenheit, sondern wegen der aktuell nach wie vor unverhältnismäßig hohen THG-Emissionen jedes Einzelnen. Aber nichts dergleichen ist erkennbar: Deutschland verhält sich trotz der hohen faktischen Verantwortung wie ein Land, dem die Klima- und Umweltkrisen egal sind.

Das ist nicht im Sinne der naturverbundenen und vielfach hochgebildeten Bevölkerung, die diese Zahlen kennt und zu wirkungsvollen Maßnahmen bereit ist, wenn sie gefragt wird. Aber sie wird weder gefragt, noch ist beim Staat eine wirkliche Ernsthaftigkeit erkennbar, den Verbrauch vor allem von Erdölprodukten und Natur einzuschränken. Im Gegenteil werden die Subventionen dafür nicht abgebaut, sondern eher ausgeweitet, wenn auch Corona bedingt und neuerdings wegen der Verteuerung fossiler Brennstoffe infolge Ukrainekrieg.

Indem der Großteil der Bürger Deutschlands in ihrem Verantwortungsgefühl erheblich weiter sind im Denken für einen wirkungsvollen Natur- und Klimaschutz als die gesellschaftlichen Institutionen und die Politik, die sich ihrer bedient, kann nur dieses ernsthafte Natur-Kultur-Subjekt einen Wandel bringen durch

- Forderungen nach Ausschaltung des Einflusses erdölbasierter Interessengruppen auf die Politik und

- die Beteiligung an den zahlreichen Initiativen zur Senkung des Ressourcenverbrauchs und Aufbaus einer regionalen Selbstversorgung der Bürger mit Lebensmitteln und anderen Kulturgütern.

Zugleich sollte man auf der Hut sein vor Parteien, die unter dem Vorwand von Klima- und Umweltschutz unbedingt mitregieren wollen, also sich dazu dieses doppelt blinden Staates bedienen wollen, ohne die Menschen in einem völlig neuen Umfang zu fördern zu gedenken, sodass sie massenhaft Träger einer sparsameren, naturverbundenen und solidarischen Lebensweise werden können, d. h. die Zeit und die Rahmenbedingungen dafür bekommen, ihr Leben klima- und umweltbewusster, sparsamer und selbstversorgender organisieren zu können.

(4) Denn tatsächlich ist der Stoffwechsel des menschlichen Lebewesens mit der Natur im Allgemeinen und mit der Atmosphäre im Besonderen eine hochbrisante Angelegenheit, um die sich jeder kümmern sollte.

Es sind zwei, zeitlich nahe beieinander liegende Entdeckungen, die dem Kohlendioxid als gasförmigem Abfallstoff aus Verbrennungen im Stoffwechselprozess zwischen Mensch und Natur eine zentrale und nicht hintergehbare Rolle einräumten:

Im Jahre 1895 stellte der auf vielen geophysikalischen Gebieten forschende schwedische Chemiker Svante Arrhenius seine Theorie zum Treibhauseffekt des Kohlendioxids vor, wonach sich das Erdklima infolge eines CO_2-Anstieges aufheizen könnte, weil dieser vermehrt die infraroten Wärmestrahlen des von der Erde reflektierten Lichtes zurückhält (absorbiert). Elf Jahre später, im Jahre 1906 wies der schottische Physiologe John Scott Haldane zusammen mit John Priestley nach, dass nicht Sauerstoffmangel im Blut, sondern Kohlendioxidüberschuss den Atemreflex auslöst.

Beide Entdeckungen markieren einen harten ökologischen Grundzusammenhang des Menschen als Lebewesen über dessen Stoffwechsel mit der Biosphäre:

- Jeder Atemzug eines Menschen ist nicht etwa durch einen Bedarf an Sauerstoff veranlasst, sondern durch die physiologisch erzwungene Beseitigung des Verbrennungsabfalls Kohlendioxid aus seinem Blut, was bedeutet, dass im menschlichen Stoffwechsel die Entfernung von Abfällen aus seinem Körper Vorrang hat vor der Aufnahme von Stoffen und dass bei der Aufnahme ein gewisser Spielraum besteht, der bei den Abfällen nicht gegeben ist.
- Indem der Kohlendioxidgehalt der Luft maßgeblich die Wärmeabstrahlung von der Erde steuert, darf er eine gewisse Höhe nicht überschreiten, wenn sich der Planet nicht fortwährend erhitzen soll. Obwohl die Atemluft mit 4 % Kohlendioxidgehalt um etwa das Hundertfache über dem aktuellen Gehalt in der Luft in Höhe von 0,04 % liegt, hat sie keinen Treibhauseffekt, da das Kohlendioxid aus Nahrungspflanzen stammt, die das CO_2 aus der Luft geholt hatten.
  Jedoch gilt nur ein CO_2-Gehalt der Frischluft von unter 2,5 % als unschädlich.

Somit ist der Mensch in zweifacher Hinsicht auf eine ausreichende Absorption des Kohlendioxids als Abgas aus Verbrennungsprozessen, vor allem durch Pflanzen angewiesen: Hinsichtlich eines gemäßigten Klimas mit stabilen Durchschnittstemperaturen als Folge eines Kohlendioxidgehaltes der Luft unter 0,04 % und hinsichtlich der Atemluft.

- Auf der Sauerstoff-Seite, dem Brennstoff der Mitochondrien für die Erzeugung körpereigener Energie und Produkt der Fotosyntheseleistung der Pflanzen ist der menschenverträgliche Korridor ähnlich eng und angewiesen auf ausreichend Sauerstoffproduktion durch Pflanzen: Bei einem aktuellen Sauerstoffgehalt der Luft von 21 % gilt bereits ein Gehalt unter 19,5 % als sauerstoffarme Luft und unter 16 % als gefährlich.
- Hinzu kommt, dass ein steigender CO_2-Gehalt der Luft mit einer Abnahme des Sauerstoffgehaltes einhergeht, weil der Sauerstoff bei Verbrennungsprozessen an C gebunden wird.
- Nicht zu vergessen die bereits heute akute unmittelbare Lebensbedrohung der Menschen durch extreme Hitze und Hitzewellen jenseits von 37 °C, wo die körpereigenen Proteine drohen zu zerfallen, was der Körper durch Kühlung mittels verstärkter Schweißproduktion zu verhindern sucht. Kann die Wärme nicht mehr ausreichend mittels Verdunstungskühlung abgeführt werden, droht spätestens ab 42 °C der Tod. Bei hoher Luftfeuchtigkeit wird die Lage schon unterhalb 37 °C kritisch. Kinder, ältere Menschen, Schwangere und Menschen mit Vorerkrankungen sind besonders gefährdet, weil bei ihnen die Temperaturregulation durch Schwitzen und dafür erforderlichen Flüssigkeitsausgleich noch nicht so entwickelt ist oder langsamer abläuft oder stark eingeschränkt ist. Plötzlicher Tod durch Hitzschlag tritt auf infolge erhöhten Blutdrucks infolge erhöhter Herzleistung infolge erweiterter Blutgefäße.

Aus der akuten Bedrohung der Menschen als Lebewesen durch Hitze, Unwetter, Überschwemmungen usf. ist ersichtlich, dass Gesellschaften gegenüber den globalen Folgen ihrer expansiven und verbrauchsintensiven Existenzweisen völlig machtlos, d. h. bisher auch weitgehend unfähig sind, die Menschen vor den hohen Risiken der Erderhitzung zu schützen. Und besonders schlimm ist ihre fatale Haltung gegenüber den großen Urwäldern der Erde, die mit ihrer hohen Verdunstungsleistung die Atmosphären-Temperatur ähnlich herunter kühlen wie der Schweiß die Körpertemperatur des Menschen.

Daraus ist ersichtlich, dass Pflanzen nicht nur für die Verhinderung der Erderwärmung durch eine ausreichende Absorption von CO_2 zentral sind, sondern auch unmittelbar für den menschlichen Stoffwechsel, insbesondere die Körpertemperatur, die jenseits von 37 °C Lufttemperatur kaum mehr zu bewältigen ist und auch die Atemluft, deren Sauerstoffgehalt von 21 % bereits ab einer Absenkung größer 1,5 % als bedenklich und deren Kohlendioxidgehalt bereits jenseits von 2,5 % als schädlich gilt.

Der Anstieg des CO_2-Gehaltes der Luft von 1960 bis 2010 von 315 ppm auf 385 ppm, um 70 ppm, also um 22 % innerhalb von 50 Jahren (Latif, ebenda, S. 40), sollte der Menschheit ein Warnschuss sein, der allerdings bisher kaum richtig ernst genommen wird, wie am Weiter-so verbrauchsintensiver Politik sowie Produktions- und Lebensweisen und dem daraus folgenden weiteren, fast schon galoppierenden Anstieg des Kohlendioxidgehaltes der Luft deutlich zu erkennen ist.

Hält die Abholzung und der Rückgang der Vegetation infolge des Verlustes fruchtbarer Böden in der augenblicklichen Geschwindigkeit weiter an, wird nicht nur das Klima sich in einen Bereich verabschieden, der keinen Flecken der Erde mehr von Katastrophen verschonen wird, sondern möglicherweise auch der Sauerstoffgehalt der Luft in einen kritischen Bereich absinken.

Denn die Abholzung wirkt mindestens dreifach negativ:

- Die Brandrodung verbraucht große Mengen Sauerstoff und emittiert zusätzlich riesige Mengen an CO_2.
- Die Abholzung reduziert den Wald als Klimasenke, sodass in Zukunft weniger CO_2-Versenkungen in Wäldern stattfinden.
- Der Verlust von Urwald bedeutet Verlust an Wasserspeicherung, -verdampfung, Regenbildung und vermindert sowohl Abkühlung der Atmosphäre wie die Wiederbefeuchtung großer Gebiete.

Während also Latif zu dem Schluss kommt, dass zur Resorption der bereits aus fossilen Energiequellen in die Atmosphäre emittierten Treibhausgasmengen, die aktuell weiter ansteigen, *„Senkenprozesse mit einem Beitrag von insgesamt 2,6 Gt C/Jahr zu suchen … sind“* (ebenda, S. 43), also fehlen, genehmigt sich die Weltgemeinschaft zusätzliche Abholzungsprozesse weltweit – zudem unterstützt durch neue Handelsabkommen – in einem derart gigantischen Ausmaß, dass sich das ganze Gerede vom Erreichen der Klimaneutralität bis 2050 oder 2045 bald als leeres Geschwätz herausstellen wird, weil man die in die Kalkulation einfließenden Senkenprozesse schleift, d. h. bisherige Senken in Emittenten verwandelt.

Deutlich ist hier das nicht-systemische Denken und Handeln der Politiker an der Spitze der doppelt-rationalitätsbeschränkten Gesellschaften als Ursache für die weitere katastrophale Zuspitzung der Treibhausgas-Lage zu erkennen, währendem sie die Menschen mit arithmetischen Minderungsversprechen vertrösten, die mit keinerlei Analysen und Maßnahmen unterfüttert sind, die der systemischen Komplexität des Gesamtgeschehens in der Biosphäre auch nur ansatzweise gewachsen wären. Auch die Klimaforschung und der Weltklimarat lügen sich hier in die eigene Tasche, indem sie hauptsächlich auf technische Alternativen und Effizienzsteigerungen bei der Energiegewinnung setzen und die infolge Hyperverbrauch weiter ungebremst fortschreitende Zerstörung der Ökosysteme als THG-Senken fahrlässig in Kauf nehmen.

Scheub/Schwarzer beziffern in ihrem überaus interessanten Buch „Die Humusrevolution – wie wir den Boden heilen, das Klima retten und die Ernährungswende schaffen“, (München 2017) die Möglichkeiten der Versenkung zusätzlicher CO_2-Gehalte im Boden durch Humusaufbau, anhand der Schätzungen des Weltklimarats und der FAO, auf 0,8 bis 3 Gigatonnen, also nahe der laut Latif fehlenden Senkenleistung. Über eine jährliche Humusanreicherung von 0,04 %, also 1 % in 25 Jahren weltweit, könnte laut UN-Klimarat eine jährliche Versenkung von ca. 1 Gigatonne Kohlenstoff bzw. 3,5 Gigatonnen CO_2 erreicht werden (Scheub/Schwarzer, ebenda, S. 69).

Aber ist in der aktuellen GAP der EU auch nur ein geringer Ansatz zu erkennen, diese Chance zu nutzen? Nicht wirklich. Man spricht zwar von der Ausweitung des Handels mit CO_2-Zertifikaten auf die Landwirtschaft, aber die konkrete Ausgestaltung einer kontrollierten Humusanreicherung steht in den Sternen – auch wegen der Grundfrage, wo die dafür erforderliche organische Masse herkommen soll.

Somit wird es auf den ökologiebewussten Natur-Kultur-Bürger ankommen, der mit seinem politischen Engagement und seinem Einkaufsverhalten dafür sorgt, dass die Biobauern immer mehr werden, weil die Humusanreicherung der Böden Bestandteil ihrer Philosophie ist.

Hinsichtlich der Bedeutung des Kohlenstoff-Stoffwechsels zwischen Mensch und Natur ist damit zusammenfassend festzuhalten:

- Dass das Kohlendioxid aus dem Stoffwechsel des Lebewesens Mensch mit der Natur keine Vermehrung durch Verbrennung fossiler Energieträger verträgt, nicht nur wegen des Treibhauseffektes, sondern auch wegen der dadurch erfolgenden Verminderung des Sauerstoffgehaltes der Luft.
- Dass der Staatsbürger heute vor allem auch als Naturwesen gefordert ist, sich um die Zukunft unserer Atmosphäre viel stärker als bislang zu kümmern, weil die Politik an der Spitze dieser doppelt rationalitätsbeschränkten Gesellschaften die grundlegenden ökosystemischen Zusammenhänge noch nie im Blick hatten und diesen von sich aus auch nicht in Hinblick auf den Klimawandel finden werden.
  In der Grundtendenz geht es den Gesellschaften nach wie vor um Aufrechterhaltung des hohen Konsumniveaus und um die Organisierung der dafür erforderlichen frischen Natur-Ressourcen mittels Handel und kriegerischer Expansion.
- Die einzige Hoffnung ruht auf den sich seiner Grundbedürfnisse selbst bewusst werdenden mündigen Natur-Kultur-Bürger, der dafür sorgt, dass die natürlichen Lebensgrundlagen tatsächlich vor Ort und auf allen höheren Ökosystem- und Handlungsebenen geschützt und wieder hergestellt werden. Das ist von den doppeltblinden Gesellschaften, die dem Einfluss großer Interessengruppen folgen, die jeden individuell-menschlichen Bezug zu Naturgrundlagen verloren haben, überhaupt nicht zu erwarten.
  Sie handeln nicht wie menschliche Lebewesen, sondern als Funktionäre von Gesellschaftssystemen, die sich seit 8000 Jahren durch Raubbau an der Natur und Unterwerfung fremder Völker und Gebiete bis heute lediglich um ausreichend Überschüsse bemüht haben, nicht aber um die Erhaltung der Natursysteme, die die fruchtbaren Böden, den Sauerstoff zum atmen, ausreichendes und sauberes Wasser und ein gemäßigtes Klima bisher geliefert haben.

Das heißt, dass ein Wandel zum Besseren nicht ohne Abbau dieser Art von expansiv-aggressiver Gesellschaftlichkeit gegen die Subjekte auf ihrem Gebiet und gegen andere Gesellschaften möglich ist.
Entgegen Luhmann verlangt das Überlebens-Bestreben von Gesellschaften heute nicht eine mentale Reduktion von Komplexität, sondern ihre doppelte Ausweitung auf einen Respekt für das Ganze der Biosphäre und die Weltbevölkerung im globalen Maßstab und eine Anerkennung und fördernde Nutzung der Potenz der Ökosysteme auf ihren eigenen Gebieten und vor Ort.
Ohne den neuen ökosystemisch und systemisch-rational denkenden modernen Natur-Kultur-Bürger, der dazu bereit ist, mit der Transformation bei sich zu beginnen, ist die Transformation der Gesellschaften in Richtung Rahmenbedingungen für eine neue Kompetenz und Kultur der Selbstversorgung in aufblühenden Ökosystemen nicht möglich.

Diesbezüglich, als Rahmenbedingung, ist das Selbstverständnis der modernen Gesellschaften als Zeitalter prägend hochgradig ambivalent, weil der aus der spürbaren Negativwirkung des Menschen auf die Gesamtnatur abgeleitete Anspruch eher eine Fortsetzung des Dranges nach vermeintlicher Naturbeherrschung erwarten lässt, als eine aus Vernunft geborene Wiedereinsetzung der Natur als Hegemon der Geschichte und damit Beendiger des Anthropozäns, um des Überlebens auch der Menschen willen.

(5) Mit dem Begriff „Anthropozän" wird ein neues geologisches Zeitalter bezeichnet, in dem die Menschheit einen dominanten geophysikalischen Einfluss auf das Erdsystem hat, sodass dem Menschen eine besondere Verantwortung für die Zukunft des Planeten zukommt.

Sollte man die Tatsache, dass der Mensch, in Gestalt des von ihm verursachten Klimawandels und Artensterbens, die Biosphäre bis nahe an ihre Zerstörung in Unordnung gebracht hat, zur Selbsteinschätzung hochveredeln, dass er nunmehr bestimmend ist in der Evolution?
Oder steckt da lediglich die Absicht dahinter, die Ökologie, das Eigenständige und Selbstreproduktive der Natur nun endgültig, mit dieser Selbstermächtigung zum Erdzeitalter-Gestalter, zur schutzlosen, auf den Menschen angewiesenen, Manövriermasse für gentechnische Gestaltungen und Patentanmeldungen herunterzustufen?
Jüngste Schlagzeilen zum Klimawandel wie die: *„Welt braucht neue Nutzpflanzen-Sorten"* (PNP, 18. Mai 2021, S. 20), weisen in diese Richtung: Basis der Schlagzeile war eine Untersuchung des Münchner Geografen Florian Zabel zu den Auswirkungen der Erderwärmung auf die vier wichtigsten Nutzpflanzen der Welt, Reis, Weizen, Mais, Soja, wobei sich herausstellte, dass

„eine Erderwärmung von 1,4 °C bis zum Ende des Jahrhunderts für die Landwirtschaft noch gut zu bewältigen" wäre. Jedoch *„im Szenario mit der stärksten Erwärmung"*, von 3,9 °C, *„würden wir auf bis zu 40 Prozent der globalen Anbaufläche neue Sorten benötigen, die teils Eigenschaften aufweisen müssten, die es heute noch nicht gibt"* (Zabel laut PNP).

Die Schlagzeile verrät das Motiv: Dieses besteht offenbar nicht darin, die Welt zu mehr Klimaschutz zu mobilisieren, sondern einen Neu-Züchtungsbedarf für den Fall weiter steigender Temperaturen jenseits von 1,4 °C zu thematisieren. Dass es sich hier um Flankenschutz für die aktuellen Absichten der EU handeln könnte, die Neuen Gentechnikverfahren – entgegen dem Urteil des Europäischen Gerichtshof von 2018 – als normale Züchtungsverfahren anzuerkennen, verrät auch die Schlussfolgerung, dass neue Sorten mit völlig neuen Eigenschaften nötig wären, die es noch nicht gibt. Diese Schlussfolgerung ist völlig aus der Luft gegriffen und lediglich eine vorsorgliche Verbeugung in Richtung Gentechnik:

- Erstens würde sich bei einer Erderwärmung von durchschnittlich 3,9 °C die landwirtschaftlich nutzbare Zone weiter nach Norden verschieben, sodass große Flächen dazukämen, die heute noch gar nicht landwirtschaftlich genutzt werden, z. B. in Sibirien.
- Zweitens wachsen bereits heute viele Nutzpflanzen in Gebieten, in denen die Jahresdurchschnittstemperaturen weit über der globalen Durchschnittstemperatur von derzeit 14 °C liegen: Zum Beispiel in Ägypten bei ca. 21 °C, Namibia 19 °C. Pflanzen, die in diesen Ländern wachsen sind bereits an weitaus höhere Temperaturen angepasst, als mit der Erderwärmung im Durchschnitt zu erwarten ist.
- Drittens: Die Rede von „*Eigenschaften ..., die es heute noch nicht gibt*“ ist also gelogen, da Pflanzen, die z. B. in Ägypten oder im Vorderen Orient wachsen, diese Eigenschaften bereits aufweisen, wie z. B. der Mais in Mexiko, der Weizen in Australien (Durchschnittstemperatur im Süden 19 °C, im Innern 28 °C, im Norden 31 °C).
- Viertens: In der konventionellen Züchtung hat die Kreuzung von Pflanzen aus Gebieten mit unterschiedlichen Wetterbedingungen immer eine wichtige Rolle gespielt, weil die Züchter immer auch das Interesse hatten, ihre neuen Sorten nicht nur in einem begrenzten Gebiet zu verkaufen. In Zukunft wird Toleranz gegenüber höheren Temperaturen oder Temperaturschwankungen in der Pflanzenzucht eine noch größere Rolle spielen und wohl eine Kreuzung von Pflanzen aus unterschiedlichen Klimazonen nötig machen.
- Fünftens: Alte Gentechnik, die bisher immer mit dem Argument der Sicherung der Welternährung beworben wurde, hat keine Pflanzen hervorgebracht, die an höhere Temperaturen oder größere Temperaturschwankungen angepasst gewesen wären, sondern nur Pflanzen, die radikale Herbizide ertrugen und Gifte gegen Insekten erzeugten. Bei der Neuen genomischen Technik (NGT) geht die Entwicklung in die gleiche Richtung und zu noch tieferen Eingriffen in das Erbgut mit der Konsequenz von noch viel unkalkulierbareren Folgen für die menschliche Gesundheit und die Ökologie.
- Sechstens: Zudem steht fest, dass die Anpassungsfähigkeit von Pflanzen an Temperaturen derart komplex in der Physiologie der Pflanzen und damit auch in der Epigenetik und Genetik verankert ist, dass sie sich durch „gezielte“ Eingriffe ins

Erbgut überhaupt nicht sinnvoll verändern lassen, sodass die Pflanzen am Ende lebensfähig, produktiv und auch besser anpassungsfähig wären.

- Siebtens: Selbst Verfechter der NGT geben in der Zwischenzeit zu, dass die konventionellen Züchtungsverfahren mittels Kreuzungszucht viel mehr zu angepassteren Sorten beitragen könnten, als die CRISPR/Cas- und anderen NGT-Verfahren.

Trotz aller dieser Bedingungen, die gegen gentechnische Erbgutveränderungen sprechen, werden die GT-Lobbygruppen nicht müde, in der Öffentlichkeit eine Herausforderung zu konstruieren, wofür die Gentechnik prädestiniert erscheint. Die Schlagzeile: „Klimawandel: Welt braucht neue Nutzpflanzen-Sorten" ist eine solche, sachlich nicht gerechtfertigte Konstruktion, die zwar die Gentechnik nicht explizit erwähnt, ihr aber genau mit bestimmten, sachlich nicht gerechtfertigten Aussagen, in die Hände spielt.

Eben so wenig wie diese Schlagzeile lässt sich das Anthropozän als Warnung und Aufruf zu verstärkten Klimaschutzanstrengungen verstehen, wie sie Paul Crutzen (1933–2021), einer der Mentoren dieses Zeitalter-Begriffs, in den letzten Jahren einforderte.

Vielmehr scheint die Anthropozän-Anmaßung auf den Gedanken einer Weltregierung aufmerksam machen zu wollen, die mit Hilfe von Experten sich des großen – wenn auch schädlichen Einflusses – der Menschheit auf die geophysikalischen Erdverhältnisse bewusst ist und für die notwendigen Korrekturen sorgt.
Da diese Weltregierung nicht existiert, aber die Experten schon, lässt sich leicht ausmalen, wo die Empfehlungen hingehen werden: Sicher nicht in Richtung Selbstbescheidung der Menschen in den Industriestaaten, aus denen die Aufwertung ihrer Fehler und Versäumnisse zum Anthropozän kommt. Und sicher auch nicht in Richtung Förderung von neuen dezentralen, lokalen angepassten Lebensweisen im Einklang mit der Förderung der Ökosysteme weltweit.
Aufgrund des politischen Steuerungsvakuums auf globaler Ebene einerseits und des enormen Einflusses international agierender Agro- und Handelskonzerne andererseits, ist absehbar, dass die Selbstermächtigung zum Erdzeitaltergestalter nur dazu dienen wird, die Vorstellungen der internationalen Konzerne top-down bis in die letzten Winkel der Erde zu verwirklichen. Das aber würde nichts anderes bedeuten als die Fortsetzung des Raubbaus, der die Gesellschaften und mit ihnen die Konzerne groß gemacht hat und der sie an der industriellen Landwirtschaft in Europa und deren Verbreitung weltweit festhalten lässt.

Ist nicht die Anmaßung „Anthropozän" letztlich Ausdruck der Verblendung dieser doppelt Rationalitäts-beschränkten, jedoch trotzdem sich der Herrschaft über die Natur vermeintlich gewissen Gesellschaften? Geht es hier um einen ähnlichen Drang nach genealogischer Einordnung des Menschen in die Geschichte, wie anno dazumal beim Drang der Faschisten, eine Legitimation ihrer rassisch-züchterischen Mission durch Berufung auf die Indogermanen als allein kulturfähige Rasse zu erlangen?
Der Bezugspunkt ist nun nicht mehr ein Volk, sondern die Menschheit als Ganze, um derentwillen nunmehr die Gesamtnatur der Regulation durch den Menschen, sprich ihrer Nutznießer an der Spitze, zu unterwerfen ist, um die Welt wieder in Ordnung zu bringen.

Dass es wiederum Wissenschaftler sind, die, wie einst Darwin, die Legitimationsideologie für Top-down-Gangarten nunmehr im globalen Maßstab liefern, ist natürlich heute noch viel weniger verwunderlich als zu Zeiten von Darwin: Darwin war glühender Anhänger des englischen Commonwealth und daher auch von dieser Seite her stark inspiriert für seinen Gedanken der Durchsetzung des vor allem kulturell stärkeren Volkes.
Dass der Gedanke des Anthropozäns aus den USA kommt, entspricht dieser geschichtlichen Logik, dass naturwissenschaftliche Erkenntnisse selten nur einen naturwissenschaftlichen Hintergrund und Zweck haben: Alle international führenden Konzerne sitzen derzeit noch in den USA, sodass davon auszugehen ist, dass mit dem Konzept des „Anthropozän" eine ähnlich hegemoniale Berechtigung erlangt werden soll, wie sie Darwin den Engländern mit seiner Evolutionstheorie mehr oder weniger bewusst lieferte. Dass die darwinische Doktrin des 19. Jh. dann von den Deutschen zu wörtlich und zu ernst genommen wurde, resultiert aus ihrer Besonderheit als Nachzügler und daher Zukurzgekommene im Konzert der aufstrebenden und international agierenden Nationalstaaten Europas.

Mithin scheint es erneut um eine Fehlinterpretation der realen Lage der Menschen und die Verkehrung der Verhältnisse zu gehen: Es ist nicht primär die Spezies Mensch, wie anno dazumal die Bevölkerung einer Nation, die um ihr Überleben zu kämpfen hat, sondern es sind die Ökosysteme und mit ihnen die Gesamtnatur, mit denen der Mensch sein Auskommen finden muss, um überleben zu können. Aber dafür haben die doppelt-blinden Gesellschaften und ihre Zöglinge in den international agierenden Konzernen nicht das geringste Verständnis, ebenso wenig, wie alle, sich im 19. und 20. Jh. auf Expansionskurs befindenden Gesellschaften.

Wenn also das Gerede vom „Anthropozän" als Eingeständnis der negativen Beeinflussung der geophysikalischen Erdverhältnisse für die Menschheit überhaupt einen Sinn haben soll, dann doch nur diesen, dass der Mensch seinen Schaden an der Natur schnellstens korrigieren sollte, um diese in den Stand zu versetzen, den Menschen auch in Zukunft zu tragen und ertragen zu können.

Das aber würde keine Top-down-Strategien im Sinne der international agierenden Konzerne verlangen, sondern Bottom-up-Reparatur, ausgehend von den Verbräuchen und Möglichkeiten der Menschen vor Ort, weil nur durch die Verminderung der auf fossiler Energie basierenden Konsumartikel und alternativen Versorgungsmöglichkeiten jedes einzelnen Menschen die Erderwärmung gestoppt werden kann.
Da die Gegenwartsgesellschaften derzeit nichts oder nur wenig unternehmen, um den Verbrauch von Energie aus Erdölprodukten zu vermindern, die vor allem in den Industriestaaten zu einem weiteren enormen Ausstoß an Treibhausgasen führen, steht das Leben zukünftiger Generationen auf dem Spiel.
Wenn also das Gerede vom Anthropozän überhaupt einen realistischen Sinn haben sollte, dann diesen, dass der Mensch tatsächlich lernt in Erdzeitalterdimensionen zu denken, um daraus auch die Größenordnung seiner Verantwortung für die Zukunft abzuleiten: Das würde verlangen, angesichts der Dramatik der THG-Anstiege, umgehend Sofortmaßnahmen zum Stopp und zur Verringerung der Anstiege zu ergreifen, um kommenden Genera-

tionen nicht katastrophale Verhältnisse zu bescheren. Anthropozän würde also bedeuten, dass der Mensch langfristig, in Zeitaltern, denkt und folglich jetzt schlimme Entwicklungen durch sparsameren Verbrauch unterbindet, um auch die ferne Zukunft der Menschheit zu sichern.

Von einer solchen fürsorglichen Haltung den künftigen Generationen gegenüber sind die anthropozänischen Gedanken jedoch weit entfernt, ebenso wie die doppelt, in ihrem Horizont und Nutzenkalkül, beschränkten Gesellschaften, die seit 8000 Jahren nichts anderes können, als Versorgungsprobleme mit Expansion und Raub zu lösen.

Das „Anthropozän" steht auf der Flagge der Giganten der internationalen Konzerne, wozu auch die Erdölkonzerne gehören, bei ihrem endgültigen Siegeszug zur Erdbeherrschung auf Kosten künftiger Generationen. Diese sind ihnen hauptsächlich als Nutzer ihrer digitalen Techniken und willfährige Konsumenten etwas wert, nicht aber als Menschen, die ihre natürlichen Lebensgrundlagen in den kommenden Jahrzehnten gesichert haben wollen.

Wie eklatant die Versprechen der Politik die Bedürfnisse künftiger Generationen verfehlen, zeigt das aktuelle Urteil des Bundesverfassungsgerichtes, wonach die gegenwärtige Generation die künftigen Generationen mit absehbaren Erfordernissen drastischer Korrekturmaßnahmen und Einschränkungen belastet, weil sie derzeit einen raschen weiteren Anstieg der THG Vorschub leistet, bei dem sich das Klima viel radikaler wandeln wird, als für den Menschen tragbar ist.
Die aktuelle Politik der fehlenden Klimaschutzmaßnahmen verstößt damit gegen den Artikel 20a des Grundgesetzes:

„Der Staat schützt auch in Verantwortung für die künftigen Generationen die natürlichen Lebensgrundlagen und die Tiere im Rahmen der verfassungsmäßigen Ordnung …".

Damit sind wir wieder beim aufgeklärten Natur-Kultur-Bürger, der offenbar allein sicherstellen kann, dass diese doppelt rationalitätsbeschränkten Gesellschaften und Politiker zur Vernunft gebracht werden und lernen die Realität anzuerkennen, dass sie sich selbst als Menschen, Parteien und Gesellschaften grundlegend ändern müssen, um mit dieser epochalen, ja erdgeschichtlichen Herausforderung fertig zu werden.
Bereits 1987 wurde die „nachhaltige Entwicklung" im Brundtland-Bericht als Aufforderung an die Gesellschaften und Politik definiert

„die Bedürfnisse der Gegenwart zu befriedigen, ohne zu riskieren, dass künftige Gene*rationen ihre eigenen Bedürfnisse nicht befriedigen können"* und zwar in einem *„Wandlungsprozess …, worin die Ressourcennutzung, die Investitions-Ziele, die Richtung technologischer Entwicklung und institutioneller Wandel miteinander harmonieren"*.

Das war vor 33 Jahren. Was ist bis heute in diese Richtung geschehen? Die Ressourcennutzung wurde weiter ausgeweitet, Investitionsziele sind überwiegend nicht-nachhaltiger Art, in der technologischen Entwicklung werden mit den neuen Gentechnikverfahren hochspekulative und ökologieschädliche Pfade weiter ausgetreten und die Wandlungsprozesse in Richtung geringerer Ressourcennutzung sind weiterhin nicht in Sicht.

Kein Wunder, dass die deutsche Politik durch das oberste Gericht, das Verfassungsgericht, gezwungen werden muss, nicht bereits heute die Ressourcen und das Klimagas-Budget zu verbrauchen, die der nachwachsenden Generation noch ein einigermaßen sicheres Überleben im bisherigen Verständnis gestatten sollen.

Nach wie vor gibt es außerhalb der Gerichte keine Institution, keine Bürgerbeteiligung, die den erforderlichen Wandlungsprozess konkret zielorientiert begleiten und ständig bilanzieren könnte, um der Größe der Herausforderung wirklich gerecht zu werden. Politik folgt eher den auf Expansion orientierten Gesellschaften und Interessengruppen und nicht der geschichtlichen Herausforderung.
Das ist in diesen vergangenen 33 Jahren ziemlich klar geworden: Die Menschen selbst müssen sich viel mehr engagieren um Luft zu erhalten für vernünftige Absenkungen der Verbräuche, Steigerungen der Selbstversorgung und der Förderung der Ökosysteme. Die Politik ist nach wie vor viel zu stark geprägt von Rücksichtnahmen auf die wirtschaftlichen Gewinn-Strukturen, die Deutschland nach dem Zweiten Weltkrieg groß gemacht haben: Produktivitätssteigerung durch technische Rationalisierung, Steigerung der Löhne im Verhältnis zum wachsenden Angebot an Konsumgütern, ständig Schaffung neuer Bedürfnisse um die Wirtschaft am Wachsen zu halten:
Wo und wie soll hier die Transformation zu geringeren Verbräuchen möglich sein? Wenn man sieht, wie hier auf dem Land derzeit in jeder Gemeinde durch die Bauerleichterung im großen Stil bestes Ackerland in Siedlungsflächen verwandelt wird, um es der Mittel-und Oberschicht zu ermöglichen, ihre angesparten Vermögen inflationssicher anzulegen – andere Anlagemöglichkeiten gibt es kaum mehr – dann wird schlagartig klar, dass der Dampfer weiterhin sich in voller Fahrt in Richtung Klimawandel befindet und die neuen Blumenwiesen an den Rathäusern oder Energiemaisflächen nur der Selbst- und Fremdtäuschung dienen.
Wie also zum neuen Natur- und Kultur-Subjekt kommen, wenn doch in den Rathäusern und Parlamenten bereits lauter demokratisch gewählte Vertreter des Volkes dessen Geschicke im bisherigen Fahrwasser lenken?

(6) Das von äußerem personalen Zwang befreite und dadurch zum tatsachenbegründeten Abwägen von Handlungsalternativen fähige Subjekt markiert einen völlig neuen kulturellen Entwicklungsstand des Menschen jenseits genetischer, völkischer und ökologischer Determination: Jeder Mensch in demokratischen Gesellschaften besitzt grundsätzlich die Freiheit, aufgrund von Tatsachenwissen, die zu seinem individuellen Überleben nützlichen Handlungen zu tätigen, solange er nicht die Rechte anderer Menschen verletzt.

Dieser, durch die Entwicklung realitätsbezogenen objektiven Wissens und den menschlichen Drang nach Selbststimmung und Abwesenheit von Zwang entstandene, besondere Kulturmensch, der in demokratischen Verfassungen seinen gesellschaftlichen Ausdruck findet, ist vor allem auch deshalb völlig neu in der Geschichte, weil er prinzipielle Gleichheit schafft: Zwischen den Menschen und zwischen den Rechten und Pflichten aller, sowohl in Bezug auf das Zusammenleben in den Gesellschaften, wie auch in Bezug auf den Verbrauch

von Natur. Diese Gleichheit soll durch die demokratische Verfassung und Organisation der Gesellschaft und schließlich durch politische Mitwirkungsrechte gesichert sein.
Grundsätzlich sollte also ein vermögender Nutznießer der erdölbasierten Wirtschaft nicht mehr Macht und Einfluss haben als ein Malocher in den Raffinieren oder im Fahrzeugbau.

Aber das ist nicht der Fall: Das Demokratie-Konzept der Aufklärung ist bis heute einseitig geblieben: Es bevorteilt die Vermögenden, die die Fabriken betreiben, gegenüber den Arbeitern, die mangels Vermögen gezwungen sind, sich in den Fabriken, durch naturstoffumwandelnde und -verbrauchende Arbeit, ihren Lebensunterhalt zu verdienen.
Bis zum Ende des 20. Jh. war diese Ungleichheit, bekannt als „soziale Frage", die entscheidende Frage in den innergesellschaftlichen Auseinandersetzungen und die Bewährungsprobe für den von wirtschaftlich-technischer Seite her verkündeten „Fortschritt": Alle sollten es besser haben, vor allem die Kinder besser als die Eltern. Solange der Sozialismus existierte, bis 1989 und in die 90er Jahre, war die Steigerung des Lebensstandards auch für die Arbeiterschaft in den westlichen Ländern nahezu selbstverständlich – Lohnsteigerungen von 4 bis 6 % für alle, wenn auch mit den diskriminierenden Abstufungen für weibliche Arbeitskräfte und Fremdarbeiter.
Die Änderung kam mit dem Niedergang des Realsozialismus, der mit den ersten internationalen Konferenzen zur katastrophalen Lage des Planeten (Rio-Konferenz 1992 und folgende) zusammentraf, sodass sich auch das Klima für die abhängig Beschäftigen rasch verschärfte. Es war dann eine rot-grüne Regierung unter G. Schröder, die in der sozialen Frage mit Hartz IV und der Beteiligung an der militärischen Zerlegung von Jugoslawien ein neues, rückwärtsgewandtes Kapitel aufschlug:

Langjährige Arbeiter wurden nach längerer Arbeitslosigkeit Sozialhilfeempfänger, „Fördern durch Fordern" war die neue Devise, um die Menschen in eine Bringschuld gegenüber dem Staat zu zwingen. In der Rente wurden Anwartschaften gestrichen und dadurch eine erhebliche Absenkung des Rentenniveaus eingeleitet. Militärisches Engagement weltweit, angeblich für Minderheiten, unterdrückte Volksgruppen, in Wirklichkeit aber Regime-Change und Sicherung von Ressourcen (Afghanistan ist ein sehr rohstoffreiches Land mit vielen seltenen Erden).
Heute, 15 Jahre später, stehen vor allem die westlichen Industriegesellschaften mit dem Rücken zur Wand, weil sie sich vor der Weltgesellschaft als Vorbilder im Kampf gegen den Klimawandel erweisen sollten, den sie mit ihren Emissionen seit 100 Jahren hauptsächlich verursacht haben.

Allein diese Lage bestärkt ihr Beharren auf der Aufrechterhaltung der gesellschaftlichen Maschine, die sie stark und durchsetzungsfähig in der kolonialen Welt, heute als Weltmarkt bezeichnet, gemacht hat. Dass ausgerechnet diese modernen Industriegesellschaften, die ihr natur- und menschen-ausbeuterisches Netz über den ganzen Globus gelegt haben – wie vor allem die Nahrungsproduktion zeigt – plötzlich die Natur als notwendige Basis ihrer Existenz entdecken, scheint kaum vorstellbar – wenn es da nicht den aufgeklärten Natur-Kultur-Menschen geben würde, der in sich beides vereinigt: unmittelbare Betroffenheit durch die Erderhitzung und ihre katastrophalen Folgen als Lebewesen und unmittelbare

Einsichtsfähigkeit als Kulturwesen, in notwendige Gegenmaßnahmen, die geeignet sind, den Ressourcenverbrauch zu mindern und die Ökosysteme zu stärken.

Andererseits haben diese Gesellschaften gigantische Vermögen und Möglichkeiten zur genaueren Erkenntnis ihrer Lage, zur breiten Aufklärung ihrer Bevölkerungen, zur Entwicklung von Alternativen und folglich auch zur Umsteuerung aufgebaut. Aber wie diese Möglichkeiten sinnvoll nutzen? Durch staatliche Modernisierungsvorhaben, die von sich behaupten, mittels zusätzlicher Investitionen Treibhausgase einzusparen, also durch weitere Wirtschaftsentwicklung? Der Witz könnte größer nicht sein.

Nein, das was derzeit als Bremser vorgeschoben wird, die notwendige Rücksichtnahme auf die sozial Schwächeren, die sich auch morgen noch die Miete und den Strom sollen leisten können, birgt in Wirklichkeit den entscheidenden Ansatz zur Reduktion und Transformation:

Alle Menschen, die derzeit überhaupt keinen oder nur wenig zeitlichen und finanziellen Spielraum haben, sich weniger klima- und umweltschädlich zu verhalten, weil sie gar nicht die Freiheit und den Spielraum haben, darüber nachzudenken und Alternativen in Betracht zu ziehen, müssen vom Zwang zur Arbeit für andere überhaupt oder zumindest in einem klima- und umweltrelevanten Ausmaß befreit werden! Wenn die hohe Produktivität dieser expansiven Gesellschaften heute noch einen Sinn haben sollen, dann kann der nur darin bestehen, dass den Menschen endlich die Freiheit gegeben wird, sich wie freie Bürger bewusst zu den neuen Herausforderungen des Klima- und Umweltschutzes zu verhalten: Auf Arbeit zu verzichten, mit der Gewinne auf Kosten der Natur gemacht werden und seinen eigenen Haushalt verbrauchsärmer und ökologieförderlicher zu organisieren.

Dies erfordert zunächst die Abschaffung des Zwangs zu jeglicher Arbeit als Voraussetzung des materiellen Lebensunterhaltes: Dieser materielle Lebensunterhalt muss in einem merklichen Umfang aus den Vermögen finanziert werden, die im Zuge der Industrialisierung angehäuft wurden und Nutznießer der seit über 100 Jahren bekannten Schadfolgen der fossilen Energien sind.

Zum Zweiten ist gleichzeitig eine Absenkung der Arbeitszeiten um wenigsten 50 % erforderlich, um den arbeitsbedingten Verbrauch an Ressourcen, in Übereinstimmung mit den neuen Bedürfnissen der naturverträglicheren Selbstorganisation der Menschen, drastisch zu reduzieren.

Zum Dritten sollten alle Bürger die Möglichkeit erhalten, ihre regionale Selbstversorgung mit Nahrung und Kulturgütern auszubauen, um die enormen Fremdbelieferungen und Warenströme vor allem aus dem Ausland und die damit verbundenen Transportaufwendungen sowie THG-Emissionen im Ausland auf das wirklich Notwendige zu reduzieren.

Zum Vierten sollten sich die Aktivitäten der Bürger verbunden mit der Bewahrung und dem Aufbau der Ökosysteme entfalten, d. h. in Verbindung mit der Installation von nahrungsproduktiven Permakultursystemen in den Städten und Dörfern und vor allem auf Flächen, die bisher monokulturell genutzt wurden, um folgende Klima- und Umweltschutzeffekte zu erzielen:

- Aufbau der Selbstversorgung mit Lebensmitteln und anderen Stoffen aus der Natur,
- Sicherung und Steigerung der Artenvielfalt,
- Steigerung der Wasserspeicherung in der Landschaft,
- Anreicherung der Böden mit Humus,
- Verminderung der Austrocknung einer Gegend in Hitzephasen durch kühlende Bäume und Ökosysteme in der Landschaft.

Dazu müssen die Menschen über die vielfältig produktiven Leistungen von Ökosystemen und ihre Grundlagen viel mehr Wissen erlangen, als bislang verbreitet ist.

Den Menschen muss klar gemacht werden, dass jeglicher Wohlstand langfristig bedroht ist, wenn kein Auskommen mit der Natur gefunden wird, die dazu befähigt werden muss, die bereits in der Atmosphäre vorhandenen Treibhausgase – ohne zusätzlichen technischen und energetischen Aufwand – zu resorbieren.

Die Stärkung der Senkenprozesse verlangt flächendeckenden Wiederaufbau der Ökosysteme, der nur durch die Aktivität und den Tatendrang des größten Teils der Bevölkerung geleistet werden kann!

Es bedarf einer großen Anstrengung der Gesellschaften, um den Einfluss der erdölbasierten Interessengruppen und ihrer Produkte auf das Leben und die Zukunft der Menschen stark einzudämmen, weil nur dadurch verhindert werden kann, dass die THG weiter ansteigen.

Zusammengefasst muss der neue Natur-Kultur-Bürger in allen seinen gesellschaftlichen Rollen aktiv werden, die ihm bisher wenig oder keine Möglichkeit geboten haben, eine von Freiheit bestimmte bewusste Umgestaltung seiner Lebensweise vorzunehmen:

- Als <u>abhängig Beschäftigter</u> muss er aus dem Zwang zur Arbeit für andere befreit werden, um überhaupt sparsamere, ökologischere Lebensweisen und Konsumalternativen wählen zu können. Die Menschen müssen die Freiheit erhalten, zwischen unterschiedlichen Alternativen der Lebenssicherung wählen zu können, ohne Gefahr zu laufen, keinen ausreichenden Lebensunterhalt zu bekommen.
  Der Lebensunterhalt ist primär durch ein ausreichendes allgemeines Grundeinkommen sicherzustellen, das in der Übergangsphase aus den reichen Vermögen finanziert werden kann und muss.
- Der zum Lebensunterhalt erforderliche <u>Arbeitszeitaufwand muss stark reduziert werden</u>, damit die Menschen viel mehr Zeit bekommen, sich auf klima- und umweltgerechtere Lebensweisen umzustellen. Ohne massive Arbeitszeitverkürzung, das kann jetzt schon gesagt werden, wird es nicht mehr Klima- und Umweltschutz geben.
- Als <u>Konsument</u> sollte sich das neue Natur-Kultur-Subjekt klar werden, dass er mit seinem Speiseplan und Einkauf großen Einfluss auf die bei der Erzeugung der Konsumartikel anfallenden Treibhausgase, Energie- und Wasserverbräuche sowie Verbräuche an Natur und Artenvielfalt hat und damit auf die Zukunft des Klimas

und der Biosphäre. Jeder Konsument sollte wissen, dass tierische Produkte derzeit hochgradig mitverantwortlich sind für die Zerstörung der letzten großen Urwälder, den Klimawandel generell und die Verminderung des Nahrungsangebotes für die Menschen weltweit.

- Als Individuum mit Haushalt und Familie sollte das neue Natur-Kultur-Subjekt die Möglichkeit erhalten, sich seinen Lebensunterhalt nicht mehr primär durch Arbeit für andere sichern zu müssen, sondern primär durch frei gewählte sinnvolle Tätigkeiten und durch den Ausbau der Selbstversorgung (Lebensmittel, Energie, handwerkliche Erzeugung/Reparatur). Damit soll die Abhängigkeit von der Fernversorgung mit Lebensmitteln und anderen wichtigen Produkten des täglichen Bedarfes vermindert werden, weil mit dieser hoher Ressourcenverbrauch, Transportaufwand und Infrastrukturbedarf andernorts sowie im Land verbunden sind.
  Dafür benötigen die Haushalte nicht nur mehr Zeit, sondern mehr materielle Möglichkeiten im Umgriff ihrer Quartiere, wie z. B. eigene oder Gemeinschaftsgärten und Anlagen zur Energieversorgung.
- Als Staatsbürger ist das neue Natur-Kultur-Subjekt dazu aufgerufen, die gesellschaftlichen Rahmenbedingungen für klima- und umweltgerechtere ökologische Lebensweisen der Menschen herbeizuführen, insbesondere
  - die Entkopplung des Lebensunterhalt von der Arbeit für andere,
  - die starke Verkürzung der zum Lebensunterhalt erforderlichen Arbeit für andere,
  - die Sicherstellung der Finanzierung des Transformationsprozesses aus den angehäuften Vermögen,
  - die Unterbindung des Einflusses von Lobbygruppen aus dem Bereich fossiler Energien und des internationalen Handels,
  - die Forcierung der Möglichkeiten zur regionalen und individuellen Selbstversorgung mit Lebensmitteln und den notwendigen Kulturgütern,
  - die Forcierung der Möglichkeiten zum Wiederaufbau der Ökosysteme im Zusammenhang mit der Gestaltung nahrungsproduktiver Permakultursysteme,
  - die Sicherstellung einer von Fakten und Systemzusammenhängen geleiteten wissenschaftlichen Forschung und Aufklärung der Gesellschaft über den wahren Zustand der Ökologie und die zu ihrer Regeneration bestehenden Handlungsalternativen,
  - die Forcierung der Ökosystem- und Friedensbildung als Grundlage der Aussöhnung mit der Natur und allen Völkern der Erde.

Träger des Wandels werden nicht die Politiker und der Staat dieser im Grunde expansionistischen Gesellschaften von sich aus sein, sondern die Natur-Kultur-Menschen, die mit der Sparsamkeit, der Umkehr zu mehr Selbstversorgung, der Naturnähe, dem Wiederaufbau der Ökologie usf. bei sich anfangen und dadurch für die Natur und zugleich für sich sorgen.

Zusammenfassend ist zum Natur-Kultur-Subjekt als Träger ökosystemischer Rationalität festzuhalten:

- Tatsachenbezogenes Wissen ist die Basis für die individuelle Befreiung aus Herrschaftsverhältnissen und die Begründung eines Subjektes, das zur Mitgestaltung seiner Lebensverhältnisse und Erkenntnis der Ursachen von Ungleichheit fähig ist.
- Gleichheit und Solidarität der Menschen wie auch die natürlichen Lebensgrundlagen sind auch in demokratischen Gesellschaften gefährdet, wenn die Gemeinwohl mindernde Wirkung von Vermögensanhäufung nicht begrenzt und ihre Fähigkeit zur wirklichen Förderung sozialer Gerechtigkeit, von Bildung, Schutz der Ökosysteme und des Klimas nicht nachhaltig unter Beweis gestellt wird.
- Letztlich sind nur tatsachenbegründet realistisch und systemisch denkende Subjekte dazu in der Lage, dafür zu sorgen, dass bei Naturnutzungen bzw. -eingriffen immer auch nach den Folgen für die Natursysteme in aufsteigender Stufenleiter bis hin zur Biosphäre gefragt wird.
- Tatsächlich ist der Stoffwechsel des menschlichen Lebewesens mit der Natur im Allgemeinen und mit der Atmosphäre im Besonderen eine hochbrisante Angelegenheit, um die sich jeder kümmern sollte.
- „Anthropozän" als Begriff für ein neues geologisches Zeitalter, in dem die Menschheit einen dominanten geophysikalischen Einfluss auf das Erdsystem hat, dient zur Ermächtigung internationaler Expertengruppen und Konzerne zur Durchsetzung von Top-down-Lösungen für die Klima- und Artenschutzkrise im Sinne der vermeintlichen Naturbeherrschungs-Ideologie, entgegen den tatsächlich lösungsrelevanten Übergängen zu sparsamen, ökosystemförderlichen Lebensweisen der Natur-Kultur-Bürger vor Ort.
- Das Natur-Kultur-Subjekt als Träger ökosystemischer Rationalität bedarf einer neuen Befreiung, nämlich aus Arbeitsverhältnissen und Arbeitszeiten, die die Natur zerstören und keine Luft zum Atmen, d. h. zum Aufbau eines neuen Verhältnisses zur Natur und zur Schaffung einer eigenen Existenzbasis im unmittelbaren Austausch mit Natursystemen, lassen. Basis ist ein ausreichendes bedingungsloses Grundeinkommen.

Damit das neue Natur-Kultur-Subjekt sich vollends entfalten und seinen Verbrauch auf natur- und klimaverträgliche Margen reduzieren kann, bedarf es gesellschaftlicher Transformationen, die die Demokratie stärken, die soziale Wirkung von Vermögen und Gewinninteressen begrenzen, dezentrale Versorgungsgrundlagen stärken und die Rüstung auf Selbstverteidigungsniveau einfrieren.

10.6 Menschliche Gesellschaften sind vom Menschen abhängig und ihm verpflichtet und keine höheren Wesen

Wie bereits gezeigt, erfolgt die Ablehnung der Ökosysteme als eigenständig produktive ganzheitliche Systeme hauptsächlich mit dem Verweis auf das Fehlen einer Selbstorganisation und Selbststeuerung, wie sie ein Einzelorganismus qua Erbgut und Zentralnervensystem aufweist.
Wie gleichfalls gezeigt, ist jedoch eine zentrale Steuerung nicht nötig, um viele verschiedene Arten in einem gemeinsam geteilten Raum zu einem für alle gedeihlichen Zusammenwirken und, in der Folge, zu der hohen Biomasseproduktivität zu bringen, wie dies bei Ökosystemen der Fall ist. Indem die Pflanzen mit ihrer besonderen Fähigkeit zur stofflichen Verwertung der Sonnenenergie ihr Wachstum entfalten, dienen sie Pilzen, Bakterien und größeren Lebewesen im Boden bei deren Wachsen und diese wiederum den Pflanzen mit lebenswichtigen Nährstoffen und anderen Leistungen. Es ist dies eine über Jahrmillionen entstandene und über die Vervielfältigung der Arten gewachsene und eingespielte Wechselseitigkeit zwischen den Arten und ihrer Lebensweise – zum wechselseitigen Vorteil eines üppigeren Lebens von allen.

Diese Bottom-up-Wechselseitigkeit hat aus dem Gesteinsplaneten den grünen Planeten mit seiner einzigartigen Biosphäre gemacht. Wird diese Wechselseitigkeit der beteiligten Arten, die sich in spezifischen Ökosystemen unter der Führung der Pflanzen realisiert, abgelehnt weil keine zentrale Steuerung gegeben ist, dann werden letztlich auch „natürliche Lebensgrundlagen", als Grundlage jedweden Lebens, also auch des Menschen, als Voraussetzungen des individuellen Überlebens bestritten. Übrig bleibt eine vollkommen nackte Konzeption von Leben, mit der genetischen Ausstattung eines Organismus auf der einen Seite und den materiell-stofflichen Sedimenten auf der anderen Seite und dem Menschen mit seiner Technik als anthropozentrischen Nutzer und Top-down-Manipulator über allem.

Offen bleibt in dieser ebenso anthropozentrischen wie materialistischen und reduktionistischen Vorstellung vom Leben und des grünen Planeten, wo die Selbstorganisation und zentrale Steuerung herkommen, die der Mensch sich anmaßt, zum Maß auch für die Natur zu machen.

Der Clou ist, dass jene, die, unter Berufung auf den Überlebenskampf jeder einzelnen Art, die symbiotischen Wechselbeziehungen innerhalb von Ökosystemen als wissenschaftlich nicht hinreichenden Grund für ihre Auffassung als Ganzheiten ablehnen, genau auch diesen Überlebenskampf, d. h. die natürliche Evolution, für die Entstehung dieser Selbstorganisation bzw. -steuerung im Falle menschlicher Gesellschaften behaupten!

Der Clou besteht darin, dass man der Natur Systemcharakter abspricht, weil ihr infolge des Kampfes aller Arten gegen alle, die Selbststeuerung fehlt und dass man diese Selbststeuerung im Falle menschlicher Gesellschaftssysteme gegeben sieht – als Produkt der Evolution über den Köpfen der Menschen und nicht etwa als Folge der Kulturentwicklung, Aufklärung und der Entstehung mündiger, reflektierender Menschen, die sich kooperativ zusammentun und zum wechselseitigen Vorteil ihre Gemeinschaft organisieren.

Diese Art von Biologismus ist natürlich ein Unding. Nicht nur weil er Selbstorganisation bzw. -steuerung im Falle der nicht-menschlichen Natur als Folge der Evolution ablehnt, jedoch im Falle des Menschen als deren Folge behauptet. Das ist ein fundamentaler Widerspruch hinsichtlich der Geltung der Evolutionstheorie: Wie kann es sein, dass die Evolution nur beim Menschen einen sich überindividuell selbst organisierenden Organismus Gesellschaft hervorbringt, wo dieses Phänomen doch in der ganzen übrigen Natur nicht vorkommt?

Dient hier die Berufung auf eine evolutionäre Zwangsläufigkeit nicht einzig und allein dem Zweck, die Gesellschaften als überindividuelle Körper gegenüber ihren Mitgliedern unangreifbar zu machen, während man in Bezug auf die Ökosysteme, durch die Verleugnung der ausgeprägten Wechselseitigkeit ihrer Teile (Arten) in ihrem Inneren, eine legitime Angreifbarkeit konstruiert, die die rigorose Ausbeutung erst ermöglicht, die uns allen zum angeblichen „Nutzen" für alle, als Naturbeherrschung verkauft wird?

Was sich in der Lücke dieser raffinierten (scheinbaren) Unlogik ergibt, ist nichts anderes, als dass es ideologische Sachwalter in der Tiefe dieser Art von biologistischer Wissenschaft gibt, die es darauf anlegen, Gesellschaften wie ihre Werkzeuge zu gebrauchen, um die Natur und damit auch die Lebensgrundlagen aller Menschen bis zum letzten profitabel verwertbaren Energieträger und Stoff zu Geld machen zu können.

Entsprechend gehören die beiden Schienen des darwinistischen und materialistischen Biologismus: die Bestreitung der Ganzheitlichkeit von Natursystemen und die Behauptung gesellschaftlicher Ganzheiten über den Köpfen der Menschen aufs Engste zusammen und zwar als die beiden Grundpfeiler der auf kämpferische Expansion ausgerichteten Legende vom notwendigen und ewig möglichen Wachstum der Industriegesellschaften.

Entsprechend bedeutend ist die Rekonstruktion der theoretischen Annahmen dieser zweiten gesellschaftlichen Schiene des Biologismus, die unübersehbar bis zu Luhmann und, noch viel schlimmer, bis in die aktuelle Politikberatung und Politik führt.

Diese zweite Schiene des Biologismus, der Behauptung einer Entwicklung eigenständiger gesellschaftlicher Ganzheiten über den Köpfen der Menschen qua natürlicher Evolution, gibt es seit dem 19. Jh. in den Wissenschaften und in der Politik. Verbunden damit ist die Abwehr von Bestrebungen der Menschen, unter Berufung auf die Aufklärung, auf Freiheit und Gleichheit sowie Vernunft und Mündigkeit der Bürger, für sozial gerechtere Verhältnisse und einen schonenderen Umgang mit der Natur sorgen zu wollen.

Diese zweite – gesellschaftliche – Schiene bedient sich wiederum der Organismus-Analogie: Werden Gesellschaften, wie in der völkischen Bewegung Ende des 19. Jh. und bei Bertalanffy in den 40er/50er Jahren des 20. Jh., wie ein einiger Volkskörper oder Organismus aufgefasst, erlangen die Bestrebungen großer Menschenmassen den Rang gottähnlicher Naturgewalten, die, den schwächeren Natursystemen und anderen Völkern gegenüber, zu allem befugt scheinen.

Auf der anderen Seite verschwindet das – aufgrund von Tatsachenwahrheiten vernünftige und mündige – Subjekt der Aufklärung, das dem Naturrecht und den Menschenrechten verpflichtet ist und daher soziale Gerechtigkeit und Respekt vor jeglichem Leben verlangt, als subalterner Teil eines Organismus wieder in der Versenkung der Geschichte.

Die von der Evolutionstheorie von C. Darwin herrührende Zentralstellung des Einzelorganismus als Teil einer durchsetzungsfähigen Population einer Art auch für die Entwicklung des Menschen nimmt also eine Schlüsselrolle ein für die „wissenschaftliche" Zurückweisung ganzheitlich-systemischer Naturvorstellungen wie auch für die Zurückweisung von Wissen, Aufklärung und Vernunft als Basis menschlicher Gesellschaften und Chance für eine alternative, sozial gerechtere, klima- und ökologiefreundlichere Umorganisation der Gesellschaften:

Die übergreifende Natur erscheint in der organismischen Perspektive als nicht organisiert genug, um als System anerkannt zu werden.

Und die Wissenschaften sowie Wissen und Vernunft erscheinen nicht Manns genug, um Gesellschaften anders organisieren zu können, als es ein Biologe des 19. Jh. und die Evolutionstheoretiker, biologistischen Gesellschaftstheoretiker und Molekularbiologen in seinem Gefolge bis heute immer wieder beschrieben haben: als Nachbau des Organismus, der durch geheimnisvolle Selbstorganisation überlebt.

Welchen Wert aber hätte objektives Tatsachenwissen noch für die Menschen – so muss sich jeder mündige Mensch fragen – wenn dieses ihm zeigt, dass er sich alternativlos in den natürlichen Konkurrenzkampf auf Leben und Tod zu fügen hat?
Wie hätte unter dieser Einsicht überhaupt die Entwicklung stattfinden können, die zum Buchdruck, zur Weltherrschaft Englands und zu Darwins Schrift Mitte des 19. Jh. geführt hat? Hatte Darwin mit seiner „Selektion durch Überlebenskampf" als Entwicklungsgesetz der Arten nicht lediglich die Methode beschrieben, wie England sein Commonwealth ausbaute und gerade Mitte des 19. Jh. in Indien mit brachialer Gewalt verteidigte?
Die Methode der Durchsetzung eines Landes ist jedoch kein Naturgesetz, ebenso wenig wie heute die Bemühungen der Industriestaaten, ihren, für den ganzen Globus ruinösen Ressourcenverbrauch mit der Notwendigkeit des Wachstums zu begründen und das Festhalten daran mittels Pseudo-Klimaschutzmaßnahmen zu kaschieren.
Nichts anderes tat Darwin, als er seine völlig überzogene Annahme der ausschließlich kämpferischen Durchsetzung auch des Menschen in der Evolution zu deren Grundgesetz erklärte, obwohl mehr als 80 % aller Arten dieses Planeten nur durch Symbiose überleben und die einvernehmliche Mischung zwischen verschiedenen Varianten einer Art auch für die Entwicklung des Menschen als ausschlaggebend für seine Höherentwicklung – neben dem dafür ausschlaggebenden Faktor der Kulturentwicklung – bereits im 19. Jh. nahelag.

Die zentrale Frage heute also ist, was Gesellschaften jenseits der Organismus-Vorstellung tatsächlich sind und wie Wissenschaft und Wissen dafür sorgen können, dass die höhere Vernunft des freiheitlichen Subjektes der Aufklärung tatsächlich die Kraft und Fähigkeit für eine alternative Organisation der Gesellschaft erlangt, die mehr Gerechtigkeit und ein Auskommen mit der Ökologie ermöglicht?

Dazu sind mehrere Teilfragen im Umkreis der Aufklärung, das Verhältnis zwischen Modell und Wirklichkeit und die Funktion biologistischer Ansätze zu beantworten:

(a) **Sind menschliche Gesellschaften Organismen höherer Ordnung oder Organisationen von Subjekten?**

Zweifellos sind menschliche Gesellschaften mehr als die Summe ihrer Mitglieder. Aber sind sie wegen der benötigten Territorien, den charakteristischen Einrichtungen, Stoff- und Geldkreisläufen, Infrastrukturen und der höheren Ebene der politischen Selbststeuerung schon höhere Wesen mit eigenen Bedürfnissen, jenseits der Bedürfnisse der Menschen, wie dies die Systemtheorie Luhmanns unterstellt?

Dies doch wohl nicht, da eine solche Annahme außerdem der freiheitlich-demokratischen Verfassung unserer Gesellschaft diametral entgegengesetzt wäre: In dieser demokratischen Grundordnung ist das in den drei Gewalten – Judikative, Legislative und Exekutive – zum Ausdruck kommende Wollen, an die Verfassung und die Wahlentscheidung der Bürger zurückgebunden und kein Ausdruck einer höheren systemischen Körperschaft, auch wenn das politisch entscheidende Personal nur alle vier bis fünf Jahre gewählt wird.

Auf welchem Menschenbild also basiert die Annahme einer über den Menschen und ihren Bedürfnissen erhabenen und angesiedelten gesellschaftlichen Ganzheit und wie kann es sein, dass die demokratische Gesellschaft eine am biologischen Organismus orientierte Gesellschaftstheorie, die den Mitwirkungsrechten der Bevölkerung an den politischen Entscheidungen so offenkundig widerspricht, überhaupt hingenommen wird?

Zudem stellt sich die Frage, inwieweit eine solche organizistische Ganzheitsvorstellung menschlicher Gesellschaften mit deren Entstehung im Neolithikum harmoniert oder ob sie eher ein wissenschaftliches Produkt der Moderne, vor allem im Sinn von Gegenaufklärung ist, durch die ein notwendiger Wandel für mehr soziale Gerechtigkeit und Rücksicht auf die Ökologie im Interesse der weiteren Reichtums- und Machtkonzentration in den Händen weniger verhindert werden soll.

Wie wir in Kapitel 7, im Kontext der Auseinandersetzung mit dem Konzept der Autopoiese entwickelt haben, gibt es real zwei völlig unterschiedliche Konstitutionsweisen größerer Ganzheiten bzw. von Systemen:

Ganzheiten, die sich wie ein lebender Organismus aus einem Keim zu einem Ganzen hin entwickeln, wobei sich die teilenden Zellen entsprechend einer Endform teilen und dazu organisieren – eine Endform, die ursprünglich im Keim bereits angelegt ist. Wie allerdings diese „Organisation zu einem Ganzen hin" im heranwachsenden Organismus tatsächlich reguliert wird, ist bis heute weitgehend unbekannt. Dennoch läuft dieser Prozess bei allen Lebewesen mit Zellkern ähnlich zielorientiert ab und wird daher völlig zu recht als „organismische Systemtheorie" bezeichnet, worin die „Organisation zu einem Ganzen" hin auch als Ganzes im täglichen Leben reproduziert wird.

Gesellschaften unter einem solchen Vorzeichen der finalen Entwicklung zu einem bestimmten Formganzen zu betrachten, erscheint eigentlich per se abwegig, nicht nur, weil es sehr unterschiedliche Arten von Gesellschaften gibt, sondern weil die Menschen nicht wie die „Zellen" eines Organismus gesehen werden können, da sie mit ihren Bedürfnissen und Fähigkeiten als mündige Bürger doch bereits die finale Bestimmung und Ganzheit verkörpern, die bei den Zellen erst durch den Organismus entsteht.

Viel zutreffender für menschliche Gesellschaften erscheint daher die „Lebensgemeinschaftliche Systemtheorie", wonach, wie in den Ökosystemen auch, viele verschiedene Ganzheiten (Arten bzw. Menschen) zum wechselseitigen Vorteil ihr Leben entfalten und dabei sich untereinander und mit der geophysikalischen Natur, und, zusätzlich beim Menschen, mit der gegebenen Kultur (Wissen u. a.) austauschen und dabei die Organisation der Gesellschaft aktiv gestalten, weiterentwickeln und an Veränderungen in der Umwelt anpassen.

(b) Gesellschaft ist vollends rückführbar auf Interaktionen und Bedürfnisse ihrer Mitglieder

In der Sicht eines Staatsbürgers auf die Gesellschaft mit demokratischer Verfassung, lassen sich drei Handlungsebenen unterscheiden auf denen die Beziehung zum gesellschaftlichen Ganzen sowohl als Lebens-, Kultur-, Sozial- und als politische Beziehung erschöpfend dargestellt werden kann:

- Die Ebene des individuellen Lebens des selbstbestimmten Menschen, der sich und seine Angehörigen, im Rahmen der von der Natur-gegebenen, sowie ihm von der Familie und der Gesellschaft gebotenen Ressourcen reproduziert (Natur und Gesellschaft wirken hier als allgemeine Voraussetzung der individuellen Existenz).
- Die Ebene der gesellschaftlichen Aktivitäten, Verpflichtungen, Entwicklungsmöglichkeiten und Vorsorgen und der dafür installierten Infrastrukturen als Produzent, Arbeitnehmer, Auszubildender, biologisches Lebewesen, Pensionist, Tourist u. a. (Gesellschaft wirkt hier unmittelbar als aktive Ganzheit aus Rechten und Pflichten und geforderten und gebotenen Leistungen).
- Die Ebene der politischen Steuerung, die durch die Verfassung und Wahlentscheidungen der Staatsbürger beeinflusst ist und mittels Normsetzung und Verteilung der Steuermittel auf die für demokratische Nationalstaaten heutzutage üblichen Ressorts bewerkstelligt wird (Gesellschaft steht hier mit ihren Gesetzen einschließlich Verfassung, Ordnungen und Ressourcen selbst zur Disposition der Staatsbürger), auch wenn diese materielle und ideelle Kultur der Gesellschaft, gegenüber wechselnden Generationen, Stabilität verleiht. Aber dieser stabilisierende Charakter der Kultur darf nicht im Sinne einer höheren Übermacht verstanden werden, mit der der Staat etwa befugt sein könnte, sich über Recht und Gesetz hinwegzusetzen.

Alles was Gesellschaft und ihre Beziehungen zum Einzelnen ausmacht, kann auf diesen drei Ebenen erschöpfend, das heißt ohne eigenständigen „höheren" Rest, der dem Einzelnen überlegen wäre, dargestellt werden.

Systemtheoretisch betrachtet sind die Menschen selbst mündige, d. h. autonome Ganzheiten und als solche die maßgeblichen Strukturelemente der von ihnen geschaffenen Organisation einschließlich Institutionen, Regeln und Zwecksetzungen. Auf der mittleren Systemebene der gesellschaftlichen Leistungseinheiten für bestimmte Bedürfnisse erfolgt der intensivste wechselseitige Austausch zwischen den Menschen und dem gesellschaftlichen Ganzen. Die höchste Systemebene wird durch die politischen Institutionen verkörpert, die sich über die mittlere Ebene (Öffentlichkeit und Medien) bis zu den Menschen erstreckt, die letztlich mit ihren Wahlentscheidungen auch dem gesellschaftlichen Ganzen sein Gepräge geben sollen.

Auf allen drei Ebenen erfolgen materielle und ideelle Interaktionen mit der Natur, den Ökosystemen unterschiedlicher Komplexität.

Verglichen mit diesen drei System-Ebenen menschlicher Gesellschaften weist die gesamte Biosphäre als System, aus Komplexitätsgründen, zwar mehr unterscheidbare Ebenen auf, jedoch verfügen Ökosysteme jedweder Komplexität über keine Steuerungsebene, auf der die Organisation der Systeme und die Verteilung der Mittel gezielt verändert werden könnte. Aber dennoch gibt es Rückwirkungen von Veränderungen an der Basis, über die davon betroffene höhere Ebene (z. B. der Erderhitzung) auf die Basis, also die Ökosysteme auf niedrigerer Systemebene.

Die Besonderheit der gezielten Veränderung ihrer Organisation und Mittelverteilung ist nur den menschlichen Gesellschaften gegeben – als Folge der demokratischen Revolutionen des 18. Jh. – während dem ihr Aufbau von den Individuen her und ihr Mehrwert für die Menschen, aufgrund ihres symbiotischen Zusammenwirkens, große Ähnlichkeiten aufweist zu den Verhältnissen in den Ökosystemen und deren Mehrwert für die beteiligten Arten.

Wie in den Ökosystemen resultiert auch in menschlichen Gesellschaften die Entwicklungsdynamik und hohe Produktivität aus dem Zusammenwirken ihrer Teilnehmer – unter Nutzung von Energie aus der geophysikalischen und organischen Umwelt.

Es ist dies die nicht-mechanistische, humanistische Auffassung von Gesellschaft, die, seit der Überwindung der Vorstellung vorgegebener göttlicher Wohlordnungen, durch die Aufklärung alle Einzelmenschen als mündige vernunftbegabte und zu rationalen Entscheidungen fähige Subjekte ihres eigenen Lebens anerkennt. Seit der Aufklärung sind es diese Subjekte, die, auf der Basis von Tatsachenwissen, ihrer eigenen Bedürfnisse und ihrer freiheitlichen Subjekt-Stellung, auch die Gemeinschaften und deren Einrichtungen und damit sowohl deren Aufgaben und Leistungen für den Einzelnen wie auch ihre eigenen Rollen und Funktionen innerhalb dieser Gemeinschaften bestimmen oder zumindest prägen sollten.

Evolutionstheoretischer Hintergrund des freien Subjektes der Aufklärung ist die Vorstellung, dass Menschen aufgrund ihrer natürlichen, in der Evolution entstandenen Fähigkeiten, vor allem aufgrund ihres Denk- und Sprachvermögens, dazu befähigt wurden, mittels Beobachtung und Kooperation ein gemeinsames Wissen hervorzubringen und weiterzugeben, das ihnen die Schaffung von dauerhaften Gemeinschaften und Einrichtungen zur sichereren und behaglicheren Gestaltung ihres Lebens ermöglichte.

Grundlage für die Gemeinschaftsbildung war also und ist dies nach wie vor: Erkenntnis, Einsicht, also Vernunft aufgrund angesammelten Wissens und der sich daraus ergebenden Zweckmäßigkeit der Gemeinschaft und des gemeinschaftlichen Handelns für jeden Einzelnen, also ein spezifisch menschliches Bewusstsein, das sich nicht infolge Mutationen mechanistisch durch Selektion einstellt, sondern durch ein zunehmend differenzierteres Bedeutungsverstehen und begriffliches Begreifen der Natur und der Gemeinschaft aktiv herausbildet.

(c) Die organizistische Systemtheorie betreibt eine Selbstermächtigung des Ganzen zu Lasten der Freiheit, Rechte und Mündigkeit der Menschen und Wissenschaft

Diesem Bild des aufgeklärten, vernunftbegabten und mündigen Menschen, der sein Handeln aufgrund von Tatsachenwissen selbst bestimmt und dabei zwischen Handlungsalternativen wählt, die mehr oder weniger vorteilhaft sind, tritt bald nach der Aufklärung, verstärkt aber seit dem Erscheinen der Abstammungstheorie von C. Darwin, Mitte des 19. Jh., ein ganz anderes Bild vom Menschen gegenüber:
Ein Bild vom Menschen, der in seinem Überleben von der Überlebensstärke seines Volkes abhängt, also einem Bild eines weitgehend durch Zufall und dem Ganzen einer Gesellschaft determinierten Individuum, das als Individuum nicht frei und mündig ist, sondern eher ein hilfloses Wesen und kleines Rädchen im Getriebe verkörpert, das nur als Glied seines Volkes existieren kann und Sinn bekommt.

An dieses biologistische Bild vom Menschen, der nur kraft einer durchsetzungsstarken Population überlebt, knüpfen die Systemtheorien von Bertalanffy und Luhmann an, die in Gesellschaften organische Ganzheiten sehen, die selbst wie eine Art lebender Organismus funktionieren, sodass der einzelne Mensch praktisch wie ein Teil eines größeren (evolutiven) Mechanismus fungiert und von der höheren organischen Ebene her vorgegebene Rollen und Funktionen für das Ganze zu erfüllen hat.

Dieses organische größere Ganze hat angeblich zwei für den Einzelmenschen sehr bedeutende Eigenschaften: Es ist der Natur weit überlegen und es kompensiert die Schwächen des Einzelnen zu seinen Gunsten und zugunsten aller, d. h. des Ganzen.

Dass mit dieser naturalistisch-biologistischen Auffassung menschlicher Gesellschaften und der sie legitimierenden Vorstellung des Menschen als „Mängelwesen" bereits in den theoretischen Grundlagen eine Brücke zu konservativ nationalistischen Gesellschaftsauffassungen hergestellt wird, hatte Luhmann explizit im Auge gehabt und als Ziel seiner systemtheoretischen Bemühungen offen bekundet, was allerdings bisher nur wenige Soziologen und Politiker, die sich gerne als Sachwalter eines Systems sehen, bekümmert hat:

Praktisch wie theoretisch scheinen die Gesellschaften mithin Produkte eines natürlichen Wachstums zu sein, das sich zwangsläufig aus der Evolution des Menschen ergibt, indem ihm die soziale Gruppe als Kern von Gesellschaften, qua Sprache, Symbole, Bedeutungsverstehen und Kommunikation, einen Überlebensvorteil gegenüber anderen Spezies verschafft. Ausbeutung und Unterwerfung der Natur sind daher die evolutionslogische Konsequenz der Überlegenheit und Durchsetzung des Menschen ebenso, wie die permanenten Kriege

zwischen den Gesellschaften um Land, Ressourcen und Entwicklungschancen. Grundprinzip der Selbstregulation dieser Gesellschaften ist die Gewährleistung des Überlebens durch Stärke des Ganzen und seiner Anführer gegenüber dem Einzelnen sowohl wie gegenüber der Umwelt.
Dieses nüchterne Prinzip eines neuen System-Faschismus vermochte Luhmann geschickt mit modernistischem Geschwafel wie Komplexitätsreduktion und sinnstiftender Kommunikation als Lebenselixier von sozialen Systemen zu verbergen.

Zu fragen ist, welche andere Plausibilität es für diese Gesellschaftauffassung geben könnte als Darwins Evolutionstheorie, die das Überleben abhängig sieht von einer ausreichend großen und hinreichend homogenen Population. Nachdem bereits Darwins Theorie kaum frei war von Ambitionen der Gegenaufklärung im Dienste des Manchesterkapitalismus und der kolonialen Ausbeutung im Rahmen des Commonwealth, bestätigte die daraus entstandene völkische Bewegung, bis hin zu den faschistisch-expansionistischen Terrorregimen, den anti-aufklärerischen und anti-humanistischen Charakter nicht nur des Faschismus, sondern auch seiner darwinistischen Wurzeln aufs Deutlichste.
Dies bei der Aufarbeitung des Handelns z. B. der Mediziner während des Nationalsozialismus ans Licht zu bringen, hätte große Bedeutung für eine Verhinderung faschistischer Tendenzen auch in der Wissenschaft der Gegenwart.
Wie das Beispiel der Analyse zum „Robert Koch-Institut im Nationalsozialismus“ zeigt, wird zwar eingestanden, dass fast alle Mediziner – mehr als andere Berufsgruppen – aktiv mitgemacht und Verbrechen verübt haben, nicht aber, auf welcher wissenschaftlichen Grundlage die Mediziner agierten (Hacker, Jörg: Das Robert Koch-Institut im Nationalsozialismus: Stellungnahme zu den Forschungsergebnissen in: rki.de, Stand 1.10.2008).

Wie also konnte es sein, dass im nach wie vor demokratisch verfassten Deutschland Luhmanns Systemtheorie überhaupt Anerkennung finden konnte, da sie doch auf nichts anderes orientierte als auf eine Gesellschaft, denen die Menschen mit ihren Bedürfnissen auf Freiheit, Würde, gleiche Lebenschancen, mehr Respekt vor der Natur, Schutz der natürlichen Lebensgrundlagen, effektive Mitwirkung am politischen Geschehen, usf.- völlig egal und ausgeliefert sind?

Darüber hinaus scheint diese klar als präfaschistische Theorie erkennbare organizistische Gesellschaftsauffassung seit der Jahrtausendwende unübersehbar die neue Vorstellung von Staatsraison zu bestimmen, nach dem Motto, der Einzelne zählt nichts, das sichere Überleben des Ganzen und seiner „systemrelevanten“ Teile, zu Konditionen des Hochverbrauchs, jedoch alles, da sonst kein gewinnbringendes Wachstum mehr gewährleistet werden könnte. Dass diese Theorie hauptsächlich für die Vermögenden interessant ist, die ihr „Geld für noch mehr Reichtum weiter arbeiten“ lassen möchten, liegt auf der Hand.

Ganz anders werden das die akuten, aber auch die potentiellen Opfer von Umweltkatastrophen durch Hochwasser oder übergroßer Hitze sehen, da für sie ein Staat über ihren Köpfen zur Lebensgefahr wird:

Einerseits weil er die THG-Emissionen nicht wirkungsvoll vermindert und dadurch die Intensität der Katastrophen steigert. Und andererseits, weil er keine Vorkehrungen für einen ausreichenden Schutz der Bevölkerung vor den Folgen des Klimawandels auf lokaler und regionaler Ebene trifft.
Klimaschutz erscheint bisher lediglich als Thema internationaler Konferenzen und politischer Sonntagsreden vor der Wahl, nicht aber als Aufgabe und Verantwortung vor Ort. Dies wurde in der Hochwasserkatastrophe im Juli 2021 in Deutschland offenkundig: Obwohl die wahrscheinliche und als solche prognostizierte Zuspitzung der Niederschlagsmengen und folglich möglichen Hochwasserstände Tage vorher bekannt waren, wurden die Menschen von den verantwortlichen Politikern, die diese Meldungen von der EU-Zentrale für Wettervorhersagen erhalten hatten, nicht rechtzeitig – über die etablierten Meldeketten – gewarnt.

Wie ist dieses Systemversagen in einem Deutschland heute möglich, das sich in den Worten der Politik als Land sieht, das als ein Hochtechnologiestandort und Wirtschaftsmacht erster Güte „mehr Verantwortung in der Welt übernehmen sollte"?

Weil es ein „Systemversagen" in der leitenden Systemvorstellung der Sozialwissenschaft und damit auch der entsprechenden Politiker nicht gibt: Systeme können, nach der Auffassung dieser Art von organizistisch fundierter Systemvorstellung, nur überleben oder untergehen, jedoch nicht versagen: Dazu bräuchte es den Menschen als Bezugspunkt, aber der kommt in dieser Art von biologistischer Systemauffassung nicht mehr als Referenz vor, sondern nur noch als Umwelt ebenso wie das drohende Klima.

Politiker, die vor der Wahl mit modernen grünen und liberalen Heilsversprechen versuchen an die Regierung zu kommen, sind dann, wenn sie es geschafft haben, fein raus.
Nicht nur ob der üppigen Apanage und Versorgung fürs Alter, sondern weil sie alle, kraft ihres höchst beschränkten Selbstgefühls systemischer Machbarkeit, nicht mehr das Wohl und Wehe aller ihrer Anvertrauten im Auge haben, sondern nur noch das vom System aktuell unter bestimmten technischen Bedingungen Leistbare. Dahinter kann man sich z. B. im Falle von technischen Kommunikationsstörungen und kraft des Informationsapparates der Exekutive sehr gut verstecken.
Wie jene Politikerin aus Rheinland Pfalz, die nach der Katastrophe mit mehr als hundert Toten kein drängenderes Anliegen hatte, als eine passende Erklärung für die Größe des Unglücks zu finden, worin die Hauptverantwortung nicht bei der Politik zu liegen kam, sondern bei den unvermeidbaren unglücklichen Umständen. Natürlich wurde hier nach menschlichem Ermessen in einer moralisch völlig inakzeptablen Weise gelogen, da der Zeitraum von vielen Stunden zwischen der meteorologischen Katastrophenprognose und ihrem Eintreffen locker gereicht hätte, um die Gefährdeten beizeiten zu warnen.

Die Hochwasserkatastrophe im Juli 2021 wirft, da auch die THG-Emissionen vor allem der Industrieländer weiter steigen, ganz akut die Frage auf, was wissenschaftliche Erkenntnisse noch wert sind, wenn sie weder als unmittelbare Katastrophenmeldungen noch als Aufforderung zur grundlegenden gesellschaftlichen Umsteuerung ernst genommen werden?

Faktisch ist die Systemtheorie von Luhmann, bezogen auf diese und andere katastrophale Entwicklungen eine Beleidigung für den gesunden Menschenverstand. Aber dennoch dient diese Theorie, wohl aufgrund der ihr innewohnenden Ignoranz gegenüber den Menschen sowie gegenüber der Natur und anderen Gesellschaften (als Umwelt), derzeit als Weisheit letzter Schluss der Politik-Beratung, nach dem Motto: Nicht die Menschen, sondern das System, seine Nutznießer und das dafür erforderliche Wachstum müssen vor dem Klimawandel und seinen Folgen gerettet werden.
Das „Ganze" tritt heute nicht mehr als „Volk" in Erscheinung, sondern als „System". Die Ignoranz gegenüber den Bedürfnissen und Rechten der Einzelnen erreicht heute fast schon Ausmaße wie im Vorfeld der großen Kriege in der ersten Hälfte des 20. Jh. Das Volksversagen damals bestand in der Niederlage.
Worin besteht wohl das Systemversagen? Luhmann und seine Epigonen, die heute alle Parteien beraten, haben dafür wohl nur abgehobene Maßstäbe, da die Bedürfnisse der Menschen keinerlei Referenz mehr sind für diesen tatsächlich, mittels totalitärer Kommunikation inszenierten neuen System-Faschismus, der im Land nur noch Anhänger oder Feinde und im Ausland nur noch Freunde oder Feinde kennt und zulässt.

(d) Wissenschaft wird immer mehr zu einem Mittel der Legitimation antiökologischer und unmenschlicher Verhältnisse gegen die Errungenschaften der Aufklärung

Ähnlich wie für Darwins Theorie (Kontext Kolonialismus in dem es primär um die Legitimation von Gewalt gegen andere Völker ging) scheint der historische Kontext auch für Luhmanns Theorie gegen Ende 20. Jh., mit dem an seine Grenzen gelangten industriellen Wachstum, abermals ein über alle humanitären Belange und Bedenken erhabene wissenschaftlich-technische Vorstellung und Entwicklung von Gesellschaften zu verlangen, die eine entsprechende Enthemmung der Politik legitimiert:
Diesmal zur Ermächtigung der Gesellschaften, ihren Wachstumskurs im Dienste des Systemerhalts, also im vermeintlich legitimen Interesses aller, fortsetzen zu können. Dies allerdings könnte sich heute – wie das Ausgeliefertsein in Katastrophen überdeutlich beweist – wiederum als kolossaler Betrug an der Bevölkerung erweisen. Diesmal in Gestalt der wachsenden Unsicherheit vor immer gravierenderen Unwettern, Extremhitze und neuerdings wiederum infolge kriegerischer Auseinandersetzungen, die fürs Überleben auch von der Systemtheorie für wichtig erachtet werden, wenn sich die Weltkomplexität nicht anders auf systemverträgliche Größenordnungen reduzieren lässt.

Die moderne Theorie gesellschaftlicher Systeme à la Luhmann hat nichts mit solider Wissenschaft zu tun, da sie die Errungenschaften der Aufklärung, vor allem den mündigen Bürger und das Tatsachenwissen als Grundlage des menschlichen Handelns und Entscheidens mit den Füssen tritt:

Mit der aufgeklärt-humanistischen Auffassung entstanden im 18. Jh. zwei neue Referenzen für die Konstitution gesellschaftlicher Ganzheiten, die die vieltausendjährige Vorherrschaft körperhafter und hierarchisch organisierter Ganzheitsvorstellungen gewissermaßen als unmündige Vorgeschichte des Menschen hinter sich lassen:

Zur neuen Grundlagen-Referenz wird die Anerkennung des objektiven Tatsachen-Wissens über jedwede Bedingungen und Folgen menschlichen Denkens und Handelns als Basis eben dieses Denkens und Handelns selbst. Diesem Wissen sind auch die Vorstellungen über den Sinn und Zweck gesellschaftlicher Ganzheiten und die darin dominierenden Wertvorstellungen unterworfen, ebenso wie die Sichtweise der Stellung des Menschen in der Gesellschaft und im Verhältnis zur Natur.

Nur aufgrund dieser neuen Tatsachen-Wissen-Referenz konnte die alte Ordnung mit ihrer Vorherrschaft der Grundherrn, von Hierarchie und (Jenseits-) Glauben überwunden und durch die neuen Werte der Gleichheit, Freiheit und Brüderlichkeit der Menschen als natürliche Lebewesen sowie Mitglieder der Gesellschaft ersetzt werden. Basis dieser neuen Gesellschaftsvorstellung wurde die Ausweitung des bisher auf die Feudalherrn beschränkten Subjekt-Status auf alle Menschen durch den Sturz der Feudalherrschaft bzw. die Beseitigung der Vorrechte der Grundherrn.

Diese zweite, im Zuge der Kritik und kämpferischen Überwindung der alten organischen Herrschaftsordnung entstandene neue Referenz des freien, mündigen, eigenverantwortlichen Subjekts bedingte eine doppelte Umkehrung im Determinationsverhältnis zwischen Individuum und Gesellschaft:

- Die Organisation des gesellschaftlichen Ganzen wird zur Gestaltungsmasse aller Bürger und
- diese Organisation hat allen ihren Mitgliedern, d. h. ihren Interessen und Bedürfnissen, im Rahmen allgemeiner Menschenrechte, eines Gesellschaftsvertrages bzw. einer Staatsverfassung und per Gleichheit vor dem Gesetz, zu dienen.

Damit wird die Organisation des gesellschaftlichen Ganzen zur kulturellen Leistung aufgeklärter mündiger Bürger, die eine reflektiertere und für Alternativen offene Gestaltung auch des Austausches mit der Natur mit dem Ziel eines ressourcenschonenden Überlebens, und mit anderen Gesellschaften mit dem Ziel der Wahrung allgemeiner Menschenrechte, also von Gleichheit und Fairness, ermöglicht.

(e) Vorherrschend jedoch ist eine einseitige Auslegung der Aufklärung zugunsten materiellem und technischen Fortschritt

Allerdings wird die Aufklärung bisher kaum in diesem Sinne ausgelegt, sondern vorwiegend als Einbahnstraße in Richtung materiellem Wachstum und Wohlstand durch vermeintliche technische Naturbeherrschung, also eher im Sinne einer naturalistisch-biologistischen Auffassung von Gesellschaft als Ganzheit mit einem Wert an sich für das Überleben.

Als Grund dafür wurde oben eine, den Zielen und Möglichkeiten der Aufklärung nicht entsprechende, die Menschen ökonomisch unfrei machende, Organisation der individuellen Lebenssicherung durch den „Zwang zur Arbeit für andere“ festgestellt.
Diese enge Kopplung des individuellen Anteils am Erwirtschafteten an die Mitwirkung bei der Produktion auch der Unternehmer-Gewinne, schafft nicht nur falsche profitorientierte Wachstumsanreize und eine extrem einseitige Anhäufung von Reichtum, sondern bietet

bisher sowohl dem Einzelnen wie der Gesellschaft als Ganzer keinen Spielraum für einen ressourcenschonenderen Umgang mit der Natur. Dieser müsste vor allem in der Förderung der hohen Eigenproduktivität der Ökosysteme und folglich auch in deren Schutz bestehen, als wichtigstem Garant für die Befriedigung aller menschlichen Grundbedürfnisse.

Mit dem Zwang zur Arbeit für andere, als Grundmechanismus der Lebenssicherung jedes einzelnen, wurden die ursprünglich freien und gleichberechtigten Subjekte im Zuge der Entwicklung der Industriegesellschaften immer mehr und zeit ihres Lebens aus der Gestaltung einer gerechteren Gesellschaft ausgeschlossen und dafür mit immer mehr materiellem Konsum „entschädigt".
Zugleich dient dieses industrielle Wachstum immer weniger ihren Grundbedürfnissen vor allem auf genügend Zeit zur Selbstorganisation ihres Lebens und dagegen immer mehr allein den gewinnorientierten Wachstumsinteressen, die nur mit steigendem Naturverbrauch zu erfüllen sind, also jeglicher notwendiger gesellschaftlicher Selbstreflexion zur Eindämmung des Klimawandels und Artensterbens zuwiderlaufen.

Die auf Bertalanffy's Modell des organisch Wachsenden beruhende systemtheoretische Ganzheitsvorstellung von Gesellschaft dient also unübersehbar als gegenaufklärerische Überhöhung des gesellschaftlichen Ganzen gegenüber dem eigentlich als souverän und mündig anerkannten Staatsbürger und seinen grundgesetzlich verbrieften Mitwirkungsrechten an der Gesellschaft. Damit soll das, mit ihrem Wachstumsprimat ökologisch dysfunktionale, System gegen jeglichen gesellschaftlichen Wandel in Richtung eines Erhaltes der natürlichen Lebensgrundlagen, als alternativlos und sakrosankt erklärt werden.

Gekoppelt ist diese Überhöhung des gesellschaftlichen Ganzen gegenüber seinen Bürgern mit einer biologistischen Reduktion des aufgeklärten mündigen Bürgers auf ein Mängelwesen, sowie mit der Hochstilisierung des Typus der komplexitätsreduktiven und monokausalistischen Rationalität des Denkens zu einer Rationalität, die gewissermaßen aus den menschlichen Körperfunktionen, also biologisch-evolutionär, entstanden sei. Tatsächlich stammt diese Komplexitätsreduktion aus der Inselhaftigkeit sesshafter Gesellschaften.

(f) Die biologistische Gesellschaftsauffassung besitzt keine Evidenz für die Entstehung der Gesellschaften im Neolithikum: Sie ist ein modernes wissenschaftliches Mittel zur Verdunkelung der Gewinn-Interessen als Antrieb für Wachstum und Expansion.

Für beides, die Mängelwesen-Theorie und Theorie der Rationalität als Folge menschlicher Körperfunktionen, gibt es keinerlei geschichtlichen und empirischen Beleg. Im Gegenteil widerspricht die Entscheidung der Menschen im Neolithikum für das Sesshaftwerden – mit dem Ackerbau als neuer Form der Naturnutzung – sowohl der „Mängel"-These wie der These, dass sich die Rationalität des Menschen unmittelbar aus seiner Köperausstattung ergibt:

- Zum Ersten erfolgte das Sesshaftwerden notwendig aufgrund von angehäuftem Wissen über die Natur und infolge einer bewussten, auf Tatsachenwissen begründeten Entscheidung für das Sesshaftwerden: Denn unsere Altvorderen konnten die zeitliche Ausdehnung der Ernährungssicherheit nur durch eine sichere Bevorratung der Getreideerträge und eine zeitlich passende Wiederansaat des Getreides synchron zum natürlichen Verlauf der Jahreszeiten, also nur durch Denkleistungen gewährleisten. Dies erforderte eine Auswertung unterschiedlicher Beobachtungen durch Verknüpfen auf einer abstrakteren Ebene des Bewusstseins und Denkens. Eine solche Denkleistung kann nicht durch Sensomotorik, also ein unmittelbares Reiz-Reaktions-Geschehen entstehen, wie dies die Biologisten um A. Gehlen, L. v. Bertalanffy, K. Lorenz u. a. für die Entstehung von „Vernunft" annahmen.

Für die außergewöhnliche Bedeutung des Sesshaftwerdens in der Menschheitsentwicklung allgemein und die komplexen Überlegungen und Aufwendungen in den betreffenden, sesshaftwerdenden Sippschaften sprechen vor allem zwei empirische Beweise:

Zunächst die auf allen Kontinenten zu findenden enorm aufwendig gestalteten astronomischen Einrichtungen zur zeitlichen Fixierung der Winter- und Sommer-Sonnenwende, von denen viele bis heute erhalten sind. Diese meist als Steinkreise ausgeführten Vorrichtungen zur zeitlichen Justierung der Gemeinschaften im Jahresverlauf, dienten vermutlich als Ausgangspunkte für die kalendarische Unterteilung des natürlichen Vegetationsjahres, vor allem zur Bestimmung der richtigen Aussaatzeiten.
Keine Gemeinschaft würde einen derart hohen und auf lange Sicht wirksamen Aufwand betreiben, wenn nicht auch ein enormer Vorteil damit verbunden wäre, wie er sich mit dem Sesshaftwerden und der daraus resultierenden Entwicklungsdynamik schließlich auch zeigte. Somit sind diese Einrichtungen aus dem Neolithikum der deutlichste Beweis für die komplexe Denk- und Organisationsweise dieser auf Sesshaftigkeit orientierten Gemeinschaften.

Der zweite Beweis ist die mit dem Sesshaftwerden rasch einsetzende starke Bevölkerungsentwicklung, die bald jene zügig fortschreitende Arbeitsteilung bzw. Spezialisierung ermöglichte wie sie in den Bauwerken, Werkzeugen, Schwertern, Schmuck und schließlich auch in den ersten Schriften zum Ausdruck kommt.
Diese Entwicklung hat der Mensch nicht als „Mängelwesen" in Gang gesetzt und gestaltet, sondern als Homo sapiens sapiens im wahrsten Wortsinne eines verstehenden, weisen, vernünftigen, denkenden Menschen, der durch Beobachtung, Kombination und Erfahrung längst die sensomotorischen Grenzen seines Körpers vermöge seines Geistes hinter sich gelassen hatte und nur dadurch die Vorteilhaftigkeit der Sesshaftigkeit für sein weiteres Leben zu erkennen vermochte.

- Zum Zweiten ist das komplexitätsreduzierende und monokausalistische Denken viel eher Folge des Sesshaftwerdens und der damit verbundenen Beschränkung des Horizonts auf das besetzte Territorium und der Konzentration auf die (zweckrational) unmittelbar nützlichen Geschöpfe und deren natürlichem Wachstum, das in Kombination mit dem Verlauf des Sonnenstandes zum Modell für das folgerichtige, nachvollziehende Bedenken längerzeitiger autonomer natürlicher Prozesse geworden sein dürfte.

Die Annahme der Biologisten und Evolutionstheoretiker, dass die körperlich-sensomotorische Ausstattung des Menschen auch seine Möglichkeiten bestimmt, wie im Übrigen auch alle Materialisten annahmen, ist durch die Geschichte hinreichend widerlegt: Viel bedeutender für die Durchsetzung der menschlichen Art auf dem Globus, wurde seine von der Gehirngröße im Verhältnis zu seiner körperlichen Beweglichkeit und Sensibilität abhängige Fähigkeit zur Beobachtung natürlicher Abläufe im Allgemeinen und Erinnerung wiederkehrender Ereignisabfolgen im Besonderen.
Genaues Beobachten und Erinnern von Abläufen und Zusammenhängen zwischen bestimmten Ereignissen sicherte ihnen bereits das Überleben als Jäger und Sammler und schließlich auch die dynamische Entwicklung als sesshafte Gemeinschaften. Sensomotorik ist naturgemäß beschränkt auf handwerkliche Geschicklichkeit, also die Herstellung und Handhabung von Werkzeugen. Die Tätigkeit der Beobachtung aber eröffnete den Menschen ganz neue Möglichkeiten der Naturnutzung und neue Territorien, also die Ausdehnung seiner Spezies und Existenzweise über den ganzen Globus.

In diesem Sinne ist das Sesshaftwerden tatsächlich eine Kulturleistung des Menschen sondergleichen, da ihr die bewusste Entscheidung für eine neue Form der Naturnutzung vorausging und zwar infolge der Erkenntnis einer höheren Nahrungssicherheit aufgrund der Möglichkeit zur Vorratsbildung. Auch wenn die früheren Methoden der Naturnutzung, das Jagen und Sammeln oder das Behirten von wilden Tieren, noch lange parallel zum Ackerbau praktiziert wurden, so wurden doch Sesshaftigkeit und Ackerbau zum vorherrschenden Entwicklungsmodell aller rasch wachsenden Gesellschaften auf allen Kontinenten, weil sie die Ernährungssicherheit enorm erhöhten.

Die Menschen im Neolithikum, einige tausend Jahre nach der letzten Eiszeit, entschlossen sich also bewusst, aufgrund des erkannten großen Vorteils der Einlagerung von lagerfähigem Getreide für die Ernährungssicherheit während eines längeren Zeitraums als bislang, für den Verbleib bei den zunächst natürlich vorhandenen Getreidepflanzen. Lagerung jedoch verlangt sichere und auch geschützte Lagerstätten. So führte die Sesshaftigkeit unmittelbar zu stationären Behausungen und handwerklichen Absicherungen des Vorteils bis hin zur Umzäunung und Verteidigung des eigenen Gebietes.

Diesen Prozess als mechanischen evolutionären Prozess aufzufassen ist lächerlich. Denn auch die Familien oder gar schon Horden und größere Sippschaften, die sich zur Sesshaftigkeit und Kultivierung von Getreide entschlossen, taten dies mit Bedacht, vermutlich unter der Anführerschaft der Familien-Oberhäupter und unter der Zustimmung des gesamten Gefolges.

Der Mensch agierte also bereits auf der Grundlage von Tatsachenwissen als bewusst entscheidendes Subjekt seines Lebens im Verhältnis zu den vorgefundenen Naturbedingungen und nicht als von natürlichen Instinkten Getriebener, wie man dies heute gerne annimmt, um eine ähnliche, geschichtlich analoge Zwangsläufigkeit für das Festhalten am Wachstum heute sowie andere Zwangsläufigkeiten zu konstruieren, bei denen das mündige Subjekt wegen allzu kritischer Fragen und Reflexionen im Wege steht.

Der kulturelle Sprung, den die Sesshaftigkeit markiert, ist überhaupt nicht anders vorstellbar denn als besondere, neue Kulturleistung der Menschen, die diesen Schritt taten und zwar als allein auf sich gestellte, bereits zu Subjekten ihres Lebens gewordene Menschen, die eine höhere Ernährungssicherheit – trotz der dafür verlangten höheren Anstrengung – dem nomadisierenden Leben von der Hand in den Mund, vorzogen. Natürlich dürfte die Subjekthaftigkeit vor allem bei den Familienoberhäuptern, den späteren Grundherrn gelegen haben und noch nicht bei allen Mitgliedern dieser Ursprungsgemeinden der völlig neuen Gesellschaftlichkeit der Menschen, die sich bald auch in großen befestigten Siedlungen zeigte.

Was wir also mit der Sesshaftigkeit bekommen, ist eine neue soziale und erstmals wohl auch dynamische Organisationsform des Lebens von Gemeinschaften aufgrund einer bewussten Entscheidung der Menschen für eine neue Form der Naturnutzung, gegen bisherige Nutzungsformen.

Allerdings bedingt die sesshafte Ackerbaukultur eine überaus komplexitätsbeschränkte und auf die Nutzung weniger Arten konzentrierte, also höchst selektive Naturnutzung, die sich fundamental gegen die Reproduktionserfordernisse der vorhandenen Ökosysteme, mit den erst später offenkundig werdenden Folgen der raschen Erschöpfung der Ressourcen, richtet.

Unter der geschichtlich vermutlich durchgehend nachweisbaren Dominanz der Grundherrschaft als antreibende Organisationsform der Gesellschaften reichte die Entwicklungsdynamik sesshafter Gesellschaften bis ins 18. Jh., ehe sie nach ihrem Sturz von einer neuen Dynamik der Entwicklung der Gesellschaften, auf der Basis der Arbeit vieler für die gewinnorientierte industrielle Produktion weniger, abgelöst wurde.

Deshalb gelten seit der Aufklärung die Subjektstellung aller Menschen auf der Basis von Tatsachenwissen und Mündigkeit und deren Schutz durch die Freiheits- und Menschenrechte gewissermaßen als Standard menschlicher Vernunft, an dem alle Gesellschaften und Herrschaftsformen gemessen werden.

Umso mehr erscheint der Versuch, die Notwendigkeit und Möglichkeit einer Überwindung der Wachstumsgesellschaft zugunsten einer neuen, ökologischeren Form der Naturnutzung dadurch abzuwehren, dass man die heutigen Gesellschaften als Systeme sakrosankt macht und dafür die Menschen zu Idioten erklärt, nicht nur lächerlich, sondern als hochgradig durchsichtiger Schachzug zur Rettung der gewinnorientierten Produktion.

Damit ist den Industriegesellschaften heute, trotz des Wissens um die Schädlichkeit ihrer Wirtschaftsweise und Entwicklungsdynamik für das Klima und die Ökologie und trotz des Ansatzes der Aufklärung, der Tatsachenwissen und mündige Subjekte zur Basis einer freiheitlichen humanen vernünftigen Gesellschaft erklärte, offenbar immer weniger möglich, was den Altvorderen im Neolithikum möglich war: Sich aufgrund von Wissen für eine neue Form der Naturnutzung und Lebensweise zu entscheiden, die die Natursysteme bewahrt.

Damals war es die Entscheidung für die Sesshaftigkeit und heute ginge es um die Entscheidung für eine ökologiefreundlichere und -verträglichere suffizientere Nutzung der Ökosysteme durch ihre Erhaltung und die Förderung ihrer Entwicklung.

Angehäufter Reichtum, luxuriöser Lebensstandard, breite Allgemeinbildung, Wissenschaft auf hohem Niveau und demokratische Verhältnisse sollten es den Industriegesellschaften eigentlich ermöglichen, ihre Treibhausgasemissionen, durch eine drastische Senkung der Verbräuche, binnen der nächsten Jahre auf Netto-Null zu bringen.

Die Größe der Aufgabe ist angesichts des drohenden Untergangs der Menschheit in einer Spirale der Erderhitzung, die alle bisherigen Sicherheiten zunichtemachen wird, wohl kaum geringer als zu Zeiten des Sesshaftwerdens als man der Verknappung der Nahrung durch geplante Erzeugung begegnete.

(g) **Unterschied zwischen der Lage und Erkenntnis heute und zu Zeiten des Sesshaftwerdens als Verantwortung für eine alternative Entwicklung.**

Heute haben wir die Erde so weit entwaldet und durch die Verbrennung von Biomasse sowie fossiler Brennstoffe mit einem laufend wachsenden Überhang an Treibhausgasen überzogen, dass sich die Atmosphäre fortwährend erhitzt und die gesamten bisher als „gemäßigt" bezeichneten Klimaverhältnisse in Richtung Extremverhältnisse – unerträgliche Hitze, Regenmengen, Sturmstärken, Trockenphasen – entwickeln, unter denen vor allem der Mensch, aber auch die Ökosysteme und viele Arten Schwierigkeiten haben zu überleben.
Dank unserer, im Zuge des Aufstiegs des Menschen zur planetar vorherrschenden Spezies, entwickelten Kompetenz zur Selbstreflexion auf wissenschaftlich-objektiver Basis, können wir die Lage heute deuten als eine durch die Menschen selbst verursachte Lage.
Und wir kennen dadurch auch die Stellschrauben – Schutz der Ökosysteme und Beseitigung der Arbeit für andere, d. h. Gewinn und systematischer Mehrverbrauch als Existenzgrundlage der Menschen – an denen ein Wandel eingeleitet werden muss, um die Biosphäre und damit auch das Leben auf Erden, wie wir es kannten, überhaupt zu retten.

Jedoch gibt es Interessen der Menschen, die von der bisherigen Ausbeutung der Natur qua Ausbeutung der von ihnen abhängigen menschlichen Arbeit vor allem profitiert und unermessliche Reichtümer angehäuft haben und die an ihrem Reichtum und Lebensstil und damit auch am unentwegten Wachstum der Produktion auf Kosten der Natur und der Allgemeinheit der Menschen festhalten wollen, obwohl alle wirklich großen Errungenschaften der Menschheitsgeschichte gegen ihre Gier sprechen:

- Die Überausbeutung der Natur führt, wissenschaftlich bewiesen, zur Zerstörung der Ökosysteme und zur Vernichtung der natürlichen Lebensgrundlagen allen Lebens.
- Der Mensch kann qua wissenschaftlichem Wissen eine Vernunft erlangen, die ihm ein ausreichend gutes Leben im Einklang mit der Erhaltung der Natursysteme ermöglicht, wenn er bereit ist, auf die rigorose Naturausbeutung und die Anhäufung von monetärem und unnötigen materiellem Reichtum zu verzichten.

Damit sind wir heute auf einem Stand von wissenschaftlichen, technischen und moralischen Fähigkeiten, die man zu Zeiten des Sesshaftwerdens nicht hatte. Und wir kennen das Unwissen, das über die mittelbaren und langfristigen Folgen der substantiellen Vernutzung der eigenproduktiven Ökosysteme, vor allem der Wälder und Savannen samt der fruchtbaren Böden in Richtung Äcker, zum enormen Wachstum der Menschheit auf Kosten aller übrigen Naturgeschöpfe führte.

Die heutigen Gesellschaften verfügen über eine Wissenschaft, die mit ihren Instrumenten die ökologischen Zusammenhänge sowohl in ihrer ganzen Komplexität wie mikroskopischen Feinheit untersuchen und darstellen kann. Die Klimawissenschaften, die den Klimawandel als menschengemacht feststellen, sind derzeit wohl – hinsichtlich Komplexitätserfassung – die anspruchsvollste Ausprägung dieser, dem Nutzen aller Menschen dienenden, objektiven Wissenschaft.

Jedoch müssten diese Fähigkeiten zur Komplexitätserfassung auf die Ökosysteme und die Selbstreflexion der Gesellschaften selbst ausgeweitet werden, um die notwendigen Schritte zur Förderung der Ökosysteme und ökologischen Transformation der Gesellschaften einleiten zu können.

Hierbei kommt den Industriegesellschaften die auf Wissen basierende kulturelle Entwicklung der Gesellschaften zu Pass, da diese Entwicklung zum Sturz des personalen Grundherrschaftssystems im 18. Jh., zugunsten einer Subjekt-Stellung eines jeden Menschen als durch Mündigkeit und Vernunft zum bewussten Denken in Alternativen fähigen Menschen, geführt hat.

Allerdings wurde die Aufklärung bisher hauptsächlich im Dienste einer Freiheitsentfaltung zugunsten materiellen Fortschritts durch Gewinn und Arbeit interpretiert und weniger zugunsten einer Lebensweise im Einklang mit der Erhaltung aller notwendigen natürlichen Lebensgrundlagen, was heißt, der Erhaltung der Ökosysteme und ihrer vielfältigen Sicherungsleistungen für das Leben überhaupt, auch des menschlichen Lebens.

Dadurch entstanden Gesellschaftssysteme, die anscheinend nur durch permanentes Wachstum, also nur durch die permanente Ausweitung der Produktionen zugunsten von Gewinn, sicheren Arbeitsplätzen und des Verbrauchs überleben können, obwohl sie damit genau den Klimawandel und die Zerstörung der Ökosysteme befördern.

Um vom Wachstum wegzukommen, müssen die noch überwiegend demokratisch verfassten westlichen Industriegesellschaften nicht ihren „System"-Charakter anthro- und technozentrisch perfektionieren – was zu einem neuen Totalitarismus bzw. System-Faschismus führen wird, der die Umweltkrisen mit Expansion, also Krieg, zu lösen trachtet – sondern ihren Verbrauch drastisch reduzieren, was nur möglich ist durch eine Dezentralisierung der Versorgung der Menschen mit Nahrung und Lebensnotwendigem auf der Basis lokaler und regionaler Wertschöpfung auf der Grundlage der Nutzung der Ökosysteme durch ihre Förderung.

Heute sind die Grenzen der Naturnutzung längst überschritten, was am dramatischen Artensterben und Ausfall der Kohlendioxideinspeicherung sowie der Kühlwirkung der nicht mehr vorhandenen oder geschwächten Ökosysteme klar erkennbar ist.
Werden die Ökosysteme unmittelbar durch den menschlichen Zugriff oder durch den Klimawandel weiterhin in dem Ausmaß zerstört, wie dies seit dem Neolithikum der Fall ist,

dann wird es schließlich an allem fehlen, was die Ökosysteme bisher unentgeltlich geliefert haben: An Sauerstoff, sauberem und ausreichenden Wasser, ausreichender Nahrung, Kühlung durch Verdunstung, Artenvielfalt, also an allem, was die Biosphäre von der Wüste Gobi, Sahara u. a. Wüsten der Erde, die seit dem Beginn des Ackerbaus bzw. der Sesshaftigkeit alle gewachsen sind, unterscheidet.

Bleibt am Ende dieses Exkurses die Frage, wie sich denn die neue Sichtweise von Gesellschaften als Gesellschaften, die sowohl in der Komplexität ihrer Sicht auf die Biosphäre und ihrer Ökosysteme spezifisch beschränkt sind, wie auch in ihrer Rationalität der Naturnutzung im Verhältnis zum Rechts-Links-Dualismus positioniert, der den Zusammenhang zwischen Individuum-Gesellschaft-Natur bisher dominiert hat?

(h) Welche Konsequenzen gibt es für den Rechts-Links-Dualismus?

Rechtes Denken:

„Rechtes" Denken beinhaltet bis heute die Favorisierung der Interessen und Bedürfnisse des eigenen Volkes gegenüber den allgemeinen Menschenrechten auf Freiheit, Gleichheit und Brüderlichkeit für alle und zwischen allen Menschen. Dies ist eine unmittelbare Schlussfolgerung aus der Evolutionstheorie von C. Darwin, wonach der „Fortschritt" in der Evolution vom Zufall und der Selektion der angepasstesten Arten im allgemeinen Überlebenskampf der Arten abhängt und Menschen nicht alle gleich sind und sich das Recht auf Leben lediglich als Folge der Auseinandersetzung mit anderen ergibt und nicht als verbrieftes Recht innerhalb einer bewusst vom Menschen geschaffenen Ordnung.

Die Höherentwicklung in der natürlichen Evolution hängt, in der rechten Logik, mithin von der Durchsetzung des Recht des Stärkeren ab, sodass brüderliches Handeln im Sinne von Solidarität miteinander nur zwischen Artgenossen vorkommt, nicht jedoch in der Natur allgemein.

Nächstenliebe und Solidarität gegenüber anderen Völkern wäre also nichts anderes als ein dümmliches Nachgeben, das die eigene Stärke und die des eigenen Volkes schwächt.

Ähnlich strikt kämpferisch bestimmt sich das Verhältnis zur übrigen Natur, also niedereren Arten gegenüber, als Verhältnis der Konkurrenz und folglich des Kampfes um die Vorherrschaft, derer sich die Menschen letztlich nur durch die völlige Unterwerfung der übrigen Natur sicher sein können.

Auch die eigene Natur, ihre Triebe und Aggressivität, hat der Mensch zu beherrschen, um seinem Volk nützlich sein zu können.

Sollten z. B. linke Politiker durch zu viel soziale und humanitäre Aufgeschlossenheit (im Sinne der Menschenrechte) gegenüber Schwachen und Mitgliedern anderer Völker die Interessen des eigenen Volkes gefährden, sehen sich rechts Gesinnte zum kämpferischen Widerstand berechtigt. Liebe als humanisierende Gegenkraft gegen Aggressivität und Krieg wird in rechten Kreisen hauptsächlich im Dienst der Fortpflanzung gesehen und im Übrigen als Sentimentalität, die die physische Stärke, auf die es im Leben ankommt, schwächt.

Rechtes Denken erscheint damit als sehr konsequenter Ausdruck des Egoismus von Menschen gleicher Herkunft und Stammeszugehörigkeit, die auf dem abgegrenzten Territorium ihrer Inselgesellschaften als Teil eines urwüchsigen Ganzen in einer feindlichen erachteten Umwelt um ihr Überleben kämpfen. Mit der Abstammungs-, Herkunfts- oder Blutsgemeinschaft als zentralem Fixpunkt, scheint rechtes Denken immer noch als ein Denken, das, trotz der unübersehbaren Vermischung der Herkünfte seit dem Neolithikum und vor allem während der letzten 200 Jahre, nicht über die Prägung durch den frühen historischen Kontext des Sesshaftwerdens hinausgekommen ist. Daher auch der Hang zur frühgeschichtlichen Verankerung.

Das Festhalten am angestammt Gemeinsamen lässt denn auch die rechte Gesinnung besonders sensibel sein für die Bewahrung eines Eigenen, einer Verwurzelung vor den Folgen des gesellschaftlichen Wandels und gegenüber der Aufweichung traditioneller Werte und dem Vorrang angestammter Gemeinschaftlichkeit vor Offenheit, dem Vorrang von Konkurrenz vor Kooperation, des Unter-sich-Bleibens vor Vermischung, auch wenn das vermeintlich Eigene längst auch von modernen Einflüssen geprägt ist.

Was dem rechten Denken jedoch als stabile Grundlage bleibt, ist die physische Verfassung auch der Industriegesellschaften, als jeweils für sich und in Konkurrenz zueinander um eine möglichst identische Reproduktion bemühte Ganzheiten, die sich dabei, trotz Austausch, von der Umwelt abzugrenzen und ihr gegenüber zu behaupten haben.
Was aus der Geschichte weiterhin als stabile physische Grundlage rechten Denkens geblieben ist, ist die allgemein vorherrschende, von wirtschaftlichen Interessengruppen sowie von den Wissenschaften und der Politik hartnäckig verteidigte Auffassung, dass die Menschheit ihre Probleme nur durch neue Techniken und die damit mögliche, noch totalere, Beherrschung und Ausbeutung der Natur lösen kann und nicht durch Zugeständnisse an die Natur oder gar den Verzicht auf das Beherrschenwollen, auf ihre Ausbeutung und auf eigene menschliche Bedürfnisse, auch wenn diese in einem erheblichen Umfang unnötigen Verbrauch beinhalten.

Aufgrund dieser engen Verkoppelung des rechten Denkens mit der inselhaften physischen Verfassung auch der modernen Gesellschaften und deren, auf Naturüberausbeutung und vermeintlicher Naturbeherrschung beruhenden, Glauben an unbegrenztes Wachstum, besitzt rechtes Denken nicht nur eine hohe Affinität für die Verteidigung des Eigenen, sondern auch für die Verleugnung der negativen Auswirkungen des egoistisch ausbeuterischen Umgangs mit der Natur für die Natur und damit auch für die natürlichen Lebensgrundlagen der gesamten Menschheit.

Verkoppelung mit der Physik der Gesellschaften und deren Entwicklung als Kampf gegen die Natur und konkurrierende Völker, bilden die Basis für den Vorwurf einer linksgrünen Gefährdung der Industriegesellschaften durch übergroße Offenheit für Flüchtlinge und Rücksichtnahme auf die Natur (Klima- und Artenschutz) auf Kosten eines weiteren industriellen Wachstums, das in rechten Kreisen als Garant für internationale Stärke gilt. Diese Bindung an die physischen Grundkonditionen der Gesellschaften und deren Konkurrenzfähigkeit als Garant von Stärke, machen rechtes Denken hochgradig aufgeschlossen für jedwede Form gewinnmaximierender Arbeitskraft- und Natur-Nutzung.

Ökologische oder menschenrechtliche Bedenken, die über den Schutz des eigenen Nachwuchses hinausgingen, gibt es im Rechten Denken eigentlich nicht wirklich, obwohl viele so tun, als ob ihnen die Natur insgesamt am Herzen läge. Dafür gibt es historisch wie aktuell keine überzeugende Belege:

Rechtes Denken ist im Gegenteil hochgradig erpicht auf maximale Naturausbeutung, weil alle anderen Geschöpfe, einschließlich der Menschen, die nicht zu ihrem Volk gehören, lediglich als Wettbewerber im allgemeinen Überlebenskampf wahrgenommen werden und also durch Ausmerzen, Verwertung oder Kontrolle besiegt werden müssen.

Rechtes Denken steht mit der Natur im Allgemeinen und den konkurrierenden Völkern, heute vor allem als Ethnien oder Kulturen bezeichnet, im Besonderen, auf Kriegsfuß. Jede andere Betrachtung ginge völlig an der Realität vorbei.

„Rechts" bedeutet also Verneinung der Möglichkeiten der Menschen zu einer versöhnlichen Vernunft gegenüber anderen Arten und ethnischen sowie kulturellen Konkurrenten. Und das heißt Verneinung von Alternativen, die Naturzerstörung, Expansion und Krieg vermeiden.

Rechtes Denken verabsolutiert den biologisch-evolutionistisch sich entwickelnden Menschen gegenüber den wissend-vernünftigen, an allgemeinmenschlichen Werten orientierten sowie Handlungsfolgen-bewussten, kreativen Menschen der Aufklärung, bis heute und gilt daher immer noch als größte Gefahr für die freiheitlich demokratische Grundordnung.

Allerdings gibt es mit der Systemtheorie in der Tradition von Bertalanffy, d. h. einer organismischen eigenständigen Existenz gesellschaftlicher Ganzheiten über den Köpfen ihrer Mitglieder, eine modernere Spielart rechten Denkens, die zwar den Begriff des „Volkes" oder der Rasse als Schlüsselbegriff der Höherentwicklung im Überlebenskampf vermeidet, jedoch mit dem „System" letztlich auch eine total präsente Autorität über den Bedürfnissen und Interessen der Menschen installiert, was sowohl der Subjekt-Position des Einzelmenschen wie auch der Souveränitäts-Position der Bevölkerung, wie sie seit der Aufklärung für Demokratien gelten, fundamental widerspricht.

Mit dem Systembegriff können Gesellschaften als offener, flexibler und toleranter gegenüber ihrer Umwelt dargestellt und weniger kämpferisch wirkende modernere Methoden der Stabilisierung der Systeme nach innen und Durchsetzung nach außen in den Vordergrund gerückt werden (wie z. B. Problemverarbeitung durch komplexitätsreduzierende Kommunikation). Auch scheint der Systembegriff entlastet vom Gedanken der evolutiven Höherentwicklung mittels Selektion im Überlebenskampf, entlastet also auch von der Hypothek aus dem Dritten Reich.

Die Krux liegt allerdings darin, dass die Behauptung einer eigenen systemischen Autorität über den Menschen, welche im Umkehrschluss als in ihrem Horizont und kognitiven Denkvermögen beschränkte Mängelwesen bezeichnet werden, mit den Errungenschaften der Aufklärung, insbesondere der Entstehung der modernen Staaten aus dem politischen Kampf um die Befreiung aus der Leibeigenschaft, massiv kollidiert. Ein „höheres" System widerspricht der demokratischen Mitwirkung der Menschen an der Gestaltung von Gesellschaft und Politik und besitzt daher antidemokratischen Charakter, der zu einer neuen systemischen Leibeigenschaft tendiert.

Letztlich haben wir es heute mit zwei ganz verschieden aufgestellten rechten Strömungen zu tun: Der traditionell völkisch verankerten und der neudeutschen systemischen Strömung, die sich letztlich im Kampf gegen das mündige, sich auf Wissen und Selbstreflexion der Menschen selbst, sowie der Gesellschaften im Ganzen berufende Subjekt der Aufklärung einig sind. Tatsächlich führt dieses doppelte Spiel rechten Denkens, das aus Systemerhaltungsgründen z. B. der Fremdenfeindlichkeit der traditionellen Rechten durch Verschärfung der Überwachung und Einschränkung des Demonstrationsrechtes begegnet, mit Sicherheit zum Abbau von Demokratie, was die Fans des Systemerhaltes meistens sogar als Sieg für die Demokratie empfinden und verkaufen, obwohl der Demokratieabbau offensichtlich ist.

Diese doppelte Konzeption des rechten antidemokratischen Denkens verweist auf eine Interessens-Strömung im Hintergrund, die, trotz Demokratie, um jeden Preis an einer Autorität über den Köpfen der Menschen festhalten will, auch wenn – oder weil – Klimawandel und die katastrophale Entwicklung der Ökologie völlig andere, z. B. dezentrale und Verbrauch reflektierende Lösungen erfordern.

Der Hintergrund für die zweite, systemische Variante des rechten Denkens, die gewissermaßen zur modernen Staatsraison geworden zu sein scheint, liegt unzweifelhaft in den immer offenkundiger werdenden tatsächlichen Grenzen des bisherigen Modells der Wohlstandsgesellschaft als Modell ewigen Wachstums:
Um diese grundlegende Infragestellung der industriegesellschaftlichen Entwicklung als ruinös für die natürlichen Lebensgrundlagen und daher nicht weiter praktizierbar, zu kontern, musste nicht nur für die Eliten, sondern vor allem für die Mehrheit der Bevölkerung, die, im Glauben an die individuelle Freiheit und Leistung als Garant für bessere Lebensverhältnisse, sich voll auf die Versprechungen der industriellen Wohlfahrtsgesellschaft eingelassen hatte, eine Art gesellschaftlicher Garantielösung zum Erhalt ihrer erwirtschafteten Bestände gefunden werden.
Wenngleich diese Garantien nur durch Erhalt der ausbeuterischen Energie- und Stoffzufuhren aus dem Ausland und notfalls nur durch kriegerische Expansion zu gewährleisten sein würden, kam dafür eine Legitimation durch eine Neuauflage des Rassistisch-Völkischen nicht mehr infrage. Das hätte, von oben eingefädelt – wie Ende 19., Anfang 20. Jh. – voll im Widerspruch zum freiheitlich-demokratischen Gesellschaftsmodell und Selbstverständnis der Mehrheit der Bevölkerung gestanden, das sich zudem global zum Markenkern der westlichen Welt entwickelt hatte, obwohl die wirtschaftliche Realität ihres Erfolges global eine andere, höchst ambivalente – auch ausbeuterische – Sprache spricht.

Es war Bertalanffy, der im faschistischen Wien als Professor vermutlich auch deshalb überlebte, weil er eine geniale Lösung für dieses Problem fand, ohne die Wurzeln des Völkischen zu verraten: Ausgehend vom lebenden Organismus als Modell erfüllte seine System-Konzeption alle Wünsche sowohl der Evolutionsbiologen wie K. Lorenz wie auch der Gesellschaftsphilosophen wie A. Gehlen, indem er auf seine Systemvorstellung von Gesellschaft einfach die drei wesentlichen Leistungen eines Organismus übertrug: Ganzheit durch hierarchische Organisation, beständige Erneuerung durch dynamische Wechselwirkungen zwischen den Teilen, Initiative und Eigenaktivität von innen heraus, um zu überleben. Das Problem war hier nur noch: Wer bzw. was sind die Teile, die hierarchisch angeordnet sind, durch Wechselwirkung sich erneuern, sodass das System durch „Eigenaktivität" überleben kann.

Ganz offenkundig spekulierten Bertallanffy, und später Luhmann noch viel deutlicher, auf die Bereitschaft des zu Wohlstand gelangten Bürgers als Leistungsträger, ihre demokratischen Rechte auf Mitwirkung fahren zu lassen, wenn denn ihr Wohlstand mittels eines durchgreifenden und effizienten Systems der Bewahrung wirtschaftlicher Sicherheit für das Ganze gerettet würde.
Was wir also mit der Systemtheorie als Neu-Rechter Ideologie bekommen haben, ist eine Art moderner, vom offenkundig Rassistischen und Kämpferischen gereinigter System-Faschismus, in dem alle Wohlhabenden in das soziotechnische Systemmanagement per freiwilligen Verzicht auf Mitsprache einwilligen, um wenigstens als relevante Umwelt ausreichend ernstgenommen zu werden, damit der Besitzstand erhalten bleibt. Nach dem Motto: der Spatz in der Hand ist mir lieber als die Schwalben auf dem Dach oder das Hemd näher als der Rock.

Die Systemtheorie von Luhmann erscheint damit als Neuauflage des Versuchs, mittels eines größeren Ganzen – wie zu Zeiten der völkischen Bewegung – materielle Wachstumsinteressen zu legitimieren: Diesmal nicht als Expansion um Land für ein Volk ohne Raum, sondern als Besitzstandswahrung für die besitzenden Leistungsträger mit allen systemisch übergreifend möglichen Mitteln und zu jedem Preis für die Natur und andere Länder – neben den Menschen die wichtigsten Bestandteile der Systemumwelt.

Das „größere Ganze" bleibt also bis heute im Bereich des Gesellschaftlichen die bewährte konservativ-reaktionäre Denkform, um die Bestrebungen der Subjekte der Aufklärung vorzeitig zum Scheitern zu bringen, ehe die neuen Überlebenskämpfe der Menschen und Gesellschaften, angesichts des sich verschärfenden Klimawandels und Naturverlustes überhaupt erst richtig beginnen. Das Völkische ist darin wohl als letztes Auffangbecken gedacht, wenn die Soziotechnik der Systemtheoretiker scheitern sollte.

Der große Vorteil dieser zweigleisigen Fahrweise des rechten, am Erhalt eines profitablen Systems interessierten Denkens, liegt natürlich in der gestaffelten Absicherung der in ihrer Gier nach Macht und Reichtum grenzenlosen Hauptnutznießer, auch in Zeiten von immer knapper werdenden Ressourcen infolge Hyperverbrauch und Naturzerstörung.

Jedoch bleibt die Frage, wie eine demokratisch verfasste Gesellschaft eine Theorie bzw. Therapie akzeptieren kann, die qua „System" voll gegen die demokratischen Mitwirkungsrechte aller Bürger vorgeht. Das sollte Armin Nassehi, als wichtiger Regierungsberater im

Sinne von Luhmanns Theorie, einmal beantworten. Aber nicht nur er! Wie weichgespült müssen die Werte der Aufklärung und Subjekt-Interessen der Staatsbürger bereits sein, dass man diese System-Autorität Luhmanns, einem Verwaltungsjuristen, für heilsam in einer Welt der Umweltkatastrophen hält. Typisch deutsch könnte man sagen: Nichts scheint ihnen verlässlicher als ein funktionierendes System, das von keiner Opposition mehr gestört werden kann, auch wenn es vollständig auf Sand gebaut ist.

Linkes Denken:

Das „linke" Denken scheint von diesen Differenzierungen im rechten Denken noch nicht viel mitbekommen zu haben. Andernfalls würden Vertreter der nicht-rechten Agenda nicht so beschämend unbedarft auf die Abwehr völkischer Ambitionen mit systemtheoretischen Argumenten hereinfallen, welche gleichfalls gegen das aufgeklärte Subjekt und die Demokratie gerichtet sind.

Geschichtlich gesehen, erscheint „linkes" Denken bis heute vor allem als Konsequenz der von frühen Sozialisten und schließlich auch von Marx thematisierten sozialen Ungleichheit der gesellschaftlichen Entwicklung: Mit den kapitalistischen Profiteuren auf der einen und den ausgebeuteten Arbeitern auf der anderen Seite, die ihr Leben lang, etwa ein Drittel ihrer Lebenszeit arbeiten müssen, jedoch aufgrund der Vereinnahmung des Mehrproduktes der Arbeit durch den Arbeitgeber, lebenslang Arbeitnehmer bleiben.

Das besonders bemerkenswerte an dieser Gegen-Position zu den Verhältnissen nach den Revolutionen im 18. Jh. sind zwei unbestreitbare historische Tatsachen:

- Die sozialistische Gegenposition hat durch die Verbesserung der Lebensbedingungen zu einer gewissen Zivilisierung und dadurch Akzeptanz der kapitalistischen Entwicklung auch in Arbeiterkreisen geführt, ohne das Profitmachen grundlegend zu erschüttern und als Voraussetzung für die Wohlfahrt aller in Zweifel zu ziehen.
- Sie hat zu weiteren Revolutionen geführt, die jedoch sehr schnell in der gleichen Sackgasse der Überausbeutung der Natur gelandet sind, wie der Kapitalismus, jedoch den Menschen nicht durch eine erhebliche Verbesserung ihrer Lebensverhältnisse beweisen konnten, dass Sozialismus bzw. Staatseigentum die überlegene Organisationsform der Gesellschaft sei.

Die Verwirklichung der sozialistischen Utopie einer sozial gerechteren Verteilung des Mehrprodukts und dadurch auch humaneren Gesellschaft scheiterte letztlich an der Überschätzung einerseits der Steuerbarkeit der Gesellschaften und andererseits der Ausbeutbarkeit der Natur als Instrumente des allgemeinen Übergangs aus dem Reich der Notwendigkeit in das Reich der Freiheit.

Mit der Hoffnung auf die Gesellschaft als Antipode zum Privateigentum und der Ignoranz gegenüber Reproduktionserfordernissen der Natur, knüpfte die sozialistische Utopie letztlich unreflektiert am doppelt beschränkten Gesellschaftlichen an, das die Entwicklung der menschlichen Zivilisation seit dem Neolithikum vor allem befördert hat. Zugleich stellte sich die sozialistische Utopie mit dieser Euphorie des Gesellschaftlichen und vor allem der Behauptung, dass das

„Individuum nichts anderes sei als das Ensemble gesellschaftlicher Verhältnisse“ (Marx 6. Feuerbachthese in „Die deutsche Ideologie“)

direkt gegen die eigentlichen Errungenschaften der Aufklärung, insbesondere gegen die Menschen als Teil der umfassenden Natur und dadurch per Naturrecht untereinander Gleiche, sowie gegen den Menschen als mündiges Subjekt, das sich aktiv aus der Leibeigenschaft und dem Glauben an Höheres befreit hatte.

Die sozialistische Utopie bestand also in fast nichts anderem, als in einer radikalen Fortsetzung des Entwicklungsprinzips bisheriger Gesellschaften. Das geringfügig neue daran war die Illusion, dass man die Gesellschaft als Ganze nur erobern und beherrschen müsse, um gerechtere materielle Verhältnisse herbeizuführen.
Was natürlich keinerlei Chance auf ein Gelingen haben konnte, da der Trugschluss ob des Gesellschaftlichen an und für sich, geschichtlich betrachtet, größer nicht hätte sein können und durch die Gesellschaftsentwicklung heute in allem bestätigt wird:

- Gesellschaften hatten einen total verengten Blick auf die Welt und auf die Natur im Besonderen, was in der Vergangenheit jedwede Herrschaften im Innern der Gesellschaften zu ihren eigenen Gunsten verstärkte und nutzte.
- Gesellschaften sahen die Natur und ihre Schätze und Leistungen niemals als Basis ihrer Entwicklung, sondern immer nur als Vorratskammer, aus der man sich beliebig bedienen konnte, ohne diese mittels Achtung vor der Natur durch die Natursysteme selbst wieder füllen zu lassen.
- Das wirklich Neue seit der Aufklärung ist die Sicht der Natur als übergreifendes Ganzes, in das nicht beliebig eingegriffen werden kann ohne die Naturbedingungen im größeren Umfang gegen die eigenen Interessen zu verändern. Das naturwissenschaftlich-mechanistische und analytisch auf einfache Kausalbeziehungen beschränkte Denken gab es schon in der Steinzeit und hat eben genau diese naturfeindliche Ausbreitung des Menschen durch Plünderung der stofflichen Substanz der Natur befördert.
- Und das wirklich Revolutionäre an der Aufklärung ist Mündigkeit und Souveränität durch Wissen und Eintreten für Tatsachenwahrheiten, wie es die revoltierenden Bevölkerungen im 18. Jh. im Zuge allgemeiner Subjektwerdung der Menschen im Zuge der Befreiung aus den Feudalverhältnissen geschaffen haben. Statt sich auf diese Subjektwerdung der Menschen zu stützen, hat der Marxismus die Eroberung der Gesellschaft durch eine Partei bzw. Clique von Revolutionären vorgezogen, was nur aufgrund von unbegründeten und daher falschen Illusionen über das Gesellschaftliche möglich war.

Viel realistischer für eine naturverträgliche Entwicklung wäre die Stärkung und Ausweitung der Subjektposition der Menschen kraft ihrer eigenen Beziehungen zur Natur, in Form des

Ausbaus ihrer Selbstversorgung mittels Gärten, in Form der Vorsorgen für den Erhalt der Ökosysteme, in Form systematischer Bildung und genügend Zeit der Menschen für ein Leben mit der Natur, durch rigorose Verkürzung der Arbeitszeit gewesen.

- Im Anschluss an die Aufklärung hätte die Utopie also auch durchaus darin bestehen können, dass alle Menschen als mündige Subjekte ihres eigenen Lebens die Chance erhalten, sich ausgehend von eigenem Grund und Boden und Nutzung der Natursysteme eine Selbstversorgung mit Nahrungsmitteln aufzubauen und parallel Arbeiten zur Erzeugung von Industrieprodukten zu übernehmen. Voraussetzungen: Privateigentum an Grund und Boden, ausreichende Bildung für die Selbstversorgung und die Arbeit auswärts und genügend Zeit für die Entwicklung der eigenen Möglichkeiten.
- Warum diese Art von Utopie, die in großen Teilen Robert Owen mit seinen Projekten verfolgt hatte, von Marx und Engels nicht aufgegriffen und weiterverfolgt wurde, erscheint heute höchst rätselhaft, da bereits Mitte des 19. Jh., zu Zeiten von Darwins Evolutionsschrift und Marx' Kritik klar absehbar war, dass Menschen, die mehr als die Hälfte ihrer wachen Zeit für andere arbeiten müssen um das Lebensnotwendige zu erlangen, niemals auf eigene Füße, sprich zu einem weitgehend selbstständigen Leben in eigener Verbindung mit der Natur kommen würden.
  Seit dem 18. Jh. bis heute, haben die immer noch produktionsmittellosen Arbeiter relativ konstant genau wenigstens die Hälfte ihres wachen Lebens für andere zu arbeiten, um sich das Lebensnotwendige besorgen zu können. Dafür sollten sich alle Wissenschaftler, Politiker und Marxisten wirklich einmal schämen! 200 Jahre Maloche und enorme Produktivitätssteigerungen ohne wirklichen Fortschritt in der Souveränität der Arbeiter bei der Gestaltung ihres Lebens, weil man den Menschen als wirkliches Subjekt seines Lebens niemals ernst genommen hat und in bestimmten interessierten Kreisen, die die Politik bestimmen, bis heute nicht ernst nimmt.

Und trotz der unübersehbar fatalen Konsequenzen des enormen Auseinanderklaffens armer und reicher Lebensmöglichkeiten sowie Einflussnahmen auf die Politik: Der enormen Naturzerstörung allein für die Profiteure und der nach wie vor beschämenden Abhängigkeit der Menschen von weiterer Naturzerstörung um der sicheren Arbeitsplätze willen, glaubt linkes Denken bis heute an die Schaffenskraft der Arbeit als grundlegende Voraussetzung für das individuelle Wohl, die gesellschaftliche Entwicklung und die Entwicklung der technischen Produktivkraft als Heilsbringer für alle Menschen.

Aber diese Denke hat sich spätestens seit der wissenschaftlichen Evidenz des menschengemachten Klimawandels und des Artensterbens gigantischen Ausmaßes als absolut irreführend herausgestellt, nicht minder als der Liberalismus, von dem man seit Adam Smith im 18. Jh. annahm, dass er zur Wohlfahrt der ganzen Welt führen würde.

Liberalismus und Marxismus sind an den gleichen Grenzen gescheitert: Den Grenzen, die die Natur einem unbegrenzten Gewinnstreben und einer unbegrenzten Ausbeutung der Natur durch die Profiteure der Produktion und die gleichfalls nutznießenden Arbeiter setzt.

Heute meint linkes Denken immer noch, die ganze Menschheit mit einem gesteigerten Kampf um mehr soziale, d. h. materielle, Gerechtigkeit beglücken zu können, obwohl das ganze Systeme der Erzeugung von immer mehr materiellem Wohlstand längst auf den gigantischen Abgrund der Zerstörung der Biosphäre und damit einer beständigen Verknappung und damit Verteuerung des Lebensnotwendigen überhaupt hinausläuft.

Indem linkes Denken heute immer noch an materielle Fortschritte glaubt, die in Wirklichkeit nicht mehr zu erzielen sind, übersieht es die Risiken z. B. der weitergehenden Zerstörung von Ökosystemen für Infrastruktur, Rohstoffabbau (z. B. Sand und Lithium), Siedlungen, Landwirtschaft fast völlig. Denn eine Gesellschaft, die sich in ihrem Verbrauch extrem zurückfahren muss (auf die Hälfte wenigstens), um klimagerecht zu werden, kann eigentlich auch keinen Zuzug von Menschen akzeptieren, die an Deutschland nur das unbegrenzte Wachstum sehen und nicht das Leben jenseits aller vernünftigen natürlichen Maßstäbe. Letzteres müsste die Menschen wohl davon abhalten nach Deutschland zu flüchten – in ein Land, das seinen Verbrauch auf ein Maß zurückfahren muss, das ihm jegliche Attraktivität vor allem mangels Ressourcen nehmen müsste, die in den Ländern der Geflüchteten meist viel üppiger vorhanden wären.

Jedoch träumt das linke Denken immer noch von den Wundern, die viel Arbeit und moderne Technik auch dann noch zu bewirken vermögen, wenn aufgrund der Emissionen und Ökologieverluste das Gegenteil angesagt wäre: Die Bescheidung in die eigenen Ressourcen und in die Kraft der eigenen Ökosysteme, um auch in Zukunft noch ein gemäßigtes Klima, sauberes Wasser, genügend Sauerstoff usw. von der Natur zu bekommen.

Aber wie die Rechten, entwickeln sich auch die Linken, die bisher immer auf die Zentralität der sozialen Frage, d. h. einer gerechteren Verteilung des Mehrprodukts aus Arbeit gepocht hatten, zu einer zweigleisigen Denkrichtung, worin sie sich im Zweig des notwendigen Systemerhaltes mit den rechten Systemtheoretikern überlappen:
Wie viele Verteidiger der Systeme der Industriegesellschaften warnen Linke vor der De-Industrialisierung, vor Technik-Feindlichkeit, vor der Infragestellung des Wachstums. Das liegt in der Konsequenz von Marx, der in der Entwicklung des Gesellschaftlichen sowie der Produktivkräfte das Heil künftiger Gesellschaften als einem „Verein freier Assozienten" sah, die in ihrer allseitigen Entfaltung nicht mehr durch die bürgerlichen Eigentumsverhältnisse gefesselt sein würden – eine Utopie völlig an der Realität vorbei, in der der Mensch wirklich nur als selbstreflektierter Teil der Natur, die er schützt und fördert, wird überleben können.

Verglichen mit den Altvorderen im Neolithikum könnte man sagen, dass die Marxisten auf den gleichen Trugschluss hereingefallen sind: Erstere auf die Endlosigkeit der Gunstlage seitens der Biomassevorräte der ursprünglichen Natur nach der Eiszeit, infolge unbegrenzter Expansionsmöglichkeiten in unberührte Natur. Die Marxisten auf die menschliche Arbeit und die technische Rationalisierung als Quelle einer als unendlich steigerbar erscheinenden Entwicklung des menschlichen Erfindergeistes einerseits und andererseits einer Natur, die viele Geheimnisse bzw. Schätze birgt, die nur gehoben werden müssten. Dass in dieser Denkweise der Marxismus immer auch mit den Spekulanten auf den großen Gewinn übereinstimmte, wurde bis heute von den Linken kaum reflektiert. Dass sie sich damit aber zu den Spekulanten an der Börse ins gleiche Boot begeben haben, scheint ihnen bis heute völlig entgangen.

Rechts wie links haben ein grundlegendes Problem im Umgang mit den systemischen Naturgrundlagen des Lebens überhaupt:
Wie die Sesshaftgewordenen konzentrieren sie sich auf die unmittelbar und kurzfristig nützlichen stofflichen Bestandteile und energetischen Potentiale (Feuer und brennbares Material) der Natur, unter Missachtung ihrer Einbettung in komplexere Natursysteme und der Schadwirkungen von Entnahmen aus und Zufuhren von Fremdstoffen in diese Systeme.

Dass durch Zerstörung oder Schwächung dieser Systeme sich die natürlichen Lebensbedingungen der Menschen nicht nur auf dem bewohnten Gebiet, sondern regional und global zu ihrem Nachteil verschlechtern, zeigte sich nicht nur im Unfruchtbarwerden, Austrocknen bis hin zur Verwüstung großer Gebiete infolge Übernutzung in frühester Zeit, sondern in den vergangenen zweitausend Jahren und verstärkt auch im Zeitalter der Industrialisierung vor allem auch in Folge der Einführung der industriellen Landwirtschaft. So ist die historisch überlieferte Auflage fruchtbaren Bodens in den Great Plains der USA, während der letzten 100 Jahre Nutzung, durch Erosion und Abtrag von mehreren Metern auf heute wenige Zentimeter geschrumpft. Kaum minder dramatisch ist der Verlust fruchtbarer Böden in Europa, weswegen der Spielraum der konventionellen Lebensmittelerzeugung für chemiefreie Experimente immer geringer wird. Dieser Niedergang der natürlichen Bodenfruchtbarkeit bleibt nur im Dunkeln durch eine Agrarwissenschaft, die bestimmte Dinge nicht so genau wissen will. Sonst könnte man auf den Gedanken kommen, dass die von der Politik angestrengte Verbreitung der industriellen Landwirtschaft in Afrika allein den Zweck hat, die dortige natürliche Fruchtbarkeit abzuschöpfen, die bei den eigenen Böden am Boden liegt.

Die konzentrierte stoffliche und energetische Nutzung der Natur für rasch und unmittelbar erreichbare Verbesserungen der materiellen Lebensbedingungen (mehr Vorräte, sicherere Behausung, erhöhte Verteidigungsfähigkeit) entfachte also eine Art Teufelskreis aus rascher Bevölkerungsentwicklung, spezialisierter Fähigkeitsentwicklung und Entwicklung militärischer Fähigkeiten bei gleichzeitiger zunehmender Erschöpfung der eigenen Ressourcen, die letztlich zur Expansion zwang, welche durch die entwickelten Fähigkeiten der Gesellschaften erleichtert wurde.

- Auf diese Weise begründete die Sesshaftigkeit einen überaus engen systemischen Zusammenhang zwischen Natur-Überausbeutung – Vorratsvergrößerung – Bevölkerungswachstum – Expansion durch Handel und Krieg.
  - Die Rechten konzentrieren diesen Zusammenhang in einem evolutionär begründeten Überlebensinteresse eines Volkes, das sie zur Reservierung ihres an-

gestammten Territoriums für das eigene Volk ebenso legitimiert wie zum Überlebenskampf gegen andere Völker.

- Auch die Überausbeutung der Natur und die Bevölkerungsentwicklung werden, im Dienste evolutionärer Entwicklung mittels Überlebenskampf stehend, als unvermeidlich gesehen, ebenso wie die dadurch bewirkten Folgen für die Natur (z. B. Klimawandel und Artensterben), als natürlich aufgefasst werden.
- Die Linken konzentrieren diesen Zusammenhang im Vorzug der gesellschaftlichen Lebensweise der Menschen, also in ihren Gesellschaften, die ihnen durch Spezialisierung, also wissenschaftlich-technische Entwicklung eine immer größere Unabhängigkeit gegenüber Notzuständen, durch die Erlangung von Macht über die Natur und die Steigerung der Arbeitsproduktivität erlaubt. Das Verhältnis zur Natur wird ähnlich wie bei den Rechten als Verhältnis der Überlegenheit des Menschen über andere Arten aufgefasst, wobei den Gesellschaften als Ganze gegenüber den Individuen ein ähnlich übergeordneter Status eingeräumt wird, wie dem Volk bei den Rechten.
- Die rigorose stoffliche und energetische Nutzung der Natur wird ähnlich wie bei den Rechten im Dienste der Bevölkerungsentwicklung stehend legitimiert, ebenso wie die dadurch bewirkten Folgen für die Natur (z. B. Klimawandel und Artensterben) als unvermeidlich, also natürlich, aufgefasst werden. Die einzige bisher erkennbare Relativierung der Notwendigkeit dieser Naturausbeutung samt Auswirkungen erfolgt bei den Linken derzeit in Verbindung mit dem Kampf um eine gerechtere Eigentumsverteilung, die zunächst geschaffen werden müsse ehe die Naturausbeutung überwunden werden könne.
- Dass Klimawandel und Artensterben diese Zeit nicht mehr lassen, sondern eine baldige ökologische Transformation der Industriegesellschaften erfordern, zeugt für ein krasses Unverständnis auch der Linken für die ursächliche Verantwortung der bisherigen geschichtlichen Entwicklung der Gesellschaften für die Katastrophen unserer Zeit.

Abschließende Beurteilung der Rolle des Subjektes, der Gesellschaften und der linken wie rechten Ideologie bei der Transformation der Gesellschaften zu ökologieverträglichen Gemeinwesen:

(1) Beide ideologische Positionen werden ihren Einfluss solange behalten, solange die Basisproblematik, auf die sie sich beziehen, fortbesteht: Einerseits die Konkurrenz um Ressourcen und Überlebensvorteile zwischen Menschen und Völkern und andererseits die ungleiche Verteilung des Reichtums zwischen Unternehmern und Arbeitern und Industriegesellschaften und Nicht-Industriestaaten.

(2) Beide Positionen sind jedoch unfähig, ihre Basisproblematik, Ressourcenkampf und Ungleichverteilung, aufgrund der bestehenden Eigentumsgesetze und deren Nutznießer, im Zusammenhang mit der Naturnutzungsproblematik zu sehen und der durch

diese Problematik bestehenden Gefahr der Zerstörung der gesamten Biosphäre die gebührende politische Aufmerksamkeit zu verschaffen.

(3) Vielmehr stellen Klimawandel und Artensterben, als Folgen der Wachstumsgesellschaften, die beiden Denkweisen selbst in ihrem Verhältnis zur Natur infrage:
Rechtes wie linkes Denken missachten den Systemcharakter und die Eigenproduktivität der Natursysteme, die überindividuelle Komplexität der Biosphäre und deren inneren Strukturen und die damit verbundenen Rückwirkungen nicht nachhaltiger Nutzung auf lokale Ökosysteme, die Ökosystem-Strukturen, die natürlichen Stoffkreisläufe und die damit verbundene Verknappung und Verteuerung der natürlichen Ressourcen als unmittelbare natürliche Lebensgrundlage der Menschen. Sie verkennen das Ausmaß der physischen Betroffenheit der Menschen als Naturwesen durch die Zerstörung der Biosphäre.

(4) Die notwendige neue Denkweise stellt nicht den Menschen in den Mittelpunkt notwendiger Reproduktionsprozesse, sondern die Natursysteme und deren Ebenen, auf denen die Menschen jeweils Bestandteil der Natur sind und von ihren vielfältigen Leistungen profitieren, wenn denn die Ökosysteme erhalten werden. Im Verbrauch sollte die Nahrungssicherung, sprich Sicherung der Ökosysteme absoluten Vorrang haben vor allen anderen Bedürfnissen. Weitere Intensivierung industrieller Nahrungserzeugung mittels Chemie, Gentechnik und diversen anderen Techniken ist absolut kontraproduktiv, weil dadurch der Klimawandel und die Naturzerstörung noch mehr forciert werden, ohne wirklich noch mehr Erträge erzielen zu können.

(5) Die Rechte Denkweise hat aufgrund der Legitimierung des Überlebenskampfes der Völker als Mechanismus der Höherentwicklung der Arten gemäß Evolutionstheorie eine hohe Hürde in Richtung einer Anerkennung der Ökosysteme als natürliche Lebensgrundlagen auch der Menschen zu überwinden, da es als Determinanten der Individualentwicklung und Entwicklung eines Volkes nur angeborene und vererbbare physisch-genetischen Eigenschaft gelten lässt und jegliche Determination durch systemische Natur- und Gesellschaftsbedingungen bestreitet, auch wenn diese offensichtlich ist.
Entsprechend bestehen im Rechten Denken wenige Ansatzpunkte und Bereitschaften, die Komplexitätsbeschränktheit ihrer Sicht auf die Natur und die Beschränktheit der Naturnutzung auf unmittelbar nützliche Effekte zu reflektieren und mittelbare wie langfristige Schadensfolgen auch als Folgen ihres Denkens anzuerkennen.
Der für Rechtes Denken naheliegendste Ansatzpunkt könnte in der Einsicht bestehen, dass der Mensch mit seinen Antrieben und Bedürfnissen ein Naturwesen ist, das selbst als Individuum, vor allem in der Gegenwart, auf gute Naturbedingungen angewiesen ist und dem die abstrakten Interessen eines Volkes oder einer Gesellschaft, die nicht zur Erhaltung der Natursysteme beitragen, eher schaden.
In dieser Perspektive könnte sich Rechtes Denken als besonders sensibel erweisen für die Verteidigung des physisch-biologischen Menschen gegenüber den Experimenten der Gentechniker und Visionen der Transhumanisten.

(6) Linkes Denken setzt traditionell auf die gesellschaftliche Ebene, um mehr soziale Gerechtigkeit zu erlangen, womit zwei Illusionen verbunden sind, die es den Linken besonders schwer machen, den Einzelmenschen als Naturwesen und zugleich Subjekt in eigener Verantwortung wirklich ernst zu nehmen:
Die Illusion, dass Gesellschaften mehr in Richtung sozialer Gerechtigkeit umgesteuert werden könnten und nicht bereits von bestimmten Interessengruppen beherrscht werden. Und die Illusion, dass Gesellschaften mit ihren Institutionen eine höhere Leistungsfähigkeit und Kompetenz zur Regelung der menschlichen Belange haben als die durch den Befreiungsakt der Aufklärung zu souveränen mündigen Bürgern gewordenen Mitglieder der Gesellschaften selbst.
Wie aus der rekonstruierten Logik des Sesshaftwerdens ersichtlich wurde, liegt die Problematik sesshafter Gesellschaften weniger in ihrer inneren Hierarchie, die natürlich auch schon eine ungleiche Verteilung der erwirtschafteten Vorräte bedeutete, als vielmehr in ihrer doppelten Beschränktheit der Sicht auf die Natur und der Rationalität ihrer Nutzung. Infolge dieser grundlegenden Beschränktheit, in deren Folge die innere Hierarchie zur Durchsetzung der egoistischen Bestandsinteressen der Gesellschaften entstand und ausgebaut wurde, kann von diesen Gesellschaften auch eine soziale Transformation nur durch Änderung der Sicht auf Natur und Umwelt und durch die Änderung der Rationalität der Naturnutzung, zugunsten einer ökosystemischen Sicht und Rationalität, erwartet werden.

Die natürlichen Lebensgrundlagen sind das nicht zu hintergehende Dritte, das von den bisherigen Konkurrenten um Reichtum, den Besitzern von Produktionsmittel und den nur ihre Arbeitskraft Besitzenden, als gemeinsamer Wert anerkannt werden muss, um allen ein Überleben zu ermöglichen.

Somit erscheinen Klimawandel und Artensterben und viele weitere menschengemachte Verschlechterungen des Zustands der Biosphäre wirklich als eine Zeitenwende, nach der fast alle bisherigen Gewissheiten der Industriegesellschaften, vor allem jene auf unbegrenztes Wachstum ein für alle Mal passe sind und eine fundamentale Wende im Umgang mit der Natur, zugunsten der unbedingten Erhaltung und Förderung der Ökosysteme, verlangen.

Wer meint, die biosphärische Katastrophe ließe sich Wachstums-konform lösen, der hat sich längst von einer humanen Sicht auf die Welt verabschiedet, weil er dabei ist, mit seinen Illusionen ganz aktiv die Zukunftsaussichten nicht nur der kommenden Generation, sondern sogar der noch lebenden Generation zu zerstören.

10.7 „Wachstum" schädigt Klima und Ökologie und benötigt ein alternatives Modell von Entwicklung

Während aktuelle Berechnungen von Klimaforschern eine Erwärmung um 1,5 °C bereits im Jahre 2025 nahelegen, beschränkt sich die Politik auf eine Vorverlegung ihrer Klimaschutzziele, um dem Urteil des Bundesverfassungsgerichtes von 2021 gerecht zu werden. Danach muss die jetzige Generation viel mehr tun, um nicht den kommenden Generatio-

nen eine Zukunft von Katastrophen, Entbehrungen und diktatorischen Begrenzungen zu hinterlassen, weil bereits sie das bis zum Klimakollaps noch verfügbare CO_2-Budget (der Abstand bis zu einem Erreichen der 1,5 bis 2 °C Erderwärmung) verbraucht hat.
Dass die aktuelle Politik nicht nur völlig unfähig scheint, Maßnahmen für eine wirkliche Eindämmung der THG-Emissionen auf den Weg zu bringen, sondern auch gar nicht dazu gewillt ist, zeigt das Festhalten am Ziel, nach der Pandemie das frühere Wirtschaftswachstum wieder zu erreichen – so als ob Wirtschaftswachstum, wie in den vergangenen 70 Jahren gehabt, mit Klimaschutz, Artenschutz und Umweltschutz allgemein vereinbar wäre.

Tatsächlich gibt es diese Vorstellung der „Entkopplung" von mehr Wirtschaftsleistung bei weniger Umweltschäden durch mehr „Effizienz": Mittels neuer, umwelteffizienterer Technik sollen das Wachstum weiter fortgesetzt und zugleich die Schäden in der Natur verringert werden.

Eine solche Vorstellung können allerdings nur Leute haben, die sich bisher weder für die Bedeutung der eigenständigen Natur für das Leben auf Erden noch für die verhängnisvollen – ausbeuterischen, rationalitätsbeschränkten, kriegerischen – Grundlagen der Entwicklung der Gesellschaften seit dem Sesshaftwerden interessiert haben. Sie kennen nur den anthropozentrischen Standpunkt und die Natur als Vorratslager, selbst wenn die Natur in Gestalt des Klimawandels ihre zentrale sowie übergreifende Rolle auch für die menschliche Existenz unter Beweis stellt, und im Artensterben die vernichtenden Auswirkungen des Menschen auf die Biosphäre sowie in den anhaltenden Kriegen die unreflektierte Entwicklungsdynamik der Gesellschaften deutlich zutage treten.

Leute, die immer nur Technik bzw. Arbeitsmittel als Problemlöser sehen, kommen über die historisch geerbte, doppelt beschränkte Komplexität ihrer Umweltbetrachtung nicht hinaus und meinen immer noch, mit partiellen Natureingriffen und bornierter Zweckrationalität die systemischen Bedingungen und Auswirkungen ihrer Projekte ignorieren zu können.

„Wachstum" im Sinne einer Steigerung des Bruttosozialproduktes, oder, wie es heute heißt, des Bruttonationaleinkommens, ist der Fortschrittsbegriff, der den Mangel an systemischem Denken als Markenzeichen des Überlebensmodells der Sesshaftigkeit – neben dem Anthropozentrismus – am deutlichsten zeigt:

Im Wesentlichen umfasst das Bruttonationaleinkommen (BNE)

- den Wert aller Waren und Dienstleistungen, inflationsbereinigt, die in einer Rechnungsperiode (z. B. 1 Jahr) mit Hilfe von Produktionsfaktoren hergestellt werden, die sich im Besitz von Inländern befinden, also alle Einkommen, die von Inländern erwirtschaftet werden, egal wo erzielt (nach Wikipedia, Stand 18. Mai 2021),
    - darunter auch die Einkommen aus allen umweltschädlichen Maßnahmen, wie z. B. der Errichtung von Gewerbegebieten, Baugebieten, Straßen, Bergbau, Kohleabbau, Pestizideinsatz, ohne dass die Umweltschäden irgendwo monetär bewertet und gegengerechnet würden,

- darunter auch die Einkommen, die mit importierten, also im Ausland umweltschädlich erzeugten Rohstoffen erzielt werden,
- darunter auch Einkommen, die aus verlagerten Produktionen im Ausland erzielt werden,
- darunter auch Einkommen, die infolge von Unfällen, Konsum von Suchtmitteln und Kriminalität, auch Wirtschaftskriminalität entstehen.

Da sich das BNE nur auf Einkommen aus menschlicher Arbeit bezieht ignoriert es die enormen Leistungen der Ökologie (Gesamtheit der emergenten Ökosysteme), wie z. B. ihre hohe Biomasseproduktivität infolge der eigenständigen Fotosyntheseleistung der eigenständig wachsenden Pflanzen und die vielfältigen Lebenssicherungsleistungen der Ökosysteme, wie z. B. die Speicherung und Reinigung des Wassers.

Damit ignoriert es aber auch, was heute eine zentrale Bedeutung gewinnt: Nämlich die Verminderung dieser von der Ökologie eigenständig, quasi gratis erbrachten Reproduktionsleistungen, die der Mensch bisher wie selbstverständlich nutzte, durch die Störungen und Schäden, die der Mensch durch seine Arbeit bei der Nutzung und Verdrängung von Ökosystemen verursacht. Würden die negativen Folgen dieser Störungen, z. B. des Gleichgewichtes zwischen CO_2-Emission und CO_2-Resorption oder zwischen Nützlingen und Schädlingen oder die Folgen von Schäden wie z. B. der Beseitigung von Wälder oder fruchtbaren Bodens für das regionale Klima, die Artenvielfalt, den Wasserhaushalt und auch für die Fähigkeit zur Selbstversorgung einer Region, monetär bewertet, würde man schnell feststellen, dass viele Natureingriffe und -umgestaltungen die Leistungen aus der Eigenproduktivität der Ökosysteme viel stärker mindern, als dadurch mittels Arbeitsleistungen und Einkommen geschaffen wurde.

Da die Verfechter des Wachstums kein Interesse an Vergleichen zwischen dem Wert der verursachten ökologischen Schäden und dem Wert der Produkte haben, bei deren Produktion diese Schäden entstanden sind, gibt es bisher nur wenige solche Gegen-Rechnungen wie z. B. die Gegenüberstellung der Kosten für die Wasseraufbereitung und dem Wert der Nahrungsmittel, die mit wasserverschmutzendem Kunstdünger und Pestiziden erzeugt wurden:

Für Frankreich ergab die Gegenüberstellung 2011, dass die vollständige Herausreinigung der Nitrate und Pestizide 54 Mrd. EUR kosten würde, während die Wertschöpfung der französischen Landwirtschaft insgesamt nur knapp 30 Mrd. EUR (2011 Deutschland 17 Mrd. EUR) betrug (zit. nach F. z. Löwenstein, Es ist genug da. Für alle. München 2015, S. 122 f.).

Das Kuriose nun ist dies, dass im BNE nicht nur die 30 Mrd. EUR Nettoeinkommen der Landwirte positiv enthalten sind, sondern auch die von den Wasserwerken mit dem Verkauf von Wasser erzielten Einkommen, die sich natürlich um die in die Preise umgelegten Wasseraufbereitungskosten erhöht haben.

Indem somit in das BNE die Einkommen aus der Reparaturarbeit von ökologischen Schäden genauso positiv eingehen wie das Einkommen aus der Arbeit in der Naturnutzung, die diese Schäden verursacht hat, wird eine Gesellschaft scheinbar immer reicher, obwohl sie faktisch, wie das Beispiel der fast doppelt so hohen Schadenssumme der Wasserreinigung im Verhältnis zum Wert der bei der schädlichen Naturnutzung entstandenen Produkte zeigt, immer ärmer wird. Da der Schaden im Falle des Wassers tatsächlich irgendwie behoben werden und jemand dafür aufkommen muss, ohne dass zu viel Einkommen der Verbraucher dafür ausgegeben wird, was dann anderen Konsum einschränken würde, behelfen sich die Gesellschaften mit einem Trick: Sie reduzieren den Reparaturaufwand durch die Festsetzung von Grenzwerten, die mit einfacheren, weniger kostenintensiveren Verfahren einzuhalten sind. Tatsächlich mussten die Franzosen als Trinkwasserkunden im Jahr 2011 auf diese Weise nur 1,5 Mrd. EUR, das waren 10 % der Wasserrechnung, für die Wasseraufbereitung bezahlen (ebenda) – mit der Folge, dass der größte Teil der nur mit viel aufwendigeren Verfahren zu beseitigenden Verschmutzung im Wasser blieb.

Aus diesem Beispiel ist zunächst ersichtlich, dass im BNE

- der größte Teil der Naturschäden außen vor bleibt und
- die unvollständige Schadensreparatur genauso positiv als Einkommen enthalten ist wie das Einkommen aus der schadenverursachenden landwirtschaftlichen Arbeit.

Zusätzlich ist aber aus dem Beispiel zu ersehen, dass das BNE als Maßstab für Wachstum nur funktionieren kann, wenn die Einkommen aus der Schadensreparatur geringer sind als die Einkommen aus den der Natur abgetrotzten Produkte, weil nur dadurch das Einkommen der Konsumenten ausreichen kann, um beides zu bezahlen: die Produkte und die Schadensreparatur. Würde der tatsächliche Schaden behoben, hätte der französische Konsument zusätzlich zum Preis der Lebensmittel noch einen fast doppelt so hohen Preis für das Wasser zu bezahlen, was seine Möglichkeiten, Industrieprodukte zu kaufen, drastisch begrenzen würde. Da sich dann alle Produkte massiv verteuern würden, könnten allein die Kosten für eine konsequente Wasseraufbereitung ausreichen, um die Volkswirtschaft zum Kollabieren zu bringen, weil die positiven Einkommen aus den der Natur abgetrotzten Produkte geringer sind als die Einkommen aus einer vollständigen Schadensreparatur. Im BNE gäbe es zwar ein positives Wachstum, aber dieses müsste real mit Darlehen, also vorweggenommenen Einkommen der Zukunft finanziert werden: Das heißt, auch wenn ökologische Schäden repariert und als Einkommen positiv in das BNE eingehen, dürfen sie das Einkommen aus Produkten nicht übersteigen, weil zu hohe Schadenskosten volkswirtschaftlich nur mit Schulden zu finanzieren wären. Entsprechend stellt sich der Verzicht auf volle Schadensreparatur als bleibender physischer Schaden in Form verschlechterter Wasserqualität dar, also als Abfallbelastung der Natur.

Folglich werden in Industriegesellschaften ökologische Schäden nicht oder nur marginal repariert, ebenso wie dies bei ihren geschichtlichen Vorgängergesellschaften der Fall war: Der unmittelbare, kurzfristige Ertrag aus der Naturnutzung muss den dabei entstehenden Schaden an der Natur in seinen kurzfristigen negativen Konsequenzen für die Menschen überwiegen (Pestizide unterhalb gewisser Grenzwerte halten, wo sie nur langfristig zu Gesundheitsschäden führen), damit die Gesellschaften sich eine nicht genau vorherzusehende Zeit vor den Folgen der verursachten Naturschäden in Sicherheit wiegen können.

Diese Art von gesellschaftlicher Wohlfahrt basiert also auf Ignoranz oder Not-Reparaturen gegenüber einer Kumulation von ökologischen Schäden, die im Altertum zum Verlassen des Gebietes und/oder zur Expansion in frische Natur und bereits kultivierte Gebiete zwang, die geplündert werden konnten.
Das BNE als Summe oder in seiner Steigerung also sagt über die tatsächliche, faktische Wohlfahrt einer Gesellschaft überhaupt nichts aus, sondern nur darüber, ob die Einkommen, egal aus welcher Produktion, noch steigen oder fallen, egal aus welchem Grund, wobei steigende Einkommen nicht nur ein Indikator sind für steigende Zahlungs- und Konsumtionsfähigkeit, sondern auch für zunehmende Naturzerstörung. Aber Letzteres ist nur faktisch gegeben und nicht in den Zahlen des BNE enthalten bzw. daraus herauszulesen.

Ein „Wachstum" des BNE wird also immer Einkommen beinhalten,

- die mit der Zerstörung von Ökosystemen und der damit verbundenen Verminderung der Eigenproduktivität der Natur und folglich Öko-Produktivität einer Region einhergehen,
- die aus der Behebung von Schäden infolge umweltbelastender Emissionen, Unwettern, Extremwetter, von Unfällen und Suchtkrankheiten resultieren,
- die aus umweltschädlich und zumeist auch sozial schädlich erzeugten Rohstoffen im Ausland,
- die aus umweltschädlichen und zumeist auch sozial schädlichen Produktionsverlagerungen ins Ausland,

entstehen.

Demnach könnte eine Gesellschaft im Sinne des BNE – also einkommensmäßig – auch mit den wachsenden Schäden durch den Klimawandel wachsen, auch dann noch, wenn sie einen Großteil der Rohstoffe (einschließlich Nahrung) aus dem Ausland bezieht und das Gros der Produktion im Ausland, mittels Inländer, durchführen lässt. Dabei dürften Material- und Personenschäden im Land weiter zunehmen, falls sie für die Haushalte genügend Einkommen für den Konsum bereitstellen könnte (in 2018 immerhin 50,7 %, Staatskonsum 19,6 %, Anlageinvestitionen 20,8 %, Ausrüstungen 6,7 %, Bauten 10,4 %, u. a.).

Das bedeutet, dass Gesellschaften, die im Sinne des BNE wachsen, eigentlich ihre gesamte Natur zerstören und Selbstversorgungsfähigkeit verlieren könnten, wenn die Einkommen aus den Produktionsverlagerungen und Rohstoffen aus dem Ausland genügend hoch sind, dass damit die Bevölkerung – über den Staat – genügend Geld zur Versorgung mit dem Lebensnotwendigen bekommen kann.

Das ist letztlich die logische Konsequenz einer „Wachstums"-Vorstellung, die den Geldertrag aus Arbeit jedweder Art über alles stellt, ganz egal wie sehr die Arbeit die Natur schädigt und wo, von wem und wofür die Arbeit geleistet wird, wenn nur die dafür erforderlichen Mittel sich im Besitz von Inländern befinden.

Und die Pointe dabei ist, dass die Gesellschaften auch dann und sogar stärker noch im Sinne des BNE wachsen

- wenn das Wachstum aus der Bekämpfung der Schäden infolge Klimawandel, Umweltverschmutzung, Artensterben und
- aus der Kompensation abnehmender Produktivität der Ökosysteme einer Region und globalen Biosphäre resultiert,

weil der Wert der verursachten Schäden an der Ökologie, etwa zu ermitteln als Rückgang der Fotosyntheseleistung und folglich Biomasseproduktivität der Natur oder als Kosten für die Reparatur wie z. B. der Wasseraufbereitung oder als Kosten für Ersatzvornahmen, wenn z. B. Menschen, die Bestäubung übernehmen müssen, weil es keine Insekten mehr gibt, im BNE nicht als Verlust gewürdigt und abgezogen wird.

Dies wohl dürfte der Hauptgrund für die Ablehnung des Vorschlags für einen „Nationalen Wohlfahrtsindex (NWI)" im Rahmen der „Weiterentwicklung der deutschen Nachhaltigkeitsstrategie", durch die Regierungsparteien in der Bundestags-Enquetekommission „Wohlstand/Wachstum" 2012, gewesen sein.

Denn als wesentlichen Unterschied zum BNE hätte der NWI, der von den Hauptautoren H. Diefenbacher und R. Zieschank im Rahmen der Studie „Wohlfahrtsmessung in Deutschland – Ein Vorschlag für einen neuen Wohlfahrtsindex" aufgrund einer Zeitreihenrechnung zu Wohlfahrtsindikatoren erstellt wurde, eine Art Wohlfahrts-Bilanz ergeben: Ausgehend von den Einkommen und der unbezahlten Wertschöpfung durch Hausarbeit und Ehrenamt sowie der öffentlichen Ausgaben für Gesundheits- und Bildungswesen, werden zahlreiche Kostenfaktoren als Kosten z. B. aus Unfällen, Kriminalität, Sucht, Kompensationen für Wasserverschmutzung bis hin zu Kosten durch Verlust landwirtschaftlicher Nutzfläche, Schadenskosten aus dem Verbrauch fossiler Energie, Klimawandel und Atomenergienutzung, in Rechnung gestellt und vom Einkommen abgezogen.

Allein 9 der insgesamt 20 Einzelkomponenten des Wohlfahrtsindex tragen ökologischen Faktoren Rechnung und hätten so in Gestalt der Kosten von Naturverlusten, ökologischen Schäden und erforderlichen Ersatzvornahmen zu einer starken Verringerung der für den privaten Konsum tatsächlich verfügbaren Einkommen geführt.

Die zusammenfassende Verrechnung der positiven wie negativen Einkommenskomponenten in einer Summe, einem einzigen Indikator, wurde schließlich von den Regierungsparteien und der FDP zum Anlass genommen, um den vorgeschlagenen Wohlfahrtsindex, mit dem Argument der geringeren Aussagekraft von nur einem Indikator, abzulehnen.

Auch wenn sich die verschiedenen zu beachtenden Systembezüge am Ende zu einem Wert verrechnen ließen, so erscheint dennoch die im Vorschlag erfolgte Zusammenfassung zu einem Indikator weder i. H. auf die Komplexität des Sachverhaltes noch auf den notwendig spezifischen Informationsgehalt der einzelnen Systembezüge angemessen. Zudem könnten und müssten z. B. die Folgeschäden von Luftverschmutzung, Lärm, Verlust landwirtschaftlicher Nutzflächen auf den gleichen Zeitraum bezogen werden, in dem das Einkommen erwirtschaftet wurde, was mittel- bis langfristig zu erwartende Schadensfolgen, die heute durch präventive Gegenmaßnahmen wie beim Klimawandel zu verhindern sind, außen vor lässt.

Wichtiger als die Erstellung einer Gesamtbilanz der realen Wohlfahrt einer Gesellschaft erscheint, beim gegenwärtigen Stand der Konzeptentwicklung im Bereich der Erfassung der systemischen Folgen von Natureingriffen, die kategoriale Differenzierung dieser systemischen Folgen und ihre Gewichtung in einem mehrdimensionalen Rahmen der ökologischen Gegenrechnung von Minderungen der Einkommen durch unmittelbare/mittelbare kurz- bis langfristige Beschädigungen der Ökologie.

Wie der Klimawandel, als Folge der Störung oder Beschädigung des Ökosystems Biosphäre, als dem komplexesten Ökosystem der Erde, zeigt, tritt der derzeit größtmögliche Schaden für die Menschen dadurch auf, dass das oberste Ökosystem gestört wird, was infolge der Störung, sprich Erhitzung der Atmosphäre zu neuartigen Verteilungen und Intensitäten von Wetterereignissen führt, die allerdings durch niederrangige Ökosysteme mit verursacht sind. Zeitliche Verschiebungen oder der Ausfall von Regenzeiten resultieren aus dem Einfluss höherer Luft- und Wassertemperaturen im Bereich der Ozeane einerseits und den Landmassen andererseits, sodass sich der Monsunregen von Indien schon mal nach Mozambique verlagern kann und dort nicht nur nicht erwartet wird, sondern zu gravierenden Schäden in den fast erntereifen Feldern führt.

Es erscheinen letztlich die niederrangigeren Ökosysteme, vor allem die Wälder und natürlichen Grasländer (Savannen und Prärien), als ausschlaggebend für die Niederschlagsbildung und -verteilung, wenn auch, im Zuge des Klimawandels mit abnehmenden Einfluss auf die Verteilung, weil andererseits größere Temperaturgefälle auch stärkere Luftbewegungen, Stürme und Orkane bedingen.

Natürlich ist der globale Temperaturanstieg infolge Treibhauseffekt, hauptsächlich infolge der Verbrennung fossiler Brennstoffe, der gravierendste Eingriff in die Biosphäre und folglich naheliegendster Ansatzpunkt, um die Erderhitzung durch möglichst rasche Beendigung des fossilen Energiezeitalters zu begrenzen. Aber wie soll der Lockdown für die fossilen Brennstoffe realisiert werden, wenn nach wie vor Hunderttausende von Autos mit Ottomotoren die Fabriken verlassen und weltweit zahlreiche neue Förderstätten für Kohle und Erdöl geplant werden? Allein die genehmigte Laufzeit der vorhandenen Förderstätten dürfte ausreichen, um den CO_2-Gehalt der Luft auf eine Höhe zu bringen, woraus dann ein deutlich höherer Temperaturanstieg als 2 °C resultiert.

Weder auf der internationalen Bühne passen die laufenden CO_2-steigernden Realprozesse und Planungen zu den Klimaschutzversprechen noch im nationalen Kontext gibt es eine wirkliche Konsistenz der Schutzbestrebungen, vom Bereich der Realprozesse sprich Fossil-Energie-Verbräuche bis hin zu den Planungen von Investitionen, bei denen nach wie vor die Förderung fossiler Energien jene der erneubaren Energien bei Weitem überwiegen.

Es liegt also an der Eigenart der durch große Interessengruppen beeinflussbaren Politik dieser Industriegesellschaften, dass sie sich in der Realität, wie in ihren Bilanzierungen von

Fortschritt, tatsächlich verhalten wie Maschinen, die seit 200 Jahren keine andere Antriebsenergie kennen als Kohle und Öl und nach wie vor daran festhalten, um ihre dadurch exorbitant gewachsenen Bevölkerungen mit der gewohnten Nahrung und den wohlstandsgewohnten Kulturgütern versorgen zu können.

Das Festhalten an einer Ermittlungsweise des BNE, die ausschließlich positive Einkommen aus Arbeit beachtet und daher mit dem Anwachsen von Schäden auch infolge des Klimawandels zu einem Einkommenswachstum führt – wie infolge des Wirbelsturmes Katharina 2005 in den USA geschehen – ist ein deutliches Zeichen dafür, dass die federführenden Parteien und Interessengruppen Deutschlands lieber die Legende vom ewigen Wachstum aufrechtzuerhalten trachten, als sich mit der bereits deutlich erkennbaren Realität abnehmender Wohlfahrt infolge Umweltzerstörung und Folgekosten aus Umweltbelastungen zu befassen.

Anhaltendes Wachstum des BNE wird also offensichtlich von der Politik nicht nur als Zeichen für die positiv empfundene Normalität gedeutet, dass Wachstum auch in Zeiten sich zuspitzender Krisen und damit verbundener Sach-, Umwelt- und Personenschäden möglich ist, sondern vor allem auch als Instrument zur Aufrechterhaltung des Fortschrittsglaubens in der Bevölkerung missbraucht.

Dies entspricht voll dem historischen Entwicklungsgang der Gesellschaften, nicht etwa ihre problematische innere Dynamik aus Intensivierung der Naturausbeutung und Bevölkerungswachstum zu reflektieren, sondern dieser, aus doppelt beschränkter Rationalität resultierenden Dynamik weiter Folge zu leisten und auf Expansion in bisher verschonte Natur und Rohstoff-Gebiete mittels Handel und notfalls auch mittels Krieg zu setzen.
Dass derzeit vor allem die Partei Die Grünen, die den Klimawandel besonders ernst zu nehmen vorgibt, zu den militantesten, rüstungsfreundlichsten und außenpolitisch aggressivsten Kräften in Deutschland gehört, macht in frappierender Weise anschaulich, wie sehr sich diese innere Dynamik der Gesellschaften gegenüber den Bedürfnissen aufgeklärter Subjekte und den modernen Möglichkeiten der wissenschaftlich fundierten Selbstreflexion verselbstständigt hat. Der Hauptgrund für diese Unfähigkeit, aus der Geschichte zu lernen, ist das Festhalten am anthropozentrischen Weltbild und der darin vor allem enthaltenen vermeintlichen technischen Überlegenheit über die Natur und kulturellen Überlegenheit gegenüber anderen Völkern, woraus gewisse Vorrechte abgeleitet werden.
Wo der Klimawandel und die Klimaschutzabkommen auf der ganzen Linie Gleichheit und Kooperation zwischen den Völkern nahelegen, fährt ausgerechnet die grüne Partei, die an die Macht will, einen Kurs der Konfrontation mit anderen Völkern und schließlich wohl auch mit der Natur, um die ehrgeizigen, rohstoffintensiven technischen Alternativen, wie z. B. das Elektroauto – ohne Mobilitätsabstriche für die Menschen – verwirklichen zu können.

Wenn das BNE und sein „Wachstum“ Ausdruck des dynamisch-expansionistischen Überlebensmodells der Gesellschaften sind, wie müsste dann die moderne ökologisch sensible Gegenbilanzierung aussehen, um mehr Selbstreflexion und daraus folgende Umsteuerung gesellschaftlicher Rahmenbedingungen und Entwicklung anzuregen? Dazu bedarf es zunächst der Formulierung eines Alternativkonzeptes von Entwicklung und entsprechend klarer Ziele der Umsteuerung.

Gesellschaften im Entwicklungsmodus des in seiner Komplexität der Umweltwahrnehmung doppelt beschränkten Überlebensmodell der Sesshaftigkeit benötigen Expansion in frische Natur und auszubeutende fremde Gebiete, weil sie mit den Möglichkeiten ihres eigenen Gebietes die gewachsenen Bedürfnisse einer gewachsenen Bevölkerung nicht (mehr) befriedigen können.

Der Hauptgrund für das Wachsen der Bevölkerung liegt in den gestiegenen Vorräten, folglich in der gestiegenen Ernährungssicherheit und allgemeinen Lebensvorsorge für die Angehörigen bestimmter Gesellschaften, was an sich ein begrüßenswerter Zustand ist.

Der Hauptgrund für den Zwang zur Expansion liegt im absoluten Rückgang der Produktivität der Ökologie des eigenen Gebietes infolge Übernutzung und/oder in knapper werdenden eigenen Rohstoffquellen, die eine Aufrechterhaltung oder Ausweitung handwerklich-industrieller Produktionsprozesse behindern.

Das Gegenkonzept zur Vermeidung des Expansionszwanges kann also nur in der Aktivierung folgender Faktoren bestehen:

- In einer bewussteren Bevölkerungspolitik im Sinne einer starken Aufwertung individueller Entfaltungschancen als Natur-Kultursubjekte und entsprechend zu garantierender individueller Ressourcen.
- In Kombination mit einer Sicherstellung der Nahrungsproduktivität der Ökologie auch im Zuge ihrer stärkeren Nutzung und Förderung.
- In Kombination mit einem sparsameren Rohstoffverbrauch einschließlich Wiederverwertung aus verschlissenen Produkten (Kreislaufwirtschaft).
- In Kombination mit einem an verfügbare dezentrale Energiequellen angepassten Energieverbrauch.
- Orientiert am Ziel eines (langsamen) Wachstums der Gesellschaften im Einklang mit ihren eigenen natürlichen und stofflichen Lebensgrundlagen.

Die vorliegende Arbeit befasst sich mit dem 2. Punkt, der Ökologie, weil diese nicht nur, wie sich heute zeigt, fundamental ist für die Ernährung und das gedeihliche Überleben der Gesellschaften überhaupt, sondern in dieser ihrer fundamentalen Rolle vor allem seit Beginn der Industrialisierung massiv bekämpft wird als umfassende Größe, die man aufgrund von Wachstumsbedürfnissen partout nicht beachten möchte.

Wie die folgende Datenübersicht zeigt, hat der Übergang zur Nutzung fossiler Energie zu einer unglaublichen Beschleunigung und Ausweitung nicht nur der industriellen Entwicklung, sondern vor allem zu einem Ausmaß globaler Bevölkerungsentwicklung geführt, das wohl kaum nur mit einem Ersatz durch alternative Energiequellen in klima- und naturverträgliche Bahnen gebracht werden kann, wie sich dies die Apologeten des Wachstums vorstellen.

Daten zum Bevölkerungswachstum seit der letzten Eiszeit bis heute:

- Anstieg der Weltbevölkerung seit dem Sesshaftwerden vor 10.000 Jahren bis Christi Geburt auf ca. 300 Mio. Menschen,
- Anstieg von Christi Geburt bis 1800, dem Beginn des fossilen Zeitalters um 700 Mio. auf ca. 1 Mrd. Menschen,
- Anstieg von 1800 bis heute um 7 Mrd. auf ca. 8 Mrd. Menschen.

In den 220 Jahren fossiler Energienutzung stieg die Bevölkerung also um ca. 7 Mrd. Menschen (für 2023 werden 8 Mrd. erwartet), dem 8-Fachen des Standes vor dem fossilen Zeitalter, wobei der Anstieg allein in den letzten 5 × 10 Jahren jeweils 1 Mrd. /10 Jahre betrug.

Zweifellos war die fossile Energie vermöge der Industrialisierung maßgeblich für die Verbesserung der Ernährungslage, der Gesundheitsvorsorge und Erhöhung der Lebenserwartung. Aber sie hat auf den in den Gesellschaften schon enthaltenen Rationalitätsbeschränkungen aufgebaut:

- Auf der Ausklammerung der globalen natursystemischen Wirkungen stationärer Gesellschaften, wie sie von den Umweltwissenschaftlern des 19. Jh. u. a. von A. v. Humboldt am Beispiel der Folgen von Abholzungen der Kolonisatoren in Venezuela bereits aufgezeigt wurden.
- Auf der Reduktion des Wachstums von Pflanzen auf einfache, linear-kausale Zusammenhänge und Zweckverfolgungen ohne Beachtung der komplexen ökosystemischen Grundlagen dieses Wachsens und nachteiligen Wirkungen z. B. von Kunstdünger und anderer Chemie auf die Ökosysteme des Bodens, der bodennahen Flora und Fauna und Naturlandschaften.
- Auf der daraus folgenden Unfähigkeit der Gesellschaften, ihre Entwicklungsdynamik als Folge mangelnder ökosystemischer Rationalität und Ursache für die immer globaler werdenden Kriege zu reflektieren: Im Gegenteil haben sich die Gesellschaften mit einer Delegation der Rationalität ihres Überlebens an die Brachial-Gesetze der natürlichen Evolution, Höherentwicklung infolge Überlebenskampf und Auslese beholfen, um ihren Expansionismus zu rechtfertigen.
- Da diese Vorstellung von Evolution bis heute unangefochten den Wissenschaftsbetrieb beherrscht, obwohl sie dem Menschen die Fähigkeit zu einer höheren Vernunft auf der Grundlage wissenschaftlichen Tatsachenwissens und Handlungsalternativen abspricht, sind Formen der Krisenbewältigung, wie sie die 1. Hälfte des 20. Jh. prägten, längst nicht überwunden. In modernerer Gestalt sind herrschafts- und kampfbetonte Denkformen wieder eine Option wie in der allgemeinen Aufrüstungstendenz und in der Befürwortung der völlig unwissenschaftlichen, antiökologischen Gentechnik sowie mechanistisch-materialistisch orientierten Gehirnforschung als Fortschrittshoffnungen deutlich zu erkennen ist.

Wenn es heute die Treibhausgase und der dadurch verursachte Klimawandel sind, die besonders die Abkehr von fossiler Energie als dringlich erscheinen lassen, dann dürfte diese

Abkehr wohl keinesfalls ausreichen, um das Verhältnis zur Ökosphäre und ihren vielfältigen Ökosystemen in ein Fahrwasser des guten Auskommens und sicheren Überlebens miteinander bringen zu können:
Fast 8 Mrd. Menschen müssen nun bald ohne die auf fossiler Energie basierten vielfältigen Kraftverstärker ernährt, bewegt, bekleidet, behaust, gesundheitsversorgt usw. werden. Viele Konsumartikel aus Plastik oder mit Plastik, also aus Erdöl, werden ebenso wenig voll zu ersetzen sein wie das eigene Auto.
Je schneller die Gesellschaften begreifen, dass man auf viele Konsumartikel und gewohnte Mobilität mit Gewinn verzichten und dadurch die zum Lebensunterhalt wirklich erforderliche Arbeitszeit drastisch reduzieren kann, desto besser stehen die Chancen für eine Aussöhnung mit der Natur als unser aller Lebensgrundlage. Wird nur die fossile Energie ersetzt, dann geht es nur um neue Techniken der Energieerzeugung und -nutzung, die wiederum neue Rohstoffe in neuen Naturgebieten, also fortgesetzte Naturzerstörung bedeuten.

Die Kardinalfrage aber wird tatsächlich die Ernährungsfrage werden, weil zureichende Nahrungsmengen dann ohne Kunstdünger und Pestizide nur mit stark vermindertem Nutztierbestand auf agrarökologische Weise, also auf ökologischer Basis zu erzeugen sein werden. Oder hofft die Hochertragslandwirtschaft auf eine Ausnahmeregel, die ihr die Kunstdünger und Pestizide erhält, auch wenn die anderen Branchen schon klimaneutral arbeiten? Oder hofft man etwa auf gentechnische Wunderpflanzen, die auf ausgelaugten Böden auch ohne Chemie noch Hocherträge bringen?

Nein, ein Ersatz für fossile Energie im ganzen Umfang ihres Einsatzspektrums wird sich ebenso wenig finden lassen, wie er die Grundprobleme dieser doppelt rationalitätsbeschränkten, naturfeindlichen und expansiven Gesellschaften lösen wird.

Je schneller die Gesellschaften begreifen, dass sie seit Jahrtausenden auf das falsche Pferd gesetzt haben, nämlich auf ihre hohe Arbeitsleistung, die sie bis heute knechtet, und auf Kraftverstärker wie die fossile Energie, die ihnen nun in Gestalt von Orkanen und unkalkulierbaren Wetterverhältnissen um die Ohren fliegen, desto humaner wird die Transformation der Gesellschaften hin zu nachhaltiger Naturverträglichkeit vonstatten gehen: Denn die Menschen hier in Europa sind zu großen Teilen viel weiter als die Politiker – sie wünschen sich eine intakte Natur als jenen Partner, auf den kein Mensch als Natur-Kulturwesen verzichten kann und will.

Also scheint die Konzentration auf den ökologischen Aspekt zwar selektiv, jedoch hilfreich, um den Gordischen Knoten aus geschichtlicher Disposition und modernem Doping mittels fossiler Energie in eine Richtung aufzulösen, die dem unreflektierten Wachstum mittels einer ökosystemischen Gegenrechnung eine neue Richtung geben kann.

In einem Alternativkonzept zu dem vonseiten der Gesellschaften selbst unreflektierten und dementsprechend ungehemmten Wachstum seit Jahrtausenden bis heute scheinen in ökologischer Hinsicht folgende Aspekte zentral:

(1) Die Erhaltung und die Rekultivierung von Ökosystemen sollte wegen ihrer hohen Eigenleistung hinsichtlich Biomasseproduktivität und Lebenssicherungsleistungen oberste Priorität bekommen, um unmittelbar und schnell einen positiven Einfluss auf die Artenvielfalt und das natürliche Potential zur Resorption der Treibhausgase zu erreichen. Entsprechend negativ zu werten ist die Störung, Schwächung, Zerstörung intakter Ökosysteme bzw. wichtig sind Maßnahmen zu ihrer Erhaltung.

(2) Die unmittelbar, mittelbar, kurz- und langfristig negativen Folgen von Veränderungen von Ökosystemen müssen differenziert und systemisch analysiert werden, um sie bei der „Umweltverträglichkeitsprüfung" von geplanten Eingriffen (Baugebieten usf.) überhaupt beachten zu können. Die Option des ökologischen Ausgleichs muss zugunsten des Erhalts der ökologischen Grundfunktionen auch z. B. in Baugebieten entfallen, weil es diesen Ausgleich außerhalb der transformierten Gebiete letztlich nicht gibt. Es muss das Prinzip gelten, dass dort, wo Ökologie verändert wird, sie auch zu erhalten ist, z. B. in Form alternativer Ökosysteme mit vergleichbarer Produktivität und Lebenssicherungsleistung. Entsprechend sind z. B. in Bebauungsplänen angemessene Maßnahmen für den Erhalt der Ökologie eines Gebietes vorzusehen.

(3) In einem ökosystemischen, also letztlich auch globalsystemischen Kontext haben lokale Umwandlungen von fruchtbarem Boden in Bauland immer überregionale bis globale Auswirkungen, weil der damit verbundene Ausfall von Produktion andernorts kompensiert werden muss durch Landnutzungsänderungen oder Produktionssteigerungen. Zwar erfolgt dies nicht entlang einer strengen Mechanik, aber doch innerhalb gewisser Quanten, die man nicht umgehen kann, ohne eine tendenzielle Abnahme der Nahrungsvorräte für Mensch und Tier durch Baugebiete auf fruchtbarem Boden zu riskieren.
Diese infolge Landnutzungsänderungen in Richtung Versiegelung anfallenden Produktionsverlagerungen haben Auswirkungen auf allen Ebenen des Marktes und sind bisher noch überhaupt kein Thema bei der Beurteilung von Bebauungsplänen. Volkswirtschaften und der ökologische Fußabdruck ihrer Bevölkerung werden durch Bebauung fruchtbarer Böden in Abhängigkeiten gezwungen, die bisher noch überhaupt nicht Gegenstand einer – ökologischen – Bilanzierung des Wachstums des BNE sind.

(4) Aber auch die Ausverlagerungen von Produktionen, die in Form des Gewinnes daraus im BNE positiv zu Buche schlagen, haben in einer ökologischen wie im Übrigen auch sozialen Bilanzierung ihre Schattenseiten: Ausverlagerung bedeutet: Öko- und Klimaschäden der Produktion werden dem Ausland zugerechnet, während die Gewinne daraus das einheimische BNE positiv beeinflusst. Ähnlich negativ sieht die Sozialbilanz aus: Man nutzt das Lohngefälle für Gewinnsteigerungen ohne dem Gastgeberland die ihm zustehende Entwicklungsförderung zu gewähren.

Diese vier Aspekte erscheinen uns zur ökologischen Ergänzung der einkommensfundierten Gesamtrechnungen unerlässlich:

- Erhalt aller Ökosysteme ist wirkungsvollste Maßnahme gegen den Klimawandel und das Artensterben. Es bedarf einer Bestandsaufnahme und Bilanzierung der Leistungen aller Ökosysteme in Deutschland.
- Der Verlust der vielfältigen Eigenproduktivität von Ökosystemen durch ihre Zerstörung entfacht vielfältige systemische Negativwirkungen, die in Zukunft viel stärker zu beachten sind als etwa nur der Verlust einzelner Arten.
- Jede Ökosystem-Umwandlung hat systemisch-komplexe lokale bis globale Negativ-Wirkungen in vielerlei Hinsicht: Auch die Wirkungen auf das Ausland müssen in die Ökobilanzierung des BNE einbezogen werden.
- Produktionsauslagerungen verschlechtern die Ökobilanz des BNE erheblich, stellen sich im BNE bisher aber nur positiv dar: Ihre ökologischen Wirkungen im Ausland sind z. T. katastrophal und bedürfen dringend einer Beachtung in der Ökobilanzierung des BNE.

Angebracht ist also eine ökologische Gegenbilanzierung des BNE, die an der Eigenproduktivität der vorhandenen Ökosysteme ansetzt und den Verlust von Ökosystemen (Biomasse und Lebenssicherungsleistungen) nicht nur artenbezogen, sondern vor allem auch produktivitätsbezogen quantifiziert, was z. B. die Einbußen im Bereich der Fotosyntheseleistungen, CO_2-Resorption, C-Einlagerung, Ernährungsproduktivität, Wasserhaltekraft und Kühlwirkung umfasst. Die Interaktion der Gesellschaften miteinander im öko-, also global-systemischen Kontext muss sich künftig auch in den nationalen Öko-Bilanzierungen niederschlagen, was verlangt, dass sowohl die Produktionsverlagerungen aufgrund von Landnutzungsänderungen hierzulande wie auch die bereits erfolgten Produktionsverlagerungen ins Ausland in ihren Rückwirkungen auf die Ökobilanz hierzulande beachtet werden.

Im folgenden werden die vier Aspekte ein Stück weit operationalisiert und exemplarisch illustriert:

Ad(1) <u>Bestandsaufnahme und Bilanzierung der Leistungen aller Ökosysteme in Deutschland</u> um die schädlichen Auswirkungen von Eingriffen auf das Klima und die Artenvielfalt überhaupt ermitteln und im ganzen bilanzieren zu können.

Das Ansinnen scheint nur beim ersten Blick unrealistisch: Denn tatsächlich gibt es eine Erfassung der Ökologie Deutschlands bereits in groben Zügen:

- Einerseits die Großlandschaften bis hinunter zu Flächenkategorien in den einzelnen Kommunen, über die auch die unterschiedlichen Ökosysteme in einer Gemeinde flächenmäßig differenziert erfasst werden können: Flusslandschaften, -auen, Nutzwälder, Wiesen, Ackerflächen, Feldgehölze, Feuchtgebiete usf..
- Andererseits die Biotopkartierungen in denen auch Mikro-Ökosysteme und deren Zustand erfasst ist.

Was fehlt, ist eine differenzierte Bewertung der Ökosysteme, multipliziert mit ihrer Flächengröße hinsichtlich folgender Ökosystemleistungen:

- ihrer jährlichen Fotosyntheseleistung, also CO_2-Aufnahme und Sauerstoffabgabe,
- ihrer Biomasseproduktivität (des jährlichen Zuwachses an in Pflanzen gebundenem Kohlenstoff), der sog. Nettoprimärproduktion (NPP),
- ihrer Lebenssicherungsleistungen, insbesondere
  - Abbau und Verwandlung organischen Materials in Humus,
  - Speicherung und Reinigung von Wasser,
  - Speicherung von Nährstoffen,
  - Speicherung von Kohlenstoff u. a.,
- ihrer Bedeutung für die Artenvielfalt und
- ihrer Bedeutung für die Verdunstung, Regenbildung und Kühlung in einer Gegend.

Im Ganzen könnten daraus für jede Gemeinde, für Regionen bis hinauf zum ganzen Land ökosystemische Bilanzierungen, ausgefächert in mehrere wichtige Kennziffern ermittelt werden. Für die Systemleistungen könnte es flächenbezogene Kennzahlen geben, die lediglich mit der Fläche und dem Alter/Gütezustand zu multiplizieren wären.

Auf dieser Grundlage wären dann Planungen von Straßen, Baugebieten usf. hinsichtlich ihrer voraussichtlichen Eingriffe in die Ökosysteme und die daraus folgenden Schäden in Form von Minderungen der Leistungen der Ökosysteme und deren Folgen für eine Gegend, die Region usf., differenziert abzuschätzen.

Aufgrund der angespannten Klima- und Artenschutzlage ist absehbar, dass z. B. neue Straßenbauten unter allen Umständen wegen der Schwächung der Ökologie zu verhindern wären, weil ja andererseits der Verkehr mit der Bahn auch deshalb zu forcieren wäre, weil die damit verbundenen Eingriffe in die Ökologie mit Sicherheit sehr viel geringer ausfallen, als bei neuen Straßen.

In Bezug auf die genannten Ökosystemleistungen potente Ökosysteme einer Gegend oder für eine ganze Region müssten absolut vor jedem Eingriff geschützt werden, was vor allem auch für landwirtschaftlich genutzte Wiesen und Ackerflächen gelten kann, wenn diese z. B. für die Artenvielfalt, aber auch für die Selbstversorgung und/oder die Erhaltung einer kleinbäuerlichen Sozialstruktur einer Region von besonderer Bedeutung sind.

Ad(2) Der Verlust der vielfältigen Eigenproduktivität von Ökosystemen durch deren Zerstörung entfacht vielfältige systemische Negativwirkungen, die in Zukunft viel stärker zu beachten sind als etwa nur der Verlust einzelner Arten.

Wird z. B. ein Acker in ein Baugebiet verwandelt, wie dies derzeit vermutlich fast in allen Gemeinden und Städten in Deutschland passiert, also in einer Größenordnung, wie es dies vermutlich nur im Hochmittelalter gegeben hat, in dem fast alle deutschen Städte entstan-

den sind und noch viel mehr Dörfer, die heute gar nicht mehr alle existieren, dann muss man wissen, dass damals die Bewaldung in deutschen Landen auf 10 % zurückging.
Die Auswirkungen des heutigen Flächenfraßes von aktuell 10,8 ha pro Tag in Bayern (Stand 2019), also von rund 39 km^2 pro Jahr infolge Umwandlung in Siedlungs- und Verkehrsfläche (amtliche Daten) mögen sich durchaus in den Rahmen der wachsenden und weichenden landwirtschaftlichen Betriebe einfügen. Aber sie gehen, aufgrund ihrer systemischen Wirkungen weit über den lokalen Horizont hinaus:

- Zunächst einmal wird fruchtbarer Boden zerstört, der über Jahrtausende und Jahrhunderte von Vorgänger-Generationen kultiviert und aufgebaut wurde. Wer schon einmal versucht hat, auf einem künstlich aufgeschütteten Garten Kulturen hochzubringen, wird wissen, was den Unterschied ausmacht: die gewachsene Belebtheit, die im Kunstboden nicht mehr gegeben ist, auch wenn das Material dasselbe und vielleicht sogar Humus dabei ist.
- Dieser Verlust fruchtbaren Bodens, wirkt sich mehrfach negativ auf die Ökologie der Gegend aus:
    - Die Biomasseproduktivität der Gegend sinkt um die Produktivität der betroffenen Fläche, d. h. es sinkt die Fotosyntheseleistung, die produzierte Biomasse, der Verbrauch von CO_2 und die Produktion von Sauerstoff.
    - Die Lebenssicherungsleistungen, vor allem die großflächige Wasserspeicherung und Verdunstungs- und Kühlwirkung angebauter Pflanzen werden um die Leistungen der Flächen reduziert, was z. B. zur langfristigen Austrocknung einer Gegend beiträgt.
    - Falls Niederschlagswasser nicht aufgefangen wird, verschwindet es im Umfang der versiegelten Fläche in der Kanalisation in Richtung Vorfluter, hier in Oberbayern in Richtung Schwarzes Meer, wie auch die geklärten Abwässer.
- Hinzu kommt der Verlust der Produktionsfläche für Nahrung, die nun nicht mehr in der Gegend erzeugt wird, sondern woanders herkommen muss und zwar entweder von inländischen Landnutzungsänderungen, wie z. B. der Umwandlung von Grünland in Ackerland, oder aus dem Ausland und dort stattfindenden Landnutzungsänderungen. Letztlich führt die Bebauung von Ackerland immer zu mehr Importen und Landnutzungsänderungen im Ausland, weil die Umwandlung von inländischem Grünland, bei unverändertem Tierbestand, Kompensationen im Ausland erfordert.
- Zur Verringerung der Selbstversorgung mit Nahrungsmitteln hinzu kommt die Schwächung der Existenzfähigkeit der einheimischen Landwirtschaftsbetriebe, konkret der unmittelbar betroffenen Betriebe, die zwar aufgrund Grundverkauf mehr Geld zur Verfügung haben, jedoch auf längere Sicht Schwierigkeiten bekommen, als landwirtschaftliche Betriebe wegen fehlenden Flächen zu überleben.
- Je mehr also einheimischer, fruchtbarer Boden zweckentfremdet wird, desto mehr wächst die Abhängigkeit von überregionalen Nahrungszufuhren, also letztlich von

der Fremdversorgung mit Lebensmitteln. Dieser Effekt mag auf lokaler Ebene mit Baugebieten von wenigen Hektaren zunächst gering aussehen, aber über alle Gemeinden und mehrere Jahre hinweggesehen, haben wir es tatsächlich mit erheblichen Verlusten an Produktionskraft zur Selbstversorgung zu tun.

- Verlust von Acker bedeutet Verlust von Bodenleben und Bodenfruchtbarkeit und dementsprechender Artenvielfalt. Beim Bau auf der grünen Wiese steigt dieser Verlust noch beträchtlich um den Verlust des bodennahen Ökosystems mit vielfältiger Flora und Fauna, die u. U. schon regional einzigartig sein kann, wie man z. B. in manchen Gegenden aus der angestrengten Suche zahlreicher Hasenhalter nach frischen Wiesenkräutern als Futter für ihre Tiere erkennen kann: Originales Grünland mit vielen typischen Kräutern – vom Löwenzahn über die Schafgarbe bis zur Lichtnelke, vom Spitzwegerich über den Wiesenrotklee bis zum kleinen Wiesenknopf – ist heute in Südbayern eine Rarität, sodass die armen Freunde der lieben Hasen mittlerweile kilometerweit fahren müssen, um ihre Lieblinge zufriedenstellen zu können – ganz abgesehen von den Insekten und in der Folge, den Vögeln, die für ihre Jungen sich Futter an den Futterhäuschen holen oder gleich dort füttern, wie immer häufiger zu beobachten ist.

Werden Häuser oder Straßen gebaut, bedeutet dies Einkommen für die beteiligten Firmen und Arbeiter, für die Hersteller der verwendeten Materialien, für die den Grund zu Verfügung stellenden Grundbesitzer und noch einige andere beteiligte Personengruppen, was sich zweifellos positiv im BNE niederschlägt.

Was sich im BNE nicht ausdrückt sind die negativen Wirkungen des Flächenfraßes auf die Ökologie nicht nur vor Ort und auf die Fähigkeit zur Selbstversorgung:

- Verlust fruchtbaren Bodens,
- Sinkende Fotosyntheseleistung einer Gegend,
- sinkende Wasserspeicherung,
- sinkende Verdunstungs- und Kühlleistung,
- effektiver Verlust von Niederschlagswasser der Gegend,
- Verlust und folglich Verlagerung von Produktionsflächen von Nahrung ins Ausland,
- Reduktion der Selbstversorgungsfähigkeit einer Gegend,
- wachsende Abhängigkeit von überregionaler Fremdversorgung mit Lebensmitteln,
- vor allem bei Grünland und Ökoflächen: Verlust von seltener Artenvielfalt,
- Landnutzungsänderungen im Ausland,
- zusätzliche CO_2-Emissionen infolge Landnutzungsänderungen.

Diese billigend in Kauf genommenen lokalen bis globalen ökologischen Negativwirkungen dieser Politik der Besiedelung fruchtbarer Acker- und Wiesenflächen kann also in puncto Ökologie nur als blind und verhängnisvoll, orientiert an kurzfristigen Interessen der nützlichen Geldanlage, bezeichnet werden. Würde man es ernst meinen mit einem Wandel hin zu mehr Nachhaltigkeit, müssten der Neubau von Straßen und vor allem Industriebauten auf der grünen Wiese gänzlich verboten und eine Ansiedlung auf aufgelassenen Industrieflächen vorgeschrieben werden.

Ad (3) **Jede Ökosystem-Umwandlung hat systemisch-komplexe, auch globale Negativ-Wirkungen in vielerlei Hinsicht. Auch die Wirkungen auf das Ausland müssen in die Ökobilanzierung des BNE einbezogen werden.**

Notwendige Produktionsverlagerungen ins Ausland wurden bisher, wegen geringerer Erträge, vor allem gegen den Ökolandbau vorgebracht, um ihn als Generallösung für die Klima- und Artenkrise für untauglich zu erklären. Jedoch können dem Ökolandbau solche Verlagerungen infolge geringerer Erträge nicht nachgewiesen werden, da der Ökolandbau infolge des viel geringeren Tierbesatzes eine höhere Ernährungsproduktivität aufweist als der konventionelle Sektor, in dem die Verlagerung qua Soja-Import einen Großteil der Futter-Produktion ausmacht.

Kaum jemand hat bisher den Flächenfraß für die Abholzung des Amazonasurwaldes verantwortlich gemacht, obwohl er auch Produktionsverlagerungen und Landnutzungsänderungen im Ausland verursacht, weil die verminderte Produktion durch Importe ausgeglichen werden muss:

Indem heute jedes Jahr in Bayern ca. 4000 ha landwirtschaftlicher Nutzfläche als Baugebiete und Straßen endgültig und vollständig der Nahrungsmittelproduktion entzogen werden, kann dieser Verlust nur durch Importe von Nahrungsmitteln ausgeglichen werden, wenn der Speiseplan der Konsumenten der gleiche bleibt. Würden die Verbraucher im gleichen Umfang, also auf 4000 ha für Tierfutter verzichten, weil sie z. B. in ganz Bayern weniger Rindfleisch essen und Milch trinken (Reduktionsfaktor von Rind auf Gemüse bei gleichen Kilokalorien von 7 : 1, d. h. man benötigt für die gleichen Kilokalorien Gemüse nur 1/7 der Fläche, die für die Heran-Fütterung von 1 kcal Rinder-Produkt benötigt wird), dann würde der Flächenverlust nicht unmittelbar in zusätzliche Importe durchschlagen. Aber davon wissen viele Verbraucher eben so wenig, wie vom Erfordernis von Produktionsverlagerungen infolge Umwandlung von Ackerland in Bauland oder Straßen.

Faktisch berücksichtigt aber die deutsche Bilanzierung der Klimagase nicht nur diese notwendigen Ausverlagerungen der Produktion infolge Flächenfraß nicht, sondern auch nicht die bereits seit wenigstens 50 Jahren praktizierten Ausverlagerungen der Eiweißproduktion für Schweine, Geflügel und Rinder:

- Sojaimport seit mehr 50 Jahren zollfrei aus Südamerika.
- Die Emissionen im Ausland für die deutschen Nahrungsmittel betragen mittlerweile bis zu 60 % der Emissionen aller Lebensmittel, also nicht nur für die Bananen.
- Verlagerung der Produktionen und der entsprechenden Emissionen ist mittlerweile ein Hauptfaktor in der Schönrechnung der nationalen Klimabilanzen der Industriegesellschaften:

Viele Personen vor allem in den Internet-Foren, in denen Klimaschutzprobleme behandelt werden, stellen sich hin und fragen, ob Deutschland mit seiner geringen Bevölkerung von ca. 1 % der Erdbevölkerung überhaupt nennenswerte Beiträge zum Klimaschutz leisten kann. Aber alle diese unschuldigen, darwinistisch orientierten Heuchler in den Foren, die auf diese Weise ihre Verantwortung klein machen, unterschlagen die enorme Klimawirkung der deutschen Bevölkerung, die wenigstens beim 4-Fachen, wenn nicht 6-Fachen ihrer Bevölkerung liegt, also wohl kaum nur die ca. 800 Mio. t. CO_2e 2019, sondern wenigsten das 4-Fache davon.
Eine Schlüsselfunktion bei der Verschleierung der tatsächlichen deutschen Klimagasemissionen hat der Ernährungssektor, dessen Anteil an den deutschen Gesamtemissionen immer mit ca. 7 % angegeben wird. Aber diese Zahl unterschlägt nicht nur die enormen Emissionen aus den Landnutzungsänderungen im Ausland für das Soja in den deutschen Futtertrögen, sondern auch für die zusätzlichen, aus dem Ausland importierten Lebensmittel, die hier erzeugt werden könnten, aber wegen der überhandgenommenen Nutztierhaltung nicht erzeugt werden.
Hinzu kommen der hohe Energieaufwand bzw. die hohen CO_2-Emissionen aus der Kunstdünger- und Pestizidproduktion, die aufgrund der international gängigen sektorialen Erfassung der Industrie zugeschlagen sind. De facto liegt der Anteil des Ernährungssektors an den deutschen THG-Gesamtemissionen, die aufgrund der Produktionsverlagerungen ins Ausland wenigsten um das Vierfache höher sind, nicht bei 7 %, sondern wenigstens bei 30 % der Gesamtemissionen, also nicht bei ca. 60 Mio. t, sondern nahe 300 Mio. t THG-Emissionen. Dies erklärt auch, warum trotz amtlich sinkender THG-Emissionen diese weiterhin weltweit steigen: Alle Länder rechnen ihren Anteil klein, so wie dies auch Deutschland analog der international vorgegebenen länderbezogenen sektorialen Erfassungsweise der THG macht, sodass die ganze Problematik der ausverlagerten Produktionen, mit den Landnutzungsänderungen im Schlepptau, dem Ausland aufgelastet wird und nicht den tatsächlichen Nutznießern und Urhebern dieser Emissionen.

Analog zur Berechnungsweise des BNE, also ausgehend von den Inländern, deren ausländischen Einkommen in das BNE eingehen, wäre es bei der Bilanzierung der nationalen THG-Emissionen also nur fair, wenn auch die im Ausland z. B. für Importfutter anfallenden THG-Emissionen den Ländern zugeschlagen würden, die dieses Futter verbrauchen.

An diesem Beispiel des Soja-Importes, der in erheblichem Umfang für die Abholzung des Amazonasurwaldes verantwortlich ist, erkennt man die auf Folgenvertuschung ausgelegte Schönrechnung der Bilanzen von Industriestaaten sehr deutlich:
Man benützt die im Ausland erzielten Einkommen zur Schönfärbung der eigenen Leistungsfähigkeit und unterschlägt die im Ausland, für die gewinnträchtige Nutztierfütterung hier, entstandenen Emissionen. Wenn die gleichen Sachverhalte anständig und fair bilanziert würden, dann sähe wohl die Klima-Verantwortung von Deutschland ganz anders aus, nämlich als schwergewichtig und nicht nur wegen der erforderlichen Vorbildhaftigkeit der geschichtlichen Verursacher!

Ad(4) Aber es ist nicht nur die ausverlagerte landwirtschaftliche Produktion für mehr als 50 % der in Deutschland verzehrten Nahrungsmittel, die Deutschland zu einem stark überverhältnismäßigen THG-Emittenten macht, sondern auch die stabilen Ausverlagerungen von besonders umweltschädlichen und THG-intensiven Textil- und Industrie-Produktionen, die in Form des Gewinnes daraus im BNE positiv zu Buche schlagen und die ökologischen Schäden sowie die Klimabelastung dem Ausland aufbürden.

Ähnlich negativ sieht die Sozialbilanz aus: Man nutzt das Lohngefälle für Gewinnsteigerungen, ohne dem Gastgeberland die ihm zustehende Entwicklungsförderung zu gewähren – Lieferkettengesetz hin oder her.

Dauerhafte Produktionsausverlagerungen verschlechtern zwar die Ökobilanz des BNE erheblich, stellen sich im BNE jedoch bisher nur positiv dar: Ihre ökologischen und klimaschädlichen Wirkungen im Ausland sind z. T. katastrophal und bedürfen dringend einer Beachtung in einer ökologischen Gegenbilanzierung des BNE.

Über die Produktionsverlagerungen ins Ausland, die infolge Landnutzungsänderungen die letzten Urwälder und Prärien angreifen, wurde in Deutschland über den Handel eine Möglichkeit zur immer weitergehenden Expansion in frische Natur im Ausland etabliert, mit der die Zerstörung von fruchtbarer Natur hierzulande in Richtung Versiegelung ermöglicht wird. Dieser Zusammenhang ist schlagend und direkt, aber wohl keinem der sozial wohlmeinenden Investoren in Neubauten auf der grünen Wiese bewusst, weil dieser Zusammenhang bisher in der offiziellen Politik keinerlei Relevanz besitzt.

Wie also könnte das alternative Modell von „Wachstum" und seine Bilanzierung aussehen?

„Wachstum" kann spätestens seit dem Akutwerden von Wachstumsgrenzen und den Empfehlungen der Brundtlandkommission in den 90er Jahren nicht einfach in einer weiteren Anhäufung von Einkommen aus sich weiter anhäufenden materiellen Produkten bestehen.

Wachstum kann angesichts von Klimawandel und Artensterben nur mehr darin bestehen, zwar auch für ausreichendes Einkommen, dieses jedoch mit der Auflage, zugleich für eine sichere Reproduktion der natürlichen Lebensgrundlagen zu sorgen, damit die nachwachsenden Generationen nicht schlechter gestellt sind, weil wir ihnen chaotische Naturverhältnisse hinterlassen.

Es geht um einen neuen Respekt vor der Ökologie und zum zweiten um einen gesellschaftlichen Wandel, der diesen Respekt zum normalen Bestandteil des Handelns der Institutionen wie der Politik und der einzelnen Bürger macht, um diesen Respekt auch dann umzusetzen, wenn er zunächst einen Verzicht auf gewohnte Produkte und Lebensstile verlangt. Wenn Klimaschutz mit dem vielen Fliegen unverträglich ist, nicht nur wegen des verbrauchten Kerosins, sondern wegen des starken Treibhauseffekts der Kondensstreifen, dann sollte dies den Menschen offen kommuniziert und nicht das Gegenteil getan werden, nämlich die Luftfahrt für systemrelevant zu erklären und mit Hilfe des Staates auf rentablem Niveau zu erhalten. Das ist offene Klimaschutz-Schizophrenie, ebenso wie die Vertuschung der Urwaldrodung für das billige Schnitzel.

In der folgenden Übersicht fassen wir beides zusammen: Die neue Würdigung der Ökologie und deren Umsetzung im staatlichen Handeln:

Übersicht – Notwendige ökologische Fundamentierung und Gegenrechnung des BNE

Ökologische Faktoren	Erfassung und Bewertungskriterien	Schädigungen und Verluste
(a) Ökosysteme (ÖS)	Bestandserfassung aller ÖS in Deutschland	Grundlage für Schadensfeststellungen und Verluste
(b) Produktivität der ÖS	Fotosyntheseleistung und Biomassezuwachs pro Jahr	Grundlage zur Ermittlung der Verluste an Biomasse-Produktivität (NPP)
(c) Lebenssicherungs-Leistungen der ÖS	Nahrungserzeugung, Wasserspeicherung, Kohlenstoffspeicherung, Artenvielfalt erhalten, Verdunstung/Kühlung	CO_2-Resorptionsverlust, Wasserverlust, C-Abgabe aus Humus, hoher Verlust bei Wiesen, Verlust von Verdunstung
(d) Fruchtbare Böden	Nahrung, Landwirt, Humusgehalt	Verlust der Produktion, Verlust von Landwirten, Minderung CO_2-Senke
(e) Verlagerungseffekte	Produktion im Ausland, Landnutzungsänderungen im Ausland	Schwächung der Selbstversorgung, ökologische Schäden und THG-Emissionen im Ausland
(f) Abhängigkeit von Nahrungsfremdversorgung	Kompensation durch Handel oder Umstellung auf Selbstversorger-Produktion	Fremdversorgung nimmt zu, wenn der Flächenverlust nicht durch Umsteller auf Selbstversorgung ausgeglichen wird
(g) Emissionen im Ausland durch stabil ausverlagerte Produktionen	sollten, wie das Einkommen den Inländern zugeschlagen werden	Öko- und Klimaschäden durch ausverlagerte Produktionen sollten zum BNE gegenbilanziert werden

Mit den im BNE kumulierten Einkommen sind aufgrund der zugrunde liegenden Produktionen und Arbeiten vielfältige Negativeffekte für die Ökologie, das Klima, das Selbstversorgungspotential, die Sozialstruktur, die Artenvielfalt usf. im Inland wie im Ausland verbunden. Das BNE erweckt daher, aufgrund seiner nur positiven Repräsentation von Einkommen, den falschen Eindruck, dass die allgemeine Wohlfahrt zunimmt, obwohl de facto, aufgrund der wachsenden ökologischen, klimatischen und sozio-ökonomischen Schäden, die mit den Produktionen und Arbeiten verbunden sind, das Gegenteil der Fall ist.

Diese Problematik spitzt sich mit den zunehmenden Schäden infolge Unwetter immer mehr zu, da das BNE mit der Schadenszunahme ebenso steigt, wie mit den vermehrten Ausgaben für Rüstung oder die Bekämpfung von Seuchen usf.
Während die doppelte Buchführung in der Wirtschaft im Zusammenhang mit Kapitalinvestitionen selbstverständlich ist, fehlt sie völlig im Bereich der natürlichen Lebensgrundlagen, die auch den nachwachsenden Generationen eine gedeihliche Zukunft gestatten sollten. Eine solche ökologisch-nachhaltige doppelte Buchführung sollte aber eingeführt werden, um das Wachstum der Einkommen nicht mehr ahnungslos auf Kosten der Natur, des Klimas und der Artenvielfalt zu bewerkstelligen, sondern bewusst nur mehr im Einklang mit dem Gedeihen der Ökosysteme, der Erhaltung gemäßigter Klimabedingungen und der Erhaltung und dem Gedeihen der Artenvielfalt zusammen.
Dazu bedarf es der Erfassung der „ökologischen Substanz", der Bewertung ihrer ökologischen, geldwerten Leistungen und der systematischen Erfassung der Folgeschäden ihrer Beeinträchtigung oder gar Beseitigung.

Trotz der zahlreichen Vorschläge, wie z. B. jenen von H. Schmidt-Bleek, „Das MIPS-Konzept: Weniger Naturverbrauch – mehr Lebensqualität durch Faktor 10", 1998, oder den „Postwachstums"-Ansatz von N. Paech, zusammen mit Manfred Folkers „All you need is less: Eine Kultur des Genug aus ökonomischer und buddhistischer Sicht", München 2020, ist ein Durchbruch in Richtung Ökologie-Erhalt, also Erhalt der Ökosysteme und der Systemik in den natürlichen Lebensgrundlagen nicht zu erkennen.
Diese Ansätze von Schmidt-Bleek und Paech weisen zwar den Weg zu einem geringeren Verbrauch, aber sie thematisieren die Ökologie zu wenig, um daraus einen Neuansatz, nämlich die Förderung der Produktivität und Selbststeuerung der Ökosysteme bis hin zur gesamten Biosphäre, als neuen, alternativen Weg hin zu einem Leben im Einklang mit der Natur zu empfehlen.

Nicht die Rückkehr zur Sesshaftigkeit ist gefordert, um den ausgeuferten Tourismus auf nachhaltige Wege zu führen, wie Paech meint, sondern die Überwindung der durch die Sesshaftigkeit in die Welt gekommene Rationalitätsbeschränkung zugunsten von Rücksichtnahmen auf die globalen ökologischen Zusammenhänge und die Ökosysteme auf eigenem Gebiet.
Der Tourismus folgt aus den negativen Folgen der Sesshaftigkeit, indem diese zu einer Verantwortungslosigkeit gegenüber den Ökosystemen auf dem eigenen Gebiet und schließlich auch zu deren Zerstörung führt, so dass diese nun im Ausland gesucht und besichtigt werden müssen. Heimkehr und Erbauung an der Natur ist heute im Zusammenhang mit der Wiedererschaffung ökologisch reichhaltiger Landschaften in den Industrieländern dringend geboten, was allerdings nicht mehr mit dem Luxus einer ausschließlichen Konsumhaltung angezeigt ist, sondern als aktives Engagement für die Ökosysteme, in enger Verbindung mit einem eigenständigeren Leben als Natur-Kultur-Bürger, der die Natur im Zuge ihrer aktiven Förderung auch zu Zwecken der Selbstversorgung genießt und zugleich wertschätzt.
Da die Biosphäre mit ihren übergreifenden Stoffkreisläufen und gemäßigten Temperaturen nicht ohne die Ökosystem vor Ort entstehen und bestehen kann, ist es höchste Zeit, dass

die Menschen eine realistischere Haltung zur Ökologie entwickeln, anstatt, wie die Völker des Altertums, ihr Heil in der noch unberührten Wildnis zu suchen, nachdem sie ihre Gebiete durch Übernutzung verwüstet hatten. Dies droht heute im globalen Maßstab, ohne die Aussicht auf Rettung jenseits des eigenen Gebietes.
Was bleibt ist die Rückkehr mit einem neuen Denken, um die Ökosysteme wiederherzustellen, deren hohe multiple Produktivität eine Schatzsuche in der Fremde erübrigt.

Ein wichtiger und entscheidender Schritt der Ökologie-Rettung wäre ihre komplette Erfassung, einschließlich ihrer originären Leistungen, um dem BNE ein aussagekräftiges Gegen-Saldo, die ökologischen Schäden und ihre mittelbaren Folgen für die Volkswirtschaft und die Schäden im Ausland betreffend, entgegenstellen zu können. Das konnte hier nur skizziert, nicht ausgeführt werden.

10.8 „Fortschritt" in Zeiten des Klimawandels ist eine komplexere Angelegenheit aus Naturerhalt und Befreiung der Subjekte aus gewinnorientierter Produktion

„Fortschritt", vom „progres" der Französischen Revolution kommend, als Schritt nach vorne verstanden, war bisher alles, was die Lage der Menschen als Einzelne, Gruppen oder Gesellschaft von einem anerkanntermaßen unbefriedigenden Zustand vorher in einen besseren Zustand nachher verwandelte:

- von der erlangten Befreiung aus der Leibeigenschaft und den kirchlichen Dogmen des Mittelalters als politisch-gesellschaftlichem Akt,
- über die von Kant und Hegel verbreiteten Hoffnungen auf die Entwicklung eines vollkommenen Staates, in dem sich der Mensch zur Vollkommenheit entwickeln kann (Kant) und eines materiellen Fortschritts, der zur Zunahme von Vernunft und in der Folge zu einem menschlicheren Umgang der Menschen miteinander führen und einen „wahrhaft menschlichen Fortschritt" etablieren würde (Hegel),
- bis hin zum tatsächlichen materiellen Fortschritt in Form einer bezahlbaren, sicheren Ernährung, persönlichen Ausstattung, Wohnung, Gesundheitsvorsorge usf. und
- sozialpolitisch-kulturellen Errungenschaften des Lesen-und-Schreiben-Lernens, der Erlangung kürzerer Arbeitszeit, Gleichstellung der Frau, Abschaffung der Kinderarbeit, Entlastung von schwerer körperlicher Arbeit, Verminderung der Kindersterblichkeit und steigenden Lebenserwartung,
- bis hin zu den gesellschaftlichen und internationalen Fortschritten, vor allem der Vermeidung von Kriegen, Fortschritte, die immer noch auf sich warten lassen.

Voraussetzung für all diese Fortschritte aber war, dass der frühere Zustand als unangenehmer bis ungerechter Mangel erkannt und gewertet wurde, der mit Hilfe bestimmter Handlungen als veränderbar erschien.

Dies lag bei Grundbedürfnissen wie der Nahrungsaufnahme für alle und jeden Menschen unmittelbar auf der Hand, führte aber dennoch keineswegs zwangsläufig zum Fortschritt in Richtung von Vorratsbildung, gerechterer Verteilung usf.:
Fortschritte waren immer an Erkenntnisse, verbunden mit Wertungen, gekoppelt, wie die Aufstände der Bauern im Mittelalter gegen die Grundherrn zeigten, welche „ihren" Zehent verlangten, obwohl die Bauern selbst dadurch nichts mehr zum Essen hatten und hungerten.
Die Erkenntnis war, dass ihr Hunger nicht gottgewollt war, sondern die Knechtschaft als irdische Grundlage hatte und die damit verbundene Wertung war das daraus abgeleitete Menschenrecht auf gerechtere Nahrungsverteilung und die daraus folgende Kraft und Legitimation zum Widerstand.

Nachdem die Aufklärung des 18. Jh. die Freiheit für Besitzende, Händler und Erfinder zur systematischen Produktion von Nahrung, Kleidung usw. auf eigene Rechnung und für die Masse der Menschen die Freiheit, sich überall niederzulassen und zu verdingen, wo es Arbeit gab, gebracht hatte, verschob und konzentrierte sich der durch Fortschritt zu behebende Mangel immer mehr auf materielle Bedürfnis-Objekte und die zu ihrer Herstellung verfügbare fossile Energie und Technik. Im Unterschied dazu geriet der individuelle Mangel der zur Arbeit gezwungenen Bevölkerung an ausreichender Zeit für Erholung, Bildung, eigener Existenzsicherung völlig aus dem Blick:
Bekanntlich stiegen die Arbeitszeiten für eine Minimalexistenz vom 17. Jh. bis 1870 von durchschnittlich 40 Stunden pro Woche auf bis zu 70 Std., ehe sie infolge der revolutionären Auseinandersetzungen nach dem Ersten Weltkrieg – 1920 – auf 48 Stunden und nun heute, 100 Jahre später auf 40 Stunden fielen, mit wieder steigender Tendenz.

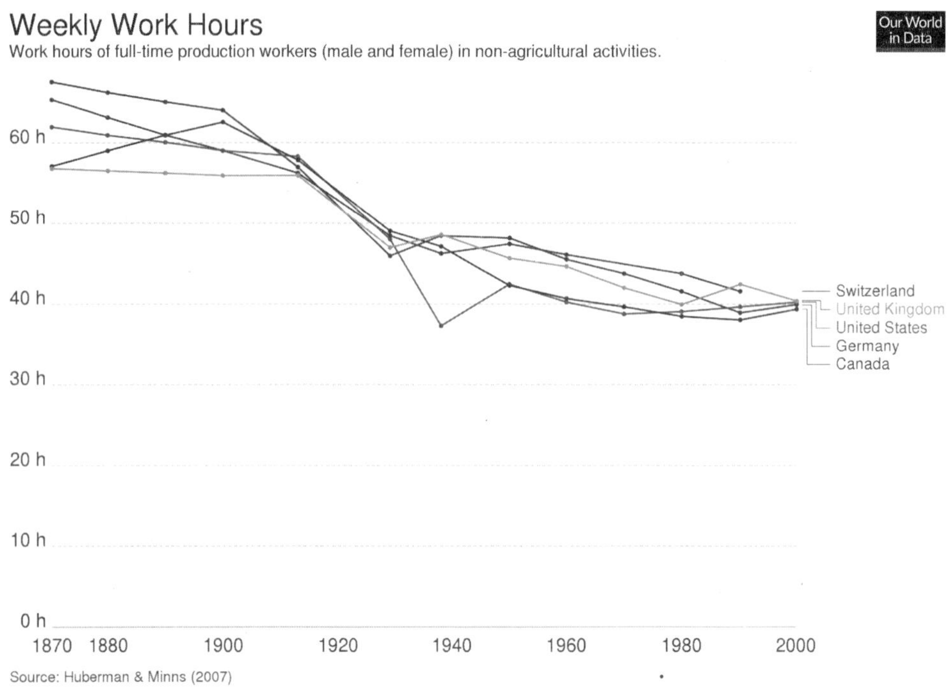

Abb. 6: Wöchentliche Arbeitszeitstunden von 1870 bis 2000

(Quelle: aus Wikipedia, Arbeitszeit, Stand 9. Juni 2021, 11.48 Uhr)

„Fortschritt" verschob und vereinseitigte sich in den Industriegesellschaften also eindeutig auf die Behebung von Mängeln durch materielle, d. h. durch Produktion zu erzeugende Ausstattungen und die dafür erforderliche Entwicklung der Spezialwissenschaften und Techniken. Um über die Befriedigung der Grundbedürfnisse hinaus mit immer neuen Produkten ein Geschäft machen zu können, mussten die Menschen auf Selbstverwirklichung durch Konsum und dabei vor allem auf den Konsum von Industrieprodukten und Dienstleistungen orientiert werden. Das funktionierte jedoch nur, wenn der Zustand allgemeiner Sättigung an materieller Ausstattung dennoch als unbefriedigend, unangenehm erkannt und bewertet wurde, weil nur dadurch neue Produkte gekauft werden. Dass die Unzufriedenheit gerade in materiell sehr reich bestückten Gesellschaften viel größer ist als in ärmeren, dürfte vor allem mit diesem durch Werbung u. a. künstlich erzeugten Mangelgefühl zu tun haben, das zur Aufrechterhaltung gewinnorientierter Produktionen unerlässlich ist, auch wenn die meisten Bedürfnisse künstlich erzeugt und der damit verbundene sog. Kulturbedarf beim Neunfachen des Bedarfes an Lebensmitteln (ca. 10 %) liegt.

Was natürlich im Gesamt-Konzert der Fortschrittsdimensionen sofort auffällt, ist die Abwesenheit von drei Fortschritts-Dimensionen, ohne die heute, in Anbetracht von Klimawandel und Artensterben, überhaupt kein Fortschritt mehr möglich sein wird:

(a) Es ist zu bemerken, dass die Natur, Ökologie, Ökosysteme, oder auch z. B. eine Besserung des Verhältnisses zur Natur bisher nicht Gegenstand von Fortschrittsbekundungen waren und dass der beschönigende Zug in der Fortschrittsbilanzierung der Gesellschaften nicht zu übersehen ist.
Hier liegt das große Defizit der untersuchten wissenschaftlichen Arbeiten, weil sie alle in ihrer Gegenwehr gegen die Anerkennung der Natur als Wert und des Menschen als Teil der Natur überhaupt keinen Anlass sehen – außer das empfindungsfähige Tier in der Naturethik von Krebs – das Verhältnis zur Ökologie neu – nicht-anthropozentrisch – zu sehen und zu gestalten. Im Gegenteil lässt man sich unter dem Eindruck des materiellen Erfolgs der Industriegesellschaften auch noch dazu hinreißen, weitergehenden Fortschritt von einem forcierten Einsatz hochproblematischer Techniken aus der Warte des „freiheitlich subjektivistischen Standpunktes“ (Gloy, ebenda, S. 226) zu erwarten, so als ob wir diese freien Subjekte tatsächlich hätten und nicht vielmehr große internationale Interessengruppen aus reiner Gewinnabsicht für diese Techniken plädieren.

(b) Zum Zweiten ist im Konzert der Fortschrittsdimensionen zu bemerken, dass der Bürger darin als in seiner individuellen Freiheit, Mündigkeit, Souveränität, Selbstreflexivität und Mitwirkung an den gesellschaftlich-politischen Entscheidungsprozessen zu förderndes Subjekt eigentlich nicht mehr vorkommt, jedenfalls kaum mehr in den letzten 100 Jahren und überhaupt nicht mehr in den vergangenen 20 Jahren!
Dabei hat sich in der industriegesellschaftlichen Entwicklung seit der Aufklärung die Schieflage in der Vermögens- und Einkommensverteilung, bei allgemein wachsendem Lebensstandard eher noch verstärkt, mit der Folge eines völlig asymmetrischen Einflusses auf die Politik, sodass die meisten Freiheitsrechte für die große Mehrheit der Bevölkerung sich hinsichtlich ihrer Verwirklichungsmöglichkeiten wiederum nur auf Konsum und Mobilität beschränken und viele Menschen immer noch und wieder einen großen Teil ihrer Lebenszeit zum Erwerb des Lebensnotwendigen mittels Arbeit für andere verwenden müssen.

(c) Demnach hat die Aufklärung mit ihren Freiheitsrechten für die Bürger diese Rechte nicht nur so gestaltet, dass sich im Zuge der industriegesellschaftlichen Entwicklung die ungleichen Verwirklichungsbedingungen am Beginn, heute noch um einige Größenordnungen negativer für die auf Arbeit für andere angewiesene Mehrheit darstellen. Darüber hinaus werden die Menschen, um der Sicherung des Lebensunterhaltes willen, in zweifacher Hinsicht mit naturschädlichem Wachstum verkoppelt:

- Allein um ihren Lebensunterhalt zu verdienen, sind heute Menschen gezwungen Arbeiten für andere zu leisten, auch wenn dabei unnütze und naturschädliche Produkte erzeugt werden und/oder die Natur geschädigt und zerstört wird. Die den Lebensunterhalt sichernde Arbeit für andere ist also zur Produktion von Ramschware und Naturzerstörung gezwungen, nur weil anders der Lebensunterhalt nicht erzielt werden kann.
  Um sich reproduzieren zu können, sind demnach Menschen gezwungen, sich an Verschlechterungen ihrer natürlichen Lebensgrundlagen, also auch Lebensqualität

zu beteiligen. Und die Gesellschaft verliert durch diese Art von Lebensunterhalt durch Arbeitszwang einen Großteil ihrer Flexibilität, um aus besonders klimaschädlichen Produktionen, wie z. B. den Abbau von Kohle oder der Produktion von Verbrenner-Autos rascher auszusteigen.

- Die Fragwürdigkeit des Zwanges zur naturschädlichen Arbeit aufgrund des daran, alternativlos gekoppelten Erwerbs des Lebensunterhaltes wird noch dadurch verschärft, dass den Unternehmen kaum Grenzen gesetzt werden bei der Naturzerstörung: Moderne Gesellschaften und Politiken gestatten es ohne Probleme, dass immer noch wertvolle Wälder für Autobahnen abgeholzt, Naturschutzgebiete für Lithiumabbau genutzt und Plastikabfälle im großen Stil in die Dritte Welt exportiert werden.

Wie also soll unter diesen Bedingungen ein Bürger der deutschen Gesellschaft den Artikel 20a des Grundgesetzes beachten können, in dem es heißt:

„Der Staat schützt auch in Verantwortung für die künftigen Generationen die natürlichen Lebensgrundlagen und die Tiere im Rahmen der verfassungsmäßigen Ordnung durch die Gesetzgebung und nach Maßgabe von Gesetz und Recht durch die vollziehende Gewalt und die Rechtsprechung",

wenn er zu Arbeiten gezwungen ist, die die natürlichen Lebensgrundlagen zerstören, wie z. B. die Polizisten, die für die Entfernung der Waldverteidiger aus dem Hambacher Forst und jüngst einem uralten Wald in Hessen sorgen mussten, nur damit klimaschädliche Energie gewonnen und eine neue Autobahn gebaut werden kann, wo doch bereits klar ist, dass nicht in diesen, sondern im ausgewachsenen Wald als CO_2-Senke die Zukunft liegt.

Fortschritt wäre also nötig

- als Befreiung der Menschen aus dem Zwang zur Arbeit für andere, um zur Naturzerstörung aus sozio-ökonomischem Zwang eine Alternative zu bekommen und
- als Begrenzung unternehmerischen Handelns durch Verbote der Zerstörung von Ökosystemen, die aufgrund ihrer hohen Produktivität und Bedeutung für die Lebenssicherung aller Menschen eines Gemeinwesens „systemrelevant" sind für die Erhaltung der Biosphäre, der Artenvielfalt und Bekämpfung des Klimawandels.

Dass die zahlreichen zivilisationskritischen Umweltstudien des 19. Jh. keinen Einfluss auf die industriegesellschaftlich orientierten Fortschrittsformulierungen entfalten konnten, dürfte voll und ganz der sozialen Frage anzulasten sein, die die Nachwirkungen des Weltkrieges und den „Klassenkampf" ums Materielle, vor allem nach dem Ersten Weltkrieg in den Mittelpunkt rückte, sodass Natur lediglich als Kulisse der lebensreformerischen Ertüchtigung von Volk und Rasse Respekt erhielt.

Es gab im Vorfeld der beiden Weltkriege keine Fortschrittsauffassung, der es gelungen wäre, den Gedanken des Physiokraten Quesnay (1694–1774), wonach jeder materielle Wohlstand den nicht vermehrbaren physischen Ressourcen (insbesondere dem Boden) entstammt und dass diese Ressourcen daher nachhaltig zu behandeln wären, in die Politik zu tragen.

Alle Gesellschaften sahen sich zur Weiterentwicklung in Richtung höher und mehr an Einfluss berufen. Darwin lieferte ihnen die Legitimation für den Kampf der Völker und Marx mit seinem historischen Materialismus die aus der Vergangenheit gewonnene Zielrichtung des Kampfes hin zur Befreiung aus aller Herrschaft und Naturnotwendigkeit. Und damit eine Vorstellung, die heute, angesichts des Klimawandels und der umfassenden Naturzerstörung und ihren nachteiligen Folgen für die menschliche Zukunft sich wie die Verlautbarung eines Gurus ausnimmt, der glaubt, sich mit Intelligenz, wie Descartes, oder wie die modernen Suchenden nach einer alternativen planetarischen Option, aus der Welt der harten Tatsachen wegbeamen zu können.

Tatsächlich haben wir es geschichtlich, seit der Sesshaftigkeit, mit zwei effektiven Fortschrittsprozessen und zwei gegenläufigen Prozessen der effektiven Verschlechterung der Natur- und Rahmenbedingungen für diese Fortschrittsprozesse zu tun:

Fortschrittsprozesse:

- mehr Vorräte durch Nutzung bzw. Übernutzung der Natur,
- mehr quantitative (Masse) und qualitative (Arbeitsteilung) Fähigkeiten infolge Bevölkerungswachstum.

Prozesse der Verschlechterung der Natur- und Rahmenbedingungen:

- Auszehrung der Bodenfruchtbarkeit und Ressourcen des eigenen Gebietes (abnehmende Eigenproduktivität der Ökosysteme der Region),
- Begrenzung der Ausdehnung durch konkurrierende und gleichfalls wachsende Völker in angrenzenden Gebieten.

Der Zyklus von wachsender Bevölkerung und erforderlicher Ausdehnung auf immer globalerem Niveau ist kein Fortschritt, sondern einfach nur das Grundgesetz der Bevölkerungsvermehrung und Kriegsentstehung.

Fortschritt wäre hier, wenn der Mensch diesen Prozess so unter Kontrolle bringen würde, dass die Natur nicht zerstört wird und keine Kriege mehr nötig sind.

Fortschritt also durch

- die Erhaltung der Ökosysteme, ihrer Eigenproduktivität,
- Mangelverminderung/Vorratsbildung usf. im Einklang mit der Natur,
- Sorge für ein Bevölkerungswachstum in Übereinstimmung mit den Naturressourcen an der Basis durch den Natur-Kultur-Bürger,
- Kooperation der Völker zum gegenseitigen Vorteil statt ihre Konfrontation.

In diesem menschheitstypischen gesellschaftlichen Wachstumszyklus seit der Sesshaftigkeit gibt es intern immer gegenläufige Prozesse von Verbesserungen für die Menschen und Verschlechterung der Naturbedingungen, die über Vorratsvermehrung, das Bevölkerungswachstum und die Fähigkeitsentwicklung zur Expansion, also auf eine neue Ebene der Präsenz in der Natur und auf dem Globus führt – bis hin zur heutigen globalen Präsenz, die nicht mehr überschritten werden kann, sondern ein Umdenken verlangt.

Wie also den „Fortschritt" angesichts von Klimawandel, Artensterben, Übernutzung des Planeten neu konzipieren?

Im Unterschied zur Erkenntnis und Bewertung einzelner Mängel als durch Innovationen und Veränderungen zu behebende materielle und soziale Fortschritte, die ganz der doppelten Komplexitätsbeschränktheit der sesshaften Rationalität entspricht, haben wir es heute, angesichts der Klima- und Umweltkrise, erstmals mit drei Ebenen notwendigen und möglichen Fortschritts zu tun:

A) Oberste Ebene:
Die Reflexion und Steuerung des gesellschaftlichen Entwicklungsprozesses

Reflexion und Beeinflussung des verhängnisvollen Entwicklungszyklus der Menschheit aus zwei Fortschrittsprozessen (Vorratsbildung und arbeitsteilige Kulturentwicklung) und zwei Verschlechterungen der Naturbedingungen (Auspowerung der lokalen Ökologie und gegenseitige Begrenzung der Völker in ihrer Entwicklung) zugunsten des Naturerhalts und der Umverteilung der Vorräte und Kooperation zwischen den Völkern anstelle kriegerischer Expansion.

Fortschritt würde auf dieser Ebene darin bestehen, dass es die Gesellschaften schaffen, ihre natürlichen Lebensgrundlagen, sprich Ökosysteme, zu erhalten und produktiv zu nutzen, um zugleich ihre gewachsene Bevölkerung ernähren zu können. Dafür ist das Verhältnis zwischen Vorräten, Ressourcen und Bevölkerungsvermehrung zu reflektieren und in ein Verhältnis zu bringen, das keine Expansion mehr verlangt.

Nur auf dieser obersten Ebene, die die Gesellschaften/Staaten/Nationen in den Mittelpunkt der ökologischen Klima- und Artenschutzpolitik rückt, sind wirkliche Fortschritte in diese Richtung zu erzielen, weil nur sie einen wirklich nachhaltigen Umgang mit ihren Ressourcen erreichen und eine Ausverlagerung von Problemen oder gar kriegerische Expansion verhindern können.

B) Mittlere Ebene:
Die Befreiung vom Zwang zur Arbeit in gewinnorientierter Produktion

Gesellschaften müssen den Menschen die Freiheit gewähren, ihr Leben viel mehr als bislang in Übereinstimmung mit den natürlichen Lebensgrundlagen zu organisieren durch den Abbau des Zwanges zur (auch naturzerstörenden) Arbeit für andere als Voraussetzung des eigenen Lebensunterhaltes.

Parallel muss die gewinnorientierte Produktion in eine Produktion sinnvoller nützlicher Endprodukte für die Menschen überführt werden und der gewinnorientierte Einfluss großer Interessengruppen auf die Politik beendet werden.

Erforderlich ist eine Finanzierung der individuellen Existenz und Existenzentwicklung über den Staat durch Vermögen aus der vergangenen Überausbeutung der Natur. Inhaber von Unternehmen sind mit einem ausreichenden Vermögen für ein erfülltes Leben abzufinden, damit sie endgültig ihre Finger vom Staat als Einrichtung für alle Bürger lassen. Angesagt sind also „bedingungsloses Grundeinkommen" und staatliche Initiativen zur sozialen Förderung der Natur-Kultur-Subjekte in Richtung Förderung der Ökosysteme und von naturverträglichen Produktionen. Großindustrien sind schrittweise auf die naturverträgliche und notwendige Größenordnung zu bringen. Gemeinwohlorientierte sowie regionale handwerkliche Produktion und Dienstleistung sind zu fördern.

Insgesamt ist der Umfang der Arbeitszeit und der Produktionen zu vermindern, um den Staatsbürgern genügend Zeit und Spielraum für den Aufbau dezentraler, selbstversorgender, klimaneutraler und naturfreundlicher Versorgungsstrukturen zu ermöglichen und den naturschädlichen Material- und Landverbrauch zu reduzieren.
Der Kulturbedarf, der derzeit ca. 90 % des Konsums der Haushalte ausmacht, kann ohne Probleme auf ein naturverträgliches Maß reduziert werden, wenn die Haltbarkeit der wichtigen Produkte erhöht und der ganze Schnickschnack und Ramsch weggelassen wird, der binnen kürzester Zeit ohnehin im Müll landet. Dies ist nur durch den ökologie-und umweltbewussten Verzicht auf künstlich erregte Bedürfnisse, auf Produktion um des Gewinnes willen und die Beseitigung des Zwanges zur Arbeit für andere möglich.
Ein großes Problem stellt hier der zusätzliche Rohstoffbedarf für die Energiewende und Digitalisierung dar, weil Windräder, Fotovoltaik, Batterien usf. neben einer großen Menge von Stahl, Aluminium, Kupfer auch viele neue Metalle und seltene Erden benötigen, die massiven Abbau vor allem in Waldgebiete zur Folge haben. Hinzu kommen die neuen Produktionsstätten, Infrastrukturen und Standorte für die neuen Energieanlagen, die nochmals eine Zurückdrängung der Ökosysteme über das bereits gegebene Maß hinaus bewirken.

Da die Politik diesen neuen naturzerstörerischen Ressourcenverbrauch für die Energiewende in seinen negativen Wirkungen auf die Ökosysteme, und damit auf Senkenprozesse, überhaupt noch nicht reflektiert, muss die Energiewende in Hinsicht auf Klimaschutz als hochgradig kontraproduktiv erachtet werden, wenn der Ressourcen- und Energieverbrauch nicht im Ganzen massiv, z.,B. durch Verbot von Ramschware, durch Ausbau der öffentlichen Verkehrssysteme, durch verpflichtende Kreislaufwirtschaft bei allen Produktionen und Dienstleistungen usf., durch Recycling aller Abfälle, usf. vermindert wird.

Entsprechend ist das ökosystemische Denken auf allen Ebenen und in allen Bereichen der Wissenschaft, der Wirtschaft und des Alltags der Menschen und ihrer Initiativen massiv zu fördern.

C) Untere Ebene: Erhaltung und Förderung der eigenproduktiven Ökosysteme durch Nutzung zum Aufbau dezentraler Selbstversorgungen

Das Neue ist, dass die Menschen aufgrund einer hinreichenden materiellen Absicherung damit beginnen können, Ökosysteme z. B. in Form von Permakulturen aufzubauen, um sich selbst und/oder in Kooperation mit Landwirten mit gesunden Lebensmitteln versorgen zu können.

Neue Wohnbaugebiete auf dem Land sind so zu gestalten, dass die Haushalte sich energetisch und ernährungsmäßig weitgehend selbst versorgen können und dafür zugleich Ökosysteme installieren und entwickeln, die es vorher auf dem Gebiet nicht gab.

Großflächenlandwirtschaft ist zurückbauen auf ökologische Mischgebiete mit verschiedenen Ökosystemtypen in Kooperation mit interessierten Natur-Kultur-Subjekten, die sich Wohnstätten an geeigneten Stellen errichten wollen. Wohnhausneubau sollte als neue Chance verstanden werden, um damit zugleich Ökosysteme und Permakulturen zu errichten, die es bisher in der Gegend nicht gab. Das „Einfamilienhaus in der grünen Natur" ist also eher eine Entwicklungschance für die Subjekte und Gesellschaften, wenn diese grüne Natur dabei neu geschaffen wird. Für dezentrale Stromversorgung, Wasserversorgung und Entsorgung von Abwasser gibt es heute genügend Möglichkeiten.

Dies wäre die Alternative zu den derzeit aus dem Boden schießenden nackten Wohngebieten, die allen Regeln der notwendigen Umkehr in Richtung Ökologieentwicklung und Selbstversorgung widersprechen und weiterhin von der Möglichkeit eines grenzenlosen Wachstums und einer grenzenlosen Verdrängung der Natur aus dem individuellen Leben in Richtung weniger Schutzgebiete und ferner Urlaubsgebiete ausgehen.

Zusammenfassung zum neuen Fortschritt:

(1) Die Ökosysteme und ihre Leistung müssen erhalten und gefördert werden. Sie haben einen enormen Mehrwert, der vor allem der Politik und der Wissenschaft zu vermitteln ist, damit sie ihren Irrweg der eindimensionalen und linearen Denkweisen in einfachen, auf menschliche Zwecke beschränkten Kausalitäten fragmentierender Naturnutzung erkennen.

(2) Die Sicherung der materiellen Existenz der Menschen muss von der Arbeit für die gewinnorientierte Unternehmung anderer entkoppelt werden, um den Zwang zur Arbeit und damit die Naturzerstörung als Voraussetzung für das individuelle Wohl zu beseitigen.

(3) Der steuernde sozial-ökonomische Einfluss von Vermögen auf die gesellschaftliche Produktion muss durch die Beseitigung des Zwangs der Menschen für andere und für Gewinn zu arbeiten, unterbunden werden. Niemand soll sich mehr durch diesen Arbeitszwang an der Natur bereichern können.

(4) Die Menschen produzieren nur noch sinnvolle und notwendige Produkte in Zusammenarbeit mit Gleichgesinnten, ohne Gewinnabsicht und nur so lange, solange diese Sachen benötigt werden – sie alle sind in ihrer Existenz durch die Gesellschaft abgesichert. Großtechnische Projekte, die die Steuerung der gesellschaftlichen Entwicklung durch die Natur-Kultur-Subjekte verhindern, sind auf ein Minimum und die Reparatur z. B. von Brücken zu begrenzen.

(5) Die Natur-Kultur-Subjekte errichten mit neuen Ökosystemen und Permakulturen neue Zentren des Wachstums von Biodiversität und ihrer eigenen Selbstversorgung sowie die ihrer Region in enger Kooperation miteinander, mit Landwirten und Gemeinden, Landkreisen und Städten.

(6) Wissenschaft muss an der Förderung der Ökosysteme und ihrer Leistungen sowie an der Förderung der Subjekte und ihrer Kooperation orientiert und aus den ökonomischen Abhängigkeiten von Interessengruppen gewinnorientierter Produktion befreit werden.

(7) Verstand muss durch die ökosystemische Vernunft gelenkt werden, das zu tun, was die Öko-Prozesse und deren Grundlagen sichert und fördert und nicht durch das, was diese Prozesse zerstört, um mit industriellen Ersatzprodukten Gewinn zu machen, was die industrielle Wachstumskultur bis hin zu den Maßnahmen gegen den Klimawandel derzeit maßgeblich bestimmt.

(8) Bei Widersprüchen zwischen erzeugter Nahrungsmenge und verschmutztem Wasser sollten sich alle – Produzenten wie Konsumenten – für die Qualität der Lebensmittel entscheiden und nicht für die Biomasse, die mit Chemie erzwungen wurde.

(9) Ökosystemische Rationalität bedeutet, sich als Teil der Natur anzuerkennen und auf die Verbesserung der Beziehung zwischen Mensch-Natur mit dem Ziel der beidseitigen Förderung hinzuarbeiten: Zweck der Vernunft ist das bessere Verständnis der Interaktion zwischen den Menschen und der Ökologie, um durch Förderung der Produktivität und Selbstregulation der Ökosysteme auch eine Arbeitsentlastung und Förderung der Wohlfahrt der Menschen zu erreichen.

(10) Sozialsystemische Rationalität bedeutet, sich als Teil von Gemeinwesen anzuerkennen und auf die Verbesserung der Beziehungen aller zu den Ökosystemen und zu den anderen Menschen hinzuarbeiten, um in gemeinsamen Projekten naturverträgliche Produktionen zu organisieren und zu verwirklichen. Der Gewinn als Anreiz für Unternehmertum muss durch das sinnvolle, naturverträgliche Ziel/Projekt/Produkt ersetzt werden. Der Ökolandbau mit seinen zahlreichen Initiativen könnte hier als Vorbild dienen.

(11) Die Gesellschaften müssen den Rahmen für eine nicht am Gewinn, sondern am Produktnutzen orientierte und mit dem ökologischen Rahmen übereinstimmende Produktion vorgeben – was in der Aufklärung und den daraus gefolgten Demokratien versäumt wurde.

10.9 Profitgier, Zwang zur Arbeit für den Lebensunterhalt und rationalitäts-beschränkte Wissenschaft zerstören die Ökologie

Moderne Gesellschaften sind Konsumgesellschaften, weil sie offenbar nichts mehr anderes interessiert und bewegt als Konsum der im Überfluss vorhandenen Produkte, die allerdings größtenteils aus dem Ausland kommen.

Als Maß dafür, inwieweit einzelne Personen oder auch Länder über ihre Verhältnisse leben, also mehr an Ressourcen verbrauchen als ihnen oder dem Land zur Verfügung stehen, wird heute der „ökologische Fußabdruck" verwendet. Es wurde von W. Rees und M. Wackernagel in den 1990er Jahren als Verhältnis zwischen der Summe des Verbrauchs an biotischen Ressourcen (gemessen in „globalen Hektar [gha]") zu den verfügbaren biotischen Ressourcen (Biokapazität) bestimmt. Der ökologische Fußabdruck entspricht also dem Flächenverbrauch, der nötig ist, um die z.B. von einem Land in einem Jahr verbrauchten Rohstoffe und Energien nachhaltig zu erzeugen und zeigt einen Überverbrauch an, wenn er größer ist als die Biokapazität eines Landes.
Überfluss bedeutet also Überverbrauch.
Beurteilt nach dem ökologischen Fußabdruck ist das sicher so: Der US-amerikanische Konsum benötigt aktuell, natürliche Ressourcen von 5 Erden, und der deutsche 3 Erden, was besonders deutlich an den gigantischen Abfallmengen an Plastikprodukten und Bekleidung vor allem in den Ozeanen sowie auch an modernstem Elektroschrott erkennbar ist, die ins Ausland abgesetzt werden.

Wodurch ist dieser enorme Verbrauch heute, der alles in den Schatten stellt, was Menschen früher zu einem glücklichen Leben ohne Hunger benötigt haben, entstanden und wie wird er trotz der bereits vorhandenen enormen materiellen Ausstattungen und Bedarfssättigungen der Haushalte einerseits und andererseits den wachsenden Abfallmengen, welche die ganze Erdoberfläche verschmutzen, aufrechterhalten und sogar noch angesichts der klimaschädlichen Wirkungen der Produktion selbst als Menschenrecht zum weiteren Wachstum verteidigt?

10.9.1 Historische Entwicklung des Hyper-Verbrauchs und seine gesellschaftlichen Ursachen

Was vor ca. 8000 Jahren als gesellschaftliche Wachstumsdynamik begann, die unter der Leitung eines eng begrenzten Nutzendenkens durch rigorose Ausbeutung und Verdrängung der Ökosysteme entfacht wurde und für den häufigen Fall der Erschöpfung der Ressourcen nur die kriegerische Expansion als Lösung kannte, hat mit der Verheizung der fossilen Brennstoffe seit ca. 200 Jahren heute zu einem ganz neuen, globalen Natur-Versagen geführt, vor dem man nicht mehr flüchten kann und das auch durch kriegerische Expansion nicht mehr zu bewältigen ist. Es sei denn, man trachtet nach Weltherrschaft, absolute Kontrolle über die natürlichen Ressourcen und gewalttätige Dezimierung der Menschheit, um die Verbrauchskonkurrenten zu minimieren und so die Ressourcen für sich zu reservieren. Da es heute Leute in politischer Verantwortung gibt, die einen Nuklearkrieg für gewinn- und überlebbar halten, scheint also der Krieg – wie gehabt – als Ultima Ratio der Lösung von Problemen der Ressourcenknappheit, noch nicht ausgedient zu haben.

Wenngleich der Ausgangspunkt des Dilemmas, die komplexe systemische Dynamik aus Naturüberausbeutung und Wachstum der Menschen an Zahl, Verbrauch und Fähigkeiten, sich hinter der stark fluktuierenden realhistorischen Entwicklung der Gesellschaften ver-

birgt, so scheint diese Dynamik nicht nur im weiteren Geschichtsverlauf als Auf und Ab auf immer globalerer Stufenleiter rekonstruierbar.
Sie hat aufgrund der ihr innewohnenden doppelten Rationalitätsbeschränkung Grundauffassungen bezüglich einer schier unbegrenzten Verfügbarkeit und Belastbarkeit von Natur hinterlassen, die auch heute jeden Wandel zu einem besseren Naturverhältnis blockieren.

(a) Die erste, weite historische Erklärung für den maßlosen Verbrauch ist also die, dass die Expansion der Menschheit, ausgehend von Keimzellen einer neuen stationären Naturausbeutung – den sesshaften Ackerbaugesellschaften – nicht nur Folge der von ihnen ausgelösten geschichtlichen Dynamik ist, sondern unmittelbar zwei immer schon unangemessene Vorstellungen in die Welt brachte und bis heute überliefert hat:

- Natur sei grenzenlos, unbeschränkt verfügbar, um die Vorräte zu steigern und einer wachsenden Bevölkerung durch Arbeitsteilung, Organisation und Militär die weitere Ausdehnung zu ermöglichen, und,
- Natur sei grenzenlos, unbeschränkt aufnahmefähig für jedwede Abfälle materieller, organischer und gasförmiger Art, sodass der Mensch machen kann, was er will, und er würde die Erde und damit auch seine natürliche Lebensgrundlage dennoch niemals überbeanspruchen, weil die Abfälle in der Weite der Welt oder aufgrund ihrer Erosion von selbst verschwinden.

Die Philosophie der griechischen Antike, vor allem Aristoteles mit seinem Vertrauen auf die Wohlordnung der Welt durch die letzte Substanz und daran anschließend, die monotheistischen Religionen, die im Vertrauen auf Gott und diese Wohlordnung jeden menschlichen Eingriff in die Schöpfung für gesegnet hielten, haben maßgeblich zu dieser Vorstellung beigetragen, dass die Natur alles schlucken und verzeihen könnte, was der Mensch ihr zumutet und dass der Mensch als Ebenbild Gottes bzw. Gottes Stellvertreter auf Erden, dazu auch berechtigt sei.

(b) Die zweite, enge historische Erklärung greift zurück auf die unvollendete Befreiung der Menschen aus persönlicher Abhängigkeit im Zuge der Aufklärung und der Französischen bzw. Amerikanischen Revolution, die zwei unterschiedliche Qualitäten von Freiheit in die aufstrebenden Industrienationen des 19. Jh. brachten:

- Die Freiheit, auf der Grundlage von Grundbesitz und Kapitalvermögen Fabriken zu bauen, um dort, zur Vermehrung des eingesetzten Kapitals und Vermögens, von „abhängig“ Beschäftigten Produkte herstellen zu lassen, die jeder dringend benötigte, um sein Leben zu verbessern und
- die „Freiheit“ der aus der Leibeigenschaft entlassenen besitzlosen Tagelöhner und Bauern, die ihre Freiheit nicht durch Grunderwerb fundamentieren konnten, in den Fabriken für Geld arbeiten zu dürfen, um sich damit ihren Lebensunterhalt und ein besseres Leben verdienen zu können.

Es liegt auf der Hand, dass die Freiheit der Fabrikanten, im noch ungetrübten Glauben an eine grenzenlose Verfügbarkeit und Aufnahmefähigkeit der Natur, zu nichts anderem

führen konnte, als zur unbegrenzten Produktion von Produkten um der Vermehrung ihres Vermögens willen und zu einer unbegrenzten Vermehrung eben auch dieses Vermögens, solange die Natur dafür kostenlos noch die Rohstoffe und andere natürliche Voraussetzungen zu liefern und den Abfall zu schlucken in der Lage sein würde.
Und damit ist auch klar, dass die Grundlage des Reichtums der Vermögenden die Ausplünderung der Natur ist, die beim Übergang vom feudalen Grundbesitz in die fabrikmäßige Produktion vor der widerrechtlichen Aneignung der ehemaligen Allmenden – des Gemeinschaftseigentums der Kommunen und Städte – nicht Halt machte. Und folglich ebenso klar ist auch, dass die nun nur mehr Arbeitskraft „Besitzenden", bei allen Macht-Unterschieden, schnell einschwenken würden auf eine Akzeptanz der materiellen Vorzüge, die das modernisierte Herr-Knecht-Verhältnis für ihr individuelles Leben mit sich brachte und noch in viel größerem Umfang für die Zukunft versprach.

(c) Die faschistische Expansion stellt sich schließlich dar als die über das einige, rassisch gleiche Volk legitimierte Einheit und Gemeinschaft zwischen den vermögenden Fabrikbesitzern und den Arbeitern zur Erlangung der Weltherrschaft, die ewiges Wachstum versprach. Jedoch zeigten die beiden Weltkriege, dass die kriegerische Expansionsbestrebung einzelner oder mehrerer, zu Blöcken zusammengeschlossener Nationen, zur Zerstörung der Zivilisation überhaupt führen könnte.

(d) Also blieb nach dem Zweiten Weltkrieg, nach der Beseitigung der Schäden und Mangelzustände daraus, nur die Option weiteren Wachstums

- durch Produktivitätssteigerungen, Massenproduktion und Verbilligung mittels fossiler Energie (dem Nachlass der vergrabenen, unterirdischen Wälder) und entsprechender Antriebs- und Verarbeitungstechnik vor allem in der chemischen Industrie, und Maschinen- sowie Fahrzeugbau,
- durch die Diversifizierung der Bedürfnisse und der vor allem im Rahmen der individuellen Reproduktion innerhalb industriegesellschaftlicher Bedingungen notwendig erscheinenden Produkte und schließlich
- durch die Beschleunigung der Produkt-Erneuerung und -Umsätze, also des materiellen Verbrauchs pro Zeiteinheit, der unter dem Alibi der Modernisierung zunächst fast alle Rest-Ausstattungen aus der Vorkriegszeit zum Opfer fielen (von den Schränken über die Häuser bis zur artenreichen Kulturlandschaft). Wachstum wird nun gesteuert über geplanten Verschleiß, über Erfordernisse der Effizienzsteigerung sowie des Technologiewechsels u. a. infolge von Umweltproblemen und über den individuellen, fast schon suchthaften Erneuerungsbedarf vieler Dinge des täglichen Bedarfs als Gefühl grenzenloser Naturverfügbarkeit und individueller Freiheit.

Eine zentrale Rolle bei der Entfaltung dieser Art auf fossiler Energie basierenden Wachstums spielten die vor und vor allem während des Zweiten Weltkrieges aufgebauten militärischen Kapazitäten im Bereich der Schwer- und Chemieindustrie, insbesondere der Sprengstoff-, Fahrzeug-, Treibstoff- und Giftgasproduktion sowie Infrastruktur an Straßen und Energieverteilnetzen. Nach dem US-amerikanischen Muster der Landwirtschaft in den 20er und

30er Jahren ließen sich diese Kapazitäten in Europa unmittelbar nutzen zur Produktionssteigerung im Agrarsektor mittels Kunstdünger und Mechanisierung sowie im Berg-, Maschinen- und Fahrzeugbau mit stark beschleunigenden Wirkungen in der Bauwirtschaft, im Transportwesen und in der persönlichen Mobilität der Menschen.

Da die Fabriken der Rüstungsindustrie größtenteils erhalten geblieben waren und der Marshallplan im Westen Deutschlands den Abbau der meisten Anlagen zur Ableistung von Reparationen verhinderte, kam die deutsche Industrie im Westen überraschend schnell auf die Füße und zwar mit einer höheren Kapazität als in der Zwischenkriegszeit 1920 bis 1939 vorhanden war (durch zahlreiche Quellen zu belegen). Diese hohe industrielle Kapazität für Wachstum mit Hilfe von Schwerindustrie, Maschinenbau, Chemie und Fahrzeugtechnik auf fossiler Energiebasis dürfte der eigentliche „Vater“ des deutschen „Wirtschaftswunders“ gewesen sein.

Erste Sättigungs- und Überproduktionstendenzen in der Landwirtschaft in den 1970er Jahren bei tierischen Produkten führten zur Verringerung der Tierzahlen und Flächenstilllegung. Zunehmende Arbeitslosigkeit durch starke Rationalisierungseffekte vor allem in der Automobilindustrie durch automatisierte Fertigungsanlagen und Robotik veranlassten die Gewerkschaften im Jahre 1984 zu harten Arbeitskampfmaßnahmen zur Durchsetzung der 35-Stunden-Woche, was mit Zugeständnissen an die Unternehmen in Richtung flexiblere Arbeitszeitregelungen auch gelang.
Gezielte Verringerung der Tierzahlen ist seit der Öffnung der europäischen, also auch deutschen Landwirtschaft 2004 für den Weltmarkt für die Politik ebenso wenig eine Option zur Verringerung z. B. der hohen Futtermittelimporte aus Südamerika und der damit verbundenen Landnutzungsänderungen und THG-Emissionen im Ausland, wie für die Tarifpartner eine weitere Arbeitszeitverkürzung, mit der die Arbeitnehmer mehr Zeit bekommen könnten für ihre Familien und sich selbst.
Im Gegenteil ist die Arbeitszeitdauer in den letzten Jahrzehnten wieder gestiegen, und heute ist sogar eine Erhöhung des Renteneintrittsalters auf 68 Jahre und älter im Gespräch, so als ob die Menschen mit 40 bis 50 Jahren Lebensarbeitszeit nicht längst genügend gearbeitet hätten, um endlich ihren Ruhestand genießen zu können. Außerdem hatte die rot-grüne Schröderregierung mit der Hartz-IV-Reform nicht nur eine völlig unsoziale Bringschuld arbeitslos gewordener Arbeitnehmer aufgebaut – so als ob sie selbst an der Arbeitslosigkeit schuld wären – sondern durch die Streichung der z. B. mit einer Ausbildung erworbenen Rentenanwartschaftszeiten auch die Renten gekürzt.

Die Einführung des Niedriglohnsektors führte in Kombination mit Hartz-IV zu einem Unterlaufen der höheren Lohnniveaus in den anderen Staaten der EU und dadurch zu einer Verbilligung der Produktion, die Deutschland vom „kranken Mann“ zum Exportweltmeister, vor allem auch gegenüber europäischen Staaten, verwandelte. Die Folge waren erhebliche Zahlungsbilanzüberschüsse gegenüber diesen Ländern und deren steigende Verschuldung und Zinszahlung vor allem an Deutschland.

Um die Wirtschaft durch steigenden Inlandsverbrauch und Ausdehnung des Exportes weiterhin am Wachsen zu halten, dienten vor allem folgende, den Ressourcenverbrauch steigernde und zugleich von der Bevölkerung anerkannte und duldend hingenommene Strategien der Konsumsteigerung:

- die Verallgemeinerung erstrebenswerter Besitzstände, wie z. B. eines eigenen Hauses samt Ausstattung,
- die Verallgemeinerung der Urlaubsfernreisen zum Massenartikel,
- die Verbilligung der Lebensmittel, um Kaufkraft für Industrieprodukte freizusetzen,
- die Verknüpfung des Konsums mit dem Sozialstatus als Zeichen für sozialen Aufstieg,
- die Steigerung des Ersatzbedarfes durch die Etablierung von Moden als Zeichen für Zugehörigkeit zu einer modernen Gesellschaft, wodurch Kleidung, Wohnungsausstattung usf. vorzeitig ausgemustert werden, weil sie „alt-modisch" erschienen und man sich den Austausch aufgrund der meist billigen Ramschware leisten kann,
- die Kreation immer neuerer, zumeist billigerer Produkte (mehr Leistung für gleichen Preis oder gleiche Leistung für geringeren Preis oder beides zusammen: mehr Leistung für geringeren Preis) – als innere Optionen des Wachstums über den Preis, der so als neuer Anreiz für Konsum ohne eigentlichen Bedarf etabliert wurde,
- und schließlich durch eine Konzipierung der Produkte für den kalkulierten technisch-materiellen Ausfall ohne Reparaturmöglichkeiten (Obsoleszenz durch geplantes, vorzeitiges Versagen bestimmter technischer Bauteile).

Allerdings wirft diese Art von Binnen-Wachstum durch programmierten Verschleiß von Konsumartikeln drei Probleme auf:

- Die Menschen müssen trotz abhängiger Arbeit genügend verdienen, um sich diese Produkte kaufen zu können.
- Die stark steigenden Abfälle müssen so entsorgt werden, dass die Konsumenten nicht durch Abfallberge und Umweltverschmutzung verunsichert werden.
- Die Produkte müssen möglichst billig sein, was nur über die Ausverlagerung vieler Produktionen in Billig-Lohn-Länder und in Sachen Rohstoffe nur über unfaire Handelsverträge zu gewährleisten ist, die auf Hungerlöhnen und fehlenden Haftungsrisiken für Umweltschäden basieren.

10.9.2 Wofür geben die Deutschen als Konsum- und Staatsbürger tatsächlich ihr Geld aus?

Aus dieser Art des notwendigen Produktionswachstums um des Konsums und der Gewinne willen ergibt sich die Hypothese, dass der ganz große Teil des Verbrauchs über relevante Ausgabenbereiche (Privat, Kommunen, Land, Bund) hinweg allein der gesellschaftlichen Existenz und Sicherheit der Menschen dient, während die Ausgaben für ihre Existenz als Naturwesen, angewiesen auf bestimmte natürliche Lebensgrundlagen, verschwindend gering sind, ebenso wie schließlich auch die Ausgaben für die Menschen als Kulturwesen.

Die Sortierung der Ausgaben von Privat, Kommunen, Land und Bund nach diesen drei Existenz-Kategorien der Menschen in Gesellschaften kann als relativ einfache Methode dazu dienen, um unsere These von der ganz großen Prädominanz des Reproduktionsbedarfes der Gesellschaften als subjektferne Verbrauchsmaschinen auch im tatsächlichen Verbrauch der Haushalte auf allen Ebenen zu bestätigen.

Die Sortierung erfolgt nach den besagten Existenz-Kategorien: Gesellschaftliche Existenz (G), Naturwesen-Existenz (N) und Kulturwesen-Existenz (K), wobei wir die Ausgaben-Sparten wie folgt zuordnen bzw. verteilen:

- Gesellschaftliche Existenz: Soziales, Wohnen, Verkehr, Geräte, Verteidigung, Wirtschaft, Öffentliche Sicherheit, Finanzen,
- Existenz als Naturwesen: Nahrung, Bekleidung, Gesundheit, Freizeit, Umwelt,
- Existenz als Kulturwesen: Kultur, Bildungswesen, Schule, Wissenschaft, Forschung.

Schwer zuzuordnen ist der ganze Komplex Hochschule und Wissenschaft, da ein Großteil des gesamten Wissenschaftsbetriebes für die Industrie, also Produktion um des Gewinnes willen arbeitet, und nicht die Bedürfnisse der Menschen als Natur- und Kulturwesen im Kopf hat. Klar ist die universitäre Ausbildung der Kultur zuzuordnen, aber die Hauptausgaben für Wissenschaft ordnen wir der gesellschaftlichen Existenz des Menschen als Teil einer aus Infrastrukturen und großen Verbräuchen bestehenden Maschine zu. Am Ende werden die sortierten Prozent-Anteile, gewichtet mit dem Gesamtverbrauch der vier Haushaltsebenen, in einer Übersicht zusammengeführt.

Für einen kurzen Überblick bieten die amtlichen Statistiken vier maßgebliche Quellen:

- die Ausgaben der deutschen Privathaushalte (41 Mio.) für den privaten Konsum,
- die Ausgaben der Kommunen und Städte in der Zusammenfassung von Statistiken,
- die Ausgaben der Länder gemäß ihrer Haushalte und
- die Ausgaben des Bundes gemäß des Bundeshaushaltes.

Wir haben das Jahr 2019 als gemeinsamen Bezug gewählt und den bayerischen Landeshaushalt von 2019 als Beispiel für den Landeshaushalt genommen.

Im Folgenden werden die Daten der Reihe nach, unter Angabe der Gesamtzahlen und -summen und versehen mit der Zuordnung dargestellt, um sie anschließend proportional aufeinander beziehen und in zweckgerichteten Ausgabenbündel entsprechend der Hypothese zusammenfassen zu können.

Um die Rekonstruktion der in Deutschland in einem Jahr von den vier Haushaltskategorien (Privat, Kommunen, Land, Bund) für die gesellschaftliche Existenz und des Menschen als Natur- und Kulturwesen getätigten Ausgaben in einem überschaubaren Rahmen zu halten, erfolgt die Aufsummierung der zugeordneten Ausgaben-Anteile nur anhand von Prozentzahlen der jeweiligen Haushaltskategorien. Da die absoluten Gesamtausgaben je Kategorie unterschiedlich groß sind, müssen die Prozentsummen der Zuordnungen der einzelnen Kategorien vor ihrer Zusammenfassung mit einem Gewichtungsfaktor multipliziert werden, der sich aus dem Anteil der Gesamtausgaben einer Haushaltskategorie an der Gesamtsumme der Ausgaben aller Kategorien ergibt.

Zur besseren Orientierung wird die Übersicht über die vier Haushaltskategorien mit ihren jeweiligen Gesamtausgaben und Anteilen (Gewichtungsfaktoren) an den Gesamtausgaben aller vier Kategorien vorangestellt.

Übersicht – Gesamtausgaben der vier Haushaltskategorien und ihrem Anteil an den Gesamtausgaben aller vier Kategorien (Referenzjahr 2019)

Haushaltskategorie	Gesamtausgaben in Mrd. EUR	Gewichtungsfaktor
Privater Konsum	1238	0,53
Ausgaben Kommunen	276	0,12
Ausgaben Länder	417	0,18
Ausgaben Bund	397	0,17
Gesamtsumme	2328	

Entsprechend können die je Zuordnung (G, N, K) je Haushaltskategorie aufsummierten Prozentwerte, multipliziert mit dem Gewichtsfaktor, zu einem Gesamtwert zusammengefasst werden. Die drei Gesamtwerte zeigen dann die Aufteilung der getätigten Gesamtausgaben auf die Sicherung der gesellschaftlichen, natürlichen und kulturellen Existenz der Menschen – natürlich nur über den Daumen gepeilt, da sich über die Zuordnung vieler Ausgabenkategorien natürlich streiten lässt.

(a) **Wie viel geben Privathaushalte von ihrem Einkommen durchschnittlich pro Jahr für ihre Existenz als gesellschaftliches (G), natürliches (N) und kulturelles (K) Wesen aus?**

Nach statistics.de verfügt der durchschnittliche Haushalt in Deutschland 2019 (bei insgesamt 41 Mio. Haushalten) über ein Bruttoeinkommen von 4474 EUR pro Monat, sodass nach Abzug der Steuern und Abgaben 3399 EUR netto bleiben. Davon werden 2517 EUR für den privaten Konsum verwendet, der Rest von ca. 900 EUR für Versicherungen, Spenden, Schenkungen, freiwillige Rentenzahlungen.
Die Gesamtsumme des privaten Konsums der 41 Mio. Privathaushalte in Deutschland im Jahre 2019 beträgt also: 2517 EUR monatlich x 12 = 30.204 EUR pro Jahr pro Haushalt x 41 Mio. Haushalte = 1238 Mrd. EUR.

Übersicht – Ausgaben für privaten Konsum 2019 insgesamt ca. 1238 Mrd. EUR

Bereich	in %	Zuordnung
Wohnen, Energie, Instandhaltung	34,6	G
Ernährung, Genussmittel	13,8	N
Verkehr	13,6	G
Freizeit, Unterhaltung	11,0	N
Gaststättenbesuche, Hotel	6,1	N
Innenausstattung, Haushaltsgeräte	5,5	G
Bekleidung, Schuhe	4,1	N
Gesundheit	4,0	N
Post und Tele-Kommunikation	2,5	K
Bildung	0,8	K
Andere Waren und Dienstleistungen	3,8	(Quelle: Statistics 2020)

Zur Erläuterung der Zuordnung: Aus der Aufstellung ist ersichtlich,

- dass fast 54 % der Ausgaben allein für Wohnen, Innenausstattung und Mobilität, also für die spezifisch industriegesellschaftliche Existenz (G) in nördlichen Breiten verwendet werden,
- während für das individuelle Leben: Ernährung, Gesundheit, Freizeit, Gaststätten, Bekleidung, also die Lebensfunktionen des Menschen als Naturwesen (N) in nördlichen Breiten zusammen ca. 39 % verausgabt werden,
- sodass ein schwindend geringer Anteil von ca. 3 % für immaterielle Werte wie Kommunikation und Bildung, also für den Menschen als Kulturwesen (K) ausgegeben werden.

Natürlich ist die Höhe des Aufwandes auch eine Frage des Preises des erworbenen Gutes: Die 0,8 % für die Bildung können auch Folge niedriger Preise für Bildung sein. Jedoch bekommt man für die 0,8 % Bildung des Jahres 2019, also für ca. 250 EUR, nicht einmal das Jahresabonnement einer Tageszeitung. Würde ein Haushalt allein bezüglich der großen Probleme der Zeit und ihrer gesellschaftlichen Debatte sachlich auf dem Laufenden bleiben wollen, käme er damit nicht weit.

Die Deutschen geben also privat kaum etwas für Bildung aus nicht weil Bildung so billig ist, sondern weil vor allem der Existenzaufwand für das Leben in Industriegesellschaften (z. B. für Wohnungsmieten) so hoch ist, dass mehr als die Hälfte ihres Einkommens dafür nötig ist.

Und die zweite, gravierende Beschränkung besteht darin, dass die Menschen kaum Zeit haben für Bildung, da sie ca. 8 h am Tag, ca. 40 h in der Woche für dieses Einkommen arbeiten müssen.

Bildung und Entwicklung als Kulturwesen ist also heute eine Frage hoher Einkommen, geringerer Ausgaben für Wohnen und genügend Zeit, um Bücher lesen zu können, weil dies auch zum Arbeitsalltag gehört: Also ein Privileg akademisch gebildeter Menschen und akademischer Berufe.

Wie sieht im Vergleich zu den privaten Konsumausgaben der Haushalte die Struktur der Ausgaben des Staates aus, der in drei Haushalten präsent ist:
Den Ausgaben der Kommunen und Städte, dem Landeshaushalt und dem Bundeshaushalt:

(b) **Ausgaben der Kommunen und Städte 2019 (absolute Zahlen des Statistischen Bundesamtes umgerechnet in Prozentanteile und den drei Existenzkategorien zugeordnet):**

Übersicht – Ausgaben der Kommunen und Städte 2019 insgesamt 276 Mrd. EUR

Bereich	in %	Zuordnung
Personalausgaben	26,0	G
Lfd. Sachaufwendungen	22,0	G
Soziale Leistungen	24,0	G
Sachinvestitionen	12,0	G
Verwaltungsausgaben	11,0	G
Sonstige Ausgaben	5,0	

(c) **Ausgaben des Landes Bayern 2019 (absolute Zahlen des Bayerischen Landesamtes für Statistik umgerechnet in Prozentanteile und den drei Existenzkategorien zugeordnet):**

Übersicht – Ausgaben des Bayerischen Staates gemäß Haushaltsplan 2019 insgesamt ca. 61,7 Mrd. EUR (Länder gesamt: 417 Mrd. EUR)

Bereich	in %	Zuordnung
Ministerien Innen, Sport, Integration ca.	10,0	8 G, 1 N, 1 K
Justiz	4,0	G
Unterricht und Kultus	21,0	K
Finanzen und Finanzverwaltung	34,0	G
Wirtschaft, Energie, Landesentwicklung	2,0	G
Ernährung und Landwirtschaft	2,5	N
Wohnen, Bau, Verkehr	6,6	G
Familie, Arbeit, Soziales	10,0	8 G, 1 N, 1 K
Umwelt und Verbraucherschutz	1,5	N
Gesundheit und Pflege	1,1	N
Wissenschaft und Kunst	12,0	8 G, 4 K

(d) Ausgaben des Bundes 2019 (absolute Zahlen des Statistischen Bundesamtes umgerechnet in Prozentanteile und den drei Existenzkategorien zugeordnet):

Übersicht – Struktur der Ausgaben des Bundes 2019 bei einem Gesamtumfang der Ausgaben 2019 in der Höhe von 397 Mrd. EUR

Bereich	in %	Zuordnung
Soziales (Rente, Arbeitsmarkt, Familie…)	50,4	G
Verteidigung	12,3	G
Forschung, Wissenschaft, Hochschulen	7,2	5 G, 2 K
Verkehr	5,2	G
Schuldenzinsen	4,9	G
Versorgungsleistungen	3,0	G
Wirtschaftliche Zusammenarbeit	2,9	G
Öffentliche Sicherheit	1,7	G
Wirtschaft/Energie	1,4	G
Ernährung/Landwirtschaft	0,4	N
Weitere Ausgaben	8,5	G

Zusammenstellung der Ausgaben der vier Ebenen der Haushalte, gruppiert nach den Existenz-Kategorien und gewichtet entsprechend dem Verhältnis der Gesamtausgaben der Haushalte. D. h. die Prozentwerte der einzelnen Haushalte werden auf die Gesamtausgaben des Privaten Konsums hin gewichtet:

Zusammenfassende Übersicht – Verteilung der Ausgaben der vier Kategorien von Haushalten auf die drei Existenzkategorien

Haushaltskategorien/Existenzkategorien	Gesellschaftliche Existenz	Existenz als Naturwesen	Existenz als Kulturwesen
Privatkonsum	29 %	21,0 %	2,0 %
Ausgaben Kommunen/Städte	11 %		
Ausgaben Bayern als Beispiel	14 %	1,3 %	5,0 %
Ausgaben Bund	16 %	0,2 %	0,3 %
Summe	**70 %**	**22,5 %**	**7,3 %**

Natürlich ist dies nur eine über den Daumen gepeilte Sortierung der Ausgaben, die aber dennoch einige Plausibilität beanspruchen darf:
Mit 70 % beziehen sich mehr als zwei Drittel aller Ausgaben des Jahres 2019 in Deutschland auf die Sicherung der gesellschaftlichen Existenz der Menschen, wobei die Ausgaben der privaten Haushalte (aufgrund Kosten für Wohnen) vor denen des Bundes (Soziales und

Verteidigung liegen). Knapp ein Viertel der Gesamtausgaben dienen dem Menschen als Naturwesen vor allem für Gesundheit und Ernährung während dem die drei öffentlichen Ausgabenbereiche dafür sehr wenig Mittel verausgaben. Mit 7 % ist der insgesamte Aufwand für den Menschen als Kulturwesen natürlich beschämend gering, wobei hier die Länder mit ihren Ausgaben für das Bildungs- und Hochschulwesen weit an der Spitze liegen. Jedoch müssten die Aufwendungen der Gemeinden und Städte hier sorgfältiger in ihrer Mehrfachfunktion, wie z. B. bei den Kindergärten und Schulgebäuden gesehen werden.

Dennoch ist nicht zu übersehen, dass die Ausgaben der Kommunen, hauptsächlich Personalaufwendungen, laufende Sachausgaben und Sozialausgaben im Wesentlichen der Aufrechterhaltung von staatlichen Dienstleistungen und der Verwirklichung von Bebauungsplanungen, sowie von übertragenen Aufgaben dienen und eigentlich kaum über ein eigenständiges Profil im Bereich der Förderung der Menschen als Natur-Kultur-Wesen verfügen.

Dass somit die deutsche Gesellschaft bis hinunter auf die dem Bürger nächste gesellschaftliche Ebene, den Kommunen, voll auf Ressourcenverbrauch ausgerichtet ist und nicht auf die Förderung naturverträglicher Lebensweisen und schon gar nicht auf eine wachsende Vernunft im Umgang mit der Natur im gesellschaftlichen und individuellen Maßstab, ist anhand der Parallelbetrachtung der zweckentsprechend differenzierten privaten und staatlichen Ausgaben kaum zu übersehen und kaum zu bestreiten.

Dies aber verdeutlicht die Größe der Herausforderung durch die bevorstehende Aufgabe des Umbaus der gesellschaftlichen Institutionen in Richtung Klima- und Naturverträglichkeit, der nicht ohne die Förderung entsprechender Eigeninitiativen der Bürger auf der untersten Ebene möglich sein wird.

10.9.3 Der Hyper-Verbrauch richtet sich nach den Bedürfnissen der Produktion zur Gewinnerzielung und Arbeitsplatzsicherung auf Kosten der Natur und Kultur

Der Verbrauch richtet sich also nicht mehr nach den wirklichen Bedürfnissen der Menschen als soziale Natur-Kultur-Subjekte, sondern nach dem Bedarf an Produktion, um einerseits das fortwährende Gewinnmachen, die dafür erforderlichen Investitionen und Produktionen am Laufen zu halten, und andererseits die Arbeitsplätze für den Gelderwerb der Konsumenten zu sichern.

Nachdem heute nur ca. 14 % des Einkommens für Ernährung aufgewendet wird, was ein deutliches Zeichen dafür ist, dass die Industrie nur noch durch Mehrverbrauch von industriell erzeugten Konsumgütern und mittels weiteren Produktivitätssteigerung im Ernährungssystem durch „neue Techniken" wachsen kann, muss auch der entsprechende Verbrauch durch vorzeitigen materiellen oder kulturellen Verschleiß der industriellen Konsumartikel und Größenwachstum in der Landwirtschaft gesteigert werden. Dies erfordert die Aufrechterhaltung der flächenbezogenen Direktzahlungen ohne Gegenleistung ebenso, wie die Ausverlagerung der Produktion vieler Konsumartikel in Billig-Lohn-Länder, in denen es weniger und laschere Umweltschutzauflagen gibt, welche auch die „kostengünstige"

Entsorgung der gigantischen Abfallberge, z. B. von Plastik, Kleidung und Elektroschrott ins Ausland überhaupt erst ermöglichen.

Was wir also nach der „Wiedervereinigung" in den 90er Jahren und besonders ab der Jahrtausendwende in Deutschland bekommen haben, ist ein System des forcierten Verbrauches durch Industriewachstum mit neuen Niedriglohn-Arbeitsplätzen und einem permanent hohen Druck auf arbeitslos gewordene Menschen, sich vor der Gesellschaft zu rechtfertigen durch erhöhte Anstrengungen, bis hin zur Aufnahme mehrerer Billig-Jobs gleichzeitig, um überleben zu können.

Mittels der neuen sozialpolitischen Rahmenbedingungen des permanenten Druckes auf das Erwerbsersatzeinkommen und die Renten (erleichtert durch den Wegfall der realsozialistischen Konkurrenz) und den genannten verbrauchssteigernden Wohlfahrts-Innovationen und Tricks des vorzeitigen Verschleißes von Produkten, erreichten das BNE, die Umsätze und Gewinne, aber auch die Abfallberge bisher nie gekannte Höhen.

Deutschland war also wirtschaftlich seit der Jahrtausendwende nochmals durchgestartet auf ein Niveau des Ressourcen- und Energieverbrauches, global hochgerechnet auf das 3-Fache der noch gegebenen globalen Kapazität. Dem entspricht ein THG-Ausstoß von durchschnittlich 11,2 t CO_2e pro Kopf, also ca. dem Vierfachen dessen, was zur Begrenzung der Erderwärmung auf 2 °C weltweit tolerabel wäre: Soll das 2-Grad-Ziel erreicht werden, wären die THG-Emissionen innerhalb der nächsten 20–30 Jahre auf null Emission zu bringen, was bei der Division des Rest-Budgets an CO_2-Emissionen durch 30 Jahre und die Weltbevölkerung, 2,7 t CO_2 pro Kopf und Jahr ergäbe.

Um zeitgleich mit den anderen Ländern der Welt bis 2036 auf null Emissionen zu kommen, was nötig wäre, um mit 66 % Wahrscheinlichkeit maximal 1,75 °C Erwärmung zuzulassen, hätte Deutschland vom Rest-Budget der Welt in der Höhe von 420 Gigatonnen (IPCC Sonderbericht 2018) nach den Berechnungen von Stefan Rahmstorf ein anteiliges Rest-Budget von 9,7 Gigatonnen, die bis 2036 auf null Emissionen gebracht werden müssten, was 0,8 Gigatonnen pro Jahr bzw. 6 % jährliche Minderung verlangen würde.

Davon ist Deutschland weit entfernt. Nach den aktuellen Klimaschutzplänen der Bundesregierung würde Deutschland das Rest-Budget bereits bis 2030 ausschöpfen und danach weiter deutlich zum Klimawandel durch weitere Emissionen über die Zielmargen hinaus beitragen.

Zu dem kommt hinzu, dass die deutsche Wirtschaft, vor allem auch die Landwirtschaft durch das Festhalten am hohen Tierbestand, andere Länder in ihren Möglichkeiten zur Senkung der THG-Emission behindert oder zumindest nicht ermutigt, da weiterhin z. B. Soja aus dem Ausland benötigt wird und wohl weiterhin mehr als die Hälfte der Treibhausgase für die deutsche Ernährung im Ausland emittiert würden.
Um wirklich Fortschritte gegen den Klimawandel erzielen zu können, müssten auch die Produktionsverlagerungen und die damit verbundenen Landnutzungsänderungen im Ausland beendet werden, um z. B. den Amazonas-Urwald zu retten.

Aber auch von diesem Ziel der systemischen, vor allem im Ausland wirksam werdenden Klimaschutzmaßnahmen ist Deutschland meilenweit entfernt, sodass davon ausgegangen werden kann, dass die deutsche Industriegesellschaft ähnlich wie alle anderen, in der gegenwärtigen Verfassung überhaupt nicht dazu in der Lage und/oder auf politischer Ebene auch nicht dazu bereit ist, effektive Maßnahmen zur Senkung des Ressourcenverbrauches zu ergreifen, um die Klima- und Umweltkrise und vor allem die Abholzung der letzten Urwälder der Erde, die für das Klima systemrelevant sind, einzudämmen.
Das gesamte, zum Klimaschutz auserkorene Maßnahmenspektrum ist eindeutig von der Absicht geprägt, die Produktion weiterhin zum Wachsen zu bringen, z. B. durch Anreize für die extrem fragwürdige Wärmedämmung der Wohngebäude durch Materialien, von denen bekannt ist, dass sie die Brandgefahr erhöhen, ihre Wirkung binnen weniger Jahre verlieren und am Ende Sondermüll sein werden. Um die Wirtschaft anzukurbeln und am Laufen zu halten, ist jedes Mittel recht, man muss nur genügend Leute haben, die sich diesen als Klimaschutz deklarierten Unsinn leisten zu können.
Vernünftiger wäre in vielen Fällen die flächendeckende Nutzung der Solarthermie auch für Heizung und die Änderung von aus Luxuszeiten stammenden Gewohnheiten, wie z. B. ein überhohes Temperaturniveau in der ganzen Wohnung oder im ganzen Haus.

Letztlich wird auf neue Techniken zur Gewinnung und Nutzung erneuerbarer Energien und schließlich auch auf Techniken zur CO_2-Abscheidung und -Speicherung (CCS-Technik) aus der Atmosphäre vor allem aus wirtschaftlichen Gründen orientiert, weil nur mit solchen Techniken Gewinne zu erzielen und Arbeitsplätze verbunden sind. Auch wenn bereits jetzt klar ist, dass z. B. die Elektromobilität mittels Batterien zur Zerstörung bisher unberührter Natur für die Lithiumgewinnung und zu völlig neuen Abfallbergen (Batterien) führen wird.

Wer unter den vorgenannten Bedingungen annimmt, dass die Industrieländer, allen voran Deutschland eine reale Klimaschutzpolitik betreiben würden, lebt bereits auf dem anderen Stern, den wir benötigen, wenn die Staatspolitiker als Sachwalter der großen Konzerne und internationalen Interessengruppen ihr Werk vollendet und unseren Planeten in eine Wüste verwandelt haben werden.

Es gibt viele Illusionen, die man haben kann, um den Klimawandel und Umweltkrise einzudämmen, aber die folgenden zwei darf man, nach allem was auf den vergangenen 500 Seiten über die Geschichte der Entwicklung des Verhältnisses zur Natur auf den Tisch gebracht wurde, nicht mehr haben:

- Gewinn-orientierte Forschung, Entwicklung und Produktion kann keine Lösung mehr bringen, weil sie die Natur fragmentiert und nicht als System anerkennen und fördern kann, denn dabei würde weniger oder gar nichts zu verdienen sein.
- Die hochgerühmte Aufklärung des 18. Jh. mit ihrer Liberalität, ihren Gleichheits- und Solidaritätsversprechen muss erst noch vollendet werden, damit die Menschen nicht zu jedweder Arbeit, auch zur naturschädlichen, verdammt sind, um leben zu können.

> Der Zwang zur Arbeit für andere, um seinen Lebensunterhalt zu verdienen, ist eine sowohl in sozialer, ökologischer und kultureller Hinsicht arges, mit materiellem Überfluss kaschiertes Defizit der Aufklärung, das es dringend zu korrigieren gilt, ebenso wie die Gewinnorientierung, um der Ökologie und ihren hauptsächlichen Sachwaltern: den Natur-Kultur-Menschen und kommenden Generationen die ihnen gebührende Chance zu geben und zu erhalten.

Das ist die wirkliche Aufgabe des 21. Jh.: Die Beendigung der Produktion um des Gewinnes willen – des „koste es was es wolle" – und die Beendigung des Zwanges zur Arbeit für andere um seine Existenz vor dem Absturz in die Obdachlosigkeit zu sichern.

Der Begriff „Verdienen" oder „Verdienst" besagt eigentlich die mit den Menschenrechten, vor allem der individuellen Freiheit und Würde sowie menschlichen Solidarität unvereinbare Ungeheuerlichkeit, dass Menschen sich ihr Leben „verdienen" müssen, indem sie für andere arbeiten und dass also das Dienen Hauptbestimmung der zur Arbeit gezwungenen abhängig Beschäftigten ist.
Und da ein Recht auf Arbeit immer auch die Pflicht zum Dienen beinhaltet, bekommt dieses Recht erst dann einen positiven Charakter als Menschenrecht, wenn es sich dabei nicht mehr um „abhängige Arbeit", sondern um eine sinnvolle Tätigkeit für eine naturverträgliche und gemeinwohlförderliche Existenzsicherung direkt für die tätigen Subjekte selbst handelt.

Nur dadurch ist eine Konzentration der Verantwortung und Sorgfaltspflicht gegenüber der Natur auf das soziale Natur-Kultur-Wesen und die Ausschaltung der Natur-Zerstörung durch meist anonyme Großorganisationen und menschen- sowie sachferne Nutznießer, denen die Natur überhaupt nichts bedeutet, möglich.

Das ist angesichts der Unterbelichtetheit der Entwicklung des Kultur-Subjektes und seiner Vernunft sicher eine Herkulesaufgabe. Jedoch wird dieser moderne, wissende Mensch nicht überleben, wenn die Gesellschaften weiterhin den Interessen der Konzerne und internationalen Interessengruppen folgen, weil die Industriegesellschaften, samt ihrer Politiker und Interessengruppen sich Zukunft gar nicht anders denn als gewinnorientiertes Projekt vorstellen können. Dafür finden sich dank weltweiter Fluchtbewegungen (vor allem in Richtung Europa) genügend Arbeiter, die bereit sind, für ein Minimum an Lebensunterhalt alles zu machen – wie z. B. die zahllosen Immigranten, die derzeit in Deutschland zunehmend die Hilfsarbeit verrichten, die unter ähnlichen Umständen kaum ein Einheimischer erledigen würde.
Dies ist die moderne Logik des Kalküls unter den Bedingungen des Klimawandels und der Umweltzerstörung: Man findet immer genügend Leute, die die niederen, schmutzigen, schweren und unattraktiven Dienstleistungen und Arbeiten, auch der Zerstörung des Planeten, vor allem im Ausland und neuerdings auch mit den zahllosen Flüchtlingen im Inland, auf sich nehmen, um mit der Aussicht auf ein geringes Salär auch die Gewinne für die Auftraggeber zu sichern.

War dies das eigentliche Kalkül der Bundeskanzlerin Angelika Merkel 2015 als sie angesichts der Millionen von Flüchtlingen, die nach Deutschland kamen und untergebracht werden mussten die Parole ausgab: „Wir schaffen das"? Wir schaffen die Integration in ein System der Wohlfahrt, das ohnehin von einer gehobenen Form von Sklavenarbeit lebt (der Arbeit für andere zum Zwecke des eigenen Lebensunterhaltes) und Leute gebrauchen kann, die die untersten Arbeiten bereitwillig übernehmen. In den 60er und 70er Jahren hat man Busse in die Türkei geschickt, um die „Gastarbeiter" für die fehlenden Arbeitskräfte im ersten industriellen Boom der Bundesrepublik zu holen. 2015 kamen sie von selbst, aus dem Fernen bis Nahen Osten und Afrika.

Kapitalismus ist besonders kreativ im Berechnen und Nutzen von Chancen auf Gewinne, bei gleichzeitiger Stabilisierung seines Systems. Die Flüchtlinge von 2015 sprechen überwiegend ausreichend Deutsch, haben Führerscheine und beliefern die deutschen Haushalte Tag und fast auch nachts mit allem Lebensnotwendigen, insbesondere auch mit allem, was die großen Online-Händler im Angebot haben.

Das neue, zu Coronazeiten der Isolation gesteigerte und süchtig machende System des Bedientwerdens mit allem, was das Herz begehrt, boomt. Und keine Politik unternimmt etwas gegen diesen Boom, der den vorsätzlichen Mehrverbrauch an Ressourcen anheizt für Produkte, die die noch guten alten Sachen allein z. B. aus modischen oder Gründen des Komforts ersetzen oder durch geplante Schwachstellen zum vorzeitigen Versagen bringen, um den Verbrauch zu steigern. Wie bekannt geworden ist, kommen reklamierte, also zurückgeschickte Produkte gleich zum Abfall, der an zentralen Stellen in Europa einer billigen Entsorgung zugeführt wird.

Eine Gesellschaft und Produktion, die den Spieß umdreht, indem sie maximal langlebige, robuste Produkte produziert, um den ökologischen Fußabdruck, sprich Ressourcen-Verbrauch und Ausstoß an Treibhausgasen möglichst gering zu halten, müsste völlig anders organisiert werden als die jetzige: Sie dürfte nicht an der Gewinnerzielung um jeden Preis orientiert sein und sie müsste die beteiligten Menschen bzw. Firmen vom Risiko befreien, durch langlebige Produkte die Existenzgrundlage zu verlieren.

Das würde verlangen, dass die Menschen ihre Erfindungen und Fähigkeiten maximal nutzen, um nach der Bedarfsdeckung sich für überflüssig zu erklären und zu etwas Neuem überzugehen. Das scheint nicht ganz unmöglich, da dies doch auch in der Praxis unter Obsoleszenz-Bedingungen tatsächlich passiert, wenn auch meist über einen längeren Zeitraum und unvorbereitet:
Mittendrin taucht ein Produkt auf, das sich besser verkauft und schon flacht der Absatz eines anderen Produktes bis hin zur Unverkäuflichkeit ab: Aus diesem Grund entwickelt sich mancher Online-Händler nicht nur zum Tischlein deck dich für alles, sondern auch zum Testzentrum für die Marktgängigkeit von Produkten und damit auch zum neuen großen Sammelplatz für unverkäufliche Neuware, die es im großen Stil anderweitig zu entsorgen gilt.

Damit nähern wir uns der Situation, dass die permanente Überproduktion nicht zur Stockung der Produktion und damit Wachstumskrise führt, sondern zu den ganz neuen Abfallbergen unverkäuflicher Neuprodukte, die irgendwie kostengünstig verramscht, recycelt oder deponiert werden.

Warum also nicht gleich die Produktion vom Nützlichen und Ausdauernden her organisieren und die auf Einkommen angewiesenen Erfinder, Macher und Mitwirkende sozial absichern, damit sie für ihr wertvolles Engagement für das Gemeinwohl, die Ökologie und die Verbraucher, das Maximale an Praktikabilität, Lebensdauer und Wiederverwertbarkeit herausholen?
Warum sollte diese, der Logik des Menschen viel naheliegendere Ambition weniger leicht zu realisieren sein als die gegenwärtig dominierende Ambition möglichst viel Gewinn zu erzielen, ganz egal welche ökologischen Schäden daraus folgen und was man dann noch mit diesem Gewinn als Vermögen an individueller Wohlfahrt erreichen kann?

Sind die Macher, die nur dies im Auge haben, nicht eigentlich Verrückte, die sich von einem normalen, gesunden, zufriedenen Leben weit entfernt haben, um als neue Krösusse in die Geschichte einzugehen? Aber von diesen Verrückten wird unser Leben und die Zukunft des Planeten bestimmt, den sie mit ihrem Materialumsatz und Verschleiß ruinieren.

Da die ungeheueren Vermögen durch Berge von Abfällen zustande kamen, da die Nutzer ihrer billigen Produkte keine lange Freude daran hatten, sodass Ressourcenverbrauch, Klimawandel und Artensterben enorm forciert wurden, sollte tatsächlich der Spieß umgedreht werden und der gewinnorientierten Produktion ebenso der Kampf angesagt werden wie der staatlich verordneten Pflicht, seinen Lebensunterhalt, als abhängig Beschäftigter, mit meist unmittelbar oder mittelbar umweltschädlicher Arbeit verdienen zu müssen.

Die

- gewinnorientierte Produktion und
- lebensunterhaltsichernde Arbeit für diese gewinnorientierten Produktionen

sollten also baldmöglichst in eine

- bedürfnisorientierte naturverträgliche Produktion und
- eine sinnerfüllte naturverträgliche Tätigkeit unter der Bedingung der staatlichen Sicherung des Lebensunterhaltes

überführt werden.

An dieser Sorgfaltspflicht, dem Planeten, seinen Menschen und künftigen Generationen gegenüber, scheint kein Weg vorbei zu führen:

Angesagt ist Vorrang für nützliche, möglichst langlebige und naturverträgliche Produkte und Freiwilligkeit der Menschen, solche Produktionen mit ihrer Tätigkeit naturverträglich und gemeinwohldienlich zu erzeugen.

10.9.4 Was ist „Gewinn", und woher stammt er?

Unzweifelhaft ist ein Gewinn jedweder Art ein vorteilhaftes Mehr an Gütern, Geld, Freude oder Reichtum über das hinaus, was man bisher hatte oder aufwenden musste, um dieses Mehr zu erzielen. Der Begriff lukrativ stammt aus dem lateinischen Lucrum (Gewinn, Vorteil) und bezeichnet damit Tätigkeiten, mit denen Gewinn zu erwirtschaften ist.
Im 18. Jh. benannte der bedeutende Universalgelehrte und Aufklärer Christian von Wolff den Gewinn als

„... die Sache ..., welche zu unseren Gütern hinzukommt, ohne dass sie dadurch vermindert werden, aber wodurch wir reicher werden" (Wikipedia, Gewinn, 26. Jan. 2021).

Mit dieser Definition setzte der Aufklärer drei Referenzen, die für den Gewinn bis heute fundamental sind:

Gewinn

- vermehrt die bereits vorhandenen Güter absolut,
- also über das hinaus, was von den Gütern an Aufwand zur Gewinnerzielung eingesetzt wird und
- macht uns „reicher", womit Wolff wohl auf das Mehr an Gütern ansprach, was jedoch auch bedeutete, dass mit ihm eine Wertung relativ zu früher verbunden ist, die, dynamisch gesehen, auch als vorteilhafte Lage-Verbesserung verstanden werden kann.

Mitte des 18. Jh., 1754, konnte Wulff das Reicher-Werden noch eher in einem universelleren Sinne verstehen denn als Vorteil, der nur für bestimmte Menschen oder eine Gruppe von Menschen infrage kommt, die bereits über Güter verfügen.

Bezogen auf die heutige Situation des Hyperverbrauchs an Konsumgütern und den damit verbundenen Zerstörungen der natürlichen Lebensgrundlagen stellt sich die Frage, warum der Gewinn, (heute allgemein verstanden als der Überschuss der Erträge über die Aufwendungen und über das eingesetzte Kapital), diese fatale Wirkung der Produktion um des Gewinnes und nicht um des konkreten ökologieverträglichen Nutzens für die Menschen willen überhaupt entfachen kann, wodurch der Reichtum angehäufter Güter, Produkte und Vermögen die Lage der Menschen zweifellos nicht mehr verbessert, sondern absolut verschlechtert?

Ist es der Gewinn an sich, seine Anhäufung oder der materielle oder persönliche Anreiz zum Gewinn-Machen oder die ungerechte Verteilung der Gewinne in der Gesellschaft, oder die Konkurrenz als Rahmen in dem man nur überleben kann, wenn man reicher wird, die den naturzerstörerischen Hyperverbrauch mit sich brachten, oder sind es die unreflektierte Herkunft und dementsprechende Verwendung der Gewinne, die uns in diesen Teufelskreis der Naturzerstörung durch Güter-Mehrung gebracht hat?

Es ist die unreflektierte Herkunft und Verwendung der Gewinne:

a) Woher kommt der Gewinn in der Landwirtschaft und wofür wird er verwendet?

Über die sesshaft gewordenen Ackerbauern wissen wir, dass die Sesshaftigkeit sie in einen Vorteil gegenüber Jägern und Sammlern brachte, weil sie durch das Verharren bei den wachsenden Getreidepflanzen deren überreichlichen Samen ernten konnten, was ihnen Nahrungssicherheit für ein ganzes Jahr brachte, wenn es ihnen gelang, die Samen als Vorräte aufzubewahren.
Der Überschuss an Samen aus dem natürlichen Wachstum der Getreidepflanzen war wohl der erste Fall von Gewinn in der Geschichte. Und es war damals noch völlig unbestritten, dass dieser Gewinn aus der Natur kam, auch wenn der gezielte Anbau und die Vorratshaltung Menschenwerk war. Die Umwandlung der üppigen, jungfräulichen Natur (Wälder, Savannen, Schwemmland) in Äcker brachte hohe Erträge von über 40 dt/ha, wie Archäobotaniker ermittelt haben, was ein starkes Bevölkerungswachstum einsetzen ließ, das die Ressourcen des in Besitz genommenen Territoriums bald vor allem deshalb überforderte, weil die Ackerbauwirtschaft, aus Unwissen, die Natursubstanz abtrug, ohne sie zu erhalten, und infolge der immer kargeren Ernten bald ihre Bevölkerung nicht mehr ernähren konnte. Die Grafik veranschaulicht den Niedergang der vormals hohen Produktivität der im Neolithikum ackerbaulich umgewandelten Böden infolge schonungslosen Raubbau an der gesamten Ökologie der besiedelten Landschaften infolge verstärkter Nutzung der Wälder für die Metallschmelze.

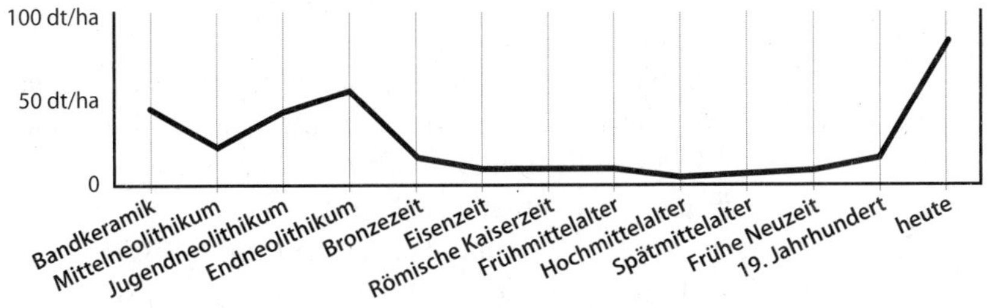

Abb. 7: Getreideerträge seit der Bandkeramik (ca. 5000 v. Chr. bis heute) in dt/ha

(Aus: Manfred Rösch, „Vom Korn der frühen Jahre Sieben Jahrtausend Ackerbau und Kulturlandschaft", Denkmalpflege in Baden-Württemberg 3/2009, S. 163.)

Als in der Bronze- und Eisenzeit (Übergang ca. 1000 v. Chr.) die Entwaldung einen Gipfelpunkt erreicht hatte und große Gebiete im Nahen Osten und in Osteuropa austrockneten und Wald sowie Holz als Biomasse-Ressource für den Ackerbau praktisch nicht mehr verfügbar waren, gingen die Erträge im Römischen Reich auf ein Niveau von ca. 10 dt/ha zurück. Im nach-römischen europäischen Mittelalter sank das Niveau auf 4–6 dt/ha und erst im 18. Jh., mit der Erholung der Wälder und der neuen Dreifelderwirtschaft (Anbau von stickstoffsammelnden Pflanzen – Erbsen, Bohnen, Linsen – auf den Brachflächen, organische Düngung, möglichst durchgängige Begrünung) wieder zu steigen begann.

Obwohl diese Voraussetzungen für die natürliche Bodenfruchtbarkeit heute Stand des Wissens sind und auch jeder Landwirt davon schon einmal gehört hat, verhält sich die

konventionelle Landwirtschaft heute, mit dem für sie typischen Chemie-Einsatz als vermeintlichem Hauptwachstumsfaktor, fast so wie die ersten Ackerbauern: Sie zehren von der Natursubstanz in ihren Böden, dem Humusvorrat, dem artenreichen Bodenleben weil sie glauben, dass ihre Hocherträge allein vom Kunstdünger und den Spritzmitteln abhängen und dass man diese Mittel schadlos für die Natur anwenden könne.
Im Unterschied zu den frühen Ackerbauern haben die heutigen industriell orientierten Bauern den natürlichen Ursprung ihrer Erträge, Überschüsse und Gewinne völlig vergessen, und die Agrarwissenschaft hilft ihnen dabei, sich schon fast wie ein Industrieangestellter zu fühlen, dessen Geschick, unter dem Oberbegriff der Präzisionslandwirtschaft, hauptsächlich in der richtigen Bedienung und Nutzung moderner Maschinen, Chemie und Digitaltechnik zu bestehen hat.
Dass es sich hier, bei der angenommenen Erschöpfung der natürlichen Bodenfruchtbarkeit durch Abtrag des humosen Bodens nicht um eine in die Vergangenheit verlagerte Verschwörungstheorie gegen die Chemielandwirtschaft handelt, sondern um einen nicht zu hintergehenden zwangsläufigen Prozess der Auspowerung der Böden durch fehlende Rückführung ausreichenden organischen Materials, zeigt die US-amerikanische Landwirtschaft, die es innerhalb von weniger als einem Jahrhundert „geschafft" hat, den meterdick humosen Boden der umgepflügten Prärien auf nur noch wenige Zentimeter Auflage heute, gebracht zu haben (siehe u. a. Montgomery, ebenda.).

Während die Überschüsse der frühen Ackerbauern noch unmittelbar den Hunger beseitigten und das Leben der Gemeinschaften zunächst sicherer machten, dienen die Hocherträge der Landwirte heute für Geldgewinne großer Handelsunternehmen auf den Weltmärkten. Und die Gewinne des Landwirtes selbst dienen hauptsächlich für neue Techniken zur weiteren Steigerung dieser Erträge und Bewältigung ihres Größenwachstums mit gleich vielen oder weniger Arbeitskräften, also zur Produktivitätssteigerung.
Da nicht mehr verstanden wird, dass der Überschuss wesentlich vom eigenständigen Wachsen der Pflanzen und Nutztiere kommt und auch nicht anerkannt wird, dass Klimawandel und Artensterben eine Folge der eingesetzten naturwidrigen Mittel und hohen Nutztierzahlen sind, werden die Gewinne nicht in die Erhaltung und Steigerung der Eigenproduktivität der Ökosysteme investiert, sondern in immer neue Techniken, Bauwerke und Infrastrukturen, mit denen man glaubt, sich an den Klimawandel anpassen zu können.

Man ist bereit systemisch zu denken, jedoch nur in technischer Hinsicht, nicht i. H. auf die Naturgrundlagen der Bodenfruchtbarkeit, die zentrale Bedeutung der Ökosysteme für eine hohe Artenvielfalt und ausgeglichene, gemäßigte Wetterverhältnisse und auch nicht i. H. auf die damit verbundene hohe Biomasseproduktivität und Lebenssicherungsleistung der Ökologie überhaupt, die alle landwirtschaftlichen Hocherträge um ein Vielfaches übertreffen.
Der unselige Partner dieser Art von naturblindem, partiellem, linear verkürztem Denken beim Produzieren ist der auf „billig" programmierte Hyperverbrauch der Konsumenten, die lieber einen Großteil des Essens als Abfall wegwerfen als für eine bessere Qualität mehr zu bezahlen.

Das Unverständnis gegenüber den natürlichen Ursachen des Gewinnes erzeugt also weitere Illusionen des Hyperverbrauchs, wie z. B. das krampfhafte Festhalten an den hohen Nutztierzahlen, das Festhalten an Kunstdünger und Pestiziden und die Spekulation mit der gentechnischen Veränderung der Nutzpflanzen und -tiere sowie von Schädlingen in der freien Natur. Und es erzeugt einen massiven Widerstand gegen ökologische Alternativen und gegen eine Belastung der naturschädlichen Produktion und dadurch erzeugten Produkte mit den allgemeinen Folgekosten, beispielsweise über umweltbezogene Steuern und Abgaben auf naturschädliche Produktionsmittel und damit erzeugte Produkte.

Chemie- und nutztierintensive Hochertragslandwirtschaft missachtet die Komplexität ihrer natürlichen Produktionsgrundlagen vor Ort und ihre katastrophalen Auswirkungen auf die Ökosysteme in anderen Ländern (z. B. Amazonasurwald) und damit auf die Biosphäre und Lage der Menschheit im Ganzen. Ihre Rationalität des Mitteleinsatzes ist doppelt beschränkt auf quantitative Effizienzsteigerungen auf partiellen ertragswirksamen Ursache-Wirkungsbeziehungen unter vollständiger Missachtung aller kontraproduktiven Schädigungen der Eigenproduktivität der Ökosysteme bis hin zur Störung aller Stoffkreisläufe in der Biosphäre mit entsprechend katastrophalen Auswirkungen lokal bis global.
Es ist diese doppelte Komplexitäts- und Rationalitätsbeschränktheit im Denken, die die Landwirtschaft zu einem Haupttäter in Sachen Verursachung des Klimawandels, Artensterbens und auch der derzeitigen Hagelunwetter gemacht hat, unter denen sie selbst am stärksten zu leiden hat.

b) Woher kommt der Gewinn in der Industrieproduktion und wofür wird er verwendet?

Auch in der Industrie ist es die Verkennung der wahren Ursachen der Gewinne, die verbrauchs- und daher auch wachstumsfördernd wirkt:

Gewinne sind die Einkommen, die nach dem Verkauf der erzeugten Produkte, nach Abzug der Aufwendungen und Fixkosten der Produktion, am Ende einer bestimmten Periode, sich für den Unternehmer ergeben. Voraussetzung ist, dass die Produktpreise nicht nur die tatsächlichen Kosten abbilden, sondern mit einem gewissen Aufschlag kalkuliert werden.

Wie kommt man zu diesem Aufschlag, was ist seine Grundlage und wieso kann er bezahlt werden, da doch die Lohnkosten als Repräsentanten der Zahlungsfähigkeit der Arbeitnehmer nur einen Teil der im Preis enthaltenen Kosten ausmachen.

Neben zahlreichen anderen Erklärungen für den Gewinn in Industrieunternehmen dürfte doch die materialistische die überzeugendste sein: Der Gewinn entsteht durch das Mehrprodukt, das durch Arbeit erzeugt wird, das den Arbeitnehmern aber nicht erstattet wird:

Mit dem Lohn erhalten die Arbeitnehmer nur einen geringeren Teil des Werts ihrer Produkte erstattet, nämlich den Wert, den sie zur Reproduktion ihrer Arbeitskraft, einschließlich Familie, benötigen. Allein aus diesem von Marx nachgewiesenen Wertzusammenhang wird die Wichtigkeit niedriger Lebensmittelpreise und entsprechend niedriger Löhne für die Gewinnsituation in der Industrie deutlich: Je niedriger die sog. Lebenshaltungskosten, desto größer kann das Mehrprodukt ausfallen, das die Arbeitnehmer erzeugen.

- Jedoch ist es diese Verquickung der Gewinne in der Industrieproduktion mit den Kosten für die Reproduktion der Arbeitnehmer als Natur-Kultur-Wesen nicht alleine, von denen der Gewinn abhängig ist und schließlich auch der Hyperverbrauch gefördert wird.
- Indirekt befördern die Subventionen für die Landwirtschaft eine Verbilligung der Lebensmittel, wodurch auch die Reproduktionskosten der Arbeitskraft sinken, sodass die Löhne niedrig gehalten werden und entsprechend die Gewinne wachsen können – Landwirtschaftssubventionen bedeuten höhere Gewinne in der Industrie.
- Industrieproduktion nutzt die natürlichen Stoffströme, wie z. B. das Grundwasser, meist zu vergünstigten Konditionen ohne dafür zu sorgen, dass verschmutztes Wasser für eine weitere Verwendung wiederaufbereitet wird – das verwendete Wasser wird meist über Kläranlagen oder ohne Klärung in Vorfluter eingeleitet und so dem Wasserhaushalt eines Territoriums entzogen.
- Darüber hinaus führen der Import billiger Rohstoffe und Fertigprodukte (z. B. im Bekleidungssektor) aus Entwicklungs- und Schwellenländern zur Möglichkeit einer zusätzlichen Wertsteigerung der eigenen Produkte oder der gehandelten Ware aufgrund der niedrigeren Löhne und Umweltauflagen in diesen Ländern. Diese Sondergewinne aufgrund der Differenz in den Lebenshaltungskosten von Industriestaaten und weniger entwickelten Ländern dürfte ein starker Antrieb für die Steigerung des Verbrauchs solcher Billigprodukte sein. In Relation dazu ist das neue Lieferkettengesetz allenfalls ein von den tatsächlichen Ausbeutungsproblemen ablenkendes Placebo.
- Sondergewinne gibt es auch bei der sogenannten Produktpiraterie, bei der eine bestimmte Qualität nur vorgetäuscht, nicht realisiert wird. Sie dürfte einen nicht ganz geringen Anteil am Hyperverbrauch haben.
- Die rein monetäre Betrachtung der Produktionsprozesse und also auch der Gewinne übersieht, dass die in Maschinen, Automaten, Steuerungsprogrammen vergegenständlichte – in marxistischen Begriffen als „tote" Arbeit bezeichnete – Arbeit weit über normale vom Geldwert bestimmten Amortisationszeiten von Technik hinaus wirkt und zu erhöhter Produktivität der Arbeit an diesen Maschinen beiträgt. Dieser stofflich-kulturelle Aspekt von Technik, der umso gewichtiger wirkt, je komplexer und spezieller die Anlagen sind, ist ein entscheidendes Motiv für die Aufrechterhaltung von Produktionen bestimmter Produkte und dementsprechender Verbräuche, auch wenn diese längst z. B. ins klimapolitische Gerede gekommen sind, wie z. B. die mit fossiler Energie betriebenen Autos.

Gewinne resultieren nach Auffassungen der Vertreter des Kapitalismus, wie jener ihrer marxistischen Gegner aus der Kombination von Kapital als Investition und lebendiger Arbeit als jenes unerlässliche Agens, das Kraft, Umsicht und Intelligenz verausgabt, um die erforderlichen Produktionsprozesse durchzuführen, zu veranlassen, zu steuern, zu überwachen, zu programmieren. Resultat ist in den Augen beider ein Überschuss, der von den Investoren vereinnahmt wird, obwohl er von den Arbeitnehmern produziert wird.

Natur als Quelle für Gewinn und Einkommen kommt in dieser, nach heutigen Erkenntnissen sehr abstrakten Auffassung von Produktion, nicht vor, obwohl die Naturverbundenheit überall mit Händen zu greifen ist:

- Produktionsanlagen brauchen Platz und verdrängen u. U. bedeutende Ökosysteme, deren ökologischer Nutzen verloren geht, während die Produktion häufig keinen bringt, sondern eher anhaltend negative Folgen für die Ökosysteme.
- Auch Windkraftanlagen greifen in die Natur ein: Interessant nur, dass sich über die Mobilfunkmasten kaum jemand aufregt, obwohl die mit ihrer Abstrahlung und Dichte, jedes Windrad in den Schatten stellen.
- Für Rohstoffe wie Coltan, Germanium, Lithium, Gold u. a., die Rohstoffe des digitalen, nach-fossilen und nach letzten Sicherheiten strebenden Zeitalters, werden heute Urwälder und intakte Wälder umgepflügt. Das war zu Beginn des fossilen Zeitalters nicht anders, aber damals wusste man noch nicht, dass Wälder aus Klimaschutzgründen wichtiger sein könnten als die rasche Steigerung und Beschleunigung der Mobilität durch Fahrzeuge mit Verbrennungsmotor und des Baus der dafür benötigten Straßen.
- Ganz abgesehen von der als niederträchtig zu bezeichnenden „Erleichterung" der armen Länder um diese Rohstoffe an seltenen Hölzern und Erden für ein Almosen, ist ihre Nutzung als Billiglohnland und Deponie für Plastik und Elektroschrott mindestens genauso verwerflich: Deutsche Unternehmen erzielen hohe Gewinne mit Billig-Produkten aus diesen Ländern, weil dort das Leben ganz allgemein, und damit auch die Ökologie, die Sauberkeit des Wassers und der Anspruch auf ein humanes Quartier und eine intakte Umwelt einfach weniger bis nichts gelten, was aber hierzulande nicht nur zu hohen Gewinnen, sondern auch zu einem hohen Verbrauch führt, den es mit allen erdenklichen politischen und unternehmerischen Mittel aufrechtzuerhalten gilt.

Weil die ökologischen Wurzeln des Gewinns hierzulande und im globalen Maßstab, einschließlich der Bedürfnisse auf ein gutes und naturverträgliches Leben der Menschen dort, ignoriert werden, gehört das Gewinn-Machen nach wie vor zu den angesehensten Tugenden in den Industrieländern und der Hyperverbrauch zu seinen wichtigsten Verbündeten. Dass die Gewinne weiterhin nicht in eine auch sozioökonomisch notwendige Rückführung der Produktion auf akzeptable Löhne und Einhaltung europäischer Umweltstandards investiert werden, sondern dass Natur und Mensch weiter rigoros ausgebeutet werden, gehört wohl zu den unmoralischsten, aber wohl deutlichsten Zeichen für die selbstgerechte Verkommenheit der immer noch auf maximalen Gewinn und konstantes Wachstum orientierten Industriegesellschaften.

Grundlage der Gewinne als ein absolutes Mehr an Werten jenseits der Aufwendungen und Ausgangsgüter sind die Naturgrundlagen, vor allem das eigenständige natürliche Aufwachsen von Biomasse aber auch alle selbstständigen Stoffkreisläufe in der Natur, die ein sauberes Wasser, Luftreinigung, Sauerstoffbildung usf. zur Folge haben, aber auch die in der Natur vorhandenen toten Materialien, wie z. B. Eisenerz oder Erdöl, die in Kombination miteinander völlig neue Antriebe gestattet haben, die nun zur Um- und Einkehr mahnen, weil das Klima ihre Emissionen nicht mehr mitmacht.

Gewinne resultieren, wie Quesnay im 17. Jh. erstmals behauptete, aus natürlichen Ressourcen und erst sekundär und in geringerem Umfang aus Arbeit oder anderen, von der Kapitalseite gerne angeführte Faktoren wie Erfindungen, Intelligenz, Markt.
Heute wissen wir sicher, dass ohne reine Stoffe, sauberes Wasser, nachwachsende Biomasse usf. sowie Energie aus der Natur, keine Industrieproduktion, also auch kein Wachstum und Erhalt der Arbeitsplätze möglich wäre. Dennoch werden die bei der Förderung, Verarbeitung und Abfallentsorgung anfallenden Schäden in der Natur immer noch mit der unglaublichen Ignoranz hingenommen, wie sie weltweit vor allem die Industriestaaten auch angesichts des Klimawandels und Artensterbens immer noch an den Tag legen.

Basis aller Gewinne ist letztlich die Eigenproduktivität der Ökosysteme, die federführend auf die Fotosyntheseleistung der Pflanzen und den dadurch möglichen Mehrwert der Ökosysteme als hochproduktive Lebensgemeinschaften mit ihren vielfältigen Lebenssicherungsleistungen zurückzuführen ist, ohne den die Makrobiologie nur aus Miniaturen von Pflanzen bestehen würde, wie wir sie im Hochgebirge oder in anderen extremen Lagen finden.

Da Gewinn durch die nicht kompensierte Schwächung oder gar Zerstörung von Ökosystemleistungen entsteht, die zur Klima- und Umweltkrise geführt haben, bestehen Chancen, ihn mit Rücksicht auf die Ökologie auch in Übereinstimmung mit den Vermögenden zu begrenzen, die u. a. dadurch reich geworden sind.

10.9.5 Die Transformation der Gewinnorientierung und der Arbeitsabhängigkeit des Lebensunterhaltes ist unerlässlich

Wie könnten die Schritte der Transformation in eine solche Gesellschaft aussehen, in der nicht mehr der Gewinn, sondern das nützliche Produkt und nicht mehr der Einkommen sichernde Zwang zur Arbeit für andere, die um des Gewinnes willen produzieren, den Anreiz zur Beteiligung an sinnvollen Produktionen darstellt?

Wie der Klimawandel, das Artensterben und die globale Umweltverschmutzung zeigen, bedarf es auf der einen Seite völlig neuer, stofflich-systemischer Orientierungen in der Gesellschaft und auf der anderen Seite Freiheiten für den Einzelnen, sich diesen anschließen zu können, um das Überleben der Menschheit auf diesem Planeten wenigstens einigermaßen zu sichern. Der Zwang zum Gewinn-Machen und der Zwang der Mittellosen, daran als schlecht abgefundene Angestellte mitmachen zu müssen, sind wohl die paradoxesten und verhängnisvollsten Hinterlassenschaften der aus hitzigen Vorkriegs- und Kriegszeiten und Aufbau- und sorglosen Wohlstandszeiten, die ob der unreflektierten Sorglosigkeit bereits wieder Vorkriegszeiten sind, bestehenden Geschichte des modernen Menschen.

Dass nun der Klimawandel und das Artensterben als neuartige und unerwartete Wirkungen des menschlichen Chauvinismus diesem nun in die Parade fahren, kam für alle völlig überraschend, da die Herrschaft des Anthropozentrismus seit nunmehr ca. 6000 Jahren doch das Naturganze als Ökosysteme vor Ort und die Biosphäre im globalen Maßstab vollkommen, zunehmend sogar mit (beschränkter) wissenschaftlicher Argumentation, aus seinem Denken sowie Handeln verdrängt hatte, ehe sich ökologisch-ganzheitlich orientierte wissenschaftliche Ansätze, wie die ökologische Natur- und Agrarforschung sowie heute, die Klimaforschung herausbildeten.

Aber die Verdrängung hält an und konzentriert ihre Hoffnungen, wie jeher, auf neue Techniken, mit denen die für die Umwelt nachteilige Folgen der vorausgegangenen Technik-Generation korrigiert oder gar überwunden werden sollen. Was natürlich eine Illusion ist, da Techniken neue Natureingriffe zu ihrer Produktion verlangen und per se in sich Komplexitäts- und Rationalitäts-beschränkt sind, indem sie sich nur auf die kontrollierte Nutzung partieller geringkomplexer – nicht-systemisch gesehener – Kausalitäten beziehen können und mittelbare sowie langfristige systemische Folgen außen vor lassen, um sie überhaupt einsetzen zu können (z. B. ist die Technik der Versenkung von CO_2 im Untergrund enorm stoff- und energieaufwendig und sie ist unfähig, das Versenktbleiben langfristig zu garantieren).

Daher sind auch alle technikorientierten Vorschläge zur Überwindung der Klima- und Umweltkrise völlig ungeeignet, weil die Ökosysteme als eigenständige und in ihrer Produktivität zu stärkende Systeme darin nicht vorkommen und die beiden Defizite der bürgerlichen Revolutionen – die nicht begrenzte Gewinnorientierung und der Zwang zur Arbeit für den Lebensunterhalt – nicht angegangen werden. Alle Menschen, die sich einen Funken von Naturliebe bewahrt haben und die die von Jahr zu Jahr immer kompletter verschwindenden Insekten, Schmetterlinge, Wildkräuter, Vögel vermissen, können die Situation und die möglichen Lösungen besser einschätzen als die mittlerweile zahllosen technikaffinen Wissenschaftler in den Beratergremien der Politik, die vor Kamikaze-Aktionen, wie der technischen CO_2-Abscheidung und -Versenkung in früheren Erdgaslagerstätten oder der gentechnischen „Züchtung“ der Eierlegendenwollmilchsau angeblich z. B. klimaresistenten Pflanzen (resistent gegen Hochwasser oder Trockenheit?), nicht zurückschrecken.

Wo und wie also ansetzen bei der notwendigen Transformation?

Es gilt heute die ökonomische Möglichkeit zu begrenzen, aufgrund von Vermögen Produktionen um des Gewinnes willen ökologisch ungeprüft zu starten und aufrechtzuerhalten, um das Ausgangsvermögen zu vermehren. Denn diese Freiheit führt zu immer neuen Produktionen über ein klima- und umweltpolitisch vernünftiges Maß hinaus, also zu Natur-Zerstörungen, die jeglichen, vom Menschen geschichtlich durch ausreichend Vorräte, Wissen, individuelle Freiheit und Gesellschaftlichkeit erlangten Freiheitsspielraum wieder zunichtemachen.

Gewinnorientierte Produktion und Arbeitszwang für den Lebensunterhalt sind die unmittelbaren Antriebe des industriegesellschaftlichen Motors des permanenten Wachstums – die fossile Energie ist lediglich beschleunigender Faktor – und in dieser Eigenschaft hauptverantwortlich für die neue, desaströse Naturausgesetztheit der Menschen, die ihre gesellschaftlich erlangten Freiheiten untergräbt.

Somit gilt es heute, die ursprünglich aus der Befreiung aus persönlicher Abhängigkeit, also aus sklavenähnlichen Verhältnissen, entstandene individuelle Freiheit, seine Arbeitskraft für das eigene, bessere, Leben verausgaben zu können, von dem Zwang zu befreien, dies in Unternehmen tun zu müssen, deren einziger Anreiz in der Gewinnerzielung besteht:

Denn die auf diese Art von Lebensunterhalterwerb angewiesenen Menschen

- befördern damit, ungewollt, nicht nur den Raubbau an der Natur,
- sondern sie können auch nicht im Sinne der Aufklärung frei sein als Subjekte, die auf der Basis von Wissen das Vernünftige für ihr Leben tun und
- sie untergraben mit den katastrophalen Folgen der Naturzerstörungen sogar alle Voraussetzungen für die Aufrechterhaltung bisher erreichter Lebenssicherheiten und Freiheiten.

Um die Erderhitzung, den Klimawandel, das massenhafte Artensterben und die Erdverschmutzung zu stoppen, müssen die Industriegesellschaften ihren Hyperverbrauch auf eine Größenordnung zurückführen deren Emissionen und Natureingriffe mit der Biosphäre verträglich sind. Zugleich muss die Erhaltung und Wiederherstellung der Ökosysteme der Erde absolute Priorität erlangen, da nur die eigenproduktiven Ökosysteme die notwendigen Stoffgleichgewichte (zwischen Emission und Resorption von CO_2 u. a. Stoffen) und die Biodiversität ohne schädliche Zusatzaufwendungen zu sichern in der Lage sind.

Diese zwei zentralen Aufgaben mit oberster Priorität, die Verbrauchssenkung und die Erhaltung der Ökosysteme, sind mit einer gewinnorientierten Wachstumswirtschaft, in der die Menschen zudem auf Unterhaltssicherung durch Arbeit in diesem gewinnorientierten System angewiesen sind, nicht zu erfüllen: Produktion für Gewinn benötigt Verbrauchssteigerung und diese wiederum rücksichtslose Ausbeutung der Natursubstanz gegen die Ökosysteme.

Man könnte dieses Unvermögen der Industriegesellschaften auf die Formel zuspitzen:

Erzeugung von Gewinnen durch produktive Arbeit gegen die kostenlose Erzeugung von Biomasse, Lebenssicherungsleistungen und Biodiversität durch eigenproduktive Ökosysteme.

Mit Blick auf die umfassende Krise unseres biosphärischen Erdsystems und die Übernutzung der Ökosysteme im eigenen Land und in dem durch Handel verbundenen Ausland, erscheinen folgende Schritte unerlässlich:

- Das Verbot der ökosystemschädlichen, verbrauchssteigernden Produktion um des Gewinnes willen.
- Die Befreiung der Lebensunterhaltssicherung der Menschen aus diesem gewinnorientierten Wirtschaftssystem durch eine soziale Absicherung der Menschen ohne Zwangsarbeit für Gewinn.

An dieser Stelle hätten wir die Ökosysteme selbst, als eigenproduktive Grundgaranten von Nahrung, CO_2-Speicherung, Wasserreinigung, Klimaregulierung usf., also einer sicheren Reproduktion unserer natürlichen Lebensgrundlagen, noch gar nicht in die Waagschale gelegt.

Jedoch ist genau dies das neue Gewicht, das wir infolge des heutigen Wissens über die absolute Unmöglichkeit eines Weiter so aufbieten können und zwar durch eine neue Liaison der Menschen mit den Ökosystemen in einem wohlfahrtsorientierten Gesellschaftssystem, mit den folgenden zwei Schritten:

- Die Politik beginnt zu begreifen, dass die Erhaltung und Förderung der eigenproduktiven Ökosysteme die wirkungsvollste Maßnahme gegen Klimawandel, Biodiversitätskrise, Knappheit von Naturrohstoffen und fossilen Energieverbrauch zugleich darstellt.
- Die Menschen nutzen ihre neu gewonnene Freiheit zum Aufbau einer Selbstversorgung mit Nahrungsmitteln und anderen Naturprodukten durch Nutzung und Neueinrichtung von permakulturförmig geführten Ökosystemen in den Städten und auf dem Land in Kooperation mit den Kommunen und Landwirten.

Kern dieses sowohl ökologischen wie demokratischen Transformationsprozesses der Industriegesellschaften, ohne den es keine Eindämmung der Verbräuche auf naturverträgliche Größenordnung und damit auch der Krisen des Erdsystems geben wird, ist

- eine neue, Komplexität anerkennende ökosystemische Verantwortung der Gesellschaften im Ganzen, sprich der Politik und in ihren Institutionen, sowie der Wirtschaft und
- eine neue, den besonderen Wert der Ökosysteme anerkennende Verantwortung aller Menschen für diese Ökosysteme, auf die sie sich nicht mehr nur abstrakt als „natürliche Lebensgrundlage" beziehen, sondern die sie als tatsächliche Grundlage ihres Lebens begreifen und ernst nehmen, indem sie vor Ort damit beginnen, ihre Lebensmittel und andere Naturprodukte mittels Aufbau von Permakultursystemen in Kooperation miteinander und den Institutionen und Landwirten selbst zu erzeugen.

Diese Schritte und Optionen werden im Folgenden näher erläutert.

10.9.6 Wie ist die Gewinnorientierung in der Wirtschaft zu begrenzen?

Alle Gesellschaften seit dem Sesshaftwerden orientierten auf genügend Vorräte zum Überleben für wenigstens 1 Jahr, einschließlich Saatgut für neue Ernten. Selbst wenn diese Vorräte bei den Assyrern durch die Priester bereits zugunsten der führenden Familien bis hin zum König ungerecht verteilt wurden, entstand spätestens im 18. Jh. eine völlig andere Verwendung der Vorräte:
Sie wurden in Gestalt von Geld – das in den Tempeln Babylons entstanden ist – in Form von Besitztümern und Möglichkeiten der Fabrikgründungen dazu benützt, um Produk-

tionen z. B. von Stoffen, Kleidung, Werkzeugen usf. hochzuziehen, um einerseits die vorhandenen Bedürfnisse zu befriedigen, aber andererseits auch das Vermögen zu vermehren. Produktion, um damit reicher zu werden als man vorher war, wurde zum Motor der industriegesellschaftlichen Entwicklung und die Angewiesenheit der Besitzlosen auf eine Arbeit in diesem Wachstumsprozess der Umsätze und Gewinne zum Schicksal der Tagelöhner und unzähligen Kleinbauern, die ihren bewirtschafteten Grund nicht freikaufen konnten.

Gewinn, als Voraussetzung für neue Produktion und neuen Gewinn, beförderte ein System, das keine Rücksicht nehmen kann auf die Natur, auf die natürlichen Rahmenbedingungen des Abbaus der Bodenschätze und auf die Folgen der Natureingriffe für die Ökosysteme.

Das Gebot zur Nachhaltigkeit heute ändert daran nichts, weil es nur die Sicherstellung eines ausreichenden Nachwuchses z. B. bei der Abholzung von Wäldern verlangt, nicht aber den Verzicht auf Gewinn, um die vorhandenen Wälder aus ökologischen und klimapolitischen Gründen nicht mehr anzutasten.
Dieser Unterschied zwischen CO_2-absorbierenden alten Wäldern und Junganpflanzungen, die ca. 100 Jahre benötigen, um die gleiche Resorptionswirkung zu haben, ist heute bereits entscheidend: Jeder vernichtete alte Wald verstärkt die Klimakrise, während Junganpflanzungen die nächsten 20 Jahre kaum etwas lindern werden!

Sehr deutlich wird der Unterschied zwischen der Gewinnorientierung und dem was nötig wäre, in der angedachten Funktionalisierung der Landwirtschaft für die Versenkung von CO_2 im Boden über den CO_2-Zertifikatehandel: Während allen ökologisch denkenden Menschen und Landwirten klar ist, dass die konventionelle Landwirtschaft, aufgrund des großen Humusabbaus in den vergangenen 100 Jahren (seit der Intensivierung des Kunstdünger-Einsatzes) die organische Masse und damit CO_2-Versenkung benötigen wird, um ihre ausgelaugten Böden und deren natürliche Bodenfruchtbarkeit wieder herzustellen, schwadronieren die amtlichen Klimaschützer von der Möglichkeit, die Landwirte erneut, über den Zertifikate-Handel, zu Nutznießern nun des desolaten Humuszustandes ihrer Böden zu machen: Nachdem sie ihre Hocherträge seit vielen Jahrzehnten – ohne Rücksicht auf die Verluste an Humus – aus Böden ziehen, deren Humus die Generationen vor ihnen aufgebaut hatten, sollen sie nun, am Tiefpunkt der Bodenfruchtbarkeit angelangt, die Möglichkeit erhalten, durch Humus-Wiederaufbau erneut eine direkte kurzfristige, primär nicht über die Bodensubstanz selbst vermittelte langfristige Einkommensquelle erhalten.
Diese Vorstellung ist wirklich jenseits von Gut und Böse, weil sie die Landwirte in einer absoluten Sonderstellung sieht, wo immer nur verdient werden muss, aber nie etwas zu bewahren oder zu schützen ist. Das ist absurd und pervers zugleich, weil zudem die Frage völlig ungeklärt ist, wo die dafür benötigten organischen Materialien herkommen sollen.
Keiner der agrarwissenschaftlichen Verfechter der Hochertragslandwirtschaft hat offenbar jemals ausgerechnet, welche enormen Massen an Kohlenstoff und Humus den deutschen Böden in den Jahrzehnten seit den ersten Warnungen des Club of Rome vor dem Unfruchtbarwerden der Böden in den 70er Jahren, für die Hocherträge entzogen wurden und dementsprechend zurückgeführt werden müssten, um die natürliche Bodenfruchtbarkeit für die künftig – klimaneutral – ohne Kunstdünger und Pestizide zu erzielenden Erträge sicherzu-

stellen. Nach E. G. Schulze/Ch. Körner, „Nettoproduktion und Bioenergie“, 2012, betrug der Humusverlust (Verlust an Bodenkohlenstoff) während der letzten 40 Jahre 2,6 % jährlich, was einer Halbierung des Humusgehaltes entspricht.

Bereits jetzt ist absehbar, dass bisher überhaupt keine realistischen Vorstellungen dahin gehend existieren, mit welchen organischen Materialien zu welchem Preis diese Humusbildung erfolgen soll, die im Ökolandbau per se Grundlage der Produktion ist. D. h., die herrschende Agrarwissenschaft und -politik ist weitgehend unbedarft in der Frage, wie die Hocherträge weiterhin aufrechterhalten werden sollen, wenn der Kunstdünger und die Pestizide als Klimatreiber wegfallen, und woher die organische Masse zum Humusaufbau kommen soll, wenn man die Landwirte als Unternehmer oder schlichte „Produzenten“ weiterhin dazu animiert, allen organischen Aufwuchs während eines Jahres zu verwerten, anstelle diesen auf den Feldern zu belassen oder auf diese zurückzuführen.

Das Kapitel Humusverluste und Bodenerosion infolge der chemieintensiven Hochertragslandwirtschaft gehört wohl zu den dunkelsten Kapiteln der deutschen Agrarwissenschaften und Agrarlenkungspolitik in der Nachkriegsgeschichte, die dafür verantwortlich ist, dass die Landwirtschaft

„wohl zu den letzten Branchen gehören wird, die klimaneutral werden können“ (so die aktuellen Einschätzungen aus dem Bundeslandwirtschaftsministerium im Jahre 2021).

Dabei war die Landwirtschaft ohne forcierten Kunstdünger- und Traktoreneinsatz bis zum Beginn des 20. Jh. immer klimaneutral und vermutlich sogar eine absolute CO_2-Senke.

Grundsätzlich gibt es viele verschiedene Möglichkeiten der Begrenzung der Ressourcennutzung durch Produktionen, die der Gewinnerzielung dienen, also ein Vermögen vermehren sollen.

Die Möglichkeiten lassen sich danach unterscheiden,

- ob die Ökosysteme direkt geschützt werden sollen,
- ob die gewinnorientierte Produktion generell oder in manchen Bereichen begrenzt werden soll oder
- ob der Ökosystem-Schutz und die Gewinn-Begrenzung über den Markt organisiert wird.

(1) Ordnungspolitischer Ansatz: Ökosystemschutz durch staatliche Verbote

Der Erlass von ökologiebezogenen Verboten, z. B. des Verbotes zur Abholzung von Wäldern für neue Industrieansiedlungen, Straßen usf., zwecks Gewinnung von gefragten Rohstoffen z. B. Lithium für die Batterieherstellung oder für Soja oder Rinderzucht in Amazonien, der durchaus von den entsprechenden Nutznießerländern erfolgen könnte, jedoch vermutlich nicht erfolgt, wenn es keine internationalen Verbote und Sanktionen dafür gibt. Da diese derzeit fehlen, kommt auch eine weitere Alternative in Betracht.

(2) Ordnungspolitischer Ansatz: Verbot oder Begrenzung der Gewinnerzielung

Die Begrenzung der Gewinnerzielung selbst als Verbot zum Raubbau und zu Folgeschäden an der Natur (Ökosysteme, Klima) durch Produktionen, die nicht primär der Befriedigung von naturverträglichen Grundbedürfnissen der Menschen dienen, sondern neue Bedürfnisse zur Gewinn-Erzielung schaffen. Darunter fallen alle Produktionen, die allein dazu dienen, durch geplanten oder moralischen Verschleiß der Produkte, wie z. B. bei Autos, Kleidung, Wohnungsausstattung, usf. einen vorzeitigen Austausch und dadurch weiteres Wachstum, also Gewinne und Arbeitsplätze zu sichern.
Vermutlich wäre die viel klimafreundlichere Strategie gewesen, die Autoproduktion ganz auf Ersatzteile zu begrenzen, die öffentlichen Beförderungsmöglichkeiten auszubauen, den Unterhalt der Beschäftigten auf ein bedingungsloses Grundeinkommen umzustellen und so den ganzen Privatautosektor auf wirklichen Ersatzbedarf zu schrumpfen, anstatt mit der Elektromobilität ein neues Fass mit neuen Gewinnmöglichkeiten und ganz neuen Natureingriffen zu öffnen.

Ähnliche Begrenzungen der Gewinnerzielung sind in allen menschbezogenen Dienstleistungsunternehmungen empfehlenswert, wie z. B. dem Krankenhauswesen, den Seniorenheimen u. a., wo die Gewinnerzielungsabsicht die Qualität der Aufgabenerfüllung bis ins Unmenschliche pervertieren kann, analog einer Naturnutzung, die die Substanz zerstört, um schnell größere Gewinne zu machen.

Um die Naturzerstörung zu vermeiden wäre der Übergang zu einer lediglich kostendeckenden Produktion erforderlich, die zudem eingestellt würde, wenn der Zweck der Produktion, z. B. die Erzeugung langlebiger Güter erfüllt ist. Favorit wären also genossenschaftliche und gemeinnützige Produktions- und Versorgungsstrukturen, die ihre Aktivität in bestimmten Bereichen einstellen können, sobald ihre Produkte und Leistungen nicht mehr benötigt werden. Ähnliches gilt für Dienstleistungen am Menschen, die unbedingt Bedürfnis-orientiert mit hohen Qualitätsstandards erfolgen müssen und sich mit einer Gewinnerzielungsabsicht überhaupt nicht vertragen.

(3) Ordnungspolitischer Ansatz zwischen Nationen: Globaler Ökosystemschutz in Handelsverträgen und internationalen Abkommen

Handel, der Import und Export von Gütern, sollte nicht mehr durch Zoll-Befreiungen begünstigt werden und dazu dienen, nicht-nachhaltige Produktionen im In- und Ausland zu Gewinnen zu verhelfen: So wird z. B. der Sojaimport aus Südamerika seit Mitte der 50er Jahre von Zöllen befreit, was in Europa zum Niedergang der eigenen Produktion eiweißreicher Pflanzen geführt hat. Heute sichert der ungebrochene Sojaimport die Rentabilität intensiver Schweine- und Rindermast, aber auch Milch- und Eierproduktion mit der Folge der weiteren Zerstörung des Amazonas-Urwaldes. Zugleich führt er zu Überschüssen an tierischen Produkten hierzulande, die wiederum, gestützt durch staatliche Subventionen, in ärmere Länder abgesetzt werden, wo sie die dortigen Strukturen der Selbstversorgung zerstören. Was im Land verbleibt sind teils sehr hohe Renditen und ein Überschuss an tierischen Ausscheidungen, die die Umwelt, vor allem das Grundwasser belasten.

Diese Art von „Lieferkette“ hinterlässt eine Spur der Verwüstung auf ihrer ganzen Strecke: im Ausgangsland die Urwaldzerstörung, im Abnehmerland des Soja eine Überdüngung der Flächen und Verschmutzung des Grundwassers und in den Abnehmerländern der Überschüsse die Abhängigmachung der Bewohner Afrikas von europäischen Nahrungslieferungen. Gleichzeitig wird der Klimawandel angeheizt und die Nahrungsmenge für die Menschen stark vermindert. Dagegen kommt das ganze neue Lieferkettengesetz, das sich hauptsächlich auf die Einhaltung grundlegender Menschenrechte bezieht, nicht an! Letzteres also wiederum primär eine Luftnummer, die die Realität nicht verändern wird, weil sie die wahren klima- und menschenschädlichen Stoffflüsse unberührt lässt (die u. a. Hunger in Brasilien und Afrika zur Folge haben) oder die Einhaltung der Menschenrechte nicht kontrolliert werden kann.

Pseudoregulationspolitik gehört wohl zu den stärksten Placebos und Ablenkungsmanövern von den wirklich wichtigen Stoffströmen und Ausbeutungsverhältnissen über Fernhandelsbeziehungen, die reguliert, d. h. eigentlich verboten werden müssten. Diese Politik der Beseitigung von Problemen durch Pseudoregulierung wäre längst wissenschaftliche Arbeiten wert gewesen, weil sie die grundlegenden Ausbeutungsverhältnisse zu unseren Gunsten unberührt lässt und dadurch das Auseinanderdriften zwischen realer Wirkungslosigkeit und rationalem Wohlgefühl bei angeblich „guten“ Lösungen immer weiter befördert und dadurch auch das falsche Bewußtsein der Menschen, in Gesellschaften zu leben, die alles für den Klimaschutz oder Menschenrechte tun, immer weiter verstärken.

Konsequenz wäre in allen drei Fällen:

Der direkte und unmissverständliche Schutz der Ökosysteme (Wälder, Hecken, Wiesen, Äcker) im In- und Ausland vor Zerstörung, d. h. vor Umwandlung und Bebauung mittels:

- Verbot ihrer Beseitigung,
- Verbot der Gewinnerzielung bei Produktionen, die menschliche Grundbedürfnisse befriedigen und in die Natur eingreifen (z. B. Verbot der Finanzspekulation auf Lebens- und Futtermittel),
- Streichung aller Subventionierungen und Importvergünstigungen für Produkte, die in den Exportländern aus Naturzerstörung resultieren,
- Verbot der Zerstörung aller intakten Ökosysteme für den Straßen- und Siedlungsbau im Land durch den Zwang zur Suche nach Alternativen, die diese Zerstörung vermeiden.
- In Handelsverträgen sollte der Warenaustausch eindeutig an den Schutz der Ökosysteme gebunden werden, was nicht schwierig wäre, weil jedes Land seine Ökosysteme kennt und im Handelsvertrag verbindlich nennen könnte: Ein Handelsvertrag mit Mercosur, der nicht ausdrücklich den Schutz des Amazonasurwaldes und der Indigenen als seiner Bewohner sicherstellt, sollte nirgends Akzeptanz finden, weder im Europäischen Parlament noch in den Staaten der EU.

(4) Marktergänzender Ansatz: Schutz der Ökosysteme durch Internalisierung der Kosten für die Umweltfolgeschäden mittels Steuern oder Abgaben auf umwelt- und klimaschädliche Güter und Dienste ohne oder mit dem Bonus-Malus-Prinzip (Verursacherprinzip)

Die staatliche Lenkung des wirtschaftlichen Handelns der Akteure auf dem Markt für Güter und Dienstleistungen durch Steuern, Abgaben und Subventionen gehört seit jeher auch zur kapitalistischen Marktwirtschaft. Im gleichen Umfang war der „freie Markt" immer schon eine Illusion und seine Einforderung eine populistische Phrase, mit der die öffentliche Hand heute meistens im Zusammenhang mit Klimaschutzmaßnahmen konfrontiert wird, die angeblich die Wettbewerbsfähigkeit der deutschen Wirtschaft schwächen würden und die man daher besser dem marktdominierten Handel mit Verschmutzungsrechten überlassen sollte.

Die weitestgehende staatliche Lenkung besteht seit den 50er Jahren im Agrarsektor durch die Gemeinsame Agrarpolitik (GAP) der EWG, zunächst durch die Abschottung zum Weltmarkt mittels Schutzzöllen, Festpreise durch Marktordnungen und Exporterstattungen, dann durch Direktbeihilfen bei Umwelt- und Stilllegungsprogrammen und schließlich, nach der Streichung des Außenschutzes, durch Subventionen für besondere Erzeugnisse und direkte allgemeine Einkommensbeihilfen an die Landwirte progressiv zur Nutzfläche.

Parallel wird bis heute die sog. Gasölverbilligung in der Größenordnung von ca. 20 % der Ausgaben für Treibstoff gewährt. In beiden Fällen bekommen die Betriebe umso mehr an Direktzahlungen oder Beihilfen, je größer sie sind, sodass diese Subventionen eindeutig eine Lenkungswirkung in Richtung Betriebsgrößenwachstum, Wettbewerbsvorteile für Großbetriebe und künstliche Verbilligung der Erzeugnisse durch staatliche Subventionen haben (Daneben gibt es noch eine Reihe weiterer Subventionen, wie z. B. die hohen Zuschüsse für Neubauten u. a.).
Da Betriebsgrößenwachstum die Anschaffung immer größerer Maschinen erfordert, deren Mehrverbrauch durch die Dieselbeihilfe kompensiert wird, wäre es für den Staat ein Leichtes, die Entwicklung in Richtung einer sparsameren Wirtschaftsweise bei gleichzeitigem Erhalt kleinerer Betriebe zu lenken: Er bräuchte nur die Subvention für den Agrardiesel zu streichen und die Direktzahlungen sozial gerechter, zugunsten der kleineren Betriebe zu verteilen. Würden die Direktzahlungen auch noch an ökologische Leistungen, wie z. B. die Verminderung der Zahl der gehaltenen Tiere auf ein durch die eigene Fläche zu tragendes Niveau von weniger/gleich zwei Großvieheinheiten pro Hektar gebunden, dann wäre die Landwirtschaft auf einen viel nachhaltigeren Weg gebracht, als dies aktuell für die Jahre 23 bis 27 in der GAP geplant wird.

Da der Markterfolg der konventionellen Landwirtschaft hauptsächlich darauf beruht, dass ihre Billig-Preise nur den Massenertrag pro Fläche widerspiegeln, nicht aber die hohen Folgekosten dieser Massenproduktion für die Gesellschaft, in Form des Biodiversitätsverlustes, der Grundwasserverschmutzung infolge Kunstdünger und Spritzmittel und infolge der hohen THG-Emissionen aufgrund von Chemie, überhöhter Nutztierbestände und Raubbau

an den Humusvorräten in den Böden, ist die „Internalisierung" dieser Folgekosten leichter verlangt als realisiert.
Um die von der Gesellschaft zu tragenden Umweltschäden – besonders eklatant und deutlich beim Grund- bzw. Trinkwasser – in die Preisbildung der konventionellen Landwirtschaft hineinzubekommen, fehlt bisher jegliches Instrument und, wie die bisherige Agrarlenkung beweist, auch jeglicher Wille:
Die Politik will ganz einfach keine Verteuerung der konventionellen Produkte weil die Billig-Preise für Lebensmittel zwei zentrale Funktionen gewinnorientierter Produktion erfüllen: Sie vergrößern das Budget der Privathaushalte für den Konsum der ausschließlich gewinnorientiert hergestellten Industrieprodukte und sie erhalten und steigern den Einsatz industrieller Produkte in der Landwirtschaft, mit denen die Hocherträge erzielt werden, wobei das Betriebsgrößenwachstum – durch das Wachsen oder Weichen – eine zentrale Rolle spielt:
Nur wenn die Betriebe flächenmäßig immer größer werden, benötigen sie laufend größere Maschinen und Techniken, um mit dem gesamten Umfang und den Unterschieden zwischen den bewirtschafteten Flächen fertig zu werden (das ist der wahre Hintergrund der sog. Präzisionslandwirtschaft, die nun auch noch unter dem ökologischen Titel eco-schemes gefördert werden soll).

Da eine „Internalisierung" der tatsächlichen Umweltfolge-Kosten in die Preisbildung der konventionellen Produkte kaum anders möglich ist denn über extern veranlasste Preisaufschläge (Steuern oder Abgaben) für umwelt- und klimaschädliche Betriebsmittel, sind solche Steuern derzeit für N-Düngemittel und Pestizide im Gespräch. Für CO_2 aus fossiler Energie sind sie bereits Gesetz, jedoch verknüpft mit dem nationalen Handel von Verschmutzungsrechten, der eine eigene Kategorie der Begrenzung von Klimaschäden und Gewinnbegrenzung über den Markt darstellt, die gesonderte Beachtung verdient.

- Die Beaufschlagung mit einer Steuer für N-Dünger und Pestizide, die das Grundwasser belasten und daher hohe Kosten für die Wasseraufbereitung verursachen beinhaltet folgenden Pferdefuß:

Da ihre Gewässerschutz-Wirkung nur dann zustande kommen kann, wenn die Höhe einer solchen Steuer

- einerseits genügend abschreckend wirkt, um Zukauf und Anwendung von N-Dünger auf ein naturverträglicheres Maß zu vermindern und
- andererseits in einem äquivalenten Verhältnis steht zu den tatsächlichen Kosten der Wasseraufbereitung und
- zudem sichergestellt ist, dass die Wasserversorger in die Gunst der Steuer-Einnahmen zur Deckung ihrer Mehrkosten kommen,

erscheint der Ansatz der marktförmigen Regulation durch eine künstliche Verteuerung der N-Dünger zwar sehr plausibel, aber höchst kompliziert in der Realisierung und ungewiss in den erwarteten multiplen Wirkungen:

Nach amtlichen Zahlen werden in Deutschland 125 l Wasser pro Kopf und Tag, also bei 80 Mio. Einwohnern ca. 3,6 Mrd. cbm/a verbraucht. Bei durchschnittlich 1 EUR je cbm ergibt dies 3,6 Mrd. EUR Ausgaben für Trinkwasser.
Wenn nun Gutachten zu dem Ergebnis kommen, dass die Nitrat-Fällung den Wasserpreis zwischen 49 % und 62 % erhöhen würde (BDEW Gutachten zur Berechnung der Kosten der Nitratbelastung in Wasserkörpern für die Wasserwirtschaft, Mühlheim 2017), dann müsste der aktuelle Verbrauch von N-Düngern in der Höhe von 1,3 Mio. t pro Jahr mit diesen Mehrkosten der Wasseraufbereitung belastet werden:
50 % höhere Wasserkosten für die Haushalte würden bei bisher 1 EUR/cbm 1,8 Mrd. EUR ausmachen. Umgelegt auf 1,3 Mio. t N-Dünger wären das 1385 EUR/t, also 138 EUR/dt N-Dünger auf ein Jahr bezogen, wenn also die Wasserreinigung mit diesen Kosten jedes Jahr anfallen würde, was aufgrund der hohen N-Vorräte im Boden vermutlich für die nächsten 20 Jahre realistisch wäre. Jedoch müssten zu den Mehrkosten auch die Untersuchungskosten hinzugerechnet werden, die bei kleineren Versorgungen mittlerweile fast 30 % der gesamten Aufwendungen für die Wassergewinnung, -aufbereitung und -verteilung ausmachen.

Bei einem aktuellen Preis für 27%igen N-Dünger (Kalkammonsalpeter) in der Höhe von 28 EUR wäre eine Beaufschlagung mit 27 % von 138 EUR, also 37 EUR nötig, um die jährliche Nitratreinigung zu kompensieren. Dieser Betrag könnte sich halbieren, wenn „nur" 50 % des Wassers so verschmutzt ist, dass es gereinigt werden muss, was bei den festgestellten 49 % der Messstellen mit Belastungen von mehr als 50 mg/l durchaus wahrscheinlich ist. Somit würde also die dt Kalkammonsalpeter mindestens um 18 EUR teurer sein müssen, wenn die derzeit tatsächliche Nitratbelastung preislich durch eine Steuer kompensiert werden soll. D. h., dass sich der Preis einer dt N-Düngers um 64 % erhöhen müsste, allein für Nitrat.

Da die Herausreinigung von Pestiziden, wie weiter oben bereits am Beispiel Frankreich thematisiert, wohl kaum weniger aufwendig ist, müssten auch die Pestizide mit entsprechenden Umweltsteuern belegt werden, um abschreckend und zugleich kostendeckend zu wirken.

Mithin kämen auf die Landwirte Produktionskostensteigerungen zu, die letztlich von den Verbrauchern über höhere Preise, mit der Konsequenz getragen werden müssten, dass ihre Ausgaben für Lebensmittel steigen und ihr Budget für Industrieprodukte und Reisen abnehmen würde. Je mehr sich das konventionelle Preisniveau an jenes der Bioprodukte annähern würde, käme es vermutlich zu einem massenhaften Umschwenken der Verbraucher auf die per se chemiefrei erzeugten Bioprodukte, was die Verfechter der chemie- und nutztierintensiven Landwirtschaft, Bauernverband, Agro- und Futtermittelindustrie wohl kaum tatenlos hinnehmen würden.

Also wäre absehbar, dass der Bauernverband für niedrige Umweltsteuern – ohne abschreckende und kostendeckende Wirkung – sorgen würde, um mit dem Preisabstand zu Bio auch die Überzeugungskraft der konventionellen Landwirtschaft zu erhalten.

Es scheint naheliegend, dass die Vertreter der Chemie- und Nutztier-intensiven Landwirtschaft einen anderen Weg einschlagen, nämlich eine teilweise „Ökologisierung" der Landnutzung mit einer Kombination aus Flächenstilllegung und Verringerung der Einsatzmengen von Kunstdünger und Pestiziden mittels der neuen Technik der sogenannten „Präzisionslandwirtschaft", wie er derzeit in den Abschlussverhandlungen zur neuen GAP von 2023 bis 2027 sichtbar wird.

Damit hätte dann die industrielle Landwirtschaft wieder einmal vier Jahre, in denen sie ohne nennenswerte Umweltauflagen und wiederum nach dem Matthäus-Prinzip (der Starke bekommt am meisten) den Großteil der EU-Agrarsubventionen abgreift, die Ökologie und das Klima weiter belastet, um das Preisniveau auf einem maximalen Billig-Niveau zu halten und dadurch den Vormarsch des Ökolandbaus aufzuhalten.

Zu dieser antiökologischen Lösung würde dann i. H. auf den Klimawandel der marktradikale Ansatz passen.

(5) Marktdominierter Ansatz: Handel von Verschmutzungsrechten, realisiert bei der sog. CO_2-Steuer

Der Handel mit sogenannten Verschmutzungsrechten – eigentlich ein Unding an sich – bezieht sich auf bestimmte Zeitperioden, an deren Beginn eine bestimmte – geringere – Menge an klimarelevanten Gasen festgelegt wird, die in einem Land oder von einem Unternehmen ausgestoßen werden darf. Für diese Menge werden Emissionsrechte (Zertifikate) ausgegeben, die danach frei gehandelt werden können, wobei die Nachfrage dadurch entsteht, dass Länder oder Unternehmen, die die zugebilligten CO_2-Emissionen überschreiten, dies durch den Zukauf von Emissionsrechten legalisieren können, während jene Länder/Unternehmen, die ihr zugebilligtes Verschmutzungskontingent unterschreiten entsprechend viele Zertifikate verkaufen können. Angestrebt wird, einen Rückgang der Emissionen auf das Niveau der vorgegebenen (gedeckelten) Menge zu erreichen. Die Emissionsrechte werden am Beginn einer Periode vom Staat entweder kostenlos ausgegeben oder verkauft oder meistbietend versteigert.

Da Erdölprodukte, Erdgas oder Kohle als Brennstoffe starke Auswirkungen auf unsere Umwelt haben sollen laut Bundesumweltministerium

„ … jetzt Anreize gesetzt werden, um ihren Verbrauch zu verringern und eine Lenkungswirkung hin zu umweltfreundlicheren Energieformen und Produkten auszulösen. Ab 1. Januar 2021 werden daher CO_2-Emissionen solcher fossilen Brennstoffe einen Preis erhalten. Dabei müssen Unternehmen, die solche Brennstoffe in Verkehr bringen, Emissionsrechte in Form von Zertifikaten kaufen. Diese Kosten werden die Unternehmen an die Endverbraucherinnen und -verbraucher weitergeben. 2021 wird mit einem moderaten Preis von 25 EUR pro Tonne CO_2 gestartet, das entspricht weniger als 10 Cent pro Liter Kraftstoff oder Heizöl. Schrittweise erhöht sich diese Abgabe für die klimaschädlichen Emissionen, bis im Jahr 2025 55 EUR pro Tonne CO_2 fällig werden" (BMU, Internet, Fragen und Antworten zur CO_2-Bepreisung 2020).

Da der Verkauf von Zertifikaten an die Verbraucher zu aufwendig wäre, sind es bei den Mineralölprodukten die Händler und Raffinieren und bei Gas die Stadtwerke, die die Zertifikate kaufen müssen und wahrscheinlich an die Endverbraucher weitergeben.

Bereits hier zeigt sich eine große Schwachstelle des ganzen Ansatzes des Handels mit Verschmutzungsrechten:

- Erstens hängt es von den gewinnorientierten Inverkehrbringern der fossilen Brennstoffe ab, ob sie die eingekauften Verschmutzungsrechte als Preisaufschläge an die Endverbraucher als Anreize zur Vermeidung dieser Brennstoffe weitergeben.
- Zweitens hängt es von der Höhe des Preises der Zertifikate ab, ob die Weitergabe an die Endverbraucher erfolgt und ein Anreiz gesetzt wird.
- Drittens befinden sich die fossilen Energien z.T. bereits in Konkurrenz zur Energie aus erneuerbaren Quellen, so dass zu erwarten ist, dass der Preisaufschlag für die Endverbraucher umso unwahrscheinlicher oder geringer sein wird, je konkurrenzfähiger die alternativen Energien bereits sind.
- Viertens unterliegen die fossilen Roh-Energiepreise starken Schwankungen mit Höhen, die eine Weitergabe der Anreize unwahrscheinlich machen.
- Fünftens könnten die Inverkehrbringer versuchen, die Weitergabe der Preisaufschläge durch Einsparungen an anderer Stelle zu vermeiden.
- Sechstens gibt der Staat letztlich seine Verantwortung für eine nachhaltige Reduktion des Verbrauchs fossiler Energien letztlich an die Nutznießer dieses Verbrauches ab, was noch absurder ist als das Recht auf Verschmutzung an sich schon.

Die Folge könnte sein, dass die sog. CO_2-Steuer, die eigentlich keine Steuer ist, sondern lediglich eine von den Inverkehrbringern fossiler Energien nach ihrem eigenen Gutdünken zu erhebende Abgabe, keinerlei Wirkung entfalten wird, weil es niedrigere Einkaufspreise der Energie-Rohstoffe oder die gute Gewinnlage oder die Konkurrenz untereinander oder mit erneuerbaren Energien nahelegen, die Preise für fossile Energien beim Endverbraucher niedrig zu halten.

Da Mineralölhändler am Ende der Lieferkette stehen, die mit der Erdölförderung beginnt, ist kaum eine Wirkung der CO_2-Steuer zu erwarten, die den Lieferstrom an fossiler Energie wirklich begrenzen wird.

Bereits jetzt ist absehbar, dass allein der Einstiegspreis von 25 EUR pro Tonne CO_2, der ab dem 1. Jan 2021 gilt und bis 2025 festgelegt ist, viel zu niedrig ist, um wirklich Anreize zur Einsparung von Benzin, Diesel, Heizöl und Gas zu setzen, wenn denn der Preisaufschlag von den Inverkehrbringern überhaupt realisiert wird:

Bis 2025 würde sich das Benzin um 7 c/l, Diesel um 7,9 c/l, Heizöl um 7,9 c/l und Erdgas um 6 c/kWh verteuern, falls die Inverkehrbringer die Kosten ihrer Verschmutzungsrechte überhaupt an die Endverbraucher weitergeben, was tendenziell eher unwahrscheinlich ist.

Der unter der Führung des damaligen US-Vizepräsidenten Al Gore im Kyoto-Protokoll 1997, gegen einen breiten Widerstand der versammelten Länder, erpresserisch durchgesetzte Handel mit Verschmutzungsrechten hatte per se das primäre Ziel, den Staaten jegliche Möglichkeit zum eigenständigen Klimaschutz durch die Begrenzung gewinnorientierter Produktionen, z. B. durch Vorgaben für die Beendigung der Förderung und Nutzung fossiler Energie oder den Einsatz von Pestiziden und Kunstdünger in der Landwirtschaft oder die Festlegung von Obergrenzen für Tierbestände pro Fläche u. v. a. Maßnahmen mehr, zu nehmen und in das Ermessen großer finanzstarker Unternehmen, einschließlich der auf Spekulation erpichten Finanzwirtschaft zu legen.

Klimaschutzmaßnahmen sollten also von den konkreten Marktverhältnissen und Gewinnmöglichkeiten auf den Produktmärkten und auch davon abhängig gemacht werden, ob es günstiger ist, Klimaschutz-Maßnahmen zu ergreifen, um nicht mehr benötigte Zertifikate verkaufen zu können, oder Zertifikate zu erwerben, um die Verschmutzung aufrechterhalten zu können oder, als dritte Möglichkeit den Staat mit der Abwanderung zu erpressen, wenn einem die Zertifikate zu teuer oder die vom Staat festgesetzte Deckelung der Emissionen zu niedrig angesetzt erscheint.

Als weitere Hintertüren wurden im Kyoto-Protokoll von der US-amerikanischen Seite zwei weitere Mechanismen durchgesetzt, die einem Pseudo-Klimaschutz unter der Führung der Industriestaaten (Annex-B-Staaten) Tür und Tor öffneten und dazu geführt haben, dass in den Industriestaaten der Emissionshandel praktisch bis heute – aufgrund der Anhäufung schließlich wertloser Zertifikate – zu keinen wirkungsvollen Klimaschutzmaßnahmen geführt hat:
Über den Clean-Development-Mechanismus (CDM) können die Industriestaaten in den Entwicklungs- und Schwellenländern Projekte zur Senkung von Emissionen finanzieren wie z. B. den Anbau von Palmöl als erneuerbare Energie.
Auf diese Weise fielen bereits große Teile der Urwälder Südostasiens dem von US-Investmentfirmen kontrollierten Emissionshandel nach dem Kyotoprotokoll zum Opfer: Unternehmen in Industrieländern finanzierten entsprechende Projekte, um ihre THG-Emissionen aufrechterhalten oder sogar steigern zu können.
Das zweite 2005 etablierte Emissionshandelssystem ist jenes der EU, das gleichfalls bis heute kaum eine Wirkung entfaltet hat, weil der Klimaschutz über die Verlagerung über CDM-Projekte in die Entwicklungs- und Schwellenländer billiger war, als eigene Klimaschutzmaßnahmen durchzuführen. Somit sammelten sich in Europa viele, immer billiger werdende Zertifikate an, aber es erfolgte kein Klimaschutz!

Die Industriestaaten, die als Hauptverursacher des Klimawandels eigentlich vorangehen sollten, haben sich beim Klimaschutz bisher mittels Emissionshandel freigekauft, wie anno dazumal die betuchten Sünder des Mittelalters mit dem Ablasshandel: Im Mittelalter profitierte die Kirche und heute sind es die großen internationalen Konzerne und das Investmentkapital, die ihre, für die Erde und das Klima, ruinösen Produktionen auf der Basis fossiler Energien mit dem modernen Ablass-Emissionshandel weiterhin betreiben können und diesen zu einem neuen hochspekulativen Markt mit Wetten und Derivaten, wie vor 2008 mit Gebäude-Investments, ausgebaut haben.

Warum auch sollte der Bock, der von der Mehrheit der Staaten der Welt die Genehmigung zum Kahlfraß des Gartens erhält, wenn er Zertifikate dafür vorlegt, dass Gärten im Ausland nicht kahl gefressen wurden oder schon, aber dann für eine „erneuerbare" Palmöl-Energie, den heimischen Garten schonen, sprich die Emissionen hierzulande durch geeignete Maßnahmen senken?

Die ersten Warnungen des Club of Rome sind 50 Jahre her, das Kyoto-Protokoll ist bereits 24 Jahre alt und die sog. CO_2-Steuer, die in Wirklichkeit gar keine ist, weil sie nicht vom Staat erhoben wird, sondern von den Mineralölkonzernen, -Händlern oder Stadtwerken und auf Emissionshandel beruht, ist heute, im Jahre 2021 ca. 1 Jahr alt:
Wer immer noch daran glaubt, dass die international agierenden großen Konzerne im Verbund mit den Industrie-Staaten einen wirkungsvollen Klimaschutz im Auge haben, wird durch die paradoxe Konstruktion und die fatalen Wirkungen des Emissionshandels-Systems eines besseren belehrt:

- Dieser Handel wird von den reichen Staaten und Unternehmen bestimmt, die es sich aussuchen können, ob sie sich lieber im Ausland ein Alibi erkaufen oder tatsächlich Klimaschutzmaßnahmen ergreifen.
- Besonders Staaten und Unternehmen, die überhaupt kein Interesse an der Verminderung des Einsatzes fossiler Energien haben, vor allem die Förderländer und Mineralölkonzerne, können über den Emissionshandel – z. B. durch den massenhaften Aufkauf der Verschmutzungsrechte und ihre Verbilligung – die Wirksamkeit des Mechanismus völlig lahmlegen.
- Umso absurder ist es, wenn die Staaten ausgerechnet den Mineralölkonzernen die Verteuerung fossiler Energie beim Endverbraucher übertragen und dies als Steuer titulieren, die normalerweise einen Hoheitstitel des Staates markieren und den Staat zu einer gerechten Erhebung der Steuer verpflichtet: Eine CO_2-Steuer wäre nur dann ein gerechter Anreiz zur Einsparung von Treibstoff oder Heizöl, wenn z. B. dem Pendler, der bisher mit dem Auto zur Arbeit gefahren ist, mit den staatlichen Einnahmen aus der Steuer der Umstieg auf den öffentlichen Nahverkehr erleichtert würde. Ein Anreiz hingegen ist nicht gegeben, wenn dem Pendler die Mehrkosten für den Sprit über die Anhebung der km-Pauschale erstattet wird, wie dies derzeit vorgesehen ist.
- Ganz krass wird es, wenn die Verfechter des Emissionshandels den Staaten nahelegen, auf eigenständige, in ihrer Macht als souveräne Staaten liegende Klimaschutzmaßnahmen zu verzichten, weil diese in ihrer Klimaschutzwirkung völlig verpuffen würden, da z. B. eine Förderung grünen Stromes nur dazu führen würde, dass die eingesparte fossile Energie, aufgrund der Anhäufung der Zertifikate in anderen Ländern, dann in anderen Ländern verbraucht würde.

Letzteres Argument erinnert an das hauptsächliche Gegen-Argument gegen die breite Einführung des Ökolandbaus, nämlich die erforderliche Produktionsverlagerung infolge seiner geringeren Erträge.

Wenn aber diese breite Einführung des Ökolandbaus mit einer Verringerung des Konsums tierischer Produkte einherginge, wie es aufgrund der Flächenbindung der Tierzahlen im Ökolandbau naheläge, dann braucht es keine Produktionsverlagerung, weil der sehr hohe Mehrbedarf an Fläche für tierische Produkte ganz einfach wegfallen würde.

Analog wäre die Situation im Energiebereich zu sehen: Warum sollte fossile Energie, sprich Fleisch dann mehr im Ausland verbraucht werden, wenn der Konsum bei uns zurückgeht?

Das ist das typische Jonglieren mit Teil-Ganzes-Beziehungen, die in der konventionellen Betriebswirtschaft bisher ebenso wenig adäquat abgebildet werden wie in den Agrarwissenschaft, die derzeit – neben der Politik – die Hauptverantwortung dafür tragen, dass die Standards des Ökolandbaus nicht zum generellen Standard von Landwirtschaft überhaupt erhoben werden, sondern weiterhin an der chemie- und nutztierintensiven Landwirtschaft festgehalten wird.

(6) Zusammenfassung: Wirkungsvolle Maßnahmen zur Begrenzung der Gewinnorientierung

- Zweck der Begrenzung der Gewinnorientierung einer Produktion wäre, dass Produkte nicht primär um des Gewinnes willen, sondern wegen ihres konkreten, mit der Ökologie verträglichen und möglichst lang anhaltenden Nutzens für die Menschen hergestellt werden.
  Stünde dieser langlebige Nutzen im Vordergrund, würde sich die ganze Zielrichtung und Organisation der Produktion verändern müssen, weil bereits bei der Konzipierung die Maßgaben der Nachhaltigkeit gelten müssten:
  Produkte müssten sozial notwendig, ökologisch unschädlich und ökonomisch kostendeckend produzierbar sein. Da dies für den allergrößten Teil der heute mit Gewinnabsichten hergestellten Produkte nicht zutrifft, hätte das Verbot der gewinnorientierten Planung und Durchführung von Produktionen unmittelbar eine sehr hohe Positiv-Wirkung für das Klima und den Artenschutz weil nur noch solche Produkte hergestellt würden, die wirklich benötigt werden, als Industrieprodukte eine lange Haltbarkeit aufweisen und mit dem Primat der Erhaltung der Ökosysteme im Einklang stünden.
- Voraussetzung von Produktionen mit dem Primat des ökologisch und sozial austarierten und durch die Gesellschaft finanzierbaren Nutzens wäre, dass den auf Vermögens-Vermehrung ausgerichteten großen Vermögen jeglicher Einfluss auf die Steuerung der Produktionen, damit auch der Wirtschaft, der Sozialverhältnisse und den Zustand der Ökosysteme genommen wird: Sie müssten entmachtet und ihr vermögensbedingter gesellschaftlicher Einfluss müsste auf ihren Privatkonsum begrenzt werden. Der Staat wäre mit den großen Vermögen dahin gehend übereinzukommen,

  - dass ein Großteil ihres Vermögens zur Finanzierung des bedingungslosen Grundeinkommens aller Staatsbürger und von Maßnahmen zum Wiederaufbau der Ökosysteme verwendet wird, die unter den Produktionen gelitten haben, um die natürlichen Lebensgrundlagen zu sichern;
  - dass sie einen, ihnen angemessen erscheinenden, Anteil ihres Vermögens zum privaten Leben behalten können, jedoch den Rest an staatliche oder gemeinnützige Fonds abtreten müssen;
  - dass ihre nicht mehr benötigten Fabriken entschädigungslos stillgelegt werden und künftig keine Gewinne mehr aus den noch laufenden Fabriken zu erwarten haben.
- Die neuen, nicht-gewinn-orientierten Produktionen werden von der Basis, von den Bedürfnissen der Menschen und den Bedürfnissen der Regionen her ermittelt und von Genossenschaften oder anderen Gemeinschaften von interessierten Menschen begründet.
- Infrastruktur muss Sache örtlicher und regionaler Betriebe werden, die bereits jetzt als nicht-gewinn-orientierte Betriebe der Kommunen und Städte arbeiten.
- Das Bankenwesen ist zu verstaatlichen, Kredite sind mit 100 % zu sichern.

Um die ökologie- wie sozial-schädliche Gewinn-Orientierung aus der Produktion und dem Leben generell zu verbannen, ist ein umfassend neues Verhältnis zur Ökologie und zum sozialen Gemeinwesen herzustellen, weil anders das Ziel der stofflich ökologisch austarierten und sich in einem langfristigen Gebrauchswert für die Menschen nützlich machende Produktion nicht zum Zuge kommen kann.

10.9.7 Wie die Menschen in ihrem Lebensunterhalt naturverträglich absichern?

Gewinnorientierte Produktion hat ihren Ursprung in der hohen Biomasse-Produktivität der Ökosysteme, die den bei den ersten „Nutz"-Pflanzen bleibenden und damit sesshaft gewordenen Menschen große Vorräte bescherte und daher ein zügiges Bevölkerungswachstum ermöglichten. Diese Vorräte waren zwar Überschüsse der Natur, aber sie wurden aufgrund des Vorteils, den die Gemeinschaften dadurch gegenüber der Natur und den anderen Menschengruppen erlangten, bald zu einem Schatz der gehütet und verteidigt werden musste.
So entstand mit der doppelten Komplexitätsbeschränkung des Verhältnisses der sesshaften Gesellschaften zur Natur nicht nur das falsche Gefühl von Überlegenheit über die Natur, sondern auch ein neues, trügerisches Selbstverständnis als Macher und daher Eigner des Vorteils und, mit zunehmender Kontrolle des natürlichen Wachstumsprozesses der Pflanzen, schließlich auch als Erzeuger des Überschusses selbst.
Über die Notwendigkeit der Sicherung des Gebietes, der geplanten Aussaat, Vorbereitung und Ernte, der sicheren Aufbewahrung und Verteidigung der Vorräte durch technische Einrichtungen und Wehrhaftigkeit entwickelte sich mit wachsender Bevölkerung rasch die Arbeitsteilung zwischen Nahrungsproduktion, Handwerk und Führung, wobei das Wissen um die richtigen Zeitpunkte und die Stärke in der Verteidigung zentral wurden und began-

nen, die Verteilung der Vorräte zu bestimmen: Priester einerseits und Anführer samt Anhang andererseits durften wohl mehr als andere ausreichende Nahrung beanspruchen und bekommen, auch wenn die Ernten mal schlechter ausfielen. „Besitz" eines Gebietes, körperliche Stärke und bessere Verfügbarkeit für Kriege, dürften den Übergang zum Patriarchat und die Vererbung von Besitz über den Mann als Anführer in Kriegen bewirkt haben.

Einziges Problem dieser wachsenden Gesellschaften war das gleichfalls wachsende Missverhältnis zwischen ihrem steigenden Nahrungsbedarf und ihren begrenzten Möglichkeiten diesen zu decken, was nicht nur auf das eingehegte Territorium, sondern vor allem auf die Übernutzung der Böden und Wälder auf ihrem Gebiet zurückzuführen war. So gesellte sich zur Expansion in die Natur auf ihrem eigenen Gebiet bald die Expansion in die weitere Umgebung, um neue frische Ressourcen zu erlangen und in Besitz zu nehmen, entweder durch Krieg oder Auswanderung.
Die Geschichte der morgen- und abendländischen Gesellschaften, durch Dokumente bezeugt seit den Assyrern 2000 Jahre vor Christus, verlief in steigender Größenordnung an Bevölkerungen, Territorien, Reichen und Kriegen zwischen ihnen genau in dieser Dynamik aus Eroberung, Gesellschaftsentwicklung durch Überfluss, Mangel durch Übernutzung, Expansion, bis heute. Nur heute ist die Lösung Expansion nicht mehr möglich, es sei denn, es wird dabei die Vernichtung eines Großteils der Menschheit einkalkuliert.

Was möglich scheint, ist aus den geschichtlichen Ursachen der Expansivität zu lernen und sich folglich ein Auskommen mit der vorhandenen Natur vorzunehmen, das nicht zu ihrer Verdrängung oder Zerstörung führt, sondern zur Erhaltung der hohen Biomasseproduktivität der Ökosysteme, deren In-Besitznahme einst die Dynamik der Entwicklung der Gesellschaften und ihrer Kultur ausgelöst hat.

Diese Dynamik erhielt im 18. Jh. durch die Befreiung der Menschen aus der territorialen, grundherrlichen Knechtschaft einerseits und die forcierte Nutzung fossiler Energie als Ersatz für Holz sowie Wasser-, Wind- und Tierkraft andererseits, einen doppelten Schub: Die bereits vorhandenen Vermögen aus Grundbesitz, Handel und Bergbau begannen sich über die gewinnorientierten Produktionen von Konsumartikeln, Werkzeugen und Maschinen mit Hilfe von Kohle als Hauptbrennstoff und genügend „freier" Arbeitskräfte rasch zu vermehren, während die Freiheit der mittellosen Menschen darauf beschränkt blieb, sich ihren Unterhalt durch Arbeit bei anderen verdienen zu müssen.

Heute, 200 Jahre später, ist dies immer noch so, nur dass die von den Gesellschaften nicht begrenzte Freiheit der Vermögenden, ihr Vermögen durch gewinnorientierte Produktionen mittels fossiler Energie und abhängig Beschäftigter zu vermehren, zu einer gigantischen Anhäufung von Vermögen bei wenigen und einer völligen Ausplünderung der Natur bis an die Grenzen ihrer Reproduktionsfähigkeit geführt hat, an der unfreiwillig auch die abhängig Beschäftigten, gewissermaßen als Handlanger und Nutznießer in einem, beteiligt sind.

Nun haben sich die Verwirklichungsbedingungen freiheitlicher Subjekte derart aufgespalten, dass die einen, als Vermögende und international agierende Interessengruppen, sich der Staaten bedienen können, um ihre klima- und naturschädlichen Produktionen und

Handelsgeschäfte im globalen Maßstab, gegen das allgemeine Interesse der Menschen an raschen Maßnahmen gegen den Klimawandel und die Naturzerstörung, fortzusetzen.
Da die große Mehrheit der Bevölkerung in ihrer sozioökonomischen Existenz weiterhin gezwungen ist, ihre Arbeitskraft auf Gedeih und Verderb für diese naturzerstörerische, nach wie vor expansionistische Strategie der Überlebenssicherung einzusetzen, entsteht ein Konflikt, der vergleichbar ist mit dem Herr-Knecht-Konflikt der Feudalzeit, mit dem Unterschied, dass die Hungerkrisen nur die Leibeigenen auszubaden hatten, während die heutige Klima- und Umweltkrise mit ihren katastrophalen Wetterextremen alle Menschen betrifft, ohne Hoffnung, dass bereits eine bessere Ernte das Los lindern könnte.

Angesagt ist also eine neue Befreiung der Subjekte aus dem zwar nicht mehr personalen so doch sozioökonomischen Zwang für andere arbeiten zu müssen, um zum Lebensunterhalt zu kommen. Und die neue Begründung basiert auf einem alten und einem neuen Motiv:

- Es geht wiederum um die Verwirklichung der Gleichheit als Menschen nicht nur vor dem Gesetz, sondern als Einflussnehmer auf die Geschicke einer Gesellschaft und als Anspruchsberechtigter auf ein geschütztes und behütetes Leben, den die Gesellschaften unter dem Einfluss der Interessengruppe gerade dabei sind zu untergraben:
  Was sind die anthropozentrischen und von den Gesellschaften hochgehaltenen Ideale des guten, behüteten und glücklichen Lebens noch wert, wenn klimawandelbedingt rasch in der Häufigkeit zunehmende Risiken (durch Hitze und Unwetter) Lebensgefahren und Schäden bewirken, gegen die es weder eine Versicherung noch eine schnelle Abhilfe noch die Aussicht auf eine Besserung von selbst gibt und die daher von der Politik zum neuen „Normal“ erklärt werden (müssen)?
- Und es geht neu um die Besinnung auf die bisher vergessenen natürlichen Lebensgrundlagen als Voraussetzungen jeglicher Existenz, jenseits von Arbeit und gewinnorientierter Produktion als die bisher für ausschlaggebend gehaltenen Garanten individueller Wohlfahrt:
  Das Neue ist, dass, wenn Hitze, Stürme, Hagel und Starkregen, d. h. Sintfluten und Hochtemperaturen das individuelle Leben und die sichere Erzeugung von Nahrung bedrohen, die Gesellschaften ihre beschützende Kompetenz verloren haben, ähnlich den Grundherrschaften im Mittelalter, die den Tribut für ihre Schutzfunktion kassierten, aber bei Missernten ihre Schutzbefohlenen im Regen stehen ließen. Ähnlich beschränkt erscheint heute die Macht von Gesellschaften und Staaten angesichts der fast schon archaischen Bedrohungen für den Einzelnen.

Die abhängig Beschäftigten müssen also dauerhaft frei bekommen vom Zwang zur Arbeit für andere, um sich selbst besser gegen die neue Gefährdungslage wappnen, um naturförderliche und die Selbstversorgung ankurbelnde Tätigkeiten aufnehmen und sich stärker unmittelbar von den Regionen her an der Gestaltung der gesellschaftlichen Organisation eines naturverträglicheren Lebens beteiligen zu können.

Dafür ist es nötig, dass die Beschäftigten frei sind vor allem in puncto Absicherung ihres Lebensunterhaltes: Sie müssen dazu in der Lage sein eine Beschäftigung ohne Gefährdung ihres Einkommens beenden zu können, wenn dies aufgrund der Sättigung des Marktes bzw. nachlassender Nachfrage geboten sein sollte. Dies setzt voraus, dass die Existenz der Beschäftigten nicht durch die Arbeit für andere abgesichert ist, sondern durch die Gesellschaft, den Staat und die Politik, die daran Interesse haben sollten, die Grundbedürfnisse mit möglichst geringem Ressourcenverbrauch und Abfällen zu befriedigen.

Der Zwang zur Annahme jeglicher Arbeit, um seinen Lebensunterhalt zu verdienen, der durch die Schröder-Regierung bzw. Hartz-IV verschärft wurde, hat letztlich zu einer weitergehenden Polarisierung der Menschen geführt, zwischen den Betuchteren, die mehr Klima- und Artenschutz gerne sehen und fördern würden und jenen, die sich diese Sicht gar nicht leisten können, weil sie um jede Arbeit und jeden Verdienst froh sein müssen und folglich für klimaschutzbedingte Preissteigerungen von Benzin und Fahrkosten wenig übrig haben, auch wenn der Staat z. B. über eine Erhöhung der Pendlerpauschale soziale Härten korrigiert.

Dass Deutschland die CO_2-Besteuerung ausgerechnet bei den Verbrauchsgütern beginnt, die die Masse der Menschen am härtesten treffen, ist ein Indiz dafür, dass die herrschende Politik den Klimaschutz als Mittel zu benützten gedenkt, um die Bevölkerung zu Wahlentscheidungen gegen klimaschutzfreundliche Parteien zu veranlassen. Wie schon das Festhalten an der Subventionierung der klima- und umweltschädlichen Chemie- und Nutztier-intensiven Landwirtschaft in der GAP und das Ausbremsen der Windkraft und Fotovoltaik als Motoren der Energiewende, zeigt auch das Einschwenken auf den Emissionshandel als wirtschaftskonformen Mechanismus zur Reduktion des Verbrauchs fossiler Energie, dass die Politik grundsätzlich an einer wirklichen Kehrtwende im Umgang mit der Natur und in Sachen Klima kein Interesse hat.

Auch wenn der bisher schon erfolgte Temperaturanstieg seit dem Beginn der Aufzeichnungen 1884 von durchschnittlich 1,4 °C bereits heute, weltweit, aber auch in Deutschland katastrophale Auswirkungen hat (Hitzetote und Unwetter mit Hagel, Starkregen und starken Winden, Waldsterben, Austrocknung ganzer Regionen, sinkende Grundwasserstände u. a.) scheint dies die Politik völlig kalt zu lassen. Das lässt sich nur mit der Rücksichtnahme auf die Interessen der großen international agierenden Nutznießer der fossilen Energienutzung – Kohle, Erdöl, Erdgas, Energiesektor, Verkehr, Fahrzeugbau usf. – einerseits und dem Festhalten am wachstums- und gewinnorientierten gesellschaftlichen System als angeblich unverzichtbaren Rahmen der Krisenbewältigung andererseits, erklären.

Wie also aus dieser totalen Umklammerung der Menschen durch den Zwang zur Arbeit für andere zum Zwecke der Sicherung des Lebensunterhaltes herauskommen?

- Ein erster Schritt wäre die Einführung eines <u>bedingungslosen Grundeinkommens</u> für alle Erwachsenen etwa auf Mindestlohnniveau. Dieses Einkommen müsste ausreichen, um davon leben zu können.
- Tätigkeiten würden dann zusätzlich aufgenommen, um <u>sinnvolle, nützliche Produkte oder Dienstleistungen</u> zu erzeugen und mit den Erträgen daraus die eigene

Lebenssituation im Einklang mit der Natur zu verbessern, wobei der Selbstversorgung mit Behausung, Nahrung, Energie usf. eine zentrale Rolle zukommt.

- Wichtige Voraussetzung hierfür ist eine Ausweitung der Bildungsinhalte auf alle relevanten natürlichen Systemverhältnisse und Möglichkeiten, durch die Etablierung und Förderung von Ökosystemen einen unmittelbaren Nahrungs- und/oder Energieertrag für das eigene Leben und einen Beitrag zur Förderung der Ökosysteme als grundlegende Leistungserbringer bei der Sicherung der natürlichen Lebensgrundlagen einschließlich gemäßigtem Klima zu leisten.
- Zentral wird die unterste Ebene der Gesellschaft, repräsentiert durch die Kommunen und Städte, die einen völlig neuen, zusätzlichen Gestaltungsauftrag erhalten, nämlich zusammen mit den Bürgern und Landwirten für eine Ökologisierung ihrer Gebiete zu sorgen, was heißt, dass sie vorhandene Ökosysteme schützen und neue sowohl in der Fläche sowie in den Dörfern und Städten etablieren und entwickeln für
    - einen eigenen hochwertigen Nahrungsertrag,
    - hohe Biomasseerträge überhaupt sowie
    - für alle lebenswichtigen Lebenssicherungsleistungen der Ökosysteme: Verwertung organischer Abfälle, Speicherung von Wasser, Kühlung durch geschlossene oder verbundene Grüngürtel, Schutz und Steigerung der Artenvielfalt durch angepasste Biotope.
- Zentral werden auf der untersten Ebene die Quartiere der Menschen als Basis der neuen Selbstversorgung und flächendeckenden Ökologisierung, indem mit den Flächennutzungs- und Bebauungsplänen dafür gesorgt wird, dass die Bebauung in Kombination mit vorhandenen und zu errichtenden Ökosystemen zu einer ökologischen Bereicherung der genutzten Fläche wird und daher keinen Ausgleich mehr benötigt.

  Aus dem Flächenfraß über die versiegelnde Bebauung sollte das Gegenteil werden: eine ökologische Anreicherung der Flächen durch neue Ökosysteme und ihren Verbund, neben der Bebauung – wie auch sonst sollten sich die Menschen in den Neubauten bei Temperaturanstiegen auf 40 °C über mehrere Tage noch schützen können, wenn nicht über Bäume und anderes Grün auf und im Umgriff der Häuser? Etwa durch Klimaanlagen?

  Anstatt also Wohnhäuser in Neubausiedlungen auf immer engeren Raum, ohne Platz für Bäume, Gärten, Niederschlagssammelmulden usf., zu konzentrieren, sollte das Gegenteil erfolgen: Die Nutzung der Neuansiedlung, wofür meist Ackerland geopfert wird, zur Schaffung von Wohnstandorten mit ausreichenden Umgriff für Ökosysteme, die eine Grundversorgung mit Nahrungsmitteln und eine Stärkung der ökologischen Grundfunktionen der Landschaften überhaupt gewährleisten. Diese ökosystemische Gestaltung der Neubauten müsste zur Auflage gemacht werden.

- Zentral werden Permakulturen, d. h. mehrstöckige Mischkulturen mit Obst- und anderen Laubbäumen als Leitpflanzen, darunter fruchtbringende Beerensträucher und schließlich Mischkulturen aus Gemüse und anderen Nahrung und Naturstoffe liefernden Pflanzen innerhalb von Siedlungen wie in der Fläche. Regenwasser muss in Seen, Weihern und Teichen gesammelt und auf den Flächen vom Boden aufgenommen werden können. Entsprechend muss die Infrastruktur zur kanalisierten Abfuhr von Niederschlägen in Vorfluter zurückgebaut werden.
- Zentral wird auch die Kooperation aller Menschen vor Ort und in den Städten, um überlebensfähige Selbstversorgungsstrukturen zu schaffen, d. h. Ökosysteme und Stoffkreisläufe, die präventiv arbeiten gegen den Klimawandel und dessen katastrophalen Folgen lindern können. In der Folge werden ganz neue Ökosystem-Verbünde entstehen, die ausreichend Nahrung und Biomasse liefern, um Regionen weitgehend unabhängig von Fernversorgung mit Lebensmitteln und Energie zu machen und zugleich das regionale Klima kühlen.
  Geschichtlich hat sich die Fernversorgung mit Lebensmitteln (in Gesellschaften mit mangelhafter Selbstversorgungsgrundlage) als hochneuralgische Schwachstelle erwiesen, weil nicht zu beeinflussende Veränderungen in der Umwelt der Gesellschaften zu Ausfällen führen, die auf die Schnelle nicht kompensiert werden können. Das zeigt sich heute bereits auf vielen Gebieten der Wirtschaft, in denen keine eigene Produktion mehr stattfindet.
- Die finanzielle Grundabsicherung aller Erwachsenen und Familien ist in der Übergangsphase aus den derzeitigen Sozialausgaben, ergänzt durch die Vermögen der Reichen zu finanzieren, die deren Eigenbedarf bei Weitem übersteigen. Im Anschluss sollten Abgaben aus den Erträgen der Kommunen und Städte und aus den freiwillig aufgenommenen Tätigkeiten der Menschen, mit denen nützliche Produkte hergestellt werden, ausreichen, um die sozioökonomische Basis ihrer Bürger zu sichern.
- Die Militärausgaben sind im weltweiten Einklang der Staaten völlig auf das zur Selbstverteidigung erforderliche Niveau zurückzufahren. Die allgemeine Bildung ist massiv zu forcieren, Hochschulen sowie Wissenschaft und Forschung sind auf ihre neuen Aufgaben der Entwicklung der Ökosysteme und der regionalen Selbstversorgung zu konzentrieren und vom ganzen Ballast der antiökologischen und natur-ausbeuterischen Wissensproduktion zu befreien.

Diese und viele weitere Maßnahmen sind notwendig, um die Wachstums-orientierte Gesellschaft in eine Gesellschaft zu transformieren, die den Klimawandel zu stoppen und dessen katastrophalen Auswirkungen zu lindern vermag. Dazu sind industrielle Wachstumsgesellschaften per se nicht in der Lage, weil die Basis ihres Wachstums die Naturausbeutung, Abfallentsorgung in die Natur und der Zwang für die Menschen ist, sich durch Arbeit in gewinnorientierten Unternehmen ihren Lebensunterhalt verdienen zu müssen.

Benötigt wird eine Gesellschaft, die

- die Naturzerstörung und den klimaschädlichen Ausstoß von Treibhausgasen beendet,
- die hohe Produktivität und Selbststeuerungsfähigkeit der Ökologie als Grundlage nutzt, um die Klimagase aus der Atmosphäre zu bekommen, die Selbstversorgung der Menschen wieder herzustellen und zugleich die Menschen vor den katastrophalen Auswirkungen des Klimawandels durch die Förderung natürlicherweise kühlender Ökosysteme zu schützen,
- den Menschen die Freiheit gibt, sich gegen naturzerstörende Arbeiten, Produktionsweisen und Produkte wirklich zu entscheiden, weil ihre Existenz durch ein ausreichendes bedingungsloses Grundeinkommen abgesichert ist,
- die Förderung der Ökologie unmittelbar mit der Förderung der Selbstversorgung der Menschen verknüpft, indem die Menschen endlich eine Souveränität über die Verwendung ihrer Zeit für sinnvolle Tätigkeiten, Wissenserwerb, Selbstversorgung und Beteiligung an der Entwicklung der neuen lokalen und regionalen sozioökologisch fundierten Überlebensstrukturen bekommen.

Demgegenüber zeigen die besonders auffallenden aktuellen politischen Vorgänge in Europa, dass derzeit in Europa überhaupt keine Absicht besteht, die Gesellschaften zur Umkehr in Richtung einer sparsameren, ökologischeren, weniger emissionsreichen Lebensweise zu bewegen.

So vor allem:

- das Weiter-so mit der Chemie- und Nutztierintensiven Landwirtschaft auch in der GAP,
- die Empfehlung der EU-Kommission zur Anerkennung und Zulassung der Neuen Gentechniken als konventionelle Züchtungsverfahren,
- die völlige Ignoranz weiterer Sparten, wie vor allem des Verkehrssektors und der internationalen Handelspolitik, gegenüber dem Klimawandel,
- die Forcierung der Feindschaft mit Russland und China sogar bei der grünen Partei,
- die Aufrüstung statt Abrüstung,
- die erstarkenden rechtsradikalen völkischen Bewegungen und Gruppierungen,
- die Leugnung oder Verharmlosung des Klimawandels von renommierten Wissenschaftlern, wissenschaftlichen Instituten bis hinein in den universitären Sektor,
- die massive Gegenaufklärung durch pseudowissenschaftliche Institute und Studien und
- die Verteidigung des weiteren Wachstums als angebliche Notwendigkeit zur Sicherung des Bestandes eines Gesellschaftssystems an und für sich, über den Köpfen und Bedürfnissen der Menschen.

Wie auch sollten die unmittelbar den gewinnorientierten international agierenden Interessengruppen und Unternehmen besonders verpflichteten Staaten auf einen Kurs der Sparsamkeit, der Verminderung der Natureingriffe, der Förderung der Ökologie und der einzelnen Menschen einschwenken, wo diese Interessengruppen doch kein anderes Interesse haben als ihr Vermögen zu vermehren und dazu die globalen Finanz- und Warenströme zu beherrschen?

Wie sollten diese Geld- und Machtgierigen anders gestoppt werden als dadurch,

- dass man ihnen die Gesellschaften als Instrumente ihrer Reichtumsvermehrung wegnimmt indem diese sich auf ihre Schutz- und Fürsorgefunktion gegenüber allen ihren Bürgern besinnen und den Menschen entsprechenden Einfluss gewähren und
- dass man ihnen die Zwangsarbeit der Nicht-Vermögenden für den Lebensunterhalt als Basis ihrer Macht wegnimmt, indem die Gesellschaften zu einem bedingungslosen Grundeinkommen für alle – ohne Arbeitszwang – übergehen und so auch die Mitwirkung der Menschen an einer Gesellschaft ermöglichen, die die große Gefahr erkennt und beginnt, alle Menschen dazu zu ermächtigen ihr Bestes gegen die Bedrohung zu leisten:
  Als sparsamer werdender Haushalt, als aktiv-tätiger Selbstversorger, als aktiver Entwickler der Ökologie und als Kooperationspartner in zahlreichen lokalen und regionalen politischen Initiativen zur Rettung der natürlichen Lebensgrundlagen und eines auskömmlichen Lebens, das die lebensnotwendigen Ökosysteme fördert und nicht zerstört.

Weiteres Wachstum läuft – darüber sollte es keine Illusionen mehr geben – auf eine völlige Verwüstung des Planeten hinaus, die allen Menschen die Lebensmöglichkeit nimmt. Daran festzuhalten ist niemand legitimiert, auch wenn es derzeit noch so aussieht, als sei Vermögensanhäufung ein Garant für ein sichereres Leben für den Einzelnen wie für alle.

10.9.8 Demokratische Bottom-up-Ökologisierung oder Top-down-Bekämpfung des Klimawandels mit autoritären, technozentrischen Lösungsversuchen

Die Aufzählung erforderlicher Maßnahmen ließe sich lange fortsetzen, muss aber hier beendet werden, um zur altbekannten Problematik und Frage zurückzukehren, was schlimmer sein wird:
Ein Neuaufbau des Gesellschaftlichen unter dem Vorzeichen der Ökologisierung des Lebens auf der ganzen Linie von den Regionen und den Natur-Kultur-Subjekten her oder eine Top-Down-Lösung autoritär vorgehender Gesellschaften unter dem Vorzeichen des angeblichen Lebensschutzes – ohne Ökologie – wie wir dies schon einmal hatten?

Was „schlimm" geheißen werden kann, wissen wir bereits von den Folgen einer auf Lebensschutz und Lebensertüchtigung orientierten Lebensreformbewegung des 19. Jh. die, ob gewollt oder nicht, eine Instrumentalisierung der darwinischen Überlebenskampf-Theorie für anthropozentrische Durchsetzungsbestrebungen in Gestalt völkisch-nationalistisch-rassistischer Bewegungen befördert hat.

Im Zusammenhang mit der anthropozentrischen Naturethik-Konzeption von Angelika Krebs, worin der Natur weder Eigenständigkeit noch Eigenwert zugestanden wird und der

Hinwendung des freiheitlich-subjektiven Standpunktes bei Karen Gloy zur Variante der gentechnischen Naturbeherrschung, war für uns zu erkennen, dass nicht die Physiozentriker die große Gefahr darstellen, die im Öko-Faschismus enden könnte, sondern allein der Anthropozentrismus, der sich über alles erhaben fühlt, auf Technik vertraut und schließlich auch über Leichen geht, wenn er sich der darwinischen Überlebenskampftheorie bzw. Konkurrenzdevise bedient, um seine egoistischen Bestrebungen gegenüber der Natur und anderen Völkern kriegerisch durchzusetzen.

Es ist die Abwesenheit des ökosystemischen Denkens und Bewusstseins, die den Einsatz für „das individuelle unvergleichliche Leben" zu einer gefährlichen Naivität gegenüber vorgängigen Interessen an (vermeintlicher) Naturbeherrschung und tatsächlicher Naturausbeutung verführt und schließlich auch die Verantwortung gegenüber den viel komplexeren und eigenständig produktiven natürlichen Grundlagen des Lebens ignoriert, ohne die die Menschen an der Spitze der Nahrungspyramide nicht existieren und ihre beschränkten Freiheiten durch Wissen erlangen könnten.

Durch Zufall sind wir vor Abschluss der Arbeiten auf die zahlreichen, hochinteressanten Bücher von Andreas Weber gestoßen, z. B. auf sein Buch „Bio-Kapital" (Weber Andreas, Berlin 2010) und „Alles fühlt: Mensch, Natur und die Revolution der Lebenswissenschaften", Berlin 2014), Sie erinnern in frappierender Weise an die, in der zweiten Hälfte des 19. Jh. stattgefundene, Auseinandersetzung um die Frage, was von der industriegesellschaftlichen Entwicklung tatsächlich bedroht wird und in der Verteidigung von was folglich die Zukunft der Gesellschaften zu sehen ist:
Entweder das Leben des Menschen als Angehöriger einer bestimmten Population oder Kultur, sprich Wettbewerber im Überlebenskampf aller Menschen und Kulturen und daher angewiesen auf eine Durchsetzung gegenüber anderen Populationen und Kulturen?
Oder die Ökosysteme bis hin zur gesamten Biosphäre, die z. B. von Fraas bereits im 19. Jh. durch die bisherige Zivilisationsentwicklung als bedroht erkannt wurden und daher für die Zukunft vor den unbedarften egoistischen zweckrationalen Eingriffen auf Kosten anderer Länder und Völker geschützt werden sollten: Wie dies Alexander von Humboldt, anlässlich der Abholzungen der Kolonialmacht in Venezuela und der daraus resultierenden Austrocknung des Gebietes um den Valencia-See, getan hatte. (Was natürlich heute nicht einmal Wissenschaftler und Darwin-Fan wie Matthias Glaubrecht wissen wollen, um Darwin weiterhin huldigen zu können, der natürlich solche Schranken für menschliche Natureingriffe nicht vorgeschlagen hatte).

Deutlich wurde in den bisherigen Analysen:

- Dass der lebensbezogene Ansatz den ökologischen Gesamtzusammenhang ignoriert und daher eine völlig unreflektierte anthropozentrische Gangart im Umgang mit der Natur favorisiert, die vor der Kumpanei mit allen naturausbeuterischen Selbstverständlichkeiten gewinnorientierter Produktionen nicht zurückschreckt, ja sogar die Aneignung und gezielte züchterische Bewahrung und Verbesserung des Erbgutes des Menschen nicht infrage gestellt, sondern sogar verlangt hatte.

- Dass der Ökologie-bezogene Ansatz nicht nur den ökologischen Gesamtzusammenhang auf seinen unterschiedlichen Ebenen im Blick hat, sondern auch das gleiche Recht und die gleiche Bedürftigkeit aller Menschen, als Teil der Natur, auf den Erhalt der natürlichen Lebensgrundlagen und deren Nutzung. Der Ökosystem-Ansatz verlangt ein Selbstverständnis des Menschen als Teil der Natur und den Verzicht auf Eingriffe, die vor Experimenten zur physischen Verbesserung des Lebens nicht zurückschrecken, deren komplexe – mittelbare und langfristige – Folgen nicht bekannt und überschaut werden können.

Unter dem Haupttitel: BIOKAPITAL verspricht Andreas Weber „Die Versöhnung von Ökonomie, Natur und Menschlichkeit", in seinem Buch aus dem Jahre 2010, also in einer Zeit, die mit dem Klimawandel und Artensterben die Aussichten auf einfache und sanfte Lösungen, die nicht das Ganze im Auge haben, bereits völlig eingebüßt hat.

Jedoch liefert uns Weber genau eine solche einfache und vermeintlich sanfte Lösung, die nicht das Ganze – den Globus, die Ökologie, die Natur-Systeme – im Auge hat, sondern ihren Horizont beschränkt auf das (Über-) Leben des Einzelnen, was zu einer frappierenden Ähnlichkeit seiner „Politik des Lebens" mit der völkischen Propaganda führt:

„Die Grundidee einer ‚Politik des Lebens' beruht darauf, dem Einzelnen seinen Platz in der Gemeinschaft der anderen Menschen und aller Lebewesen zurückzugeben. Dieser Ort bietet eine Balance aus größtmöglicher Autonomie des Individuums und dem besten Gedeihen des Ganzen. Die entscheidenden Säulen sind Freiheit und Notwendigkeit. Die Freiheit des Einzelnen zu wachsen wird von der Notwendigkeit eingebettet, dass das Ganze sich entfalten kann. Aus dieser grundsätzlichen Zweiheit, die am Beginn allen Lebens steht, ergeben sich die Gebote des Haushaltens. Beide, Autonomie und Bindung, sind entscheidend für das biologische Überleben. Beide sind Bedingungen des Glücks". (Weber, A., ebenda, S. 198 f.).

Da bei Weber jegliche konkrete Referenz für den Platz der Menschen in der „Gemeinschaft der anderen Menschen und aller Lebewesen" ebenso fehlt wie für „das Ganze", das sich „entfalten" soll, handelt es sich bei diesem Text um einen suggestiven präfaschistischen Text, weil er die „Autonomie des Individuums" dem „Gedeihen des Ganzen" unterordnet, wie dies einst auch bei Haeckel der Fall war, der den Altruismus als Liebe zum Volk definierte und nicht als Solidarität mit dem Nächsten und mit den übrigen Kreaturen der Natur.

Ergänzend ist darauf zu verweisen, dass Weber vom Prigogine-Ansatz der Selbstorganisation von Flüssigkeiten jenseits ihres thermodynamischen Gleichgewichts ausgeht und annimmt, dass auch Organismen und Lebewesen von sich aus immer wieder Möglichkeiten finden, sich in einer veränderten Umwelt neu zu organisieren.
Dieser Ansatz wurde vielfach mit dem Bild vom Münchhausen verglichen, der sich selbst, beim Schopf nehmend, aus dem Sumpf zieht. Die Autoren Reichholf, mit dem stabilen ökologischen Ungleichgewicht und Gloy mit dem Organismus als Ökosystem, das sich aus sich selbst an die Umwelt anpasst, beziehen sich explizit auch auf diese Theorie der Selbstorganisation, die in unseren Augen nicht nur die darwinische Überlebenskampfideologie

in die Moderne trägt, sondern auch den materialistischen Monismus von Haeckel mit der Auffassung, dass alles Leben auf die Materie, d. h. bestimmte Stoffe und chemische Affinitäten und Wechselwirkungen zurückzuführen sei.
Auf der Strecke bleibt bei allen genannten Autoren die Besonderheit des Lebens als kooperatives Phänomen, sowohl in der Entstehung, im Heranwachsen und in der alltäglichen Reproduktion in der Gegenwart, das sich insbesondere auch in der Ökologie, in der symbiotischen Zusammenarbeit unzähliger Arten in Ökosystemen verwirklicht und dadurch höheres Leben wie jenes des Menschen ermöglicht.

Weber abstrahiert von diesen ökologischen Grundlagen ebenso wie anno dazumal Nietzsche, Klages und Haeckel und liefert daher das „Leben", das ihm so wichtig zu sein scheint, aus an die gesellschaftlich vorherrschenden Kräfte der Naturausbeutung: Wie sonst wäre verständlich, dass Weber ausgerechnet im Emissionshandel eine Möglichkeit sieht, Grenzen für Lebens-schädigende Aktivitäten zu setzen:

In seinen 10 Geboten des *„humanistischen Wirtschaftens"* definiert er das

IV. Gebot: *„Grenzen"* als *„Klare Schwellen für jede das Leben schädigende Aktivität"*, das er zu realisieren trachtet *„Nicht nur durch strikte Verbote, sondern durch einen Emissionsmarkt wie beim sauren Regen und ansatzweise beim CO_2 – ‚cap-and-trade' – zu erreichen."* (ebenda, S. 150 f.).

Wir haben oben aufgezeigt, dass der Emissionshandel ein Mechanismus ist, der zur Eindämmung der Klimagas-Emissionen völlig ungeeignet ist, weil er genau die Gleichzeitigkeit vieler staatlicher Maßnahmen zur Emissionsminderung verhindert und die wirtschaftlich an fossiler Energie interessierten Kreise nicht einhegt, sondern ihnen das Unterlaufen aller wirklichen Reduktionsmaßnahmen ermöglicht.
Wie bei der Auseinandersetzung im 19. Jh. bekommt man auch bei Weber das Gefühl, dass der Bezug auf das „Leben" nicht nur vom notwendigen Bezug auf die Ökologie ablenken, sondern zugleich die Ideologie der Unterordnung der individuellen „Autonomie" unter „das beste Gedeihen des Ganzen" – von Weber unverantwortlich diffus gelassen – legitimieren soll, was schließlich absolut antiökologisch und auch antidemokratisch ist, wenn Ökologie und Demokratie nicht explizit als Maßgaben des „Ganzen" benannt werden.

An dieser Stelle ist deutlich zu sehen, wie nahe die völkisch-faschistische, auf Expansion einer bestimmten Volksgemeinschaft ausgerichteten Auffassung vom „Leben" und „die Freiheit des Einzelnen zu wachsen" beieinanderliegen, wenn diese von der „Notwendigkeit" dominiert wird, „dass das Ganze sich entfalten kann". Wie geschichtsvergessen muss man sein, um auch noch in Zeiten des Klimawandels und der Artenvernichtung durch den Menschen, die Unterordnung des einzelnen Lebens unter ein völlig undifferenziertes, ja obskures „Ganzes" anzubieten?

Was wir am Ende unserer Analyse der historischen und philosophischen Grundlagen des Widerstandes gegen eine ökologisch-ganzheitliche Sicht des Lebens und der Welt feststellen können ist dies:

- Leben ohne Ökologie, d. h. ohne die eigentlichen natürlichen Herkunfts- und Überlebensgrundlagen der Menschen führt letztlich zur Ermächtigung der Gesellschaften zu jeder Schandtat im Namen des Lebens ihrer Bürger und ihres Volkes.
- Allein Ökologie stellt den größeren Zusammenhang her, der bewahrt werden muss und in den sich Länder, Nationen und Einzelmenschen einordnen sollten, um Fortschritte im Naturerhalt, in der Gleichheit der Menschen und Völker und ihres friedlichen Verkehrs miteinander zu erreichen.

Neben dem neuaufgewärmten „Lebens"-Bezug als völlig untauglichen, weil auch in Richtung autoritäre gesellschaftliche Lösungen weisenden, Ansatz zur Bewältigung einer ökologisch-globalen Krise der Menschheit, gibt es viele weitere Ansätze wie jenen der „Gemeinwohlökonomie" von Christian Felber, der unzweifelhaft einen Kontrapunkt zur gewinnorientierten produktions- und verbrauchsenthemmten Konsum-Gesellschaft darstellt und daher viele interessante Lösungen für die Entmachtung der international agierenden Interessengruppen der Vermögenden bietet.

Jedoch abstrahiert dieser Ansatz sehr stark von der Vehemenz der Ursachen und Folgen des Klimawandels und folglich von der tatsächlichen Bedeutung der Ökologie beim Erreichen eines gesellschaftlichen Gemeinwohls im Allgemeinen und des individuell-menschlichen Wohls im Besonderen. Die Ökologie auf den unterschiedlichen Ebenen, von den lokalen Ökosystemen über die regionalen Landschaften mit typischen Klimata bis hin zu den kontinentalen und globalen Biosphären kommen in der Gemeinwohlökonomie nur am Rande vor als Rahmenbedingung, die es zu erhalten gilt. Jedoch ist die Ökologie die natürliche Grundlage allen Lebens und so auch die Grundlage und nicht lediglich Rahmenbedingung von Ökonomie und allgemeiner Wohlfahrt.

Deutlich wird der Unterschied immer und vor allem bei der Zahl und Anordnung der Kriterien, von denen die Zukunft der Menschheit abhängig gesehen wird:

Im 19. Jh. lag der Primat zunächst bei der Ökonomie, dann beim überlebensfähigen Volk. Dann, nach den Kriegen, in der demokratischen Mitwirkung der Menschen durch Wahlen. Schließlich, nach den ersten Anzeichen der Erschöpfung der Biosphäre, im Dreieck von Ökologie-Soziales-Wirtschaft im Rahmen einer nachhaltigen Gesellschaft.
Und nun, bei Felber u. a. in einer Ökonomie, die das Wohl aller zu allererst im Auge hat: Das klingt versöhnlich mit der Gesellschaft als einer Gemeinschaft Gleichberechtigter, ist aber noch unzureichend hinsichtlich der Bewahrung und Förderung der Ökologie als Garant für das eigenproduktive Wachsen der Natur und der zahlreichen Lebenssicherungsleistungen der Ökosysteme, die eine Gemeinwohlökonomie vor allem benötigt um Gemeinwohl generieren zu können. Das heißt, dass auch eine Gemeinwohlökonomie nicht ohne eine flächendeckende Förderung der Ökosysteme zur Eindämmung des Klimawandels und des Artensterbens auskommt.
Entsprechend muss auch die Gemeinwohlökonomie dynamisiert werden zu einer sozioökologischen Entwicklung von Gemeinwohl für die Menschen sowie auch und vor allem

für die Natur, d. h. im Sinne der Erhaltung und Entwicklung der natürlichen Lebensgrundlagen, die die Ökosysteme mit ihrem hohen Mehrwert tagtäglich reproduzieren.
Gemeinwohlökonomie kann also nur als Verknüpfung zwischen einer Eindämmung der gewinnorientierten Produktion der Vermögenden zum Wohl der Menschen auf der einen Seite mit der Förderung der Natursysteme und -arten als realer natürlicher Produktionsgrundlage auf der anderen Seite erreicht werden und nicht einfach durch mehr Naturschutzgebiete als Alibi für den im Großen und Ganzen weiterwachsenden Naturverbrauch, der gleichbedeutend ist mit Ökosystemzerstörung.
Andernfalls – ohne Ökologie – wird sich der Ansatz der Gemeinwohlökonomie als unfähig erweisen, die Klima- und Umweltkrise einzudämmen.

Da ein Lebensschutz oder Bezug auf die Gesamtheit des Wohles eines Volkes, die die Ökologie als umfassende Grundlage aller Existenz auf Erden ausklammern, immer für anthropozentrisch-totalitäre Lösungen missbraucht werden können, weil ihnen das gemeinsame, verbindende Band zwischen allen Menschen, die Natur, die Biosphäre mit dem Recht aller auf ein Leben in der Natur, fehlt, kommt es bei der Bewältigung der Klima- und Umweltkrise vor allem auf die Betonung der Ökologie als gestörten Bereich und damit als Grundlage der Lösung an. Nur dadurch ist zu verhindern, dass die anthropozentrische Art der vermeintlichen Naturverbundenheit, über das Leben, als Überlegenheit kraft Population/reinrassiges Volk eine neue Phase der Expansion mit kriegerischen Mitteln und der Intention der Vernichtung anderer Völker einzuleiten vermag.

10.9.9 Wie die Menschen für den notwendigen Wandel gewinnen?

Wie repräsentative Umfragen zeigen, ist der allergrößte Teil der Bevölkerung (60 bis 80 %) für ein rascheres und beherzteres Vorgehen gegen den Klimawandel, als in den Klimaschutzplänen der Regierungen vorgesehen ist. Dem entsprechen auch die Empfehlungen der zufällig aus der Bevölkerung rekrutierten oder aus Vertretern aller relevanten Akteure zusammengesetzten Zukunftskommissionen: Sie zeigen, dass das Bewusstsein der Bevölkerung für die Bedrohungslage und die Notwendigkeit rascher qualifizierter Gegenmaßnahmen gegen die Klima- und Umweltkrise viel ausgeprägter ist, als in der Politik, selbst wenn diese Maßnahmen Verzicht, Aufgabe von Gewohnheiten und stärkeres Engagement in Umweltfragen verlangen.

Dennoch können vor allem folgende Dispositionen der Menschen nicht übersehen werden, die einer Bereitschaft zur Aufgabe gewohnter Konsumstandards und Anerkennung ökologischerer Sicht- und Handlungsweisen entgegenwirken:

- Viele Menschen haben aufgrund geringen Einkommens kaum einen ökonomischen Spielraum für mehr Sparsamkeit und für Reflexionen über einen alternativen Lebensstil. Dies trifft bereits für durchschnittlich verdienende Arbeitnehmer zu, wenn sie hohe Mieten bezahlen und eine Familie ernähren müssen.
  Werden nun z. B. Energien und Lebensmittel mit zusätzlichen Klima- und Umweltsteuern belastet, ohne dass die sozialen Härten ausgeglichen werden, dürften die betroffenen Haushalte in der Mehrheit kaum Sympathie dafür entwickeln und

bei Wahlen eher Parteien wählen, die alles beim Alten lassen wollen und die Klimawandel-Gefahr verharmlosen oder die Gefahr auf die Sozial-Konkurrenz durch Migranten verlagern.

- Für alle Menschen, die nicht unmittelbar in und mit der Natur arbeiten – das sind wohl weit mehr als 90 % der Bevölkerung – hat sich die Entfremdung von der Natur zugunsten des Vertrauens auf die industriegesellschaftlich vermittelte Lebenssicherung seit den ersten Warnungen von den Grenzen des Wachstums in den 70er Jahren nicht gemindert, sondern deutlich gesteigert.
  Als Garanten dieser industriegesellschaftlich bestimmten Vorsorge gelten hohe Arbeitsleistung, stetiges wirtschaftliches Wachstum, schier unbegrenzte Mobilität und Verfügbarkeit von Gütern und Dienstleistungen auf der Basis flächendeckender technischer Infrastrukturen.
  Klimawandel und Artensterben gelten der industriell dominierten Sicht primär als Herausforderungen, die in bewährter Weise mit neuen Techniken zu bewältigen sein werden und nicht als Gefährdungen des gesellschaftlich Ganzen, die den Übergang zu einer ökologischeren Lebensweise zwingend erscheinen lassen, um dem Natürlichen mehr Raum zu geben und zu mehr Recht zu verhelfen.
- Aus beiden Dispositionen (geringer ökonomischer Spielraum und Entfremdung von der Natur als Lebensgrundlage) resultiert eine Erwartung der Lebens-Sicherung allein durch Gesellschaft, Arbeitsleistung und Technik. Die Aufrechterhaltung dieser Erwartung steht aktuell im Zentrum einer vehementen Gegenaufklärung gegen die Klima- und Umweltkrise und einen grundlegenden gesellschaftlichen Wandel in allen Medien:
  In zahlreichen wissenschaftlichen und pseudowissenschaftlichen Print- und Internetpublikationen werden die Existenz des Klimawandels und Relevanz des Artensterbens ebenso bestritten oder in ihrer Schwere oder Bedeutung relativiert wie das Erfordernis zur Abkehr von verbrauchsintensiven naturschädigenden Lebensstilen zugunsten ökologischer Alternativen und der Bewahrung der natürlichen Lebensgrundlagen. Grundlage dieser Gegenaufklärung sind die Interessen der hauptsächlichen Nutznießer ungebrochenen Wirtschaftswachstums und gewinnorientierter Produktion und Finanzspekulation, die die grenzenlose Freiheit auf Konsum und Mobilität beinahe als Menschenrecht, zumindest aber als Markenzeichen von Demokratie zu verkaufen trachten.
- Kein Wunder, dass nationalkonservative, neofaschistische, völkische Bewegungen, die alle Probleme der Menschen auf den darwinischen Überlebenskampf gegen die Natur und fremde Menschen und Kulturen reduzieren, nicht nur Bestandteil dieser Gegenaufklärung sind. Vielmehr gehören sie aktuell bereits wieder zu den sichersten Garanten für das Festhalten der Gesellschaften an expansiven Strategien der Bewältigung der Klima- und Umweltkrise mittels radikaler natureingreifender Technik und permanenter Kriege zur Sicherung von Ressourcen: Rechte Politik dient mit ihrem Überlebenskampfreduktionismus an vorderster Front der Vertei-

digung des expansionistischen gesellschaftlichen Systems und zwar wider besseren Wissens und wider alle vernünftige Alternativen, die ein neues, aufgeklärtes, kooperatives Verhältnis zur Natur und anderen Völkern zu realisieren trachten.

- Allerdings scheint der moderne Nationalismus in den Industriestaaten heute weniger durch völkisch-ethnische als vielmehr durch gesellschafts-systemische Argumente befördert zu werden: Expansionserfordernisse, die vor den beiden Weltkriegen aus Wachstums- und Entwicklungsbedürfnissen eines Volkes abgeleitet wurden, werden heute aus Erfordernissen der Bestandssicherung und des wirtschaftlichen Weiterwachsens gesellschaftlicher Systeme abgeleitet, wobei die Verteidigung freiheitlicher Werte in den Vordergrund gerückt wird. Tatsächlich geht es bei den verstärkten Bestrebungen zur Expansion mittels Handel und Militär primär um die Aufrechterhaltung eines Wachstums, das Gewinne abwirft, also einen mit eigenen Ressourcen nicht zu bewerkstelligenden Umsatz verlangt, der nur mittels Außenhandel im großen Stil zu erzielen ist.

Wieder einmal in der Geschichte stellt sich heute, nach 1933–45, die Frage, warum Menschen sich explizit anti-demokratischen, fremdenfeindlichen, autoritären Ideologien und Bewegungen anschließen und dies in einer Zeit der „politischen Krisensituationen", von der der Autoritarismus-Forscher Detlef Österreich, sagt, dass sie „autoritäre Reaktionen hervorrufen, die unter bestimmten Bedingungen zu einer Orientierung an politisch extremen Gruppen führen können" (ders.: Autoritäre Persönlichkeitsmerkmale, politische Einstellungen und Sympathie für politische Parteien. In: Zeitschrift für politische Psychologie, Band 13, 2005, S. 213–229). Angelegt sind diese autoritären Reaktionen, so die zweite Erkenntnis seiner Forschungen zum autoritären Charakter, in „autoritären Persönlichkeiten" als „Ergebnis einer zur Unselbstständigkeit führenden Sozialisation" (ebenda).

Die Forschungen zum „autoritären Charakter" hatte Erich Fromm 1932 als Leiter der sozialpsychologischen Abteilung des Frankfurter Instituts für Sozialforschung mit der Arbeit „Über Methode und Aufgaben einer analytischen Sozialpsychologie" (In: Zeitschrift für Sozialforschung, Bd. I, 1932, S. 28–54) begonnen, wobei er im „Zusammenwirken von seelischem Triebapparat und sozialökonomischen Bedingungen" (ebenda, S. 54) ein „besonders wichtiges Stück" einer Theorie über den „Sozialcharakter" oder „Gesellschaftscharakter" des Menschen sah (Wikipedia, Autoritärer Charakter, Stand 12. Mai 2021, 18.09 Uhr, S. 2). Die empirischen Forschungen zur „Autoritären Persönlichkeit" erfolgten 1943 bis 1945, unter federführender Mitwirkung von Theodor W. Adorno an der University of California. Die Studie „The Authoritarian Personality" von Adorno, Theodor W.; Frenkel-Brunswik, Else; Levinson, Daniel J.; Sanfor, Nevitt R. erschien 1950, worin die Vorarbeiten von Erich Fromm nur marginal gewürdigt wurden.

Nach der Theorie der autoritären Persönlichkeit zeichnen sich Personen, die faschistischen Ideologien anhängen,

„durch eine unsachgemäße, vorurteilsvolle Betrachtung der sozialen und politischen Verhältnisse, unter anderem durch Antisemitismus und Ethnozentrismus aus", wobei *„aus psychoanalyti-*

scher Sicht eine – weitgehend unbewusste – Feindseligkeit auf andere Menschen gerichtet" wird (Fromm, ebenda).

Als maßgebliche Ursachen für das starre Festhalten an Konventionen, Machtorientierung, Unterwürfigkeit, Destruktivität und Zynismus wird eine repressive Erziehung in strengen Familienverhältnissen und bei Fromm vor allem die Angst vor Freiheit und einem selbstständigen eigenverantwortlichen Leben betrachtet.

Strittig war und blieb bis heute die Frage, ob es sich hierbei um fixe Persönlichkeitseigenschaften handelt oder eher um Verhaltenspotentiale, die nur in bestimmten Situationen deutlich zutage treten und wirksam werden, wie z. B. in bedrohlichen Krisensituationen, wie Österreich, feststellte.

Angesicht des oben zitierten Milgram-Experiments und vor dem Hintergrund unserer Erkenntnisse zur geschichtlichen Verdrängung ganzheitlicher naturangemessener Vorstellungen der Entwicklung freiheitlicher Subjekte in demokratischen Gesellschaften durch mechanistisch-materialistische Auffassungen zum Überleben des Menschen als Teil homogener Populationen und/oder Kulturen, erscheint der „autoritäre Charakter", gesehen in seiner historischen Funktion, weniger die Folge einer naturwüchsig zwanghaften, repressiven Sozialisation zu sein. Vielmehr scheint der „autoritäre" Charakter die Folge einer viel umfassenderen Repression zu sein, die mit der gesellschaftlichen Durchsetzung der darwinistischen Überlebenskampfphilosophie, also auch mit „Idealen" einhergeht, die alle Erzieher, Schulen und das ganze Leben der Erwachsenen durchdringt.
Nur wenn, wie beim Milgram-Experiment signifikant festgesellt, alle relevanten Beteiligten an einem Strang ziehen, weil sie alle von der Richtigkeit einer bestimmten Weltanschauung oder wissenschaftlichen Erkenntnis überzeugt sind, entsteht ein brutales Vorgehen gegen jene, die man zu ihrem Glück zwingen muss oder schwächer sind oder aus anderen Gründen nicht an diesem gemeinsamen Strang ziehen.
Auch diesbezüglich scheint die System-Theorie konform zu gehen mit der darwinistischen Überlebensphilosophie indem die Überzeugtheit von wissenschaftlich begründeten Systemerfordernissen die gleiche Wirkung hat:
Die Sortierung der Bevölkerung nach Konformen und Quertreibern, nach Guten und Schlechten und durch psychosozialen Druck auf die Schlechten durch die Guten. Der Grundmechanismus scheint in der Identifikation mit einem größeren oder höheren Ganzen als Folge einer überzeugenden wissenschaftlichen Legitimation der Bestrebungen dieses Ganzen zu bestehen, die nur dann gut verwirklicht werden können, wenn alle an einem Strang ziehen.
Brutalität gegen Opponenten leitet sich also aus dem wissenschaftlich legitimierten Dienst für eine höhere Sache ab, also aus der Kopplung zweier überlegener Autoritäten: System und Wissenschaft.

Seit der Aufklärung im 18. Jh. hingegen geht es darum, ob die erstmals in der Geschichte als Einzel-Personen von persönlichen Knechtschaftsverhältnissen befreiten Subjekte tatsächlich befugt sind oder werden, ihr Leben als Gleiche solidarisch zu gestalten. Der Dar-

winismus hat diese Idee, die kurze Zeit durchaus Realität war, im Dienste der englischen Ökonomen des Konkurrenzkapitalismus gründlich als vergebliche Illusion entlarvt:
Die Evolution der Arten würde nahelegen, dass es keine andere Freiheit gibt als jene, nach der Geburt um sein Überleben kämpfen zu müssen, also dass das individuelle Leben nicht von individueller Freiheit bestimmt sein kann, seine Lebensbedingungen, zusammen mit anderen, selbst gestalten zu können, sondern nur von den nackten Überlebenszwängen, die Konkurrenzfähigkeit und -bereitschaft und schließlich auch die Anerkenntnis des eigenen Volkes als Hort ausreichender Überlebenskraft im Kampf der Völker verlangen.
Diesen möglichen Konnex der Rufe nach oder des Pochens auf individueller Freiheit, zu einem egoistischen, mit physischen Merkmalen und Ganzheitsvorstellungen eines Volkskörpers kurzgeschlossenen Willen zur Macht, sollte man bei der Propagierung individueller Freiheit immer in Betracht ziehen – falls demokratische und ökologische Bezüge außen vor bleiben.

Vor dem Hintergrund dieser historisch wohl unstrittigen Funktion der darwinischen Überlebenskampf-Philosophie, die aufgrund der tatsächlich symbiotischen Verhältnisse in den hochproduktiven Ökosystemen, von deren Leistungen der Mensch als Spezies in seiner Entstehung und heute in seinem Überleben abhängt, auch naturwissenschaftlich höchst einseitig bis falsch ist, ist die Frage des „Autoritativen" viel weniger eine Frage der Eigenschaften der Subjekte als vielmehr eine Frage der Verfassung der Gesellschaften und der darin gebotenen materiellen Freiheiten selbst.

Viel wichtiger als festzustellen, warum die Menschen aus psychosozialen oder sozioökonomischen Gründen so oder so handeln, wäre zu fragen, warum die Gesellschaften die äußere Natur vernichten und die menschliche zähmen müssen, um überleben zu können. Diese Frage fehlt in der ganzen Forschung zum autoritären Charakter.
Der Vorwurf, dass der Studie zur autoritären Persönlichkeit „eine überholte politische Rechts-links-Einteilung zugrunde" läge, wie Edward Shils meinte (Wikipedia, ebenda, S. 5) scheint nicht ganz abwegig:
<u>Den Studien scheint tatsächlich der reflexive Weitblick auf die grundlegende Aggressivität der Industriegesellschaften gegen die Natur und gegen andere Völker zu fehlen, der sich etwa in folgenden Fragen thematisieren ließe:</u>

- Wie sollen Haushalte, die sich nur durch Arbeit für Vermögen – die dadurch immer weiter wachsen – über Wasser halten müssen, entspannte, demokratische, Gerechtigkeitsempfinden fördernde Erziehungsstile praktizieren können?
- Wie sollen Menschen, denen von der Wissenschaft eingeschärft wird, dass sie und ihre Völker kriegerisch ums Überleben kämpfen müssen, damit die Menschheit in ihren Fähigkeiten vorankommt, den Austausch und die Kooperation zwischen den Völkern mehr schätzen als die Konkurrenz zwischen ihnen?
  Der allergrößte Teil der deutschen Elite (Wissenschaft und Unternehmer) waren seit Ende des 19. Jh. absolute Befürworter der Eugenik und begeisterte Anhänger des rassistischen Überlebenskampfes – und Adorno/Horkheimer haben das in ihrer Dialektik der Aufklärung nicht thematisiert, sondern statt dessen eine angebliche

Brutalität der „instrumentellen Vernunft“ für den Faschismus verantwortlich gemacht.

- Wie sollen Menschen ihre natürlichen Bedürfnisse als etwas Lebenswichtiges, Wertvolles, zumindest Normales empfinden können, das Relevanz für ihre Gesundheit und ihr Wohlbefinden hat, wenn ihnen die Natur nur als angsteinflößende Bestie vorgestellt wird, die es zu unterwerfen gilt – zunächst von der Kirche, später dann von Darwin und schließlich auch von der Medizin und Psychoanalyse?
- Wie sollen die Menschen die Natur und damit auch sich selbst als konkretes Lebewesen noch als Ganzes besonders wertschätzen, wenn ausschließlich das gesellschaftliche Ganze mit seinen Unternehmen und Institutionen vorgibt, für das einzelne Leben zuständig zu sein, indem die Natur ausgebeutet und der kranke Körper schließlich durch Medizin oder Psychiatrie repariert wird?

Auch diese Fragenliste könnte noch weiter fortgesetzt werden um zu zeigen, dass der „autoritäre Charakter“ letztlich nur der Nachhall der darwinischen Entwicklungstheorie ist, die, in Familien praktiziert, harte, kampfbereite Menschen produziert, die die darwinisch orientierten Gesellschaften für ihre Überlebenskämpfe benötigen.
Erziehung dient hier zugleich der Selektion weil sie jene Menschen als krank oder untauglich ausmustert, die der Reduktion des Menschen auf angstgetriebene Wesen ohne Gefühl und Verstand nicht gewachsen sind. Die beschämende Unfähigkeit der „Dialektik der Aufklärung“, die naturwissenschaftlichen Grundlagen und Legitimationen des Kampfes der Rassen und Völker gegeneinander, durch den Darwinismus, als wissenschaftliche Mit-Ursache des Faschismus zu thematisieren, trifft in Teilen auch auf die Forschungen zum autoritären Charakter zu, wenn z. B. der Anteil der Überlebenskampf-, Konkurrenz- und Abhärtungsphilosophie in der Erziehung und in Erziehungsratgebern überhaupt nicht reflektiert wird, obwohl Prinzipien der sog. schwarze Pädagogik bis in die 90er Jahre des 20. Jh. in manchen Ratgebern zu finden waren.

Angesichts des anhaltenden Expansionismus der Industriegesellschaften – in die Natur und in die Umwelt mittels unfairen Handel und heute vor allem der Produktions-, Abfall- und Emissionsverlagerung in ärmere Länder – und der nach wie vor hohes Renommee genießenden darwinischen Evolutionstheorie mit ihrem Überlebenskampf-Theorem als Markenzeichen, scheint der sog. „autoritäre Charakter“ eher der Normalfall zu sein, sodass man sich über das politische Comeback starker rechtsradikaler, völkisch orientierter Bewegungen gar nicht wundern muss. Und auch nicht darüber, dass die Mehrheitsgesellschaft sowie auch alle Parteien in ihrem Verhältnis zur Natur und anderen Gesellschaften große Überschneidungen mit dieser Bewegung aufweisen:

Der kleinste gemeinsame Nenner aller Parteien heute ist

- das Festhalten an der Feindseligkeit gegenüber der Natur, die man meint bezwingen und unter Kontrolle bringen zu müssen und zu können (selbst die Partei die Grünen stehen gentechnischen Erbguteingriffen nicht mehr grundsätzlich abgeneigt gegenüber);

- die Fokussierung auf das „individuelle Leben" dort, wo Rücksichtnahme auf Ökosysteme und größere ökologische Zusammenhänge unerlässlich sind um z. B. schädliche Expansionen in die Natur und kriegerische Auseinandersetzungen mit anderen Kulturen auszuschließen;
- die anthropozentrische Anmaßung, unter den Lebewesen allein zu zweckgerichtetem Handeln für die eigenen Bedürfnisse befugt zu sein, während man der Natur jegliche eigene Zweckgerichtetheit abspricht, obwohl diese z. B. in Gestalt des Aufwachsens aller Lebenswesen zu funktions- und leistungsfähigen Organismen ebenso mit den Händen zu greifen ist wie in den zahlreichen eigenständig und selbstregulativ wachsenden Ökosystemen, die aufgrund des Zusammenwirkens vieler Arten eine hohe Biomasseproduktivität und andere wichtige Leistungen zur Lebenssicherung erbringen, wie u. a. die hohe Kühlwirkung der Wälder für das Klima durch Verdunstung und Regenbildung;
- die Vorstellung, dass die Natur durch eine starke menschliche Hand mittels Technik und Züchtung verbessert werden muss und kann, weil ihre Evolution letztlich auf Zufall und Kampf beruht, die Chaos hinterlassen, wie dies die Nobelpreisträgerin von 2020 für Biologie für die neu-gentechnische CRISPR/Cas-Methode, Jennifer Doudna ausdrückte: Natur sei „ein dummes, taubes und blindes System" (GID Nr. 253, S. 18), das natürlich die Molekularbiologinnen als Ordnungsfaktor benötigt;
- schließlich die Auffassung, dass die Wirtschaft der Gesellschaften, Einkommen und Lebensstandard weiter wachsen müssen und die Arbeitsleistung jedes Einzelnen die Grundlage seiner Existenz sein muss.

Somit ist es eher verwunderlich, dass sich das in der Aufklärung angedachte und von persönlichen Knechtschaftsverhältnissen befreite Subjekt dennoch partiell entwickeln konnte, aber eben unter dem negativen Vorzeichen von Vermögen als Bedingung, ohne die in Industriegesellschaften keine größere Autonomie über das eigene Leben zu erlangen ist.

Zum Ersatzbehelf für das materielle Vermögen entwickelte sich das individuelle Vermögen zu Bildung und Wissenschaft, das es nach dem Zweiten Weltkrieg ermöglichte, dass Menschen weniger autoritär und etwas freiheitlicher und versöhnlicher im Verhältnis zu anderen Menschen erzogen werden, ohne jedoch die wirtschaftlich und darwinisch vermittelte Konkurrenzhaltung untereinander und zur Natur grundlegend infrage zu stellen und zu überwinden.
Selbst wenn der Studentenbewegung in den 60er und 70er Jahren positiv zu bescheinigen ist, dass sie Bildung, Wissen und Eintreten für Werte der Humanität, vor allem Solidarität mit allen Unterdrückten, als Voraussetzung und Ziel einer Entwicklung der Menschen zu Vernunftwesen und zu mehr Freiheit erstmals in den Mittelpunkt gesellschaftlichen Trachtens rückte, veränderte dies nicht die Konkurrenzverhältnisse, vor allem nicht gegenüber der Natur.

Nicht-autoritäre, weniger am darwinischen Überlebenskampf als vielmehr an Prinzipien der Gleichheit, Gleichberechtigung und Sensibilität und Entfaltungsfähigkeit eines jeden Menschen orientierte Subjekte stellen heute eine absolute Minderheit dar, auch in allen Parteien. Dagegen gehören Konkurrenzdenken, ökonomische Überlegenheitsgefühle, das „Jeder-ist-für-sich-selbst-verantwortlich" und „Jeder-ist-sich-selbst-der-Nächste", der Mangel an persönlicher Zuwendung wenn sie wichtig wäre, vorteilsgetrimmte berechnende Kommunikation, Rassismen vielfältigster Arte usf., zum Alltag bei fast allen Menschen, sodass die deutsche Gesellschaft aktuell gefährlich durchgängig für neue kriegerische Abenteuer prädisponiert erscheint – wie im Übrigen vor allem die Partei der Grünen deutlich beweist.

Es gibt eine Ahnungslosigkeit in der Gesellschaft, die vor allem mit dem völligen Unwissen über die Rolle des Ökologischen in der vergangenen Entwicklung der Menschheit und für die Zukunft zusammenhängt:
Auch wenn der Klimawandel mit den Hagelstürmen, Orkanen und Starkregen-Überschwemmungen deutlich zeigt, dass die Natur entgleisen und alle bisherigen Gewissheiten und Sicherheiten zerstören kann, dann wird dies durch die Bank wieder eher als Schicksal verstanden, denn als Folge der menschlichen Zerstörung der Ökosysteme. Die Ignoranz gegenüber der eigenen Verantwortung geht mittlerweile so weit, dass gesagt wird, dass, wenn der Mensch daran schuld sein sollte, man auch nichts machen könnte: Es gibt keine Alternative zur Ausdehnung des Menschen außer die, dass man die Menschheit dezimiert und wenn andere Spezies die menschliche Art zu landwirtschaften nicht aushalten, dann sollten sie verschwinden.
Dies sind im Alltag weitverbreitete Konkretisierungen einer Ideologie, die heute im Bereich der Lebenswissenschaften immer noch das Höchste zu repräsentieren scheint, zu dem Menschen vor Einstein in der Lage waren.

Wir befinden uns also immer noch im Milgram-Experiment (1961 ff.), in dem Menschen unter dem Eindruck einer angeblich humanen Theorie (der darwinischen) angehalten werden andere zu quälen, um endlich ihre Leistung für die Menschheit zu bringen, auch wenn sie selbst dabei zu Unmenschen werden. Nicht anders ist der Spruch von Jennifer Doudna zu verstehen: Die Natur ist nichts ohne den hart durchgreifenden und dadurch Ordnung schaffenden Menschen. Aber Doudna kann dies nur mit Hilfe hoch entwickelter Technik und gewissen Interessengruppen im Hintergrund, die sie finanzieren und auf verwertbare Ergebnisse warten.
Jedoch sind es die Gesellschaften, die diese falschen Auffassungen von der Natur und zur Vorteilhaftigkeit und Risikolosigkeit der Gentechnik teilen müssen, um sie zu gestatten, wobei heute genügend Erkenntnisse dafür vorliegen, dass es sich beim Klima und der Ökologie um ganzheitliche Systeme mit eigenen inneren Strukturen, Prozessen und Reproduktionserfordernissen handelt, die nicht mit parzelliert eingreifender Technik zu retten sind, sondern im Gegenteil, vor solchen Eingriffen zu bewahren sind, um ihre Rückkehr zu lebens- und arterhaltenden Gleichgewichten zu ermöglichen.

Aber wer wird die deutsche Gesellschaft, die sich fest in der Hand starker wirtschaftlicher Interessengruppen befindet, die alles daran setzen, eine Ökologisierung aller Wirtschaftsbereiche und des individuellen Lebens zu verhindern, um weiterhin Gewinne mit fossilen Energieträgern und verbrauchsintensiven Produktionen und Lebensweisen zu machen, daran hindern, den Irrweg der Feindschaft gegen die Natur weiterzugehen? Immerhin hat man in den vergangenen Jahrzehnten die ökologisch orientierte Forschung praktisch mit Alibi-Beträgen gefördert, während etwa der 10-fache Geldbetrag in die gentechnische Forschung geflossen ist.

Mit ihrer Weiter-so-Politik, die im Festhalten an den Subventionen für eine klima- und umweltschädliche Landwirtschaft, Ausbremsen der Energiewende und fehlendem Klimaschutz auch in allen anderen Sektoren, vor allem im Verkehrsbereich, insbesondere auch Luftverkehr besonders deutlich wird, hat sich die deutsche Gesellschaft in eine gefährliche Einseitigkeit gegenüber ihren Bürgern begeben:

- Einerseits ist klar, dass die Klima- und Umweltkrise durch die Fehlentwicklung der Industriegesellschaft zu einem naturzerstörerischen, unersättlichen Moloch, entstanden sind, also eine Korrektur des gefräßigen, dummen, unsensiblen und naturblinden Moloch Wachstumsgesellschaft verlangt.
- Zudem hat sich die Krisensituation infolge der Untätigkeit der Gesellschaften seit dem ersten Bekanntwerden der Lage vor 50 Jahren, jedoch vor allem durch die Untätigkeit in den letzten 10 Jahren, in denen die THG-Emissionen stark gestiegen sind, so weit zugespitzt, dass die Gesellschaften ihre Bürger vor den immer drastischeren Unwettern kaum schützen können, sodass die Gefährdung von Leib, Leben und Sachen akut zunehmen.
- Gesellschaften, die ihrer Verantwortung zur Gegensteuerung nicht nachkommen, indem sie auf ein Weiter-so setzen, dadurch aber ihre Bürger zusammen mit den natürlichen Lebensgrundlagen immer stärker gefährden, befinden sich bereits in einem Fahrwasser des Verlustes an Glaubwürdigkeit und Hegemonie gegenüber dem Einzelnen, der letztlich auch die Überzeugungskraft des demokratischen Systems als wirkungsvolles Instrument der Krisenbewältigung unterminiert und letztlich eine Situation befördert, in der sich die Menschen selbst vor dem Staat, der sie nicht mehr schützen kann und der nicht bereit ist, die erforderlichen Maßnahmen gegen den Klimawandel zu ergreifen, schützen müssen.
- Indem auf Länderebene bereits staatliche Klimaschutzgesetze erlassen werden, die jede unmittelbare Haftung der Länder für klimawandelbedingte Schädigungen der Bürger ausschließt, zeigt sich letztlich, dass auch demokratisch verfasste Gesellschaften reine Schönwetter-Gesellschaften sind, die den Bürger unmittelbar im Stich lassen, wenn sie eine Alternative zum Raubbau an der Natur finden und praktisch umsetzen sollen.
- So werden autoritäre Top-down-Lösungen bereits jetzt auf höchster gesellschaftlicher Ebene durch die Politik eingeleitet: Einerseits durch das Weiter-so und ande-

rerseits durch die rechtliche Zurückweisung berechtigter Ansprüche der Bürger auf eine wirkliche Klimaschutzpolitik und auf Schadensersatz für die vom Staat durch Untätigkeit mittelbar verursachten Schäden – durch Unwetter, Hitze, Trockenheit, Hagels usf..

- Wirtschaftliche und wissenschaftliche Grundlage autoritärer Krisenlösungen ist das darwinische Theorem oder dessen modernisierte Auffassung von der „Selbstorganisation" des „Systems", also der Entwicklung durch Konkurrenz und Überlebenskampf untereinander, gegen andere Völker und gegen die Natur.

Da diese Überlebens-Ideologie nach wie vor hohe wissenschaftliche Reputation genießt, somit auch legitime Grundlage der Einstellungen zur Natur, zu sich selbst (Optimierung), zu anderen Gesellschaftsmitgliedern und zu anderen Völkern und Kulturen darstellt und zudem durch die praktische Realität der Lebenssicherung durch Arbeit für andere und Durchsetzung gegenüber Konkurrenten und konkurrierenden Staaten und Völkern täglich bestätigt wird, auch den gesellschaftlichen Charakter der Menschen in Industriegesellschaften maßgeblich bestimmt, wird sich die Politik auf eine überwiegend positive Zustimmung für solche autoritäre Gangarten von Seiten der Bevölkerung wohl verlassen können.

Angesagt wäre aber Überleben durch Wissen, Kooperation und Ökologisierung, d. h. Versöhnung mit der Natur, auf der ganzen Linie und im globalen Maßstab. Und die Basis dafür wäre das, über die tatsächlichen Verhältnisse aufgeklärte Natur-Kultur-Subjekt, das sich in Kooperation mit Gleichgesinnten daran macht, die Gesellschaften von unten zu ökologisieren und als mündiger Staatsbürger für die Befreiung aus dem Zwang zur Arbeit für andere, mittels eines bedingungslosen Grundeinkommens und der Streichung aller naturschädlichen Subventionen sowie Ausgaben für die Aufrechterhaltung expansiver gesellschaftlichen Bestrebungen, einsetzt.

Entscheidend dabei, wie das Milgram-Experiment gezeigt hat: Das ganz Neue seit der Aufklärung ist die Befreiung der Subjekte mittels objektivem Tatsachenwissen, das deshalb in Industriegesellschaften erstmals die Aura der höchstmöglichen Legitimation erlangt hat: Wissen bedeutet nicht nur Macht, sondern befördert Freiheit.
Daher konnten Natur- und Ingenieurwissenschaft, durch Realverbesserungen des Lebens, nicht nur eine weitaus höhere Überzeugungskraft erlangen als die Kirche je besaß, sondern auch der Darwinismus seinen verhängnisvollen Einfluss auf das gesellschaftliche Bewusstsein entfalten – diese Janusköpfigkeit einer unreflektierten naturwissenschaftlichen Entwicklung sollte gerade im Zusammenhang mit den geistesgeschichtlichen Vorgängen im 19./20. Jh. keinesfalls vergessen werden.

Entsprechend gewichtig sind, wie das Milgram-Experiment gezeigt hat, wissenschaftliche Erkenntnisse für die Orientierung der Menschen und ihre Werthaltungen, in Kombination mit der Aussicht auf Verbesserungen für das gesellschaftliche Ganze und deren unmittelbare Vermittlung durch den Wissenschaftler als Autorität.

Entsprechend gewichtig ist aber auch der Wahrheitsgehalt, d. h. die wissenschaftliche Triftigkeit behaupteter, unterstellter oder angenommener Zusammenhänge zwischen bestimmten Handlungen und bestimmten Wirkungen, die natürlich bei den Stromstößen des Milgram-Experiments als Ursache für weniger Fehler beim Lernen nicht gegeben war.

Vielmehr wies die im Milgram-Experiment den Versuchspersonen als plausibel vermittelte Theorie der Beschleunigung oder Verbesserung des Lernens durch unmittelbaren Zwang eine deutliche Überschneidung mit der darwinischen Theorie des Überlebens durch Kampf, also handgreifliche Korrektur durch Konkurrenten oder die Umwelt auf, sodass die große Zahl jener Versuchspersonen, die, in der Rolle als Lehrer, bei Fehlern der durch Schauspieler gespielten Schüler, vermeintlich lebensgefährliche Stromstöße erteilten (über 60 %), eigentlich nicht verwundert hat.

Worauf kommt es heute an, damit die Wissenschaft nicht im Fahrwasser der Verteidigung des gesellschaftlichen Apparates gegen die verletzte Eigenständigkeit und Produktivität der Natursysteme verharrt, sondern den Menschen den Ausweg zeigt, den es ihnen im 18. Jh. schon einmal gezeigt hatte, gegen unberechtigte, menschenfeindliche Herrschaftsansprüche und gegen kirchliche Dogmen und Aberglauben?

10.9.10 Wissenschaft sollte die Ökologie als eigenständige Ganzheit mit unverzichtbaren Eigenleistungen und Gleichgewichtszuständen endlich anerkennen

Die anhaltenden Widerstände gegen eine Anerkennung und Würdigung der Gesamtheit Biosphäre als reale, eigenständige und dringend erhaltenswerte Ökosysteme fußen nicht nur in der auf Gewinn und daher Wachstum orientierten Wirtschaft und Gesellschaft, die Menschen zu jedweder Arbeit nötigt, damit sie ihren Lebensunterhalt verdienen können, sondern wesentlich auch in der Wissenschaft:
Allen voran in den Natur-, Lebens- und Geschichtswissenschaften und schließlich auch in der Agrar- und Sozialwissenschaft. Kaum ein anderer gesellschaftlicher Praxisbereich arbeitet mit ähnlicher Wirkmacht, Zielstrebigkeit, Hartnäckigkeit und Vollständigkeit am Ausbau und Erhalt der anthropozentrischen Zugriffe auf eine als fragmentiert und unselbstständig oder, wie Nobelpreisträgerin J. Doudna sagte, „dummes, taubes und blindes System“ aufgefassten Natur.
Forschungen zur Ökologie sind seit dem Beginn des 20. Jh. in Deutschland entweder seltene Ausnahme, wie derzeit die Forschungsprojekte im Bereich des Bundesprogramms Ökologischer Landwirtschaft und anderen Formen nachhaltiger Landwirtschaft (BÖLN) beweisen – sie dienen größtenteils indirekt der Entwicklung der sog. integrierten Landwirtschaft und nur ganz wenige befassen sich z. B. mit der Rekultivierung der Böden. Oder sie dienen direkt der Bekämpfung ganzheitlicher Sichtweisen der Natur und Ökologie, wie wir dies in unseren Analysen festgestellt haben.

Eine abschließende Zusammenfassung muss und kann sich auf die zentralen Differenzen in der Anschauung und im Umgang mit Ökosystemen konzentrieren, insbesondere auf den Aspekt der Ganzheitlichkeit und den potentiellen Schadensfolgen partieller, ökologieblinder, nicht-ganzheitlich bezogener Natureingriffe, wie sie heute mit den neuen Gentechniken, aber auch im Kontext der derzeit höchstaktuellen Virenforschung nach dem „gain-to-function“-Prinzip praktiziert werden (Man steigert die Gefährlichkeit von Viren durch gentechnische Eingriffe um vorzeitig ihre Bekämpfbarkeit zu erhöhen. Welch ein fahrlässiger, darwinistisch inspirierter Wahnsinn an Verantwortungslosigkeit der Wissenschaft).

Allerdings hat uns der Ausflug in die Geschichte, zu den möglichen Ursprüngen des Anti-Ökologischen, eine sogenannte „Meta"-Ebene beschert, die es notwendig machte, auch bedeutende Theorien zur Entwicklung des Menschen, seines Denkens und des Gesellschaftlichen auf ihren Bezug zur Ökologie zu hinterfragen.
Was wir dadurch bekommen haben ist eine Vorstellungen von der geschichtlichen Entwicklung der menschlichen Gesellschaften, in der einerseits diese Entwicklung selbst bis hin zu den modernen Konsequenzen, die Klima- und Umweltkrise, verständlicher wird, andererseits aber auch die aktuelle Unfähigkeit der Gesellschaften, die notwendig ökologischen Antworten auf diese Krisen zu finden.

Aktuelle Wissenschaft finden wir hier immer zweifach vertreten: Als aktiv mitwirkenden Täter, der mit seinen naturblinden Konzepten die Malaise vertieft und als Propagandist gegen die Ökologie und ganzheitliche Betrachtungen, um vernünftige Alternativen als unrealistisch, unpraktikabel und ineffizient hinzustellen. Dabei wird, wie wir zeigen konnten, mit Zusammenhängen operiert wird, die so wie behauptet nicht gegeben sind:

Wie z. B. bei der Behauptung, dass mit einer ökologischen Produktionsweise von Lebensmitteln die Welt nicht ernährt werden könnte. Dies wird von vielen agrarökonomisch orientierten Agrarwissenschaftlern behauptet, obwohl sie das komplexe Welternährungssystem weder als System akzeptieren noch verstanden haben.
Aber solche Aussagen ins Blaue hinein, die unterschlagen, dass die Welt ihr Potential an fruchtbaren Böden hauptsächlich für ernährungsstrategisch völlig unergiebige Futtermittel verschleudert, sind in Verbindung mit neuen Technologien, insbesondere mit Gentechnik, an der Tagesordnung. Ihr Wahrheitsgehalt steht im umgekehrten Verhältnis zur Häufigkeit und Deutlichkeit ihrer behaupteten Positivwirkung, weil insbesondere die Gentechnik weder über entsprechende Konzepte systemischer Analyse verfügt noch überhaupt ein Interesse an solchen Analysen hat.
Die Behauptung, Gentechnik bräuchte man zur Züchtung klimaresistenterer Pflanzen und zur Sicherung der Welternährung, sind nichts als verlogene Werbesprüche einer Techno-Sparte, die wissenschaftlich nicht zu belegen sind.

Unsere Erkenntnisse über die ökologischen Scheuklappen und Verdrängungen in den aktuellen Wissenschaften – Naturwissenschaften, Philosophie, Agrarwissenschaften – sowie die mittelbaren und langfristigen Schadens-Folgen der fragmentierenden Naturauffassung, lassen sich über die drei Betrachtungsebenen hinweg wie folgt zusammenfassen und in ökologische Anforderungen übersetzen, die Wissenschaft im Dienste der Natur und der Menschen erfüllen sollte.

Wir haben drei Betrachtens-Ebenen:

(a) die Ebene der historischen Entwicklung der Gesellschaften in ihrem Verhältnis zur Ökologie,

(b) die Ebene der Gesellschaften selbst in ihrem Verhältnis zur Ökologie als umfassende Biosphäre und als Ökosysteme auf dem eigenem Gebiet,

(c) die Ebene der Menschen in ihrem Verhältnis zu den Ökosystemen, deren Beziehung zueinander und zur Biosphäre sowie zur geophysikalischen Umwelt.

Auf allen drei Ebenen wird „Ökologie" in den aktuellen Wissenschaften entweder ausgeblendet oder anhand bestimmter Theorien fragmentiert oder in ihrer Eigenständigkeit und ihrem ganzheitlich zweckhaften Daseinsgrund infrage gestellt und/oder mit autoritären politischen Bestrebungen in Verbindung gebracht.
Dabei rechtfertigen die betreffenden Autoren ihren anthropozentrischen Ansatz meistens darwinisch mit der Theorie der Anpassung durch Selbstorganisation der Organismen bzw. Individuen unter Chaosbedingungen, als gewissermaßen neue chaostauglicher Selektionstheorie unter Bedingungen des Klimawandels. Man befördert damit Vorstellungen von Anpassung durch Höherzüchtung, wie im 19. Jh., womit völkische Bewegungen gefördert und legitimiert wurden und beschuldigt schließlich die von Biozentrikern geforderte ganzheitliche Naturbetrachtung jener totalitären Tendenz, die man mit einer Beschleunigung der Evolution durch gentechnische „Höherzüchtung" unmittelbar selbst befördert! Wie ist dies möglich?
Weil das genetisch ertüchtigte Individuum seit Ende des 19. Jh. dazu missbraucht wird, völkische Ganzheiten der Gesellschaften gegen die ökologischen Ganzheiten in der Natur aufzubauen um letztere verdrängen und schließlich um so brachialer ausbeuten und zerstören zu können. Daran ist der Anthropozentrismus seit 150 Jahren beteiligt und bis heute stark interessiert.

Aber beginnen wir wieder von vorne, mit der Geschichte:

Ad a) Dynamik der Entwicklung der Gesellschaften seit dem Altertum:

Unsere Hypothese war, dass die sesshaft werdenden Menschen die Konzentration auf bestimmte Nahrungspflanzen – Getreide u. a. – als Möglichkeit erkannt hatten, ihre Ernährungssicherheit über das ganze Vegetationsjahr – das sie bereits aus der Jäger- und Sammlerzeit kannten – auszudehnen. Entscheidende Voraussetzung dafür war das Verständnis des Wachstumsprozesses der Pflanzen in der Zeit und justiert im Verlauf der Jahreszeiten, die Fähigkeit zur selbsttätigen Veranlassung und Wiederholung dieses natürlichen Prozesses und die Fähigkeit zur sicheren Aufbewahrung der Samen, vermutlich zunächst in trockenen Höhlen und dann in künstlichen Mulden, bevor auf Tongefäße und feste Bauwerke (z. B. Tempel) übergegangen wurde.

Alle drei Faktoren, die Attraktivität einer ganzjährigen Nahrungssicherheit mittels weniger Pflanzen, das Know-how zum Nachmachen und die Fähigkeit zur sicheren Aufbewahrung waren an bestimmte natürliche und klimatische Umwelten gekoppelt:

An Bedingungen eines Vegetationsjahres in dem es Zeiten des Wachsens und Erntens und auch längere Zeiten fehlenden oder spärlichen Wachstums und weniger oder ganz fehlender Früchte direkt aus der Natur gab, also an Bedingungen des sog. kühlgemäßigten Zonen-Klimas (Klimaklassifikation nach Troll und Pfaffen in: Wikipedia, Effektive Klimaklassifikation vom 25. Mai 2021), früher die gemäßigte Zone zwischen dem 40. und 60. Breitengrad.
Charakteristisch für diese Klimazone ist eine ausgeprägte jahreszeitliche Variation der klimatischen Hauptfaktoren Strahlung, Temperatur und Niederschlag sowie eine typische Beziehung zwischen Klima und natürlicher Vegetation mit typischen Pflanzen, die ähnlich auch für bestimmte Höhenklimate gegeben ist. Somit ist klar, dass der Ackerbau nicht im tropischen Urwald mit fehlenden Jahreszeiten, ununterbrochenem Wachstum, Temperaturen kaum unter 18 °C, regelmäßigen hohen Niederschlägen und andauerndem Nahrungsangebot, entstehen konnte.

Dennoch begann der Ackerbau nicht in der Wüste oder Halbwüste, in die er schließlich große Gebiete verwandelt hat, nachdem die ursprüngliche Vegetation, die Wälder, Savannen und Grasländer, einschließlich der fruchtbaren Böden darunter, abgeholzt und von den stark wachsenden Bevölkerungen der Ackerbaugesellschaften verbraucht, d. h. die natürliche Bodenfruchtbarkeit und Biomassevorräte in Form der Wälder und Savannen verloren waren.

Um die ökologisch verhängnisvolle Wirkung dieser Kultur der Sesshaftigkeit verstehen zu können, ist der Verweis auf die besonderen – gemäßigten – Klimaverhältnisse wenig hilfreich, auch wenn das Verhängnis darin begann.

Wie zu sehen ist, breitete sich die Kultur der Sesshaftigkeit bzw. des Ackerbaus weltweit aus, macht keinen Halt vor subtropischen und tropischen Gebieten und vor allem auch nicht vor den letzten großen Urwäldern dieser Erde in den Tropen.

Demnach beinhaltet die Sesshaftigkeit/der Ackerbau eine Potenz zur naturschädlichen Expansion der menschlichen Art, deren wir uns heute, angesichts von Klimawandel und Artensterben, globaler Naturverschmutzung schnellstmöglich bewusst werden müssen, um sie unter Kontrolle bringen zu können.

Aber woher soll dieses Bewusstsein kommen wenn nicht aus der Reflexion der Entwicklung, die uns heute diese Bedrohungen durch Klima- und Umweltkrise beschert?

Tatsächlich hat das Sesshaftwerden, bei aller dadurch erfolgten Einschränkung der Perspektive auf die Natur und Reduktion des Rationalen auf das unmittelbar Nützliche und objekthaft Überschaubare und seine Veränderung entlang erkannter, linearer Ursache-Wirkungs-Beziehungen, den Menschen als Homo sapiens, d. h. als denkendes und reflektierendes Wesen enorm nach vorne gebracht: Nur unter Bedingungen der Sesshaftigkeit ist die Entstehung der Schrift (z. B. die Keilschrift bei den Sumerern) und damit auch dauerhafte Kumulation und Überlieferung von Erfahrungen und Wissen an nachfolgende Generationen denkbar.

Der entscheidende Punkt in der Kultivierung des Menschen selbst war sein Lernen von der Natur: Er erlernte in der Sesshaftigkeit mit dem Ackerbau das folgerichtige Denken entlang der für ihn überlebenswichtigen Naturprozesse des Pflanzenwachstums in Relation zum Vegetationsverlauf und Sonnenstand. Das ist nicht, wie Adorno fälschlich annahm, instrumentelle Machtergreifung über die Natur durch eine vergröbernde begriffliche Vorstellung vom Wachstumsprozess als Folge der Angst vor der Natur, sondern das ist das neue intelligente Verhalten eines Naturwesens gegenüber der Natur, weil es deren Regelmäßigkeit und deren Zweckhaftigkeit für ihn erkannt hatte:
Somit war Sesshaftigkeit von Beginn an ambivalent: Sie ignorierte das große Ganze der Biosphäre und die Verbundenheit des Wachstums der Getreidepflanzen, über den fruchtbaren Boden, mit den früheren Ökosystemen (Wälder und Wiesen) oder, bei Schwemmland, mit fernen Ökosystemen, beförderte aber die Entwicklung des Menschen als Kulturwesen, mit einer souveräneren Lebensweise und mit der Potenz für höheres und auch komplexeres Wissen und einer möglicherweise neuen Rationalität im Umgang miteinander und mit der Ökologie.

In der Folge haben wir historisch nicht nur eine Ambivalenz im Umgang mit der Natur – Erkenntnis von einzelnen Gesetzen und ihre Nutzung gegen Gesamtzusammenhänge – sondern auch eine Einseitigkeit zulasten der Natur: Denn ihre Komplexität wird nicht als Grundlage des Handelns gewürdigt, sondern nur infolge ihrer Reaktion in Form der negativen Folgen, die die partiellen, die Natur fragmentierenden Natureingriffe verursachen. Während Horkheimer/Adorno in der Dialektik der Aufklärung meinen, dass eine versöhnliche Haltung des Menschen zur Natur endgültig durch den vergröbernden Begriff und den listigen Eingriff, der der Natur mehr nimmt als zurückgibt, verloren ist, sodass der menschliche Zweck alles dominiert – das instrumentelle Denken und Handeln – ist eigentlich auch das Gegenteil der Fall:
Der Mensch wird erst richtig Mensch als wissender und reflektierender Mensch durch die Kultivierung der Natur, und deren doppelte Wirkung: Vermehrung der Menschen und Vermehrung ihres Wissens.

Das Problem nur, dass diese Vermehrung bisher unter Bedingungen verminderter bzw. eingeschränkter Sicht der wahren Komplexität der Biosphäre und der Ökosysteme auf eigenem Gebiet erfolgt ist und daher dem Menschen bisher eine Ausweitung seiner Rationalität, seiner Kalküle und für ihn denkbaren Alternativen, auf die Biosphäre und die Ökosysteme auf seinem Gebiet, verwehrt hat.

In unseren Augen stellt sich die bisherige Entwicklung der Gesellschaften seit der Sesshaftigkeit dar als komplexe Dynamik der Bevölkerungsentwicklung und gesellschaftlicher Expansion aufgrund komplexitätsbeschränkter Rationalität, die die Menschheit bis heute nicht unter Kontrolle hat, weil das sich gleichfalls entwickelnde Wissen über die Umwelt und Ökologie bisher allenfalls nur instrumentelle Bedeutung für die Expansion und Naturausbeutung erlangen konnte.

Adorno pointierte seine praxisferne Theorie, die die Natur als umfassende Heimat und Lehrmeister des Menschen ablehnt mit dem Spruch: Es gibt kein richtiges Leben im falschen. Verfälscht wurde das Leben der Menschen in den Augen Adornos durch seine vergröbernden Begriffe, durch seinen instrumentellen, vorteilserheischenden Zugriff auf die Natur, der schließlich, im Faschismus, ihn selbst betraf und alle Anflüge von Gedanken an eine künftig mögliche humane Welt ein für alle Mal in Zweifel zog.
Eine solche Sicht ist nur möglich, wenn man den Doppelcharakter der Beziehung des Menschen zur Natur als Nahrungsgeber und Lehrmeister, aufgrund einer Überbetonung der Rolle des gesellschaftlichen Warentausches für die menschliche Existenz, vergisst und schließlich auf die inhaltsferne, entfremdete Beziehung zur Natur als Beziehung des Beherrschenwollens zum Zwecke der Gewinnerzielung reduziert.

Vor Adorno war Marx mit seiner Theorie der geschichtlichen Entwicklung der Menschheit als Geschichte von Klassenkämpfen, worin die Ökologie überhaupt keine Relevanz hatte: Im Mittelpunkt standen Herrschaftsverhältnisse zwischen den Menschen bzw. die Ausbeutung von Menschen durch Menschen: von Sklaven durch Despoten, von Leibeigenen durch feudale Grundherrn, von Arbeiter durch Kapitalisten. Weit und breit keine Ökologie, die für die Stoffflüsse und ausbeutbaren Schätze gesorgt hat und die unter den Verteilungskämpfen eventuell hätte zu leiden gehabt.

Zu fragen ist also, ob diese ambivalente Potenz des Ackerbaus, die, einerseits mit der vorausgehenden Brandrodung und folgenden Wirkung der Überausbeutung der Gebiete in Gestalt der Bevölkerungsvermehrung, Auspowerung der Böden und kriegerischen Expansion und andererseits in Gestalt der Entwicklung von Kultur und Wissen, offensichtlich ist und in archäologischen Funden sowie Dokumenten erkennbar wird, die Geschichts-, Lebens- und Agrarwissenschaften jemals interessiert hat?

Da sieht es beim jetzigen, noch knappen Überblick nicht sehr rosig aus: In der Geschichtswissenschaft, bedingt wohl auch durch die schwache Repräsentation von Naturkontexten und der Landwirtschaft generell in den Dokumenten der Antike und folgenden Zeiten ist die Natur als Nahrungsgeber und sensible Ganzheit aus verletzbaren Landschaften, Stoffkreisläufen und Gleichgewichten kaum ein Thema.
Erst im Rahmen der Aufklärung und gegen Ende des 20. Jh., in Folge der deutlicher werdenden Umweltkrise und ihrer Thematisierung (Grenzen des Wachstums u. a.) sind vermehrt Bücher zum Umgang der Menschen mit der Natur von der Frühgeschichte über die Antike, das Römische Reich, das Mittelalter bis in die Moderne zu bemerken, aus denen wir uns unser Bild von der Entwicklung entworfen haben. So haben wir z. B. aus dem Buch von R. P. Sieferle: Fortschritte der Naturzerstörung, Frankfurt a. Main 1988, konkret von Clarence J. Glacken erfahren, dass von der Kultivierung der Natur bereits in der Antike auch schädliche Folgen bemerkt wurden, indem z. B. Platon die Kahlheit der Berge des Peloponnes infolge Entwaldung und Abschwemmung der Erde beklagte. In einem weiteren Buch von R. P. Sieferle und H. Breuninger, Natur-Bilder, vermittelt uns H. D. Galter „Aspekte der mesopotamischen Natursicht“ und V. Winiwarter die „Wahrnehmung, Be-

handlung und Theorie" der „Böden in Agrargesellschaften ... von Cato bis Palladius", den sogenannten römischen Agrarschriftstellern.

Aus diesen modernen Analysen und Rekonstruktionen der dokumentierten Sichten der Menschen auf die Natur im Ganzen und in Teilen, unter den je besonderen Bedingungen unterschiedlicher Epochen, wird erkennbar, dass sich das Verhältnis der Menschen zur Natur geschichtlich tatsächlich als ein relativ einseitiger und feindseliger Prozess der Unterwerfung mittels Kultivierung vollzogen hat, in dem die Menschen erst verzögert, (aufgrund erkannter Schattenseiten, stärkeren Interesses und dadurch vermehrten Wissens) der Natur mehr Eigenständigkeit, Eigenleben und in der Folge auch Wert zugestanden haben.

Belege für unsere Hypothese, dass der Drang zur Expansion der Gesellschaften sich aus dem wachsenden Missverhältnis zwischen dem Bedarf der durch vorangegangene Übernutzung der Natur stark gewachsenen Bevölkerungen einerseits und dem begrenzten Raum sowie den durch Raubbau zerstörten Ressourcen andererseits speist, erscheinen bei einer Betrachtung der unmittelbaren Hintergründe für Kriege durchaus zahlreich gegeben, wenn auch nicht in Form von direkten Quellen, sondern als Folge der Zusammenschau von Fakten aus den zur Prüfung dieser Hypothese relevanten Gebieten: Bevölkerungswachstum, Ernährungssicherheit, Hungerkrisen, Ausweichmöglichkeiten durch Handel, Ziele der unterschiedlichen Interessengruppen u. a.
So dürfte mittlerweile unstrittig sein, dass das Weströmische Reich als Folge der Expansionsbestrebungen stark gewachsener Germanenvölker einerseits und der inneren Ernährungskrise des Römischen Reiches selbst, infolge Niedergang der Landwirtschaft hauptsächlich infolge Fernversorgung und unbezahlbar gewordener militärischer Aufwendungen zur Sicherung der fremden Nahrungsherkünfte andererseits, verteidigungsunfähig geworden war.

Um solche Zusammenhänge in den dokumentierten geschichtlichen Fakten feststellen zu können, bedarf es einer anderen, ganzheitlicheren Geschichtsbetrachtung, die viel stärker als bislang die Praktiken der Ernährungssicherung und ihre Produktivität, den Umgang mit Wäldern und Fluren, das Bevölkerungswachstum, Siedlungs- und Stadtentwicklung, Versorgung über Fernhandel im Verhältnis zur Versorgung aus der Region, usf. einbezieht. Nur durch solche komplexen gesellschaftlichen Hintergründe und damit verbundenen Schäden in der Natur können diese als Ursachen z. B. für die Expansionskriege eines Karl des Großen oder z. B. den Dreißigjährigen Krieg im 17. Jh. auch als Auseinandersetzung zwischen der feudalen, an den Grundbesitz und Naturalabgaben gebundenen Existenzsicherung der Herrschaften und der neuen, auf städtischen Strukturen, Handwerk und Fernhandel basierenden Existenzweise des Bürgertums in den Städten erkannt und die Zeitzeugnisse entsprechend miteinander in Verbindung gebracht werden.
Jedoch gelten die wirtschaftlich motivierten Expansionskriege, bis hin zu den Kreuzzügen und auch der Dreißigjährige Krieg, wie Kriege überhaupt, heute immer noch mehr als religiös und/oder durch die Konkurrenz von Herrscherhäusern entfachte Zivilisierungsleistungen, denn als Folge eines gewachsenen Missverhältnisses zwischen dem erhöhten Bedarf einer infolge Natur-Über-Ausbeutung gewachsenen Bevölkerung und der durch diese Überausbeutung verringerten Nachlieferung von Nahrung durch die Natur.

Wird Geschichte nur chronologisch und aus der Warte der durch weltliche und kirchliche Herrscher und andere Akteure hinterlassenen Zeugnisse interpretiert, dann wird man kein tieferes, objektiveres Bild von Entwicklungen in der Geschichte erlangen und somit auch nichts aus der Geschichte lernen können, da in diesen Zeugnissen die Ökologie überhaupt nicht und die Natur – von seltenen Ausnahmen abgesehen – nur als Abbild vorkommt, sodass die tatsächlich in bestimmten Zeiten bestehenden objektiven Überfluss- oder Mangelsituationen ganzer Gesellschaften und ihre ökologischen Grundlagen als Hintergrund der Kriege gar nicht zu erkennen sind.

Denn in den Zeugnissen der Geschichte – den hauptsächlich dokumentierten Sachverhalten – widerspiegelt sich die doppelt komplexitätsbeschränkte Sicht der Menschen auf die Naturgrundlagen, was vor allem darin zum Ausdruck kommt, dass die unmittelbare Auseinandersetzung mit der Natur, z. B. die Landwirtschaft, als niederste Verrichtung angesehen wurde, die lange Zeit den Sklaven – den unterworfenen Völkern – vorbehalten und daher auch in der griechischen Antike kaum ein Wort wert war: Natur interessierte nur in der bereits abstrahierenden Form von „Grundelementen“ wie bei den Vorsokratikern oder als besondere Kategorie von Sein und zu klassifizierenden Erscheinungsformen bei Aristoteles und nicht als konkrete Ökologie, von deren Produktivität auch die Philosophen abhingen.

Sofern Geschichte als Vorgeschichte unserer modernen Zeit und Gesellschaften in ihrer heutigen ökologischen Krisenhaftigkeit gesehen wird, wird Geschichte durchaus ganzheitlicher als Entwicklungsprozess erkennbar, dessen Darstellung dann aber kaum freizuhalten ist von Theorien über die maßgeblichen Antriebe für die Veränderungen und Entwicklungen, die letztlich auf die Erkenntnis von Gesetzen der Entwicklung der Menschheit als Teil der Natur, aber mit eigenen, besonderen Fähigkeiten hinausläuft, die der Natur weit überlegen scheinen.

So bekommt man z. B. in den Büchern: „Deutsche Agrargeschichte der Frühgeschichte, des Mittelalters und der Industrialisierung“ aus den Jahren 1993, 1994 und 1997 einen sehr empirischen, vielfältigen und gesellschaftlich umfangreichen Einblick in die Lage und Entwicklung des Agrarsektors seit dem Niedergang des Römischen Reiches und der Kultivierung Mitteleuropas.

Jedoch erhalten Faktoren, die mit Blick auf moderne Gesellschaften und die Entwicklung des Lebensstandards für besonders wichtig erachtet werden, wie z. B. die Entwicklung der Siedlungsstruktur, der Arbeitsteilung in Landwirtschaft und Handwerk, der Techniken und des Handels viel mehr Raum als etwa Rekonstruktionen der Natureingriffe, des Naturverbrauchs, der dadurch entstehenden Knappheitsprobleme bei den Nahrungsmitteln und etwa Probleme mit der Sauberkeit von Wasser.

So erfährt man das Ausmaß der Entwaldung im Hochmittelalter auf bis zu ca. 10 % der Landesfläche, real Folge eines enormen Siedlungswachstums und stark gewachsener Bevölkerung, aufgrund eben dieses enormen Raubbaus an der Natur, nicht unbedingt aus der „Deutschen Agrargeschichte“, sondern aus den wenigen Büchern, die sich auch mit der Umweltzerstörung in der Geschichte befassen (wie z. B. E. Schubert/B. Herrmann, Von der Angst zur Ausbeutung, Frankfurt a. M. 1994) und nicht nur mit den gesellschaftlichen Fortschritten.

Wie aber soll aus solcher, die geschichtliche Entwicklung nur positiv sehenden und deutenden Agrargeschichtsaufarbeitung erkennbar werden, dass der Mensch eventuell mehr von der Ergiebigkeit und Intaktheit der Natur abhängt, als von seinen Techniken und der Entwicklung der Infrastruktur, die er bei der Retrospektive in den Mittelpunkt stellt?
Wie soll erkennbar werden, dass die heutige Klima- und Umweltkrise einen langen Vorlauf hat und welche Faktoren dafür tatsächlich verantwortlich sind, Faktoren, die heute gar nicht diskutiert werden, weil man keine anderen Faktoren für wahr haben will als jene, die für Wachstum und höheren Lebensstandard stehen?
An dieser Stelle versagt auch die marxistische Geschichtswissenschaft, die von der Überausbeutung der Natur als Voraussetzung der Gesellschaftsentwicklung und dem daraus folgenden Kampf der Gesellschaften um frische Ressourcen, nichts wissen will und statt dessen den Kampf um die Verteilung des Ertrages der Naturausbeutung in den Vordergrund stellt. Diese Auseinandersetzung gibt es zweifellos auch, aber sie ist nicht die letzte Ursache für die permanenten Kriege. Auch die Reichen benötigen den Hyperverbrauch ganzer Gesellschaften, der auf Überausbeutung der Naturressourcen und den Kampf der Völker darum basiert. Klimawandel und Artensterben zeigen, dass dieser Fehler der Überausbeutung der Natur verhängnisvoller ist und primär behoben gehört, durch die Beendigung dieser Überausbeutung, woran auch die Vermögenden als Naturwesen Interesse haben müssten.

So verliert analytische Geschichtswissenschaft seine Unschuld, wenn Theorien der wirtschaftlichen und kulturellen Entwicklung angewendet werden, die mit dem Selbstverständnis industrieller Wachstumsgesellschaften konform gehen und die die, in ihrem Verhängnischarakter heute deutlich werdenden, langfristig wirkenden ökologischen Kollateralschäden in der zurückliegenden Geschichte ausblenden, sofern sie nicht expliziter Bestandteil bestimmter geschichtlicher Vorgänge waren, wie z. B. die ersten Forderungen nach nachhaltiger Waldbewirtschaftung und der Holznot im 17. und 18. Jh.

Bleibt zweierlei festzuhalten:

Wesentliche Folge des Sesshaftwerdens und der damit verbundenen doppelten Reduktion der Komplexität der Ökologie auf das eigene Gebiet und hier wiederum auf bestimmte nützliche Naturphänomene, wie das selbstständige Wachsen von Getreidepflanzen, ist auch eine entsprechend verengte Entwicklung des Wissens und schließlich auch der Wissenschaften: Die sich eigenständig hervorbringende Natur schafft zielstrebig zwar in sich zweckmäßige, d. h. lebensfähige Ganzheiten an Organismen und komplexeren Ökosystemen, die von Aristoteles mit einer eigenen Existenzkategorie gewürdigt wird, jedoch werden diese Ganzheiten weder vor noch nach ihm vom sesshaften und bald in die ganze Welt ausschwärmenden Menschen als solche ernst genommen.

Was wir seit nunmehr ca. 8000 Jahren haben, ist ein von seiner Großartigkeit und Überlegenheit über die Natur überzeugter Mensch, der allein sich die Fähigkeit zum zweckmäßigen Handeln zuspricht und der Natur, den Ökosystemen und der gesamten Biosphäre ihre eigene Zweckmäßigkeit als komplexe Lebenssysteme abspricht, obwohl diese überall, in den lebensfähigen Organismen, Pflanzen und Tieren sowie Lebensgemeinschaften in den Böden, Wiesen und Wäldern, mit den Händen zu greifen ist:

Wie auch sollte ein lebensfähiger Organismus zustande kommen, wenn es nicht diese, in den Organen und ihrer Interaktion komplett ausgebildeten Lebensfähigkeit ist, die dem Aufwachsen der Pflanzen usf. als Ziel und innerem Zweck innewohnt? Natur, in Gestalt ihrer Lebewesen, Lebensgemeinschaften in Ökosystemen bis hin zur gesamten Biosphäre als komplexester Prozess der Interaktion der Lebenssysteme mit den geophysikalischen Bedingungen ist zweckgerichtet auf die Entstehung und Erhaltung des Lebens auf Erden. Woher diese besondere innere Kraft des Lebens kommt ist bis heute unbekannt und daher so zu akzeptieren und anzuerkennen, wie man die geophysikalischen Bedingungen, mit der Sonne an der Spitze, anzuerkennen hat und anerkennt.

Was sich vor etwa 8000 Jahren, zunächst nur als zufällig durch Beobachtung erkannter Vorteil ergab, die erhöhte Nahrungssicherheit beim Verbleiben und Rekultivieren ergiebiger Nahrungspflanzen, entwickelte sich zum Grundprinzip einer fragmentierenden Naturnutzung, die viele Jahrtausende aus dem Vollen schöpfen konnte, ehe sie sich zum Problem entwickelte, weil die ursprüngliche Natur erschöpft und die genutzten Regionen, vor allem infolge Entwaldung, der Austrocknung ausgeliefert waren. Noch konnten sich die Völker in frische Natur ausdehnen und sich schließlich durch Eroberungen und Versklavung anderer Völker über Wasser halten.

Dies blieb bis heute so und so auch die Perspektive der Wissenschaften auf die Ökologie:

Zentral ist der Nutzen für den Menschen und der verlangt eine fragmentierende Betrachtung und Nutzung der Natur und die Ablehnung jeder Form von eigenständiger Zweckmäßigkeit und Ganzheit der Ökologie und Ökosysteme.
Ergebnis ist die Industriegesellschaft mit ihrer industriellen Landwirtschaft wie wir sie haben, unfähig zur grundlegenden Korrektur. Die Ökologie hat weiterhin das ungeliebte Kind dieser naturausbeuterischen Entwicklung zu bleiben, das zwar Beispiele und Bilder für das Mögliche liefern darf aber nicht Leitbild, Mainstream und flächendeckende Praxis werden darf, weil dann die Agrarlenkungspolitik in Richtung Förderung der Industrie durch Chemisierung, Technisierung, Billignahrung und Spielmasse in Handelsverträgen z. B. mit Mercosur, ein Ende hätte.

Die Wissenschaft hat die Entwicklungsdynamik der Gesellschaften infolge der beschränkten Komplexität und Rationalität des Überlebensmodells sesshafter Gesellschaften überhaupt noch nicht im Blick, sondern befördert diese mit ihren eigenen komplexitätsbeschränkten Konzepten immer weiter.
Ein entscheidender Schritt, vor allem im Zusammenhang mit der Bekämpfung des Klimawandels, wäre, die Ökosysteme auf eigenem Gebiet, insbesondere die Böden und bodennahen Ökosysteme endlich als schutz- und förderwürdige Ganzheiten anzuerkennen, alle Chemie und Nutztierhaltung, die hier zur Beeinträchtigung führt zu verbieten, den Öko-

landbau zum Leitbild zu erheben und durch realitäts- und wahrheitsgerechte Beratung möglichst schnell flächendeckend zu verbreiten.

Aus der Geschichte ist zu lernen, dass konzentrierte Überausbeutung von Gebieten früher oder später zum Verlassen des Gebietes zwingt. Wir haben heute die Einsicht, dass durch ökologischen Landbau die Fruchtbarkeit der Böden, die Sauberkeit des Grundwassers, die Speicherfähigkeit der Böden für Starkregen, die Artenvielfalt zur Vermeidung von Krankheiten, die Einlagerung von Kohlenstoff zur Reduktion der Treibhausgase gesteigert werden kann.
Es ist die unbedarfte antiökologische Haltung der staatlich beeinflussten agrarwissenschaftlichen Institute in Kombination mit dem Lobbyismus der Agroindustrie in der Politik und der Vorherrschaft der Bedürfnisse der Industriegesellschaft, die derzeit eine beschleunigte Ökologisierung der Landwirtschaft ebenso verhindern wie nachhaltig wirksame Maßnahmen gegen die Klima- und Umweltkrise.

Anforderungen an die Wissenschaft:

- Ganzheitliche Analyse historischer Entwicklungsprozesse der Gesellschaften unter Einschluss der Wechselwirkungen mit den Ökosystemen und ihrem Zustand, unter besonderer Berücksichtigung
  - des Zusammenhangs zwischen der Intensität der Naturnutzung und der Bevölkerungsentwicklung und
  - des Zusammenhangs der Erschöpfung von Ressourcen und Migration sowie kriegerischer Auseinandersetzungen.
- Anerkennung der Ökologie und Ökosysteme als eigenständige Systeme mit eigener inneren Zweckgerichtetheit ihrer Entwicklung auf der Grundlage symbiotischen Zusammenwirkens einer großen Vielfalt an Arten als Mitglieder natürlicher Lebensgemeinschaften und ihres Austausches mit der geophysikalischen Umwelt.
- Massive Ausweitung der ökologischen Forschung auf das Zusammenwirken der Arten in den Lebensgemeinschaften der Ökosysteme sowie auf die Beziehungen zwischen dem Ökosystem Mutterboden, Ökosystem bodennahe Flora und Fauna und anderen Ökosystemen wie Hecken, Feuchtflächen, Wälder.
- Ausweitung der landwirtschaftlichen Produktivitätsforschung auf die natürliche Produktivität von Ökosystemen und von unterschiedlichen Permakultursystemen.

Ad b) Die Ebene der Gesellschaften in ihrem Verhältnis zur Ökologie als umfassende Biosphäre und als Ökosysteme auf dem eigenen Gebiet:

Auch auf der Ebene der Industriegesellschaften in ihrem Verhältnis zur Ökologie ist zunächst der geschichtliche Übergang von der Feudalgesellschaft, durch die Revolutionen des 18. Jh., zu den bürgerlichen Gesellschaften in dreierlei Hinsicht wichtig, um die Verdrängung des Ökologischen und seine Umarbeitung in eine Unterordnung unter die anthropo-

senz auf dem Teller als Zeichen von Wohlfahrt verstanden wird, obwohl es sich dabei um ein sehr klima- und naturschädliches, riesiges Geschäft handelt.

Diese Grund-Abhängigkeit der Industriegesellschaften von ihrer naturzerstörerischen chemie- und nutztierintensiven Hochertragslandwirtschaft wird in der Debatte um rasche Gegenmaßnahmen gegen den Klimawandel und das Artensterben gerne verschwiegen. Lieber ersetzt man Benzin-Auto durch Elektroautos – obwohl bei Letzteren noch niemand weiß, wo am Ende der Umstellung der Strom herkommen soll und mit welchen neuen Naturverwüstungen die Batterieproduktion einhergehen wird – als die Tierzahlen und den Chemieeinsatz drastisch zu senken, was eigentlich die aller wirkungsvollsten Klimaschutzmaßnahmen wären, die keine neuen Techniken und Natureingriffe nach sich zögen.

In diesem Zusammenhang ist aktuell die Agrarwissenschaft vollständig Sachwalter der Industrieinteressen, da sie der Politik nicht vorrechnet, was die Halbierung des Tierbestandes und Chemie-Aufwandes brächte, sondern nach Maßnahmen sucht, die z. B. wie die Blühstreifen und die digitale Präzisionslandwirtschaft nur Klima- und Artenschutz vorgaukeln und die ökologiefeindliche Grundstruktur der landwirtschaftlichen Produktion unberührt lassen.

Auch der Klima- und Artenschutzeffekt der Wiedervernässung von Mooren dürfte im Vergleich zur Reduktion der Tierzahlen viel geringer ausfallen, weil der Flächenverlust durch Produktionsverlagerungen ins Ausland und THG-Emissionen dort kompensiert werden muss, während bei der Verminderung der Tierzahlen sogar zusätzliche Flächen zum Anbau von Produkten für den Direktverzehr gewonnen werden.

(2) Die auf Raubbau an der Natur angewiesene Wachstumsgesellschaft muss den Lebewesen und Ökosystemen ihre Zweckgerichtetheit zum lebensfähigen Ganzen absprechen.

Der Übergang vom feudalen Grundbesitz zum vermögenden Unternehmer als Zentrum der Generierung und Verteilung von Überschüssen zunächst der landwirtschaftlichen Produktion und dann der industriellen, war nicht möglich ohne eine Verschiebung in der Wahrnehmung der Ursachen von Schicksal: Den neuen naturwissenschaftlichen Erkenntnissen zur Folge war es nicht Gott, der für Wohlordnung in der Welt mit einer klaren Hierarchie zwischen gottgesandten Herrschaften und zum Dienen verpflichteten Untertanen und einer durchdachten Natur sorgte, sondern der Mensch selbst, der Hierarchien bewusst zu seinem materiellen Vorteil schuf und die Natur selbst, die ihre eigenen Gesetze aus sich selbst hatte und nicht von fremder Hand.

Vor allem im Anschluss an Adam Smiths Behauptung, dass sich die Gesellschaft zum Vorteil für alle entwickeln werde, weil im Zuge des Mehrs für die Unternehmer sich auch die Wohlfahrt der Arbeiter und Armen verbessern würde, entstand die Vorstellung von zweckhafter wirtschaftlicher Selbstorganisation der Gesellschaften – der sich selbst regelnde Konkurrenzkapitalismus und Markt – die bis heute Bestand hat und aggressiv verteidigt wird, obwohl die Klima- und Umweltkrise vor allem auf das ungehemmte Wachstum und Profitmachen zurückzuführen sind.

Andererseits geriet die Vorstellung einer geordneten Natur, durch den Wegfall der Idee einer Schöpfung durch einen Gott, gleichfalls gründlich unter die Räder, aber nicht zum Vorteil für die Natur – wie auf der wirtschaftlichen Seite zum Vorteil der vermögenden Unternehmer, die sich als Teil eines sich zweckvoll für den Menschen entwickelnden Ganzen empfinden und behaupten konnten – sondern zu ihrem krassen Nachteil:

Fällt die Wohlordnung durch den Schöpfergott weg, dann verliert sich auch die Zweckhaftigkeit der Natur für den Menschen von innen heraus, sodass die Natur als Ganzheit, zumindest im Verhältnis zum anderen Teil der Aufklärung, dem freien Bürgertum, durch die Aufklärung gewaltig an Rücken- und Flankenschutz verlor: Man sprach ihr jegliche Zweckhaftigkeit an und für sich, also von sich heraus ab und konnte sie so zum gleichgültigen, willfährigen und unselbstständigen Objekt der Ausbeutung durch den überlegenen Menschen erklären.

Alexander von Humboldt und die zahlreichen Naturforscher des 18. und 19. Jh. wollten dem durch ihre Umweltstudien und die Behauptung einer ganzheitlichen Natur, worin alle Elemente miteinander verbunden sind und daher partielle Eingriffe auf die Einbettung in eine Ganzheitsbetrachtung angewiesen sind, gegensteuern, hatten aber spätestens mit der Verbreitung des Darwinismus einerseits und der materialistischen Theorie von Marx andererseits, jegliche Aussichten auf Einfluss auf die Entwicklung der Industriegesellschaften verloren.

Denn in beiden Theorien wurde die Existenz einer ganzheitlichen Natur, die für die Entwicklung der Arten bzw. Menschen ausschlaggebend ist und daher bewahrt werden sollte, völlig zum Vergessen gebracht und auf materialistisch-mechanische Vorgänge reduziert:

Im Darwinismus auf die zufällige Entwicklung tüchtiger Individuen und deren Durchsetzung als Population bzw. Volk gegenüber anderen per Kampf.

Und bei Marx auf die Arbeit und deren Stoffwechsel mit der Natur als alleinig produktiven Faktor in der Produktion und die gerechte Verteilung des erzeugten Mehrwerts.

In beiden Theorien hatte die Natur ihre eigene innere Zweckhaftigkeit verloren: Bei Darwin dominierte der Zufall und der Überlebenskampf der Arten und bei Marx die aus der Natur mittels Arbeit und Technik gewonnenen Materialien und Energien, die wiederum mittels Arbeit und Technik in Produkte für den Menschen verarbeitet wurden.

Natur in Gestalt eigenständig lebensfähiger und wachsender Ganzheiten von Organismen und Ökosystemen mit austarierten energetischen und stofflichen Austauschprozessen mit der geophysikalischen Umwelt, austarierten inneren Gleichgewichten und symbiotischen Austauschprozessen zwischen den Arten, die Lebewesen und Ökosysteme zu ihrer eigenen Reproduktion benötigen, kommt in beiden Theorien nicht vor.

In beiden Theorien dominierte die gesellschaftliche Zweckhaftigkeit: Bei Darwin die Innovation durch Züchtung und die Konkurrenz zur Durchsetzung der Stärkeren, was vermutlich vor allem das englische Hegemoniestreben in der Welt rechtfertigen sollte. Bei Marx die volle Entwicklung der menschlichen Produktivkräfte und Technik zur endgültigen Oberherrschaft über Natur-Notwendigkeiten und damit Befreiung der Menschen aus jeglicher naturwüchsigen Notwendigkeit.

Obwohl die zahlreichen Umweltstudien des 19. Jh. bereits deutlich gezeigt hatten, dass die Zivilisationsentwicklung zur Entwaldung, zur Verschlechterung der Bodenfruchtbarkeit, zur Austrocknung ganzer Gebiete u. a. geführt hatte und die Umweltverschmutzung durch die aufkommende Industrie bereits deutlich erkennbar war, erschien dies in den Augen von Darwin und Marx für die Zukunft der Menschheit völlig irrelevant zu sein, obwohl beide diese Studien mit Sicherheit kannten.
Beide Theoretiker pflegten in Bezug auf die Natur letztlich eine Haltung der Unmittelbarkeit und Kurzfristigkeit: Für Darwin bestand die Natur aus Zufall und Kampf, ohne die „Verkettung“ der Arten in einem „Gewebe verwickelter Beziehungen miteinander“, die er selbst vermutet hatte, jedoch nicht als notwendige komplexe Naturgrundlage aller Arten mit eigener Geschichte und Gegenwart hinter den einzelnen Arten zum Bestandteil seiner Entwicklungstheorie machte. Nur so konnte es zu der verhängnisvollen Einschätzung kommen, dass man Arten, u. a. auch den Menschen, gezielt „weiterentwickeln“ könnte, um dadurch einen Fortschritt für alle Menschen zu erreichen:
Was im Faschismus, der sich auf Darwin berief, erreicht wurde, waren die größten Verbrechen gegen die Menschheit, die es je gegeben hat. Daran sollten die modernen Menschenzüchter bei den sog. Transhumanisten erinnert werden, die gleichfalls wie Nietzsche im Gefolge von Darwin, mittels Molekularbiologie, künstlicher Intelligenz und Technik einen neuen Übermenschen in einer Meta-Gesellschaft jenseits der physischen, also natürlichen Sphäre des Menschen, schaffen wollen, worin dann alle bisherigen Freiheiten der natürlichen Menschen nach den angeblich klügeren Maßstäben der neuen Menschen einzuschränken wären – ein Modell, das wir im Faschismus perfekt realisiert finden, wenn auch noch mit ziemlich irdischen Herrenmenschen.

Die Transhumanisten konzentrieren, wie auch Darwin und Marx, das Hauptgewicht in der Entwicklung der Gesellschaften auf den überlegenen Menschen als höchster Stufe der Evolution, was allerdings nicht missverstanden werden sollte als Überlegenheit aufgrund von Wissen und Vernunft, sondern primär als Überlegenheit durch Cleverness, Technik, List – eben Tugenden kämpferischer, übermächtiger Überlegenheit – zu verstehen ist:

Denn bei Darwin unterlag der Mensch, wie alle übrigen Arten, dem gleichen Prinzip des Überlebens durch Kampf, sodass er sich sowohl als Einzelner wie als Population (Volk) gegenüber anderen durch Kampf und Wettbewerb zu behaupten hat. Damit hatte Darwin die gesellschaftlichen Wachstums- und Expansionsbestrebungen als Naturgesetz formuliert und folglich jeglichem reflektierten, vernunftgeleiteten Einfluss aufgeklärter Menschen, die nach Alternativen zum Krieg suchen, entzogen.

Auch Marx delegierte die Fortentwicklung des Menschen an einen Kampf der Klassen und den Fortschritt der Gesellschaften an die Eroberung des Staates durch die Arbeiterklasse, um zu einer gerechteren Verteilung des Mehrprodukts und einer rascheren Entwicklung von Wissenschaft und Technik zu kommen, mit der man alle „Notwendigkeit“, also Abhängigkeit von der Natur aus Gründen der Knappheit und des Ausgeliefertseins, zu überwinden trachtete.

Wenn in linken Kreisen heute ein besserer Umgang mit der Natur davon abhängig gemacht wird, dass man zunächst die Macht im Staate erlangen müsse, um eine bessere Verteilung des Mehrprodukts zu erlangen, so ist dies in etwa der gleiche Unsinn, wie bei Darwin und den Transhumanisten, die Fortschritte der Menschheit von der Höherzüchtung von Arten einschließlich des Menschen abhängig machen. Da Evolution selektiv ist und die komplexen natursystemischen Reproduktionsvoraussetzungen ausblendet, sich also immer nur auf einige wenige Arten oder Individuen konzentriert: Was passiert mit der großen Masse der übrigen Menschen? Werden sie sterilisiert, dass sie sich nicht mehr fortpflanzen und den neuen Hypermenschen verpfuschen können? Wiederum stammt diese neue Art von unmenschlicher Hybris und Totalitarismus aus höchsten Kreisen der Wissenschaft, womöglich mit Rückendeckung durch Nobelpreisträger.

Auch wenn Marx die Position von Darwin nicht ganz gefallen konnte, da ja der kämpfende Einzelne und das kämpfende Volk eine Vereinnahmung durch die Expansionsinteressen der Vermögenden Vorschub leisten, die letztlich Krieg und daher viele Opfer bedeuten, lag ihm der Gedanke der Höherentwicklung durch Züchtung und Technik sicher sehr nahe.

Auf der Ebene des Utopischen kommen sich die Chauvinismen von Marx und Darwin, im Konzept der Transhumanisten heute, sehr nahe:
Befreiung des Menschen aus seiner physischen Hülle, für ein ewiges Leben, um jegliche Abhängigkeit von der Natur hinter sich zu lassen.
Auch wenn Marx dieses „Reich der Freiheit" mit Hilfe der arbeitenden Klasse für alle Menschen anstrebte, erscheint dies auf den ersten Blick humaner zu sein als das darwinisch begründete Übermenschentum. Auf den 2. Blick jedoch ist es genauso anti-human wie dieses, weil es die Menschen völlig unrealistisch über die Naturzusammenhänge und über ihre Eigenschaften als Naturwesen erhebt und ihre physische Existenz damit für weniger wichtig deklariert als das Eintreten für die Utopie. Stalinismus und das Scheitern des Realsozialismus liegen, wie die darwinisch begründete faschistische Entgleisung im 20. Jh. in der Missachtung der Gleichheit und des Werts aller Menschen als Teil der Natur und als zur Vernunft fähige Subjekte ihres Lebens, zugunsten der Dominanz kollektiv-gesellschaftlicher, sozialistischer oder völkischer Ganzheiten und Utopien, begründet.
Aber die gleiche Utopie bekommen wir mit der modernen Systemtheorie, die den Systemerhalt durch Konkurrenzmechanismen, Komplexitätsreduktion und sinnangereichterte narrative Kommunikation gegenüber den Menschen als Umwelt des Systems, über alle und alles stellt.

Umgekehrt konnten Darwin, sowie Nietzsche & Co früher und können gentechnische Übermenschenzüchter heute, natürlich die egalitären Bestrebungen von Marx und heutiger, für soziale Gerechtigkeit und Umverteilung von Vermögen eintretende Bewegungen nicht gefallen, da diese nicht der evolutiven Höherentwicklung der menschlichen Art dienen, sondern eher abträglich sind, wie Darwin selbst und schließlich auch Nietzsche sehr anschaulich und menschenverachtend beschrieben hatten.

Eine Abwertung des gleichen physischen Rechts des Menschen als Teil der größeren Natur und als vernünftiges Subjekt seines Lebens entsteht aber nicht nur dadurch, dass man den Schlechtergestellten aus Gründen der Selektion gesellschaftliche Hilfe vorenthält (Darwin), sondern auch dann, wenn, wie bei Foucault, die Weiterentwicklung z. B. des Strafsystems von der physischen Strafe zur moralisch-psychischen Strafe für das Subjekt eher negativ gesehen wird, weil dies mit einer Ausweitung der gesellschaftlichen Kontrollmacht durch die psychische Internalisierung ihrer Normen einherginge.
Hier wird eine Art darwinische Autonomie des Subjekts unterstellt, für die der physische Kampf und die Durchsetzung wahrhaftiger ist, als der humane Strafvollzug, der dem Subjekt die Härte des Lebens erspart. Tatsächlich ist natürlich die Entwicklung des Strafsystems ein Ausdruck des Versuchs der Umsetzung der in der Aufklärung formulierten Menschenrechte hin zu mehr Würde, Freiheit, Gleichheit, Solidarität und Vernunft im Alltag der Gesellschaften, aber natürlich auch eine Folge der bedeutender gewordenen wirtschaftlichen Seiten des Strafvollzuges.
Wie Nietzsche dürfte Foucault weniger Anhänger egalitärer Werte gewesen sein als vielmehr der Vorstellung vom Menschen als je besonderen, mehr oder weniger genial-begnadeten Wurf, der seine Bestimmung in den Genen hat und von diesen beauftragt ist, sich entsprechend zu entfalten und durchzusetzen. Bezugsrahmen für Foucault war nicht der Mensch als gleichberechtigter Teil der umfassenden Natur, sondern das begabte Individuum in einer Kulturlandschaft, in der man sich mittels seiner besonderen Fähigkeiten und durch kulturelle Leistung zu behaupten hat. Auf diesem Weg werden dann soziale Errungenschaften der Gesellschaften eher gedeutet als Instrumente zur Unterwerfung der Besonderen und zur Herstellung positiver Entwicklungsbedingungen für alle, die zur Ein-Nivellierung der Genies führt, wie dies auch Nietzsche gesehen hatte.

In der Ignoranz gegenüber den Natursystemen als eigenständige Ganzheiten mit eigenen komplexen Reproduktionserfordernissen – als Reproduktionserfordernisse der natürlichen Lebensgrundlagen der Menschen – die es in der unmittelbaren Produktion sowie in der gesellschaftlichen Entwicklung zu respektieren und zu erfüllen gälte, waren sich beide Ideologien – der Darwinismus wie der Materialismus – einig.

Beide Ideologien beförderten eine Beschränkung der Vernunft im Umgang mit der Umwelt – der Biosphäre als Ganzer sowohl wie mit anderen Gesellschaften und mit den Ökosystemen als eigenständig produktive Ganzheiten und Heimat einer großen Artenvielfalt – auf fragmentierende Eingriffe ohne Beachtung der komplexeren, mittelbaren und langfristigen Folgen.

(3) Reduktion der Vernunft auf Eigennutz und Ignoranz gegenüber dem Eigenwert ganzheitlicher Lebenssysteme sind zwei Seiten einer Medaille

Subjekt der Geschichte und in der Gesellschaft ist im Darwinismus und Materialismus nicht der Mensch als Natur-Kultur-Wesen, sondern das überlebensfähige Individuum als

Begründer und schließlich Teil einer Population bei Darwin und bei Marx zunächst die Gattung Mensch und später die Klasse. Die Vernunft für ein besseres Leben liegt in beiden Fällen außerhalb des Menschen: in der Mechanik der Selektion im Überlebenskampf und in der Mechanik des Klassenkampfes, also in Kampfmechaniken, die dem Menschen von außen aufgezwungen sind und die letztlich darüber entscheiden, wer überlebt bzw. sich durchsetzt.

Aber wie wird der einzelne Mensch in der Markt- und Wachstumsgesellschaft als wirtschaftliche Ausformung freiheitlich-demokratischer Gesellschaften gesehen?

Wie bei Krebs in der Naturethik und bei Gloy in Bezug auf ganzheitliches Denken zu sehen ist, wird der einzelne Mensch gerne als individuelles Subjekt über seine Grundbedürfnisse und Bestrebungen nach einem guten, glücklichen, freiheitlichen, selbstbestimmten Leben, ganz in der Tradition der Aufklärung definiert. Nach Krebs und Gloy ist in dieser freiheitlichen Subjekt-Konzeption kein Platz für einen Eigenwert der Natur, mit Ausnahme empfindungsfähiger Säugetiere (Krebs). Damit die Natur dem Menschen im Sinne seiner Bedürfnisse nützlich sein kann, muss die Selbstzweckhaftigkeit ihrer Selbstentfaltung zu ganzen lebensfähigen Organismen und ganzheitlichen Ökosystemen verleugnet und wegen fadenscheiniger kultureller Argumente – der allein dem Menschen eigenen Begriffsmächtigkeit – dem Menschen vorbehalten bleiben. Entsprechend darf mit der Natur anthropozentrisch radikal zur Erfüllung der menschlichen Bedürfnisse bis hin zur gentechnischen Manipulation (Gloy) verfahren werden.

Was die beiden Philosophinnen, ähnlich wie Nietzsche, unterschlagen, ist die gesellschaftliche Ebene und damit die Differenz zwischen oben und unten, das Auseinanderklaffen des Nutzens der Naturnutzung für die Profiteure (Vermögensvermehrung) und für die einfachen Menschen (Reproduktion des Lebens), denen es an der Freiheit, Selbstbestimmung und schließlich auch einem guten Leben fehlt, weil sie für ihren Lebensunterhalt fremdbestimmt arbeiten müssen und heute immer mehr den Folgerisiken der Klima- und Umweltkrise, den Unwettern und Wetterextremen schutzlos ausgeliefert sind. Auch Nietzsche tat so, als ob man es nur mit dem einen Menschen zu tun hätte, obwohl er sicher wusste, dass sein Übermenschengedanke genau den Interessen der herrschenden Elite in die Hände spielte, zu der sich auch Darwin rechnete.

Was wir hier, gewissermaßen als historische Tradition, haben ist, dass Philosophen wie Naturwissenschaftler, unter Berufung auf die Aufklärung sich die Freiheit herausnehmen, Konzepte der Mensch-Natur-Beziehung zu entwerfen, die diese Freiheit und die damit verbundene Rationalität letztlich durch die Unterwerfung unter die Mechanik äußeren Gezwungenseins wieder beseitigen. Dies scheint ihr Dienst für die Elite zu sein, die, in gleicher Weise wie sie, ihre größere Freiheit nur dadurch verwirklichen kann, dass man dem allgemeinen Menschen, der breiten Masse der Bevölkerung, den Studierenden wie Arbeitenden vormacht, dass seine Freiheiten und seine Vernunft durch den Sachzwang des natürlichen Überlebens- bzw. Konkurrenzkampfes begrenzt sind und nicht durch komplexitätsbeschränkte Gesellschaften in der Hand von profitorientierten Interessengruppen als Folge einer unvollendeten Aufklärung.

Während also Philosophen – realitätsfern – vom freien, nach einem guten Leben strebenden Subjekt schwärmen, das alle Rechte dafür besitzt, der Natur ein ganzheitliches Eigenleben abzusprechen, lassen die fachwissenschaftlichen Subjekt-Konzepte ihren gesellschaftlichen Zweck der Unterordnung der Subjekte unter die vorherrschenden Bestrebungen zum Wachstum und zur immer weiteren Expansion in die Natur und Umwelt schon deutlicher erkennen:

- So wird das Subjekt im Modell des Homo oeconomicus der klassischen Nationalökonomie und im Kern bis heute Grundlage des Menschenbildes auch in angrenzenden Bereichen, in Situationen der Entscheidung zwischen mehreren Alternativen zwar als rational kalkulierend dargestellt, jedoch deutlich ausgerichtet auf den egoistischen individuellen Nutzen, der durch die Entscheidung möglichst maximiert werden soll. Nachdem die dafür erforderliche Information nie vollständig, die Präferenzen selten ganz bekannt und stabil sind und in der gesellschaftlichen Praxis auf allen Ebenen auch offensichtlich unvernünftig entschieden wird, wurde das Modell in Richtung begrenzter Rationalität erweitert. Mit der frappierenden Konsequenz, dass das Subjekt umso unberechenbarer erscheint, je mehr fehlbare Menschlichkeit es aufweist.
  Damit wird der Zweck des Modells offenbar: Es dient nicht als Leitbild zur Entwicklung der menschlichen Rationalität, sondern zur Vorausberechnung des menschlichen Verhaltens als Produzenten und Konsumenten im allgemeinen Kampf um maximalen Nutzen jenseits der Werte der Aufklärung (vor allem Gleichheit und Brüderlichkeit) und jenseits von empathischen Rücksichtnahmen auf Mensch und Natur. Letztlich kann mit diesem Modell jedes menschliche Verhalten gerechtfertigt werden, wenn es nur den individuellen Nutzen maximiert, auch das Verbrechen.
  Grundlage des Modells erscheint ganz klar der darwinische Überlebenskampf zu sein und nicht eine Gesellschaft des Gemeinwohles mit der Bereitschaft zur Ausweitung der Rationalität auf Alternativen im Umgang mit der Natur zugunsten der Anerkennung ihrer Eigenständigkeit und Ganzheitlichkeit und der Beachtung der mittelbaren und langfristigen systemischen Folgen der Naturnutzung.
- Noch deutlicher und drastischer scheint die Verhaltenspsychologie mit dem Reiz-Reaktions-Modell des Verhaltens der menschlichen Rationalität Fähigkeiten zur differenzierten Urteilsbildung gegenüber komplexen Sachverhalten abzusprechen und sie auf vernunftfreie Mechanismen zu reduzieren, auch wenn kognitive Leistungen, z. B. die Bewertung von Reizen, beachtet werden.
  Findet dieses Modell z. B. Anwendung bei der Analyse von Arbeitshandlungen, findet praktisch eine Reduktion der Arbeitenden auf mechanische Automaten statt, von denen nicht nur keine höheren geistigen Leistungen wie z. B. zielorientiertes Handeln erwartet werden, sondern denen auch keine anspruchsvolleren Bedürf-

nisse auf eine gute und erfüllende Tätigkeit zugestanden wird. Die Arbeitenden mögen zwar, nach der Grundannahme von Krebs, ein gutes Leben anstreben, aber in einer nach dem Reiz-Reaktions-Modell gestalteten Arbeit dürften sie dies nicht verwirklichen können.

- Aber auch das psychoanalytische Modell verkürzt das Subjekt letztlich auf das wackelige Ich-Konstrukt, mit dem der Mensch seine natürlichen Bedürfnisse und Antriebe (Es) in einen Einklang zu bringen hat mit den durch die Eltern vermittelten Anforderungen der Gesellschaft (Über-Ich). Grundlegend für dieses Modell ist die Annahme einer angstbesetzten Feindstellung des Menschen gegenüber der Natur überhaupt bzw. im Ganzen, wie auch gegenüber seiner eigenen Natur, die nur durch eine Umlenkung der natürlichen Antriebe auf kulturelle Ziele (den Vorgang der Sublimierung), also die Unterordnung unter vorgegebene gesellschaftliche Möglichkeiten z. B. der Erlangung von Anerkennung durch Leistung im Sinne der Gesellschaft zu bewältigen ist.
  Was diese Unterordnung des Menschen als Naturwesen unter die unausweichliche Realität der gesellschaftlichen Anforderungen für das Verhältnis des Ichs des Menschen zu seinen natürlichen Bedürfnissen bedeutet, lässt die psychoanalytische Konzeption bisher offen, da ihr der Friede mit den Eltern und der Gesellschaft wichtiger ist als der Friede mit der inneren und äußeren Natur, der, ähnlich wie bei der instrumentellen Vernunft von Horkheimer/Adorno, außerhalb ihrer Vorstellung ist.
  Jedoch scheint es naheliegend, dass es dem sog. autoritären Charakter, der im Dienste höherer gesellschaftlicher Ziele und unter den Augen wissenschaftlicher Autorität bedenkenlos, also gerne, physische Gewalt gegenüber Versagern oder Andersdenkenden ausübt, nicht nur an Ich-Stärke mangelt, sondern an physischem Mitgefühl, an Empathie, als Produkt einer versöhnlichen Haltung, die nur aus der vernünftigen Einsicht in die Gleichheit aller Menschen, als auf emotionale Nähe und Zuwendung angewiesene Schwestern und Brüder, resultieren kann.
- Da die Schule zu Beginn des 19. Jh. ausdrücklich nach dem Vorbild der Kasernen und ihrem Drill geschaffen wurden, um die Menschen durch Alphabetisierung für die Industrialisierung und die neuen Pflichten und Rechte als Staatsbürger zu qualifizieren, war die Pädagogik in Methodik wie Didaktik zur Eintrichterung gesellschaftlicher Erfordernisse prädestiniert. Größere Spielräume bestanden in den Höheren Schulen, aber auch in ihnen herrschten Zucht und Ordnung, wobei die Säkularisierung der Lehrinhalte nur langsam erfolgte und Ende des 19. Jh. unmittelbar überging in den naturwissenschaftlichen Materialismus, der vom neuen Denken der Abstammungslehre beherrscht war.
  Nach dem Zweiten Weltkrieg ging es zunächst weiter mit der sog. schwarzen Pädagogik, in der Erziehung und Ausbildung mehr einer Hundedressur und Prozedur der Abhärtung für ein emotional entbehrungsreiches Leben glichen als einem wirklichen Lernprozess der Schüler-Subjekte selbst, ehe die 68er Studentenrevolte ein

Lernen auf Augenhöhe mit den Lehrern, also auch deren Respekt vor den Schülern verlangte.
Wenn es eine Errungenschaft der 68er Bewegung gibt, die man ihr bis heute zugutehalten muss, dann ist es die Erkenntnis und Etablierung des Werts von Bildung für die Persönlichkeitsentwicklung aller Menschen und nicht nur für künftige Berufe, auch wenn in der Realität heute, vermöge der sog. Bologna-Reform und der Straffung sowie Modernisierung der Lehrinhalte in den Schulen, nicht mehr viel davon übrig ist.
So haben wir heute z. B. Abiturienten, die im Fach Biologie viel mehr Wissen im Bereich der Molekularbiologie und Biochemie verfügen als über die phänotypische Natur und die Ökosysteme. Hinzu kommen ihre Lücken im Bereich Geschichte und Wirtschaft, die sich zu peinlichen Zeugnissen unseres Bildungssystems auswachsen können, wenn junge Politiker in Fernseh-Talkshows nicht wissen, worum es im Zweiten Weltkrieg gegangen ist, wer den Krieg begonnen hat und wodurch er beendet wurde.

Die Auflistung ließe sich fortsetzen. Ihr gemeinsamer Nenner ist die Zurichtung der Menschen für eine verkürzte, eingeschränkte Rationalität im Umgang mit der Natur außerhalb und im Innern, zugunsten ihres materiellen Nutzens und der gesellschaftlichen Erfordernisse ihrer Ausbeutung und Zurückdrängung der Empathie ihr gegenüber.

Die dramatische unmittelbare Betroffenheit der Menschen durch katastrophale Unwetter infolge des Klimawandels könnte die Menschen auf den Gedanken bringen, dass sie es mit einer zunehmend verantwortungslosen Politik zu tun haben, die seit 50 Jahren eine wirkungsvolle Umsteuerung der Wachstumsgesellschaft bis heute verhindert. Im Gegenteil scheint die Politik die Erderhitzung billigend in Kauf zu nehmen und die Katastrophen nur dazu zu benützen, um Fürsorglichkeit und Hilfsbereitschaft zu heucheln, aber zugleich in den Klimaschutzgesetzen jede Haftung des Staates für individuelle Schäden auszuschließen.

Es sind die Wissenschaften, auf die Sigmund Freud in einer seiner letzten Schriften, „Die Zukunft einer Illusion“, gesetzt hatte, um die von den unglaubwürdig gewordenen Religionen hinterlassene Lücke der Welterklärung und an Maßstäben vernünftigen Handelns wieder zu schließen.

Wie gezeigt wurde, sind die Wissenschaften, jedoch, insbesondere die Philosophie, Biologie, Agrarwissenschaften und auch Human- und Gesellschaftswissenschaften in ein Fahrwasser der Abhängigkeit von Wachstums- und Expansionserfordernissen der Gesellschaften geraten, die sie auf falsche Vorstellungen vom Mensch-Natur-Verhältnis verpflichten, die politisch, in Situationen zugespitzter Knappheit, zur faschistischen Entgleisung und stofflich-physikalisch zur Überforderung der Biosphäre, sprich zur Erderhitzung und zum Artensterben führen.
Wie der Transhumanismus und die Anmaßungen der Gentechniker und Gehirnforscher zeigen, befindet sich eine erneute Entgleisung in diese Richtung bereits im Bereich des unmittelbar möglichen, indem die Steuerung der gesellschaftlichen Entwicklung einer künst-

lichen Intelligenz in der Hand bestimmter Interessengruppen anvertraut werden soll, sodass die effektive Mitwirkung der Menschen in noch weitere Ferne rückt – so als ob wir uns virtuell längst jenseits aufgeklärter demokratischer Verhältnisse befänden, wie auch bei der Systemtheorie nach der Machart von Luhmann.

Allein die Menschen selbst, als Natur-Kultur-Subjekte vor allem auch im Bereich der Wissenschaft, werden durch wahrhaftige Erkenntnisse gegen den ideologischen – wachstums- und -technikaffinen – Mainstream in der Wissenschaft die Alternativen aufzeigen können, die die Menschheit vor dem endgültigen Kollaps des Planeten bewahren könnte.

Eine zentrale Rolle dabei spielt der Übergang zu einem systemischen Denken und Planen im Umgang mit den Ökosystemen vor Ort, in ihrer regionalen Verbundenheit und ihrem hohen Stellenwert für die Selbstversorgung mit Lebensmitteln und die gesamte Biosphäre sowie geophysikalische Umwelt, einschließlich sauberer und ausreichender Lebenselemente Luft, Wasser, Böden und natürlich einer hohen Artenvielfalt und einem kalkulierbaren gemäßigten Klima.

Ad (c) Ganzheitliche Ökosysteme sind Tatsachen wie Kausalbeziehungen, die nur mittels nicht dinglicher Naturgesetze, also Wissen um regelmäßige Zusammenhänge, kalkulierbar sind.

Wie eingangs dargestellt, gibt es in Deutschland kaum eine ökologie-orientierte agrarwissenschaftliche Forschung. Ganz wenigen Grundlagenforschungsprojekten z. B. zur Bedeutung des Humusgehaltes oder der Ackerbegleitflora für die Bodenfruchtbarkeit bzw. Gleichgewichte zwischen Schädlingen und Nützlingen, stehen viele anwendungsbezogene Projekte gegenüber, in denen nur selektiv z. B. natürliche Bekämpfungsverfahren von Schädlingen erforscht werden. Viel großzügiger werden Mittel für die Erforschung der Möglichkeiten der neuen Gentechniken verausgabt, obwohl die Chancen für ihre praktische Umsetzung nach den geltenden Gesetzen derzeit in Europa nicht gegeben sind. Zig Millionen Euro werden in Deutschland in Gentechnikforschung allein auf die Annahme hin gesteckt, dass die EU die neuen Verfahren als „natürlich" gelten lässt.

Wünschenswert wäre eine grundlegende und systematische Erforschung der vielgestaltigen Ökosysteme selbst vor allem des wichtigsten Ökosystems der Erde, des Mutterbodens, so wie dies von Francé in „Das Edaphon" zu Beginn des 20. Jh. begonnen wurde.

Exemplarische Ökosystemforschung erfolgte und erfolgt derzeit in Deutschland an einem See-Ökosystem, dem Plußsee bei Plön in Schleswig Holstein durch das Max-Planck-Institut für Limnologie in Plön und an einem Waldgebiet, dem bereits in den 60er Jahren im Rahmen des UNESCO-Programms International Biological Programm (IBP) von der Universität Göttingen durchgeführten „Solling-Projekt" dessen weitere Betreuung heute aus finanziellen Gründen gefährdet ist (Wikipedia, Solling-Projekt, Stand 17. Mai 2020).

Die interdisziplinär angelegten Untersuchungen brachten Aufschluss über die schädliche Wirkung des sauren Regens und anderer Umweltfaktoren auf das weitgehend unberührte Waldökosystem. Beide Projekte zeigen, dass man durch interdisziplinäre, auf lange Zeit angelegte exemplarische Ökosystemforschung Erkenntnisse über Ökosystemeigenschaften gewinnen kann, die für die Widerstandsfähigkeit der Systeme gegenüber Umwelt- insbesondere auch klimatische Einwirkungen von zentraler Bedeutung sind, wie z. B. eine hohe Artenvielfalt.

Jedoch scheint das Interesse in Deutschland an solchen Erkenntnissen gering zu sein, weil sie vielfältigen Auffassungen und Interessen entgegenlaufen.

Diese antiökologischen Argumente versuchen wir im Folgenden nochmals kurz in Bezug auf konkrete Ökosysteme zusammenzufassen (1). Danach skizzieren wir die unbestreitbaren Vorzüge einer ökosystemischen Forschung am Beispiel der natürlichen Bodenfruchtbarkeit und der Eigenschaften des Ökosystems Mutterboden (2). Schließlich reflektieren wir zusammenfassend die Auseinandersetzungen zwischen der Humustheorie (Thaer) und der Mineralstofftheorie (Sprengel/Liebig) um zu verdeutlichen, dass es sich bei der angeblich nur tatsachenbezogenen chemischen Erforschung des Nährstoffbedarfes der Pflanzen um eine Ideologie handelt, die wissenschaftliche Grundsätze ebenso mit den Füssen tritt, wie die Behauptung der Gentechniker, man könnte mit ihr klimaresilientere Pflanzen züchten (3).

(1) Antiökologische Argumente:

Das Hauptargument gegen die Existenz und praktische Bedeutung ganzheitlicher Ökosysteme ist bei Reichholf und Gloy die irrige Annahme, dass Ökosysteme eine übergeordnete Leitzentrale besitzen müssten, von der aus sie gesteuert werden, wenn die Ganzheitlichkeit auf Tatsachen basieren würde. Eng verbunden damit ist die realitätsferne Behauptung, dass ganzheitliche biologische Systeme keine eigenständig Existenzweise hätten, die mehr wäre als die einzelnen Arten, die darin in Lebensgemeinschaften zusammen leben und daher auch keine eigene Zweckbestimmung hätten, sodass ihre Untersuchung wie Nutzung sich ausschließlich auf ihre analytisch unterscheidbaren Bestandteile konzentrieren müsse und könne.

Das letztgenannte Argument erinnert unmittelbar an den Reduktionismus bei Darwin, den dieser aber offenbar selbst als Mangel erkannt hatte, indem er einräumte, dass die Arten „durch ein Gewebe verwickelter Beziehungen miteinander verkettet" seien. Hätte Darwin diese ökosystemische Dimension der Evolution in seiner Theorie beachtet, wäre das Prinzip der Selektion durch Überlebenskampf abhängig geworden von spezifischen Kontexten der Interaktion spezifischer Arten miteinander und es wäre sogar notwendig geworden das gegenteilige Prinzip, nämlich das der Entwicklung durch gegenseitige Förderung in symbiotischen, kooperativen Beziehungen zumindest gleichrangig, wenn nicht höherrangiger zu bewerten als das Prinzip der Selektion durch Konkurrenz.

Selbst die reduktionistische Variante des vorherrschenden Darwinismus benötigt diese Zweckbestimmtheit, auch wenn diese annimmt, dass die Evolution auf der zufälligen Mutation beruht: Von einer Auswahl im Sinne der Selektion durch Kampf lässt sich nur sprechen, wenn das Überleben als Zweck angenommen und vorausgesetzt wird, so wie beim aufwachsenden und lebenden Organismus seine Teile nur vom lebenden Organismus her zu bestimmen und in ihrem Nutzen zu verstehen sind. Das gleiche müsste nun für die notwendig ökologisch zu erweiternde Variante des Darwinismus zutreffen: Arten als „miteinander verkettete" Teile eines „Gewebes verwickelter Beziehungen" zwischen den Arten sind in ihren Lebenschancen und -bedingungen nur durch ihr Überleben in diesen Abhängigkeiten, also auch in Bezug auf ihren Zweck in diesem Gewebe, d. h. für die anderen Arten, verstehbar.

Diese Situation haben wir z. B. im Ökosystem Boden mit der Pflanze als aufwachsenden und Sonnenenergie einfangenden Produzenten, der Zucker an z. B. die Pilz-Mykorrhiza und Bakterien weitergibt, die mit ihren Ausscheidungen wiederum Lieferant von Nahrung für zersetzende Bakterien, also Organismen 3. Ordnung, sind, die wiederum verwertbare Nahrung für die Pflanzen liefern. Wir haben also hier mehrere hierarchisch angeordnete Existenz-Ebenen unterschiedlicher Arten, die in einem linearen Energiefluss von der Pflanze nach unten und aus dem Boden nach oben, also in einem geschlossenen Nährstoffkreislauf symbiotisch voneinander leben.

Indem jede Art ihrer Lebensbestimmung folgt, dient sie den anderen, sodass tatsächlich ein „Gewebe der Abhängigkeiten" entsteht, worin alle Beteiligten wachsen und so auch einer Nutzpflanze zum üppigen Wachsen bis zur Reife verhelfen. Diesen Zweck müssen weder die Pilze noch die Bakterien kennen, um der Pflanze bei ihrem Wachsen zu helfen, ebenso wenig wie die Lunge ihre Funktion kennen muss, um dem Menschen zu ausreichender Sauerstoffzufuhr und CO_2-Abfuhr zu verhelfen.
Indem die Arten des Bodenlebens ihren eigenen Lebenszweck nur durch die Symbiose oder auch nur antagonistische Koexistenz mit den anderen Arten erreichen können, stellt das Bodenleben letztlich eine Lebensgemeinschaft dar, die einen eigenen höheren Zweck erfüllt, nämlich die Gewährleistung der Entwicklung und Reproduktion jeder einzelnen Art. Dieser höhere Zweck des Ökosystems Boden kommt den Menschen durch ein üppiges Wachstum der Pflanzen und die vielen Kreislauf- und Reinigungsleistungen zugute. Aber nicht nur deshalb ist es gerechtfertigt vom höheren Zweck der Ökosysteme zu sprechen, sondern vor allem deshalb, weil in ihm die Reproduktion der hohen Artenvielfalt verwirklicht wird, die es ohne die Lebensgemeinschaft nicht gäbe.

Es ist also nicht nur der Mensch der zur zielgerichteten Realisierung von Zwecken in der Lage ist, auch die Ökosysteme sind, weil sie komplexe Gebilde von interagierenden Lebewesen mit unterschiedlichen, aufeinander abgestimmten, Bedürfnissen und Leistungen sind, aufgrund der einmaligen Leistung der Pflanzen, die Sonnenenergie zu verwerten, dazu in der Lage. Dazu braucht es kein Kanzleramt, um das Ganze zu orchestrieren:
Das geschieht von der geschichtlich entwickelten Vielfalt der miteinander kooperierenden und voneinander lebenden Lebewesen von unten her unter der Führung der zur Fotosynthese fähigen Pflanzen.
Das eben ist die Ökologie in der Evolution, die Darwin zwar mit dem „Gewebe verwickelter Beziehungen" ansprach, aber letztlich nicht zum Bestandteil seiner Theorie gemacht hat. Es hätte wohl auch den expansiven politischen Bestrebungen seines Landes widerspro-

chen, Abhängigkeiten zwischen den Populationen zu konstatieren, die eher Kooperation als Überlebenskampf nahelegten.

Damit dürfte auch das Gegenargument der fehlenden Steuerung entkräftet sein: Die Ökosysteme steuern sich selbst durch den eigenständigen gerichteten Wachstumsprozess aller beteiligten Arten, also durch die Entfaltung und Reproduktion ihres je eigenen Lebens in Interaktion miteinander, vergleichbar etwa mit einer Marktwirtschaft, in der jeder Mensch seine Bedürfnisse und Leistungen entfaltet, sodass am Ende auch das Ganze, die Volkswirtschaft, die Infrastruktur, die allgemeine Wohlfahrt wachsen. Allerdings hinkt der Vergleich, weil der Mensch bei seinem Wachstum zu wenig darauf achtet, dass auch die Ökologie wächst: Erst wenn er sein Leben umstellt auf eine symbiotische Nutzung der Ökologie wird die Analogie auch in Richtung Gesellschaft stimmen.

Das was von der Wissenschaft bis heute nicht gesehen wird ist dies, dass das Pflanzenwachstum in der Größenordnung und Ergiebigkeit wie wir sie von den Nutzpflanzen auf den Feldern, den Wiesen und Wäldern her kennen, nur möglich ist aufgrund des Ökosystems Mutterboden mit seinen hochleistungsfähigen Kompartimenten an unterschiedlichen Klassen von Arten, die einen Großteil des Lebens auf Erden überhaupt verkörpern und ohne die Pflanzen allenfalls die Größe von Bonsais, wenn überhaupt, erreichen würden, wie dies z. B. auf felsigem oder ungaren lehmigen Untergrund zu beobachten ist.

Da aber die ökologische Forschung in Deutschland nach dem Sieg der Mineralstofftheorie ausgebremst wurde, weiß man nicht einmal dies, nämlich was passieren würde, wenn die Pilze und Bakterien und Würmer im Boden ihren Dienst versagten z. B. infolge der unentwegten Giftduschen der angewendeten Pestizide – so viel zur Verantwortung der Wissenschaften in diesem Kontext.

Natürlich sind in der Folge dann Ökosysteme kein Hirngespinst, sondern Tatsache, wenn auch eine komplexe Tatsache mit einem „Gewebe“ von vielen, miteinander verwickelten Tatsachen, die durchaus über viele verschiedene Ursache-Wirkungs-Ursache-Ketten systemisch miteinander regelmäßig verknüpft sind. Ökosysteme bestehen also aus vielen regelmäßig verbundenen Bestandteilen, die sich mit Hilfe komplexer systemischer Modellierungen in ihrem wechselseitigen Einfluss in Bezug auf gewisse Systemleistungen untersuchen lassen.

Das ist im Grunde nichts anderes als die Kausal-Untersuchung von Wirkungen des Stoffwechselprozesses der Arten aufeinander, bei der man die Regelmäßigkeiten und Gewichte erst finden muss, die man bei Kausal-Annahmen in Gestalt von Naturgesetzen bereits voraussetzt. Auf Deutsch gesagt: Wer die Existenz von Ökosystemen ablehnt, weil sie den Komplexitätsrahmen von Einzelobjekten überschreiten, der könnte bei genauer Betrachtung auch keine Kausalitäten bei Einzelobjekten untersuchen, weil er dafür die Annahme von bereits bestätigten Naturgesetzen benötigt, die auch jenseits des Einzelobjektes liegen:

Z. B. bei der Nährstoffaufnahme von Pflanzen die Annahme, dass diese immer gleich sei, unabhängig von der Lufttemperatur, Wasserzufuhr, was natürlich falsch wäre. Wenn man aber die Variation solcher äußeren Einflüsse auch als Ursache für variierende Nährstoffaufnahme in Betracht ziehen muss, warum nicht auch in Betracht ziehen, dass viele weitere Einflüsse aus dem Boden das Ganze nochmals moderieren könnten?

Letztlich dürfte sich die wissenschaftliche Anti-Haltung gegen die Beachtung ökologischer Faktoren auf zwei nicht-wissenschaftliche Faktoren reduzieren:

- Das Ganze ist komplizierter, unbekannter und verlangt Forschungsaufwand und
- die Industrie hat großes Interesse am weiteren Verkauf von Kunstdünger und Pestiziden, die mit fossilen Energieträgern erzeugt werden.

(2) Ökosystem Mutterboden als Grundlage allen Pflanzenwachstums auf der Erde

Wahrscheinlich liegt es auch an der Lage des Ökosystems Mutterboden unter unseren Füssen, weshalb man sich bisher kaum damit befasst hat.
Der Hauptgrund dürfte allerdings darin gelegen haben, dass, wie Winniwarter am Beispiel der römischen Agrarschriftsteller zeigen konnte, bestimmte gesellschaftliche Voraussetzungen erforderlich waren, um Interesse am Boden zu wecken:
So vor allem die Erkenntnis, dass unterschiedlich gutes Wachstum der Pflanzen mit der Güte des Bodens zusammenhängt, dass man diese Güte beeinflussen kann, dass ein finanzielles Interesse daran besteht diese Güte zu erhalten, dass genügend Zeit zur Beobachtung und genügend Vergleichsmöglichkeiten bestanden, dass Erträge mengenmäßig erfasst und dokumentiert wurden.
Allein in den Klöstern des europäischen Hochmittelalters dürften die Voraussetzungen ähnlich günstig gewesen sein. Schließlich dauerte es aber bis zur Aufklärung, den preußischen Reformen und der beginnenden Bauernbefreiung, also bis zum Beginn des 19. Jh., ehe die Frage nach den Ursprüngen der Bodenfruchtbarkeit der Böden, z. B. von A. Thaer, erneut aufgegriffen und mit kontrollierten Versuchen zu beantworten versucht wurde.
Wie bereits Aristoteles sah Thaer im Humus, als der im Boden gebundenen organischen Masse, die Grundlage für das Pflanzenwachstum, die durch Rückführung organischen Dungs aus der Tierhaltung, durch bestimmte Pflanzen wie Klee u. a. und eine vielgliedrige Fruchtfolge erhalten und verbessert werden konnte. Da Thaer annahm, dass die Pflanzen sich nur von organischem Material ernährten, hielt er die anorganischen Stoffe nur für ein Reizmittel und folglich entbehrlich.
Sprengel und Liebig bewiesen in ihren Laborversuchen, dass Pflanzen auch mit Mineralstoffen wuchsen und zwar umso besser, je besser die Proportionen aus K, Ph und N mit den Bedürfnissen der Pflanzen übereinstimmten (Minimums- und Optimumsgesetz). Angeblich wäre damit die Humustheorie von Thaer widerlegt gewesen, was aber nach dem heutigen Stand des Wissens nicht zutrifft: Denn auch kunstgedüngte Pflanzen ernähren sich immer in einem beträchtlichen Umfang aus dem Humus des Bodens wie E. Scheller 1994 nachwies.

Dennoch hält die konventionelle Agrarwissenschaft bis heute daran fest, dass der Humus für die Pflanzenernährung eine ebenso geringe Rolle spielt wie etwa das Bodenleben. Daher sieht sie in einer ausreichenden Rückführung organischer Masse zum Humusaufbau nach wie vor keine Notwendigkeit, es sei denn, der Landwirt kann damit auf dem Wege des

Emissionshandels zusätzliches Geld verdienen. Diese ignorante Grundhaltung zum Ökosystem Boden, worin Humus und Bodenleben eine zentrale Rolle bei der Erhaltung dieses Ökosystems selbst spielen, ist umso erstaunlicher, als Justus von Liebig in seinem Alterswerk vor der Auslaugung und Zerstörung der Fruchtbarkeit durch mangelnde Rückführung organischen Materials gewarnt hatte.

Tatsächlich ist das Ökosystem Mutterboden ein eigenständiger Körper

- mit einer relativ stabilen Struktur aus Verbindungen zwischen Tonmineralen und organischen Stoffen, insbesondere Kohlenstoff und Aminosäuren, ausgeprägt durch Bodenkrümel unterschiedlicher Größe und verbaut/gehalten durch Pilze und Bakterienschleim = Krümelstruktur, Humus, Lebendverbauung;
- mit einer Hierarchie von wenigstens drei sog. trophischen Ebenen:
  - Produzenten (Pflanzen), die die Energie liefern,
  - Konsumenten 1. Ordnung (Bakterien, Pilze),
  - Konsumenten 2. Ordnung, Zersetzer (Bakterien, Pilze, Tiere, vor allem Würmer).
- mit einem linearen Energiefluss und Nährstoffkreislauf innerhalb des Systems von den Pflanzenwurzeln über das Bodenleben, die Ton-Humusverbindungen zurück zu den Pflanzen;
- mit einem eigenem, vom Pflanzenwachstum gesteuerten Wachstumsprozess, worin der Ausgangszustand, Zwischenzustände und der Endzustand folgender Größen gemessen werden können:
  - Biomasse der beteiligten Lebewesen (einschließlich Pflanzen),
  - Stoffumsätze im System zwischen den Beteiligten und nach außen,
  - verfügbare und verwertete Energie,
  - verfügbare und verwertete Mineralien.

Dafür sollte der Nahrungsbedarf der beteiligten Lebewesen bekannt sein, um z. B. aus der Veränderung der Gewichtsproportionen zwischen den Lebewesen den Grad ihres Einflusses aufeinander und das Pflanzenwachstum ermitteln zu können.

Je nach zeitlichen Abständen der Zustandserfassungen und Verknüpfung der Zeitreihenanalysen der erfassten Variablen können dann bedeutende Einsichten in die Beziehung zwischen dem Pflanzenwachstum, dem Vegetationsverlauf und den Lebenszyklen des Bodenlebens gewonnen werden, wie z. B. die Erkenntnis von Edward Scheller, dass das Bodenleben im Jahresverlauf drei Auf- bzw. Abschwungphasen durchmacht: Zwei Phasen während des Wachstums der Hauptnutzpflanzen zwischen März und Juli und eine Phase im Frühherbst (siehe E. Scheller, ebenda).

Eine weitere wichtige Erkenntnis seiner komplexen, während des ganzen Jahres verfolgten Dynamik des Stickstoff-Stoffwechsels der Pflanzen war, dass die mit Mineraldünger gedüngten Pflanzen ca. 30 % des Stickstoffes aus der im Boden gespeicherten organischen

Masse bezogen haben, wobei der überschüssige Mineraldünger im Boden als Nitrat verblieb, das leicht ausgewaschen werden konnte.

Aus der Untersuchung von E. Scheller wird deutlich – auch wenn er das selbst nicht so geschrieben hat – dass die Missachtung der lebenden und organischen Bestandteile des Ökosystems Boden in mehrerlei Hinsicht nachteilig und teuer ist:

Hauptsächliche Negativ-Folgen der Missachtung des Ökosystems Boden:

- Überschätzung der Wirkung von Mineraldünger auf Kosten des Bodenlebens, das dadurch geschwächt wird, sodass die Humusbildung und C-Einlagerung gestört wird.
- Unterschätzung der Nachlieferung von Nährstoffen aus einem humus- und bodenlebenreichen Boden mit der Folge von Überdüngung bereits bei verminderten Mineralstoffgaben weil diese Nährstoffmobilisierung aus dem Bodenvorrat anregen. Die hohen Nitratbelastungen des deutschen Grundwassers dürften nicht nur aus unmittelbarer Überdüngung kommen, sondern auch aus der falschen – zu hohen – Berechnung der erforderlichen Nährstoffe mittels Mineralstofftheorie.
- Unterschätzung der Bedeutung der Mächtigkeit des Wurzelwerkes der Pflanzen bei der Erhaltung des Bodenlebens, der Bodenstruktur und damit auch der Wasser- und Nährstoff-Haltekraft bei Starkregen und für längere Trockenphasen. Bekanntlich haben konventionell gezogene Pflanzen ein viel geringeres Wurzelwerk als Pflanzen im Ökolandbau, was zusätzlich zur Humusverarmung der konventionellen Böden führt, weil die Pflanzenwurzeln nahezu 50 % der organischen Masse für den Humusaufbau liefern. Außerdem sind Pflanzen mit weniger Wurzelmasse viel anfälliger für Trockenheit.
- Zentral für das Ökosystem Boden sind die Fütterung des Bodenlebens durch organische Masse, vor allem auch über die Wurzeln, die Zersetzung groben organischen Materials und der Aufbau eines stabilen Bodenkörpers aus Ton-Humus-Komplexen mittels Bakterien, Pilzen, Würmern und zahlreichen anderen Bodentieren. Nachdem das Bodenleben, insbesondere die Bakterien für die Mineralstofftheorie bisher eher als Konkurrent bei der Pflanzenernährung aufgefasst wurden und noch werden, die angeblich viel Nährstoffe in die Atmosphäre veratmen, ist noch kaum absehbar, wie die deutsche Landwirtschaft zu einer anderen Politik der Bodenbewirtschaftung kommen wird: Von der Theorie her ist hier wenig bis nichts zu erwarten.
- Wie mikrobiologische Studien zeigen, entwickeln sich Bakterien in Gemeinschaften mit anderen nicht notwendigerweise durch Konkurrenz mit anderen, sondern auch durch eine bessere Aufteilung der verfügbaren Ressourcen, indem z. B. einige damit beginnen, sich von den Ausscheidungen der anderen zu ernähren, also Abfälle zu recyceln (siehe Tim Barraclough, ebenda) was insgesamt zu einer höheren Produktivität der Ökosysteme führt. Im Unterschied dazu zeigten sich Bakterien, die in Monokulturen gezüchtet wurden, weniger anpassungsfähig – sie hatten ihre Flexibilität verloren.

Tatsache ist, dass die Erforschung des Ökosystems Boden in Deutschland keine Lobby hat, im Unterschied zur gentechnischen Forschung, in der die Ökologie eher ein rotes Tuch ist.

Ganz entscheidende Bereiche, nämlich die Rolle der Ackerbegleitflora (der Großteil Heilpflanzen für Mensch und Tier) für das Bodenleben, die Wechselwirkung mit dem bodennahen Ökosystem aus Pflanzen und Kleintieren, die Verschlechterung der Böden durch zu hohen Bodendruck und durch Pestizide u. a. werden bisher kaum untersucht.

Nach wie vor dominiert die eindimensionale Rationalität des Nutzens durch Hocherträge mittels künstlichen Düngern auf Kosten aller Leistungsdimensionen des Bodenökosystems, die angesichts der Klima- und Umweltkrise immer wichtiger werden:

Allgemeine Lebenssicherungsleistungen des Ökosystems Boden:

- Sicherung des Wachstums gesunder Pflanzen mit einem starken Wurzelwerk,
- Einlagerung und Speicherung einer großen Menge Kohlenstoff im Dauerhumus,
- Umsetzung organischer Abfälle zu Nährstoffen für neues Pflanzenwachstum und Dauerhumus,
- Speicherung möglichst großer Mengen Wasser durch eine tiefe, poröse Schwammstruktur,
- Sicherung der Nährstoffe vor Auswaschung durch eine komplexe Krümelstruktur und Lebendverbauung der Ackerkrume,
- Gewährleistung einer hohen Vielfalt an Bakterien, Pilzen und Kleintieren zur Verhinderung von krankheitsförderlichen Ungleichgewichten durch Vermeidung der Einträge giftiger Fremdstoffe wie Kunstdünger und Pestiziden,
- Reinigung des aufgenommenen Wassers von Nährstoffen, Mineralien und Giftstoffen, die z. B. aufgespalten und im Boden festgehalten werden und dadurch nicht ins Grundwasser gelangen.

All diese Lebenssicherungsleistungen des Mutterbodens werden durch die nicht-nachhaltige chemie- und nutztierintensive konventionelle Landwirtschaft gefährdet, was erheblich zur Verschärfung der Wirkung der Starkregenereignisse sowie von langen Trockenphasen beiträgt – von den klimaschädlichen Wirkungen des Humusabbaus, der Kunstdüngung und der hohen Methan- und Ammoniakemissionen aus dem nur als gigantisch zu bezeichnenden Tierbestand einmal abgesehen.

(3) Wer trägt die Verantwortung für die schädlichen Folgen einer Theorie, die reiche Väter schafft und arme Söhne zurücklässt?

Seit der Aufklärung des 18. Jh. haben wir eine zweigleisige Entwicklung der Wissenschaften: Einerseits als Spezialwissenschaften, die von der Naturganzheit nichts mehr wissen wollten, sondern sich ganz dem Prinzip „was nützt ist richtig“ verpflichteten. Andererseits die Universal- oder Ganzheitswissenschaftler, die wie Alexander von Humboldt den Blick für das Ganze als unerlässlich ansahen, um das Einzelne verstehen können.

Aufgrund des Dominantwerdens der spezialisierten Wissenschaften des unmittelbaren Nutzens für den Industrialisierungsprozess geriet die Natur als sich selbst hervorbringende Kraft, Bewegung und Ziel intakter, gleichgewichtiger Lebenssysteme, vom funktionsfähige Einzel-Organismus über den eigenständig fruchtbaren Boden bis zu den großen Ökosystemen der Kulturlandschaften unter die Räder:
Während die Spezialwissenschaften nur noch Objekte und unmittelbar feststellbare Objektveränderungen als Folge bestimmter Einwirkungen als Tatsachen anerkannten und die Prozesse und Idealzustände, zu denen die Prozesse in Form von lebensfähigen Organismen und größeren Ganzheiten führten, als Tatsachen ablehnten, bestanden die Ganzheits-überzeugten Biologen und Geografen wie Humboldt auf der Betrachtung und Erklärung des Einzelnen als Teil eines größeren Ganzen, wobei sie dieses Ganze bereits sehr konkret fassten, z. B. als regionale Naturlandschaft, abhängig von der Meereshöhe und Lage auf dem Globus und mit Korrespondenz zum regionalen Klima.

Selbst wenn Liebig und Sprengel, die Begründer der Mineralstofftheorie, durchaus auch noch die Pflanzen, die sie gezielt mit Mineraldünger düngten, selbstständig wachsen sahen, abstrahierten sie von dieser eigenständigen Kraft der Pflanzen, weil sie meinten, eine neue, chemische Ursache für ihr Wachsen gefunden zu haben. Diese chemische Ursache wurde fürderhin wichtiger als das eigenständige Wachsen der Pflanzen selbst und ihre komplexe Verursachung durch die Wachstumseigenschaft lebendiger Organismen in Interaktion mit einer großen Vielfalt anderer Organismen.

Wären Sprengel und Liebig im Verhältnis zur Humustheorie von Thaer faire Wissenschaftler gewesen, dann hätten sie zu mindestens, neben dem Wachsen infolge Mineralstoffgaben in der Nährlösung, auch noch das Wachsen infolge Mineralgaben auf unbelebtem Lehmboden und das Wachsen infolge Mineralgaben auf humusreichem Boden unterschieden. Aber das taten sie nicht: Sie versuchten nur das Wachsen in der Minerallösung und kamen dadurch zu dem falschen und verhängnisvollen Schluss, dass Pflanzen weder den Humus zum Wachsen benötigen noch einen belebten Boden, weil sie ja in einer Nährstofflösung sehr gut wachsen.
Aber waren das die Bedingungen, die die Bauern zur Verfügung hatten und war der hohe Ertrag ihre einzige Bestimmung? Nährlösungen statt Felder? Ertragssteigerung statt gesunde Pflanzen? Humusabbau statt Humusaufbau?
Hätten Sprengel und Liebig den viel realitätsnäheren Vergleich gemacht zwischen Mineralstoffgaben zu Pflanzen auf unbelebtem Lehmboden und zu Pflanzen auf humusreichen Ackerboden, dann hätten sie festgestellt, dass die Pflanzen nur auf dem humusreichen Boden wirklich gut wachsen und den Kunstdünger verwerten können. Weit entfernt von der Realität, aufgrund von Laborergebnissen, verkündeten Sprengel und Liebig, der in jungen Jahren selbst Mineraldüngerhändler war, dass Pflanzen aufgrund bestimmter Nährstoffzufuhren wachsen, die den Entzug ersetzen, und nicht wegen des Vorliegens eines humusreichen Bodens.

Es dauerte 200 Jahre, ehe Scheller mit einer differenzierten Felduntersuchung feststellte, dass diese Theorie in ihren wesentlichen Annahmen und hinausposaunten Ergebnissen in gefährlicher Weise falsch ist, weil Pflanzen immer nur mit einem ausreichenden Umfang an Bodenleben und Humus in der Bodenunterlage wachsen und Kunstdünger nur eine Droge ist, die zusätzliche Nährstoffe aus dem Boden mobilisiert und diesen dadurch ausbeutet und verarmt. Damit hatte Scheller die unguten Prophezeiungen des späten Justus von Liebig, wonach der Kunstdünger zur Verarmung der Böden führt, wenn alles weggefahren wird und nichts zurückkommt, bestätigt.

Liebig hatte dies in seinem späteren Leben als Praxis der reichen Väter und armen Söhne bezeichnet, die bis heute anhält und verstärkt wird durch die negativen Effekte für das Klima und die Artenvielfalt, die den Enkeln eine lebensbedrohliche Zukunft bescheren wird, wie an den gegenwärtigen Überschwemmungskatastrophen im Westen Deutschlands deutlich zu erkennen ist.

Kann hier noch von verantwortungsvollen Politikern gesprochen werden, wenn diese 50 Jahre lang, seit den ersten Ausrufen von „Grenzen des Wachstums" durch den Club of Rome,

- weiterhin das Wachstum anheizen,
- sich bei der Reduktion der Klimagasemissionen auf den untauglichen Emissionshandel verlassen,
- heute die klimaschädlichsten Sektoren der Wirtschaft, die massenhafte Tierhaltung und die Chemielandwirtschaft konstant setzen, um die Lebensmittel weiterhin billig zu halten und
- sich dann in den Überschwemmungsgebieten mit über hundert Toten und vor abbruchreifen Häusern in von den Fluten zerfurchten Städte hinstellen, Fassungslosigkeit bekunden und staatliche Hilfe versprechen, was ja wohl nur das Mindeste ist?

Der Ministerpräsident von Nordrhein-Westfalen hat gar schon bekundet, dass er wegen dieser Hochwasserkatastrophe seine schwache bis fehlende Klimaschutzpolitik nicht verändern wird. Außerdem hat er im Klimaschutzgesetz des Landes vorsorglich jede Haftung des Landes für Individualschäden durch klimabedingte Katastrophen ausgeschlossen.

Aber auch die Agrarwissenschaft, die in ihren Vorschlägen für Klima- und Artenschutzmaßnahmen die nach wie vor besonders klimaschädlichen Bereiche der Landwirtschaft, die Tierhaltung und Kunstdüngung ausnimmt, steht in dieser Verantwortung: Denn sie tun dies wider besseres Wissen, da allein durch die drastische Reduzierung der Tierhaltung auf ein flächen-verträgliches Maß, der Futtermittelimport aus Urwaldgebieten zu beenden und die Klimagasemissionen der deutschen Landwirtschaft auf die Hälfte zu reduzieren wären.

Offensichtlich geht es in den Agrarwissenschaften, vor allem in den Bereichen, die unmittelbar der Politik zuarbeiten, schon längst nicht mehr um Wissenschaft, sondern um die Erhaltung eines profitablen Systems, für dessen katastrophalen Folgen die Allgemeinheit weiterhin bezahlen soll und zu dessen Legitimation man sehr zweifelhafte Infragestellungen des Ökologischen erfindet, wie z. B. die Produktionsverlagerung bei flächendeckender Umstellung auf Ökolandbau infolge der geringeren Erträge.

In Wirklichkeit zerstören die Futtermittelimporte für die konventionelle Massentierhaltung gerade den Amazonasurwald und in Wirklichkeit würde eine flächendeckende Umstellung auf Ökolandbau die Tierzahlen auf ein vernünftiges, ökologisch verantwortbares, Maß bringen und daher jegliche Produktionsverlagerung erübrigen.

Notwendig wäre also eine neue Unabhängigkeit der Wissenschaften von industriellen Interessen am Wachstum um jeden Preis und der Stabilisierung des industriell-gesellschaftlichen Systems des Gewinnmachens.

Vorbild könnte die Klimaforschung mit ihren weniger auf Nutzenmaximierung denn auf Aufklärung der Wirklichkeit orientierten Bestrebungen des Forschens mit Hilfe systemischer Modelle sein. Andererseits ist kaum zu übersehen, dass wissenschaftliche Erkenntnisse auf dem Niveau komplexer globaler wie lokaler Ökosysteme in den Industriegesellschaften nicht gerade willkommen sind, da sie doch das partielle Natur-Eingreifen entlang überschaubarer linearer Ursache-Wirkungs-Beziehungen, anhand der aufgezeigten mittelbaren und langfristigen systemischen Negativ-Folgen schonungslos als unbedarft und Ökologieschädlich entlarven und infrage stellen.

In der Folge haben wir in Deutschland heute, wie in der globalen Welt, die groteske Situation, dass die Klima- und Umweltforschung zwar die mannigfach schädlichen Auswirkungen des industriellen Wachstums und der westlichen verbrauchsintensiven Lebensstile auf das Klima, die Ökologie und die weltweite Ernährungslage klar auf den Tisch zu legen vermag, dass aber andererseits zahlreiche, auch wissenschaftliche, Kräfte dagegen arbeiten, um die Gefährdungen durch die Klima- und Umweltkrise herunterzuspielen und ein Weiter-so mit fadenscheinigen Maßnahmen zu legitimieren.

Da diese Praxis der Verdrängung der Erkenntnisse zivilisationskritischer Umweltstudien vor nunmehr mindestens 200 Jahren begann und bis heute – trotz dramatischer Zuspitzungen der Umweltkrise – anhält, kann wohl nicht mehr davon ausgegangen werden, dass Wissenschaft als Streben nach objektiven Tatsachen an sich ein Wert ist, der das Handeln der Akteure leitet. Die offenkundige Abhängigkeit vieler Spezialwissenschaften von der Industrie trägt derzeit erheblich zur Verschärfung der Krise der freiheitlichen Gesellschaft und der Demokratie bei. Sie erwecken mit ihren Vorschlägen den Eindruck, als ob es die Klima- und Umweltkrise gar nicht geben würde oder als normale Begleiterscheinung des ewigen Überlebenskampfes der Menschen gegen die Natur hingenommen werden müsse, oder durch neue Technik (z. B. digitalisierte Präzisionslandwirtschaft) zu beheben und zu bewältigen wäre.

10.9.11 Zusammenfassung der Entwicklung des Anti-Ökologischen und des Ansatzes zu seiner Überwindung

Die Konzentration der Menschen auf ein bestimmtes Gebiet und bestimmte Nutzpflanzen brachte ihnen, mit den übers Jahr reichenden Vorräten, einen beträchtlichen Überlebensvorteil, wenn die Vorräte bewahrt und verteidigt werden konnten.

Ursprung des Vorteils waren die Üppigkeit der noch unberührten Natur und die Erkenntnis des natürlichen Wachstumsprozesses von Pflanzen synchron zum Sonnenjahr.

Resultat der archäologisch rekonstruierten hohen Getreideerträge der kleinen Inselgesellschaften des Neolithikums waren ein rasches Bevölkerungswachstum, zunehmende Arbeitsteilung, Fähigkeitsentwicklung und Ausbildung von Anführerfunktionen, zur Sicherung der Vorräte und Verteidigung des Gebietes.

Sesshaftigkeit als territoriale Begrenzung bedeutete also, im Vergleich zur früher eher ganzheitlichen Wahrnehmung der umfassenden Natur, zwei folgenreiche Einschränkungen des Denkens und seiner Entwicklung: Das Naturganze wurde zur feindlichen Umwelt und die Natur-Vielfalt auf dem eigenen Gebiet zur unnützen Konkurrenz der Nutzpflanzen.

Somit entstand jene, für die Entwicklung der Gesellschaften seit 8000 Jahren typische, von Überfluss und Mangel, angetriebene Dynamik:

Überfluss an Nahrung ermöglicht rasches Wachsen der Gesellschaften und ihrer militärischen Kompetenz, führt aber in der Folge zu Knappheit, bedingt durch gewachsene Bedürfnisse und Erschöpfung der Ressourcen auf dem eigenem Gebiet.

Da der sich einstellende Mangel, aufgrund der doppelt beschränkten Rationalität der Naturwahrnehmung weder durch Einsicht in die Fruchtbarkeitsbedingungen der Ernten noch durch Kooperation mit anderen Völkern behoben werden konnte, blieb nur der Zwang zur Expansion durch Gebietsausdehnung, Wanderung und Unterwerfung konkurrierender Völker samt Gebiet.

Solange genügend nutzbare frische Natur in der Umgebung verfügbar war und/oder durch Unterwerfung anderer Völker neue Ressourcen an Nahrung und Arbeitskräften (Sklaven) verfügbar gemacht werden konnten, spielte die innergesellschaftliche Ungleichverteilung der Nahrung zwischen Anführer, Priester und einfachem Volk als Grund für Expansion eine untergeordnete Rolle: Entscheidend war die Versorgungslage des gesamten Volkes.

Ein erster Wandel kam in der Bronze- und Eisenzeit, in der große Biomassen für die Metallgewinnung und -schmelze für Rüstung genutzt wurden und keine Gebietserweiterungen ohne Krieg mehr möglich waren: Mit der permanenten Knappheit, aufgrund geringerer Ernteerträge, dürften erste große Spannungen im inneren der Gesellschaften um die Verteilung der Vorräte entstanden sein.

Dies könnte die Geburtsstunde der Sage vom Ende des „Goldenen Zeitalters", der alttestamentarischen „Vertreibung aus dem Paradies", also auch der Geburtsstunde der monotheistischen Religion gewesen sein, die das Schicksal der Menschen nun abhängig sah von ihrer „Arbeit im Schweiße des Angesichtes", also der Naturunterwerfung auf eigenem Gebiet und ihrer Duldsamkeit gegenüber den Herrschaften, die den einen Gott repräsentierten.

Eng verkoppelt mit der Kriegsfähigkeit der Völker entwickelte sich in den stark gewachsenen Gesellschaften der Antike die Grundherrschaft zum Hauptmodell einer über die Territorien verteilten Anführerschaft, die durch Abgaben für Schutz und Trutz, also für Wehrfähigkeit und für ausreichende Nahrungsproduktion sorgte.

In Verbindung mit der Grundherrschaft, dem chronischen Mangel und einer nur mehr durch Kriege möglichen Expansion entstand erstmals in der Geschichte ein tieferes Interesse der Menschen an den Geheimnissen der wirklichen Natur und daran, wie Gesellschaften mit ihr umgehen sollten.

Herauszuheben ist neben Aristoteles vor allem Platon, der die vom Menschen verursachte Abholzung erstmals als schädlich für die Natur bedauerte und mit seiner Utopie der Politeia eine bis heute interessante Reflexion einer kontrollierten Entwicklung der Gesellschaften anstellte, die in ihrem Ergebnis so natürlich nicht zu empfehlen ist, sondern als Reflexion exemplarischen Wert hat.

Und herauszuheben sind die römischen Agrarschriftsteller, überwiegend Grundherren, von denen die ersten Dokumente über die angenommenen Ursachen der Bodenfruchtbarkeit, über die Bodentypen, über Untersuchungsmethoden und über Verfahren stammen, die Fruchtbarkeit zu erhalten und zu verbessern.

Das anhaltende Bevölkerungswachstum im Mittelalter infolge der Übernutzung der frischen Natur in Mittel- und Osteuropa führte zur weiteren Binnendifferenzierung der Gesellschaften insbesondere in Form der Städte, die im Handwerk und Handel, einschließlich Fernhandel von Lebensmitteln, eine neue, von Grundbesitz unabhängige Quelle individuellen Überlebens fanden.

Damit entstand nicht nur eine neue Existenzmöglichkeit, sondern auch eine neue Form des menschlichen Subjektes, in der der Einzelne nicht mehr einem Anderen persönlich zu- und untergeordnet ist, sondern sein Geschick selbst verfügt – natürlich unterschiedlich, je nach individuellen Ressourcen.

Die Revolutionen des aufgeklärten 18. Jh. beendeten die mehrere Jahrtausende währende Grundherrschaft und etablierten die freie und vor dem Gesetz gleiche Person als neue personale Grundlage des Gemeinwesens, das sich im Gefolge des abgeschafften absolutistischen Staates zum neuen, von republikanischen Bürgern bestimmten Staatskörper, mit rasch ausgeweiteten Verwaltungen, entwickelte – zumindest als neues historisches Projekt der Entwicklung mit dem souveränen Subjekt im Zentrum, wenn auch noch getrübt durch Toleranz gegenüber Sklaverei.

Nach den vorantiken Führer-Gesellschaften, den antiken und mittelalterlichen Grundherren-Gesellschaften entstand nun die Bürgergesellschaft als vorläufig letzte Ausprägung der infolge Bevölkerungswachstum zunehmenden Binnendifferenzierung verteidigungsfähiger, miteinander konkurrierender und expansiver Gesellschaften, in denen nun das Militärische von einem erstarkten, von allen getragenen Staat organisiert wird.

Jedoch hatten die vermögenden und gebildeten Bürger bessere Entwicklungschancen als jene, die nur ihre Arbeitskraft zur Lebenssicherung einsetzen konnten.

Und da der Vermögenszuwachs um der Freiheit willen unbegrenzt blieb und eine gerechte Verteilung des Mehrprodukts der Fabriken nicht vorgesehen war, entwickelte sich eine neue Ungleichheit: Das aus Gründen der Lebenssicherung zur Arbeit für andere gezwungene

Arbeiter-Subjekt kam über den Erhalt seiner Arbeitskraft und der dafür erforderlichen Bedingungen nicht hinaus, während die kapitalistischen Produzenten immer mehr Vermögen anhäufen konnten.

In der Folge geraten die, mit Polizeigewalt und Militär ausgestatteten Staatsapparate immer mehr unter den Einfluss mächtiger vermögender Interessengruppen, deren Interessen an Produktionsausweitungen mit dem zunehmenden Ressourcenmangel des eigenen Gebietes kollidierten und dadurch als Lösung die kriegerische Expansion der Gesellschaften beförderten.

Mit der vermehrten Nutzung fossiler Energie während des 19. Jh. entstand eine derart rapide Beschleunigung der Industrialisierung, Bevölkerungsentwicklung und Steigerung der Fähigkeiten zur Expansion in allen neuen europäischen Nationalstaaten, dass die kriegerische Expansion entlang der Handelsbeziehungen in die weite Welt sowie auch gegeneinander schier unausweichlich wurde, um sich neue, bessere Chancen zur Weiterentwicklung ihrer Gesellschaften zu verschaffen.

Allerdings erforderte die kriegerische Expansion nun eine Legitimation gegen die zentralen Werte der Aufklärung (Freiheit, Gleichheit, Brüderlichkeit), die als universelle Werte verstanden wurden.

Nachdem die christliche Religion von der Aufklärung als individueller Glaube ohne objektiven Wahrheitsgehalt entmachtet war, konnte nun die wissenschaftliche Theorie, die für diese Entmachtung vor allem gesorgt hatte, Darwins Evolutionstheorie, genau auch die Legitimation für den Kampf der Menschen und Völker gegeneinander liefern: Sie hatte nicht nur den Ursprung der Menschen in die Entwicklung der Arten verlagert, sondern den Überlebenskampf zum natürlichen Grundprinzip der Fortentwicklung der Arten, einschließlich des Menschen, zu „höheren“ Spezies, erklärt.

Der Prozess der Transformation der auf das Individuum konzentrierten Freiheits-, Gleichheits- und Solidaritätsvorstellung hin zum Völkischen erfolgte über das „individuelle Leben“ als psychobiologische Besonderheit, die durch die industrielle Zivilisation bedroht gesehen wurde. Die Rettung sollte nicht durch eine menschliche Zähmung der Industrialisierung etwa durch Demokratisierung erfolgen, sondern durch die Selbstertüchtigung als Teil eines starken, gesunden überlebensfähigen Volkes.

Die Freiheit des Einzelnen verengte sich auf die Pflichten gegenüber dem Volk, die Gleichheit aller menschlichen Subjekte reduzierte sich auf die Gleichheit der Volksgenossen und aus der Solidarität mit dem Nächsten wurde die Opferbereitschaft für das eigene Volk.

Neben dem Darwinismus werden noch andere wissenschaftlich begründete Weltanschauungen bestimmend für die Menschen und ihr Verhalten, jedoch erreicht keine die Wirkung des Darwinismus, den Oskar Hertwig 1920 als die „Doktrin aller europäischen Nationen“ bezeichnet hatte.

Der Grund der durchschlagenden Wirkung des Darwinismus ist die Naturalisierung der Konkurrenz und des Kampfes als Überlebensprinzip schlechthin und damit zum überzeugenden Mechanismus und Erklärungsmuster auf allen Ebenen menschlichen Lebens, vom Einzelnen bis zu den Völkern. Diese Wirkung besteht bis heute und wird von interessierten Kreisen bewusst, durch hartnäckige Verteidigung der durchaus einseitigen bis falschen Evolutionstheorie und darin enthaltenen Naturauffassung als Chaos, aufrechterhalten.

Die gravierendsten Fehler der Evolutionstheorie sind die Unterschlagung der Abhängigkeiten der Arten voneinander, von der Gesamtnatur und von kooperativen Beziehungen zwischen den Arten und die Suspendierung der menschlichen Vernunft als Fähigkeit zur Suche nach und Entscheidung zwischen mehreren verschiedenen Handlungsalternativen auf der Grundlage objektiven wissenschaftlichen Wissens.
Die Delegation der Vernunft an den Mechanismus der Auslese durch den Überlebenskampf eines Volkes und damit ihre Abschaffung als menschliche Vernunft mit Handlungsspielräumen lag voll im Interesse der auf Expansion um Land und Ressourcen erpichten Eliten, da sie alle Menschen auf ein starkes Vaterland ausrichtete und die innergesellschaftlichen Verteilungskämpfe stilllegte.

Damit wurde die darwinische Evolutionstheorie zu der einseitigen, jedoch zur Begründung der doppelt beschränkten Rationalität auch der Industriegesellschaft besonders geeigneten Theorie: Sie legitimiert die Feindseligkeit gegen die Umwelt, gegen die Gesamtnatur und vor allem gegen andere Völker als Notwendigkeit zum Überleben der Völker und sie legitimiert die wirtschaftliche und soziale Konkurrenz zwischen den Menschen sowie die Beherrschung der Natur auf eigenem Gebiet nicht nur als notwendigen Mechanismus zum individuellen Überleben, sondern zur Weiterentwicklung der menschlichen Art überhaupt.

Ohne diese übergeordnete, ideologische, jedoch wissenschaftlich legitimierte Zielsetzung ist der Rassenkampf des Dritten Reiches ebenso wenig zu verstehen wie die heutige Radikalität präfaschistischer Bewegungen in ihrem Fremdenhass, der dazu dient, das eigene Volk, die eigene Kultur „sauber" zu halten.

Somit wurde der freie, gleiche, brüderliche Mensch der Aufklärung, der seine Emanzipation der wissenschaftlich begründeten Einsicht in die von Interessen bestimmte Wirklichkeit verdankt, mit Hilfe einer falschen naturwissenschaftlichen Theorie zum Einzelkämpfer für seine eigenen Interessen und jener seines Volkes gemacht, damit dieses sich im Überlebenskampf um die knapper gewordenen Ressourcen gegenüber den anderen Völkern durchsetzt und dadurch die Evolution eines neuen Menschen befördert.

Dass es sich bei diesem bedrohten individuellen Leben, das als Ansatz für die Errichtung einer starken kriegerischen Totalität diente, um nichts anderes als um eine demagogische Ideologie, also Rationalitätsbeschränkung, handelte, um einen neuen Schub der Expansion in die Natur und Umwelt zu legitimieren, der nicht nur die Naturgrundlagen bedroht, sondern die Lebensrechte aller Menschen, dürfte heute vollends klar sein.

Dennoch haben sich die Lebenswissenschaften, aus denen sich die Befürworter von Rassenhygiene, Vernichtung unwerten Lebens und Menschenzüchtung in der deutschen Elite zu Beginn des 20. Jh. hauptsächlich rekrutierten, bisher nicht von ihrem Irrtum distanziert und ihn richtig gestellt. Vielmehr träumen sie weiter diesen Traum der Höherzüchtung, heute mittels Gentechnologie und Gehirnforschung, wie die Bewegung des Transhumanismus erschreckend zeigt. Und man distanziert sich nicht, um die Evolution mittels Kampf und Selektion weiterhin als Stand der Wissenschaft verkaufen zu können.

Die aggressive Ideologie ist das eine. Die Beherrschung der Gesellschaften anhand Beeinflussung und Kontrolle des hochgerüsteten und immer überwachungsfähiger werdenden Staates durch superreiche Minderheiten, die für wachsende Gewinne weiter wachsende Verbräuche benötigen, ist das andere. Anstatt den Hyperverbrauch, der für den Klimawandel und das Artensterben verantwortlich ist, durch die Umkehr zu einer ressourcenschonenden Produktions- und Lebensweise zu stoppen, wird die Biosphäre immer weiter zerstört, nun zusätzlich mit neuer Energietechnik, Digitalisierung und Aufrüstung und belastet mit steigenden Abfallmengen.

Dass heute 1 Milliarde Menschen akut hungert und 2 Milliarden unterernährt sind und mindestens ebenso viele zu wenig und oder gar kein sauberes Wasser haben, weil sie von ihren bisherigen Nahrungsgrundlagen durch Landverkauf an die Industrieländer und durch Kriege vertrieben werden, für die die Industriestaaten die Waffen liefern, ist nicht die Folge von zu wenig Nahrung.
Es ist die Folge des anhaltenden Expansionismus der Industriestaaten in die letzten frischen Urwälder der Erde, mittels deren Umwandlung und stoffliche Ausbeutung schnell viel Geld gemacht werden kann und Raum geschaffen wird für industrielle Landwirtschaft.

Dabei sind die Naturgrenzen der Erde mit den menschgemachten Katastrophen des Klimawandels, des Artensterbens und der globalen Verschmutzung mit Plastik u. a. chemischen Abfällen bereits weit überschritten und es ist immer noch keine wirkliche Gegensteuerung der Industriegesellschaften erkennbar, obwohl die Grenzen des Wachstums und die klimaschädliche Wirkung der Treibhausgase aus der Verbrennung fossiler Energie seit mindestens 50 Jahren bekannt sind.

Wie auch sollen Industriegesellschaften verbrauchsärmer werden, wenn den Interessengruppen, die vom lukrativen Geschäft mit fossiler Energie profitieren – und das sind sehr viele und sehr mächtige – in Form des Emissionshandels und der Entwicklung neuer Technologien die Gegensteuerung übertragen wird und die Politik zweigleisig inszeniert wird, wie dies bei den Verhandlungen zur gemeinsamen europäischen Agrarpolitik sichtbar wurde:

- Als hartes Weiter-so mit der Verteilung der Subventionen an die Großbetriebe ohne nennenswerte Umweltauflagen, durchgesetzt im Interesse aller EU-Nationen und
- als ökologische Schwalben auf dem Dach der „Farm to Fork"-Pläne der EU-Kommission, die offenbar einzig das Ziel hatten, die GAP-Verhandlungen von ökologischen Ansprüchen zu entlasten und im ökologisch getarnten Paket auch die neuen Gentechniken als Option „nach vorne zu bringen".

Indem Industriegesellschaften nunmehr seit etwa 200 Jahren beweisen, dass sie Knappheiten nicht anders als rigoros mittels des Einsatzes fossiler Energie und der Expansion in alle verbliebenen Ressourcen der Erde überwinden können, erscheinen sie zu einer wirklichen Korrektur nicht fähig:

Unter dem Druck der Wachstumsinteressen der vermögenden Interessengruppen, die sich über den Lobbyismus und die Privatisierung von Politik durch die unmittelbare Beteiligung der Wirtschaftsvertreter an Gesetzesausarbeitungen (siehe Lieferkettengesetz) und flankiert durch das Argument der Arbeitsplatzsicherung, der Gesellschaften bedienen, segelt man offenen Auges in die sich weiter verschärfenden Katastrophen, weil auch diese letztlich wiederum Wachstum bringen und sich die Reichen, mit ihren zahlreichen über die Erde verteilten Domizilen, offenbar immer noch genügend sicher fühlen.

Letztlich können die Gesellschaften ihre beschränkten, gegenüber der Natur und dem Menschen feindseligen Rationalitäten nur überwinden, indem sie sich auf die natürlichen Ressourcen auf ihrem eigenen Gebiet besinnen und diese zu einer neuen Blüte verhelfen, sodass sie die expansionistischen internationalen Ausbeutungen nicht mehr benötigen.

Es sind die wissenschaftlichen Tatsachen, in Verbindung mit der physischen Bedrohung durch die Klima- und Umweltkrise und der zunehmenden Unfähigkeit der Industriestaaten, ihre Bürger zu schützen, die jeden einzelnen Staatsbürger dazu auffordern, sich an der Vollendung der Aufklärung und der bürgerlichen Revolutionen des 18. Jh. zu beteiligen, indem sie vor allem ihre Befreiung aus dem Zwang zur Arbeit für andere zur Erlangung ihres Lebensunterhaltes verlangen, um sich mehr um die eigene Selbstversorgung, in Verbindung mit dem Wiederaufbau der Ökosysteme, kümmern und naturzerstörende Arbeiten ablehnen zu können.

Bei Konsumausgaben der deutschen Haushalte in der Höhe von 1230 Mrd. EUR und Ausgaben der Kommunen, Länder und des Bundes zusammengenommen in der Höhe von 1100 Mrd. EUR jährlich, müsste es möglich sein, allen Privat-Haushalten (ca. 40 Mio.) ein ausreichendes Grundeinkommen, mit der Möglichkeit des Zuverdienstes, zu gewähren. Die Finanzierung könnte und sollte, in der Zeit der Transformation zur verbrauchsärmeren, nicht am Gewinn orientierten und ökosystem- sowie gemeinwohlförderlichen Wirtschafts- und Lebensweise, durch die von den Milliardären auf Kosten der Natur und der Allgemeinheit angehäuften Vermögen erfolgen.

Gewinnorientierte Produktionen, die unnötig Ressourcen verbrauchen, Ökosysteme schwächen oder zerstören oder auf fossilen Energien basieren, würden damit unattraktiv – sie fänden keine Menschen mehr, die damit durch Arbeit ihr Geld verdienen wollten.

Erforderlich ist ein Neuaufbau der Ökologie von unten, von den Regionen her und es müssen alle Luxus- und Überflussstandards, die hauptsächlich der Gewinnerzielung gedient haben, auf ein vernünftiges Maß zurückgeführt werden.

Im Zentrum des Kampfes gegen die Klima- und Umweltkrise muss der Wiederaufbau der hochproduktiven Ökosysteme der Erde und die Befreiung der Menschen aus dem Zwang zur Lebensunterhaltssicherung durch Arbeit für den Gewinn Anderer stehen. Ziel sollte sein die Schaffung einer eigenen individuellen oder lebensgemeinschaftlichen Versorgungsbasis und nützlicher naturverträglicher Tätigkeiten im Rahmen eigener selbstständiger Existenz oder genossenschaftlichen Organisationen der lebensnotwendigen Produktionen und Dienstleistungen.

Nur durch eine umfassende Ökologisierung aller menschlichen Lebensbereiche ist die Resorption der Treibhausgase zu steigern, die Artenvielfalt zu erhalten und zugleich die Selbstversorgung mit Lebensmitteln und Naturstoffen derart zu verbessern, dass die internationale Ausbeutung der globalen Naturressourcen überflüssig wird und die Resilienz gegen die Wetterkatastrophen gestärkt wird. Katastrophen, die aufgrund des bereits im Gang befindlichen Klimawandels unvermeidlich sind.

Ziel sollte sein, durch den Übergang zu einem ökosystemischen Denken naturschädliche Eingriffe zu vermeiden und durch die flächendeckende Bewahrung und Neueinrichtung von Ökosystemen genügend nachhaltige Ressourcen auf eigenem Gebiet wiederentstehen zu lassen, um in Übereinstimmung mit den Reproduktionsbedürfnissen der Natur auch der Menschheit und jedem einzelnen ein gutes und sicheres Leben zu erhalten. Das geht nicht ohne Verzicht auf das Unnötige und Naturschädliche.

Die Industrialisierung hat die Weltbevölkerung seit 1800 von 1 Milliarde auf heute fast 8 Milliarden Menschen, also in den vergangenen 200 Jahren um 7 Milliarden, ansteigen lassen.

Hauptursachen dabei sind die Nutzung fossiler Energie, mit der alle in der Geschichte jemals aufgetauchten Grenzen des Wachstums durch Holzmangel, überschritten wurden und der Zwang zur Arbeit für andere zur Erlangung des Lebensunterhaltes zum Lebensprinzip erhoben wurde. Aber ein Weiter-so zerstört die natürlichen Lebensgrundlagen aller Menschen, weil das Überleben nicht von der Größe des Gewinnes abhängt, sondern von der Vollständigkeit der Reproduktion der Natursysteme, die uns genügend gesunde Nahrung, genügend sauberes Wasser und genügend Sauerstoff zum Atmen liefern!

Es ist offensichtlich, dass die Weltbevölkerung ohne fossile Energien nur durch eine umfassende Ökologisierung aller Naturnutzungen, insbesondere der Lebensmittelproduktion, durch den Wiederaufbau der hochproduktiven Ökosysteme aller Art, insbesondere der Permakultursysteme, unter Mitwirkung jedes einzelnen Menschen, zu ernähren sein wird.

Eine Politik sowie Wissenschaft, die den Menschen erklärt, dass man das bisherige System des gewinnorientierten Wachsens mit seinem enormen Verbrauch an Naturressourcen, ohne größere Abstriche am bisherigen Lebensstandard, aufrechterhalten könne, belügt die Menschen doppelt und dreifach:

Erstens ist dieses System so nur mit einem großen Krieg um frische Naturressourcen aufrechtzuerhalten.

Zweitens bedeutet die Aufrechterhaltung einen weiteren hohen Verbrauch fossiler Energien, da, wie bereits in allen Branchen zu erkennen ist, der Stromverbrauch bei voller Elektrifizierung ins Unermessliche wachsen würde, wenn die damit angetriebenen Prozesse beibehalten würden.

Drittens verlangt die Energiewende mittels Wind- und Solarenergie sowie effizienterer und alternativer Technik sehr viele neue Standorte, Infrastrukturen und Rohstoffe und damit ein Anwachsen schädigender Eingriffe in Ökosysteme und daher große Verluste an Treibhaussenken. Die Energiewende führt also absolut zu einem weiteren Anstieg der Treibhausgase und damit zur Verstärkung des Klimawandels.

Energiewende bringt also den Klimawandel nicht zum Stoppen. Viel realistischer wäre also eine zumindest parallel verlaufende rasche Absenkung hoher Energie-, Stoff- und Landverbräuche und die Beendigung der Zerstörung von Treibhausgassenken.

Eine Umstellung der gesamten Landwirtschaft auf Ökolandbau hätte hier einen enormen Effekt, weil unmittelbar die fossile Energie für Kunstdünger und Pestizide eingespart würde und zugleich, mit den verringerten Tierzahlen der Futterzukauf aus früheren Urwald- und Graslandgebieten gestoppt würde. Also die Ökosysteme im In- und Ausland erhalten und gefördert würden.

Nachfolgend die beiden Kurven, die zeigen, wie sehr die Entwicklung der Menschheit von der Nutzung fossiler Energien geprägt ist. Eine dritte Kurve, nämlich die der Naturzerstörung müsste wohl mit ähnlicher Deutlichkeit in die entgegengesetzte Richtung ausschlagen.

Entwicklung der Getreideerträge nach Rösch, ebenda.

Entwicklung der Weltbevölkerung im Industriezeitalter seit 1760 bis 2000 nach Ökosystem-Erde.de.

11 Konsequenzen ökosystemischen Denkens und Schritte der ökologischen Transformation der Industriegesellschaften

11.1 Übersicht: Konsequenzen ökosystemischen Denkens für die Umstellung der Industriegesellschaften auf eine ökologie- und klimafreundliche Wirtschafts- und Lebensweise

Tatsachen	Bisherige und ökologisch erforderliche Haltungen	Konkrete Maßnahmen und Innovationen
(1) Die Klima- u. Umweltkrise zeigen die Überforderung, aber auch Eigenständigkeit der Biosphäre in Wechselwirkung mit den geophysikalischen Bedingungen.	Klima- u. Umweltkrise sind die Folge partieller Natureingriffe u. Emissionen, ohne Beachtung der Gleichgewichtszustände des geo-öko-physikalischen Erdsystems.	Die analytisch u. operativ fragmentierende Naturbetrachtung u. -nutzung muss von einer komplexeren ökosystemischen Betrachtung abgelöst werden, um die ÖS erhalten und fördern zu können.
(2) Doppelt reduzierte Komplexität der Naturwahrnehmung (auf die Gesellschaftsinsel u. auf unmittelbar nützliche Arten) bedingt feindliche Zweckrationalität im Umgang mit der Umwelt u. der Naturvielfalt auf dem eigenen Gebiet.	Die Reduktion der Welt- u. Naturkomplexität als Überlebensstrategie von Gesellschaften ist eine moderne Form des Völkischen u. totalitärer Herrschaft ohne mündige Subjekte u. Rücksicht auf die Ökologie.	Die Förderung der ÖS des eigenen Gebietes steigert die Selbstversorgung mit Nahrungsmitteln u. Naturstoffen u. vermindert THG-Emissionen, Produktionsverlagerungen u. Kriege um Ressourcen.

Tatsachen	Bisherige und ökologisch erforderliche Haltungen	Konkrete Maßnahmen und Innovationen
(3) Mechanistisches Denken, in Form von Konkurrenz u. Entwicklung durch Auslese im Überlebenskampf, verneint *ökologische Ganzheiten u. *die menschliche Vernunft u. begünstigt *radikale Natureingriffe u. *Kriege um Ressourcen.	Die biologistische Verkürzung u. Unterordnung des Individuums unter ein Volk oder System ist mit einer ganzheitlichen Sicht auf die Natur, mit dem Menschen als deren Teil, unverträglich, da der Mensch nur aufgrund seiner besonderen Vernunft seinen Aufgaben als reflektiertes Natur- u. Sozialwesen gerecht werden kann.	Da sich alle Lebewesen in Passung zueinander u. mit komplexen systemischen Umweltbedingungen befinden, benötigen Eingriffe in die Natur mehr Respekt, Wissen u. ökosystemische Voraussicht für ihre möglichen mittelbaren u. langfristigen Wirkungen.
(4) Quantitatives materielles Wachstum der Überschüsse, Gewinne u. Einkommen beruht auf der substantiellen Übernutzung der natürlich entstandenen ÖS im In- u. Ausland sowie auf dem Zwang zur Arbeit für andere zur Sicherung des Lebensunterhaltes u. des Kapitals für weitere Naturausbeutung. Die Übernutzung ist in Industriestaaten nur durch drastische Minderung des Ressourcenverbrauchs auf ⅓ u. weniger zu stoppen.	Die naturschonende Alternative besteht aus einem *integrierten Wachstum zusammen mit den ÖS, *das die Nahrung, andere Naturstoffe u. alle Sicherungsleistungen für das Leben liefert (saubere Luft, Gewässer, hohe Biodiversität), *sodass nur mit den ÖS ein Überleben u. Auskommen mit den eigenen Ressourcen möglich wird. Hoher Ressourcenverbrauch sollte zur Ablehnung führen u. die Verwendung von Naturstoffen Vorrang haben.	Integriertes Wachstum wird erreicht durch *Schutz u. Förderung aller produktiven ÖS, *Wiederverknüpfungen der Haushaltungen mit den ÖS über Selbstversorgung, *Reduktion der tierischen Produktion u. Fernversorgung mit Gütern, die hier zu erzeugen sind, *Bilanzierung des Ressourcenverbrauchs aller Neuprodukte, *Wiederverwertbarkeit bei Neuprodukten sollte vorgeschrieben werden.

Tatsachen	Bisherige und ökologisch erforderliche Haltungen	Konkrete Maßnahmen und Innovationen
(5) Rechtlich fehlender ÖS-Schutz, private Aneignung des Mehrprodukts u. Zwang zur Arbeit für andere, stellen die Wirtschaft u. Soziales über die Reproduktion der ÖS bis hin zur Biosphäre u. verhindern die ökologische Umsteuerung. Insbesondere der hohe Verbrauch der Vermögenden u. ihr Zugriff auf die Politik hemmt die Umsteuerung enorm.	Die Aufklärung brachte individuelle Freiheit jedoch ungleiche Entwicklungschancen mit der Folge lebenslanger Angewiesenheit auf Arbeit. Die Natur ist vor zerstörender Umwandlung nur durch die Beendigung dieses Zwanges zur Arbeit für den Unterhalt zugunsten von mehr Zeit für individuelle Selbstversorgung auf ökologieförderlicher Basis zu bewahren.	Integration des Sozialen u. Ökologischen im Wachstum verlangt viel mehr Spielraum der Menschen für den Aufbau einer eigenen Existenzgrundlage mittels: Ökologieförderliche Selbstversorgung, Ressourcenschonende Produktionstätigkeit, Ökologische Bildung, Bedingungsloses Grundeinkommen.
(6) Gewinnorientierte Interessengruppen dominieren Politik u. Medien u. blockieren dadurch die Beendigung des Wachstums von Produktion u. Gewinnen mittels weiter steigendem Naturverbrauch. Zugleich haben Hochvermögende einen gigantischen ökologischen Fußabdruck von 1000 t CO_2-Emissionen u. mehr, bei 12 t pro Kopf u. Jahr im Schnitt.	Das Wachstumsproblem liegt im Gewinnanreiz u. in der privaten Aneignung der Überschüsse begründet, die auf gesellschaftlichen u. natürlichen Lebensgrundlagen erzeugt werden, so dass die private Aneignung der Gewinne zu beenden ist, um eine Schonung der Ressourcen und mehr soziale Gerechtigkeit zu erreichen.	Die als „Kapital-Rendite" verharmloste Aneignung des Mehrprodukts widerspricht seiner Sozialpflichtigkeit u. Verantwortung gegenüber den natürlichen Lebensgrundlagen u. künftigen Generationen, so dass die Verwendung angehäufter Vermögen zur Anschubfinanzierung der Transformation nur fair wäre

Tatsachen	Bisherige und ökologisch erforderliche Haltungen	Konkrete Maßnahmen und Innovationen
(7) Lobbyismus, direkte Beteiligung der Konzerne an Gesetzesvorhaben u. Privatisierung öffentlicher Güter u. Aufgaben -widersprechen demokratischen Grundprinzipien u. -verhindern wirkungsvolle Maßnahmen gegen die Erderhitzung, gegen das Artensterben, gegen die Erdverschmutzung und gegen Expansionskriege als „Lösung" des Problems der notorisch zu geringen Ressourcen in Industriegesellschaften.	Gewinn als Anreiz für Produktion und Dienstleistungen muss ersetzt werden durch *die Sicherung der Befriedigung von Grundbedürfnissen, *die Sicherung der Ökosysteme u. ihrer Leistungen, *die Sicherung der Langlebigkeit und Reparaturfähigkeit künstlicher Erzeugnisse, *die Sicherung des Recyclings aller Abfälle als Teil der Erzeugung.	*Völlige Unterbindung des Einflusses gewinnorientierter Interessen auf die Politik, *Demokratische Entscheidung über die Notwendigkeit u. die Gestaltung von Produkten u. Dienstleistungen u. die in Kauf zu nehmende Tiefe des Natureingriffs, *Ökosystemschutz u. Minderung von Emissionen muss Vorrang bekommen vor Gewinnabsicht, Arbeitsplatzsicherung, Mobilität, billigen Lebensmitteln, u. emissionsträchtigem Tourismus.
(8) Der Hyperverbrauch von Industriegesellschaften (3–5 mal höher als die eigene Ressourcen) basiert auf Produkten, die künstlich durch den Import billiger Rohstoffe sowie von Halb- und Fertigprodukten verbilligt werden, was den Konsum ständig anheizt. Beispiel: Futtersoja aus Amazonien, das seit den 50er Jahren billig importiert wird, um vor allem die flächenungebundene Tiermast zu steigern u. das Schnitzel zu verbilligen.	Die Fernversorgung mit Nahrungs- u. Konsumgütern beinhaltet Ausverlagerung von Naturzerstörung u. Emissionen incl. Verletzung der Menschenrechte durch Niedrigstlöhne, gefährliche Arbeitsbedingungen und Vielarbeit. Die absolut ökologie- u. klimaschädliche Fernversorgung ist nur durch mehr Selbstversorgung mit den selbst erzeugbaren Produkten u. Dienstleistungen zu vermeiden.	*Importstopp von Soja u. Palmöl aus Urwaldgebieten u. Ländern, in denen Menschen hungern, *keine Handelsverträge ohne Schutz der Ökosysteme u. Gewährleistung ausreichender Löhne, *drastische Reduktion der tierischen Produktion, *Vorrang für regionale Selbstversorgung in allen Bereichen der Grundversorgung.

Tatsachen	Bisherige und ökologisch erforderliche Haltungen	Konkrete Maßnahmen und Innovationen
(9) Die schädlichsten Auswirkungen gewinnorientierter Wirtschaft derzeit: -THG-Emissionen u. Zerstörung der Ökosysteme, -Spekulation mit Nahrungsmitteln, -Zerstörung der letzten Urwälder für Profit, -Programmierter Verschleiß vieler Produkte, -Entsorgung von Abfällen in die Dritte Welt.	Die Gewinnorientierung benötigt eine *Ausblendung der Verantwortung für eine ökologieverträgliche und menschenrechtskonforme Herkunft der Rohstoffe, *Ausblendung der Verantwortung für die während der Produktion eingesetzten Hilfsstoffe u. Energie u. *Ausblendung der Verantwortung für die Abfälle. Daher ist der Gewinnanreiz absolut unverträglich mit Klima- u. Umweltschutz.	*Verbot der Spekulation mit Nahrungsmitteln, Rohstoffen u. Energie, *Erklärung der Urwälder zum Weltkulturerbe durch die UN, *Unterbindung vorzeitigen Verschleißes durch Haltbarkeitsvorschriften u. unabhängige Zulassungsprüfungen, *Abfälle (Verpackung, Elektroschrott, Bekleidung u. a.) müssen als Teil eines ganzen Produktzyklus betrachtet werden, d. h. wiederverwertet werden können.

Tatsachen	Bisherige und ökologisch erforderliche Haltungen	Konkrete Maßnahmen und Innovationen
(10) Industrielle Großflächenlandwirtschaft ist hochgradig schädlich für die Ökologie u. das Gemeinwohl: -hat viel geringere Flächenproduktivität als kleinräumige Landnutzungsformen, -zerstört die wesentlichen ÖS der Erde: die Böden, bodennahe Flora u. Fauna, die Hecken, Wälder, -macht die Menschen vom Lebensmittelhandel abhängig, -wird nur um des Gewinnes willen betrieben und nimmt den Menschen den Zugang zur Natur.	Ihr einziger Vorteil liegt in der Erzeugung größerer Mengen von einer Hand mit weniger Arbeitskräften, was weitere strukturelle Negativeffekte hat: -Landvertreibung u. Entwurzelung in armen Ländern mit viel Arbeitskräften, -Abhängig-Werden der Menschen von anderen Einkommen mit der Folge von sozial verursachtem Hunger u. Zwang zur Migration, -Zwang zur Schaffung großtechnischer Infrastrukturen für Lager, Transport, Handel und Verteilung.	*Umgehende Streichung aller Subventionen u. Maßnahmen in der Landwirtschaft, die zu weiterer Flächenkonzentration bei wenigen Unternehmen führen, *Massive Förderung aller Kleinbetriebe u. Initiativen in Stadt u. Land als Teil einer landesübergreifenden Strategie zum Aufbau regionaler Selbstversorgungsstrukturen bei allen Produkten des Grundbedarfs, *Massive Förderung der Neuanlage von Gärten, Permakultursystemen u. Kooperation von Verbrauchern u. Landwirten *Ökologisierung der Bauleit- und Bebauungspläne.

Tatsachen	Bisherige und ökologisch erforderliche Haltungen	Konkrete Maßnahmen und Innovationen
(11) Wissen über die Makro-Natur u. die Ökosysteme Boden, Wälder, Gewässer usf. spielt in der Allgemein- und Berufsbildung kaum eine Rolle. Naturschutz ist eine lästige Randbedingungen ohne produktive Relevanz für die Wirtschaft. Entsprechend hat sich seine Wertschätzung verringert, wie die unökologische Vergabe der Agrarsubventionen, der hohe Flächenverbrauch für Gebäude u. Infrastruktur u. Konflikte mit dem Tourismus zeigen.	Wirtschaft u. Politik, wie auch Einzelne handeln wider besseres Wissen, wenn für individuellen Maximalnutzen Ökosysteme zerstört werden, die für die Allgemeinheit und künftigen Generationen einen zentralen Wert haben, weil sie die natürlichen Lebensgrundlagen, vor allem die Wälder, Biodiversität, u. a. erhalten. Dieser Wert wurde dem industriellen Fortschritt geopfert. Der Klimawandel ist sein Ergebnis u. verlangt einen sofortigen Stopp zugunsten der Biosphäre u. ihrer Erholung.	*Allgemeine Umwelt- u. Ökosystembildung sollte Hauptfach u. Querschnittsinhalt aller Schul- und Studienfächer werden. *Ökosystemschutz u. -förderung sollten vorrangig werden als Ziel u. Indikator einer klimaschutz- und biodiversitätsförderlichen Entwicklung der Wirtschaft u. des Gemeinwohls. *Wirtschaftspolitik und Wirtschaftsrecht sowie auch alle Gesetze zum Schutz von Umweltgütern, sollten dem Schutz und der Förderung der Ökosysteme dienen.

Tatsachen	Bisherige und ökologisch erforderliche Haltungen	Konkrete Maßnahmen und Innovationen
(12) Ganzheits-Eigenschaften von Ökosystemen wie z. B. die darin in Lebensgemeinschaften zusammenwirkende Artenvielfalt oder ihre besonderen Lebenssicherungsleistungen werden von der Wissenschaft mit dem Argument fehlender empirischer Belegbarkeit zurückgewiesen. Dies ist antiwissenschaftlich. Dagegen wird die Evolutionstheorie, die das Überleben einer Spezies allein abhängig sieht von der Durchsetzung im allgemeinen Überlebenskampf nach wie vor für wissenschaftlich gehalten. Klimawandel und Artensterben beweisen jedoch die Existenz der Natur als Systeme, weil sie wie Systeme auf das Ungleichgewicht bei den THG mit Erderhitzung „reagiert".	ÖS wie die fruchtbaren Böden u. a. bis hin zur gesamten Biosphäre beherbergen je spezifische Lebensgemeinschaften an Arten, worin die Arten in Symbiose miteinander u. in einer Nahrungskette untereinander ihr Leben verwirklichen. Dieses symbiotische lebensgemeinschaftliche Zusammenwirken der Pflanzen mit unzähligen Arten, ist seit wenigsten 100 Jahren wissenschaftlich bekannt als Basis für die hohe Produktivität der ÖS u. ihrer Umweltleistungen. Diese Lebensgemeinschaftlichkeit in der Natur gilt es als neuen Faktor für Biomasseproduktivität, Biodiversität und Sicherung der menschlichen Naturgrundlagen anzuerkennen.	*Pflanzen als Basis jeglichen höheren Lebens müssen besonders gewürdigt und vor gentechnischen Eingriffen geschützt werden: Sie stehen über den Menschen weil sie mit der Fotosynthese für alle lebenswichtigen Bedingungen sorgen. *Da der Mehrwert von ÖS auf der ungleich höheren Biomasse-Produktivität von Lebensgemeinschaften relativ zur isolierten Reproduktion einzelner Arten beruht, müssen ÖS viel intensiver gefördert u. erforscht werden. *Da sie außerdem für alles Leben auf Erden, einschließlich der spezifisch geophysikalischen Bedingungen, fundamental sind, muss ihr Schutz höherrangiger erachtet werden als der Schutz der einzelnen Arten u. der Gewinnorientierung der Menschen.

Tatsachen	Bisherige und ökologisch erforderliche Haltungen	Konkrete Maßnahmen und Innovationen
(13) Gentechnik konkurriert mit der hohen Eigenproduktivität der eingespielten Lebensgemeinschaften vielfältiger Arten in den ÖS, in die ihre GVO „frei"-gesetzt werden sollen. Gentechnische Veränderung eines Organismus (GVO) bedeutet: Zurichtung ohne Achtung vor der Souveränität der Organismen u. ohne Kenntnis der Folgen für den Organismus u. die Lebensgemeinschaften der ÖS, auf die er losgelassen werden soll. Da weder das natürliche Zustandekommen noch die langwierige Bewährung eines neuen Organismus in der Evolution im Labor zu simulieren ist, stellt die Freisetzung von GVO ein hochriskantes, nicht hinnehmbares Freilandexperiment für jegliches evolutiv entstandene Lebewesen dar. Das Ansinnen widerspricht allen Grundsätzen seriöser Wissenschaft.	Natürliches Pflanzenwachstum auf fruchtbaren, humosen u. lebendigen Böden sowie in Mischkulturen mit unterschiedlichen Pflanzen kann förmlich explodieren u. macht Permakultursysteme um den Faktor 10–100 mal produktiver als die Großflächenlandwirtschaft. Zudem sind komplexe Mischsysteme gegen Wetterextreme u. Krankheitsbefall viel widerstandsfähiger. ÖS-orientierte Überlegungen zur Stärkung der Lebensmittelproduktion gegen den Klimawandel u. mögliche Krankheits- und Schädlingsepidemien sind also um ein Vielfaches ergiebiger als Versuche, ähnliche Effekte mit Chemie und Gentechnik zu erreichen. Wer die vielfältigen inneren Zusammenhänge zwischen Pflanzen und ÖS nicht wissen will, kennt auch die verwickelten Folgen seiner GVO nicht und betreibt einen gefährlichen Blindflug für Patente u. Profit.	*Die gentechnische Veränderung jedweder Art muss verboten werden (so wie viele Pestizide bereits verboten wurden), weil ihre Folgen für die Lebensgemeinschaften der ÖS nicht abschätzbar sind. *GVO können im schlimmsten Fall zum Verlust der gesamten Biosphäre infolge eines epidemischen Zusammenbruchs der ÖS durch Ausfall zentraler Überlebensfähigkeiten – Wachstum, Fortpflanzung, Fotosynthese, Stoffabbau u. a. – von Pflanzen führen. *Die Evolution, die die Gentechnik angeblich abkürzt, ist als Referenz für die Lösung der Klima- u. Artenanpassungskrise ungeeignet, weil es dabei nicht um Entwicklung, sondern um den Erhalt der Biosphäre u. Artenvielfalt durch Verringerung der schädlichen Eingriffe des Menschen in die Natur u. die Stärkung der Eigenkräfte der Natur durch Erhalt und Förderung der ÖS geht.

11.2 Konsequenzen ökosystemischen Denkens für die praktische Nutzung und Förderung der Ökosysteme

Tatsachen	Ökologisch erforderliche Haltungen	Konkrete Maßnahmen und Innovationen
(1) ÖS sind Realität. Intakt erzeugen sie lebenswichtige Leistungen: -Pflanzenwachstum, -Wasserspeicherung u. -reinigung, -Abbau organischer Abfälle, -Nährstoffspeicherung, -CO_2-Einlagerung im Humus, -Bodenschutz, -Hohe Artenvielfalt, -Ausgeglichene Verhältnisse zwischen Nützlingen u. Schädlingen. Gestört oder vernichtet führen sie -zur Austrocknung von Flächen und Landschaften, -starkem Abfluss von Niederschlägen, -Aufheizung einer Gegend bzw. Verminderung von Kühlung, -Absenkung der Grundwasserspiegel, -Verlust der Artenvielfalt, -Aufheizung großer Gebiete.	Grundlage allen Lebens sind *fruchtbare Böden, saubere Gewässer, üppige Wälder *dazu alle bodennahen ÖS in Gestalt der Ackerbegleitflora u. damit verbundener Insekten im u. auf dem Boden *dann die vielfältigen Biotope u. Landschaften mit Wirkung auf Klima u. Biodiversität *dann die Verdunstung u. Regenbildung mit Wirkung auf die regionalen Klimaverhältnisse *schließlich die Rückwirkung überregionaler Öko- u. Klimasysteme auf lokale Verhältnisse (Austrocknung, Unwetter) Dass „alles mit allem systemisch zusammenhängt" ist heute eine konkret fassbare Realität und kein leerer Spruch, wie der Anthropozentrismus arrogant meint.	ÖS bedürfen eines absoluten Schutzes vor Zerstörung, weil deren Folgen nur negativ u. viel teuerer sind, als der Gewinn daraus. *Die innere Welt der ÖS bedarf der forcierten wissenschaftlichen Untersuchung für drei Ziele: -die Erkundung der vielgestaltigen mikrobiologischen Wachstumsfaktoren, -die Erkundung der Wechselwirkung zwischen ÖS Boden und der Ackerbegleitflora u. a. zur Identifizierung störender Eingriffe, -die Erkundung der Wechselwirkungen in Mischkultursystemen zur Identifizierung günstiger Pflanzenmischungen auf den Feldern, Gärten, Wäldern u. a. Permakultursystemen, -die Erkundung ihres Potentials mittels sensibler Systembeeinflussung.

Tatsachen	Ökologisch erforderliche Haltungen	Konkrete Maßnahmen und Innovationen
(2) Die Fotosynthesefähigkeit der Pflanzen, also die direkte Umwandlung von Sonnenenergie in Zucker, kann bis heute technisch nicht nachgebildet werden. Dennoch werden vor allem an Pflanzen hochriskante gentechnische Eingriffe vorgenommen, mit dem angeblichen Ziel, klimaresistentere Pflanzen zu erzeugen. Das ist ein gefährliches Spiel mit dem Feuer.	*Die hohe Produktivität der ÖS basiert auf dem symbiotischen Zusammenwirken vielfältiger Arten in ihren Lebensgemeinschaften, unter der Führung der Pflanzen, die die Sonnenenergie stofflich umwandeln und weitergeben. *Gentechnik ertüchtigt einzelne Arten gegen andere u. stört damit die Jahrmillionen alte Passung zwischen den Arten.	*Permakultursysteme nutzen die Sonnenenergie in viel größerem Umfang u. sind daher viel produktiver als Monokulturen in der Fläche. *Natürliche Züchtung bewahrt die Souveränität der Organismen u. damit auch die historisch entstandenen Passungsverhältnisse zwischen ihnen. *Organismen sind selbst perfekt darin, durch Symbiose zum gegenseitigen Vorteil üppige Wälder und Wiesen hervorzubringen.
(3) Der Mehrwert von ÖS wurde bisher theoretisch unterschlagen und praktisch fast vollständig ignoriert oder als selbstverständliche Gratisleistung der Natur einfach vorausgesetzt. Dagegen wird auf Input von außen, auf Chemie, Technik, Arbeit, Genetik, gesetzt, was die Natursysteme schwächt u. die Abhängigkeit der Landwirtschaft von der Industrie steigert.	Die Lebensmittelversorgung der Gesellschaften u. die Reproduktion der natürlichen Lebensgrundlagen der Menschen beruhen auf der Leistung intakter Lebensgemeinschaften der großen Artenvielfalt in ÖS. Diese Leistungen sind durch keinerlei Technik zu ersetzen. Nach wie vor jedoch gilt der Spruch: Nicht in der Landwirtschaft, sondern an der Landwirtschaft soll verdient werden.	Die Sensibilisierung der Menschen für die ÖS u. ihre Leistungen benötigt folgende Schritte: *Eine komplexere, auch die Interaktionen mit anderen Arten umfassende Sicht auf einzelne Arten, *Ein systemisches Verständnis des Nutzens einer Art als Teil von Lebensgemeinschaften, die, infolge ihres Mehrwerts, die natürlichen Lebensgrundlagen produzieren.

Tatsachen	Ökologisch erforderliche Haltungen	Konkrete Maßnahmen und Innovationen
(4) Eine Nutzung der ÖS, die nur die Erträge der Leistungen früherer Generationen von Lebensgemeinschaften abträgt, ohne diese zu stabilisieren u. wiederherzustellen, zerstört die Ernährungsgrundlage der Menschheit.	Agrar-Ökosysteme sind langfristig nur zu erhalten durch die *Parallelität von Nutzung u. Erhaltung bzw. Aufbau durch Rückführung von ausreichendem organischen Material, *Also Rückführung von Biomasse ohne Gewinn.	Humusaufbau zur Erhaltung des Boden-ÖS bedarf -des Chemieverzichtes, -ausreichender Rückführung von Biomasse, -vielfältige Fruchtfolge, -möglichst durchgehenden Bewuchs der Felder, -Verzicht auf kurzfristige Rendite zugunsten langfristiger Fruchtbarkeit.
(5) Die Konzentration auf den einzelnen Organismus, analog Theorie der Selbstorganisation, reduziert die Ökologie auf chaotische Verhältnisse ohne eigene Strukturen u. ohne eigener systemischen Regulation u. Produktivität. In Wirklichkeit sind Organismen Teil von fein abgestimmten Wechselwirkungen und Passungen zwischen Arten u. Umweltbedingungen, von denen die Üppigkeit ihres Wachstums u. ihrer Reproduktion abhängt.	*Die Theorie der Selbstorganisation (Autopoiese), mit der die autonome Überlebensfähigkeit eines Organismus erklärt werden soll, ist gegen die ÖS samt ihren Lebensgemeinschaften gerichtet. *Sie ist darwinistisch auf Kampf der Arten gegeneinander u. auf die Wahrnehmung der Natur als „dummes, taubes, blindes System" ausgerichtet, obwohl die ÖS genau das nicht sind, sondern hochproduktive selbstregulierende Systeme.	*Alle Arten von Lebewesen reproduzieren sich in wechselseitigen Abhängigkeiten, meist symbiotisch, innerhalb der Lebensgemeinschaften von ÖS. *Dies erfordert eine komplexere systemische u. symbiotische Sicht individuellen Lebens und seiner Selbstorganisation als Teil von Lebensgemeinschaften. *Auch der Mensch ist Teil von ökologischen Lebensgemeinschaften, was ihm auch sein Mikrobiom unmittelbar nahelegt.

Tatsachen	Ökologisch erforderliche Haltungen	Konkrete Maßnahmen und Innovationen
(6) Die Lebensgemeinschaften der ÖS werden durch GVO direkt im Bestand gefährdet, weil sie -die Passungen der Arten zueinander u. zur geophysikalischen Umwelt stören und/oder -direkt durch Vernichtung bestimmter Arten in die Nahrungskette u. Symbiosebeziehungen eingreifen.	*Aus einem Genom kann keine Zone der Entwicklung abgeleitet werden, die für die Ökologie unschädlich wäre, -da alle Wirkungszusammenhänge in den ÖS unbekannt sind, -da im Labor keine ökologische Wirkungsprüfung möglich ist, -da die Gentechnik über keine Theorie verfügt, mit der katastrophale Folgen auszuschließen wären.	*Die Genomforschung sollte auf die analytische u. sortiertechnische Hilfe in der konventionellen Züchtung begrenzt werden (z. B. smart breeding). *Konventionelle Kreuzungszüchtung ist der Gentechnik bei der Züchtung klimaangepasster Pflanzen weit überlegen, so dass GVO, aufgrund sachfremder Interessen, verboten werden sollten. *Verbot der Patentierung von Methoden und Organismen.

Tatsachen	Ökologisch erforderliche Haltungen	Konkrete Maßnahmen und Innovationen
(7) Die Orientierung auf die Evolution der Arten, bei Vernachlässigung der Reproduktion ihres Lebens in der Gegenwart der vielfältigen Lebensgemeinschaften der ÖS, ist eine Folge der Überlebenskampf-Metapher Darwins, die die kooperativ-symbiotischen Abhängigkeitsbeziehungen zwischen den Arten unterschlägt und dadurch die Evolution auf Determination durch Abwandlung im Erbgut vereinseitigt. Entscheidend für das Überleben der Arten u. die Bewahrung der Arten ist nicht die Evolution, sondern der Schutz der Ökosysteme vor zerstörerischen menschlichen Eingriffen. Die Artenvielfalt wird durch den Menschen dezimiert, nicht durch die natürliche Evolution.	Die Arten entwickeln u. reproduzieren sich von jeher in Passungsverhältnissen zwischen dem Leben u. der geophysikalischen Umwelt sowie in symbiotischen Austauschbeziehungen zwischen verschiedenen Arten in ÖS unterschiedlicher Größenordnung. ÖS sind Garanten für das Wachstum der Artenvielfalt u. infolge des intensiven lebensgemeinschaftlichen Austausches der Arten hochproduktiv für den Menschen u. die natürlichen Umweltbedingungen. Vor der stetigen Umwandlung u. Zerstörung der Ökosysteme durch den Menschen hatte sich die Artenvielfalt stetig erhöht. Evolution ist für die Gentechnik nur Vorwand für die Privatisierung von Erbgut.	ÖS sind der Schlüssel zur Lösung der zentralen Probleme unserer Zeit: Erderhitzung, Artensterben, Verlust fruchtbarer Böden, Gewässerverschmutzung, kriegerische Auseinandersetzung um natürliche Ressourcen: *Nur durch ihren Schutz u. ihre Wiederherstellung werden gleichzeitig alle Krisen angegangen: -Stärkung der THG-Senken, -Stopp des Artensterbens, -Sicherung der Wälder u. Prärien, -Stopp der Gewässerverschmutzung, -Entwicklung der eigenen Naturressourcen zur ausreichenden Selbstversorgung.

11.3 Übersicht: Konsequenzen ökosystemischen Denkens für die Selbstsicht der Gesellschaften und die Analyse ihres historischen Werdegangs

Zu überwindende Haltungen	Ökologisch erforderliche Haltungen	Konkrete Maßnahmen u. Innovationen
(1) Geschichtsschreibung u. Retrospektive konzentrieren sich bisher vor allem auf die Entwicklung des Lebens der tonangebenden Menschen u. deren baulichen, kulturellen u. technischen Hinterlassenschaften. Die Natur u. ihre Verwüstung spielt bisher keine Rolle, ebenso kaum die in Artefakten u. schriftlichen Überlieferungen dokumentierten Haltungen der Menschen zur Natur. Erste Ansätze für eine Kombination der Geschichte von Mensch u. Natur gibt es in der Archäobotanik, die einen Zusammenhang herstellt zwischen Ernährung, Kultur u. Umgestaltung der Landschaften.	Sesshafte Gesellschaften konnten sich auf heutige Ausmaße nur entwickeln auf der Grundlage -der üppigen Natur nach der letzten Eiszeit, -der Übernutzung der Natur auf dem eigenen Gebiet u. durch Handel mit Gebieten außerhalb, -durch kriegerische Eroberung frischer Ressourcen – bei noch fehlender Reflexion der Ursachen der Verknappung. Klimawandel u. Artensterben setzen dieser Entwicklung absolute Grenzen u. verlangen eine neue Haltung: * Globale Kriege um Ressourcen, die zur nuklearen Auslöschung führen könnten, sind nur durch ein Auskommen mit den eigenen Ressourcen vermeidbar.	*Kulturentwicklung fußt in Naturnutzung u. kann die Natursysteme u. ihre Leistungen nicht ersetzen. *Zentral verantwortlich hierfür sind Gesellschaften, in denen der Hyperverbrauch entsteht u. durch die Förderung der Natursysteme abgebaut werden muss. *Konzepte für eine Bekämpfung globaler Krisen durch eine Art Weltregierung sind wegen der Beherrschung durch vermögende Interessengruppen u. mangels konkretem Einfluss auf Gesellschaften abzulehnen. *Das Verhältnis zwischen dem Verbrauch der Bevölkerungen u. der genutzten Natur u. der daraus folgenden Entwicklung, sollte in der Geschichtsbetrachtung mehr Aufmerksamkeit bekommen.

Zu überwindende Haltungen	Ökologisch erforderliche Haltungen	Konkrete Maßnahmen u. Innovationen
(2) Wird die Natur erwähnt, dann primär objekthaft als geographische Räume, unterschiedliche Landschaften, natürliche Hindernisse für Menschen -ohne Konnex zu früher bereits erfolgten Umgestaltungen durch die Menschen u. -ohne Konnex zur besonderen Bedeutung z. B. von Wäldern für die Entwicklung der Menschen.	Geographische Räume mit spezifischen Naturlandschaften verkörpern ein ganzheitliches Gefüge aus belebter u. unbelebter Natur mit eigener Wachstums- und Reproduktionslogik, die der Mensch bisher regelmäßig nur zu seinem Vorteil übernutzt u. folglich gestört hat. Dies wird in der Retrospektive bis heute systematisch ausgeblendet.	Auch die Geschichtswissenschaften sollten Natursystem-Konzepte u. -verhältnisse als Hilfsmittel bei der Analyse u. Erklärung geschichtlicher Ereignisse heranziehen: - vor allem von Kriegen, - von Wanderungen, - von gesellschaftlichen Entwicklungen u. - deren Folgen für die Natur.

Zu überwindende Haltungen	Ökologisch erforderliche Haltungen	Konkrete Maßnahmen u. Innovationen
(3) Das Mensch-Natur-verhältnis wird bisher als -Position der Überlegenheit, -Position des konfrontativen Gegenübers u. - Position der Unterwerfung u. Beherrschung der Natur gesehen, was sich vor allem darin ausdrückt, dass naturschädigende Wirkungen der sog. Kultivierung bis heute ignoriert werden, wie z. B. -die Zerstörung der Wälder für Äcker, -die Austrocknung großer Landstriche (früher regionaler Klimawandel) u. -die Dezimierung der Artenvielfalt. Anthropozentrisch werden diese Wirkungen als unvermeidliche Folge der Determiniertheit der Menschen durch die Natur gedeutet.	Erforderlich ist eine Unterscheidung zwischen -dem operativen Verhältnis zur Natur in ihrer Nutzung, -der Legitimierung dieses Nutzungsverhältnisses durch Theorien vom Menschen als Natur-, Kultur- u. Gesellschaftswesen u. - der Reflexion dieser Theorien u. ihrer Folgen für die Natur als Momente der geschichtlichen Entwicklung der Gesellschaften u. der Natursysteme als Grundlage, - der Theoriebildung über diese Entwicklung. *Die Existenz der Menschen als denkendes Wesen ist nicht unmittelbar durch materielle Bedingungen bestimmt, sondern durch ihr Denken, das diese materiellen Bedingungen gestaltet und umgestaltet.	*Operativ eingreifende u. reflexive ganzheitliche Sicht auf die Natur müssen unterschieden werden, um mittelbare u. langfristige systemische Wirkungen operativer Zugriffe erkennen zu können. *Erst durch die Reflexion des ideellen Verhältnisses zur Natur können - Entwicklungsalternativen u. - die Rolle entsprechender Theorien - für eine Korrektur operativ eingreifenden Handelns erkannt u. genutzt werden. *Produktions- u. Lebensweise der Menschen sind maßgeblich von Theorien über das Mensch-Natur-Verhältnis bestimmt. *Es gibt Alternativen u. die kommen durch Denken zustande.

Zu überwindende Haltungen	Ökologisch erforderliche Haltungen	Konkrete Maßnahmen u. Innovationen
(4) „Fortschritt" bedeutete bisher vor allem die Verfügbarmachung von immer mehr materiellen Gütern, die das Leben allgemein sicherer u. bequemer machten: durch -mehr u. sicherer Nahrung, -mehr Schutz vor dem Wetter, -Beschleunigung der Mobilität u. Informationsübertragung, -Vergrößerung der Wirkkraft bei Verringerung des individuellen Kraftaufwandes. Dies erfolgte ohne Beachtung der Auswirkungen auf die Natur, wie z. B. die Austrocknung großer Gebiete durch Entwaldung.	Fortschritt, der die natürlichen Lebensgrundlagen zerstört, bringt zugleich Rückschritte durch die zunehmende Gefährdung der Sicherheit aller bisher im Dienste von Fortschritt hochgehaltenen Ziele (geringere Sicherheit in der Ernährung, vor dem Wetter, in der Mobilität usf.). Folglich muss Fortschritt neu verstanden werden als Fortschritt im Einklang u. zusammen mit den eigenproduktiven Ökosystemen, die die natürlichen Lebensgrundlagen sichern (gemäßigtes Klima, Artenvielfalt, fruchtbare Böden, saubere Gewässer usf.).	Geschichte als komplexes Ensemble der in Interaktion mit der Natur entstandenen Veränderungen u. Wirkungen in den Gesellschaften u. in der Natur, könnte durch interdisziplinäre Forschung bedeutende Erkenntnisse zum notwendigen Umgang mit den Natursystemen bringen. Im Raum steht vor allem die Frage, was Fortschritt heute, im Umgang mit der Klima- u. Umweltkrise bedeuten kann u. sollte: -operativ: die Eindämmung des Treibhauseffektes u. die Stärkung der THG-Senken -Mensch-Natur-theoretisch: sich als Teil der Natursysteme verstehen u. die ÖS schützen.

Zu überwindende Haltungen	Ökologisch erforderliche Haltungen	Konkrete Maßnahmen u. Innovationen
(5) Fortschritt in den Naturwissenschaften wurde bisher als zunehmende Einsicht in die physikalisch-chemischen Eigenschaften u. Beziehungen kleiner u. großer materieller Körper, auf der Grundlage des Verhaltens der Materie in Raum u. Zeit verstanden. Dies schloss ein systemisches Verständnis der Teile innerhalb toter Körper ein. Dieses Verständnis herrscht auch in den Lebenswissenschaften, so dass die komplexere phänotypische Natur der Wälder u. anderer ÖS bisher nicht als eigenständiger Gegenstandsbereich, der mit den geophysikalischen Verhältnissen interagiert, anerkannt wird.	In der Wechselbeziehung der Menschen zu den eigenständigen Natursystemen, mit eigenem Wachstum auf unbelebter Unterlage, geht es primär um dynamische Entwicklungen, in denen sich die Wirkung operativer Eingriffe überwiegend mittelbar u. verzögert sowie längerfristig entfaltet. Daher ist die Geschichte, neben den Interaktionen mit ÖS in der Gegenwart (Klima u. Landwirtschaft) eine hoch bedeutende Basis für die interdisziplinäre Erforschung der Folgen operativer Eingriffe u. die Regenerations- und Entwicklungsfähigkeit der ÖS -als Basis für die Erhaltung der natürlichen Lebensgrundlagen über die Entwicklung der ÖS.	*Das Leben der Menschen hängt offenbar von dreierlei Arten von Ganzheiten ab: -von der Stabilität der atomar-kosmischen Systeme -vom Erhalt des Bestandes u. der Eigendynamik natürlicher Lebenssysteme, bis hin zur gesamten Biosphäre u. -von der Behauptung u. Wandlungsfähigkeit seiner Gesellschaften. Daher sollte der Mensch seine Fähigkeiten zum systemischen u. interdisziplinären Denken rasch auf seine Interaktionen mit den Natursystemen ausweiten, anstatt weiter an geringkomplexen monokausalen u. eindimensionalen Denkweisen festzuhalten. Diese können z. B. durch die Gentechnik immensen Schaden verursachen.

Zu überwindende Haltungen	Ökologisch erforderliche Haltungen	Konkrete Maßnahmen u. Innovationen
(6) Fortschritte in der angewandten Wissenschaft werden festgemacht an gesteigerten Fähigkeiten zur genaueren Abbildung u. wirkmächtigeren u. gezielteren Beeinflussung von Objekten zum Zwecke ihrer kontrollierten Veränderung u. Nutzung. Dies geht einher mit Ignoranz u. Blindheit für Auswirkungen auf die Systeme u. Interdependenzen, in denen sich die Objekte befinden. Natursysteme werden wie eine Black box behandelt, in die man bestimmte Inputs hineingibt um bestimmte quantifizierbare Outputs zu bekommen.	Fortschritt auf dem heutigen Niveau der Veränderung von Natursystemen (Biosphäre, Klima, Artenvielfalt) ist ohne die Reflexion -der Abhängigkeiten der Menschen von den Natursystemen u. -der erforderlichen Bedingungen zur Reproduktion der ÖS nicht mehr zu erzielen. Dies erfordert heute Maßnahmen auf dem Niveau der Beziehung komplexer Gesellschaften als Systeme zu den komplexen eigenständigen Natursystemen.	Es gab bereits frühe Zeugnisse dieser Reflexion auf systemischer Ebene, z. B. in Platons Politeia, einer Analyse der Tauglichkeit unterschiedlicher Staatsformen zur Lösung von Problemen der Entwicklung von Gesellschaften (Bevölkerungsentwicklung, Ungleichverteilung, Konflikte). Dies ist eine Meta-Ebene der Reflexion der Mensch-Natur-Beziehung, die Innovationen gegen den Klimawandel u. a. Krisen bringen könnte. Allerdings: Während alle im Rechts-Links-Denken gefangen sind, scheint sich wieder die kriegerische Variante durchzusetzen.

Zu überwindende Haltungen	Ökologisch erforderliche Haltungen	Konkrete Maßnahmen u. Innovationen
(7) Oft wird gesagt, man könnte oder sollte aus der Geschichte lernen. Jedoch dient dieser fromme Spruch heute nur zur Entschuldigung von passierenden Wiederholungen, die sich einstellen, weil die Nutznießer der Gesellschaften nichts aus der Geschichte lernen, d. h. nichts an der egoistischen Inselhaftigkeit der Industriegesellschaften ändern wollen. Die Industriegesellschaften sind begleitet von vielen Wiederholungen: -drei intensive Phasen zur Rettung der Natur, -drei Phasen der kriegerischen Expansion. Propaganda zur Eroberung der Natur u. anderer Länder hat zu allen Zeiten die gleichen Ursachen und Inhalte: Gier, Verteufelung des Gegenüber u. Aussicht auf ein besseres u. sicheres Leben.	Die Natur wurde in den vergangenen Jahrtausenden nur durch den Menschen verändert. *Entsprechend könnte aus den Wachstumsproblemen u. schwindenden Ressourcen für die Gesellschaften einiges gelernt werden. *Aber dies war u. ist nicht erwünscht, damit Natur nicht als eigenständiger begrenzender Faktor in Erscheinung tritt, gegenüber dem intelligenteres sparsameres Haushalten u. Kooperation mit anderen Gesellschaften hilfreicher wäre, als gegen beide Kriege zu führen. *Somit gehen die Investitionen in naturverbrauchende u. -fragmentierende Techniken, Aufrüstung u. Kriege weiter, um sich in einer begrenzten Welt die Ressourcen weiterhin gewaltsam zu besorgen.	*Neben Analysen analog Platon könnten Vergleiche mit der Lebensweise von nativen, „weniger entwickelten" Gesellschaften, Lebensformen u. Maßstäbe für ein Mindestmaß an nachhaltigem Umgang mit diversen Ökosystemen offenbaren. *Daran scheinen moderne Gesellschaften, allein wegen der Überzeugung kultureller Überlegenheit, nicht interessiert. Industriegesellschaften scheinen bis dato weder bereit noch fähig, sich ihre fundamentale Abhängigkeit von der Reproduktion der Natursysteme einzugestehen. Entsprechend zentral werden Maßnahmen aufgeklärter ökosystemisch orientierter Transformation auf allen Ebenen: -dem individuellen Haushalt, -dem Geflecht produktiver u. dienstleistender Tätigkeiten -der politischen Regulierung.

11.4 Schritte der ökologischen Transformation der Industriegesellschaften

Ebene A: Aufbau einer neuen Mensch-Natur-Beziehung

Schritte des mentalen Aufbaus einer neuen Mensch-Natur-Beziehung, worin die Natur komplexer, systemischer gesehen und die hohe Eigenproduktivität der Natursysteme bei der Sicherung der menschlichen Lebensgrundlagen anerkannt und die einseitige Fundierung der Wohlfahrt auf Arbeit und Wirtschaftswachstums kritisch hinterfragt wird:

(1) Ökosysteme sind hochgradig eigenproduktiv, nicht nur mit Biomasse, sondern mit allen fürs Leben unerlässlichen Leistungen. Diese übersteigen den Wert der menschlichen Arbeit und des Bruttonationaleinkommens bei Weitem und sind durch menschliche Leistungen nicht zu ersetzen – auch nicht mit noch so viel intelligenter Technik. Wälder, Wiesen, Äcker, Seen usf. müssen daher als komplexe und hochproduktive Lebenssysteme, bestehend aus einer großen Vielfalt an kooperierenden Lebewesen in Lebensgemeinschaften gesehen werden, deren Struktur und Wirkungsweise heute größtenteils noch unbekannt sind. Ohne dieses symbiotische Zusammenwirken der Arten innerhalb der Lebensgemeinschaften von Ökosystemen, unter der Führung von Solarenergie nutzenden Pflanzen, hätten wir z. B. nicht die Wälder, wie wir sie kennen, sondern nur Bonsaiformate. Darin liegt die große Gefahr der Gentechnik, dass sie mit GVO diese Lebensgemeinschaften und damit auch das durch Symbiose bewerkstelligte Größenwachstum der Pflanzen zerstört.

(2) Wirtschaftswachstum wird fast ausschließlich mit der Ausschlachtung der vermeintlich wertvollen stofflichen Bestandteile der Natur und durch die widernatürliche Haltung von Lebewesen unter Nutzung fossiler Energien erzielt, wobei das Ausmaß der Folgeschäden aus den dabei zerstörten Natursystemen um ein Vielfaches höher liegt als der Ertragswert der zerstückelnden Ausbeutung der Natur.

(3) Individuelle Wohlfahrt durch lebenslange Arbeit und wachstumsfördernden Konsum bedingt, vermittelt über die Zerstörung intakter Ökosysteme nicht nur eine völlig schräge Reichtumsverteilung zu Lasten der Arbeitenden, sondern, infolge Zerstörung der Gratisleistungen der Natursysteme, wachsende und durch die Industrie nicht zu kompensierende Einbußen bei wichtigen Naturprodukten (z. B. sauberes Wasser), Versorgungssicherheiten und der Sicherheit vor Umweltkatastrophen.

(4) „Fortschritt" bestand bisher in wachsendem materiellen Wohlstand und Verbrauch. Da dieser Fortschritt die Ökosysteme und deren Lebenssicherungsleistungen zerstört, kann der künftige Fortschritt nur in der Gleichzeitigkeit von individueller Wohlfahrt und Erhaltung der Natursysteme bestehen, was am direktesten durch die Nutzung und Förderung der hohen Eigenproduktivität der Ökosysteme für die Gewinnung der Lebensmittel und der meisten sonstigen zum Leben benötigten Naturstoffe geschehen kann.

(5) Die Sicht auf die Natur muss sich von einer anthropozentrischen Haltung des Gegenüberstehens und der Unterwerfung, in Richtung einer Haltung verändern, wonach

sich der Mensch als Teil der sowohl gesellschaftsübergreifenden Biosphäre wie auch als Teil der Ökosysteme auf dem eigenen Gebiet erkennt und entsprechend reflektiert verhält.

(6) Auch die Sicht auf die Gesellschaft muss sich wandeln von einer Sicht, die mit ihren staatlichen Institutionen, Ausgaben und Infrastrukturen das Wirtschaftswachstum und dadurch die Arbeitsplätze und Versorgung der Bevölkerung garantiert, hin zu einer Sicht, worin es diese Absicherung durch Wachstum nicht mehr geben kann, weil dadurch die Natur zerstört wird. Sie muss ersetzt werden durch eine Versorgung der Menschen von der Naturbasis her und durch einen wachsenden Umfang an Selbstversorgung in den Regionen. Dadurch werden viele technische Infrastrukturen, Handelsaktivitäten, Transporte und auf Expansion ausgerichtete Verbräuche des Staates verzichtbar.

(7) Die unmittelbar menschen- und naturdienlichen Einrichtungen und Leistungen (Bildung, Grundlagenforschung, Gesundheit, Seniorität, Selbstversorgung, Gemeinschaftsleben) müssen auf Kosten der technischen Infrastruktur, des Staatsapparates und des Militärs massiv ausgebaut werden.

Ebene B: Veränderung der gesellschaftlichen Rahmenbedingungen

Schritte der Veränderung der gesellschaftlichen Rahmenbedingungen für eine von den Menschen als Natur-, Kultur- und Sozialwesen getragene Rückkehr zu einer bewahrenden Nutzung der Ökosysteme wären etwa:

(8) Schrittweise Beseitigung des Anreizes zur Produktion um des Profites und seiner privaten Aneignung willen: zunächst in allen unmittelbar Mensch-bezogene Dienstleistungen und Tier-bezogenen Produktionen durch Zwang zur Rückführung aller Überschüsse an die Allgemeinheit.

(9) Befreiung der Menschen aus dem Zwang zur Arbeit für andere für den Lebensunterhalt durch Einführung eines ausreichenden bedingungslosen Grundeinkommens, zunächst finanziert aus den angehäuften Vermögen der bisherigen Profiteure.

(10) Erzeugung und Handel nur noch von naturverträglichen (keine Zerstörung und Verschmutzung von Ökosystemen) unverzichtbaren, wünschenswerten, möglichst langlebigen und reparierbaren Produkten und Infrastrukturen durch entsprechend strenge ökologische Auflagen.

(11) Verzicht auf das Wirtschaftswachstum als Maß des Fortschritts zugunsten der Etablierung des Wachstums der Ökosysteme als Maß für den Fortschritt bei der Senkung des Naturverbrauchs. Das BNE ist ein Maß für den Naturverbrauch, sodass ein steigendes BNE als steigender Naturverbrauch und damit kontraproduktiv zu Klima- u. Umweltschutz zu verstehen ist.

(12) Aufbau und die Förderung genossenschaftlicher Unternehmungen zur freiwilligen Beteiligung und Mitwirkung der bisherigen Arbeitnehmer an der naturverträglichen Erzeugung naturverträglicher Produkte ohne Gewinn-Absicht.

(13) Begrenzung der maximal möglichen Arbeitszeit auf 20 Stunden pro Woche.

(14) Etablierung von Bürgerinitiativen zum Wiederaufbau der Ökosysteme und zur Vorbereitung wünschenswerter naturverträglicher Produktionen.

(15) Einführung einer Bilanzierung der Ökosysteme nach Art, Größe und Zustand.

Ebene C: Unmittelbar ökosystemförderliche Transformation

Praktische Schritte unmittelbarer Ökosystem-förderlicher Transformation der Produktion und des Lebens der Menschen

(16) Den optimalen Einstieg wählen: nämlich die Verallgemeinerung des Ökolandbaus auf die Landwirtschaft:

- Eine Alternative, die sich bewährt hat und in der zentralen Branche der Lebenssicherung sofort umgesetzt werden könnte: Nahrungsmittel sind, wie Wasser und Luft, nach wie vor unverzichtbare Mittel zum Leben – im Gegensatz zu vielen Industrieprodukten und Produkten der Digitalisierung mit ihrer Infrastruktur und ihren störanfälligen und von der Natur ablenkenden Funktionen übertriebener Quantifizierung und Optimierung von Handlungen.
- Unmittelbare Effekte ergäben sich für die Natur, die Ernährungsgerechtigkeit, die Welternährung und die gesellschaftliche Wohlfahrt durch viele wertvolle Gemeinwohlleistungen und vor allem durch die unverzichtbaren Lebenssicherungsleistungen der Ökosysteme – vom Schutz des fruchtbaren Bodens bis zum Erhalt sauberer Gewässer, Grundwässer, Böden, Luft, des Erhaltes der Biodiversität, der CO_2-Speicherung usf.
- Ein geringerer Verbrauch an Stoffen, Energie – geringeres Wachstum entsprechender Industrien – in der Summe: Wachstumsrückgang bei energieintensiven Industrien mit hohen THG-Emissionen, bei gleichzeitiger Erholung des Klimas und der Umwelt.
- Daraus folgt ein großer Wohlfahrtsgewinn durch Einsparung zahlreicher gesellschaftlicher Aufwendungen und Arbeit zur Behandlung und Korrektur von Folgeschäden.

(17) Eine vollständige In-Schutz-Stellung der Ökosysteme vor Beeinträchtigung/Zerstörung (Ökozid-Verbot).

(18) Förderung des Aufbaus einer eigenen Selbstversorgung der Haushalte mit Lebensmitteln über Permakultursysteme bei Wohnhäusern in Siedlungen und Städten.

(19) Förderung regionaler Netzwerke der Selbstversorgung mit Lebensmitteln, handwerklichen Produkten und Energie – elektrische und Biogas.

(20) Reduktion aller staatlichen Aufwendungen für Bürokratie, Infrastruktur, Wirtschaftsförderung (Subventionen) und Militär zugunsten stark verbesserter Daseinsvorsorge (einschließlich Krisenvorsorge) auf Naturbasis in der Nähe der Haushalte.

12 Aus der Geschichte lernen

Die Störung des Gleichgewichts der Gesamtnatur hat eine lange Vorgeschichte. Dass die Folgen dieser Störung heute in Gestalt des Klimawandels und Artensterbens ein derart katastrophales Ausmaß angenommen haben, basiert auf dem ersten Blick auf der Beschleunigung des Naturverbrauchs durch die Nutzung fossiler Energie und das starke Bevölkerungswachstum während der Industrialisierung.

Aber diese Beschleunigung des Naturverbrauchs hat selbst eine tiefere, mit der historischen Entwicklung der menschlichen Gesellschaften fest verbundene Ursache: Die im Gefolge des Sesshaftwerdens doppelt beschränkte Rationalität der Gesellschaften im Umgang mit der Gesamtnatur und den Ökosystemen auf dem in Besitz genommenen Gebiet: Reduziert auf die neue Umwelt wird die Gesamtnatur primär als fremd und feindlich wahrgenommen und die Ökosysteme auf dem eigenen Gebiet – die Wälder, Grasländer und Sümpfe – mit ihrer hohen Artenvielfalt werden nicht als eigenständig produktive Ganzheiten toleriert, genutzt und gefördert, sondern stark zurückgedrängt für den gezielten Anbau der als besonders ergiebig erkannten Gräser mit besonders schmackhaften und kräftigenden Samen, heute Getreide genannt. Die Entscheidung zu diesem Schritt des Verbleibs bei diesen natürlich vorgefundenen Getreidepflanzen und deren Nachbau erfolgte nicht zufällig, sondern bewusst, auf der Grundlage langjähriger Beobachtungen und dem daraus gezogenen Schluss, dass die Bevorratung und der gezielte Nachbau der Samen eine viel höhere Ernährungssicherheit boten, als man dies vom Jäger-und-Sammler-Leben her kannte.

Diese, durch territoriale Besitzergreifung und auf wenige Pflanzen konzentrierte Naturnutzung, in Gang gesetzte Entwicklung der Ursprungsgemeinschaften zu neuen Gemeinwesen mit zunehmend differenzierter Arbeitsteilung und Führungsorganisation erwies sich jedoch bald als nicht nachhaltig: Die Überausbeutung der Natur brachte zwar hohe Ernährungssicherheit, erschöpfte aber die Böden und alle natürlichen Ressourcen, vor allem die Wälder zur Holzgewinnung, sodass sich der ursprüngliche Vorteil des Sesshaftwerdens ins Gegenteil verkehrte: Indem die Vorräte nicht mehr für alle reichten, weil die Ergiebigkeit der Ernten, relativ zum heranwachsenden Nachwuchs immer geringer wurde, standen die Gesellschaften plötzlich vor der Alternative: Verhungern oder Expandieren. Wie wir wissen hieß die Antwort Expansion durch Verlassen des Gebietes, Auswanderung und vor allem Krieg, um andere Völker und Länder in Besitz zu nehmen. Was durchaus im vollen Umfang wörtlich zu verstehen ist: auch die besiegten Völker wurden als Sklaven in Besitz genommen.

Die durch Überausbeutung ihrer Ursprungsterritorien angetriebene Gesellschaftsentwicklung hin zu fortgesetzten Kriegen mit konkurrierenden Gesellschaften um Land und Ressourcen erreichte mit dem römischen Weltreich im Abendland einen Höhepunkt an Ausdehnung und kultureller Größe, der erstmals in der Geschichte nicht durch weitere Expansion gehalten werden konnte, sondern konkurrierenden Gesellschaften mit besseren Ressourcen weichen musste. Der Untergang des Weströmischen Reiches bedeutete aber nur den Untergang der von Rom über sehr weite Strecken praktizierten Hybris aus totaler Ausbeutung unterworfener Gebiete und maximaler Fernversorgung der eigenen Elite mit

Lebensmitteln und Stoffen aus den unterworfenen Gebieten. Er bedeutete kein Ende der Überausbeutung der Natur und Expansion bei Versorgungsschwierigkeiten.

Auf dem kleineren mitteleuropäischen Gebiet entfachte Karl der Große, aufbauend auf dem Geistes- und Kulturgut der Römer, in deren Diensten die Franken sich als wehrhafte Verteidiger profiliert hatten, im Frühmittelalter die gleiche Entwicklung. Diese führte bereits nur wenige Jahrhunderte später, im Hochmittelalter des 12. Jh. zu einer Abholzung Mitteleuropas auf (von einigen Historikern) geschätzte ca. 10 % der Fläche, bei gleichzeitigem Anwachsen der Dörfer und Städte an Zahl auf ein Niveau, das dem heutigen entspricht. Der Unterschied zu heute war die geringere Zahl der Menschen in den Dörfern und Städten, nicht die Zahl der Dörfer, die seit dem eher zurückging, weil z. B. hohe Lagen in den Bergen aufgegeben wurden.

Das Wachstum im europäischen Mittelalter wurde von der gleichen Grundherrschaft befördert wie im Römischen Reich und die Zeit vorher im antiken Griechenland. Mit Platon tauchten im antiken Griechenland – in geschichtlicher Dimension gesehen – erste Bedenken ob der Richtigkeit dieses unbegrenzten expansionistischen Wachstums der Gesellschaften und der damit einhergehenden Verwüstung der Natur auf. Diese Bedenken tat der griechische Philosoph, Gelehrte und/oder Politiker in zweierlei überlieferten Schriften kund: Einerseits im Bedauern ob der Schäden, die der Mensch bei der Entwaldung der Berge des Peloponnes, in Form der zu Tal gewaschenen Erde, für die Anlage von Weinbergen verursacht. Und andererseits in seiner Utopie des idealen Staates, der Politeia. Darin entwirft er eine Gesellschaft, die in Form „heiliger Haine" sich erstmals um einen Schutz der Natur bemüht und durch ihren Aufbau so in die Zukunft gelenkt werden kann, dass Besitzstreben, Bereicherungssucht, Raubbau an der Natur und ausufernde Bevölkerungsvermehrung vermieden werden. Zwar stellte er eigentumslose Philosophen an die Spitze des Staates. Die eigentliche Macht aber bekamen seine Wächter, eine auf die Verteidigung nach außen und auf die Überwachung der Handwerker und Bauern an der gesellschaftlichen Basis spezialisierte Militär-Kaste, die ihren eigenen Nachwuchs heranzüchten und die Zahl der Kinder bei den unteren Ständen begrenzen sollten. Die weitestgehende Realisierung dieser Utopie in der Antike selbst dürfte in Sparta erfolgt sein, und für die Neuzeit sind die Überschneidungen mit dem NS-Staat – bis auf die Philosophen an der Spitze – unübersehbar. Allerdings hatte Platon, als Grundherr selbst Mitglied der griechischen Führungsschicht, sein autoritäres Wächterstaatsmodell wohl hauptsächlich dazu gedacht, die Grundherrschaft mit ihren Privilegien vor der Konkurrenz durch reich gewordene Händler und Handwerker und ausufernden Bevölkerungsentwicklung zu schützen und nicht dazu, genügend Soldaten für die kriegerische Expansion zu bekommen, wie dies im Dritten Reich der Fall war.

Das besonders bedeutsame an Platon ist, dass er wohl als erste Geistesgröße der Antike, ausgehend von bestimmten, von ihm als problematisch empfundenen Entwicklungen innerhalb der Gesellschaft und der Gesellschaften als Ganze gegenüber ihrer Umwelt, die Notwendigkeit und Möglichkeit sieht, dass Gesellschaften als Ganze anders gestaltet werden sollten und auch könnten, um Probleme wie Übernutzung der Natur, Bereicherungssucht und starkes Bevölkerungswachstum zu vermeiden.

Jedoch: Was hätte es genutzt, wenn sich die zahlreichen griechischen Stadtstaaten auf ein gemäßigtes Wachstum besonnen hätten? Etwa 150 Jahre v. Chr. wurde Griechenland von Rom erobert, also von einer Gesellschaft bzw. einem Staat, der auf der Herrschaft von Grundherren beruhte, die alles unternahmen, um ihren Besitz durch kriegerische Expansion zu vergrößern, um der gesamten Oberschicht ein luxuriöses Leben zu sichern. Dafür wurde ein starkes Militär mit einer umfangreichen Infrastruktur zu seiner Bewegung und zum Transport von Waren aufgebaut und unterhalten.

Und so machten die Erben des Römischen Reiches, vor allem die Franken weiter mit der Überausbeutung der Natur und der Expansion ihrer Grundherren, sodass es bis ins 18. Jh. dauerte, ehe die Dominanz der Grundherrschaft und religiöser Jenseitsvertröstungen für die breite Masse der Bevölkerung ein Ende durch die Aufklärung fand.

Mit der wissenschaftlichen Erkenntnis als neuer tatsachen-begründeten Form der Realitätswahrnehmung und Urteilsbildung beförderte die Aufklärung aber nicht nur die Befreiung der Menschen aus ungerechten personalen Herrschaftsverhältnissen, sondern auch eine neue Art zu denken: Die menschliche Vernunft als Fähigkeit zum möglichst objektiven Abwägen zwischen unterschiedlich vorteilhaften Handlungsalternativen.

Dadurch wurde potentiell auch die Tür zu einer neuen ganzheitlicheren Betrachtung der Natur aufgestoßen, wie die zahlreichen Werke von Philosophen und Naturforschern aus der Zeit der Aufklärung, vor allem von A. v. Humboldt zeigen.

Jedoch entstand mit der Subjektwerdung des Menschen und den Freiheitsrechten auch die kapitalistische Produktion für Gewinn durch die wenigen Besitzenden und der ökonomische Zwang zur Arbeit für den Lebensunterhalt aufseiten der großen besitzlosen Mehrheit der Gesellschaft.

Das Profitmotiv und der damit verbundene Drang zur Produktivitätssteigerung mittels neuer Technik und Energie wurden zur neuen Triebkraft der industriellen Entwicklung, die in ihrer beschränkten Zweckrationalität auch die Entwicklung der Wissenschaft in Richtung unmittelbarem Anwendungsbezug lenkte, der eine Gesamtsicht und die Beachtung möglicher mittelbarer und langfristiger Folgen technischer Lösungen und Natureingriffe vermissen ließ.

Die Konsequenz war die Forcierung der Beeinträchtigung der Ökologie durch Landnutzungsänderungen, Übernutzung der Böden, Bodenerosion, zerschneidende Infrastrukturen und die Emission von Treibhausgasen aus fossilen Energien, deren Folgen für die Natur zunächst nur den Forschern zu denken gab, die den Anstieg des CO_2-Gehaltes der Atmosphäre und den Treibhauseffekt dieses Anstieges wissenschaftlich nachgewiesen hatten.

Vor dem Hintergrund der Werte der Aufklärung, insbesondere der versprochenen Gleichheit und Brüderlichkeit rückte die soziale Frage der gerechten Verteilung des erwirtschafteten Gewinns bzw. Mehrprodukts in den Vordergrund. Dabei waren dem Liberalismus, in seltsamer Einigkeit mit dem Marxismus, die Ausbeutung der Natur und die damit verbundene Verschlechterung der Umweltbedingungen viel weniger wichtig als der Fortschritt in den Arbeits- und Lebensverhältnissen der arbeitenden Menschen, die man durch Arbeitsschutz, -zeit- und Sozialgesetze sowie höhere Löhne zu verbessern trachtete. Was auch gelang, weil sich das Bürgertum vor einer weiteren Revolution fürchtete.

Eine stärkere Hinwendung zum individuellen Leben des Menschen als Naturwesen kam wiederum von aufgeklärten Bürgern, die sich durch die Gleichmacherei, das Leistungsregime und die Profitorientierung in der industrie-gesellschaftlichen Entwicklung in ihren komplexeren Lebensbedürfnissen und folglich in ihrer Lebensqualität bedroht sahen (Biozentrismus und Lebensreformbewegung).

In Verbindung mit der empfundenen Vergewaltigung des individuellen Lebens durch die Zivilisation gab es in der breiteren Bevölkerung erstmals die Entdeckung der (unberührten) Natur als Quelle eines gesunden Lebens.

Aber die neue Liaison mit der Natur als bedrängte und bewahrenswerte Partnerin des individuellen menschlichen Lebens währte nicht lange, da der Kampf um die Köpfe, vor dem Hintergrund des Freiheits- und Gleichheitsversprechens der Aufklärung, den Nutznießern der Naturausbeutung und industriellen Eroberung der Welt keine Sentimentalität gestattete:

Es war die Hervorkehrung der Selektion durch den Überlebenskampf aller Arten, einschließlich des Menschen, als Grundprinzip der natürlichen Evolution durch Darwin, der das individuelle Leben des Menschen als Naturwesen aus dem Einflussbereich des neuen aufgeklärten Subjekts – an den politischen Nationen gleicher Bürger vorbei – zurückführte in den mechanistischen Kontext einer Determiniertheit durch biologische Abstammung mit einem rassereinen, kampfstarken Volkskörper als erstrebenswertes Ziel. Für dieses neue Verständnis des Volksganzen waren nicht die wechselseitigen Abhängigkeiten zwischen den Völkern und zwischen allen Arten der Gesamtnatur bestimmend, sondern der Überlebenswille und die Stärke des eigenen Volkes im allgemeinen Kampf ums Überleben.

Mit dem völkischen Denken im Gefolge von Darwin, Nietzsche, Klages und Haeckel hatte sich der Gedanke an die umfassende Natur als Heimat aller Menschen ebenso erledigt wie der Gedanke an die Republik als nationale Ausformung des allgemeinen menschlichen Strebens nach Gleichheit und Brüderlichkeit zwischen allen Menschen, Nationen und Völkern.

Der darwinisch legitimierte und von der europäischen Elite, vor allem auch der deutschen, bereitwillig aufgegriffene biologistische Kurzschluss zwischen dem Wohl und Wehe des Einzelnen und einer imaginären Stärke des Volkes durch Rassereinheit führte über das Völkische zu den beiden Weltkriegen.

Ohne diese wissenschaftlich eingefädelte Biologisierung der kapitalistischen Konkurrenz und ohne die Gleichschaltung der individuellen Wohlfahrt mit der Homogenität und Stärke des Volkes hätte sich das Streben nach einem naturverbundenen und -versöhnten Leben wohl ebenso wenig erledigt gehabt wie das Verlangen nach sozialer Gerechtigkeit.

In der Folge entwickelte sich der Darwinismus durch die Verdrängung des Ökologischen (als ganzheitlichem Naturphänomen) zugunsten des individuellen wie nationalen Kampfes um Durchsetzung einerseits und andererseits durch die mentale Verdrängung der sozialen Ungleichverteilung des Mehrprodukts zugunsten einer Volksgemeinschaft, von der angeblich alle profitieren, zur dominierenden Theorie für das Überleben der Menschen in Gesellschaften sowie dieser Gesellschaften selbst bis heute, nach dem Motto: Alles was mir nutzt zu überleben, hilft auch dem Volk, selbst wenn dafür die Natur geopfert werden muss. Und umgekehrt: Alles was das Volk überlebensfähiger macht und sei es die Hochrüstung, ist per se auch im Sinne des Einzelnen.

Bis heute gilt diese Evolutionstheorie unangefochten als Stand der Wissenschaft, obwohl sie die unbestreitbaren wechselseitigen Abhängigkeiten und Symbiosen zwischen den Arten ebenso ignoriert wie die Abhängigkeit der Evolution der einzelnen Arten von der Evolution der Gesamtnatur. Darwin selbst sah zwar die Arten „in einem Gewebe verwickelter Beziehungen" miteinander verkettet. Jedoch zog er es vor, von den vielfältigen natürlichen Voraussetzungen der Entstehung und Reproduktion der Arten in der Geschichte und Gegenwart zu abstrahieren, um den individuellen Überlebenskampf als Selektionsprinzip und die Fortpflanzung bzw. Abstammung zum Kern von Entwicklung zu erklären. Dass an dieser falschen Auffassung, die letztlich für keine Art von Lebewesen auf Erden zutrifft, weil alle Lebewesen (letztlich auch die Räuber) in ihrem Überleben auf die hohe Produktivität der symbiotisch verbundenen Lebensgemeinschaften in den Ökosystemen angewiesen sind, bis heute festgehalten wird, zeugt für eine starke gesellschaftspolitische – wachstumsbezogene – Verpflichtetheit der einschlägigen Wissenschaften Philosophie, Lebenswissenschaften bis hin zu den Sozialwissenschaften.

Die höhere Vernunft, das vordergründig Nützliche auf seine perspektivisch schädlichen Folgen für die natürlichen Lebensgrundlagen und damit für die Zukunft kommender Generationen zu hinterfragen, wird damit ebenso boykottiert wie die Frage nach und Akzeptanz von Alternativen, die kurzfristig zwar weniger unmittelbar verwertbaren Nutzen bringen, jedoch die langfristigen Schadfolgen vermeiden und dadurch letztlich für die Menschen und alles Leben auf Erden wertvoller sind.

Exemplarisch kann diese antiökologische wie antirationale Kurzfrist-Nutzen-Haltung an der Verteidigung der Hochertragspolitik in der Landwirtschaft gesehen werden, die immer mit der völligen Ignoranz und Unterschlagung der Schadensfolgen für die Umwelt und die Allgemeinheit bis hin zur Verleugnung ihres Beitrags zum Klimawandel einhergeht und damit gerechtfertigt wird, dass man die Priorität des ökonomischen Hochertrages bräuchte, um die Welt, also die größere ganze Population ernähren zu können. Dabei würde allein die Verminderung der Getreideproduktion für die Tierhaltung von heute 60 % der globalen Erzeugung um etwa 10 % ausreichen, um genug Lebensmittel direkt für alle Menschen erzeugen zu können.

Diese vom vermeintlichen, darwinistisch inspirierten Recht des Stärkeren gespeiste folgenblinde Nutzenhaltung ist letztlich unfähig zur Auseinandersetzung mit der ökologischen und rationalen Gegenposition, die ihr die schädlichen Negativfolgen für die Umwelt, aber auch für die Welternährung vorhält: Indem z. B. für den hohen Nutztierbestand in Deutschland Futtermittel aus dem Amazonasgebiet importiert werden, die den Urwald zerstören und den Brasilianern Nahrung wegnehmen. Diese erkenntnis- und letztlich wissenschaftsfeindliche Irrationalität lässt sich nur mit dem Darwinismus erklären, der die Relevanz der menschlichen Vernunft für das Überleben der Menschen bestreitet, weil er den Mechanismus der Auslese durch Kräftemessen in den Naturverhältnissen selbst enthalten sieht und für das Überleben der Menschen für ausschlaggebend hält.

Indem der Darwinismus selbst damit wiederum nur die doppelt beschränkte Rationalität der bisherigen Gesellschaftsentwicklung in der Geschichte auf eine den Zeitumständen entsprechend verständliche Art und Weise formuliert, wird er in seiner Plausibilität angreifbar.

Denn die Geschichte verkörpert eine Meta-Ebene der Reflexion, auf der sichtbar wird, dass die doppelt beschränkte Rationalität des menschlichen Umgangs mit der Natur hauptverantwortlich ist nicht nur für die Bevölkerungsentwicklung und die kriegerische Expansion als Mittel zur Lösung gesellschaftlicher Mangelsituationen, sondern für den Klimawandel, das Artensterben und die globale Umweltverschmutzung heute. Somit ist es nicht verwunderlich, dass gerade Klimawandel und Artensterben von expliziten Darwinisten als natürlichste Erscheinungen der Welt hingestellt werden, wie der Überlebenskampf der Arten in der Evolution selbst.

An sich würde man dem Darwinismus als Ursprung der Kurzfrist-Nutzen-Haltung, die Verantwortung für den Klimawandel und das Artensterben ablehnt, kaum unmittelbar anlasten können. Als zeitkonformen Ausdruck der doppelt beschränkten Rationalität bisheriger Gesellschaftsentwicklung jedoch wird dies möglich, da die im Darwinismus enthaltene Abwertung der menschlichen Vernunft zur Illusion nun seinerseits historisch als eine doppelt beschränkte Rationalität im Umgang mit der Natur erscheint, die unmittelbar für die bisherige naturzerstörerische und kriegerische Expansion der menschlichen Gesellschaften bis hin zur heutigen Klima- und Umweltkrise verantwortlich ist.

Zugleich wird die darwinische Verlagerung der Vernunft in die Natur hinein – als Mechanismus der Selektion durch den Überlebenskampf – als Ideologie erkennbar, die offenbar den Zweck hat, die im menschlichen Zugriff auf die Natur und auf seinesgleichen tatsächlich zum Ausdruck kommende beschränkte Sicht der Naturkomplexität und Irrationalität des Kurzfrist-Nutzens als natürlich zu legitimieren, obwohl sie gesellschaftlichen Ursprungs, also spezifisch interessengeleitet und für das Überleben der Gesellschaften im Einzelnen und der Menschheit im ganzen schädlich sind.

Damit wiederholt und erfüllt der Darwinismus vortrefflich bis heute die doppelt beschränkte Rationalität anarchischer Gesellschaftsentwicklung: Die Verdrängung des Ökologischen als ganzheitliches Naturphänomen, um die Natur ausbeuten zu können und die Verdrängung der unvollendeten Befreiung der Menschen aus dem Zwang zur Arbeit für private Gewinne, um diese Naturausbeutung für Gewinne durch Arbeit weiterhin zu legitimieren.

Somit haben wir heute, wie im 19. Jh.:

- Eine grundsätzliche Feindstellung der Gesellschaften zur Natur und ein Konkurrenz-Verhalten untereinander.

- Eine grundsätzliche Verdrängung der Ökosysteme und ihrer Eigenleistung auf dem eigenen Gebiet und
- eine Bevorzugung der Ausbeutung anderer Länder, notfalls mittels Krieg, bei der Lösung von Nahrungs- und Ressourcen-Engpässen.

Wie aber sollen derart rationalitätsbeschränkte Gesellschaften mit dem Klimawandel und Artensterben als ganzheitliche Phänomene fertig werden?

Es gibt nur zwei alternative Wege – einen konventionell-kriegerischen (A) oder einen ökosystemischen (B) – mit klaren gegenseitigen Ausschlusskriterien, da es sich bei Ökosystemen um eigenständige Natursysteme handelt, die in ihrer Produktivität für das Leben auf Erden und für die Menschen nur als Ganze erhalten und gefördert werden können und nicht als Bruchstücke. Zudem ist die bisherige, auf Wachstum aufbauende Entwicklung der Industriegesellschaften völlig unverträglich mit der Erhaltung und Förderung der Ökosysteme.

Wenn die globale Biosphäre erhalten werden soll, dann müssen die Ökosysteme in den einzelnen Ländern erhalten und gefördert werden, also wachsen und deshalb muss das Wachstum der Wirtschaft, also des Verbrauches der Menschen gestoppt und dem Wachstum der Ökosysteme untergeordnet werden. Wenn die Industriegesellschaften dazu nicht in der Lage sind, werden sie, wie die gesamte Biosphäre, untergehen. Einen Mittelweg gibt es letztlich nicht, sondern nur eine Übergangsphase.

Tatsächlich ist die derzeit praktizierte Alternative A als anthropozentrisch zu bezeichnen, weil sie die menschlichen Bedürfnisse über alles stellt und diesen Bedürfnissen die Lebensbedürfnisse aller anderen Lebewesen der Erde gnadenlos unterordnet.

Die Alternative B ist jedoch nicht voll als biozentrisch zu bezeichnen, weil es bei ihr nicht darum geht, sich einem Superorganismus Gaia oder ähnlichen Subjektivierungen der Natur unterzuordnen, sondern sich als Teil der Ökosysteme zu sehen und zu verhalten, um diese Ökosysteme auch im Dienste der menschlichen Bedürfnisse in ihrer Produktivität und Selbstregulation zu fördern, wobei Fortschritte der Ökosysteme in ihrer Selbstentwicklung und in ihrer Produktivität vor allem hinsichtlich Lebenssicherungsleisten als die beiden wichtigsten Maßstäbe auf dem Weg zu einem neuen besseren Umgang mit der Natur gelten müssen und können.

12.1 Die Sicht des Klimawandels und Artensterbens

Nur physikalisch (A) oder auch ökologisch (B)?

(A): Der Klimawandel wird entweder ganz verleugnet, oder als ein rein von physikalischen Faktoren abhängiges Phänomen erklärt (Sonnenaktivität oder Kohlendioxidgehalt der Atmosphäre). Die Klimaforschung ist zwar eine ganzheitliche Forschung mit komplexen Modellen und Simulationen, jedoch vermeidet sie unübersehbar eine konsequente Thematisierung des weitergehenden Verlustes von sogenannten „THG-Senken", wie z. B. von Urwaldgebieten und fruchtbaren Böden durch Umwandlung und Übernutzung, wohl um die ökologische Seite der Debatte nicht explizit zu stützen. Klimawissenschaftler argumentieren eher als Physiker denn als Ökologen, was ihre nicht unerhebliche Schwachstelle darstellt, weil sie damit die sehr lange Geschichte der Austrocknung vieler Regionen der Erde durch Entwaldung, als Ursache des globalen Klimawandels, außen vor lassen und das Klimaproblem letztlich auf die Nutzung fossiler Energie reduzieren.

Außerdem tendiert die rein physikalische Sicht zur Empfehlung rein technischer Gegenmaßnahmen ohne Rücksicht auf die möglichen katastrophalen Folgen für die Ökologie, wie sie bereits jetzt in Gestalt des steigenden Bedarfes an Elektroenergie und der dafür neu benötigten seltenen Erden, der Verspargelung der Landschaft oder Plänen für neue Stromtrassen oder auch der technischen CO_2-Abscheidung und -Versenkung oder der technischen Abschirmung der Sonneneinstrahlung oder einer Wiederkehr der ach so klimafreundlichen Atomenergie sichtbar werden.

Da für das neue, technisch induzierte „klimaneutrale", grüne Wirtschaftswachstum zahlreiche neue Ressourcen benötigt werden, die nicht im eigenen Land vorkommen, sind internationale Konflikte und kriegerische Auseinandersetzungen vorprogrammiert. Zu vermeiden wäre diese Konsequenz nur durch eine deutliche Verringerung der Industrieproduktion und des Verbrauches der Menschen (vor allem von Automobilen und vielfältigsten sog. Billig- und Wegwerfwaren), der sich größtenteils mit den Eigenmitteln auf dem Gebiet decken ließ und nur wenig Importware benötigt. Solange jedoch am Wirtschaftswachstum als quasi Existenzbedingung der Industriestaaten festgehalten wird, wird auch an einem viel zu großen ökologischen Fußabdruck festgehalten, der nur beibehalten werden kann, wenn andere Völker auf die Nutzung der ihnen relativ zustehenden Ressourcen größtenteils verzichten – auf dem Weg unfairer Handelsverträge, Aufkauf von Land und Bodenschätzen durch potente Unternehmen und/oder infolge militärischer Unterwerfung und Zerstörung souveräner Eigenstaatlichkeit dieser ärmeren Länder.

(B): Der Klimawandel ist real und eine Folge nicht nur von zu viel Treibhausgasemissionen, sondern vor allem auch eine Folge der großflächigen Abholzungen, der Verluste an fruchtbaren Böden und der Verschmutzung sowie Übernutzung der Weltmeere seit Tausenden von Jahren, vor allem aber im Zuge der Industrialisierung. Klimawandel, Zerstörung der Ökosysteme und Artensterben hängen also eng miteinander zusammen, worauf bereits in den Umweltstudien des 19. Jh., z. B. bei A. v. Humboldt, im Zusammenhang mit Abholzungen für Kaffeeplantagen u. a. Monokulturen in Venezuela, u. a. Ländern, aufmerksam gemacht wurde.

Nur durch die massive zusätzliche Schwächung der Ökologie, insbesondere durch die Zurückdrängung der Wälder und Grasländer und die Bodendegradation durch Besiedelung, Infrastrukturen und die chemie- und nutztierintensive industrielle Hochertragslandwirtschaft in den vergangenen 100 Jahren konnten vergleichsweise niedrige CO_2-Anstiege eine solche dramatische klimaverändernde Wirkung entfalten. Umgekehrt kann der Klimawandel durch eine ökologische Landwirtschaft, die auf Chemie verzichtet, den Tierbestand auf die eigene Futtergrundlage zurücknimmt und kein Futter aus dem Ausland benötigt, sehr wirksam bekämpft werden.

12.2 Die Sicht der Ökologie

Nur dinglich-fragmentiert (A) oder auch ganzheitlich-systemisch (B)?

(A): Die dinglich-fragmentierende Sicht der Natur und die Reduktion von Zusammenhängen auf die im Labor nachweisbaren Wirkungen z. B. bestimmter Chemikalien z. B. auf das Pflanzenwachstum erweckt den Eindruck, als ob sie dafür keine höheren, nichtdinglichen Annahmen benötigen würde. Aber das ist nicht der Fall: Zumindest benötigt diese linear-kausalistische Sicht die Annahme einer bestimmten Gesetzmäßigkeit der Wirkung: Wirkung unter bestimmten Bedingungen. Was nun aber, wenn diese Bedingungen in der Realität so nicht vorkommen, weil z. B. die Pflanze zu viel Wasser oder zu wenig bekommt, weil also die Wirkung einer Chemikalie von der Reaktion des Gesamtorganismus der Pflanze auf Umweltbedingungen abhängt? Genau weil dies seit der Begründung der sog. Mineralstofftheorie seit 200 Jahren der Fall ist, haben wir heute eine flächendeckende Verschmutzung des Grundwassers mit Nitrat und Pestiziden. Der Irrtum der Agrarwissenschaft beruht darauf, dass ihre metaphysischen Annahmen die komplexere, ganzheitliche Realität des Pflanzenwachstums, ohne Beachtung der Negativfolgen, viel zu stark vereinfachen. Er beruht nicht etwa darauf, dass sie keine solchen metaphysischen, das komplexere Geschehen betreffende Annahmen benötigen und hätten! Nur: Ihre Metaphysik ist eine rein ökonomische, Kurzfrist-Nutzen-Metaphysik, die sich für wichtiger hält als die Metaphysik der Ökologie und die darin erkennbaren mittelbaren und langfristigen Schadwirkungen von Kunstdünger und Pestiziden auf die Böden, das Grundwasser u. a., also für die natürlichen Lebensgrundlagen.

Wenn Agrarwissenschaftler heute den Ökolandbau als „Ideologie" denunzieren, der deshalb nicht unterrichtet werden sollte, dann tun sie dies aufgrund ihrer eigenen „Ideologie", nämlich dass man die umweltschädlichen Folgen der von ihnen vertretenen industriellen Chemielandwirtschaft einfach ignorieren dürfe, weil man doch so hohe Erträge erzielt. Aber was sind diese hohen Erträge für die Welternährung wirklich wert, wenn davon 60 % als Tierfutter dienen, wovon wiederum die Hälfte auf den Sojaflächen im früheren Amazonasgebiet erzeugt wird?

Wenn nun wiederum eine angebliche „Ökologisierung" der gesamten Landwirtschaft als wichtiger erachtet wird als die Förderung des Ökolandbaus: Warum haben dann Agrartheorie und -praxis das ökologische Versprechen des sog. „integrierten" Anbaus in den letzten 30 Jahren in keinem einzigen Punkt erfüllt, sondern die Ökologie zum absoluten Feind erklärt?

Der Konflikt geht also nicht zwischen kausal und Tatsachen auf der einen und ganzheitlich und Metaphysik auf der anderen Seite, sondern um die Art der unterstellten gesetzmäßigen Annahmen und der damit verbundenen Komplexität der Sichtweise: Konventionell heißt demnach kurzfristiger ökonomischer Nutzen und ökologisch heißt Nahrungsproduktion mit Hilfe der Ökologie zur Gewährleistung ihrer langfristigen Reproduktion einschließlich der vielfältigen Lebenssicherungsleistungen, die die Ökologie bisher gratis erbracht hat.

Ganz offenkundig werden bestimmte „ganzheitliche“ Vorstellungen auch aufseiten der Agrarwissenschaft, wenn z. B. Agrarexperte Prof. Dr. Herbert Ströbel für den Klimaschutz verlangt,

„*dass im Interesse von Treibhausgasbindung, Artenvielfalt sowie Kohlenstoffeinlagerung möglichst viele Flächen für natürliche und naturgeschützte Nutzung verbleiben*“, wobei jedoch „*der erhöhte Flächenbedarf des Biolandbaus ein Problem*“ darstellt (Interview mit H. Ströbel in Agar heute, 26.07.2021).

Deutlich wird dieser Vorschlag des „grünen Wachstums“, der Aufteilung der Welt in Schutz- und Schmutzgebiete als Allheilmittel gegen den Klimawandel, bereits seit Langem von Erle C. Ellis vom US-amerikanischen Breakthrough Institut vertreten. Hintergedanke ist, dass man dann den Rest der Welt konzentriert mit allen erdenklichen und auch sehr radikalen neuen Techniken für die Nahrungsproduktion behandeln kann, ohne dass ökologische Bedenken noch stören könnten.

Dass man damit die Menschen brachial, noch mehr als bislang, von der Natur, der Ökologie und ihren umfassenden Lebenssicherungsleistungen, einschließlich der autonomen Nahrungsgewinnung, Wasserreinigung usf. abschneiden und ihre Ernährung einer totalen Abhängigkeit und Kontrolle durch ökonomische Produktionsinteressen unterwerfen würde, scheint eine Art von Ganzheitlichkeit zu sein, die man unter dem Begriff des Ökofaschismus bisher den grünen Naturfreunden angedichtet hat. Fatal zudem, dass einige Natur- und Wasserschutzgruppen an diesem Gedanken Gefallen finden, weil sie dann plötzlich zu Inhabern millionenschwerer Wasserrechte oder anderer Naturschätze werden.

Dabei dürfte es sich bei der Naturschutzstrategie der konventionellen Agrarökonomie lediglich um das gleiche Lippenbekenntnis handeln wie vormals bei der „integrierten Produktion“, die auch nur auf dem Papier stand weil die giftigen Mittel immer schon präventiv anwendet wurden, die eigentlich erst nach Überschreiten bestimmter Schadschwellen zum Einsatz kommen sollten. Wie auch sollte man diesen Vorschlag ernst nehmen, wo doch die deutsche Agrarwirtschaft samt und sonders tatenlos zugesehen hat und zusieht, wie der Amazonasurwald weiterhin für das Sojafutter brandgerodet wird, das die konventionelle Landwirtschaft für ihre überbordenden Massen an Nutztieren und Überschüsse an tierischen Produkten importiert (für Europa von einer Fläche der Größe Deutschlands, in Brasilien wohlgemerkt), die zudem teuer gelagert und gekühlt werden müssen.

Hauptfunktion dieser menschenfernen Naturschutzgebiete (von 30 bis 50 % der Erdoberfläche ist die Rede) wird sein, den Schuh in die Tür der letzten noch verbliebenen natürlichen Verbindungen der Menschen zu den Ökosystemen und ihren fundamentalen natürlichen Leistungen zu bekommen, um diese Verbindungen vollends zu kappen und dadurch die Masse der Menschen vollends der ökonomisch dominierten industriellen Nahrungsproduktion und Fernversorgung mit Lebensmitteln zu unterwerfen. Das ist keine Dystopie, sondern eine von internationalen Interessengruppen in Kooperation mit UN-Organisationen bereits seit wenigstens 20 Jahren verfolgte Strategie, die mit Sicherheit auch nicht vor den agrarökologisch produzierenden Kleinbauern in der Dritten Welt halt machen wird, die derzeit noch zu mehr als 50 % die Welternährung sichern.

(B): Ökosysteme sind komplexe, ineinander verschachtelte Naturganzheiten unterschiedlicher Größenordnung, worin vor allem unter der Führung der fotosynthesefähigen Pflanzen eine große Vielfalt an Arten in Lebensgemeinschaften zusammenwirken und dadurch eine hohe Biomasseproduktivität sowie die Sicherung entscheidender Grundlagen des Lebens überhaupt ermöglichen, die es ohne dieses Zusammenwirken nicht gäbe. Werden Ökosysteme zerstört, kommt es bei einem ganzen Ensemble an gewöhnlich als naturgegebenen angenommenen Naturleistungen zu einem Rückgang (u. a. bei der Artenvielfalt, Biomasseproduktion, CO_2-Resorption, Wasserspeicherung, Sauerstoffproduktion, Wasserverdunstung, Kühlwirkung), der die Lebensbedingungen der Menschen zunächst in der betreffenden Region und schließlich, über die Häufung und wechselseitige Verstärkung solcher ökologieschädlicher Eingriffe, auch im weltweiten Maßstab verschlechtert – von der zusätzlichen Verstärkung durch Ausweich- und Fluchtbewegungen der Menschen einmal abgesehen.

Für die Ernährung der Menschen, die Erhaltung der Artenvielfalt und eines gemäßigten Weltklimas ist es also entscheidend, dass die an bestimmte geografische Klimazonen angepassten Ökosysteme vor Ort und in der Fläche in allen Gebieten der Erde erhalten und gefördert werden und nicht in Gestalt ausverlagerter, konzentrierter Naturschutzgebiete, wie dies u. a. von der UN vorgeschlagen wird. Die Aufteilung der Welt in Schmutz- und Schutzgebiete ist bereits in Sachen Grundwasserschutz komplett gescheitert, wie die vielfältigen Folgeprobleme der monokulturellen konventionellen Großflächenlandwirtschaft, insbesondere die Grundwasserverschmutzung und die abnehmende Wasserhaltekraft der Böden zeigt. Außerdem sind Naturschutzgebiete niemals sicher vor dem weiteren Zugriff, wie dies bei der Abholzung des Amazonasurwaldes in Brasilien oder bei zahlreichen Eingriffen in geschützte Gebiete hier in Europa deutlich wird. Der Vorteil der Naturschutzgebiete für die Verfechter der industriellen Landwirtschaft scheint vor allem darin zu bestehen, dass sie ihre Art von Landwirtschaft weiterbetreiben und sogar noch intensivieren dürfen, z. B. mit Hilfe gentechnisch veränderter Organismen, ohne dass die Menschen, die das nicht wollen, noch irgendetwas dagegen unternehmen könnten.

12.3 Die historische Sicht des einzelnen Menschen

Subalterner Teil eines von höheren Zwecken gelenkten Volkes oder Systems (A) oder potentiell Subjekt seines Geschickes im Einklang mit der Natur (B)?

(A) Alle materialistisch reduktionistischen Entwicklungstheorien à la Darwin und Marx laufen auf eine Konkurrenzmechanik zwischen den Menschen hinaus, die sie von ihren natürlichen Lebensgrundlagen, damit von der Originalsubstanz ihres Lebens, abschneidet und gesellschaftlichen Machtverhältnissen von Volk und Einzelnem, Klasse und Genosse unterwirft.

Indem sozial motivierte Theorie heute nicht erkennt, dass das Leben für einen Menschen ohne größeres Vermögen unglaublich teuer werden wird, wenn er vollends abgeschnitten wird von natürlichen Ressourcen, die, wie z. B. die Böden immer noch das Regen- und Sickerwasser unvergleichlich säubern, oder in Gestalt seines Gartens ihm immer noch eine gewisse eigene Subsistenz ermöglichen, hat sie eigentlich immer noch nichts aus der Geschichte gelernt. Denn die Geschichte besagt, dass das Hemd näher ist als der Rock, das Fressen näher als das schöne Buch, weil jede Gesellschaft, auch die industrielle, grundlegend, unausweichlich und unverzichtbar auf genügend sauberes Wasser, saubere Luft und Nahrung angewiesen ist. Und die wird bis auf Weiteres mit Hilfe der Natur erzeugt werden müssen, auch wenn viele glauben, das würde immer so weitergehen mit den Billig-Lebensmitteln und den Lebensmitteln mit Hilfe der Chemie, ohne Folge-Kosten für die Allgemeinheit, die letztlich über die allgemeine Verteuerung der Lebenshaltung bezahlt werden müssen.

Der Kampf um die Orientierung der Menschen findet heute genau an diesen Fronten zwischen dem eigenständigen autonomen Subjekt und dem reinen Konsum-Menschen statt:

Das seit der Aufklärung als frei, gleich und mündig geltende, zu vernünftigen Entscheidungen sowie zur politischen Mitgestaltung der Gesellschaft fähige Subjekt hat als Naturwesen seine Wurzeln in der Natur und sieht sich daher angewiesen auf Naturprodukte wie unbelastete Lebensmittel, sauberes Wasser und saubere Luft und muss daher auf einen engen Kontakt zur Natur und auf eine intakte Natur bestehen. Der Mensch als Naturwesen kann daher eine Politik der weit entfernten Schutz- und der nahen Schmutzgebiete keinesfalls für gut heißen, weil diese ihn von den auch für das persönliche Wohl unerlässlichen natürlichen Lebensgrundlagen abschneidet.

Der Konsummensch hingegen sieht sich in erster Linie als Mitglied und Produkt einer industriegesellschaftlichen Versorgungskultur, die auf Fremdversorgung nach industriellen Standards aufbaut und hinsichtlich Versorgungssicherheit gerne voll auf die staatlichen Versprechen von Sicherheit und Gefahrenabwehr durch Wissenschaft, Experten und neue Techniken vertraut, die mehr Naturbeherrschung in Aussicht stellen.

(B) Mit der Entfaltung seiner Vernunftfähigkeit auf Basis realistischen Tatsachen-Wissens ist im 18. Jh. der einzelne Mensch erstmals als eigenständiges und eigenverantwortliches Subjekt und Initiator, Kontrolleur und Macher seines eigenen Geschickes, jenseits überkommener personaler Unterordnungsverhältnisse sowie sakraler Glaubenssätze, in die Geschichte getreten. Wo es vorher nur Herren und Knechte, Grundherren und Leibeigene, Obrigkeiten und Diener gab, trat nun der freie, gleiche, solidarische Mensch auf die Bühne der Geschichte und dies nicht nur als Fiktion.

Wie kam es, was war die Basis der Mutation des gesellschaftlichen Menschen zum Subjekt, das nun im Konzert mit den Gleichberechtigten die Kontrolle jeglicher höheren Macht verlangte? Es war das auf Tatsachen begründete Wissen, dass weltliche Herrschaft menschlichen Ursprungs ist, also relativ und damit immer fragwürdig und zumindest begründungsbedürftig. Das war kein ganz kleiner Schritt für die Beteiligten und noch kein ganz großer für die Menschheit, da er in seiner ganzen Potenz und Tragweite erst noch ganz vollendet werden muss:

Denn die Möglichkeiten individuell frei zu leben begannen sich, je nach den ererbten Vermögen, umgehend aufzuspalten in die Möglichkeit der Vermehrung dieser Vermögen durch den Bau von Fabriken und die Beschäftigung der Besitzlosen, während die Besitzlosen nicht über die Möglichkeit hinauskamen, durch ihre Arbeit ihren Lebensunterhalt zu „verdienen", also dadurch letztlich gezwungen wurden ihr ganzes Leben lang für die Fabrikbesitzer zu arbeiten.

Und mit der immer tieferen und weiteren sozialen Kluft zwischen reichen Fabrikbesitzern und immer „zur Arbeit für andere" gezwungenen Mehrheit der Bevölkerung entstand ein Gerechtigkeitsproblem und damit der Kampf um das Individuum und seine Orientierung:

Dass dieser Kampf nur mit wissenschaftlichen Erkenntnissen und Legitimationen zu führen sein würde, war nach der Aufklärung Stand der Kultur.

Entsprechend begann bereits während der Aufklärung eine, von ökonomischen Interessen an der Industrialisierung eingefädelte, Feindseligkeit gegenüber ökologischen, naturganzheitlichen Forschungen und eine Reduktion des weiteren Fortschritts der Gesellschaften auf Innovation, Technik und Arbeitsfleiß. Die Mineralstofftheorie von Sprengel und Liebig (1826) und Darwins Abstammungslehre von 1859 sind Meisterwerke der wissenschaftlichen Verkürzung der Triebkräfte des menschlichen Fortschritts auf monokausale Stoffzusammenhänge und mechanische Konkurrenz im allgemeinen Überlebenskampf.

Beide Theorien bewirkten in einer Art Gesinnungsallianz die Vereinnahmung des Subjekts der Aufklärung für die völkische Ertüchtigung und seine Unterordnung unter die Expansionsinteressen der sich entwickelnden, meist rohstoffarmen, Industriegesellschaften. Alle ökologisch-ganzheitlichen Ansätze (A. v. Humboldt u. a.) und Umweltstudien des 19. Jh. (Fraas u. a.) blieben bar einer wirklichen Resonanz, oder konnten sich nur im Schatten des prädominanten völkischen Gedankens der Höherzüchtung durch Kampf und Auslese halten und entfalten. Hegemon wurde und blieb das Wachstum durch Industrieproduktion und Expansion. Daran änderte die demokratische Phase nach dem Zweiten Weltkrieg nichts: Der Einzelne war entweder Unternehmer, der für Gewinn produzierte oder Arbeitnehmer, der seinen Lebensunterhalt bei ihm durch Arbeit zu verdienen hatte. Lediglich im Bereich von Allgemeingütern (Trinkwasserversorgung) und Dienstleistungen, in denen gewinnorientiertes Unternehmertum verpönt oder (noch) nicht praktikabel war, übernahmen die Städte und Kommunen, aber auch viele Genossenschaftsneugründungen die Verantwortung für die Versorgung zu kostendeckenden Preisen.

An der Hegemonie des Wachstums, als Voraussetzung für die Vermögensvermehrung und sichere Beschäftigung, änderten auch die in den 70er Jahren erstmals erkannten „Grenzen des Wachstums" nichts, ebenso wenig die in den 90er Jahren erkannte Klima- und Umweltkrise und das Erfordernis zur nachhaltigen Entwicklung.

Es war wiederum die Wissenschaft, die es trickreich verstand, das Ökologische den ökonomischen und sozialen Interessen im bekannten Dreieck der Nachhaltigkeit gleichzustellen, also in Summe dem Wachstum bzw. den Profit- und Einkommensinteressen unterzuordnen. Damit wurde den Arbeitnehmern jedoch ein Bärendienst erwiesen, da sie letztlich mit dem notwendigen Schutz der Ökologie vor Profit den Hebel in der Hand halten, auch den antiökologischen Zwang zur Arbeit für andere, aus Gründen der Einkommenssicherung, endgültig loszuwerden.

Denn das Interesse des Sozialen an Ökologie ist nicht das Gleiche wie das Interesse der Ökonomie: Die Ökonomie will die Ökologie ausbeuten und das Soziale ist darauf angewiesen, dass die Naturgrundlagen erhalten bleiben, weil das Leben infolge Privatisierung alles Lebenswichtigen unabschätzbar teuer werden würde, wenn z. B. das Trinkwasser aufgrund des steigenden Preises für Reinigung dann zur absoluten hochpreisigen Mangelware würde. Was also den privaten Wasserversorger erfreuen würde – der zunehmende Mangel an sauberem Wasser – wäre für die Arbeitnehmer eine absolute Katastrophe, da sie nun immer mehr für Güter zu bezahlen hätten, die es vormals fast gratis von der Natur gab. Also sind die besitzlosen Arbeitnehmer darauf angewiesen, dass die bisher von einer intakten Ökologie fast gratis bereitgestellten Grundstoffe des Lebens – Wasser, Luft, Boden, Artenvielfalt u. a. – von der Ökologie auch in Zukunft bereitgestellt werden können und aufgrund von Knappheit nicht zu einem Produkt profitgieriger Unternehmer werden. Also ginge es für die Arbeitnehmer in Sachen Nachhaltigkeit hauptsächlich um einen Schutz und um die Förderung der Leistungsfähigkeit der Ökosysteme und nicht, an der Seite der Wirtschaft, um die Verteidigung der Arbeitsplätze gegen die Ökologie.

In letzter Konsequenz ist dieser Schutz aber nur durch die Beendigung des Primats des Wachstums, d. h. der Beendigung des Primats, eine stetige Vermögensvermehrung mittels gewinnträchtiger Unternehmen und Arbeitsplätze zu erreichen.

Also braucht es eine Befreiung der Menschen aus dem Zwang zur Arbeit für Andere für den Lebensunterhalt und eine Bewahrung der Ökosysteme als natürliche Gratisproduzenten von Nahrung, sauberem Wasser und anderen Grundlebensmitteln.

Und dazu braucht es das moderne, ökologisch aufgeklärte Natur-Kultur-Subjekt, um das Leben von der Basis, den Wohnungen und Regionen her neu zu organisieren und durch gerechtere Gesellschaften, Staaten, Nationen als bislang, nach außen abzusichern.

12.4 Die heutigen Alternativen

Der naturferne, der Fremd- und Fernversorgung ausgelieferte Mensch (A) oder das aufgeklärte Natur-Kultur-Subjekt, das in der Ökologie die Grundlage allen Lebens und auch des eigenen sieht (B).

Nach allem was über den Übergang zum sesshaften Ackerbau heute bekannt und als wirkende Faktoren anzunehmen ist, scheint die Entwicklung des modernen Menschen nach der letzten Eiszeit in Europa von einer unreflektierten Naturausbeutung geprägt gewesen zu sein, die eine doppelt beschränkte Rationalität der Naturnutzung und Sicht auf sich selbst mit sich gebracht hatte. Diese doppelte Rationalitätsbeschränkung ist heute sichtbar im Egoismus der Nationen und in anhaltenden Versuchen der Naturunterwerfung und

-verdrängung auf dem eigenen Gebiet, ohne Rücksicht auf deren verheerende regionale und globale Auswirkungen. Trotz Katastrophen, die er qua Klimawandel selbst verursacht, scheint der Mensch unbelehrbar, zumindest in der Entwicklung des Nachdenkens weit hinter den katastrophalen Zuspitzungen hinterherzuhinken.

Ob dies von Interessengruppen so gewollt ist oder nicht: Es läuft auf das Gleiche hinaus: Die Menschen fühlen sich zunehmend den Naturgewalten – Hochwasser oder Hitze und Trockenheit – ausgeliefert, sodass viele empfänglich werden für ökologische Lösungen: Verminderung der Treibhausgase und Verbreitung einer ökologischen Umgangsweise mit der Natur, besonders im Bereich der Landwirtschaft. Nachdem im Gefolge davon die Nachfrage nach Bioprodukte stetig und stark zu wachsen scheint, weil die ökologische Landwirtschaft mit Fug und Recht von sich behaupten kann, dass sie nicht nur umwelt- sondern auch klimafreundlich wirtschaftet, lassen die Vertreter der konventionellen, chemie- und nutztierintensiven Landwirtschaft zunehmend die Katze aus dem Sack: Das heißt, sie machen deutlich, dass es in ihrer Landwirtschaft nur um Produktivität gehe und dass ihr für Höchsterträge die Ökologie weniger wichtig sei als die Sicherung der Welternährung und der Bauernhöfe.

Dass es sich dabei nur um eine Zweckbehauptung handelt, um den radikal antiökologischen und von ökonomischen Interessen dominierten Kurs der Industrieförderung qua industrieller Landwirtschaft und billigen Lebensmitteln, die den Haushalten viel Spielraum zum Erwerb von Industrieprodukten geben, liegt auf der Hand:

Es geht den ökologie-resistenten Machern der modernen EU-Agrarpolitik, die an der Förderung der industriell wirtschaftenden landwirtschaftlichen Großunternehmen festhält, um nichts anderes als

- um die Vernichtung der letzten Kleinbetriebe, die mit Hilfe einer Wirtschaft im Einklang mit der Natur überlebensfähig wären (was auch in der neuen Entwicklungspolitik praktiziert wird);
- um eine Neusortierung der landwirtschaftlich nutzbaren Gebiete unter Beachtung neuralgischer naturschutzrelevanter Gebiete, also um eine Einteilung in Schutz- und Schmutzgebiete;
- um die Senkung der Hürde für die Anwendung neuer gentechnischer Methoden infolge Reduktion des Ökologischen auf Blühstreifen und andere fadenscheinige wie flüchtige, als „ökologisch" titulierten Maßnahmen, die von der EU für förderfähig gehalten werden obwohl sie nichts am Desaster der weiteren industriellen, d. h. der chemischen Bearbeitung des Landes und der dadurch bewirkten Dezimierung der Arten ändern;
- um die Entfernung der Natur aus der Nähe des Konsumenten, um ihnen eigene natürliche Ressourcen zur Subsistenzsicherung zu nehmen und endgültig die Vergleichbarkeit der Anbausysteme und damit Erfahrbarkeit von Alternativen zu beenden, zugunsten einer nochmals intensivierten industriellen Landwirtschaft, die den

Menschen dann über Bilder aus der Vergangenheit oder Blühstreifen an Straßen ihre „Naturnähe" demonstriert.

Diese zwei Alternativen gibt es aktuell und in naher Zukunft:

(A) Man unterwirft die Menschen ganz einer neuen Gefolgschaft von Staat und Gesellschaft z. B. zum Schutz der Gesundheit gegenüber von außen kommenden Gefahren z. B. durch die Covid-Pandemie, was z. B. in Form einer Impfung den unmittelbaren physischen Übergriff der Gesellschaft auf das natürliche Immunsystem der Menschen einschließt.

Zugleich gewöhnt man die Menschen an das permanente Regime staatlicher Impfprogramme, um die Angewiesenheit aller auf die deutsche „Schicksalsgemeinschaft" zu verdeutlichen. Mithin wäre es nicht mehr die Rasse, die alle im größeren Ganzen verbindet, sondern eine staatlich definierte, verordnete und gemanagte „Gesundheit" und die Angst davor, diese einzubüßen. Hinzu kommt, dass international ein Covid-Ausweis angestrebt wird, ohne den niemand mehr sein gewohntes freizügiges Leben weiterführen kann.

Im Gefolge scheint eine völlige Unterwerfung der Menschen auch unter Maßgaben eines angeblichen Klimaschutzes denkbar, bei denen es unter der Bedingung der Aufrechterhaltung des Wirtschaftswachstums allerdings nicht wirklich um Maßnahmen zum Klimaschutz gehen kann, sondern lediglich um Maßnahmen zur Umsteuerung der Wirtschaft auf Projekte und Produkte, die auch in Zukunft hohe Renditen versprechen und zugleich die Rohstoff- und Energie-Abhängigkeiten vom Ausland verringern.

Denn tatsächlich sind ja die Treibhausgasemissionen der Industriestaaten seit dem Beginn der Klimaschutzkonferenzen Ende des 20. Jh. immer weiter gestiegen und bei den Investitionen überwiegen immer noch die Investitionen in fossile Energieträger jene in erneuerbare Energien bei Weitem. Nach der Datenlage geurteilt (aktuelle Emissionslage und Planung der Wirtschaftsentwicklung) ist der sog. Klimaschutz und die von Industriestaaten angestrebte Klimaneutralität nicht mehr als eine von außen gelieferte Gelegenheit mit Angstpotential zur Eröffnung neuer Geschäfts- bzw. Wachstumsfelder und einer entsprechenden Nachfrage. Aufgrund seines Angstpotentials und gebotenen Abwehr einer vermeintlich von außen kommenden Gefahr eignet sich auch der Klimawandel – wie ein Krieg – hervorragend zur Ermächtigung des Staates zur Durchsetzung dirigistischer Maßnahmen der Gefahrenabwehr, gegenüber denen jede Verweigerung wie ein Vergehen am Wohl Aller oder des Ganzen, der Erhaltung der Industriegesellschaft und ihres Wachstums, gedeutet werden kann.

Die Einführung eines Social-Credit-Systems wie in China, zur Belohnung bzw. Bestrafung staatstreuen oder -feindlichen Verhaltens, wäre dann allerdings das endgültige Ende der Aussicht auf eine Vollendung der Revolution der Aufklärung: Die Gesellschaft/Interessengruppen hätten gesiegt über die Bestrebungen zur Befreiung aus Arbeitszwang für Lebensunterhalt, die notwendig ist, um den Menschen ein ökofreundliches Verhalten zu ermöglichen: Durch den Verzicht auf Natur-zerstörende Tätigkeiten und die bewusste Wahl Natur-aufbauender Tätigkeiten. Es wäre dies auch das endgültige Ende der Hoffnung, dass die Gesellschaften den Klimawandel nicht primär als eine Gefahr von Außen sehen, sondern als Folge ihres eigenen fortgesetzt klimaschädlichen Wachstums, in dem der angebliche Klimaschutz lediglich im Austausch von Energie bzw. dafür benötigten Produkten und entsprechenden Schädigungen der Natur besteht. Wer glaubt, den bisherigen Umfang an Mobilität durch Elektrifizierung klimafreundlicher machen zu können, und nicht bereit ist, diese Mobilität selbst drastisch zu vermindern, der hat mit dem Klima und der Natur wirklich nichts am Hut.

Eine Klimaschutz-Strategie, worin allein der Staat dazu ermächtigt ist, die erforderlichen Maßnahmen festzulegen und deren Einhaltung von den Bürgern über ein digitales Belohnungs-Bestrafungs-System für Wohl- und Fehlverhalten zu verlangen, wird nur den etablierten, gewinnorientierten Interessengruppen nützen, jedoch den Klimawandel und das Artensterben gewiss nicht aufhalten, weil alle staatlichen Bestrebungen der Erhaltung des Wirtschaftswachstums, sprich Profitmacherei, Verlängerung statt Verkürzung der Arbeitszeit und der Aufrechterhaltung der Hyperverbräuche und folglich Hyperausbeutung der Natur verpflichtet sind.

(B) Die notwendige ökosystemische Strategie verlangt einen auch ökologisch mündig werdenden Bürger, der dazu bereit ist, alles zu tun, um die Ökosysteme vor Ort zu schützen und wieder aufzubauen und zwar in Verbindung mit der Ausweitung und Steigerung der regionalen Selbstversorgung mit Lebensmitteln. Ohne diese hochproduktiven Ökosysteme und ohne eine stark gesteigerte Selbstversorgung, also ohne nachhaltigen Klima- und Ökologieschutz von den Wohnungen und Regionen her, ist die Ökologie der Erde ebenso wenig zu retten, wie die Nahrungssicherheit der Menschen in allen Teilen der Welt.

Um dies zu erreichen braucht es die Bereitschaft zum Weglassen naturschädlicher und unnötiger Produkte und entsprechender Arbeit, also ein Natur-Kultur-Subjekt, das nicht mehr gezwungen ist, für seinen Lebensunterhalt jegliche Arbeit annehmen zu müssen und das die neue Freiheit hat, auf unnötigen Konsum zu verzichten und seine eigenen natürlichen Lebensgrundlagen durch die Beteiligung am Wiederaufbau hochproduktiver Ökosysteme zu sichern.

12.5 Lernen aus der Geschichte

Die Mensch-Natur-Beziehung komplexer, systemischer und langfristiger denken:

Die bevorzugte Nutzung von Getreidesamen und deren Vermehrung durch Wiederansaat verlangte den sesshaften Verbleib bei den Kulturen und ermöglichte durch Vorratsbildung eine beträchtliche Steigerung der Ernährungssicherheit und folglich des Bevölkerungswachstums.

Dieser Fortschritt in den Überlebenschancen der Menschen, der sich empirisch in ihrer deutlichen Vermehrung ausdrückte, ermöglichte weitere „Fortschritte“ bei Fähigkeiten und auf Gebieten, die nur von einer größeren Gesamtheit an Menschen zu entwickeln waren, wie vor allem die Aufteilung und Spezialisierung der Arbeiten, der Bau sicherer Wohn- und Lagerstätten, die Absicherung und Verteidigung des in Besitz genommenen Territoriums, die konzentriertere und vollständigere Beobachtung einzelner Naturphänomene von einem konstanten Standort aus, wie vor allem des Pflanzenwachstums und des Laufes der Sonne parallel dazu.

Jedoch wurde dieser Fortschritt bald vom gravierenden Dilemma der baldigen Erschöpfung der naturgegebenen Wachstumsbedingungen auf dem gewählten und von allen unnützen, dem Ackerbau im Weg stehenden Pflanzen gesäuberten Territorium überschattet.

Alle nach der letzten Eiszeit vor ca. 8000 Jahren, zur Steigerung der Ernährungssicherheit, bewusst zum sesshaften Ackerbau gewechselten Nomadengruppen, dürften früher oder später die gleiche Erfahrung gemacht haben: Dass sich der ursprüngliche Vorteil der verbesserten Überlebenschancen allmählich oder abrupt bei Missernten ins Gegenteil verkehrte, nämlich in eine drohende oder akute Hungerkatastrophe für die stark gewachsenen Bevölkerungen infolge rückläufiger oder ganz ausbleibender Erträge.

Als „Ausweg" blieb nur die Flucht in noch unverbrauchte Gebiete mit oder ohne kriegerische Auseinandersetzung mit anderen Völkern in letztlich gleicher Lage.

Sesshafter Ackerbau funktionierte also aufgrund der ihm innewohnenden diskrepanten Wirkungen in Gestalt positiven Bevölkerungswachstums auf der einen Seite und negativen Naturwachstums andererseits nur aufgrund der Option zur Flucht oder Expansion in noch unverbrauchtes Land und später zum Handel und/oder zur gewalttätigen Eroberung anderer Gebiete.

Sesshaftigkeit, Ackerbau, Expansionsbedarf und Krieg sind also aufs Engste miteinander verbunden, sodass sich die Frage stellt, ob es sich dabei um eine der menschlichen Existenz bzw. Spezies in den Genen eingeschriebene Verbindung handelt, sodass Expansion und Krieg immer unvermeidlich sein werden, solange der Mensch existiert.
Oder sind Expansion und Krieg an das vom Menschen im Zuge des Sesshaftwerdens verwirklichte besondere Kalkül der Naturnutzung gebunden, worin die Inbesitznahme eines Gebietes zur Kultivierung von Getreide gleichbedeutend war mit der kompletten Ausplünderung der vorgefundenen Ökosysteme für den Zweck der Steigerung der Ernährungssicherheit durch Vorratsbildung, da es in den ersten Jahrtausenden dieser Produktionsweise genügend Raum zur Expansion gab? Beinhaltete also das Kalkül der Naturplünderung für Vorräte bereits die Aussicht auf Expansion, wenn es zu eng wurde?

Würden Expansion und Krieg unkorrigierbare Eigenheiten der menschlichen Spezies sein, wie der Darwinismus behauptet, gäbe es angesichts des von den Menschen verursachten Prozesses der Erdverwüstung durch Naturausbeutung und seines atomaren Potentials zur Selbstvernichtung wohl keine Hoffnung auf Rettung.

Wären jedoch Expansion und Krieg an ein spezifisches, auf Expansionsmöglichkeiten spekulierendes Kalkül ausbeuterischer Naturnutzung gebunden, dann bestünde wohlbegründete Hoffnung, durch die Einsicht in fixe Grenzen der Expansion zu einer nicht-ausbeuterischen, vielmehr fördernden, also wirklich nachhaltigen Naturnutzung übergehen und dadurch auch Kriege vermeiden zu können.

Jedoch wird, wie in den Kapiteln 1–8 gezeigt, in relevanten Wissenschaften emsig daran gearbeitet, stetiges Wachstum und dafür nötige expansive Naturausbeutung sowie kriegerische Auseinandersetzung mit anderen Völkern als Folge eines menschlichen Rechts auf Naturunterwerfung und -ausbeutung und als Konsequenz einer natürlichen Konkurrenz der Völker um Ressourcen erscheinen zu lassen.
So als ob es die Aufklärung mit der Verfassung der Menschenrechte und demokratischer Gemeinwesen ebenso wenig gegeben hätte wie die Entwicklung der Wissenschaften selbst als Anstrengung tatsachen-basierter Forschung und Erkenntnisgewinnung, wie sie z. B. zur besonderen Funktionsweise von Ökosystemen und deren Bedeutung für die Bewahrung sauberer Stoffkreisläufe, der Artenvielfalt und eines gemäßigten Klimas vorliegt. Im Streit um die Existenz ganzheitlicher Natursysteme wird nicht nur die tendenzielle Wissenschaftsfeindlichkeit des kruden, auf mechanischen Kausalitäten beruhenden Empirismus überdeutlich, sondern auch die damit verbundene unglaubliche Verantwortungslosigkeit gegenüber den Rechten und Bedürfnissen kommender Generationen.

Bei der Klärung der Frage, ob die Menschen heute Alternativen haben, um die Krisen der Menschheit – Erderhitzung, Artensterben, Selbstvernichtung in Kriegen – anders zu lösen als durch weitere Naturzerstörung und weitere Kriege um Ressourcen, so wie sie es aus der bisherigen Geschichte gewohnt sind, spielen die Positionierungen der Gesellschaften in der Frage, was Gesellschaften im Verhältnis zum Individuum und zur Natur sind, eine zentrale Rolle:

Was sind menschliche Gesellschaften?

Von ihrer geschichtlichen Genese her sind menschliche Gesellschaften Ansammlungen von Menschen, die zum Zwecke der Erlangung einer sichereren Ernährung sich am natürlich vorgefundenen Standort bestimmter Pflanzen mit lagerfähigen Früchten dauerhaft niederlassen und nun die Fortpflanzung und folglich Vermehrung dieser pflanzlichen Spezies gezielt selbst in Regie nehmen.

Diese primäre Gesellschaftsbildung in und auf einem bestimmten Territorium ist Folge einer bewussten Entscheidung der Menschen zum Sesshaftwerden aufgrund der aus Naturbeobachtung gewonnenen Erfahrung über natürliche Wachstumsprozesse parallel zum Wechsel des Sonnenstandes im Jahresverlauf.

Auch die nachfolgenden Aktivitäten der Menschen, wodurch die Ursprungsgemeinschaft ein immer deutlicheres Profil als eigenständige und abgegrenzte Gesellschaft bekommt – die Errichtung der Behausungen, Äcker, Vorratslager, Schutzzäune und die Organisation der dafür sowie für die Pflanzenproduktion und Verteilung der Ernten und Vorräte erforderlichen Tätigkeiten – sind Folge bewusster zielgerichteter Entscheidungen der Menschen und kein Ausfluss etwa eines angeborenen Instinktes oder Folge der Sachwaltung eines höheren Volksganzen.

Die Gesellschaftsbildung beruht mithin auf den besonderen Fähigkeiten der Menschen zur Naturbeobachtung, zur begrifflichen Fixierung und Kommunikation von Beobachtungen und zu Schlussfolgerungen aus den erkannten Zusammenhängen für das eigene Leben.

Und zu keinem Zeitpunkt wird die Gesellschaft mehr als das, was die Menschen gemeinsam hervorbringen, auch wenn sich, vermutlich in Folge von Abstammungsverhältnissen, geforderter Verteidigung und Organisation der Aufteilung der Tätigkeiten und Verteilung der Ernten und Vorräte, bald Hierarchien herausbilden, worin Älteste, Anführer und Priester eine Sonderstellung mit Privilegien erhalten und daher zu besonderen Nutznießern der Gesellschaft werden.

Menschliche Gesellschaften sind also als Systeme (mit Struktur, Leistungen und Grenzen) aufzufassen, worin die Menschen sich bewusst zu ihrem wechselseitigen Vorteil auf der Grundlage der Naturbedingungen organisieren, Einrichtungen und Normen schaffen und diese, wiederum zum wechselseitigen Vorteil weiterentwickeln, wenn dies notwendig sein sollte.

Menschliche Gesellschaften waren also niemals höhere Wesen mit eigenen, gegenüber den Menschen verselbstständigten Bedürfnissen, Antrieben oder Funktionslogiken, wie dies der Darwinismus mit der Überlebensfähigkeit eines Volkes oder der Marxismus mit der Gesellschaft als Klassenverhältnis, welches das individuelle Leben bestimmt oder die moderne Theorie sozialer Systeme, die von einer angeblich durch Evolution (also zufällig und mechanisch) entstandenen höheren symbolischen Ebene des Gesellschaftlichen ausgeht, das dem Menschen überlegen wäre.

Zusammen mit dem Liberalismus, der die Gesellschaften als Produkt des Unternehmertums, von Erfindungen, Technik und Arbeit auffasst, bilden der Darwinismus, Marxismus und die moderne Systemtheorie, das ständig bemühte Bollwerk gegen eine Gesellschaftsauffassung, worin die gesellschaftlichen Einrichtungen, Normen und Leistungen den Bedürfnissen der Menschen verpflichtet und ihrer gemeinsamen Gestaltung unterworfen bleiben.

Der erste Grund für die Hochstilisierung menschlicher Gesellschaften zu einer Art Superorganismus oder überkomplexem System mit eigenen Bedürfnissen und eigener Funktionslogik liegt in den dadurch von Interessengruppen an den Schalthebeln der Gesellschaft gegenüber den Menschen erlangbaren Privilegien, die eigentlich durch die Revolutionen der Aufklärungszeit als abgeschafft gelten sollten. Denn die eigentliche Errungenschaft der Aufklärung bestand ja darin, dass sie allen Menschen endlich auch formal und politisch die Anerkennung als Subjekte brachte, die sie als Mitglieder der Gesellschaften immer schon hatten, die ihnen jedoch von bestimmten Interessengruppen an den Schalthebeln der Gesellschaften, spätestens seit der Einführung der Grundherrschaft in den vorantiken Gesellschaften bis zum Sturm auf die Bastille 1789, vorenthalten wurde.

Mit den Begriffen der „Systemrelevanz" von Banken und der „marktkonformen Demokratie" wurden von politischer Seite in den letzten Jahren sowohl diese Vorrangigkeit des gesellschaftlichen Systems vor der Demokratie wie auch die Privilegien für eine Minderheit betont, obwohl dies klar der demokratischen Verfasstheit unserer Gesellschaft widerspricht.

Der zweite Grund für die Überhöhung des gesellschaftlichen Ganzen über die eigentlich verbrieften demokratischen Mitwirkungsrechte der Menschen liegt in der historisch überlieferten Bindung des Blickes auf die Natur und der Art der Naturnutzung an die Gesellschaft:

Sesshafte Gesellschaften wurden bewusst mit dem Kalkül der Erlangung einer höheren Ernährungssicherheit mittels Vorratsbildung und selbsttätige Vermehrung von Getreidepflanzen als territorial begrenzte künstliche Inseln, inmitten einer nun für wild und fremd gehaltenden Natur, geschaffen.

Aus der ursprünglichen Naturganzheit, worin sich die nomadisierenden Jäger und Sammler zum Zwecke des Nahrungserwerbs bewegten, wurde nun die eher feindlich gesehene Umwelt.

Zur neuen maßgeblichen Referenz für Ganzheit wurde die eigene künstlich geschaffene Insel intensivierter Naturnutzung, auf der man sich nicht mehr als Teil einer größeren Natur verstand, sondern als eigene Ganzheit, die es nach außen zu verteidigen galt und in der man auch nach innen einen völlig neuen Umgang mit der Natur praktizierte: Nicht mehr die Vielfalt einer eigenproduktiven Natur war es, von der man sich ernährte, sondern die wenigen auserwählten, besonders ergiebigen Getreidepflanzen, für deren Vermehrung man die bestehenden Ökosysteme und alle sukzessiv nachwachsenden Konkurrenzpflanzen beseitigte.

Was wir also mit der Sesshaftigkeit bekommen, ist eine Reduktion der Weltkomplexität, einschließlich Biosphäre, auf die eigene gesellschaftliche Insel und auf wenige Nutzpflanzen und die Beschränkung der Rationalität der Naturnutzung auf weitgehend selbst organisierte Wachstumsprozesse einzelner Pflanzen auf der Gunstlage abgebrannter und umgewandelter Wälder und Savannen.

Dass diese Gesellschaften keinen Blick hatten für die nachteiligen Folgen ihrer auf wenige Arten konzentrierten Naturnutzung, vor allem nicht für die Erschöpfung der Fruchtbarkeit des Gebietes und die Austrocknung der gesamten Region infolge der Entwaldung, liegt in den Begrenzungen der Sicht auf das besetzte Territorium und das daran gekoppelte besondere Rationalitätskalkül der Naturnutzung begründet. Verstärkend wirkte über lange Zeit noch die Option auf eine sukzessive, mit der Bevölkerungsentwicklung Schritt haltende Erweiterung des Gebietes, ehe die entfachte Entwicklungsdynamik der Gesellschaften diese endgültig zur kriegerischen Expansion oder zum Untergang zwang, weil der Raum bereits von anderen besetzt war.

Da moderne Gesellschaften sich im Interesse bestimmter Interessengruppen immer noch, und heute, angesichts des Kampfes um knapper werdende Ressourcen, sogar noch mehr, als systemische Ganzheiten über den Köpfen der Menschen verstehen, rüttelt das wissenschaftlich begründete Pochen auf die Existenz ganzheitlicher Natursysteme, auf die man Rücksicht nehmen sollte, letztlich an den mentalen Grundfesten dieser Gesellschaften:

Wie die Krisen der Welt, einschließlich der Gefahr einer atomaren Selbstvernichtung der Menschheit, zeigen, müssen die Industriegesellschaften von ihrem inselhaften Selbstverständnis des Überlebens wegkommen und die Bedürfnisse anderer Gesellschaften sowie die Systemhaftigkeit und wahre Komplexität der Ökologie und natürlichen Lebensgrundlagen akzeptieren.

Aus der Geschichte wäre also, wie Einstein feststellte, zu lernen, dass „die Welt, wie wir sie geschaffen haben, ... ein Prozess unseres Denkens ... ist“ und dass diese Welt „ ... nicht geändert werden ... kann, ohne unser Denken zu ändern“ (Albert Einstein).

Die für den derzeitigen krisenhaften Zustand der Welt hauptsächlich verantwortlichen Denkweisen resultieren vor allem aus dem im Zusammenhang mit dem Sesshaftwerden der Menschen erstmals entstandenen wirksam gewordenen Denken:

(1) Dem aus Beobachtungen gewonnenen, bewusst verfolgten Kalkül, mittels Konzentration auf wenige, besonders ergiebige Pflanzenarten eine höhere, längerzeitige Nahrungssicherheit zu erlangen.
Damit gingen mehrere Beschränkungen im Umgang mit der Natur einher:
   - Die Ergiebigkeit, also Mengen und quantitative Größen rückten in den Vordergrund.
   - Der Lebenssicherung auf Kosten der Vielfalt nutzbarer Arten auch in der Ernährung.
   - Die einzelne Art rückte ins Zentrum des Interesses, zu Lasten der Verbundenheit ihres Wachstums mit komplexeren Naturgrundlagen.

(2) Die Ökosysteme auf dem in Besitz genommenen Gebiet (Wälder ...) wurden nicht mehr als produktive Ganzheiten wahrgenommen und genutzt, sondern als mit Gewinn an Holz und Bodenfruchtbarkeit zu beseitigende Hindernisse auf dem Weg zur Kultivierung besonders ergiebiger Pflanzen.
   - Als störend und nicht unmittelbar nützlich empfundene Natur wurde verdrängt und für das Wachstum der auserwählten Früchte geopfert.
   - Die Naturnutzung entwickelte sich als eine Art Rosinenpickerei, fragmentierend und auf linearen Kausalketten beschränkt, nach der Devise: Der Zweck heiligt alle Mittel.

(3) Die ursprünglich ganzheitlichere Sicht der Natur verengte sich auf die Natur auf dem eigenen Territorium (komplexitätsbeschränkte Naturwahrnehmung), was vor allem drei verhängnisvolle Konsequenzen hatte:
   - Der große Rest der Natur wurde zur bloßen Umwelt degradiert, die primär, aufgrund der erforderlichen Abgrenzung und Verteidigungshaltung, als feindlich und minderwertig angesehen wurde.
   - Auswirkungen der „Kultivierung“ der Natur und des eigenen Lebens auf dem in Besitz genommenen Gebiet auf die Umwelt wurden bedeutungslos, was beim Nomadenleben vorher sicher nicht der Fall war.
   - Die in Gestalt der Umwelt als wild und fremd (barbarisch) aufgefasste Außenwelt entwickelte sich zum beliebig auszunutzenden Reservoir bei knapper werdenden Ressourcen und Ernährungsschwierigkeiten auf dem eigenen Gebiet.

(4) Das aus Erfahrungen des Scheiterns bei der langfristigen Nahrungssicherung mittels Überausbeutung und folglich Verwüstung der Natur gebildete Kalkül der Rückversicherung durch Expansion in die noch unkultivierte fremde Umwelt.

Das Sesshaftwerden hat durch die Überausbeutung der Natursubstanz der besetzten Territorien zu einer sehr positiven Bevölkerungsentwicklung und, damit verbunden, Entwicklung der Arbeitsteilung und Leistungsfähigkeit der Gesellschaften geführt, jedoch regelmäßig die Naturgrundlagen des üppigen Wachstums des Getreides zerstört, sodass früher oder später alle Gesellschaften zur Expansion gezwungen wurden oder untergingen.

Für die Richtigkeit der Annahme, dass das Sesshaftwerden mit diesem neuen, in Richtung Bevölkerungsentwicklung positiv, jedoch in Richtung Natur katastrophal wirkenden Denken wie oben beschrieben einhergeht, zeugt allein die geschichtliche Entwicklung. Diese hätte, so wie sie erfolgt ist, nicht erfolgen können, wenn die Menschen nicht die Sesshaftigkeit dem nomadisierenden Jäger- und Sammlerleben vorgezogen hätten. Diese Entwicklung konnte nicht durch Zufall entstehen, sondern nur durch eine bewusst vollzogene Tat, die diese Entwicklung zumindest so weit antizipierte, dass das Sesshaftwerden den Erfolg haben konnte, der vorausgesehen wurde und der sich geschichtlich als Entwicklung der Menschheit in dem Umfang und in der Krisenhaftigkeit bestätigte, die wir heute sehen und zu bewältigen haben.

Um dieses Denken der Sesshaften, das bis heute anhält und sogar mit wissenschaftlichen Mitteln verteidigt wird, zu verändern, müssen die Menschen nicht wieder Nomaden werden.

Jedoch sollten sie sich der spezifischen Begrenzungen des sesshaften Denkens gegenüber den Natursystemen und deren verhängnisvollen Folgen bewusst werden, um dieses Denken und die damit in den Gesellschaften verbundenen Selbstverständlichkeiten, vor allem die gewinnorientierte Produktion und Fragmentierung der Natursysteme zum Zwecke ihrer rigorosen Ausbeutung durch ein neues Denken, das die Naturzerstörung beendet, zu überwinden.

Angebracht ist also ein neues Kalkül zur langfristigen Sicherung der Ernährung, das auf den Ökosystemen und deren Produktivität und Lebenssicherungsleistungen aufbaut und diese als Bestandteil der weltweiten Biosphäre sieht.
Denn die globale Biosphäre ist letztlich nur durch die Anstrengungen aller Nationen zur Rettung ihrer eigenen Ökosysteme auf ihrem eigenen Gebiet zu retten und nicht durch Geschäfte im Emissionshandel, mit denen sich die reichen Industrieländer durch Kompensationen im Ausland von der Sicherung ihrer eigenen Ökosysteme und vor allem von der eigentlich unerlässlichen Absenkung ihres Hyperverbrauches freikaufen.
Schutz und Entwicklung der Ökosysteme sind nur möglich durch eine Absenkung des Verbrauches an Stoffen und Energie. Ein Ersatz fossiler Energien durch erneuerbare Energie, der nicht gleichzeitig eine deutliche Reduktion des Verbrauches beinhaltet, wird die Treibhausgasemissionen nicht vermindern, sondern eher noch steigern, weil die dafür benötigten neuen Anlagen und technischen Mittel erst produziert werden müssen, was meist mit fossiler Energie und weiterer Naturzerstörung passiert.

Die Krisen der Welt – die dramatische Erderhitzung, Zerstörung der Ökosysteme und Artenvielfalt, Verschmutzung der Biosphäre und Gefahr eines Atomkrieges – erfordern eine enorme und absolut außergewöhnliche Anstrengung vor allem der Industriegesellschaften zur Rettung ihrer Natursysteme.

Gefordert ist ein Umdenken auf allen Ebenen der Gesellschaften. Im Einzelnen wären es folgende neue Denkweisen und Maxime, mit denen der Tunnelblick der Sesshaftigkeit zugunsten des neuen ökosystemischen Blickes auf die Natur auf eigenem Gebiet und im weltweiten Verbund überwunden werden könnte und sollte.

12.6 Neue Denkweisen

12.6.1 Langfristige Nahrungssicherung mit der gesamten Natur nicht gegen sie

Langfristige Nahrungssicherheit als Grundlage aller Gesellschaften ist nur mit der Natur und nicht gegen sie zu erreichen. Mit der Natur heißt mit Hilfe der Erhaltung und Förderung der Ökosysteme als eigenständige hochproduktive Lebensgemeinschaften vieler Arten auf einem gemeinsam genutzten Raum.

Die bisherige Geschichte zeigt, dass konzentrierte Naturausbeutung zur Verwüstung der Böden und Landschaften und in der Folge zu Flucht oder kriegerischer Expansion führt.

Krieg resultiert aus der kontinuierlichen Übernutzung des eigenen Gebietes.

12.6.2 Ergiebigkeit ist keine Frage von Hocherträgen

Die Konzentration auf wenige Nutzpflanzen, Hocherträge und Monokulturen führt ökologisch völlig in die Irre, weil sie die Ökosysteme schwächt und letztlich ganz zerstört, von denen die Erhaltung gemäßigter Klimaverhältnisse lokal wie global sowie am Ende die ganze Biosphäre der Erde abhängt.

Rahmen der Naturnutzung müssen Ökosysteme sein, weil nur sie mit ihrer hohen Artenvielfalt für ein üppiges Pflanzenwachstum und die zahlreichen, über die Bereitstellung der Nahrung hinausgehenden Lebenssicherungsleistungen sorgen, von denen ein gemäßigtes Klima, saubere Naturstoffe Wasser und Luft, die Fruchtbarkeit der Böden, Wasserspeicherung und -verdunstung, Erhaltung der Artenvielfalt, also ein langfristig sicheres Leben abhängen. Allein die Gefährdung dieser Lebenssicherungsleistungen der symbiotischen Lebensgemeinschaften der Ökosysteme würde ein Verbot der gentechnischen Erbgutveränderung zwingend angeraten sein lassen.

Deutlichstes Zeichen für den Irrglauben der chemieintensiven Hochertragslandwirtschaft ist ihre absolut katastrophale Bilanz im Vergleich ihrer jährlichen Bruttowertschöpfung und ihrer externen Kosten, die sie aufgrund ihrer direkten und mittelbaren Schadensfolgen für die Allgemeinheit jährlich verursacht: Eine erstmals in Deutschland durchgeführte Untersuchung offenbarte, dass in Deutschland 2020 die Hocherträge mit einem Bruttowert (Wert der Erzeugnisse abzüglich Vorleistungen für Maschineneinsatzkosten und Arbeit u. a.) von ca. 20 Mrd. EUR mit direkten Umweltschäden (Wasserreinigung u. a.) in Höhe

40 Mrd. EUR und mittelbaren sowie langfristigen Schadenskosten für den Artenverlust u. a. sowie Ökosystemleistungen in Höhe von 50 Mrd. EUR „erkauft" wurden (vgl. Kurth, T. u. a. ebenda). Das heißt, dass der Verbraucher heute und vor allem auch die kommenden Generationen für die „billigen" Lebensmittel am Ladentisch nochmal etwa das 4,5-Fache für die Umweltreparatur zu bezahlen haben, ohne die der Mensch keine Zukunft haben wird – sofern der Ausfall der Ökosysteme mit ihren Lebenssicherungsleistungen und der Artenrückgang überhaupt ausreichend mit Geld zu bewerten ist und nicht viel mehr unwiederbringliche Verluste verkörpert, die dem Leben insgesamt bereits deutlich an Qualität und Sicherheit rauben.

12.6.3 Die multiple Leistungsfähigkeit der Ökosysteme basiert auf der Symbiose vieler Arten

Auch wenn Ökosysteme nicht über eine zentrale Steuerung und klare Grenzen verfügen, sind sie unter der Führung von Pflanzen dennoch Naturganzheiten mit einer spezifischen Zusammensetzung von sich wechselseitig in ihrem Wachstum fördernden Arten.

Da Wachstum und Anpassungsfähigkeit der Pflanzen und vor allem der Bäume, als die für die Reproduktion der Biosphäre der Erde wichtigsten Lebewesen, von den Lebensgemeinschaften an Arten abhängen, mit denen sie sich stofflich und energetisch austauschen, sind gentechnische Eingriffe in Pflanzen kategorisch zu verbieten, da sie die Potenz haben, die Symbiosen in den Ökosystemen und damit die Leistungsfähigkeit der Ökosysteme selbst massiv zu schwächen oder ganz zu zerstören.

Um im Klima-, Arten- und Umweltschutz wirklich voranzukommen, bedarf es einer systematischen Förderung der Ökosysteme in Richtung Permakultursysteme in allen Produktions- und Lebensbereichen der Menschen und entsprechender ökosystemischer Forschung.

12.6.4 Naturnutzung verlangt eine ökosystemische Sichtweise nach innen und nach außen

Mit ihren komplexen Lebenssicherungsleistungen vor allem der Sauerstoffproduktion, Kohlenstoffspeicherung, Wasserspeicherung, Verdunstung und Kühlung der Atmosphäre sowie Erhaltung der Artenvielfalt sind Ökosysteme die entscheidenden Naturaggregate auf Erden, um den Gesellschaften eine dauerhafte natürliche Lebensgrundlage zu bieten und zugleich den Erhalt der globalen Biosphäre mit ausgeglichenen Klimaverhältnissen zu garantieren.

Werden Ökosysteme nicht als solche Aggregate der Lebenssicherung akzeptiert und wahrgenommen, weil einzelne Arten wichtiger erscheinen und/oder der Ökosystem-Schutz der stofflichen Ausbeutung der Natur im Wege stehen würde, wie dies seit dem Sesshaftwerden bis heute der Fall ist, dann führt dies zu einem Ungleichgewicht in Form von Gesellschaftswachstum und Niedergang der Ökosystemleistungen mit zweierlei Folgen: Dem Verlust der eigenen nationalen Ernährungsgrundlage und Ungleichgewichten in den biosphärischen Stoffflüssen.

Folglich müssen Gesellschaften wenigstens in ökologischer Hinsicht dazu gebracht werden, die Komplexität ihrer Sicht auf die Natur des eigenen Gebietes sowie auf die globale Biosphäre auf ein System-Niveau zu bringen.

Das bedeutet, dass sowohl die Reduktion der Ökosysteme auf einzelne Arten ebenso kontraproduktiv ist für die eigenen Interessen und die Sicherung der globalen Biosphäre wie die Reduktion der Weltkomplexität auf die eigene gesellschaftliche Ganzheit und deren Bedürfnisse.

Gefordert ist also eine systemische Betrachtung der Natur in ausreichender nationaler Komplexität als Ökosysteme und internationaler Komplexität als Biosphäre, da nur durch die Anerkennung der Abhängigkeiten aller Gesellschaften von der Erhaltung der Biosphäre als Ganzer und des notwendigen Beitrags vor allem der Industriestaaten dazu, eine gemeinsame Zukunft wird möglich sein. Davon sind wir derzeit weit entfernt.

12.6.5 Wachstum erfolgt gegen die Ökosysteme und bedingt Expansion und Krieg

Wichtige Voraussetzung für die Erhöhung der Lebenssicherheit ist, wie der Übergang zur Sesshaftigkeit zeigt, die Überschusserzeugung zur Vorratsbildung und Erlangung von Überschusszeit für andere Tätigkeiten (Arbeits-Ausweitung, -Teilung und -Spezialisierung).

Die Entwicklung nach dem Sesshaftwerden zeigt aber auch, dass eine Steigerung der Überschüsse auf Kosten der Natursysteme den Sicherheitsgewinn ins Gegenteil verkehrt: Da dieser mit der Erosion der Fruchtbarkeit des Landes erkauft wurde, sanken die Überschüsse, sodass die gewachsene Bevölkerung nur noch durch Fernversorgung mit Lebensmitteln und, früher oder später, durch Flucht und kriegerische Expansion ernährt werden konnte.

Zu Zeiten der Grundherrschaft, die wohl vom Neolithikum bis ins 18. Jh. dauerte, wurden die Überschüsse der landwirtschaftlichen Produktion – in schlechten Erntejahren auch ein großer Teil des Lebensnotwendigen für die Bevölkerung – von den Grundherrschaften in Form des Zehent und der Fronarbeit, abgeschöpft.

Im Gefolge der Befreiung vom Feudalismus entfalteten die vermögenden Unternehmer die industrielle Güter-Produktion. Diese hat das Abschöpfen des Überschusses über dem Lebensnotwendigen der Bevölkerung, in Form des von den Unternehmern angeeigneten Gewinnes, zur neuen Normalität gemacht. Überschusserzeugung und Vorratsbildung als wichtigste Errungenschaften der Menschen zur Verbesserung der Überlebenschancen wurden durch die kapitalistische Produktion um des Gewinnes willen zur fortwährenden Bereicherung weniger pervertiert:

Denn wenn nur noch produziert wird, wenn von den Produzenten Überschüsse und also Gewinne erlangt werden können, dann widerspricht dies dem eigentlichen Zweck des Überschusses, nämlich Vorrat zur Sicherung der Ernährung zu sein und dadurch vermittelt, Zeitspielraum für neue Tätigkeiten zu bekommen, fundamental.
Was die Gesellschaften damit bekommen sind zwei Tendenzen, die die Sicherheit der Ernährung beständig gefährden: Einerseits die künstliche Verknappung der Produktion, um die Preise der Produkte hochzutreiben und andererseits die unentwegte Überproduktion

auch dann, wenn diese hohe Umweltschäden, hohe Aufwendungen für Lagerhaltung und künstliche Beseitigung als Abfall zur Folge haben. Ein Schutz der Natursysteme vor Ausplünderung ist in dieser durch die Gewinnspekulation angetriebenen und über Wachstum realisierten Profitwirtschaft ebenso wenig zu erwarten wie eine wirkliche Verbesserung der Versorgung im Einklang mit der Natur und durch größere Handlungsspielräume für die Menschen, um eine naturförderliche Lebensweise praktizieren zu können.

Seit dem Sesshaftwerden gibt es also eine Eskalation der Überschusserzeugung auf Kosten der Natur infolge privater Aneignung der Überschüsse zunächst durch die Grundherren, und dann, auf stark erweiterter und diversifizierter industrieller Produktionsbasis, durch die kapitalistischen Unternehmer. In beiden Fällen gelangt die vermögenslose Bevölkerung (Bauern, Arbeiter, Handwerker) nur so weit in die Gunst der Überschüsse, dass sie gezwungen bleibt weiterhin den größten Teil ihrer Lebenszeit intensiv für andere zu arbeiten. Auf der anderen Seite eskaliert die Übernutzung der Natur und die daraus gezogenen Gewinne auf das heutige, für Mensch und Natur absolut inakzeptable Ausmaß (siehe die lebensbedrohenden Auswirkungen des Klimawandels – Hitze und Hochwasser – für die Menschen)

Folglich haben die expansiven Kriege um neues Land und frische Ressourcen niemals abgenommen, sondern mit den Weltkriegen im 20. Jh. und der sich anbahnenden kriegerischen Konfrontation zwischen ressourcenarmen Hochverbrauchsländern und ressourcenstarken Hochverbrauchsländern heute, zu Beginn der 20er Jahre des 21. Jh., einen neuen Höhepunkt erreicht.

Damit scheint die Entwicklung der Gesellschaften seit der Sesshaftigkeit fundamental mit Überausbeutung der Natur, Bereicherung der Führungsschichten und Krieg um Ressourcen verbunden.
Allein die Aufklärung hat mit dem tatsachenbegründeten logischen Denken, mit der Subjektwerdung des mündigen und vernünftigen Menschen und mit der demokratischen Mitwirkung aller bei der Gestaltung des gesellschaftlichen Lebens eine Zäsur gebracht: Nämlich dass der Mensch sich auf seine (alte) Konstitution als Naturwesen und als (neues) souveränes Subjekt seiner Lebensgestaltung besinnt, um zu den Natursystemen ein Verhältnis zu finden, das beiden dient: der Erhaltung und Steigerung der Eigenproduktivität der Natursysteme durch ihre intelligente Förderung und einem Auskommen mit dem, was die Natur – ohne sie zu zerstören – zu bieten hat.

12.6.6 Transformation der Gesellschaften wodurch? Durch die Bürger oder durch das System?

Die Entwicklung der Gesellschaften seit dem Sesshaftwerden ist mit dem Makel der Überforderung und Zerstörung der Natur auf den genutzten Gebieten und, durch Expansion per Handel und Eroberung, nahezu der gesamten Biosphäre verbunden.

Gesellschaften werden von Vermögenden und Eliten (Politiker eingeschlossen) geführt, die sich ihrer bedienen, um selbst ein noch luxuriöseres Leben führen zu können. Da dies, wissenschaftlich erwiesen, in jeder Hinsicht evident ist, können die Gesellschaften an sich, als

Ganze gesehen, nicht als die entscheidenden Agenten im Kampf um die Eindämmung der Erderhitzung erachtet werden: Wie die Geschichte des Kampfes gegen den Klimawandel seit dem Kyoto-Protokoll 1997 zeigt, tendieren die Industriegesellschaften immer zu Versprechen, die sich aufgrund ihrer Untätigkeit oder untauglichen Instrumente in der Praxis (wie z. B. dem Emissionshandel) als Lippenbekenntnisse erweisen, die jedes Jahr von weiteren Anstiegen der Treibhausgase in der Luft überholt werden.

Dadurch, dass die Menschheit seit dem Pariser Klimaschutzabkommen bis zum Ende des 21. Jh. nicht auf die versprochene Eindämmung auf 1,5 °C Erwärmung zusteuert, sondern auf wenigsten 2,5 bis 3,5 °C Erwärmung oder noch mehr, ist vollkommen klar, dass die Industriegesellschaften über ihre Politiken nur jene „Kommunikation" von stimmigen Absichten zustande bringen, wie sie die modernen Theorien gesellschaftlicher Systeme als für das Überleben der Gesellschaften notwendige, Komplexität reduzierende, Erklärungen für ihre Funktionäre in den entscheidenden Subsystemen dieser Theorien vorsehen.

Der Clou dieser modernen sozialen Systemtheorie ist, dass der Mensch als Staatsbürger nicht mehr, wie in den Verfassungen der westlichen Nationen verbrieft, als Mensch gilt, von dem die Macht ausgeht, um das Handeln der Gesellschaften, also auch das Krisenhandeln gegenüber dem Klimawandel u. a. Krisen zu bestimmen, sondern als Umwelt, als Umwelt dieses, gegenüber seinen Mitgliedern verselbstständigten Systems.
Tatsächlich agiert die derzeitige Politik auf EU-Ebene und auf der nationalen Gesellschaftsebene innerhalb der EU-Staaten genau in diesem Sinne eines übergeordneten Systems, das sich von den Bedürfnissen, Interessen und vor allem Rechten ihrer Staatsbürger völlig entfernt hat, um anderen übergeordneten Interessen zu dienen. Dass sich dies die Menschen in den angeblich freiheitlich demokratischen Gesellschaften des Westens nahezu bedingungslos gefallen lassen, kann nur als Ausfluss ihrer grenzenlosen Konsummentalität, Versorgungshaltung und antiaufklärerische Desorientierung durch die Massenmedien erklärt werden, welche in dieser Systemtheorie als zentrale Agenten der Systemsteuerung im Sinne übergeordneter Interessen gelten.

Angesichts dieser vollkommenen Preisgabe der Ideale der Aufklärung hilft hier nur die Berufung auf die demokratisch verbrieften Rechte innerhalb der immer noch demokratisch verfassten Nationen und die Verteidigung dieser Rechte durch ihre Praktizierung:

Denn die menschlichen Gesellschaften sind, wie Ökosysteme, keine höheren Wesen, sondern komplexe Lebensgemeinschaften, worin die Menschen, ihr Leben und die dafür maßgeblichen Bedürfnisse und Fähigkeiten zum eigenen Vorteil mittels Kooperation und im Austausch mit anderen und mit der Natur entfalten und so zu ihrer allgemeinen und idealer Weise auch zur Wohlfahrt der Natur beitragen.
Im Unterschied zu Ökosystemen sind menschliche Gesellschaften, wie Menschen, der Selbstreflexion und also auch zur Veränderung ihres Verhaltens als Ganzheit fähig. Darauf sollten in Demokratien alle Bürger Einfluss haben um die Gesetze, Einrichtungen und Ausgaben so zu gestalten, dass existentielle Probleme wie heutzutage die Erderhitzung und das

Artensterben so angegangen werden, dass die Treibhausgasemission und die Zerstörung der Ökosysteme tatsächlich zu stoppen sind.
In Gesellschaften, in denen das Gewinnprinzip und dessen Mechanismus, das Wachstum, dominiert, sind die Aussichten dazu denkbar schlecht, da eine Verpflichtung des daraus entstandenen Eigentums, zumindest im deutschen Grundgesetz, mehr schlecht als recht, nur für das soziale Wohl der Bevölkerung, jedoch nicht für die Natur und ihre Ökosysteme besteht. Der 1994 verabschiedete Artikel 20a des Grundgesetzes schützt die „natürlichen Lebensgrundlagen und die Tiere" lediglich „im Rahmen der verfassungsmäßigen Ordnung durch die Gesetzgebung und nach Maßgabe von Gesetz und Recht …".

Wenn die Ökosysteme nicht durch neue Gesetze geschützt werden, bleibt Art. 20a nur eine Absichtserklärung, da die geltenden Gesetze und Rechte diesen Schutz für die Ökosysteme nicht beinhalten. Daher braucht man sich über die weitgehende Wirkungslosigkeit der Naturschutzgesetze nicht zu wundern.

Auf dieser Grundlage und innerhalb der Verfassungen westlicher Nationen gibt es also keine System-Interessen an und für sich, die nicht durch ihre Staatsbürger zu autorisieren wären und diesen zu dienen hätten. Wenn anderes behauptet wird, wie dies im Zuge der Anwendung von Luhmanns Systemtheorie passiert, widerspricht dies der demokratischen Verfassung der Nationen und den Interessen und Rechten aller Staatsbürger grundlegend. Dass dies sogar in Kreisen der Wissenschaft akzeptiert wird, erscheint wie ein neuer Kniefall vor „höheren" Interessen, wie zu Zeiten des frühen 20 Jh., die bekanntlich in kriegerischen Katastrophen endeten!

Die Anwendung dieser auf den Darwinismus und seiner völkischen Überlebenskampfideologie zurückgehenden Theorie moderner Gesellschaften kommt einer neuen Selbstermächtigung der Eliten zur Unterjochung der Bevölkerung und kriegerischen Expansion um Land und Ressourcen gleich, wie dies bereits im vorigen Jahrhundert der Fall war.

Die tatsächlich Rückgebundenheit aller gesellschaftlichen Einrichtungen und Gesetze, einschließlich der Parteien, an die Bedürfnisse und Interessen der Staatsbürger in allen demokratischen Nationen seit der Aufklärung, verbietet eigentlich solche Phantasmen der Höherrangigkeit gesellschaftlicher Ganzheiten gegenüber ihrer Bevölkerung.

Um dieser rechtswidrigen Anmaßung der sozialen Systemtheorie und der danach handelnden offiziellen Politik des Staates und aller derzeitigen Parteien, im Sinne einer tatsächlich wirkungsvollen Klima- und Artenschutzpolitik entgegenzutreten, bedarf es eines Wiederanknüpfens an die Naturrechtsposition der Aufklärung, wonach alle Menschen als Naturwesen gleich sind und als solche in ihren gleichen Bedürfnissen als letzte Instanzen der Legitimität des Staates zu respektieren sind (Aktionäre sind dabei nicht mehr als Arbeiter).

Um den Menschen in Zeiten der totalen Gefährdung der Naturgrundlagen des Lebens ein Überleben zu ermöglichen, bedarf es neuer sozialer Bewegungen der Menschen als Naturwesen und als einsichtige Kulturwesen von den Regionen her, um die antidemokratischen und antiökologischen Machenschaften der großen Politik zugunsten des gewinnverpflichteten Wachstumsregimes mit nachhaltigen Projekten einer regional-ökologischen Selbstorganisation der Menschen als Natur- und Kulturwesen in die Schranken zu weisen.

Die Krisen der Welt – Erderhitzung, Verlust der Biosphäre, Atomkrieggefahr – werden nur von den Menschen an der Basis der Gesellschaften her, aus den Regionen heraus, wirklich bekämpft werden können, weil nur die Menschen vor Ort in der bitteren Wirklichkeit der Naturzerstörung zu leben haben und leben und nicht die Politiker und Reichen in ihren luxuriösen Enklaven, die sich der gesellschaftlichen Institutionen und Systemtheorien lediglich bedienen, um ihre Gier nach Macht durch Geld weiter praktizieren und legitimieren zu können.

12.6.7 Vom Anreiz Kapital-Gewinn zum Anreiz Natur-Gewinn

Aus dem das Sesshaftwerden begründenden Streben nach Nahrungsüberschüssen und -bevorratung mittels selbst veranlasster natürlicher Wachstumsprozesse entstand infolge Übernutzung des Gebietes bald Expansionsbedarf. Dieser wurde vermutlich von den Anführern der Ursprungsgesellschaften zur persönlichen Aneignung der eroberten Gebiete genutzt. So entstand die Feudal- oder Grundherrschaft, die zwar immer noch vom Streben nach ausreichender Nahrung geprägt war, dies jedoch in einem größeren, abgehobenen Stil mittels Eroberung neuer Gebiete und Versklavung der unterlegenen Völker zu erreichen trachtete.

Zugleich differenzierte sich die Bevölkerung: Erstens in die Kaste der Anführer samt Militär, zweitens die durch Abstammung mit ihnen verbundene einfache Bevölkerung aus Bauern und Handwerker und drittens die versklavten Fremden als billige Arbeitskräfte. Die Überschüsse wurden von den Herrschaften in Form von Naturalabgaben und Arbeitsdiensten von den Bauern und vermutlich auch Handwerkern und Händlern abgeschöpft.
Die Feudalherrschaft weitete also den stofflichen Ursprungsanreiz nach einer höheren Ernährungssicherheit, der zur Sesshaftigkeit führte, um den Aspekt der Unterwerfung neuer Gebiete einschließlich Bewohner als billige Arbeitskräfte aus. Damit trat neben die Überausbeutung der Natur für Nahrungssicherheit ein neuer zweiter Faktor: Der fremde, unterworfene Mensch als reine Arbeitskraft ohne angestammte Verbindungen zu den Herrschaften.

Der Sturz der Feudalherrschaft im 18. Jh. erfolgte durch die gemeinsame Aktion der bisher leibeigenen unfreien Bauern, Tagelöhner und Handwerker einerseits und einer neuen Schicht von durch Handel und Handwerker in den Städten reich gewordenen Bürger, die nicht mehr bereit waren, Abgaben an die Grundherrn zu entrichten.

Die sog. Kaufleute, die z. T. bereits Manufakturen im Bereich Textil, Holz, Metall, Transport u. a. betrieben, hatten ihr Vermögen allein aus der Verlagerung von günstig zu erwerbenden Überschüssen anderer Länder in den nachfragestarken zahlungsfähigen Markt des eigenen Landes erlangt. Basis ihres Gewinnes war allein die Differenz zwischen Überschuss- und Knappheitssituation und dies, dass es Zahlungsmittel gab, die allgemein bereits anerkannt waren.

Im Handel entstand also erstmals eine Möglichkeit zur Steigerung des privaten Anteils am Überschuss eines Landes über das hinaus was Grundherrschaften erlangen konnten, ohne

Vergrößerung des Landbesitzes, allein durch den Ankauf von Ware im Ausland und deren Verfrachtung ins eigene Land. Basis war allein die geringere Knappheit des gehandelten Produkts im Ausland gegenüber dem Inland und die höhere Zahlungsfähigkeit des Inlands gegenüber dem Herkunftsland.

Der Handel ist also wohl die eigentliche Basis für die rein gewinnorientierte Betrachtung und Handhabung von Produkten, die eigentlich alle Produkte von Gesellschaften sind, die diese Produkte der Natur auf ihrem eigenen Gebiet durch Ausbeutung abgerungen haben und die ihnen meist nach Eroberungen ganz einfach gestohlen wurden.

Nicht von ungefähr waren es die mit dem überregionalen Handel verknüpften Städte, die bereits über den Handel ihre eigene Versorgungsbasis auch bei Lebensmitteln hatten, die sich von der Feudalherrschaft befreien wollten und dies, nach dem entbehrungsreichen 30 jährigen Krieg im 17. Jh., im 18. Jh. zu allererst in Großbritannien erreichten.

Der Gewinn-Anreiz setzt also in den Ländern Märkte und allgemein anerkannte Zahlungsmittel voraus und nutzt zunächst bei der Gewinnerzielung mit bestimmten Produkten die Preisdifferenz zwischen Überschuss- und Knappheitsmärkten zwischen Ländern zur Gewinnerzielung mittels Transfer billiger Überschussware aus Überschussländern in Knappheitsländer mit einer starken kaufkräftigen Nachfrage. Auf diese Weise konnten Kaufleute mehr Geldreichtum akkumulieren als Grundherrschaften (der Gunst des Überschusses ist der Raub mit oder ohne militärischer Intervention äquivalent).

Der Gewinn-Anreiz wird zum zentralen Motiv der Wirtschaft eines Landes, wenn die Differenz zwischen Überschuss und Knappheit, die ursprünglich auf mehrere Länder verteilt war, in dem betreffenden Land – auf dem Wege der industrialisierten Herstellung von für lebenswichtig erachteten Produkten – quasi internalisiert wird. Über die Industrialisierung eroberte der Handel mit seiner nur am (substanzlosen) Unterschied zwischen Überschuss und Knappheit interessierten Gewinnorientierung die Märkte und schließlich auch die gesamte Gesellschaft. Die zahlungskräftige Nachfrage dafür kam ursprünglich aus dem Ernährungssektor (und den daraus erwachsenen Handwerken), der immer noch auf die Nahrungsüberschüsse natürlicher Wachstumsprozesse angewiesen war und letztlich Basis der Gesellschaft samt ihrer steigenden Nachfrage nach Industrieprodukten war und blieb.

Dadurch hat sich die gewinnorientierte Industrieproduktion seit der rapiden Entfaltung im 19. Jh. als schier unübertrefflich erwiesen:

- Bei der Versorgung der Bevölkerungen mit allen erdenklichen Produkten, die ein behaglicheres Leben, mehr Komfort, eine Beschleunigung vieler Abläufe, der Kommunikation, Mobilität usf., also eine Kette grenzenloser Wunscherfüllung brachten.
- Bei der Flexibilität und Zuverlässigkeit der Versorgung, welche aufgebaut wird bei genügend Nachfrage und zurückgefahren wird bei deren Rückgang.
- Bei der Verbilligung der Erzeugung durch neue Techniken, weil diese stetig die Arbeit erleichtern und Arbeitskräfte ersetzen und dadurch Spielraum schaffen für mehr geistig-schöpferische Tätigkeiten.

Andererseits sind aber die großen Nachteile der gewinnorientierten Industrieproduktion nicht zu übersehen:

- Sie steigert die Bedürfnisse und damit den Naturverbrauch weit über das Maß hinaus, das die Natur verträgt, d. h. zur Reproduktion der natürlichen Lebensgrundlagen benötigt.
- Sie bedarf der stetigen Verbrauchssteigerung, um Gewinne erzielen zu können. Dafür muss sie unentwegt neue Bedürfnisse schaffen wie z. B. nach permanenter Kommunikation, um die modernen digitalen Kommunikationstechniken gewinnbringend verkaufen zu können, obwohl diese Techniken die Menschen immer unselbstständiger machen.
- Sie ist darauf erpicht die Gratisleistungen der hochproduktiven Natursysteme durch Verschmutzung, Substanzentnahmen bis hin zur Zerstörung zu verknappen, um mit der Herstellung von Ersatzprodukten ein neues lukratives Geschäft zu begründen.
- Sie tendiert dazu die Eigenleistungsfähigkeit der Ökosysteme komplett durch Substanzentnahmen, Flächenverbrauch und Ersatzprodukte zurückzudrängen, um das ganze Leben nur noch mittels industriell erzeugter Produkte, also gewinnbringend, zu fundamentieren und zu organisieren.

Gewinnorientierte Produktion ist also eine von natürlichen Bedürfnissen und Ressourcen vollkommen entfremdete Produktion für einen zunehmend abstrakter, das heißt naturferner konzipierten und versorgten Menschen, der sich für zunehmend abstraktere Produkte z. B. für die Kommunikation, interessiert.

Gewinnorientierte Produktion kennt in Hinsicht auf die Gewinnung von Nahrung und notwendigen Stoffen aus der Natur keine Grenzen der Naturzerstörung: Am liebsten wäre ihr eine Ernährung der Bevölkerung vollständig aus der Retorte mit einem maximalen Anteil an industrieller Verarbeitung und Aufbereitung.

Wie also wäre von dieser Gewinnmaxime zu einem vernünftigen natürlichen Maß zurückkehren?

Aus der Analyse des historischen Werdegangs des Motivs der Steigerung der Ernährungssicherheit durch Nutzung des Überschusses sehr ergiebige Pflanzen durch Selbstkultivierung der Pflanzen und Bevorratung ihrer Ernten, einschließlich der regelmäßig nachfolgenden Umkehrung des Fortschritts infolge Auspowerung der Natur auf dem eigenen Gebiet und Zwang zur Expansion, ergeben sich viele Ansätze von zwei Seiten:

Von der Seite der Gesellschaft, des Staates und der Politik her:

Statt Zerstörung der Natur durch Substanzentnahmen und Überausbeutung der Ökosysteme:

- Schutz aller Ökosysteme durch Verbot des Ökozides im Verfassungsrang.
- Anerkennung der Eigenproduktivität der Ökosysteme und deren Grenzen als Grundlage menschlicher Bedürfnisbefriedigung.
- Enge Begrenzung der Kompensation von Mangelsituationen über den Import.
- Übergang zu einer auf Sparsamkeit und Recycling beruhenden handwerklichen Produktion für Produkte, die lebensnotwendig sind und die die Ökologie nicht belasten.
- Verbot von Produkten, die die Ökosysteme zerstören.
- Verbot der Überschusserzielung, die nicht auf der Eigenproduktivität der Natursysteme und deren Förderung beruht.
- Verbot jeglicher Produktion um des Geld-Gewinnes willen – Gewinnsucht entspringt der substanzlosen Gier nach einem Vorteil gegenüber Mensch und Natur und sollte geächtet werden.
- Die Einkommenssicherung durch die Arbeit für andere wird ersetzt durch ein bedingungsloses Grundeinkommen und die freiwillige Betätigung in lebensdienlichen Tätigkeiten und Produktionen.
- Wirtschaftliches Wachstum ist Indikator für eine negative, naturzerstörende Entwicklung.
- Wachstum der Ökosysteme wird zum Indikator für eine positive Entwicklung der Lebenschancen der jetzt lebenden Menschen und der kommenden Generationen.

→ Die Ernährungssicherheit ist nur durch die gleichzeitige Entwicklung der Ökosysteme zu verbessern.

→ Überschüsse sind nur tolerabel, wenn sie mit einem Wachstum der Natursysteme erzielt werden oder einhergehen.

→ Einzelne Pflanzenarten allein sind ungeeignet, um Fortschritte bei der Ernährungssicherheit zu erzielen – entscheidend ist der ökosystemische Verbund mit seinen spezifischen Lebenssicherungsleistungen.

→ Die Verfügbarkeit von Produkten ist real begrenzt auf die Leistungsfähigkeit der Ökosysteme und in einer gerechten Welt vieler Menschen nicht durch Importe aus anderen Ländern konstant zu halten, wenn nicht diese Länder samt Biosphäre Schaden nehmen sollen.

Von den Individuen, ihrer Lebensweise und ihrem Verhältnis zur Ökologie her:

Statt grenzenlosem Konsum auf der Basis lebenslanger Arbeit für andere, die dadurch immer reicher werden und Macht erlangen über die Gesellschaft:

- Rückkehr zu einem genügsameren Leben in Verbindung mit der Natur in Stadt und Land durch Wiederherstellung einer eigenen natürlichen Subsistenzbasis auf der Grundlage der Förderung von Ökosystemen (z. B. durch die Errichtung von Permakulturgärten und Partnerschaften mit Landwirten).
- Umstellung der Ernährung und Produkte des täglichen Bedarfes auf ökologieverträgliche und klimaschonende Produkte.
- Mitwirkung an der Entwicklung der regionalen Selbstversorgung mit Lebensmitteln und anderen Naturstoffen zur Entwicklung der regionalen Ökosysteme und zum Abbau der Fernversorgung.
- Übergang vom Kaufen um des Kaufens und der kurzen Befriedigung willen, das die Natur weltweit zerstört, zur Selbsterzeugung des Lebenswichtigen im Einklang mit der Natur.
- Lernen komplexer und ökosystemischer zu denken, d. h. die eigene Lebensweise in ihren Auswirkungen auf die Natursysteme zu erkennen und entsprechend umzustellen auf eine Lebensweise, die die Natur nicht belastet und zerstört, sondern die Natursysteme in deren Eigenleistungen, von denen die Menschheit abhängt, erhält und fördert.
- Lernen, sich auf der Grundlage der noch vorhandenen Ökosysteme und größerer Zeitspielräume infolge Wegfall des Arbeitszwanges, selbst neu zu organisieren und Kooperationen mit den Menschen in der gemeinsamen Umgebung zu bilden.
- Lernen, dass zur Eindämmung des Klimawandels, Artensterbens und der Erdverschmutzung die Erhaltung und Förderung der Ökosysteme viel wichtiger ist als die Aufrechterhaltung eines hohen Verbrauches und Wirtschaftswachstums.
- Zur Einsicht kommen, dass die Erhaltung der Ökologie absoluten Vorrang haben muss vor allen hedonistischen menschlichen Gelüsten und Befriedigungen, die letztlich nur durch die zerstörerische Überausbeutung der Natur und damit durch Selbstzerstörung des Menschen zu befriedigen sind.
- Abschied von der Illusion, dass neue Technik Hilfe sein könnte bei der Bekämpfung des Klimawandels und Rettung der Biosphäre: Neue Technik bedeutet immer neuen Naturverbrauch entweder in Form von Naturstoffen oder in Form der Zurückdrängung der Ökosysteme.
- Entscheidend ist die Reparatur der bisher eingesetzten Mittel und Ausstattung und die Senkung des Energie- und Stoffverbrauches durch Umstellung auf eine ökologieverträgliche Lebensweise mit den eigenproduktiven Ökosystemen als Lebensbasis.
- Die Dramatik der Zuspitzung des Klimawandels zu einem unkontrollierbaren Sich-selbst-verstärker mit einer beschleunigten Freisetzung von Treibhausgasen aus der

Natur selbst z. B. infolge der Waldbrände, verlangt von den Menschen allein schon aus Gründen des Selbstschutzes eine Beendigung des gedankenlosen Hyperkonsums und eine Gegenpositionierung zum staatlichen Festhalten am Wirtschaftswachstum und Einsatz neuer Technologien zur Bekämpfung des Klimawandels. Diese Politik basiert auf reinen Versprechen, die nicht gehalten werden können, sondern dazu dienen, das Profitmachen und den Lebensstil der Reichen weiterhin abzusichern.

- Die Menschen haben nur eine einzige Chance, um das üble Spiel der Eliten mit den Hoffnungen der Menschen auf Besserung durch Technik und kriegerische Expansion zu durchbrechen:

→ Sie müssen sich als souveräne Individuen im Wissen um die zentrale Bedeutung der Ökosysteme für ihr eigenes Überleben und den Fortbestand des Lebens auf Erden zusammentun um in einem Bottom-up-Prozess von den Regionen her ihr Leben naturverträglich zu organisieren. Dazu bedarf es der Verteidigung ihrer demokratisch verbrieften Freiheiten und Rechte vor allem zur Erlangung von Verboten des Ökozides, des Vielverbrauches, des hedonistischen Luxuskonsums, flächenungebundener Tierhaltung, der grenzenlosen Bereicherungssucht usw. usf.

12.7 Worin besteht die Zeitenwende?

Seit dem Sesshaftwerden entwickeln sich die Gesellschaften gegen die Natur und zugunsten von Eliten, die die Überschüsse aus der Überausbeutung der Natur abschöpfen und zur Militarisierung der Gesellschaften nutzen um kriegerisch expandieren zu können. Dies ist in Demokratien nicht anders, da hierin das reale Leben der Menschen bestimmt ist vom Zwang zur Arbeit für andere und der Bereicherungssucht der Reichen, die glauben mit Geld den Vorteil einer höheren Lebenssicherheit erlangen zu können. Aber genau diese zerstören sie für alle mit ihrer grenzenlosen Gier nach unendlichem Wachstum.

Wenn nun die demokratischen Industriegesellschaften ihren Vorzug der formalen Mitwirkung der Staatsbürger bei der Rekrutierung ihres politischen Führungspersonals über freie Wahlen als besonderen Wert an sich betrachten, ohne den übergroßen Hunger ihrer Wirtschafts- und Lebensweise nach Ressourcen weltweit und ihren damit verbundenen, auch kriegerischen Expansionismus als entscheidende Ursache für die Krisen der Welt, Erderhitzung, Artensterben, Erdverschmutzung und Weltkrieggefahr, anzuerkennen, befinden sie sich auch gegenüber Tatsachen, Wissen, Wissenschaft und Aufklärung auf dem Kriegsfuß!

In diesem Sinne als „werteorientiert" bezeichnete Politik ist eine Politik des finsteren Mittelalters in dem die Huldigung abstrakter „Werte" wie z. B. der Gottgläubigkeit, gottgegebener Hierarchien und Jenseitshoffnung mehr galten als die Wahrnehmung und Kritik des entbehrungsreichen Lebens der Leibeigenen im Verhältnis zum Luxusleben der weltlichen und kirchlichen Grundherrschaften.

„Wert"-Orientierung bedeutet:

- Wider die Tatsachen der Folgen des eigenen Handelns und Wirtschaftens,

- wider das aufgeklärte Wissen über die Begrenztheit und Schutzwürdigkeit der Natursysteme,
- wider die Aufklärung über die Alternativen des Handelns und
- wider einem geschichtlichen, d. h. objektiven Begreifen des Entstehens der Konflikte und den daran beteiligten Interessen in der Gegenwart.

Übertragen auf die Gegenwart der Erderhitzung, der Artensterbens und der Gefahr eines nuklearen Weltkrieges zwischen extrem verfeindeten Blöcken aus ressourcenhungrigen und ressourcenreichen Machtblöcken bedeutet Werte-orientierte Politik eine totale Ignoranz der Realität des völlig unverhältnismäßigen ökologischen Fußabdrucks und entsprechenden Ressourcenhungers der Industriegesellschaften und den daraus resultierenden Interessen an einer weiteren Ausbeutung der übrigen Welt auf Kosten des Restes der Welt. Werte-orientierte Politik gibt vor, die Durchsetzung von Demokratie und Menschenrechten im Auge zu haben, verleugnet dabei aber die objektiven, am Hyperverbrauch, ewigen Wachstum und an Expansion orientierten Interessen der Industriegesellschaften um ihre Freiheits-, Gewinn- und Wohlfahrtsversprechen, gegen die globale Biosphäre und Weltgemeinschaft, weiterhin glaubhaft verfolgen zu können. Werte-orientierte Politik bedeutet damit einen Rückfall hinter die Errungenschaften der Aufklärung, die mit einem historisch sowie empirisch begründeten vernünftigen Denken mittelalterliche Hierarchien infrage stellte und auf der Basis des naturrechtlichen Prinzips der Gleichheit aller Menschen in die Menschenrechte transformierte.

Genau diese Aufklärung wird heute hintertrieben und als fragwürdig hingestellt, wenn die kriegerische Auseinandersetzung zwischen Ländern oder gar Machtblöcken weiterhin als Frage des Kampfes um abstrakte Werte wie Freiheit und Demokratie propagiert wird und nicht, wie in Anbetracht von Erderhitzung und Artensterben geboten, als Frage des realen und weiterhin beanspruchten Naturverbrauchs vor allem der Industriegesellschaften reflektiert, kritisiert und massiv infrage gestellt wird.

Im Zusammenhang mit dem von Russland durch seinen Einmarsch in die Ukraine Ende Februar 2022 begonnenen Krieg in der Ukraine wird in Deutschland von einer „Zeitenwende" gesprochen. Gemeint ist damit die Beendigung von 75 Jahren Frieden in Europa durch Russland und das geboten erscheinende Umdenken in Richtung militärischer Gegenwehr, wo bisher Prinzipien der Zusammenarbeit und der gegenseitigen Annäherung durch Handel galten. Dass diese Zeitenwende nicht bereits 1999, beim Krieg der NATO gegen Serbien, zur Erlangung eines Schutzes vor allem der Bevölkerung im Kosovo, ausgerufen wurde (mit nichts anderem als dem Schutz der russischen Bevölkerungsmehrheit im Donbass rechtfertigen die Russen den Einmarsch in die Ukraine) offenbart den propagandistischen Zweck des Zeitenwende-Geredes:

- Es dient in Deutschland offenbar dazu, einen plausiblen Grund für die Beendigung der Politik der Ostaussöhnung zu finden mit der das deutsche Eingeständnis für die Schuld am Zweiten Weltkrieg und die faschistischen Verbrechen aufs Engste verknüpft war. „Zeitenwende" soll wohl sagen, dass nun Russland der Aggressor ist und wir die Bedrohten und dass mithin die Schuld aus dem Zweiten Weltkrieg getilgt wäre.

- Zugleich schwingt mit dieser Fokussierung des Ausrufes einer „Zeitenwende" auf Krieg, Militär und Verteidigung unübersehbar die mehr oder weniger beabsichtigte Wirkung mit, dass andere wichtige Weltprobleme wie die Erderhitzung und das Artensterben in den Hintergrund treten und die verfügbaren Finanzmittel nun wieder mehr in Richtung Aufrüstung und Machtpolitik verausgabt werden sollten. Also in Richtung Business as usual.
- Damit erfolgt eine Umkehrung und Verengung der objektiv gegebenen Urheberschaft und gebotenen Verantwortung der Industrienationen für die globale Bedrohung durch die Erderhitzung zugunsten einer eigenen Bedrohtheit und Verantwortung für sich selbst gegen Russland und andere Länder, die sich dem Rohstoffhunger und Expansionsbedarf der Industrienationen nicht mehr so einfach unterwerfen wollen.

Tatsächlich also bedeutet objektiv, faktisch, wohl der Klimawandel die Zeitenwende. Darüber gibt es nach den vielen Klimaschutzkonferenzen und Daten der Klimaforscher eigentlich keine Meinungsverschiedenheiten, da die anhaltende Erderhitzung die ganze Menschheit bedroht, vor allem von den Industrienationen verursacht ist und somit nicht weniger als die Beendigung des industriegesellschaftlichen Entwicklungsmodells der Menschheit mit seinem als grenzenlos angesehenen Wachstum verlangt.

Russlands Überfall auf die Ukraine ist da nur ein neuer Krieg in der langen Liste der Kriege, die Länder, aus Gründen der Abwehr von Bedrohungen, Hunger nach billigen Rohstoffen und Lebensmittel und Wahrung ihres Einflusses auf die Versorgung mit wichtigen Gütern, in der bisherigen Geschichte der Menschheit geführt haben.

Diesen Krieg als „Zeitenwende" zu bezeichnen, bedeutet nichts anderes, als die Geschichte als Referenz für die Beurteilung von Vorgängen in der Gegenwart ebenso völlig zu ignorieren, wie das, was es bei einem wissenschaftlich fundierten Geschichtsbewusstsein, in Anbetracht der Erderhitzung und des Artensterbens, tatsächlich als völlig neue Konsequenz aus dem Geschichtsverlauf zu begreifen gälte:

Angesichts von globaler Erderhitzung und Naturvernichtung, die vor allem die Industriegesellschaften insbesondere durch Handel, Krieg und Zerstörungen im eigenen Land und vielen anderen Ländern verursacht haben, sind nicht die Europäer im besonderen Maße bedroht, wie das im Zusammenhang mit dem Krieg in der Ukraine suggeriert wird, sondern die ganze Menschheit und die Bedrohung geht u. a. von den Europäern und den USA aufgrund ihres Hyperverbrauches und ihrer naturzerstörerischen Produktions- und Lebensweise aus.

Der von der deutschen – rot-gelb-grünen – Bundesregierung in den Mund genommene Begriff der Zeitenwende dient ganz offensichtlich dazu, die aus der Erderhitzung u. a. resultierende Verantwortung für die Menschheit wiederum zu reduzieren auf die Verantwortung allein für sich selbst, gegen den Rest der Welt – wie dies besonders intensiv seit mehr als

200 Jahren, jedoch historisch seit mehr als 5000 Jahren, von den expandierenden Gesellschaften immer schon praktiziert wurde.

Das neue an der wahren Zeitenwende ist, dass die Reduktion von Komplexität als Methode der Durchsetzung eigener egoistischer nationaler Interessen nur mehr bei Gefahr des Untergangs der ganzen oder eines sehr großen Teils der Menschheit funktionieren kann, also selbstmörderisch wird.

Denn die Zeitenwende besteht objektiv in den durch die Produktions- und Lebensweise vor allem der Industriegesellschaften verursachten gravierenden Störungen der Biosphäre und deren lebensbedrohenden Folgen in Form der Erderhitzung und des Artensterbens, die ein Weiter-so bei vernünftigem wissenschaftlich begründetem Denken nicht mehr gestatten. Diesen objektiven Sachverhalt und Zusammenhang anzuerkennen verlangt von den Gesellschaften nichts anderes, als ihre Produktions- und Lebensweise grundlegend infrage zu stellen, wozu die entwickelten Industriegesellschaften, aber auch die Länder, die ihnen nacheifern, trotz demokratischer Verfassungen, offenbar weder bereit noch in der Lage sind.

Die notwendigen Änderungen zur Rettung der Biosphäre sind nicht von Techniken oder einem neuen Dritten Weltkrieg, der ein Nuklearer sein würde, zu erwarten, sondern bei klarem Verstand und Primat der Vernunft nur aus einer Analyse des Werdegangs des Verhängnisses in der bisherigen Entwicklungsgeschichte der Gesellschaften zu gewinnen.

Tatsächlich markiert die weiter zunehmende Erderhitzung mit ihren bereits jetzt absehbaren, vollkommen lebensfeindlichen Zuspitzungen für das Leben auf Erden überhaupt, eine Zeitenwende sondergleichen:

(1) Weil sie den Gipfelpunkt der Entwicklung der Menschheit darstellt, indem diese Entwicklung seit der letzten Eiszeit vor 10.000 Jahren auf Kosten der übrigen Natur stattfand und heute nicht nur alle anderen Arten gefährdet, sondern die ganze Biosphäre und damit die Lebensmöglichkeiten auf Erden überhaupt.

(2) Weil die in den vergangenen 8000 Jahren vom Menschen im Rahmen seiner Sesshaftigkeit kultivierten Ignoranz gegenüber der Biosphäre im Ganzen und gegenüber den hochproduktiven Ökosystemen sowie gegenüber den mittelbaren und langfristigen Schadensfolgen seiner system-blinden Natureingriffe nur um den Preis des Unterganges der Menschheit selbst aufrechterhalten werden kann. Also durch ein komplexeres, ganzheitlicheres und in diesem Sinne folgenbewussteres Denken und Handeln überwunden werden muss, um die Lebensgrundlagen zu retten.

(3) Weil es vor allem der vermöge gewinnorientierten industriellen Wachstums in den vergangenen 200 Jahren entstandene Hyperverbrauch an Natur und Energie ist, der die Biosphäre und das dem Klima zugrunde liegende System der Wasser-, Luft-, Gas- und Wärmezirkulation aus dem Gleichgewicht gebracht hat und daher zurückgefahren werden muss auf ein Niveau, das der Natur die Wiedererlangung der für ein gemäßigtes Klima erforderlichen stabilen Fließgleichgewichte ermöglicht.

(4) Weil vor allem die Industriegesellschaften als Hauptverursacher des Klimawandels dazu aufgerufen sind, ihren klima- und ökologieschädlichen Verbrauch absolut auf ein

Maß zurückzufahren, das ihnen eine Selbstversorgung mit dem Lebensnotwendigen mit Hilfe ihrer bisher stark vernachlässigten Ökosysteme ermöglicht, was nur möglich ist, wenn sie die Ökosysteme und deren Eigenproduktivität fördern und nicht weiter zerstören. Nur durch die Nutzung und Förderung der Ökosysteme und das Zurückfahren importträchtiger Verbräuche, können die Industriegesellschaften weitere Weltkriege um Ressourcen und die Gefahr einer nuklearen Selbstvernichtung der Menschheit verhindern.

Somit stehen die Industriegesellschaften vor der Alternative, auf der Basis eines Weiter-so im Wirtschaftswachstum, Naturverbrauch, ausbeuterischen Handel und kriegerischer Expansion, die Erderhitzung, das Artensterben, aber auch die Gefahr eines nuklearen Weltkrieges weiter zu befördern, oder sich radikal auf die eigenen ökologischen, technischen und wissenschaftlichen Möglichkeiten zu besinnen und zu beschränken um dadurch die globalen Risiken ihres Tuns zu minimieren.

Vor allem den an hohe Verbräuche gewohnten Reichen und Eliten dieser Welt dürfte es extrem schwerfallen, vom Gewinnmachen und bedenkenlosen Naturverbrauch Abschied zu nehmen. Soweit diese Luxusauffassung des Lebens als einem ewigen Schlaraffenland, das einem alle Wünsche erfüllt, ausgestrahlt hat auf die Bedürfnisse, Wohlfahrtserwartungen und Konsumgewohnheiten der breiten Masse der Bevölkerung, fällt auch der Mehrheit der Bevölkerung ein Umdenken in Richtung neuer Genügsamkeit und Anerkennung der Wohlfahrts- und Erholungsmöglichkeiten im eigenen Land wohl eher schwer als leicht.

Umso bedeutender ist die Erhaltung und der Ausbau der Beziehungen der Menschen zu den verbliebenen Ökosystemen in Stadt und Land mit mehreren gewinnbringenden Effekten:

- Der Erfahrung der besonderen Leistungsfähigkeiten der Ökosysteme hinsichtlich der Abbremsung und Milderung der Auswirkungen der Erderhitzung durch Verdunstung, Beschattung und Kühlung.
- Der Erfahrung der hohen vielgestaltigen Produktivität der Ökosysteme in Richtung Biomasse- und Nahrungsproduktion einerseits und Artenvielfalt, Luft- und Wasserreinhaltung und körperliches sowie seelisches Wohlbefinden andererseits.
- Der Erfahrung der hohen produktiven Potenz besonders vielfältig konzipierter Permakultursysteme für die Eigenversorgung mit Lebensmitteln während eines ganzen Jahres und der Verzichtbarkeit einer permanenten Arbeit für andere, um sich ausreichend versorgen zu können.
- Der Erfahrung, dass der Gewinn an Zeit und Kompetenz für eine von fremd bestimmter Arbeit unabhängige Organisation des eigenen Lebens, einschließlich weitergehender Selbstversorgung mit Lebensmitteln einen enormen Zuwachs an Lebensqualität bringt und zugleich viele bisher „benötigten" Konsumgüter verzichtbar macht.
- Der Erfahrung, dass die aktive Mitwirkung am Erhalt und an der Förderung der Ökosysteme in Stadt und Land auch zu einem entspannteren, friedfertigeren Umgang miteinander und mit der Natur beiträgt.

12.8 Nachbemerkung zur Rolle des Bevölkerungswachstums bei den Krisen der Welt

Geschichtlich betrachtet ist das Bevölkerungswachstum mit ziemlicher Sicherheit Folge von vier Faktoren mit ausschlaggebender, jedoch im jeweiligen Gewicht nicht genauer bestimmbaren Bedeutung:

- Dem Sesshaftwerden an sich als Übergang zu einem stationären Leben, das die Aufzucht von Kindern und dadurch die Geburtenrate an sich und durch die Absicherung des Gebietes stark beförderte.
- Dann der Zweck des Sesshaftwerdens selbst: Die Steigerung der Ernährungssicherheit durch die Gewinnung und Lagerung der ergiebigen Samenernten von Getreidepflanzen sicherte Nahrung auch bei schwierigeren Witterungsverhältnissen und stärkerer Konkurrenz um Wildfrüchte.
- Der Ausweitung der Samenerzeugung auf Kosten der ursprünglichen Ökosysteme und der von diesen hinterlassenen fruchtbaren Böden, also gegen die Natursysteme. Diese Überausbeutung der Natur wird bei der Angabe von Vorzügen der Sesshaftigkeit in modernerer Zeit meist unterschlagen.
- Die Abschottung und Ertüchtigung der Gesellschaften gegen Nahrungskonkurrenten, was ihnen im Bedarfsfalle die überlegene Expansion in wilde Naturgebiete und später die Eroberung bereits kultivierter Gebiete und damit (vor allem in Form der Sklaven) die Erlangung weiterer Vorteile ermöglichte, die das Bevölkerungswachstum beförderten.

Kein einziger, sondern nur das Zusammenwirken aller vier Faktoren vermochte wohl den anhaltenden Erfolg dieser im Neolithikum entstandenen und sich über das Altertum, die Antike, Rom, die mitteleuropäische Feudalherrschaft bis heute in wachsender Größenordnung und mit immer schnellerem Größenwachstum sich verwirklichenden Inselgesellschaften bewirkt haben (Erreichen von 1 Mrd. Menschen weltweit um 1800 und fast 8 Mrd. heute). Auch wenn dafür 6–8 Tausend Jahre benötigt wurden, während dem es für den Anstieg auf die heute erreichten ca. 8 Mrd. gerade mal gute 200 Jahre brauchte, können die für das Bevölkerungswachstum ausschlaggebenden Faktoren nicht auf jene begrenzt werden, die den Turbo seit 1800 zündeten: Industrieproduktion, Wissenschaft, bessere Gesundheitsvorsorge, leichteres Leben. Dahinter scheint sich letztlich das Zusammenspiel der vier historischen Faktoren zu verbergen, wobei vor allem die letzten beiden Faktoren an Bedeutung gewonnen haben:

- Industriegesellschaften intensivieren den Verbrauch der Natursysteme für Siedlungsland, Bodenschätze, Energie und Infrastruktur enorm, was allein im 19. Jh. in Deutschland fast zu einer Verdreifachung der Bevölkerung geführt hat.
- Industrieproduktion ist in erheblichen Teilen auch Rüstungsproduktion, sodass die modernen Industriegesellschaften des 18. und 19. Jh. leichtes Spiel hatten, den gro-

ßen Rest der Welt zu unterwerfen und unter sich aufzuteilen, was sie auch in die zwei globalen Endkämpfe, den Ersten und Zweiten Weltkrieg führte.

Bevölkerungswachstum erscheint also zumindest in einem von vier relevanten Faktoren Ergebnis einer gesteigerten Naturausbeutung und Naturverdrängung zu sein, was noch nicht bedeutet, dass der Bevölkerungszuwachs und seine Ernährung nicht auch mit einer schonenderen bzw. nachhaltigeren Naturnutzung einhergehen könnte.

Der Clou der Debatte über das Bevölkerungswachstum seit Malthus im 18. Jh. aber ist, dass von den vier genannten sozioökologischen Faktoren nur die Ernährungssicherheit eine Rolle spielt, wobei Malthus, in durchaus nachvollziehbarer Weise, davon ausging, dass die Bevölkerung schneller wächst als der Nahrungsvorrat, sodass er bereits im 18. Jh. für eine Geburtenkontrolle plädierte. Malthus zog dabei jedoch nicht in Betracht, dass die Beziehung zwischen Bevölkerungswachstum und Nahrungsvorrat durch die Fruchtbarkeit des Raumes vermittelt ist, in dem sich das Wachstum abspielt, sodass auch die Abnahme der Fruchtbarkeit des Gebietes zu einem Missverhältnis bzw. zu Hungerproblemen führen kann.

Unter dem Einfluss zunächst des Liberalismus (hohe Geburtenraten Zeichen der Wohlfahrt eines Volkes), dann des Darwinismus (hohe Geburtenrate naturnotwendig für das Überleben eines Volkes) sowie soziokultureller Unterschiede in der Stellung der Frauen in der Gesellschaft und Erfordernissen der Sicherung von Sozialsystemen wurde dann das Bevölkerungswachstum völlig von seinen sozioökologischen Voraussetzungen entkoppelt und zu einer Art Eigenwert bei der Sicherung des Wirtschaftswachstums, der Überlebenschancen eines Volkes, beim Überleben einer Familie und schließlich der Finanzierung der Renten: Ohne genügend Nachwuchs kein Erhalt von Volk, Rasse und Altersversorgung.

Im Dienste der Aufrechterhaltung des Wirtschaftswachstums und der Arbeit für andere um des Lebensunterhaltes willen, wird heute das Bevölkerungswachstum eigentlich vollständig dazu missbraucht, um den Konsum und das Gewinnmachen aufrechterhalten zu können.

Von rechten Kreisen wird nach wie vor die darwinistisch-völkische Karte gespielt, dass die Zahl der Kinder auch über die künftige Vorherrschaft der einen oder anderen Rasse entscheidet.

Fakt allerdings ist, dass das Rentensystem nur dann auf genügend junge Einzahler angewiesen ist, wenn die Einzahlungen der Rentner zu Zeiten ihrer Erwerbsarbeit nicht auf die hohe Kante gelegt wurden, sondern unmittelbar von der Hand der Arbeiter in den Mund ihrer Vorgänger gewandert sind, weil der Staat nicht für eine sichere Anlage der Rentenbeiträge sorgen konnte oder wollte.

Und das (völkische) Pochen auf genügend eigenen Nachwuchs ignoriert völlig die zentrale Bedeutung sozialer gesellschaftlicher demokratischer Verhältnisse für die Entwicklungschancen und Prägung der Menschen weit jenseits ihrer rassischen Herkunft.

Die Debatte um das notwendige Bevölkerungswachstum ist also von der gleich Irrationalität geprägt, wie im völkischen Kontext, weil angesichts von Klimawandel und Artensterben auch bei der Bevölkerung, wie im Bereich des Wirtschaftswachstums jegliche Schrumpfung vernünftiger ist als die Aufrechterhaltung der Zwangsläufigkeit der Gewinnerzeugung um des Erhaltes der Arbeitsplätze bzw. der Renteneinzahlung willen.

Umgekehrt wird ein Schuh daraus: Werden die Menschen aus dem Zwang zur Arbeit für andere mittels der Gewährung eines bedingungslosen Grundeinkommens befreit, dann bekommen die Menschen Luft sich mehr um ihre eigene Existenz kümmern und darüber hinaus selbstständig Arbeiten annehmen zu können, die ihnen Ersparnisse für ihr Alter ermöglichen – was der Staat offenbar nicht mehr garantieren kann oder will.

Die häufig diskutierten Fragen die bleiben sind folgende:

- Wie viele Erdenbürger wird die Erde noch tragen? Wovon hängt die Belastbarkeit der Erde ab und gibt es natürliche Grenzen?
- Kann sich das Bevölkerungswachstum – ohne Katastrophen – durch das Verhalten der Menschen selbst auf ein Niveau einpendeln, bei dem jeder Mensch ohne Hunger überleben kann? Und wovon hängt dieses Verhalten ab?

Klimawandel und Artensterben zeigen, dass die Grenzen der Belastbarkeit der Biosphäre durch die Art der menschlichen Naturnutzung längst überschritten sind. Die Konzentration auf wenige Nutz-Arten und die dadurch erfolgte Verdrängung der Ökosysteme durch ihre Übernutzung und Zerstörung, als bisher für das Bevölkerungswachstum – neben dem stationären Leben und die Entwicklung von Fähigkeiten zur Expansion – ausschlaggebenden Faktoren kann also nicht länger aufrechterhalten werden.

Gefordert sind also Diversifikation in der Nahrungsproduktion, bei gleichzeitiger Förderung komplexer Ökosysteme, die mit ihren Gratisleistungen für den Erhalt der natürlichen Lebensgrundlagen sorgen, als Voraussetzung für eine sichere Ernährung der Weltbevölkerung. Dies kann nur durch eine Gleichzeitigkeit der Entwicklung der Ökosysteme und der Verbesserung der Selbstversorgung vor Ort und in den Regionen erfolgen und nicht durch eine Ausdehnung der Großflächenlandwirtschaft, Steigerung der Erträge und Fernversorgung der Menschen. Letzteres ist Hauptursache für die Ungleichgewichte in der Natur und bei der Versorgungssicherheit der Menschen mit Nahrung und Einkommen.

Unter Bedingungen zunehmenden Wachstums der Natursysteme und der Selbstversorgung der Menschen vor Ort sowohl auf dem Land wie in den Städten, dürfte sich rasch zeigen, dass diese Art der symbiotischen Naturnutzung durch ihre gezielte Förderung viel mehr Menschen wird ernähren können als die auf Überausbeutung und Verdrängung der Ökosysteme setzenden Großflächenlandwirtschaft, die allein zum Gewinnmachen betrieben wird. Die Belastbarkeit der Biosphäre hängt davon ab, ob sie weiter zerstört oder gefördert wird.

Es ist vor allem die chemiebasierte Intensivlandwirtschaft die die Frage der Ernährung der Weltbevölkerung gerne thematisiert und dabei auf eine Frage hoher monukultureller Flächenerträge reduziert. In Wirklichkeit ist es genau diese Art von Landwirtschaft, die zu etwa 1 Mrd. akut hungernder und etwa 2 Mrd. Menschen mit zu wenig täglicher Nahrung führt, weil sie die Menschen von ihrem Land vertreibt, entwurzelt, von der Möglichkeit der Selbstversorgung abschneidet und abhängig macht von der Fernversorgung mit Lebensmitteln.

Von Beginn an zerstört diese ausschließlich profitorientierte Großflächen-Landwirtschaft durch Verdrängung der gewachsenen Ökosysteme und Übernutzung der Böden schließlich auch die fruchtbare Fläche der Erde. Dagegen hilft nur ein Aufstand der Menschen weltweit zugunsten einer eigenen Selbstversorgung im Einklang mit den Ökosystemen, die bei intelligenter Nutzung, d. h. Förderung nicht nur hochproduktiv sind beim Erhalt der natürlichen Lebensgrundlagen, sondern auch bei der Erzeugung einer großen Vielfalt an Nahrungsmitteln. Um den Anschluss an diese historische Aufgabe enormen Ausmaßes nicht zu verpassen, müssten die Agrarwissenschaften, vor allem auch die Agrarökonomen und Agrar- und Ernährungspolitiker endlich damit beginnen wirklich ökosystemisch und ganzheitlich zu denken, wie ihnen dies die Ökobauern und die Ökoverbände seit Jahrzehnten nahelegen.

Ein Festhalten am materiellen Wachstum auf Kosten der Ökosysteme hat unmittelbar zwei Konsequenzen:

- Die weitere Zerstörung der Biosphäre und Aufheizung der Erde.
- Die weitere Ausbeutung der militärisch schwächeren Länder mit Ressourcen durch die hochgerüsteten Länder mit einem Hyperverbrauch vom 3 bis 5-Fachen ihrer eigenen Ressourcen. Dieser Hyperverbrauch ist nicht ohne kriegerische Expansion aufrechtzuerhalten.

Die Beendigung des materiellen Wachstums durch den Schutz der Ökosysteme und den Übergang zur Förderung der eigenen Ökosysteme als Grundlage naturverträglicher Produktions- und Lebensweisen ist also eine Frage von Leben oder Tod entweder durch das Klimachaos und/oder Weltkriege um natürliche Ressourcen.

Im Zentrum der Probleme und ihrer Lösung stehen hier souveräne Staaten mit der rechtlichen Verpflichtung gegenüber ihren Bürgern und auch mit der Fähigkeit, Lösungen zu finden, worin der Hyperverbrauch gestoppt und die Ökosysteme auf eigenem Gebiet geschützt und gefördert werden.

Die Krisen der Welt sind also nur über die Vernunft und Organisations- sowie Handlungsmacht von Nationalstaaten zu lösen, weil sie die Gesellschaften repräsentieren, die über ihre Verhältnisse gelebt und dadurch die Krisen verursacht haben.

Eine Lösung der Krisen über internationale Organisationen, die etwa Befugnisse zum Eingreifen in die Staaten hätten, erscheint absolut unmöglich aus zwei Gründen:

(1) Wie dargelegt wurde, hängt alles vom Umgang mit den Ökosystemen vor Ort ab, weil sie die natürlichen Lebensgrundlagen reproduzieren und die Biomasse sowie Nahrung liefern. Entsprechend muss der Wandel von unten, Bottom-up, durch die Menschen erfolgen, auf deren Leben es ankommt, indem sie eine neue enge Beziehung zu den Ökosystemen aufbauen.

Nur durch die Erhaltung und Förderung der Ökosysteme wird es künftig sowohl regional sowie global den „Schutz der natürlichen Lebensgrundlagen und der Tiere“ geben, wie es das Grundgesetz im Artikel 20a seit 1994 vorsieht.

Diese Leistungen der Menschen an der Basis der Biosphäre und im Interesse ihres eigenen, kulturell je spezifischen Vermögens können nur von den Menschen selbst unter geeigneten, d. h. transformierten gesellschaftlichen Rahmenbedingungen organisiert und erbracht werden, keinesfalls stellvertretend über globalgesellschaftliche Mechanismen.

(2) Denn die Industriegesellschaften mit ihren auf Wachstum getrimmten Wirtschaften und davon hauptsächlich profitierenden Interessengruppen basieren auf einem Hyperverbrauch weltweiter Ressourcen, den diese Interessengruppen mit allen Mitteln zu verteidigen suchen. Dabei sind ihre größten Organisationen, die gewinnorientierten multinationalen Konzerne und Geldgeber im Vorteil, weil sie die einzigen Organisationen sind, die derzeit wirklich global, mit eigener Agenda und eigenen Ressourcen agieren und die Fähigkeiten zur Ausbeutung jeglichen Teils der Erde erlangt haben. Dadurch sind sie sehr reich und mächtig auch deshalb geworden, weil sie die Gesellschaften, in denen sie ihre Umsätze erzielen, von ihren internationalen Geld- und Warenströmen abhängig gemacht haben, sodass die Wende hin zum Schutz der Ökosysteme und der von diesen produzierten natürlichen Lebensgrundlagen im eigenen Land und weltweit nur mit einer Verminderung des hauptsächlich aus dem Ausland gespeisten Hyperverbrauchs gelingen kann.

Ob die Erde einen weiteren Anstieg der Weltbevölkerung ohne Hunger verkraften kann hängt also maßgeblich davon ob, ob die Industriestaaten ihren Hyperverbrauch an weltweiten Naturressourcen zugunsten des Schutzes und der Förderung ihrer eigenen Ressourcen verringern, also bereit sind ökosystemisch umzudenken.

Dies kann die Gegenüberstellung der weltweit verfügbaren Naturressourcen und der in Deutschland verbrauchten Naturressourcen auf einfache und unmissverständliche Weise zum Ausdruck bringen:

Übersicht – Weltweit verfügbare Naturressourcen (bei 8 Mrd. Menschen)

	%	Mrd. ha	ha pro Kopf
eisfreie Fläche gesamt		13,1	
nicht nutzbar	33,0	4,3	
Wald	31,0	4,1	0,5
Weide	24,0	3,1	0,4
Acker	12,0	1,6	0,2
Verfügbare Gesamtfläche pro Kopf			1,1

Bei 8 Mrd. Menschen verfügt also jeder Mensch theoretisch über 0,5 ha Waldfläche, 0,4 ha Wiese und 0,2 ha Acker. Der Wald ist unerläßlich zur Stabilisierung der Biosphäre und eines kalkulierbaren gemäßigten Klimas und müsste eigentlich wieder vergrößert werden, um den Klimawandel einzubremsen. Auch das Grünland muß als CO_2-Senke erhalten bleiben, weil andernfalls enorme Mengen an Treibhausgasen frei werden. Wiesen bilden

das Reservoire zur Fütterung von Nutztieren. Bleiben also die 0,2 ha Acker pro Kopf für die pflanzliche Ernährung.

Dieses weltweit zu erhaltende Gefüge aus ökologisch erforderlichen und für die Nahrungserzeugung verfügbaren Naturressourcen wird jedoch durch den enormen Verbrauch der Menschen der Industrieländer massiv gestört und gefährdet, wie die folgende Übersicht über den Verbrauch in Deutschland zeigt:

Übersicht – Verbrauch an Naturressourcen in Deutschland für alle Produkte

	aus dem Inland ha pro Kopf	aus dem Ausland ha pro Kopf
für nicht tierische Nahrung	0,05	
für Tierfutter	0,21	0,09
für Nahrung gesamt	0,26	
für nachwachsende Rohstoffe	0,03	
für Siedlung/Verkehr, Produkte	0,06	0,81
Bedarf gesamt	0,35	0,90

Naturverbrauch eines Deutschen gesamt: 1,25 ha, davon 0,9 ha (75 %) aus dem Ausland

Verfügbarkeit global pro Kopf gesamt: 1,1 ha Wald, Wiesen, Acker,

Anteil der deutschen Bevölkerung an der Weltbevölkerung: 1 %,

(Quelle: Miehlich Günter: Die 2000 m^2, von denen wir leben sollten; Umweltforum Hessen, Internationales Jahr des Bodens, 2015)

Die Darstellung zeigt, dass jeder Deutsche ca. 75 % seines Ressourcenbedarfes über das Ausland deckt und dass für jeden Menschen mit 11.000 qm Acker, Wiese und Wald genügend Fläche verfügbar wäre, um sich ausreichend ernähren und versorgen zu können.

Übersichten

Abbildungen

Literatur

Achilles, Walter: Deutsche Agrargeschichte im Zeitalter der Reformen und der Industrialisierung, Stuttgart 1993.

Adam, Konrad: Die Alten Griechen, Reinbeck 2008.

Adorno, Theodor, W.: Minima Moralia, Frankfurt a. Main 2003.

Adorno, Theodor, W.: Negative Dialektik, Frankfurt a. Main 1970.

Arendt, Hannah: Was heißt persönliche Verantwortung in einer Diktatur? München 2019.

Arendt, Hannah: Über das Böse – Eine Vorlesung zu Fragen der Ethik, München 2017.

Arendt, Hannah: Die Freiheit, frei zu sein, München 2020.

Barraclough, Timothy G. u. a.: Spezies Interactions Alter Evolutionary Responses to a Novel Environment, journal.pbio, 2012.

Baumann, Hannsjörg: Der Bayerische Bauernbund und der Bayerische Christliche Bauernverein 1919–1928, Schriftenreihe zur bayerischen Landesgeschichte 81, München 1986.

Bayerische Landesanstalt für Landwirtschaft, Amt für Ernährung, Landwirtschaft und Forsten Rosenheim: Integrierter Pflanzenbau – Versuchsergebnisse und Beratungshinweise 2016 und 2017.

BDEW: Gutachten zur Berechnung der Kosten der Nitratbelastung in Wasserkörpern für die Wasserwirtschaft, Mühlheim 2017.

Bechmann, Arnim: Das Transmateriale Epigenetische Basismodell, Barsinghausen, 2013.

Bioland, das Fachmagazin für den ökologischen Landbau, Okt. 2018

Bommert, Wilfried: Kein Brot für die Welt. Die Zukunft der Welternährung, München 2009.

Bommert, Wilfried: Bodenrausch. Die globale Jagd nach den Äckern der Welt, Köln 2012.

Bühl, Walter, L.: Grenzen der Autopoiesis, in: Kölner Zeitschrift für Soziologie und Sozialpsychologie Nr. 39, 1987, S. 225–254.

Bundesministerium für Ernährung und Landwirtschaft: Statistisches Jahrbuch Ernährung 2017

Burdick, Bernhard: Klimaänderung und Landbau. Die Agrarwirtschaft als Täter und Opfer, Heidelberg 1994.

Carlowitz, Hans, Carl: Silvicultura Oeconomica, 1713, zit. nach: Grober, Ulrich: Von Freiberg nach Rio – Carlowitz und die Bildung des Begriffs „Nachhaltigkeit“, in: Sächsische Carlowitz-Gesellschaft (Hrsg.): Die Erfindung der Nachhaltigkeit; Leben, Werk und Wirkung des Hans Carl von Carlowitz, 2013.

Cicero, Marcus, Tullius: Vom Sinn und Zweck des guten Lebens, Köln 2018.

Carson, Rachel L.: Der stumme Frühling, 1987.

Darga, Robert: Wanderungen in der Erdgeschichte (26). Auf den Spuren des Inn-Chiemsee-Gletschers – Übersicht – 2009.

Darwin, Charles: Die Entstehung der Arten, 1859, Hamburg, 2018.

Darwin, Charles: Gesammelte Werke, Zweitausendeins, 2009.

Diamond, Jared: Arm und Reich, Die Schicksale menschlicher Gesellschaften, Frankfurt a. Main, 2011.

Diamond, Jared: Der Dritte Schimpanse, Evolution und Zukunft des Menschen, Frankfurt a. Main, 2006.

Diesner, Thomas: Die Allgemeine Systemtheorie bei Ludwig von Bertalanffy, Berlin 2015.

Drewermann, Eugen: Giordano Bruno, München 1992.

Eismann, S., Lorkowski, N: Fair für Alle!, Weinheim 2016.

Engels, Friedrich: Die Entwicklung des Sozialismus von der Utopie zur Wissenschaft, MEW, Bd. 19, 1999

Fördergemeinschaft Nachhaltige Landwirtschaft e. V. (FNL): Pressemitteilung 2014.

Feindt, P.H, Gottschick, M., Mölders, T., Müller, F., Sodtke, R., Weiland, S., Nachhaltige Agrarpolitik als reflexive Politik, Berlin 2008.

Felber, Christian: Gemeinwohl-Ökonomie, Wien 2010 und 2012.

Festschrift Herr Dr. Hans Müller – 96 Jahre – Ein Leben für den organisch-biologischen Landbau, Essen 1987.

Fraas, Carl: Klima und Pflanzenwelt in der Zeit, ein Beitrag zur Geschichte beider, Landshut 1847.

Fraas, C: Bavaria rediviva!: Ein Beitrag Zur Lehre Vom Völkeruntergang durch Bodenerschöpfung ... München 2012.

Francé, Raoul, H.: Das Leben im Boden. Das Edaphon, Edition Siebeneicher, 2012.

Frenzel, Ivo: Nietzsche, Reinbek 1966.

Freud, Sigmund: Die Zukunft einer Illusion, Rostock 2012.

Fromm, Erich: Anatomie der menschlichen Destruktivität, 1974.

Fromm, Erich: Haben oder Sein. München 1984.

Gaarder, Jostein: Sofies Welt, Roman für die Geschichte der Philosophie, München Wien, 1993

Galter, Hannes, D.: Enkis Haus und Sanheribs Garten.- Mesopotamische Natursicht im Wandel, In: Sieferle, Rolf, Peter, Breuninger, Helga (Hrsg.) Natur-Bilder, Frankfurt/New York 1999.

Gäde, Heinrich, Helmut: Die Tat lebt – und das Erbe, Ein Albert Schultz-Lupitz-Memorial, Hrsg.: Gemeinde Kusey/Lupitz, 1998.

Geulen, Christian: Geschichte des Rassismus, München 2007.

Glacken, Clarence, J.: Zum Wandel der Vorstellungen über den menschlichen Lebensraum, In: Sieferle, Rolf, Peter, Fortschritte der Naturzerstörung, Frankfurt a. Main 1988, S. 158–190.

Gloy, Karen: Die Geschichte des ganzheitlichen Denkens, München 1996,

Gömann, Horst, Fick, Johanna (Hrsg.): Wechselbeziehungen zwischen Landnutzung und Klimawandel, 2021.

Haas, Georg: Maßzahlen der Energieeffizienz, 1996.

Haeckel, Ernst: Die Welträtsel, 1907, Stuttgart 1984.

Haeckel, Ernst: Generelle Morphologie der Organismen, 2 Bände, Berlin 1866.

Hampe, Michael: Eine kleine Geschichte des Naturgesetzbegriffs, 2007.

Heather, Peter: Der Untergang des Römischen Weltreiches, Reinbek, 2010.

Henning, Friedrich-Wilhelm: Deutsche Agrargeschichte des Mittelalters 9. bis 15. Jahrhundert, Stuttgart 1994.

Hermand, Jost: Grüne Utopien in Deutschland, 1991.

Hertwig, Oskar: Zur Abwehr des ethischen, des sozialen, des politischen Darwinismus, Jena 1918, Online-Ausgabe von 1921.

Holbach, Paul, Henri, Thiry, Mirabaud, Jean B. De.: System der Natur, Leipzig 1871.

Höffe, Otfried: Aristoteles, In: Höffe, Otfried (Hrsg.), Klassiker der Philosophie II, München 1995

Horkheimer, M., Adorno, T. W.: Dialektik der Aufklärung, 1944, Frankfurt a. Main, 2003.

Humboldt, Alexander von: Kosmos, Entwurf einer physischen Weltbeschreibung, 1844, (Hrsg.: O. Ette u. O. Lubrich, Eichborn Verlag, Fr. a. M. 2004)

Humboldt, Alexander von: Ansichten der Natur, 2018.

IG-Saatgut: Saatgut sichern – Schwellenwerte verhindern, Zusammenfassung von S. Hundsdorfer, 2016.

Imken, Mareike: Gene Drives vs. Evolution, in: GID Nr. 251, S. 11–13.

Inkota: Infoblätter Welternährung, Juli 2012.

Kant, Immanuel: Die drei Kritiken, Köln 2015.

Karafyllis, Nicole, C.,; Grüne Gentechnik: Pflanzen im Kontext von Biotechnik und Bioökonomie, S. 281–291, In: Kirchhoff, Thomas, Karafyllis, Nicole, C. u. a. (Hrsg.): Naturphilosophie, Tübingen 2017.

Kirchhoff Thomas, Karafyllis Nicole C. u. a. (Hrsg.): Naturphilosophie, Tübigen 2017.

Klages, Ludwig: Ausdrucksbewegung und Gestaltkraft, München 1968.

Klages, Ludwig: Mensch und Erde, Gesammelte Abhandlungen, Stuttgart 1973.

Krebs, Angelika, Hrsg.: Naturethik, Grundtexte der gegenwärtigen tier- und ökoethischen Diskussion, Frankfurt 1997.

Krebs, Angelika: Naturethik im Überblick, In: dies. Hrsg.: Naturethik. S. 337–379.

Krenak, Ailton: Ideen um das Ende der Welt zu vertagen, München 2021.

Kropotkin, Peter, Gegenseitige Hilfe in der Tier- und Menschenwelt, Roßdorf 2011.

Kurth, Torsten, Rubel, Holger, Meyer zum Felde, Alexander, Krüger, Jörg-Andreas, Zielcke, Sophie, Günther, Michael, Kemmerling, Birte: Die Zukunft der deutschen Landwirtschaft nachhaltig sichern, November 2019, Boston Cunsulting Group.

Leu, Andre, B: Die Pestizid-Lüge, München 2018.

Liebig, Justus von: Es ist ja dies die Spitze meines Lebens, Hrsg. von Wolfgang von Haller, Bad Dürkheim, 1995.

Liebig, Justus von: Chemische Briefe, Brief 37, 1865.

Löwenstein, Felix, zu: Es ist genug da. Für alle. Wenn wir den Hunger bekämpfen, nicht die Natur, München 2015.

Löwenstein, Felix, zu: Food Crash. Wir werden uns ökologisch ernähren oder gar nicht mehr, Nördlingen 2011.

Lovelock, Jim, E.: Unsere Erde wird überleben, München, 1982.

Lüning Jens, Jockenhövel Albrecht, Bender Helmut, Capelle Torsten: Deutsche Agrargeschichte Vor- und Frühgeschichte, Stuttgart 1997.

Luhmann, Niklas: Moderne Systemtheorien als Form gesamtgesellschaftlicher Analyse, in: Habermas, J., Luhmann, N.: Theorie der Gesellschaft oder Sozialtechnologie – Was leistet die Systemforschung?, Frankfurt a. Main, 1971, S. 7–24.

Luhmann, Niklas: Ökologische Kommunikation. Kann die moderne Gesellschaft sich auf ökologische Gefährdungen einstellen? 1986.

Luhmann, Niklas: Autopoiesis als soziologischer Begriff, in: ders.: Aufsätze und Reden, 2001, S. 137–158.

Luhmann, Niklas: Das Erziehungssystem der Gesellschaft, 2002.

Margulis, Lynn: Der symbiotische Planet oder Wie die Evolution wirklich verlief, 2018.

Marx, Karl, Das Kapital, Kritik der politischen Ökonomie, Erster Band, Buch I: Der Produktionsprozeß des Kapitals, Berlin 1974.

Maturana, Humberto, R./Varela, Francisco, J.; Der Baum der Erkenntnis, Bern/München 1987.

Meyer-Abich, K. M.: Wege zum Frieden mit der Natur, München 1986.

Miehlich, Günter : Die 2000 m^2, von denen wir leben sollten. Umweltforum Hessen, Internationales Jahr des Bodens, 2015.

Milgram, Stanley: Das Milgram-Experiment. Zur Gehorsambereitschaft gegenüber Autorität, Reinbek 1995.

Mittelstraß, Jürgen: Platon. In: Höffe, Otfried (Hrsg.), Klassiker der Philosophie, München, 1985, S. 38–62.

Mittelstraß, Jürgen: Die Kosmologie der Griechen, In:_Sieferle, Rolf, Peter, Natur, ein Lesebuch, München 1991, S. 12 -. 25.

Möbius, Karl: Die Auster und die Austernwirtschaft, 1877, zit. nach Springer, Forian, ebenda, S. 108 ff.

Montgomery, David, R.: Dreck. Warum unsere Zivilisation den Boden unter den Füßen verliert, München, 2010.

Mooney Pat Roy: Saat-Multis und Welthunger, Wie die Konzerne die Nahrungsschätze der Welt plündern, Reinbeck 1981.

NABU: Klimaschutz in der Landwirtschaft, Berlin 2010.

Nietzsche, Friedrich, Wilhelm: Jenseits von Gut und Böse, München 1885.

Nietzsche, Friedrich, Wilhelm: Die fröhliche Wissenschaft,1999.

Niggli, U., Fließbach, A.: Gut fürs Klima, Ökologische und konventionelle Landwirtschaft im Vergleich, in: Agrarbündnis e. V. (Hrsg.) Der kritische Agrarbericht, ABL Verlag, 2008, S. 103–109.

Nusser, Karl-Heinz: Der blinde Fleck der Evolutionstheorie, 2018.

OECD (1992): Biotechnology, Agriculture and Food, 1992, Published by OECD Publishing, Publication, 28 July 1992, Code: 931992031P1.

Odum, Eugene P.: Prinzipien der Ökologie – Lebensräume, Stoffkreisläufe, Wachstumsgrenzen, Heidelberg 1991.

Odum, Eugene P.: Ökologie, Grundlagen, Standorte, Anwendung, Stuttgart 1999.

Österreich, Detlef: Autoritäre Persönlichkeitsmerkmale, politische Einstellungen und Sympathie für politische Parteien, in: Zeitschrift für politische Psychologie, Bd. 13, 2005, S. 213–229.

Potsdam-Institut für Klimafolgenforschung: Für Ernährungssicherheit und eine lebenswerte Zukunft, 1.9.2022.

Potthast, Thomas: Die Evolution und der Naturschutz, Frankfurt/Main, New York, 1999.

Potthast, Thomas (Hrsg.): Ökologische Schäden, EVdW, Frankfurt a. Main, 2004

Popper, Karl: Lesebuch, Tübingen 1995.

Preuschen, Gerhardt: Mensch und Natur – Partner oder Gegner, Graz 1988.

Preuschen, Gerhardt: Die Kunst der Gründüngung, 1983.

Prigogine, Ilya: Vom Sein zum Werden, 1988.

Prigogine, Ilya, Stengers, Isabelle: Dialog mit der Natur. Neue Wege naturwissenschaftlichen Denkens, 1980.

Radkau, Joachim: Natur und Macht, München 2000.

Radkau, Joachim: Die Ära der Ökologie, Bonn 2011.

Reichholf, Josef, H.: Stabile Ungleichgewichte. Die Ökologie der Zukunft, Frankfurt a. Main 2008.

Reichholf, Josef, H.: Der Tanz um das goldene Kalb, Berlin, 2004.

Rösch, Manfred: Vom Korn der frühen Jahre – Sieben Jahrtausende Ackerbau und Kulturlandschaft, Denkmalpflege in Baden-Württemberg 3/2009.

Rusch, Hans, Peter: Bodenfruchtbarkeit, Heidelberg, 1968.

Rifkin, Jeremy: Das Imperium der Rinder, Frankfurt/NewYork 2001.

Rose, Michael, R.: Darwins Schatten, München 2001.

Rousseau, Jean-Jacques, Gesellschaftsvertrag, Stuttgart 2003.

Russel, Bertrand, Denker des Abendlandes, Stuttgart, 1970.

Saage, Richard: Utopie-Forschung, Eine Bilanz, Darmstadt 1997.

Saage, Richard: Die moderne Utopie und ihr Verhältnis zur Antike, Stuttgart/Leipzig 1999.

Saage, Richard: Darwinismus-Rezeption von links. Ein Lehrstück der Dialektik der Aufklärung, Stuttgart/Leipzig 2011.

Saalfeld, Diedrich, Der Boden als Objekt der Aneignung, In: Schubert, Ernst/Herrmann, Bernd (Hrsg.), Von der Angst zur Ausbeutung, Frankfurt a. Main, 1994, S. 72–92.

Safranski, Rüdiger: Nietzsche – Biographie seines Denkens, München Wien 2000.

Saito, Kohei: Natur gegen Kapital, Frankfurt/Main/NewYork 2016.

Sarasin, Philipp: Darwin und Foucault, Frankfurt a. Main, Berlin 2019.

Schader, Chr. u. a.: Beitrag der biologischen Landwirtschaft zur Reduktion der externen Kosten der Landwirtschaft Österreichs, 2013.

Scheller, Edwin: Die Stickstoff-Versorgung der Pflanzen aus dem Stickstoff-Stoffwechsel des Bodens, Weikersheim 1994.

Schmidt-Bleek, Friedrich: Das MIPS-Konzept, weniger Naturverbrauch – mehr Lebensqualität durch Faktor 10, München 1998.

Schmidt-Bleek, Friedrich: Nutzen wir die Erde richtig? Frankfurt a. Main 2007.

Scheub, Ute/Schwarzer, Stefan: Die Humusrevolution, Wie wir den Boden heilen, das Klima retten und die Ernährungswende schaffen, München 2017.

Schöndorf, Harald: Erkenntnistheorie, Stuttgart 2014.

Schrödinger, Erwin; Was ist Leben? 1989.

Schubert Ernst, Herrmann Bernd: Vor der Angst zur Ausbeutung – Umwelterfahrung zwischen Mittelalter und Neuzeit, Frankfurt a. Main 1994.

Schumacher, E. F.: Small Is Beautiful, dt. Es geht auch anders. Technik und Wirtschaft nach Menschenmaß. Jenseits des Wachstums, München 1974.

Schweer, Thomas: Stichwort Naturreligionen, München 1995.

Sekera, Margareth: Gesunder und kranker Boden, Graz 1984.

Sieferle, Rolf, Peter: Perspektiven einer historischen Umweltforschung, In: Sieferle, Rolf, Peter, Fortschritte der Naturzerstörung, Frankfurt a. Main 1988, S. 307–377.

Sieferle, Rolf, Peter, Breuninger, Helga (Hrsg.) Natur-Bilder, Wahrnehmungen von Natur und Umwelt in der Geschichte, Frankfurt/Main; New York 1999.

Sieferle, Rolf, Peter: Epochenwechsel, Berlin 2017.

Sieglerschmidt, Jörg: Die virtuelle Landwirtschaft der Hausväterliteratur, In: Sieferle, Rolf, Peter, Breuninger, Helga (Hg.) Natur-Bilder. S. 223–254.

Sloterdijk, Peter: Du mußt dein Leben ändern, Frankfurt a. Main 2016.

Sloterdijk, Peter: Was geschah im 20.Jahrhundert?, Berlin 2016.